传递过程与分离过程原理
（包括单元操作）
（下册）

Transport Processes and Separation Process Principles

(Includes Unit Operations), 4E (PART 2)

原著：Christie John Geankoplis［美］

齐鸣斋 译

華東理工大學出版社
EAST CHINA UNIVERSITY OF SCIENCE AND TECHNOLOGY PRESS

图书在版编目(CIP)数据

传递过程与分离过程原理(包括单元操作)：下册/(美)吉科普利斯(Geankoplis,C. J.)著；齐鸣斋译. —上海：华东理工大学出版社，2007. 11
ISBN 978 - 7 - 5628 - 2197 - 7

Ⅰ. 传…　Ⅱ. ①吉…②齐…　Ⅲ. ①传递-化工过程②分离-化工过程　Ⅳ. TQ02

中国版本图书馆 CIP 数据核字(2007)第 132293 号

著作权合同登记号："图字：09 - 2006 - 283 号"

传递过程与分离过程原理(包括单元操作)(下册)

Transport Processes and Separation Process Principles
(Includes Unit Operations), 4E　(PART 2)
原著：Christie John Geankoplis [美]

翻　　译 / 齐鸣斋
责任编辑 / 钱四海
责任校对 / 张　波　李　晔
出版发行 / 华东理工大学出版社
地址：上海市梅陇路 130 号，200237
电话：(021)64250306(营销部)
传真：(021)64252707
网址：www. hdlgpress. com. cn
印　　刷 / 上海长阳印刷厂
开　　本 / 787mm×1092mm　1/16
印　　张 / 27. 25
字　　数 / 710 千字
版　　次 / 2007 年 11 月第 1 版
印　　次 / 2007 年 11 月第 1 次
印　　数 / 1—4000 册
书　　号 / ISBN 978 - 7 - 5628 - 2197 - 7/TQ·123
定　　价 / 85. 00 元

(本书如有印装质量问题，请到出版社营销部调换。)

内容提要

本书以动量传递、热量传递、质量传递过程为基础，以化学工业及其他过程工业的单元操作为背景，叙述各单元操作的过程原理、计算方法和基本设备。全书分为上、下两册。

上册包括：工程原理和单位导论、动量传递原理和总衡算、动量传递原理及应用、定态传热的基本原理、非定态传热过程原理、传质过程原理、非定态对流传质原理；具体内容涉及流体流动、流动阻力计算、流量计、流体输送机械、搅拌、换热、辐射传热、生物制品的冷却和冷冻、边界层流动和传热、扩散和对流传质等等。

下册包括：蒸发、过程物料的干燥、级式和连续式气液分离过程、汽液分离过程、液-液和流-固分离过程、膜分离过程、物理-力学的分离过程；具体内容涉及固体干燥、食品消毒、吸收、精馏、吸附、离子交换、液-液萃取、液固浸取、结晶、膜渗透、反渗透、超滤、微滤、过滤、沉降和沉积、机械粉碎等等。

本书可作为理工科院校化工类及相关专业师生的教学参考书，也可供从事化工及其他过程工业的科技人员、设计和生产人员参考。

译者的话

传递过程和单元操作是化学工业生产和相关(如食品、环保等)行业生产的重要基础。随着学科理论和过程工业的发展,现今的单元操作与传统的单元操作相比,已有了很大的改进。进入新世纪以来,国内高等院校正在努力地进行着教学内容、课程体系的改革。跟踪学科发展、引进国外优秀教材已成为教学内容改革和课程建设工作的一个方面。为了促进国内相关专业教学内容的改革,华东理工大学出版社引进了这本 Geankoplis 的经典之作的版权,我们有幸为这本教材的翻译推广尽自己的微薄之力。

本书的早年版本曾经是国内优秀《化工原理》教材的重要参考书,其中有不少内容已被国内同类教材所吸收。这次第 4 版又增添了许多新的内容,预计中文版出版后,又将被国内同行广泛引用和参考。本书中的某些特色,尤其是有关生物制品加工的内容,如生物制品的冷却和冷冻,生物物料的冷冻干燥、食品加热消毒,以及常见生物物料的物性数据等等,在国内同类教材中尚未见阐述。另外,本书所涉及的内容既有一定的广度,重要之处又很有深度,不失为一本优秀的参考书,可供理工院校化工类及相关专业师生、化工及其他过程工业的科技人员、设计和生产技术人员参考。

本书上册第 1 章到第 4 章由李伟翻译,第 5 章到第 7 章由刘霞翻译,下册各章均由齐鸣斋翻译;齐鸣斋对全书译稿作了统稿。由于本书涉及内容范围很广,既有传统的化工领域,又有生物化学、环境工程、材料学科等领域的内容,而译者对这些领域的研究侧重点各不相同,所译术语和译文难免会有不尽确切之处,恳请同行不吝指正。

译者

2007 年 9 月于华东理工大学

下册目录

下篇

分离过程原理（包括单元操作）

第8章 蒸　　发

8.1 概述

8.1.1 目的

在4.8节中，讨论了沸腾给热的情况。工业过程中经常发生的此类传热的一个重要实例通常称为蒸发。在蒸发过程中，从沸腾液体中产生的蒸气被移出，留下的溶液被浓缩了。在大多情况下，这种称为蒸发的分离过程涉及从水溶液中除去水。

典型的蒸发的例子有糖、氯化钠、氢氧化钠、甘油、动物胶、牛奶、橙汁的水溶液的浓缩。在这些场合下，浓缩的溶液是所需的产品，而蒸出的水分通常是丢弃的。在少数场合，含有少量矿物的水被蒸发，蒸出得到的不含固体的水用作锅炉的给水，或其他的特殊化学过程，或其他的用途。蒸发过程也用于蒸发海水，以获得饮用水，这一过程已经工业化了。在某些场合，蒸发的初始目的是在冷却的条件下浓缩溶液，会从中析出结晶，得到分离。这种蒸发过程归为结晶过程，将在第12章中进行讨论。

8.1.2 过程因素

被浓缩的溶液和被除去的蒸气的物理化学性质会极大地影响蒸发器的选型以及过程的压力和温度。下面讨论一些对过程方法有影响的性质。

(1) 液体的浓度。通常，蒸发器的进料液体是比较稀的，它的黏度也就比较低，类似于水的黏度，因而可获得比较高的传热系数。随着蒸发的进行，溶液浓度变得很高，而且很黏，使传热系数明显下降。当循环量很大或湍流很强时，会出现传热系数变得很低的情况。

(2) 溶解度。当溶液被加热蒸发时，溶质或盐的浓度增加，溶液中的溶质浓度超过了溶解度，会形成晶体。这会使蒸发过程中溶液可达到的最高浓度受到限制。图8.1-1表示了一些典型盐在水中的溶解度。在大多数情况下，盐的溶解度随着温度的上升而增加。这意味着，当来自蒸发器的、热的、浓缩的溶液被冷却至常温时，会发生结晶过程。

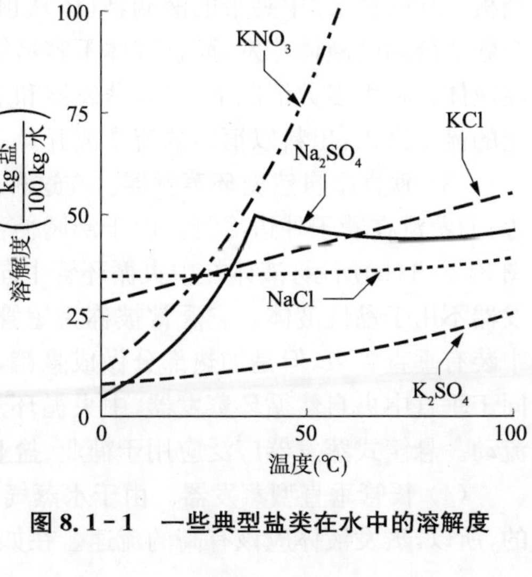

图8.1-1　一些典型盐类在水中的溶解度

(3) 物质的热敏性。许多产品，尤其是食品和其他生物制品，会对温度很敏感，在较高的温度或长时间加热下分解。这种产品包括药物产品、食品(如牛奶、橙汁、蔬菜萃取物)和精细有机产品。分解的量是温度和时间的函数。

(4) 发泡或泡沫。在有些场合,物质由碱性的溶液组成,食品溶液(如脱脂牛奶)、某些脂肪酸溶液,会在沸腾时形成发泡或泡沫。这种发泡伴随蒸气一起离开蒸发器,形成雾沫夹带损失。

(5) 压力和温度。溶液的沸点与系统的压力有关。蒸发器的操作压力越高,沸点温度也越高。同时,蒸发操作随着溶液中溶解物质浓度增加,沸点也会增加。这个现象称为沸点升高,将在第 8.4 节中讨论。为了保证低于物质的热敏温度,有时需要在低于 1 atm 的压力下操作,即真空操作。

(6) 垢层的沉淀和设备材质。一些溶液会在加热表面上沉淀出固体物质,称为垢层。这些可以由物质分解而形成,或者由溶解度降低而形成。结果是总传热系数降低,蒸发器需要清洗。用于制造蒸发器设备的材质应当选择被腐蚀性最小的。

8.2 蒸发器设备的类型和操作方式

8.2.1 蒸发器的一般类型

在蒸发中,热量被加入溶液,以蒸发溶剂,通常溶剂是水。热量通常用某种蒸气,如水蒸气在金属壁的一侧冷凝来提供,而溶液在另一侧蒸发。使用的设备类型主要与传热表面的形状和液体循环或提供的搅拌方式有关。设备的一般类型讨论如下。

(1) 敞开的釜或平锅。最简单的蒸发器由一个敞口的平锅或釜构成,液体在其中沸腾。热量由夹套中的或者浸入液体的盘管中的水蒸气冷凝提供。在某些场合,釜直接用火加热。这种蒸发器价格低廉,便于操作,但是热量的经济性很差。在某些情况下,常使用旋桨或者螺带进行搅拌。

(2) 水平管自然循环蒸发器。水平管自然循环蒸发器如图 8.2-1(a)所示。水平管束加热管类似于换热器中的管束。水蒸气进入管内,在管内冷凝。水蒸气的凝液从管子的另一端离开。沸腾的液体溶液浸没了这些管子。蒸汽离开液体的表面,常常通过除沫装置,如挡板,以除去气体中夹带的液滴,气体从顶部离开。这种蒸发器比较价廉,用于具有高传热系数的低黏度液体蒸发,而且液体不容易结垢的情况。由于液体循环不良,它们不适用于黏性液体。在大多数情况下,这种蒸发器和下面讨论的几类蒸发器是连续操作的,即加料以恒定的流率进入,出料以恒定的流率离开。

(3) 垂直型自然循环蒸发器。在这种蒸发器中,用垂直管而不是水平管,液体走管子里边,而蒸汽在管子外边冷凝。由于沸腾使液体密度下降,液体在管内上升形成自然循环,如图 8.2-1(b)所示,液体在中央循环管中向下流动。这个自然循环强化了传热系数。这种蒸发器不用于黏性液体。它通常被称为短管蒸发器。它的一种变化型式是悬筐式蒸发器,其中装有垂直管束,但是加热部分做成悬筐,使液体循环在环状空间中向下流动。这样,它不同于垂直中央自然循环蒸发器,中央循环蒸发器在中心管中而不是在边上环状空间中向下流动。悬筐式蒸发器广泛应用于糖业、盐业和制碱工业。

(4) 长管垂直型蒸发器。由于水蒸气一侧的传热系数与蒸发液体这一侧的相比是很高的,所以,蒸发液体应该有高的流速。在如图 8.2-1(c)所示的长管垂直型蒸发器中,液体走管内。管子为 3～10 m 长，在管子中生成蒸气气泡，使之起到泵送的作用，形成较高的速度。通常，液体只是一次性通过管子，而不再循环。这种蒸发器中接触时间可以很短。在某些情况下，当加料速率与蒸发速率之比较低时，产物在蒸发器内的自然循环可以通过在出口处与加料口之间加接一根大的管子来实现。这种蒸发器在生产浓缩牛奶时广泛应用。

(5) 降膜式蒸发器。长管型蒸发器的一种变型是降膜式蒸发器，其中液体从管子的顶部加入顺着管壁形成液膜向下流动。蒸气-液体一般在底部进行分离。这种蒸发器广泛用于浓缩热敏性物质，例如橙汁和其他水果汁，因为液体的停留时间非常短(5 至 10 秒或更多些)，传热系数很大。

(6) 强制循环式蒸发器。通过泵送使液体在管子内循环，液膜传热系数会增加。这种型式可以在如图 8.2-1(c)所示的长管垂直型蒸发器的出口与加料口之间连接一台泵来实现。然而，在强制循环式蒸发器中，垂直管长度比长管垂直型蒸发器的要短一些，如图 8.2-1(d)所示。另外，在某些情况下，使用分开的外部水平管加热器。这种蒸发器对于黏性液体非常有用。

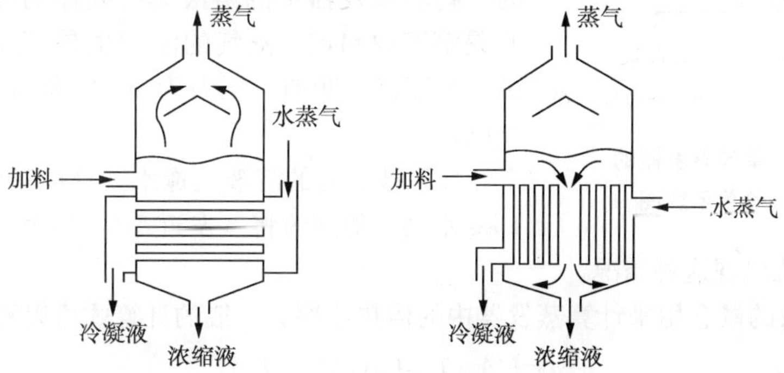

(a) 水平管型 (b) 垂直管型

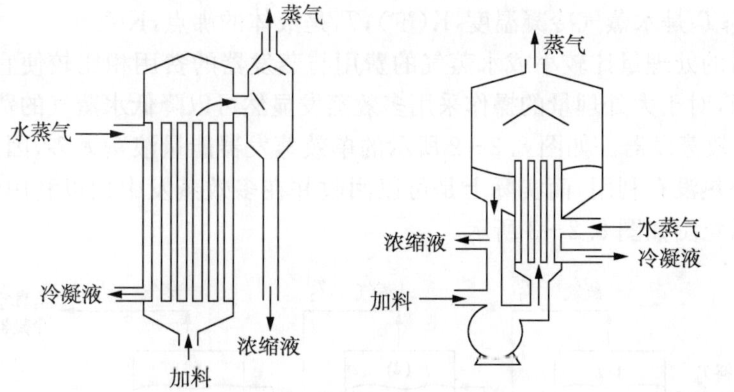

(c) 长管垂直型 (d) 强制循环型

图 8.2-1 蒸发器的不同类型

(7) 刮膜式蒸发器。蒸发器中热量传递的主要阻力在液体这一侧。增加液膜的湍动以强化传热系数的一种途径是实际的机械搅动液膜。这种类型的蒸发器是改进的降膜蒸发器，其中只有一根大的、带夹套的、内部装有搅拌器的管子。液体从管子的顶部加入，然后向下流动，它被搅拌器刮板分布成湍动的液膜。浓缩了的溶液在底部离开，蒸气经过分离器从顶部离开。这种蒸发器的类型对于黏性的物料非常有用，因为传热系数大于强制循环蒸发器的传热系数。它用于热敏性的黏性物质的蒸发，例如橡胶乳液、动物胶、抗生素、水果汁。然而，它的造价高、处理量小。感兴趣的读者可以参阅 Perry 和 Green(P1)的文献，它给出了有关蒸发设备更详细的讨论和描述。

(8) 太阳能敞开式平锅蒸发器。很久以前就使用的过程是敞开式平锅中的太阳能蒸发。盐水放入浅的平锅或池中，让它在太阳光下慢慢蒸发，析出盐而结晶。

8.2.2　蒸发器的操作方式

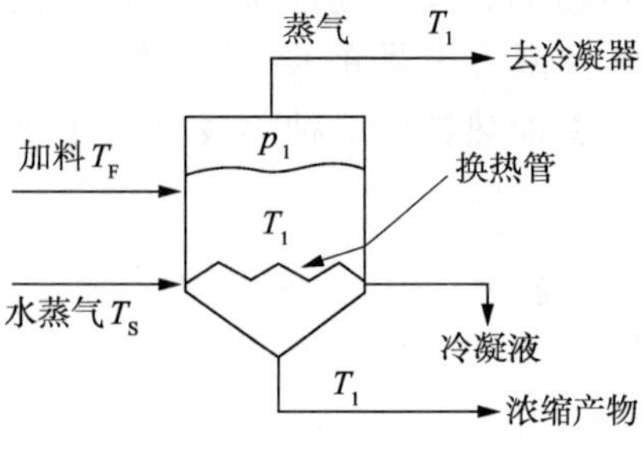

图 8.2-2　单效蒸发器的简单示意图

(1) 单效蒸发器。单级或单效蒸发器的简单示意图如图 8.2-2 所示。加料在 T_F(K)下进入蒸发器，温度为 T_S的饱和水蒸气进入热交换段。水蒸气冷凝后成凝液流出。由于假定蒸发器中的溶液是完全混合的，浓缩的产物和蒸发器中的溶液具有同样的组成和温度 T_1，T_1是溶液的沸点。蒸气的温度也是 T_1，因为它是与沸腾的溶液相平衡的。压力为 p_1，它是溶液在 T_1下的蒸气压。

如果被蒸发的溶液是像水一样的稀溶液，那么冷凝 1 kg 水蒸气的同时将蒸发近 1 kg 的蒸气。当加料温度 T_F接近沸点时就出现这种情况。

总传热系数的概念用来计算蒸发器中的传热速率。一般的计算式可以写成

$$q=UA\Delta T=UA(T_S-T_1) \tag{8.2-1}$$

式中 q 是传热速率，W(btu/h)；U 是总传热系数，W/(m^2 · K)(btu/(h · ft^2 · °F))；A 是传热面积，m^2(ft^2)；T_S是水蒸气冷凝温度，K(°F)；T_1是液体的沸点，K(°F)。

当操作所需的处理量比较小或水蒸气的费用与蒸发器的费用相比较便宜时，常采用单效蒸发器。然而，对于大处理量的操作采用多效蒸发显然可以降低水蒸气的费用。

(2) 并流多效蒸发器。如图 8.2-2 所示的单效蒸发器能量浪费太多，因为离开蒸发器的蒸气的汽化潜热没有利用，而实际上是可以回收并在多效蒸发中加以利用的。并流三效蒸发器的简单示意图如图 8.2-3 所示。

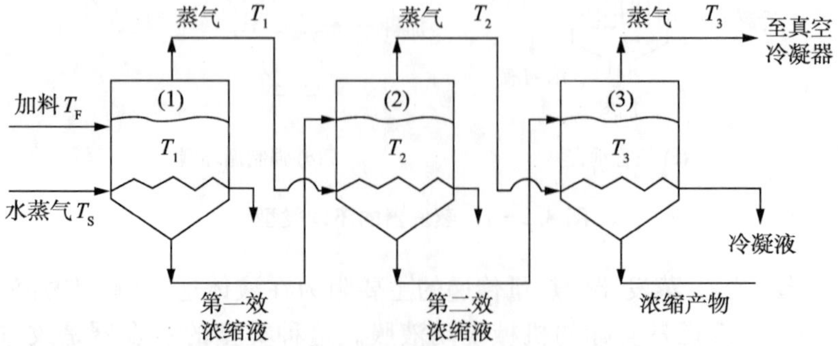

图 8.2-3　并流三效蒸发器的简单示意图

如果第一效的进料是接近在第一效压力下的沸点，1 kg 水蒸气将蒸发近 1 kg 的水分。第一效的操作温度足够高，引出的二次蒸气可以作为加热介质加热第二效。同样，有另外近 1 kg 水分被蒸发，它可以用来加热第三效。作为很粗略的估计，1 kg 的水蒸气在三效蒸发过程中使几乎 3 kg 的水分蒸发。因此，蒸气的经济性——即每使用 1 kg 水蒸气所能蒸发的蒸气的 kg 数——增加了。这也适合于多于三效的蒸发过程。然而，多效蒸发器所获得的水蒸气经济性的提高是以增加设备费用为代价的。

并流操作如图 8.2－3 所示，新鲜的加料进入第一效，再流至下一效，与蒸气流动的方向相同。当加料是热的或最后浓缩产物会在高温下分解时，采用这种操作方法。从一效至下一效，沸腾温度逐效降低。这意味着，如果第一效在 p_1＝1 atm 绝对压强下操作，最后一效将在真空下以压力 p_3 进行操作。

(3) 逆流三效蒸发器。在如图 8.2－4 所示的逆流三效蒸发器的操作中，新鲜的加料进入最后一效，温度最低，逐效向前，直至浓缩产品从第一效离开。当新鲜加料是冷的液体时，这种反向加料的方式是有利的，因为在第二、第三效必须加热至较高温度的液体量就比较小。然而，效与效之间必须使用泵，因为液体是从低压向高压流动。当浓缩产物是高黏度时，也采用这种逆流方式。在前面的几效温度高，降低了液体黏度，获得较合理的传热系数。

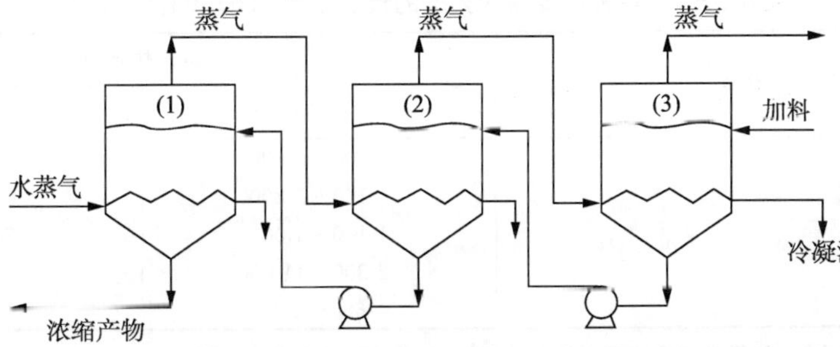

图 8.2－4　逆流三效蒸发器的简单示意图

(4) 平流多效蒸发器。多效蒸发器中的平流加料包括了每一效的新鲜加料和浓缩液的排出。每一效的蒸气仍用来加热下一效。这种操作方式主要用于加料几乎是饱和的、产品是固体结晶的情况，比如海水蒸发制盐。

8.3　蒸发器中的总传热系数

蒸发器中的总传热系数 U 由下列几项组成：水蒸气一侧的冷凝传热系数，它的值约为 5 700 W/(m^2·K)(1 000 btu/(h·ft^2·°F))；金属壁，它的热导率很大通常可以忽略传热阻力；液体一侧的垢层热阻；液体一侧的给热系数，它通常走管内。

管外水蒸气侧的冷凝给热系数可以用式(4.8－20)至(4.8－26)进行计算。垢层造成的阻力通常不能预测。管内液体流速的增加通常大大降低垢层生成的速率，这是强制循环蒸发器的优点之一。垢层可以是盐，如硫酸钙或硫酸钠，它们的溶解度随着温度的升高而降低，因此有在加热管壁面上沉积的趋势。

如果管内液体没有汽化或很少汽化,强制循环蒸发器的管内给热系数 h 就可以估算。液体的流动阻力压降大多抑制了管内沸腾。管内液体给热系数 h 值可以用标准计算式计算。采用的流速通常在 2~5 m/s(7 至 15 ft/s)。传热系数可用式(4.5-8)计算,用常数 0.028 代替 0.027(B1)。如果在部分或全部管内存在一些或明显的沸腾,用假定没有沸腾的计算式将得到保守的安全的计算结果(P1)。

对于长垂直管自然循环蒸发器,传热系数的估算比较困难,因为在管子的下部没有沸腾的区域,而在顶部存在沸腾区域。没有沸腾的区域的长度与两相区的传热和两相区的压力降有关。没有沸腾的区域的给热系数可以用式(4.5-8)计算,用常数 0.028。沸腾的两相区域的给热系数,Perry 和 Green(P2)给出了许多计算式。

对于短垂直管蒸发器,传热系数可以用与长垂直管自然循环蒸发器同样的方法进行计算。水平管蒸发器的传热系数具有与短垂直管蒸发器传热系数相同的数量级。

对于刮膜式蒸发器,传热系数可以用计算刮膜式换热器表面传热的式(4.13-4)计算。

上述给出的方法对于实际蒸发器设计和/或计算操作条件变化对系数的影响是有用的。在作初步设计或费用估算时,获得有效的、工业实际通常遇到的总传热系数是有帮助的。各种蒸发器的一些初步的值和值的范围见表 8.3-1。

表 8.3-1 各种蒸发器的典型的传热系数①(B3,B4,L1,P1)

蒸发器类型	总传热系数	
	W/(m² · K)	btu/(h · ft² · °F)
短垂直管,自然循环	1 100~2 800	200~500
水平管,自然循环	1 100~2 800	200~500
长垂直管,自然循环	1 100~4 000	200~700
长垂直管,强制循环	2 300~11 000	400~2 000
刮膜式	680~2 300	120~400

① 在给定的范围内,一般低黏度液体具有较大的系数,黏性液体具有较小的系数。

8.4 单效蒸发器的计算方法

8.4.1 蒸发器的热量和质量衡算

单效蒸发器的处理量计算的基本方程是式(8.2-1),它可写成

$$q=UA\Delta T \tag{8.4-1}$$

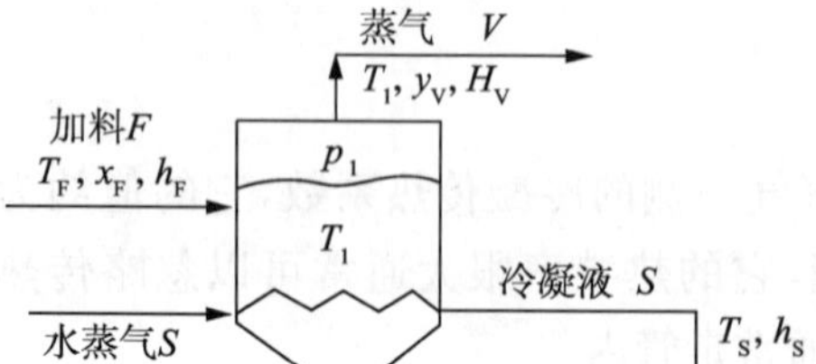

图 8.4-1 单效蒸发器的热量和质量衡算

其中 ΔT(K 或℉)是蒸发器中加热水蒸气与沸腾液体的温度差。为了求解式(8.4-1),q(W 或 btu/h)必须由如图 8.4-1 所示蒸发器的热量和质量衡算来确定。蒸发器的加料为F(kg/h或 lb_m/h),含溶质的质量分率为 x_F,温度为 T_F,焓为 h_F(J/kg 或 btu/lb_m)。出口浓缩液体的量为L(kg/h 或 lb_m/h),含溶质的质量分率为 x_L,温度为 T_1,焓为 h_L。离开的蒸气的量为 V(kg/h 或 lb_m/h),它为纯溶剂,含溶质的质量分

率 $y_V=0$，温度为 T_1，焓为 H_V。加热的饱和水蒸气为 S(kg/h 或 lb_m/h)，温度为 T_S，焓为 H_S。离开的水蒸气冷凝液的量为 S(kg/h)，通常假定温度为饱和温度 T_S，焓为 h_S。这意味着水蒸气放出的只是它的汽化潜热 λ

$$\lambda=H_S-h_S \tag{8.4-2}$$

由于蒸气 V 是与液体 L 相平衡的，蒸气和液体的温度是一样的。压力 p_1 是液体组成 x_L 在其沸点 T_1 下的饱和蒸汽压力。(这里假定没有沸点升高。)

对于物料衡算，由于是定态操作，输入质量流率＝输出质量流率。这样，总的衡算

$$F=L+V \tag{8.4-3}$$

只对溶质作衡算

$$Fx_F=Lx_L \tag{8.4-4}$$

对于热量衡算，由于输入总热量＝输出总热量，则

加料中的热量＋水蒸气热量＝浓缩液中的热量＋蒸气中的热量＋水蒸气凝液的热量 (8.4-5)

这里假定没有热量通过辐射或对流的损失。代入式(8.4-5)：

$$Fh_F+SH_S=Lh_L+VH_V+Sh_S \tag{8.4-6}$$

将式(8.4-2)代入式(8.4-6)

$$Fh_F+S\lambda=Lh_L+VH_V \tag{8.4-7}$$

这样，蒸发器中传递的热量 q 为

$$q=S(H_S-h_S)=S\lambda \tag{8.4-8}$$

在式(8.4-7)中水蒸气在饱和温度 T_S 下的汽化潜热 λ 可以从附录 A.2 的水蒸气表中获得。然而，加料的焓和产物的焓常常是未知的；只有少数物质溶液的这些焓-浓度数据是已知的。因此，为了进行热量衡算，需作某些近似。这些近似如下：

① 假定水溶液中 1 kg 质量的水的蒸发潜热可以从水蒸气表中用沸腾溶液的温度 T_1(气液接触表面的温度)查得，而不是压力 p_1 下纯水的平衡温度。

② 如果加料液体的比热容 c_{pF} 和产物的比热容 c_{pL} 为已知，它们可以用来计算焓。(忽略溶解热，而溶解热在大多数情况下是未知的。)

例 8.4-1 单效蒸发器的传热面积

连续单效蒸发器浓缩 9 072 kg/h 含盐 1%(质)的水溶液，在 311.0 K(37.8 ℃)下进入，浓缩至最后浓度为 1.5%(质)。蒸发器的蒸气空间压力为 101.325 kPa(1.0 atm 绝压)，加热水蒸气为 143.3 kPa 下的饱和蒸汽。总传热系数 U=1 704 W/(m^2·K)。试计算蒸气的和液体产物的量、所需的传热面积。因溶液很稀，可以假定溶液的沸点与水的沸点一样。

解： 物流示意图与图 8.4-1 相同。作物料衡算，代入式(8.4-3)：

$$F=L+V \tag{8.4-3}$$

$$9\ 072 = L + V$$

代入式(8.4-4)并求解

$$Fx_F = Lx_L \tag{8.4-4}$$

$$9\ 072 \times 0.01 = L \times 0.015$$

$$L = 6\ 048\ \text{kg 液体/h}$$

代入式(8.4-3)并求解

$$V = 3\ 024\ \text{kg 蒸气/h}$$

加料的比热容假定为 $c_{pF} = 4.14$ kJ/kg·K。(通常,加料为无机盐水溶液,c_p假定近似为纯水的。)用式(8.4-7)作热量衡算,可容易地确定蒸发器内稀溶液的沸点,假定取水在101.325 kPa下的沸点,$T_1 = 373.2$ K(100 ℃)作基准温度。这样,H_V简化为水在373.2 K的汽化潜热,从附录A.2中的水蒸气表查得为2 257 kJ/kg(970.3 btu/lb_m)。水蒸气在143.3 kPa(饱和温度 $T_S = 383.2$ K(230 ℉))下的汽化潜热 λ 为 2 230 kJ/kg(958.8 btu/lb_m)。

加料的焓可按下式计算

$$h_F = c_{pF}(T_F - T_1) \tag{8.4-9}$$

代入式(8.4-7),且 $h_L = 0$,因为它是处在373.2 K的基准温度,

$$9\ 072 \times 4.14 \times (311.0 - 373.2) + S \times 2\ 230 = 6\ 048 \times 0 + 3\ 024 \times 2\ 257$$

$$S = 4\ 108\ \text{kg 水蒸气/h}$$

通过加热面积 A 传递的热量为 q,从式(8.4-8)得

$$q = S(\lambda) \tag{8.4-8}$$

$$q = 4\ 108 \times 2\ 230 \times 1\ 000/3\ 600 = 2\ 544\ 000\ \text{W}$$

代入式(8.4-1),其中 $\Delta T = T_S - T_1$,

$$q = 2\ 544\ 000 = UA\Delta T = 1\ 704 \times A \times (383.2 - 373.2)$$

解得,$A = 149.3\ \text{m}^2$。

8.4.2 过程变量对蒸发器操作的影响

(1) 加料温度的影响。加料的温度对蒸发器的操作有大的影响。在例8.4-1中,加料的温度为311.0 K,低于沸点温度373.2 K。大约1/4的水蒸气用于加热进料冷液至沸点。因此,只有3/4的水蒸气是用于汽化进料的。如果加料在加压的条件下进入,加料温度可以高于蒸发器内的沸点温度,当热加料进入蒸发器时,有一部分液体闪蒸变成蒸气。预热加料可减小蒸发器所需的传热面积。

(2) 压力的影响。在例8.4-1中,蒸发器蒸气空间的压力使用101.325 kPa绝压。这决定了溶液的沸点为373.2 K,给出了用于式(8.4-1)的 ΔT 为 383.2−373.2,即10 K。在许多场合,要求有大的 ΔT,因为随着 ΔT 的增加,加热面积 A 和蒸发器的费用就降低。为了降低压力至101.325 kPa以下,即在真空下操作,需要使用冷凝器和真空泵。例如,如果压

力降至 41.4 kPa,水的沸点将为 349.9 K,新的 ΔT 为 383.2－349.9,即 33.3 K。结果使传热面积大大减小。

(3) 水蒸气压力的影响。使用较高压力的饱和水蒸气,会使 ΔT 增加,这就使加热面积 A 减小和蒸发器的费用降低。然而,高压水蒸气需要源头压力高,能位高,价格也高。因此,确定最佳水蒸气压力需要总经济衡算。

8.4.3 溶液的沸点升高

在蒸发的大多数场合,溶液并不是如例 8.4-1 中所述的稀溶液。在多数情况下,蒸发溶液的热力学性质会明显不同于水的性质。溶液的浓度较高时,溶液的比热容和沸点会与水的差别很大。

对于浓度较高的溶液,因溶质浓度引起的沸点升高不能预测。然而,有用的经验定律是杜林法则,它常被使用。根据这个法则,如果将溶液在同一浓度、不同压力下的沸点对纯水在同样压力下的沸点按℃或℉进行标绘,将得到一条直线。对于给定的不同溶质浓度,可以得到不同的直线。在图 8.4-2 中,给出了氢氧化钠水溶液的这种杜林线图。只需要知道一定浓度的溶液在两个压力下的沸点,就可确定该直线。

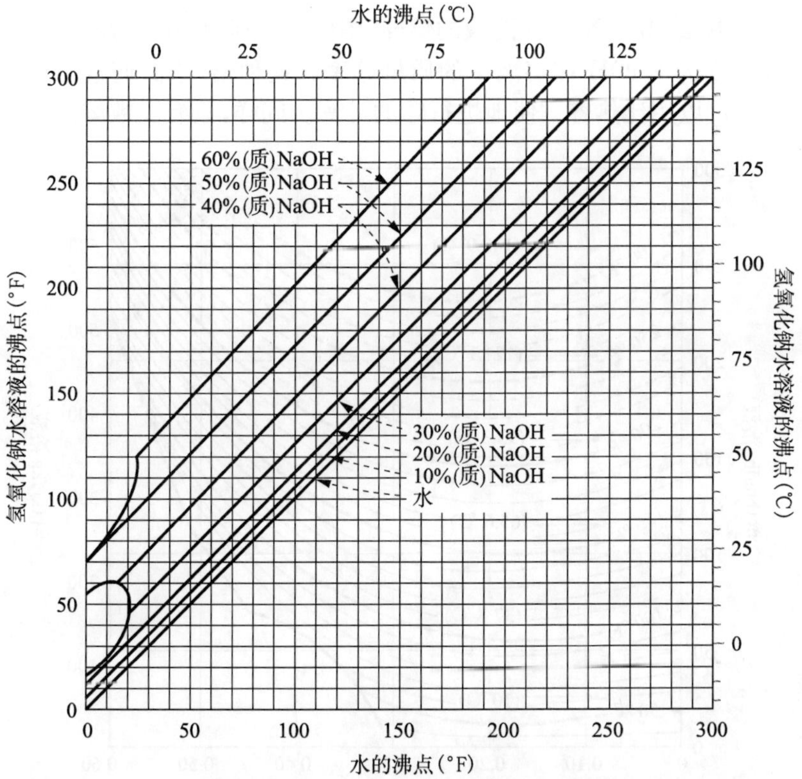

图 8.4-2 氢氧化钠水溶液的杜林线图

例 8.4-2 用杜林线图确定沸点升高

作为该图的应用实例,NaOH 浓度为 30%的溶液在压力为 25.6 kPa(3.72 psia)的蒸发器中沸腾。试确定 NaOH 溶液的沸点温度,以及该压力下溶液的沸点升高 BPR。

解:从附录 A.2 中的水蒸气表可查得 25.6 kPa 下水的沸点是 65.6 ℃。从图 8.4-2 查得 65.6 ℃(150℉)和 30%NaOH 浓度下,溶液沸点为 79.5 ℃(175 ℉)。沸点升高为79.5−65.6=13.9 ℃(25 ℉)。

在 Perry 和 Green(P1)的参考文献中给出了为化工过程和生工过程中的大量普通水溶液所建立的沸点升高的图。另外,给出了普通盐和溶质的沸点图,如 $NaNO_3$、NaOH、NaCl、H_2SO_4,生物溶质蔗糖、柠檬酸、牛皮纸浆、甘油溶液。与普通盐相比,这些生物溶质的沸点升高值很小。

8.4.4 溶液的焓-浓图

如果在蒸发器中浓缩的水溶液溶解热是大的,忽略它会引起热量衡算的误差。这个溶解热现象可解释如下。一小颗 NaOH 溶解于一定量的水中,可以发现它的温度有明显升高,即释放出热量,叫做溶解热。释放出热的量与物质的种类和水量有关。同样,浓的 NaOH 溶液被稀释成低浓度溶液时,也释放出热量。反之,如果溶液从低浓度浓缩至高浓度,必须加入热量。

在图 8.4-3 中,给出了 NaOH 溶液的焓-浓图(M1),其中溶液的焓为 kJ/kg(btu/lb_m),温度为℃(℉),浓度为 NaOH 在溶液中的质量分率。这种焓-浓图通常不用于溶解热可忽略的物系,因为它可以用比热容方便地进行焓的计算。同样,只有少数溶液才有这种图。

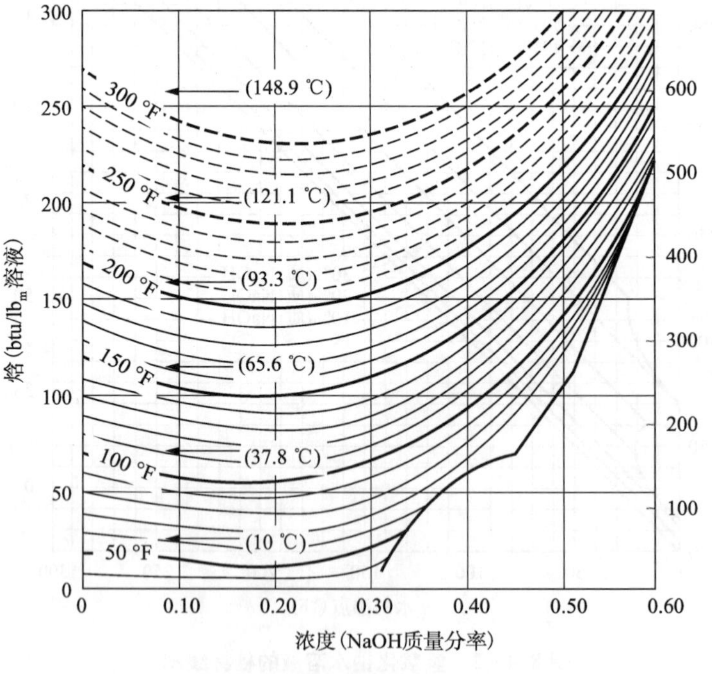

图 8.4-3 NaOH-水物系的焓-浓图

[基准状态为 0 ℃(273 K)或 32 ℉的水。]

[经许可引自 W. L. McCabe, Trans. A. I. Ch. E., 31, 129(1935)]

图 8.4-3 中的液体水的焓参考了与水蒸气表同样的基准或参考点，即液态水在 0 ℃(273 K)为基准。这意味着从图中查出来的焓可与水蒸气表的焓同时使用。在式(8.4-7)中，h_F和 h_L的值可从图 8.4-3 中获得，λ 和 H_V的值取自水蒸气表。从下面的例题中可以更好地理解图 8.4-3 的使用。

例 8.4-3 NaOH 溶液的蒸发

一蒸发器被用来浓缩 4 536 kg/h(10 000 lb_m/h)20 ℃含 20%NaOH 的水溶液，产物浓度为 50%。所用的饱和水蒸气的压力为 172.4 kPa(25 psia)，蒸发器内蒸气空间的压力为 11.7 kPa(1.7 psia)。总传热系数为 1 560 W/(m^2·K)(275 btu/(h·ft^2·℉))。计算所需的水蒸气量，水蒸气的经济性(kg 蒸气/kg 水蒸气)，以及传热面积(m^2)。

解：过程物流示意图和变量名称与图 8.4-1 中的相同。给定的变量为 F=4 536 kg/h，x_F=0.20(质量分率)，T_F=60 ℃，p_1=11.7 kPa，水蒸气压力=172.4 kPa，x_L=0.50(质量分率)。代入式(8.4-3)作总物料衡算，

$$F=4\ 536=L+V \tag{8.4-3}$$

代入式(8.4-4)，联立求解式(8.4-3)和式(8.4-4)

$$Fx_F=Lx_L \tag{8.4-4}$$

$$4\ 536\times 0.20=L\times 0.50$$

$$L=1\ 814\ \text{kg/h}\quad V=2\ 722\ \text{kg/h}$$

为了确定 50%浓度的溶液的沸点 T_1，先从附录 A.2 的水蒸气表中查得 11.7 kPa 纯水的沸点为 48.9 ℃(120 ℉)。从图 8.4-2 杜林线图中查纯水沸点 48.9 ℃和 50%NaOH 浓度下，溶液的沸点为 T_1=89.5 ℃(193 ℉)。因此，

$$\text{沸点升高}=T_1-48.9=89.5-48.9=40.6\ ℃(73\ ℉)$$

从焓-浓图(图 8.4-3)查得 20%NaOH 溶液在 60 ℃(140 ℉)的焓 h_F=214 kJ/kg(92 btu/lb_m)。50%NaOH 溶液在 89.5 ℃(193 ℉)的焓 h_L=505 kJ/kg(217 btu/lb_m)。

89.5 ℃(193 ℉)和 11.7 kPa 的过热蒸气[过热 40.6 ℃(73 ℉)，因 11.7 kPa 下纯水的沸点为 48.9 ℃(120 ℉)]，从水蒸气表查得 H_V=2 667 kJ/kg(1 147 btu/lb_m)。另一种计算 H_V的方法是先得到 48.9 ℃(120 ℉)和 11.7 kPa 的饱和水蒸气焓 2 590 kJ/kg(1 113.5 btu/lb_m)。然后，使用过热蒸气比热容 1.884 kJ/(kg·K)，过热度(89.5−48.9)℃=(89.5−48.9)K，

$$H_V=2\ 590+1.884\times(89.5-48.9)=2\ 667\ \text{kJ/kg}$$

对于 172.4 kPa 的饱和水蒸气，从水蒸气表查得饱和温度为 115.6 ℃(240 ℉)，汽化潜热 λ=2 214 kJ/kg(952 btu/lb_m)。

代入式(8.4-7)，解出 S

$$Fh_F+S\lambda=Lh_L+VH_V \tag{8.4-7}$$

$$4\ 535\times 214+S\times 2\ 214=1\ 814\times 505+2\ 722\times 2\ 667$$

$$S=3\ 255\ \text{kg 水蒸气/h}$$

代入式(8.4-8),

$$q=S\lambda=3\ 255\times 2\ 214/3\ 600=2\ 002\ \text{kW}$$

代入式(8.4-1),并求解

$$2\ 002\times 1\ 000=1\ 560\times A\times(115.6-89.5)$$

因此,$A=49.2\ \text{m}^2$。同样,水蒸气经济性$=2\ 722/3\ 255=0.836$。

8.5 多效蒸发器的计算方法

8.5.1 概述

在单效蒸发器的溶液蒸发过程中,主要的操作费用是用于蒸发水分的水蒸气费用。单效蒸发器在水蒸气费用上是浪费的,因为离开蒸发器的蒸气的汽化潜热通常没有利用。为了减少这个费用,可采用多效蒸发器,它回收了出口蒸气的汽化潜热并进行再利用。

在第8.2.2节中已简要讨论的三效蒸发器如图8.2-3所示。在这个系统中,每一效的作用与单效蒸发器是一样的。生蒸汽作为加热介质引入第一效,该效的沸腾温度为T_1、压力为p_1。离开第一效的蒸气被用作加热介质,在第二效中冷凝,使第二效的水分在温度T_2、压力p_2下汽化。为了在第二效中使热量从二次蒸气冷凝传递至沸腾液体,沸腾温度T_2必须低于冷凝温度。这意味着第二效的压力p_2必须低于第一效的压力p_1。与此相类似,离开第二效的蒸气在第三效中冷凝并加热第三效。因此,压力p_3低于p_2。如果第一效在1 atm绝对压力下操作,第二、第三效必须在真空下操作。

生蒸汽、加料进入第一效,在第一效中溶液被部分浓缩。然后,这股部分浓缩的液体(图8.2-3)流入第二效蒸发器,在那里进一步浓缩。离开第二效的液体流入第三效,在那里浓缩至最终浓度。

当多效蒸发器定态操作时,每一效的流率和蒸发速率是恒定的。压力、温度和内部的流量在过程定态操作条件下是自动保持恒定的。要改变最后一效的出口浓度,必须改变第一效的加料速率。对整个系统所作的总物料衡算必定满足每一效的物料衡算。如果最终浓缩液太浓,则必须增加加料流率,反之亦然。这样,最终溶液可以达到一个新的稳定的期望浓度。

8.5.2 多效蒸发器的温度差和处理能力

(1) 多效蒸发器的温度差。图8.2-3所示并流三效蒸发器第一效中每小时传递的热量为

$$q_1=U_1A_1\Delta T_1 \tag{8.5-1}$$

其中ΔT_1是水蒸气的冷凝温度和液体的沸腾温度差,T_S-T_1。假定溶液没有沸点升高,没有溶解热,忽略将加料从进料温度加热到沸点所需的显热,水蒸气冷凝的所有潜热热量近似地等于蒸发水分的潜热热量。二次蒸汽在第二效中冷凝,给出几乎同样量的热量

$$q_2=U_2A_2\Delta T_2 \tag{8.5-2}$$

同样的方式可以获得 q_3。由于 $q_1=q_2=q_3$，这样，近似地

$$U_1A_1\Delta T_1=U_2A_2\Delta T_2=U_3A_3\Delta T_3 \tag{8.5-3}$$

在工业应用中，各效的面积通常相等

$$\frac{q}{A}=U_1\Delta T_1=U_2\Delta T_2=U_3\Delta T_3 \tag{8.5-4}$$

因此，多效蒸发器中各效的温度差 ΔT 近似与 U 值成反比。在没有沸点上升的情况下，计算 $\sum\Delta T$，

$$\sum\Delta T=\Delta T_1+\Delta T_2+\Delta T_3=T_S-T_3 \tag{8.5-5}$$

记 ΔT_1(℃)$=\Delta T_1$(K)，ΔT_2(℃)$=\Delta T_2$(K)，等等。由于 ΔT_1 正比于 $1/U_1$，那么

$$\Delta T_1=\sum\Delta T\frac{1/U_1}{1/U_1+1/U_2+1/U_3} \tag{8.5-6}$$

对 ΔT_2 和 ΔT_3 可写出类似的方程。

(2) 多效蒸发器的处理能力。与单效相比，三效蒸发器的处理能力的粗略估计可将各效蒸发器的 q 相加：

$$q=q_1+q_2+q_3=U_1A_1\Delta T_1+U_2A_2\Delta T_2+U_3A_3\Delta T_3 \tag{8.5-7}$$

如果假定各效的 U 值相等，A 值相等，式(8.5-7)变成

$$q=UA(\Delta T_1+\Delta T_2+\Delta T_3)=UA\Delta T \tag{8.5-8}$$

其中 $\Delta T=\sum\Delta T=\Delta T_1+\Delta T_2+\Delta T_3=T_S-T_3$。

如果单效蒸发器使用同样的面积 A，同样的 U 值，同样的总温度差 ΔT，那么

$$q=UA\Delta T \tag{8.5-9}$$

当然，这样给出了与多效蒸发器相同的处理能力。因此，采用多效蒸发器是以降低处理能力为代价获得水蒸气的经济性提高。

8.5.3 多效蒸发器的计算

在多效蒸发器系统的计算中，要计算的值通常是各效的传热面积、每小时提供的水蒸气量(kg)、离开各效的蒸气的量，尤其是最后一效的。给定的或已知的值通常如下：(1) 第一效的水蒸气压力；(2) 最后一效的蒸气空间压力；(3) 第一效的加料条件和流率；(4) 离开最后一效的液体的最终浓度；(5) 液体和蒸气的物理性质，如焓、比热容；(6) 每一效中的总传热系数。通常，假定每一效的传热面积相等。

计算过程作每一效的物料衡算，热量衡算和传热量计算 $q=UA\Delta T$。求解这些方程的方

便的途径是试差法。三效蒸发器的计算基本步骤给出如下。

8.5.4 三效蒸发器的逐步计算方法

(1) 由已知的最后一效的出口浓度和压力确定最后一效的沸点。(如果存在沸点升高,它可以从杜林线图中获得。)

(2) 通过总的物料衡算确定蒸发的蒸气总量。作为第一次试差,对三效之间的蒸发量进行分配。(通常,先假定各效产生等量的蒸气,即 $V_1=V_2=V_3$。)在第一、二、三效中作物料衡算得到 L_1,L_2,L_3。然后,对每效作溶质物料衡算,计算每效的溶质浓度。

(3) 采用式(8.5-6),计算三效中的温度差 $\Delta T_1,\Delta T_2,\Delta T_3$。任一效有外加的热量负荷,如冷液进料,需要相应提高 ΔT。然后,计算每一效的沸点。

[如果存在沸点升高(BPR)℃,计算第一、二效中的压力,确定三效中每一效的 BPR。只是初始计算时需要压力,因为 BPR 几乎与压力没有关系。那么,没有过热的有效传热推动力 $\sum\Delta T$ 可由总温差 $\Delta T=T_S-T_3$(饱和)减去三个 BPR 的总和得到。由式(8.5-6)计算 $\Delta T_1,\Delta T_2,\Delta T_3$。然后,计算每一效的沸点。]

(4) 对每一效作热量衡算和物料衡算,计算每一效汽化的量和液体流率。如果汽化的量与第 2 步中假定的明显不同,那么用刚计算得到的汽化的量重新计算第 2,3,4 步。(在第 2 步中只重复溶质的物料衡算。)

(5) 计算每一效的传热量 q 值。用速率式 $q=UA\Delta T$ 计算每一效的面积 A_1,A_2,A_3。然后,计算平均值 A_m

$$A_m=\frac{A_1+A_2+A_3}{3} \tag{8.5-10}$$

如果这些面积相互间合理地接近,计算就完成了,不需要作第 2 次试差。如果这些面积不相近,就需要作如下的第 2 次试差。

(6) 为了开始第 2 次试差,用第 4 步中由每一效的热量衡算和由新溶质衡算的新值 L_1,L_2,L_3,V_1,V_2,V_3进行计算。

(7) 由下式得到新值 $\Delta T_1',\Delta T_2',\Delta T_3'$

$$\Delta T_1'=\frac{\Delta T_1A_1}{A_m},\quad \Delta T_2'=\frac{\Delta T_2A_2}{A_m},\quad \Delta T_3'=\frac{\Delta T_3A_3}{A_m} \tag{8.5-11}$$

总和 $\Delta T_1'+\Delta T_2'+\Delta T_3'$必须等于原 $\sum\Delta T$。如果不等,按比例修正所有的 $\Delta T'$,使它相等。然后,计算每一效的沸点。

[如果存在沸点升高,用第 6 步所得新的浓度确定三效中新的 BPR。为了得到新的传热有效推动力 $\sum\Delta T$ 值,在总 ΔT 中减去三个 BPR 之和。用式(8.5-11)计算新的 $\Delta T'$值。刚计算的 $\Delta T'$值之和必须等于新的 $\sum\Delta T$ 值。然后,计算每一效的沸点。]步骤 7 基本上重复了步骤 3,但使用式(8.5-11)以计算获得更好的 $\Delta T'$值。

(8) 使用从步骤 7 获得的新 $\Delta T'$值,从第 4 步开始重复计算。通常,两次试差足以使计算的面积接近相等了。

例 8.5-1 三效蒸发器中蔗糖溶液的蒸发

三效并流蒸发器用于蒸发蔗糖溶液，加料含 10%（质）溶质，浓缩液含 50%（质）溶质。溶液的沸点升高（与压力无关）可按 BPR ℃$=1.78x+6.22x^2$（BPR ℉$=3.2x+11.2x^2$）计算，其中 x 为蔗糖在溶液中的质量分率(K1)。205.5 kPa(29.8 psia)的饱和水蒸气[饱和温度 121.1 ℃(250 ℉)]用来加热。第三效的蒸气空间的压力为 13.4 kPa(1.94 psia)。加料速率为 22 680 kg/h(50 000 lb_m/h)，温度为 26.7 ℃(80 ℉)。溶液的比热容为(K1)$c_p=4.19-2.35x$ kJ/(kg·K)($1.0-0.56x$ btu/(lb_m·℉))。溶解热可忽略不计。已获得传热系数为 $U_1=3\ 123$，$U_2=1\ 987$，$U_3=1\ 136$ W/(m^2·K)，或 550，350，200 btu/(h·ft^2·℉)。如果每一效具有同样大小的面积，试计算面积、所用的水蒸气流率、水蒸气的经济性。

解：过程的流程图如图 8.5-1 所示。计算按 8 个步骤进行如下：

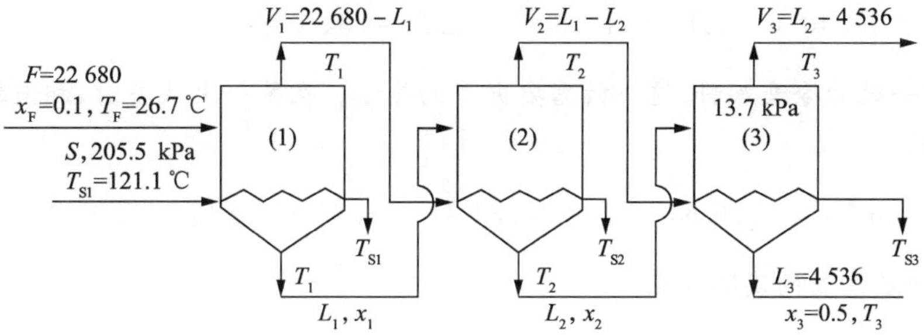

图 8.5-1 例 8.5-1 的三效蒸发流程图

步骤 1. 压力为 13.4 kPa(1.94 psia)，从水蒸气表可查得饱和温度为 51.6 ℃(125℉)。用计算式按 $x=0.5$ 计算第 3 蒸发器的 BPR

$$BPR_3=1.78x+6.22x^2=1.78\times0.5+6.22\times0.5^2=2.45\ ℃(4.4\ ℉)$$

$$T_3=51.67+2.45=54.12\ ℃(129.4\ ℉)$$

步骤 2. 作总的物料衡算和溶质的物料衡算，计算蒸发的总量($V_1+V_2+V_3$)和 L_3，

$$F=22\ 680=L_3+(V_1+V_2+V_3)$$

$$Fx_F=22\ 680\times0.1=L_3\times0.5+(V_1+V_2+V_3)\times0$$

$$L_3=4\ 536\ \text{kg/h}(10\ 000\ lb_m/h)$$

全部汽化量$=V_1+V_2+V_3=18\ 144$ kg/h(40 000 lb_m/h)

假定每一效汽化的量相等，$V_1=V_2=V_3=6\ 048$ kg/h(13 333 lb_m/h)。对第一、第二、第三效作总物料衡算，并求解，

(1) $F=22\ 680=V_1+L_1=6\ 048+L_1$，　$L_1=16\ 632$ kg/h(33 667 lb_m/h)

(2) $L_1=16\ 632=V_2+L_2=6\ 048+L_2$，　$L_2=10\ 584$ kg/h(23 334 lb_m/h)

(3) $L_2=10\ 584=V_3+L_3=6\ 048+L_3$，　$L_3=4\ 536$ kg/h(10 000 lb_m/h)

对第一、第二、第三效作溶质的物料衡算，并求解 x，

(1) $22\ 680\times0.1=L_1x_1=16\ 632(x_1)$，　$x_1=0.136$

(2) $16\ 632\times0.136=L_2x_2=10\ 584(x_2)$，　$x_2=0.214$

(3) $10\ 584\times0.214=L_3x_3=4\ 536(x_3)$，　$x_3=0.500$（核对衡算）

步骤 3. 每一效的 BPR 计算如下:

(1) $BPR_1=1.78x_1+6.22x_1^2=1.78\times0.136+6.22\times0.136^2=0.36$ ℃(0.7 ℉)

(2) $BPR_2=1.78\times0.214+6.22\times0.214^2=0.65$ ℃(1.2 ℉)

(3) $BPR_3=1.78\times0.5+6.22\times0.5^2=2.45$ ℃(4.4 ℉)

$$\text{有效}\sum\Delta T=T_{S1}-T_3(\text{饱和})-(BPR_1+BPR_2+BPR_3)$$
$$=121.3-51.67-(0.36+0.65+2.45)=65.97\ ℃(118.7℉)$$

用式(8.5-6)计算 ΔT_1,同样计算 ΔT_2 和 ΔT_3,

$$\Delta T_1=\sum\Delta T\frac{1/U_1}{1/U_1+1/U_2+1/U_3}=\frac{65.97\times(1/3\ 123)}{(1/3\ 123)+(1/1\ 987)+(1/1\ 136)}$$
$$\Delta T_1=12.40\ ℃\quad \Delta T_2=19.50\ ℃\quad \Delta T_3=34.07\ ℃$$

然而,由于第一效为冷液加料,这一效需要更多的热量。在第一次试差时,相应增加 ΔT_1,降低 ΔT_2 和 ΔT_3。

$$\Delta T_1=15.56\ ℃=15.56\ K\quad \Delta T_2=18.34\ ℃=18.34\ K\quad \Delta T_3=32.07\ ℃=32.07\ K$$

为了计算每一效溶液的实际沸点

(1) $T_1=T_{S1}-\Delta T_1$

$=121.1-15.56=105.54$ ℃

$T_{S1}=121.1$ ℃ (第一效饱和水蒸气的冷凝温度)

(2) $T_2=T_1-BPR_1-\Delta T_2$

$=105.54-0.36-18.34=86.84$ ℃

$T_{S2}=T_1-BPR_1=105.54-0.36$

$=105.18$ ℃ (第二效饱和水蒸气的冷凝温度)

(3) $T_3=T_2-BPR_2-\Delta T_3$

$=86.84-0.65-32.07=54.12$ ℃

$T_{S3}=T_2-BPR_2=86.84-0.65$

$=86.19$ ℃ (第三效饱和水蒸气的冷凝温度)

这三效中的温度如下所示:

第一效	第二效	第三效	冷凝器
$T_{S1}=121.1$ ℃	→ $T_{S2}=105.18$ ℃	→ $T_{S3}=86.19$ ℃	→ $T_{S4}=51.67$ ℃
$T_1=105.54$ ℃	$T_2=86.84$ ℃	$T_3=54.12$ ℃	

步骤 4. 每一效中液体的比热容按方程 $c_p=4.19-2.35x$ 进行计算:

F: $c_p=4.19-2.35\times0.1=3.955$ kJ/(kg·K)

L_1: $c_p=4.19-2.35\times0.136=3.869$ kJ/(kg·K)

L_2: $c_p=4.19-2.35\times0.214=3.684$ kJ/(kg·K)

L_3: $c_p=4.19-2.35\times0.5=3.015$ kJ/(kg·K)

各股蒸气流率相对于 0 ℃水基准的焓值 H 可从水蒸气表获得如下:

第一效：

$T_1=105.54$ ℃，$T_{S2}=105.18$ ℃(221.3 ℉)，$BPR_1=0.36$ ℃，$T_{S1}=121.1$ ℃(250 ℉)

$H_1=H_{S2}$(T_{S2}下的饱和焓)$+1.884$(0.36 ℃过热)

$=2\ 684+1.884\times0.36=2\ 685$ kJ/kg

$\lambda_{S1}=H_{S1}$(饱和蒸汽焓)$-h_{S1}$(T_{S1}下的饱和液体焓)

$=2\ 708-508=2\ 200$ kJ/kg 冷凝潜热

第二效：

$T_2=86.84$ ℃，$T_{S3}=86.19$ ℃，$BPR_2=0.65$ ℃

$H_2=H_{S3}+1.884\times0.65=2\ 654+1.884\times0.65=2\ 655$ kJ/kg

$\lambda_{S2}=H_1-h_{S2}=2\ 685-441=2\ 244$ kJ/kg

第三效：

$T_3=54.12$ ℃，$T_{S4}=51.67$ ℃，$BPR_3=2.45$ ℃

$H_3=H_{S4}+1.884\times2.45=2\ 595+1.884\times2.45=2\ 600$ kJ/kg

$\lambda_{S3}=H_2-h_{S3}=2\ 655-361=2\ 294$ kJ/kg

(注意在这个例子中过热的关联值很小，可能可忽略。然而，关联式用来演示计算的方法。)下列关系可用于热量衡算

$$V_1=22\ 680-L_1,\quad V_2=L_1-L_2,\quad V_3=L_2-4\ 536,\quad L_3=4\ 536$$

写出每一效的热量衡算。用 0 ℃作基准，由于蒸气的 H 值是相对于 0 ℃(32 ℉)的，注意 (T_F-0)℃$=(T_F-0)$K 和 (T_1-0)℃$=(T_1-0)$K，

(1) $$Fc_p(T_F-0)+S\lambda_{S1}=L_1c_p(T_1-0)+V_1H_1$$

代入已知值

$$22\ 680\times3.955\times(26.7-0)+S\times2\ 200$$
$$=L_1\times3.869\times(105.54-0)+(22\ 680-L_1)\times2\ 685$$

(2) $$L_1c_p(T_1-0)+V_1\lambda_{S2}=L_2c_p(T_2-0)+V_2H_2$$

$$L_1\times3.869\times(105.54-0)+(22\ 680-L_1)\times2\ 244$$
$$=L_2\times3.684\times(86.84-0)+(L_1-L_2)\times2\ 655$$

(3) $$L_2c_p(T_2-0)+V_2\lambda_{S3}=L_3c_p(T_3-0)+V_3H_3$$

$$L_2\times3.684\times(86.84-0)+(L_1-L_2)\times2\ 294$$
$$=4\ 536\times3.015\times(54.12-0)+(L_2-4\ 536)\times2\ 600$$

联立求解上述最后的两个方程中的 L_1，L_2，代入第一个方程：

$L_1=17\ 078$ kg/h　$L_2=11\ 068$ kg/h　$L_3=4\ 536$ kg/h

$S=8\ 936$ kg/h　$V_1=5\ 602$ kg/h　$V_2=6\ 010$ kg/h　$V_3=6\ 532$ kg/h

计算所得 V_1，V_2，V_3 与步骤 2，3，4 的假定值很接近，不需要再试差。如果重复计算，就用 V_1，V_2，V_3 值从步骤 2 开始计算，计算溶质的物料衡算。

步骤 5. 解每一效的 q 值和面积，

$$q_1=S\lambda_{S1}=\frac{8\ 936}{3\ 600}\times 2\ 200\times 1\ 000=5.460\times 10^6\ \mathrm{W}$$

$$q_2=V_1\lambda_{S2}=\frac{5\ 602}{3\ 600}\times 2\ 244\times 1\ 000=3.492\times 10^6\ \mathrm{W}$$

$$q_3=V_2\lambda_{S3}=\frac{6\ 010}{3\ 600}\times 2\ 294\times 1\ 000=3.830\times 10^6\ \mathrm{W}$$

$$A_1=\frac{q_1}{U_1\Delta T_1}=\frac{5.460\times 10^6}{3\ 123\times 15.56}=112.4\ \mathrm{m}^2$$

$$A_2=\frac{q_2}{U_2\Delta T_2}=\frac{3.492\times 10^6}{1\ 987\times 18.34}=95.8\ \mathrm{m}^2$$

$$A_3=\frac{q_3}{U_3\Delta T_3}=\frac{3.830\times 10^6}{1\ 136\times 32.07}=105.1\ \mathrm{m}^2$$

平均面积 $A_\mathrm{m}=104.4\ \mathrm{m}^2$。面积与平均面积之差小于 10%，实际不需要进行第二次试差。然而，这里为了演示一下所用的计算方法，从步骤 6 开始第 2 次试差。

步骤 6. 对第一、第二、第三效作新的溶质物料衡算，用新的值 $L_1=17\ 078\ \mathrm{kg/h}$，$L_2=11\ 068\ \mathrm{kg/h}$，$L_3=4\ 536\ \mathrm{kg/h}$，求解 x，

(1) $22\ 680\times 0.1=17\ 078(x_1)$， $x_1=0.133$

(2) $17\ 078\times 0.133=11\ 068(x_2)$， $x_2=0.205$

(3) $11\ 068\times 0.205=4\ 536(x_3)$， $x_3=0.500$ （核对衡算）

步骤 7. 每一效的 BPR 为

(1) $\mathrm{BPR}_1=1.78x_1+6.22x_1^2=1.78\times 0.133+6.22\times 0.133^2=0.35\ ℃$

(2) $\mathrm{BPR}_2=1.78\times 0.205+6.22\times 0.205^2=0.63\ ℃$

(3) $\mathrm{BPR}_3=1.78\times 0.5+6.22\times 0.5^2=2.45\ ℃$

有效 $\sum\Delta T=121.3-51.67-(0.35+0.63+2.45)=66.00\ ℃$

用新的 ΔT 值代入式(8.5-11)：

$$\Delta T'_1=\frac{\Delta T_1 A_1}{A_\mathrm{m}}=\frac{15.56\times 112.4}{104.4}=16.77\ \mathrm{K}=16.77\ ℃$$

$$\Delta T'_2=\frac{\Delta T_2 A_2}{A_\mathrm{m}}=\frac{18.34\times 95.8}{104.4}=16.86\ ℃$$

$$\Delta T'_3=\frac{\Delta T_3 A_3}{A_\mathrm{m}}=\frac{32.07\times 105.1}{104.4}=32.34\ ℃$$

$$\sum\Delta T=16.77+16.86+32.34=65.97\ ℃$$

这些 $\Delta T'$ 值被调整，调整后 $\Delta T'_1=16.77\ ℃$，$\Delta T'_2=16.87\ ℃$，$\Delta T'_3=32.36\ ℃$，$\sum\Delta T=16.77+16.87+32.36=66.00\ ℃$。计算每一效的实际沸点，

(1) $T_1=T_{S1}-\Delta T'_1=121.1-16.77=104.33\ ℃$， $T_{S1}=121.1\ ℃$

(2) $T_2=T_1-\mathrm{BPR}_1-\Delta T'_2=104.33-0.35-16.87=87.11\ ℃$

$T_{S2}=T_1-\mathrm{BPR}_1=104.33-0.35=103.98\ ℃$

(3) $T_3 = T_2 - \text{BPR}_2 - \Delta T'_3 = 87.11 - 0.63 - 32.36 = 54.12$ ℃

$T_{S3} = T_2 - \text{BPR}_2 = 87.11 - 0.63 = 86.48$ ℃

步骤 8. 按照步骤 4,液体的比热容按方程 $c_p = 4.19 - 2.35x$ 进行计算:

F: $c_p = 3.955$ kJ/kg · K

L_1: $c_p = 4.19 - 2.35 \times 0.133 = 3.877$ kJ/(kg · K)

L_2: $c_p = 4.19 - 2.35 \times 0.205 = 3.708$ kJ/(kg · K)

L_3: $c_p = 3.015$ kJ/(kg · K)

各效新的焓值 H 如下:

(1) $H_1 = H_{S2} + 1.884$(℃过热)$= 2\,684 + 1.884 \times 0.35 = 2\,683$ kJ/kg

$\lambda_{S1} = H_{S1} - h_{S1} = 2\,708 - 508 = 2\,200$ kJ/kg

(2) $H_2 = H_{S3} + 1.884 \times 0.63 = 2\,654 + 1.884 \times 0.63 = 2\,655$ kJ/kg

$\lambda_{S2} = H_1 - h_{S2} = 2\,683 - 440 = 2\,243$ kJ/kg

(3) $H_3 = H_{S4} + 1.884 \times 2.45 = 2\,595 + 1.884 \times 2.45 = 2\,600$ kJ/kg

$\lambda_{S3} = H_2 - h_{S3} = 2\,655 - 362 = 2\,293$ kJ/kg

写出每一效的热量衡算,

(1) $22\,680 \times 3.955 \times (26.7 - 0) + S \times 2\,200$

$= L_1(3.877)(104.33 - 0) + (22\,680 - L_1) \times 2\,683$

(2) $L_1 \times 3.877 \times (104.33 - 0) + (22\,680 - L_1) \times 2\,243$

$= L_2 \times 3.708 \times (87.11 - 0) + (L_1 - L_2) \times 2\,655$

(3) $L_2 \times 3.708 \times (87.11 - 0) + (L_1 - L_2) \times 2\,293$

$= 4\,536 \times 3.015 \times (54.12 - 0) + (L_2 - 4\,536) \times 2\,600$

求解:

$L_1 = 17\,005$ kg/h $L_2 = 10\,952$ kg/h $L_3 = 4\,536$ kg/h $S = 8\,960$ kg/h(所用水蒸气)

$V_1 = 5\,675$ kg/h $V_2 = 6\,053$ kg/h $V_3 = 6\,416$ kg/h

注意这些由第 2 次试差计算所得的值与由第 1 次试差计算所得的值偏差很小。按照第 5 步,计算每一效的 q 和 A:

$$q_1 = S\lambda_{S1} = \frac{8\,960}{3\,600} \times 2\,200 \times 1\,000 = 5.476 \times 10^6 \text{ W}$$

$$q_2 = V_1\lambda_{S2} = \frac{5\,675}{3\,600} \times 2\,243 \times 1\,000 = 3.539 \times 10^6 \text{ W}$$

$$q_3 = V_2\lambda_{S3} = \frac{6\,053}{3\,600} \times 2\,293 \times 1\,000 = 3.855 \times 10^6 \text{ W}$$

$$A_1 = \frac{q_1}{U_1 \Delta T'_1} = \frac{5.476 \times 10^6}{3\,123 \times 16.77} = 104.6 \text{ m}^2$$

$$A_2 = \frac{q_2}{U_2 \Delta T'_2} = \frac{3.539 \times 10^6}{1\,987 \times 16.87} = 105.6 \text{ m}^2$$

$$A_3 = \frac{q_3}{U_3 \Delta T'_3} = \frac{3.855 \times 10^6}{1\,136 \times 32.36} = 104.9 \text{ m}^2$$

每一效使用的平均面积是 $A_m=105.0\ m^2$。注意 $105.0\ m^2$的值非常接近第 1 次试差的$104.4\ m^2$。

$$水蒸气经济性=\frac{V_1+V_2+V_3}{S}=\frac{5\,675+6\,053+6\,416}{8\,960}=2.025$$

8.6 蒸发器的冷凝器

8.6.1 概述

在多效蒸发器中,最后一效的蒸气通常在真空条件下离开,即低于常压。这些蒸气必须被冷凝下来,在大气压力下排出液体。这个可用冷却水冷凝蒸气来实现。冷凝器可以是间壁式冷凝器,其中被冷凝的蒸气与冷却水用金属壁分隔开来;或者是直接接触式冷凝器,其中被冷凝的蒸气与冷却水直接混合。

8.6.2 间壁式冷凝器

间壁式冷凝器应用于不希望实际冷凝液与冷却水直接混合的场合。一般,它们是管壳式冷凝器,蒸气走壳程,冷却水走管程,管程可以是多管程。蒸气物流中通常存在不凝性气体,如空气、CO_2、N_2或其他气体。它们可以是随加料液体进入的溶解的气体,或者由溶液分解而产生。这些不凝性气体可以在冷凝器的任何较好的冷却点排放掉。如果蒸气在低于大气压力下冷凝,离开冷凝器传热面的冷凝液可以用泵送出,不凝性气体可以用真空泵抽出。间壁式冷凝器价格较昂贵,使用的冷却水量较大,所以,它们通常不用于可以适用直接接触式冷凝器的场合。

8.6.3 直接接触式冷凝器

在直接接触式冷凝器中,冷却水直接与蒸气接触、蒸气冷凝。一种最普通的直接接触式冷凝器是逆流气压式冷凝器,如图 8.6-1 所示。蒸气进入冷凝器,在上升过程中被喷淋向下的冷却水液体冷凝。冷凝器处于大气腿管的顶部。冷凝器离开大气腿管的排出口足够高,水在大气腿管中的高度足以平衡外部的大气压和内部较低的绝对压力之间的压差。水在重力的下通过底部的水封池排出。所用高度为 10.4 m(34 ft)。

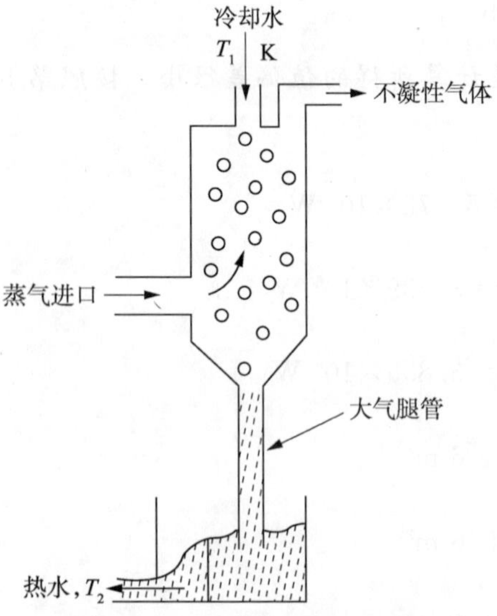

图 8.6-1 气压式冷凝器的示意图

气压式冷凝器价格便宜、用水费用经济。它可保持与饱和蒸汽温度相应的真空度,离开冷凝器的水温与饱和蒸汽温度差在 2.8 K(5 ℉)以内。例如,排出的水温度为 316.5 K(110 ℉),与相应于 316.5+2.8 K 或 319.3 K 的压力是 10.1 kPa(1.47 psia)。

水的消耗量可以用简单的气压式冷凝器热量衡算来获得。如果进入冷凝器的蒸气流率为 V(kg/h),温度为 T_S,水流量为 W(kg/h),进口温度为 T_1,出口

温度为 T_2，推导如下：

$$VH_S+Wc_p(T_1-273.2)=(V+W)\ c_p(T_2-273.2) \tag{8.6-1}$$

其中 H_S 是水蒸气表中蒸气在 T_S(K)和蒸气流股压力下的焓。求解，

$$\frac{W}{V}=\frac{\text{kg 水}}{\text{kg 蒸气}}=\frac{H_S-c_p(T_2-273.2)}{c_p(T_2-T_1)} \tag{8.6-2}$$

不凝性气体可以用真空泵从冷凝器中移走，可以是机械式的或是蒸气喷射式的。在喷射泵中高压水蒸气以高速进入喷嘴，带走不凝性气体，保持冷凝器内的真空度。

另一种直接接触式冷凝器是喷射式气压冷凝器。高速喷射的水既起到蒸气冷凝剂的作用，又起到将不凝性气体夹带出大气腿管的夹带剂的作用。喷射式冷凝器通常比气压式冷凝器需要更多的水，在低蒸气流量下更难调节。

8.7 生物物料的蒸发

8.7.1 概述及生物物料的性质

许多生物物料的蒸发常常不同于无机物，如 NaCl、NaOH 的蒸发和有机物如乙醇、醋酸的蒸发。生物物料，如药物、牛奶、柑橘汁、蔬菜萃取物通常对温度非常敏感，溶液中常含有细小颗粒的悬浮物质。另外，由于生长细菌的问题，设备必须设计成容易清洗的。许多生物物料溶液在蒸发浓缩时显示出很小的沸点升高。这是因为悬浮的固体颗粒以很细小、分散的形式存在，溶解的大分子量溶质只引起很小的沸点升高。

蒸发中生物物料分解的量是温度和时间的函数。为了保持较低温度，蒸发必须在真空下进行，它降低了溶液的沸点。为了保持短的接触时间，设备必须提供较小的被蒸发物质停留时间(接触时间)。用于生物物料蒸发的设备列出如下。设备的详细描述见第 8.2 节。

① 长管垂直型蒸发器：牛奶浓缩

② 降膜式蒸发器：水果汁

③ 刮膜式蒸发器：橡胶乳液，明胶，抗生素，水果汁

④ 热泵循环蒸发器：水果汁，牛奶，药物

8.7.2 水果汁

在水果汁如橙汁的蒸发中，产生了一些与普通盐类例如 NaCl 的蒸发有很大不同的问题。水果汁是热敏性的，而且溶液黏度随浓度的增加而大大增加的。同样，水果汁中的固体悬浮物质有黏附加热表面的趋势，这会引起加热面过热，造成物料的烧焦和损坏(B2)。

为了减小这种黏壁的趋势，减少停留时间，需要加热表面的液体高速循环流动。由于物料是热敏性的，还需要在低温下操作。因此，水果汁浓缩厂通常采用单级蒸发而不是多级蒸发装置。用真空来降低蒸发温度。

采用热泵循环的典型的水果汁蒸发系统可见文献(P1，C1)；它采用低温氨作为加热介质。冰冻的柑橘汁浓缩的过程如 Charm(C1)所述。该过程使用多级降膜蒸发器。浓缩橙汁的主要缺点是味道变单调，因为挥发性的组成在蒸发中损失掉了。为了克服这个问题，一部

分新鲜的原料果汁走旁路，与蒸发浓缩液混合。

8.7.3 糖溶液

糖(蔗糖)的获得最初来源于甘蔗和糖甜菜。如果长时间在高温下，糖会有变成焦糖的趋势(B2)。一般倾向使用自然循环式的短管蒸发器。在糖溶液的蒸发过程中，清洁的糖溶液浓度在 10°～13° Brix[10%～13%(质)]蒸发至 40°～60° Brix(K1，S1)。

加料先用排出的水蒸气预热，然后进入六效并流蒸发器系统。第一效蒸发器的蒸气空间压力在约 207 kPa(30 psia)[121.1 ℃(250 ℉)饱和温度]下操作，最后一效在约 24 kPa(63.9 ℃)的真空条件下操作。糖溶液的较小的沸点升高和比热容计算见例 8.5 - 1。

8.7.4 纸浆废水

在纸浆制造的硫酸盐过程中，木片被煮解或蒸煮，在洗涤浆液后形成黑液。这个溶液形成最初的碳酸钠和有机硫化合物。它通常在六效蒸发系统中被浓缩(K1，S1)。

8.8 使用蒸气再压缩的蒸发

8.8.1 概述

在单效蒸发器中，离开装置的蒸气通常被冷凝后排出。在多效蒸发器中，压力逐效降低，沸腾温度也逐效降低。因此，从一效的蒸气到下一效的冷凝存在着温度差，使液体沸腾形成蒸气。

在单效蒸气再压缩(有时称为蒸气压缩)的蒸发器中，蒸气被压缩，以致它的冷凝或饱和温度升高了。压缩后的蒸气返回至水蒸气加热器，冷凝放热使蒸发器内液体蒸发(B5，W1，Z1)。在这种方式下，蒸气的汽化潜热被利用了，而没有排放掉。有两种蒸气再压缩的装置，即机械的和热动力的类型。

8.8.2 机械式蒸气再压缩蒸发器

在机械式蒸气再压缩蒸发器中，使用与图 8.2 - 2 所示类似的单效蒸发器，详见图 8.8 - 1。冷液加料由热的浓缩产物与之热交换而被加热，然后进入装置。顶部出来的蒸气不是进入冷凝器，而是进入离心式或往复式压缩机，它由电机或水蒸气驱动。这个压缩后的蒸气或水蒸气返回热交换器。压缩后的蒸气在比蒸发器内热的液体沸点高的温度下冷凝，形成温度差传热。又产生蒸气，再循环重复。

有时需要在蒸气管线进入压缩机之前加入少量补充水蒸气(B5，K2)。同样，少量冷凝液需要加入到压缩后的蒸气中，以消除可能存在的过热度。

蒸气再压缩装置一般在低的最优温度差 5 ℃～10 ℃范围内操作。因此，需要大的传热面积。由于大的面积和相对昂贵的压缩机、驱动装置，这些装置通常需要比多效蒸发器大的设备费用。蒸气再压缩装置的主要优点是它的较低的能量费用。使用水蒸气当量的能量驱动压缩机，它的水蒸气的经济性与多效蒸发器至 10 效或 10 效以上的装置相当(Z1)。

机械式的蒸气再压缩装置的一些典型应用有海水的蒸发得到蒸馏水，造纸厂浓黑液的

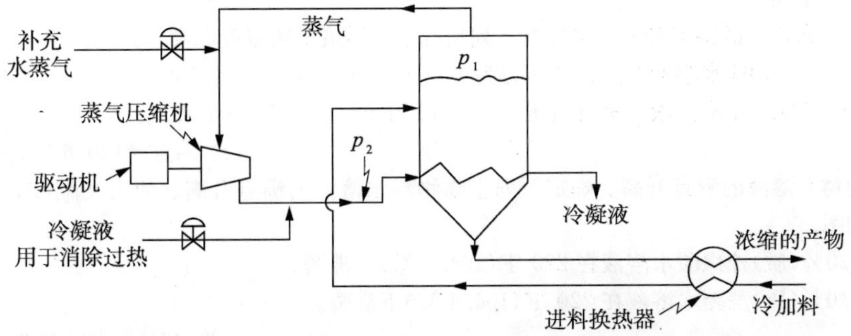

图 8.8-1　蒸气机械式再压缩蒸发器的简单过程流程图

蒸发(L2),热敏性物质的蒸发如水果汁,具有相反溶解度曲线的盐的结晶,其溶解度随温度上升而下降(K2,M3)。

降膜式蒸发器很适合蒸气再压缩系统(W1),因为它在较低的温度差值下操作,雾沫夹带的液体量非常小,而雾沫夹带的液体会引起压缩机的问题。蒸气再压缩已被用于蒸馏塔,其中塔顶的蒸气被再压缩,并用作塔釜再沸器的加热介质(M2)。

8.8.3　热动力蒸气再压缩蒸发器

水蒸气喷嘴也可用于压缩蒸气,因而称为热动力蒸气再压缩蒸发器。它的主要缺点是水蒸气喷射效率低,必须移走过剩的热量;还缺乏操作弹性以适应操作变量的变化(M3)。水蒸气喷嘴价格便宜,比机械压缩机更耐用,更容易处理大流量的低压蒸气。

习　题

8.4-1　单效蒸发器中的传热系数。一加料为 4 535 kg/h、含 2.0%(质)盐的溶液在 311 K 下连续进入单效蒸发器,浓缩至 3.0%浓度。蒸发在大气压下进行,蒸发器面积为 69.7 m²。温度为 383.2 K 的饱和水蒸气用来加热。由于是稀溶液,可以假定沸点与水的相同。加料的比热容可取 $c_p=4.10$ kJ/(kg · K)。计算二次蒸气和液体产物的量和总传热系数 U。

答:$U=1\ 823$ W/(m² · K)

8.4-2　增加蒸发器加料的影响。使用与题 8.4-1 相同的面积、U 值、水蒸气压力、蒸发器压力、加料温度,当加料量增加至 6 804 kg/h,计算离开的液体和蒸气的量、出口液体的浓度。

答:$V=1\ 256$ kg/h,$L=5\ 548$ kg/h,$x_L=2.45\%$

8.4-3　蒸发器操作压力对处理能力和产物浓度的影响。再计算例 8.4-1,但使用的蒸发器操作压力为 41.4 kPa,而不是 101.32 kPa 绝压。计算中使用同样的水蒸气压力、面积 A、传热系数 U。

(1) 液体产物与以前相同时,试计算新条件下的处理量或加料速率。

(2) 当加料速率为 18 144 kg/h 时,试计算新液体产物的组成。

8.4-4　蒸馏水生产。一蒸发器具有 83.6 m² 的面积,$U=2\ 270$ W/(m² · K),用于生产锅炉加料的蒸馏水。自来水含 400 ppm① 溶解的固体,在 15.6 ℃下加入蒸发器,操作压力为 1 atm 绝对压。用来加热的饱和的水蒸气温度为 115.6 ℃。如果出口液体含 800 ppm 溶解的固体,试计算每小时生产

① ppm 为非 SI 制单位,意为百万分之一——译者注。

的蒸馏水的量。

8.4-5　NaOH 水溶液的沸点升高。确定在下列情况下的溶液沸腾温度和沸点升高。

(1) 30%NaOH 水溶液在蒸发器压力为 172.4 kPa(25 psia)下的沸点。

(2) 60%NaOH 水溶液在蒸发器压力为 3.45 kPa(0.50 psia)下的沸点。

答:(1) 沸点=130.6 ℃,沸点升高 15 ℃

8.4-6　生物物料溶液的沸点升高。确定下列生物物料水溶液的沸点升高。使用文献(P1)中第 11～112 页的图。

(1) 30%(质)柠檬酸水溶液在 220 ℉(104.4 ℃)下沸腾。

(2) 40%(质)蔗糖水溶液在 220 ℉(104.4 ℃)下沸腾。

答:(1) 沸点升高 2.2 ℉(1.22 ℃)

8.4-7　加料温度对 NaOH 水溶液蒸发的影响。一单效蒸发器用以浓缩 9 072 kg/h 的 10%(质)NaOH 水溶液至产物浓度 50%。所用的饱和水蒸气的压力为 42 kPa(表压),蒸发器蒸气空间的压力为 20 kPa(绝压)。总传热系数为 1 988 W/(m^2·K)。试计算使用的水蒸气量、水蒸气的经济性(kg 蒸气/kg 水蒸气)、在以下加料条件下的传热面积:

(1) 加料温度为 288.8 K(15.6 ℃)。

(2) 加料温度为 322.1 K(48.9 ℃)。

答:(1) S=8 959 kg 水蒸气/h,A=296.9 m^2

8.4-8　蒸发 NaOH 水溶液的传热系数。为了浓缩 4 536 kg/h 的 10%NaOH 水溶液至产物浓度 20%,使用单效蒸发器,面积为 37.6 m^2。加料在 21.1 ℃(294.3 K)下进入。110 ℃(383.2 K)的饱和水蒸气用来加热,蒸发器内蒸气空间的压力为 51.7 kPa。计算所用的水蒸气量 kg/h 和总传热系数。

8.4-9　单效蒸发器的生产能力。一蒸发器 311 K 含 20%(质)NaOH 的水溶液 F(kg/h)浓缩至浓度为 50%。用来加热的饱和水蒸气温度为 399.3 K。蒸发器的蒸气空间压力为 13.3 kPa 绝压。总传热系数为 1 420 W/(m^2·K),面积为 86.4 m^2。试计算蒸发器的加料速率 F。

答:F=9 072 kg/h

8.4-10　蒸发器的传热面积和水蒸气消耗。一单效蒸发器浓缩有机胶体溶液,从加料含 5%(质)至浓度为 50%。溶液沸点升高可忽略。加料的比热容 c_p=4.06 kJ/(kg·K)(0.97 btu/(lb$_m$·℉)),加料温度 15.6 ℃(60 ℉)。101.32 kPa 的饱和水蒸气用于加热,蒸发器的蒸气空间压力为 15.3 kPa 绝压。总共有 4 536 kg/h(10 000 lb$_m$/h)水被汽化。总传热系数为 1 988 W/(m^2·K)(350 btu/(h·ft^2·℉))。问所需要的传热表面为多少 m^2? 水蒸气的消耗为多少?

8.4-11　番茄酱在真空下的蒸发。番茄酱含固量 12%(质),在一膜式蒸发器中被浓缩至含固量 25%(质)。番茄酱的最高允许温度为 135 ℉,这也是产物的温度。加料在 100 ℉进入。25 psia 的饱和水蒸气被用于加热,总传热系数 U 为 600 btu/(h·ft^2·℉),面积 A 为 50 ft^2。进料的比热容 c_p=0.95 btu/(lb$_m$·℉)。忽略沸点升高。计算蒸发器番茄酱的进料速率。

8.4-12　蔗糖溶液的浓缩。一单效蒸发器被用于浓缩 10 000 lb$_m$/h、80 ℉的蔗糖溶液原料,含糖 15° Brix [Brix 度是糖的%(质)],浓缩至 30° Brix 可用于食品生产过程。240 ℉饱和水蒸气可用于加热。蒸发器的蒸气空间压力为 1 atm 绝压。总传热系数 U=350 btu/(h·ft^2·℉),加料的比热容 c_p=0.91 btu/(lb$_m$·℉)。沸点升高可按例 8.5-1 计算。溶解热可忽略不计。计算蒸发器所需面积和每小时使用的水蒸气量。

答:沸点升高=2.0 ℉(1.1 ℃),A=667 ft^2(62.0 m^2)

8.5-1　三效蒸发器中的沸点。一溶液沸点升高可忽略,在三效蒸发器中用 121.1 ℃(394.3 K)的饱和水蒸气进行蒸发。最后一效的蒸气空间压力为 25.6 kPa 绝压。传热系数为 U_1=2 840 W/(m^2·K),U_2=1 988 W/(m^2·K),U_3=1 420 W/(m^2·K),面积相等。计算蒸发器中各效的沸点。

答:T_1=108.6 ℃(381.8 K)

8.5-2　多效蒸发器中糖溶液的蒸发。并流三效蒸发器蒸发浓缩糖溶液,沸点升高可忽略(低于 1.0 K,它可以忽略),浓度从 5%(质)浓缩至 25%(质)。205 kPa 绝压的饱和水蒸气用来加热。第三效的蒸气空间压力为13.56 kPa绝压。加料速率为22 680 kg/h，温度为299.9 K。液体的比热容$c_p=4.19-2.35x$，其中c_p的单位为kJ/(kg·K)，x为质量分率(K1)。传热系数为$U_1=3\ 123$ W/(m²·K)，$U_2=1\ 987$ W/(m²·K)，$U_3=1\ 136$ W/(m²·K)。如果各效面积相等，计算各效面积和水蒸气流率。

答：面积$A=99.1$ m²，水蒸气流率$S=8\ 972$ kg/h

8.5-3 双效逆流加料蒸发器的蒸发。含2%(质)可溶有机物的水溶液加入双效逆流加料蒸发器。加料温度为100 °F，浓缩至浓度25%(质)。沸点升高可忽略不计，溶解热也可忽略。每一个蒸发器的面积为1 000 ft²，传热系数$U_1=500$ btu/(h·ft²·°F)，$U_2=700$ btu/(h·ft²·°F)。原料进入第二蒸发器，100 psia的水蒸气加热第一蒸发器。第二蒸发器蒸气空间压力为0.98 psia。假定所有液体溶液的比热容与液体水一样。当产物浓度为25%(质)时，计算加料流率F和产物流率L_1。(提示：比如说先假设$F=1\ 000$ lb_m/h和T_1的值。计算出面积和T_1。然后用1 000乘以$\frac{1\ 000}{计算面积}$，计算出实际加料流率。)

答：$F=133\ 800$ lb_m/h(60 691 kg/h)，$L_1=10\ 700$ lb_m/h(4 853 kg/h)

8.5-4 NaOH水溶液在三效蒸发器中的浓缩。强制循环三效蒸发器用于并流操作，浓缩温度为37.8 ℃、10%(质)NaOH水溶液加料，产物浓度为50%(质)。所用的饱和水蒸气为58.6 kPa表压。第三效的蒸气空间压力为6.76 kPa绝压。加料流率为13 608 kg/h。传热系数为$U_1=6\ 246$ W/(m²·K)，$U_2=3\ 407$ W/(m²·K)，$U_3=2\ 271$ W/(m²·K)。各效面积相等。计算各效面积和水蒸气消耗。

答：$A=97.3$ m²，$S=5\ 284$ kg 水蒸气/h

8.5-5 逆流三效蒸发器。加料速率为20 410 kg/h的10%(质)NaOH水溶液，于48.9 ℃进入逆流三效蒸发器，浓缩至50%的产物。所用的饱和水蒸气为178.3 ℃，加热第一效蒸发器，第三效的压力为10.34 kPa绝压。各效传热系数假定都是2 840 W/(m²·K)。计算传热面积和水蒸气消耗速率。

8.5-6 双效蒸发器内糖溶液的蒸发。双效逆流加料蒸发器用于蒸发浓缩4 536 kg/h的10%(质)糖溶液至50%。加料以37.8 ℃进入第二效。115.6 ℃的饱和水蒸气加热第一效，第一效的二次蒸气用来加热第二效。第二效的绝对压力为13.56 kPa。总传热系数为$U_1=2\ 270$ W/(m²·K)，$U_2=1\ 705$ W/(m²·K)。两效的加热面积相等。使用的沸点升高和比热容数据取自例8.5-1。试计算面积和水蒸气消耗。

8.6-1 水量消耗和冷凝器压力。NaOH水溶液经三效蒸发器浓缩后，浓度为50%(质)。蒸气流量为5 670 kg/h，这股蒸气进入压力式冷凝器。冷凝器排出水的温度为40.5 ℃。假定冷凝器能使第三效蒸发器内压力保持在比40.5 ℃高出2.78 ℃的饱和水蒸气压力，试计算第三效的压力，流入冷凝器的冷却水流量。冷却水的进口温度为29.5 ℃。(注意：离开蒸发器的蒸气因沸点升高而过热。)

答：压力=8.80 kPa绝压，$W=306\ 200$ kg 水/h

参考文献

(B1) BADGER, W. L., and BANCHERO, J. T. *Introduction to Chemical Engineering*. New York: McGraw-Hill Book Company, 1955.

(B2) BLAKEBROUGH, N. *Biochemical and Biological Engineering Science*, Vol. 2. New York: Academic Press, Inc., 1968.

(B3) BADGER, W. L., and MCCABE, W. L. *Elements of Chemical Engineering*, 2nd ed. New York: McGraw-Hill Book Company, 1936.

(B4) BROWN, G. G., et al. *Unit Operations*. New York: John Wiley & Sons, Inc., 1950.

(B5) BEESLEY, A. H., and RHINESMITH, R. D. *Chem. Eng. Progr.*, **76**(8), 37 (1980).

(C1)　CHARM, S. E. *The Fundamentals of Food Engineering*, 2nd ed. Westport, Conn.: Avi Publishing Co., Inc., 1971.

(K1)　KERN, D. Q. *Process Heat Transfer*. New York: McGraw-Hill Book Company, 1950.

(K2)　KING, R. J. *Chem. Eng. Progr.*, **80**(7), 63 (1984).

(L1)　LINDSEY, E. *Chem. Eng.*, **60**(4), 227 (1953).

(L2)　LOGSDON, J. D. *Chem. Eng. Progr.*, **79**(9), 36 (1983).

(M1)　MCCABE, W. L. *Trans. A. I. Ch. E.*, **31**, 129 (1935).

(M2)　MEILI, A., and STUECHELI, A. *Chem. Eng.*, **94** (Feb. 16), 133 (1987).

(M3)　MEHRA, D. K. *Chem. Eng.*, **93** (Feb. 3), 56 (1986).

(P1)　PERRY, R. H., and GREEN, D. *Perry's Chemical Engineers' Handbook*, 7th ed. New York: McGraw-Hill Book Company, 1997.

(S1)　SHREVE, R. N., and BRINK, J. A., JR. *Chemical Process Industries*, 4th ed. New York: McGraw-Hill Book Company, 1977.

(W1)　WEIMER, L. D., DOLF, H. R., and AUSTIN, D. A. *Chem. Eng. Progr.*, **76**(11), 70 (1980).

(Z1)　ZIMMER, A. *Chem. Eng. Progr.*, **76**(9), 37 (1980).

第 9 章　过程物料的干燥

9.1　干燥简介及干燥方法

9.1.1　干燥的目的

在这章主要讨论从过程物料及其他物质中除去水分的干燥方法。干燥一词也可用于指除去其他的有机液体，如从固体中除去苯或者有机溶剂。许多在除水中所用的计算方法及装置也可用于除去有机液体。

一般来说，干燥指除去物料中数量较少的水分，而蒸发常用于除去物料中数量相对较多的水分。在蒸发过程中，水分常在它的沸点下汽化，以水蒸气的状态被除去。在干燥过程中，水分在空气中也是以蒸气的状态被除去的。

在一些场合我们可以通过压力、离心力及其他的手段机械地除去固体物料中的水分。这要比我们接下来要讨论的热力学干燥手段要廉价。干燥后所得的最终产品中所含水分量的多少取决于产品的种类。干燥后盐类的含水量约为 0.5%，煤含水 4%左右，许多食品类产品含大约 5%的水分。干燥通常是包装之前的最后一个加工步骤，干燥可以使许多物料更易于处理加工，如肥皂粉、染料等。

生物物料尤其是食品类的干燥或脱水常被用作储存技术。能导致食品变质或腐烂的微生物在没有水分时将不能生长和繁殖。能诱发食品及其他的生物物料发生化学反应的酶在没有水时也将失效。当含水量减少到约 10%（质量含量）以下时，微生物将失去活性，然而，为了保持食品的香味及营养，我们通常要将含水量减少到 5%以下。因此，干燥可以延长食品的保存时间。

一些生物物料及药剂不能加热而不能用普通干燥法，这时可以用冷冻干燥的方法，这将在第 9.11 节介绍。另外，在 9.12 节我们将介绍食品及其他生物物料的消毒，这是保存这些物料的另一种方法。

9.1.2　干燥的一般方法

干燥方法和干燥过程可以按不同的方式进行分类。干燥过程可以分为间歇式和连续式的。在间歇干燥过程中，物料将一次性地装入干燥设备，干燥过程将经历一段时间；而在连续干燥过程中，物料将连续送入干燥设备，干燥后的产物将被连续移出设备。

干燥过程还可以根据加热和移走水蒸气时的物理条件进行分类。(1) 常压干燥，在大气压力下，物料直接与加热空气接触而被加热，形成的水蒸气被空气带出原料。(2) 真空干燥，在较低的压力下，水的汽化过程将显著加快。通过接触加热的金属壁面或热辐射，物料可以间接被加热。对于那些易退色及易分解的原料，我们可以采用真空干燥使其在较低的温度下（可用热辐射加热原料）进行干燥。(3) 冷冻干燥，水分在冰冻物料中升华而被除去。

9.2 干燥设备

9.2.1 厢式干燥器

在厢式干燥器(也称架式干燥器、盘式干燥器、干燥橱或分隔室干燥器)中,粗块状或糊状的固体物料均匀地铺在金属托盘上,其铺盖厚度大约是10～100 mm。如图9.2-1所示,在这种典型的厢式干燥器的架子上安装有可移动的盘子。

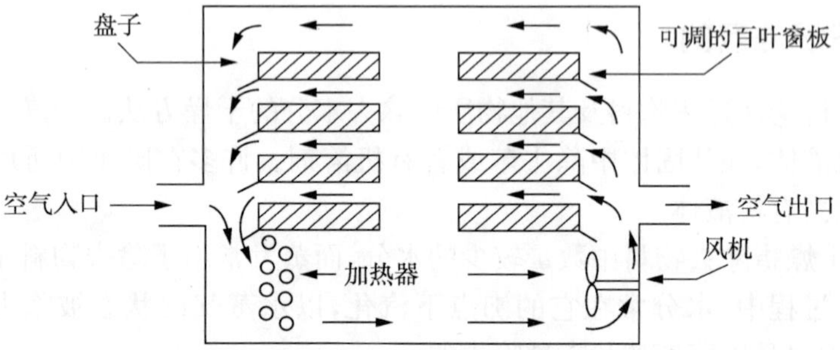

图9.2-1 厢式干燥器

用水蒸气加热后的空气在送风机的作用下将反复循环地平行流过盘子的表面。电加热同样也可以应用,尤其对那些低热负荷的物质。在流过盘子的空气中,大约有10%～20%是新鲜空气,其余的全部是循环的空气。

干燥过后,打开箱门,并换上一批新的盘子。这种干燥器的一种改进型式是盘架推车式。也就是说,盘子被装载在架式推车上,然后敞车再被送入干燥器。这种方法节约了很多时间,因为推车的装载与卸载都是在干燥器的外面进行的。

如果原料为颗粒状的,可以将这些原料安放在筛板上,筛板构成每个盘子的底部。在这种穿流式的干燥器中,热空气通过渗透性的床层,可以显著缩短干燥时间,因为热空气可以通过床层获得大的比表面。

9.2.2 真空架式间接干燥器

真空架式干燥器与盘式干燥器一样也是一种间接加热式的间歇干燥器。这种干燥器是由厢式构成的,为了在真空中操作,在构成架子的钢板或者铸铁板上,必须安装密封性很好的入口门。空的钢架牢固地固定在干燥室内,这些钢架与进出口的蒸气管平行的相连接。装有待干燥的固体物料的盘子放在架子上。可以通过金属壁的热传导和架子上的热辐射辅助进行热量的传递。对于低温操作,可以用循环热水代替水蒸气来加热原料使其中的水分汽化。蒸气通常要通过冷凝器。

这种干燥器通常用于干燥贵重的、热敏性的或易氧化的物料。对处理含有毒性或有价值溶剂的物料,这种干燥器非常有用。

9.2.3 连续洞道干燥器

连续洞道干燥器通常是由一系列的推车或盘子隔室串联而成的,如图9.2-2所示。固体原料就放在连续移动且通向洞道的推车或者盘子上面，热空气流经每个盘子的表面。此空气流可以是逆流、并流，也可以是两者的结合。许多食品就是按照这种方式进行干燥的。

当要干燥的固体为颗粒状时，常用筛板或筛网传送带作连续传送，如图 9.2-2(b)所示。湿的颗粒状物料将在开孔筛板上堆积成 25～150 mm 厚的料层，在传送料层的时候，热空气会向下或者向上通过颗粒床层来加热物料。这种干燥器是由几个部分串联构成的，每个部分都安装有送风机和加热盘管。一部分空气被送风机排到大气中。有时为了干燥糊状的原料，须事先将其制成圆柱状，放在床层上，才能对其干燥。

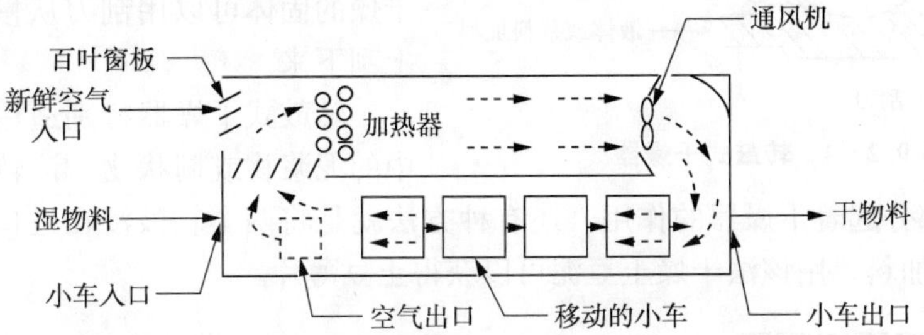

(a) 洞道干燥器推车和逆流热空气

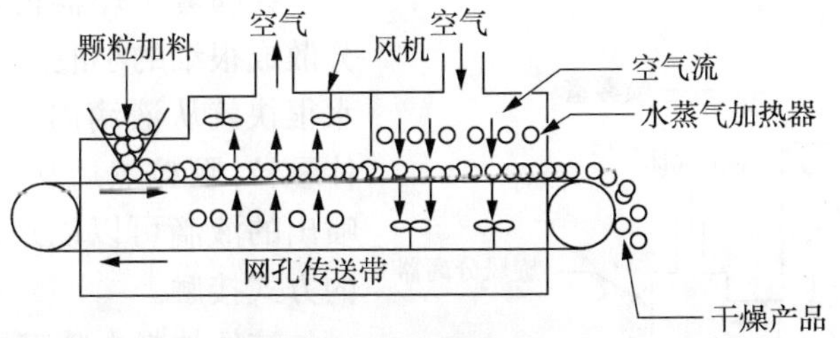

(b) 穿流的筛网输送带干燥器

图 9.2-2 连续洞道干燥器

9.2.4 转筒干燥器

转筒干燥器是由旋转的中空圆筒构成的，通常该圆筒会略向出口方向倾斜。湿的颗粒物料在较高的一端的正上方进料，如图 9.2-3 所示，它在筒体旋转的时候会慢慢移动而通过筒体。物料在与加热空气逆流直接接触时获得热量。有时可以通过物料与筒体壁面的接触而间接加热。

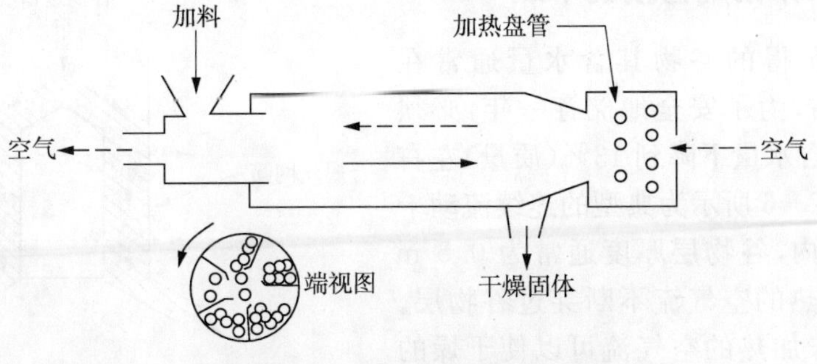

图 9.2-3 直接加热转筒干燥器

如图 9.2－3 所示,固体颗粒在缓慢向前移动一段距离后,被抛洒下来在热空气中落下。这种转筒干燥器还有许多其他变化型式。这些已在其他地方作了讨论(P1)。

9.2.5 转鼓式干燥器

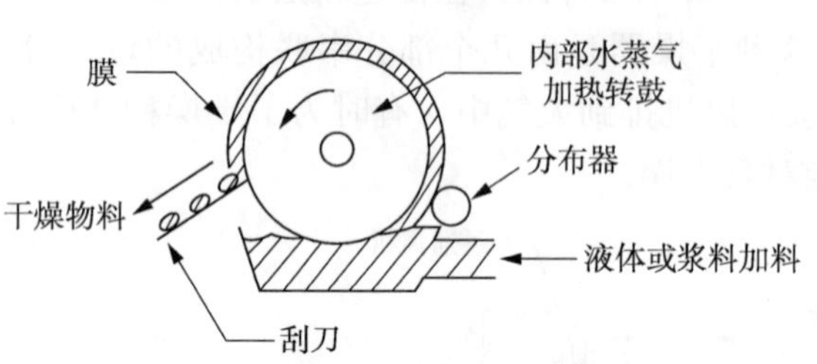

图 9.2－4 转鼓式干燥器

转鼓式干燥器是由加热的金属轧辊组成的,如图 9.2－4 所示,液状或泥浆状的物料薄层就在该轧辊的表面蒸发而被干燥。干燥的固体可以用刮刀从慢慢旋转的转筒上刮下来。

转鼓式干燥器特别适用于处理悬浮液中的泥浆物或糊状物。该转鼓部分起着蒸发器的作用,部分起着干燥器的作用。还有种方法就是将两个转鼓浸在进口物料中或在两个转鼓的上部加料。用该法干燥土豆泥可以获得土豆薄片。

9.2.6 喷雾干燥器

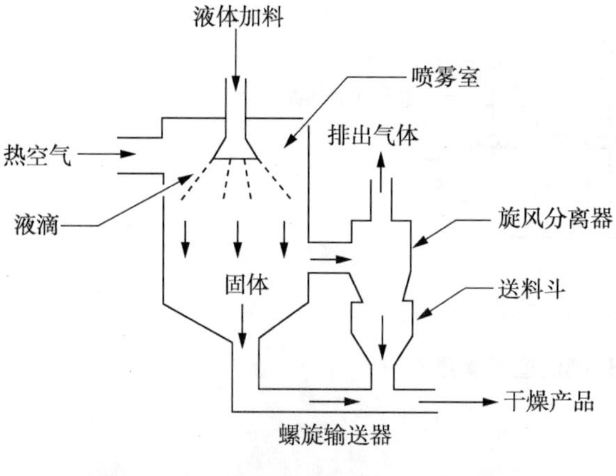

图 9.2－5 喷雾干燥装置的流程图

在喷雾干燥器内,液状或浆状的溶液分散成很细的小液滴,被喷入热的气流中。水很快就从液滴内汽化,只剩下干燥的固体颗粒,颗粒然后从气体中分离。气流与喷出的液滴可以以逆流、并流或两者结合的方式接触。

液体加料在喷嘴或高速旋转的喷雾盘上形成的细小液滴进入圆柱形干燥室,如图9.2－5 所示。为了确保小液滴或湿的固体颗粒在干燥前不碰到并粘在固体表面上,必须使用大的干燥室。喷雾室底部的干燥后的固体颗粒在螺旋输送机的作用下排出,排出气流通过旋风分离器除去里面夹带的固体颗粒。干燥后的固体颗粒通常很轻并具有多孔性。干燥的牛奶粉就是由牛奶喷雾干燥制成的。

9.2.7 农作物与谷物的干燥

刚刚收割所得的谷物其含水量通常在 30%～35%左右,为了安全地储存一年,必须对其干燥,使其含水量下降到 13%(质量)左右(H1)。如图 9.2－6 所示为典型的连续流动干燥器,在干燥仓内,谷物层厚度通常为 0.5 m 左右或更少些,热的空气流不断穿过谷物层。在仓底部通入未加热的空气流可以使干燥的谷物在离开之前被冷却。Hall 还描述了其他

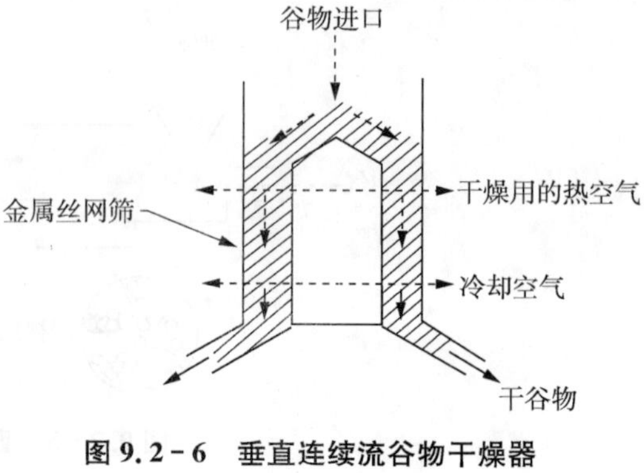

图 9.2－6 垂直连续流谷物干燥器

类型的谷物干燥器和储存仓(H1)。

9.3 水的蒸气压与湿度

9.3.1 水的蒸气压

(1) 概述。在很多的分离过程和传递过程中,常常需要进行涉及水蒸气与空气混合物的性质的计算。这些计算涉及以下知识:水蒸气在不同温度与压力的空气中的浓度;这些混合物的热力学特性;当这些混合物与水或待干燥的湿固体接触时所发生的变化。

增湿作用指水从液相传递到水蒸气与空气的混合气中的过程。减湿作用与此相反。在减湿作用中,水蒸气从气相传递到液相中。增湿与减湿也可涉及原料(诸如苯)蒸气的混合物,但最常见的还是水。为了更好地理解湿度,有必要先讨论一下水的蒸气压。

(2) 水的蒸气压和物理状态。纯水能以三种不同的物理状态存在,即:固体(冰)、液体和气体。水以哪种物理状态存在取决于它所处的温度和压力。

图 9.3-1(水的相图)表示了水的各种物理状态及平衡状态下水的温度和压力间的关系。图 9.3-1 中显示了水的固、液、气三态所处的区域。*AB* 线是气液共存线;*AC* 线是液固共存线;*AD* 线是固气共存线。如果处在点(1)处的冰在恒定压力下被加热,随着温度的升高它所处的状态将向右水平移动。当水平线跨越 *AC* 线时,冰将融化;当水平线跨越 *AB* 线时,液体将蒸发。当状态点从(3)变到(4)时,固体冰将直接升华为气体,而不会变为液体。

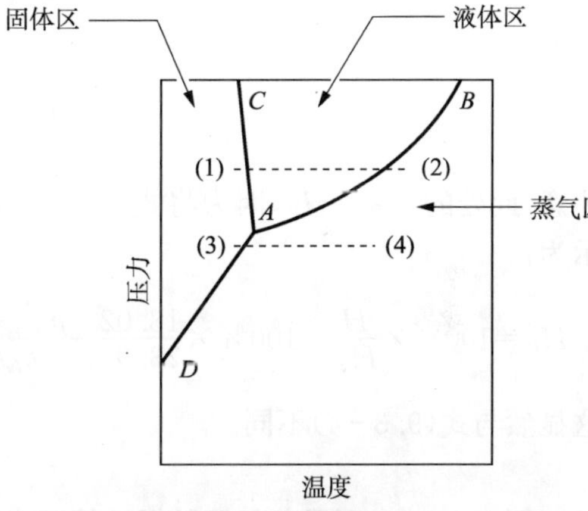

图 9.3-1 水的相图

AB 线是气液共存的平衡线,它是水的饱和蒸气压曲线。当水的饱和蒸气压与水面的总压相等时,水便开始沸腾。例如,在 100 ℃(212 ℉)时,水的饱和蒸气压是 101.3 kPa (1 atm),因此当外界压力等于一个标准大气压时水便开始沸腾。在 65.6 ℃(150 ℉),从附录 A.2 中的蒸气压表可以查出水的蒸气压是 25.7 kPa(3.72 pisa),因此,在 25.7 kPa 和 65.6 ℃时,水将沸腾。

如果一盆水放在温度为 65.6 ℃、压力为 101.3 kPa 的室内,水的饱和蒸气压仍将是 25.7 kPa。这说明了水蒸气压的一个重要的特性,惰性气体(如空气)的存在不会改变蒸气压的大小。也就是说,水的蒸气压不受系统的总压的影响。

9.3.2 湿度及湿度图

(1) 湿度的定义。空气与水蒸气组成的混合气(湿空气)的湿度 H 可以定义为:1 kg 干空气中所含的水蒸气的质量(kg)。这样定义的湿度仅与空气中水蒸气的分压 p_A 和总压 p (假设在这章中,总压始终都是 101.325 kPa,即 1.0 个标准大气压或 760 mmHg)有关。水的相对分子质量为 18.02,空气的为 28.97,湿度 H(kg H_2O/kg 干气)用公式表示如下:

$$H\frac{\text{kg } H_2O}{\text{kg 干空气}}=\frac{p_A}{p-p_A}\frac{\text{kmol } H_2O}{\text{kmol 空气}}\times\frac{18.02\text{ kg } H_2O}{\text{kmol } H_2O}\times\frac{1}{28.97\text{ kg 空气/kmol 空气}}$$

$$H=\frac{18.02}{28.97}\frac{p_A}{p-p_A}\tag{9.3-1}$$

饱和空气是指在给定的温度和压力下水蒸气与液态水达到平衡时的空气。在这种情况下,水蒸气在混合气体中的分压与给定温度下的饱和蒸气压 p_{AS} 相等,因此,饱和湿度 H_S 定义为:

$$H_S=\frac{18.02}{28.97}\frac{p_{AS}}{p-p_{AS}}\tag{9.3-2}$$

(2) 湿度百分率。湿度百分率 H_p 定义为:空气的实际湿度 H 与相同温度及压力下的饱和湿度 H_S 之比的 100 倍,即:

$$H_P=100\%\times\frac{H}{H_S}\tag{9.3-3}$$

(3) 相对湿度百分率。湿空气的饱和度同样可以用分压表示相对湿度的百分率 H_R 表示:

$$H_R=100\%\times\frac{p_A}{p_{AS}}\tag{9.3-4}$$

注意:此处的 $H_R\neq H_P$,因为将式(9.3-1)、式(9.3-2)、式(9.3-3)联立,H_P 可用分压表示为:

$$H_P=100\%\times\frac{H}{H_S}=100\%\times\frac{18.02}{28.97}\frac{p_A}{p-p_A}\Big/\frac{18.02}{28.97}\frac{p_{AS}}{p-p_{AS}}=\frac{p_A}{p_{AS}}\frac{p-p_{AS}}{p-p_A}\times100\%\tag{9.3-5}$$

这显然与式(9.3-4)不同。

例 9.3-1　利用蒸气压数据计算湿度

室内空气的温度为 26.7 ℃(80 ℉),压力为 101.325 kPa,水蒸气的分压为 $p_A=2.76$ kPa。试计算:

(1) 湿度 H;

(2) 饱和湿度 H_S 和湿度百分率 H_P;

(3) 相对湿度百分率 H_R。

解:从蒸汽表查得在 26.7 ℃下水的饱和蒸气压为 $p_{AS}=3.50$ kPa(0.507 psia)。由题知,$p_A=2.76$ kPa,$p=101.3$ kPa(14.7 psia)。

(1) 由式(9.3-1)得:

$$H=\frac{18.02}{28.97}\frac{p_A}{p-p_A}=\frac{18.02}{28.97}\times\frac{2.76}{101.3-2.76}=0.017\,42\text{ kg } H_2O/\text{kg 干空气}$$

(2) 由式(9.3-2)得饱和湿度为:

$$H_S=\frac{18.02}{28.97}\frac{p_{AS}}{p-p_{AS}}=\frac{18.02}{28.97}\times\frac{3.50}{101.3-3.50}=0.022\,26\text{ kg } H_2O/\text{kg 干空气}$$

由式(9.3－3)得湿度百分率为：

$$H_P = 100\% \times \frac{H}{H_S} = \frac{100\% \times 0.01742}{0.02226} = 78.3\%$$

(3) 由式(9.3－4)得相对湿度百分率为：

$$H_R = 100\% \times \frac{p_A}{p_{AS}} = \frac{100\% \times 2.76}{3.50} = 78.9\%$$

(4) 湿空气的露点。给定组成的湿空气在某一温度下将达到饱和，该温度称为露点温度或简称露点。例如，在 26.7 ℃(80 ℉)，水的饱和蒸气压是 $p_{AS}=3.50$ kPa(0.507 psia)，因此，当湿空气中的水蒸气分压达到 3.50 kPa 时，露点温度就是 26.7 ℃。如果湿空气的温度是 37.8 ℃(通常称为干球温度，因为这是由干球温度计测量的混合气体的真实温度)，而其中所含的水蒸气的分压为 $p_A=3.50$ kPa，那么该混合气体不是饱和的。如果将温度冷却到 26.7 ℃，该混合气体将达到饱和，即达到露点。如果继续冷却，部分水蒸气将冷凝，因为水蒸气的分压不能比它此时的饱和蒸气压大。

(5) 湿空气的比热容。湿比热容 c_S 是指将 1 kg 干空气及其中所含水蒸气的混合物升高 1 ℃或 1 K 所需要的热量 J(或 kJ)。在一定的温度范围内可以认为水蒸气和空气的比热容是不变的，通常用 1.005 kJ/(kg 干空气·K)和 1.88 kJ/(kg 水汽·K)表示，用国际单位和英制单位分别表示混合气体的比热容如下：

$$c_S\ \text{kJ/(kg 干空气·K)} = 1.005 + 1.88H \quad \text{(SI 制)}$$

$$c_S\ \text{btu/(lb}_m\text{干空气·℉)} = 0.24 + 0.45H \quad \text{(英制)} \qquad (9.3-6)$$

[在某些情况下 c_S 可表示为$(1.005+1.88H)\times 10^3$ J/(kg·K)]

(6) 湿空气的比容。比容 v_H指在 101.325 kPa(1 atm)及给定温度下 1 kg 干空气加水汽所占的总体积(m³)。由理想气体定律得：

$$v_H\,\text{m}^3\text{/kg 干空气} = \frac{22.41}{273}T(\text{K})\left(\frac{1}{28.97}+\frac{1}{18.02}H\right)$$
$$= (2.83\times10^{-3} + 4.56\times10^{-3}H)T(\text{K}) \qquad (9.3-7)$$

$$v_H\,\text{ft}^3\text{/lb}_m\ \text{干空气} = \frac{359}{492}T(°\text{R})\left(\frac{1}{28.97}+\frac{1}{18.02}H\right)$$
$$= (0.0252 + 0.0405H)T(°\text{R})$$

对于饱和的湿空气，$H=H_S$，此时的 v_H 为饱和比容。

(7) 湿空气的焓。1 kg 空气加上它所带的水汽的总焓就是 H_y J/kg 干空气或 kJ/kg 干空气。如果 T_0是两个组分的基准温度，那么物系的总焓是混合气体的显热加上水蒸气在 T_0 温度下的汽化潜热 λ_0 J/kg 或 kJ/kg 水蒸气。注意到$(T-T_0)$℃$=(T-T_0)$K 和焓相对于液态水为基准。

$$H_y\ \text{kJ/kg 干空气} = c_S(T-T_0) + H\lambda_0 = (1.005+1.88H)(T-T_0\ ℃) + H\lambda_0$$

$$H_y\ \text{btu/lb}_m\text{干空气} = (0.24+0.45H)(T-T_0\,℉) + H\lambda_0 \qquad (9.3-8)$$

如果基准温度设为 $T_0=0$ ℃(32 ℉),就以上式求总焓 H_y,公式变为:

$$H_y \text{ kJ/kg 干空气}=(1.005+1.88H)(T\text{ ℃}-0)+2\,501.4H \quad (\text{SI 制})$$
$$H_y \text{ btu/lb}_m\text{干空气}=(0.240+0.45H)(T\text{ ℉}-32)+1\,075.4H \quad (\text{英制})$$
(9.3-9)

(8) 湿空气的湿度图。图 9.3-2 所示为湿空气在 1 atm 绝压下的物性图,使用方便。在该图中,纵坐标是物系的湿度 H,横坐标是混合气体的真实温度(即干球温度)。

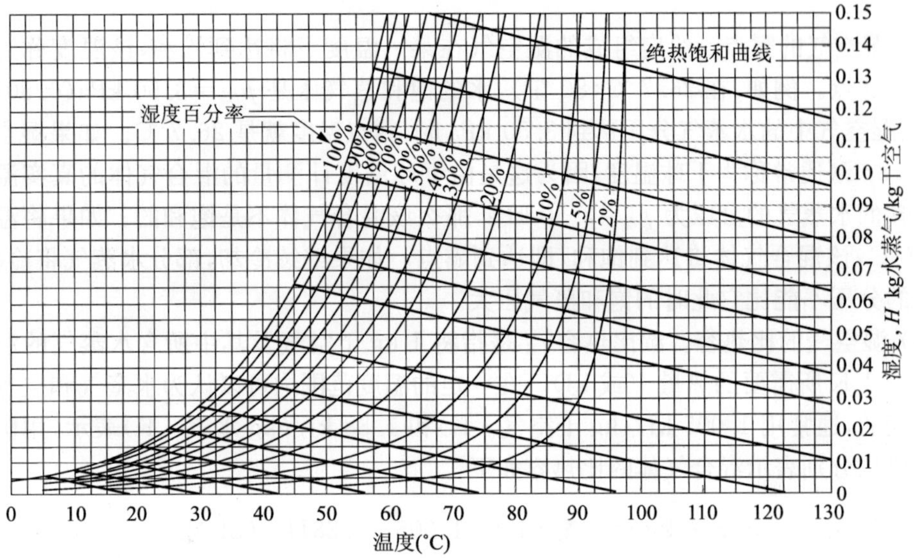

图 9.3-2　湿空气在 101.325 kPa(760 mmHg)下的湿度图

(经允许引自 R. E. Treybal, Mass-Transfer Operations, 3rd ed. New York: McGraw-Hill Book Company, 1980)

标有 100%的曲线给出不同温度下的饱和湿度 H_S。在例 9.3-1 中,得到 26.7 ℃时的饱和湿度 H_S为 0.022 26 kg H_2O/kg 空气。在图 9.3-2 中标出点(26.7 ℃(80 ℉)和 $H_S=0.022\,6$),该点刚好落在 100%的饱和曲线上。

在 100%饱和曲线以下的任一点都代表空气-水蒸气物系的不饱和状态。从这些不饱和曲线上可以得到不饱和物系的湿度百分率值 H_P。在给定温度下,从饱和曲线处垂直向下,饱和曲线 100%与横坐标(底水平线或 $H=0$)之间的空间被不同的曲线划分为 10 个增量,每个增量相差 10%。

图 9.3-2 中所有的湿度百分率 H_P和饱和湿度 H_S,都可以由水蒸气的蒸气压计算得出。

例 9.3-2　湿度图的应用

进入干燥塔的空气温度(即干球温度)为 60 ℃(140 ℉),露点为 26.7 ℃(80 ℉)。试用湿度图确定它的实际湿度 H、湿度百分率 H_P、比热容 c_S、比容 v_H。分别用国际单位和英制单位表示。

解:由题已知,该湿空气在露点 26.7 ℃时将达到 100%饱和,在湿度图(图 9.3-2)中从横坐标

26.7 ℃处作垂线与100%饱和线相交读得的湿度 $H=0.0225$ kg H_2O/kg 干空气，就是60 ℃时该空气的实际湿度。换句话说，如果将 60 ℃，湿度为 $H=0.0225$ kg H_2O/kg 干空气的空气进行冷却，那么该空气的露点将是 26.7 ℃。用英制单位表示为，$H=0.0225$ lb H_2O/lb 干空气。

由图 9.3-2 可看到点($t=60$ ℃，$H=0.0225$)位于10%的曲线与20%的曲线之间，通过在这两条曲线间垂直内插该点得到气体的湿度百分率为 $H_p=14\%$。将 $H=0.0225$ 代入式(9.3-6)计算的比热容为：

$$c_S=1.005+1.88\times0.0225=1.047\ \text{kJ/(kg 干空气·K)} 或 1.047\times10^3\ \text{J/(kg·K)}$$

$$c_S=0.24+0.45\times0.0225=0.250\ \text{btu/(lb}_m\text{干空气·°F)}\quad（英制）$$

从式(9.3-7)得湿空气的比容为：

$$v_H=(2.83\times10^{-3}+4.56\times10^{-3}\times0.0225)\times(60+273)=0.977\ \text{m}^3\text{/kg 干空气}$$

用英制单位表示为：

$$v_H=(0.0252+0.0405\times0.0225)\times(460+140)=15.67\ \text{ft}^3\text{/lb}_m\text{干空气}$$

9.3.3 绝热饱和温度

考察如图 9.3-3 所示的过程，在该图中，进入的湿空气与喷淋良好的液体水相接触。气体在不同的温度和湿度下离开装置，且整个过程是绝热的。除了循环水外，还需要加一些补充水。

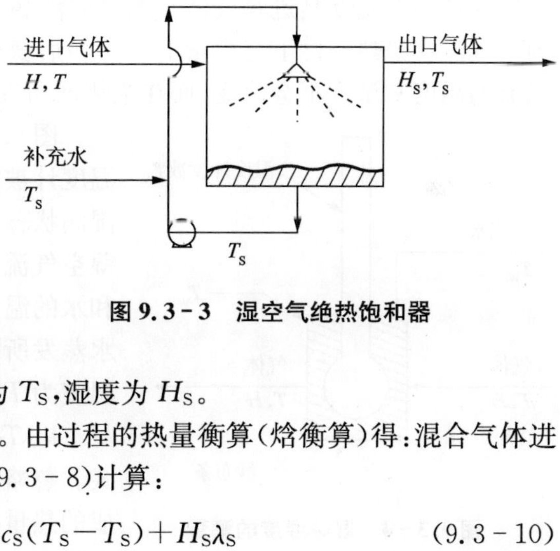

图 9.3-3 湿空气绝热饱和器

循环水的温度达到稳态时的温度称作绝热饱和温度 T_S。如果温度为 T，湿度为 H 的进料气体是不饱和的，那么 T_S 将低于 T。如果进料气体与喷淋的液滴接触充分而使气液达到平衡时，离开的气体将达到饱和，温度为 T_S，湿度为 H_S。

以 T_S 为基准温度，这样，补充水的焓为 0。由过程的热量衡算(焓衡算)得：混合气体进料时的总焓＝混合气体离开时的总焓。用式(9.3-8)计算：

$$c_S(T-T_S)+H\lambda_S=c_S(T_S-T_S)+H_S\lambda_S \tag{9.3-10}$$

代入 c_S 的定义式(9.3-6)并整理上式得：

$$\frac{H-H_S}{T-T_S}=-\frac{c_S}{\lambda_S}=\frac{1.005+1.88H}{\lambda_S}\quad\text{(SI 制)}$$

$$\frac{H-H_S}{T-T_S}=\frac{0.24+0.45H}{\lambda_S}\quad（英制）\tag{9.3-11}$$

式(9.3-11)是图 9.3-2 中绘制的绝热增湿曲线的方程，该曲线通过100%饱和曲线中的点(T_S，H_S)，而另一点为(T，H)。这一系列曲线(均从右向左上倾斜)叫做绝热增湿线或称为绝热饱和线。因为 c_S 中含有 H 项，故当将该曲线绘制到湿度图上时，该曲线并不完全是直线。

如果给定混合气体的温度为 T_1、湿度为 H_1，与绝热饱和器中的液滴充分接触，那么该混合气体离开时便达到饱和(温度变为 T_{S1}，湿度变为 H_{S1})。T_{S1} 与 H_{S1} 的值是这样确定的：通过点(T_1，H_1)的绝热饱和线与100%饱和曲线相交所得的点便是(T_{S1}，H_{S1})。如果接触不充分，混合气体离开时，其饱和度将小于100%，但仍在该条直线上。

例 9.3-3　空气的绝热饱和

温度为87.8 ℃，湿度为 H=0.030 kg H_2O/kg 干空气的空气流与绝热饱和器中的液滴水接触。该空气流被冷却且增湿为90%的饱和度。试求：

(1) H 与 T 的最终值是多少？

(2) 当该空气流的饱和度达到100%时，H 与 T 的最终值是多少？

解：(1) 从湿度图中找到点(T=87.7 ℃，H=0.030)，过该点的绝热饱和线与90%的曲线相交便得到 T、H 的最终值，为 T=42.5 ℃，H=0.050 0 kg H_2O/kg 干空气。

(2) 同一条直线与100%饱和曲线相交便得到此时的 T、H 的最终值，为 T=40.5 ℃，H=0.050 5 kg H_2O/kg 干空气。

9.3.4　湿球温度

绝热饱和温度是进料气体与大量的液滴水接触后获得的稳态温度，而湿球温度是连续的空气流在绝热条件下与少量的水接触后获得的稳态非平衡温度。因为液体的量较少，空气流的温度和湿度不会改变，而在绝热饱和过程中，空气的温度和湿度会改变。

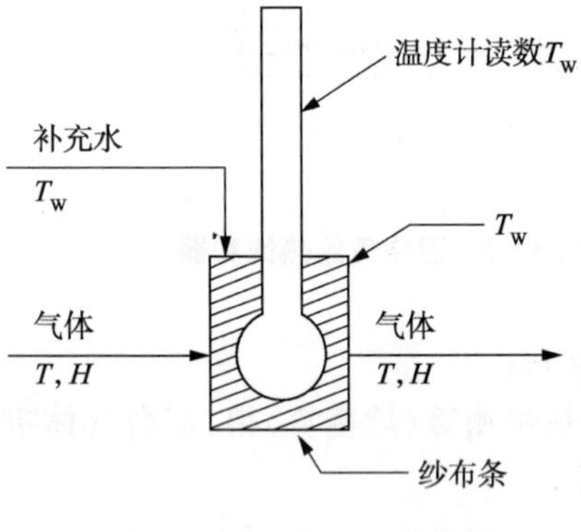

图 9.3-4　湿球温度的测量

图9.3-4说明了湿球温度的测量方法，在该图中，温度计被湿纱布覆盖着。湿纱布在水的作用下保持着湿润状态，并且置入在温度为 T(干球温度)、湿度为 H 的湿空气流中。在稳态下，水将蒸发进入气流中。湿纱布和水的温度被降低到 T_W，并且将保持在该恒定温度下。水蒸发所需的汽化潜热完全由温度为 T 的混合气流与温度为 T_W(较 T 低)的湿纱布之间的对流传热供给。

以 T_W 为基准温度，可以得到湿纱布上的热量衡算式。忽略蒸发掉的液体的显热及热辐射后，由水蒸发造成的热量损失为：

$$q=M_AN_A\lambda_WA \tag{9.3-12}$$

式中，q 的单位为 kW(kJ/s)。M_A为水的摩尔相对分子质量。N_A为蒸发的通量，kmol H_2O/(s·m^2)，A 为表面积，m^2。λ_W是温度为 T_W的水的汽化潜热，kJ/kg。化为英制单位后 q 为 btu/h，N_A为 lb mol/(h·ft^2)，λ_W为 btu/lb$_m$ H_2O。通量 N_A为：

$$N_A=\frac{k'_y}{x_{BM}}(y_W-y)=k_y(y_W-y) \tag{9.3-13}$$

式中 k'_y是传质系数，kmol/(s·m^2)。x_{BM}是空气的对数平均摩尔分数，y_W是湿表面气流中水蒸气的摩尔分数，y 是气流中的水蒸气的摩尔分数。对于低浓度的混合气体 $x_{BM}\approx$1.0 和

$k'_y \approx k_y$，得出 H 与 y 之间的关系为：

$$y=\frac{H/M_A}{1/M_B+H/M_A} \tag{9.3-14}$$

式中 M_B 为空气的摩尔相对分子质量，M_A 为水的摩尔相对分子质量。因为 H 的值非常小，式(9.3-14)近似为：

$$y\approx\frac{HM_B}{M_A} \tag{9.3-15}$$

将式(9.3-15)代入式(9.3-13)，再将所得的结果代入式(9.3-12)后得：

$$q=M_B k_y \lambda_W (H_W-H)A \tag{9.3-16}$$

温度为 T 的气流与温度为 T_W 的湿纱布之间的对流传热量为：

$$q=h(T-T_W)A \tag{9.3-17}$$

式中 h 为传热系数，其单位为 $kW/(m^2 \cdot K)$ ($btu/(h \cdot ft^2 \cdot °F)$)。

式(9.3-16)与式(9.3-17)相等，整理后得：

$$\frac{H-H_W}{T-T_W}=-\frac{h/(M_B k_y)}{\lambda_W} \tag{9.3-18}$$

式中代数式 $h/M_B k_y$ 叫做湿度计量比，其值是由实验测定的。对于空气-水物系，其湿度计量比近似为 0.96～1.005。由于该值与式(9.3-11)中的 c_S（其值近似为 1.005）相近，所以式(9.3-18)与式(9.3-11)是近似相等的。也就是说绝热饱和线可以相当精确地描述湿球线（注意这种关系只对水蒸气成立，对其他蒸气如苯并不成立）。因此，湿球温度的测定常用于确定湿空气的湿度。

例 9.3-4 湿球温度与湿度

干球温度为 T=60 ℃的湿空气通过如图 9.3-4 所示的湿球温度计，获得的湿球温度为 T_W=29.5 ℃。那么湿空气的湿度为多少？

解：湿球温度可以认为与绝热饱和温度相等，即 $T_S=T_W$=29.5 ℃。经过 29.5 ℃的绝热饱和曲线与 60 ℃的干球温度线相交便得到气体的湿度为 H=0.013 5 kg H_2O/kg 干空气。

9.4 物料的平衡含水量

9.4.1 概述

与其他的传递过程（如质量传递过程）一样，物料的干燥过程也要考虑平衡关系和速率关系。在（第 9.2 节中讨论的）绝大多数干燥装置中，物料是在与湿空气的接触过程中被干燥的。在这节中，将讨论固体物料与湿空气的平衡关系。

在物料的干燥过程中，一个重要的可变参数是与已知含水量的物料接触的空气的湿度。假定含水的物料与具有恒定湿度 H、恒定温度的空气流接触，因过程中使用大量过剩的空气，故空气流的状态不变。当固体物料暴露的时间足够长时便达到平衡，最终，物料将达到一定的含水量。这就是处于一定温度与湿度的空气流中的物料达到的平衡含水量。含水量是以干基固体质量为基准定义的，即 kg 水/100 kg 干料；用英制单位表示为 lb H_2O/100 lb 干料。

一些物料的平衡含水量的值与达到平衡的方向有关。可以通过脱附作用来干燥湿的样品达到平衡，也可以通过干样品的吸附作用吸收湿气来达到平衡，但两种方法所得的样品的平衡含水量是不同的。对于干燥计算，脱附平衡值较大，更具有应用价值。

9.4.2　无机物及生物物料的平衡含水量的实验数据

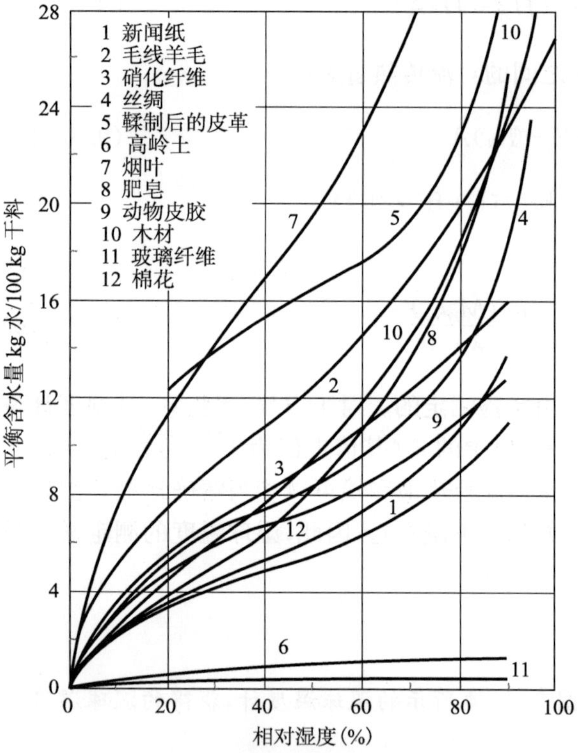

图 9.4－1　某些固体在 298 K(25 ℃)时的典型平衡含水量

［经 National Academy of Sciences 允许引自 National Research Council, International Critical Tables, Vol. II. New York: McGraw-Hill Book Company, 1929］

(1) 各种物料的典型数据。当与具有恒定温度、恒定湿度的气流接触时，如果物料的含水量比平衡含水量高，该物料将被干燥，直到该物料达到平衡含水量；如果物料的含水量比平衡含水量低，它将吸收气流中的水分直至达到平衡含水量为止。对于湿度为 0 的空气，所有物料的平衡含水量均是 0。

对于任一给定的气体相对湿度百分率，如果物料的种类不同，平衡含水量值也不同，图 9.4－1 给出一些典型的物料在室温下的平衡含水量。无孔的、不溶解的固体一般具有低的平衡含水量，如图中所示的玻璃纤维和高岭土。多孔的、有机细胞物料及生物质具有高的平衡含水量，如图 9.4－1 中所示的羊毛、皮革及木材。

(2) 典型的食品物料。图 9.4－2 所示为一些典型的食品物料的平衡含水量对气体的相对湿度百分率进行的标绘。图中的生物物料同样显示出大的平衡含水量值。该图和图9.4－1 中所示的生物物料显示，当气体相对湿度百分率在 60％～80％之间时，这些物料的平衡含水量将随相对湿度百分率的增加而大大增加。

一般情况下，当相对湿度百分率较低时，那些富含蛋白质、淀粉或者高分子量聚合物的平衡含水量值较大，而那些富含可溶性物质的物料的平衡含水量值较小。通常，结晶的盐及糖、脂肪的吸水量较小。

(3) 温度的影响。随着温度的升高，固体物料的平衡含水量会下降一些。例如，当气流的

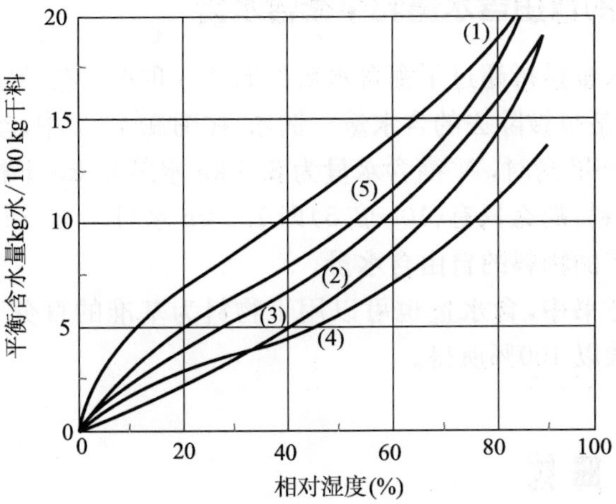

图 9.4－2　某些食品在 298 K(25 ℃)时的典型平衡含水量

(1) 通心粉;(2) 面粉;(3) 面包;(4) 饼干;(5) 蛋白

[经 National Academy of Sciences 允许,曲线(5)引自参考文献(E1)。曲线(1)至(4)引自 National Research Council, International Critical Tables, Vol. II. New York: McGraw-Hill Book Company, 1929]

相对湿度百分率为 50%时,原棉的平衡含水量会从 37.8 ℃(311 K)时的 7.3 kg H_2O/100 kg 干料下降为 93.3 ℃(366.5 K)时的 5.3 kg H_2O/100 kg 干料,降低了约 25%。在适当的温度范围内,当无法获得不同温度下的有效实验数据时,通常可以假设平衡含水量的值不变。

目前,我们还不能通过表面现象和固体结构的理论知识来推测各种物质的平衡含水量。然而,我们可以利用分子的多层吸附等温线模型及其他模型来推测和关联实验数据。Henderson(H2)给出了一些农作物的平衡含水量与相对湿度百分率之间的经验关系。大多数情况下,经验关系并不适用于所有的物料,必须通过实验测定平衡含水量的值。对于同一种类物料的不同样品,平衡含水量也常常是不同的。

9.4.3　固体中的结合水与非结合水

如图 9.4－1 所示,如果指定物料的平衡含水量继续延伸直至与 100%湿度线相交,所得的含水量称为结合水。固体中的这种结合水产生的蒸气压比相同温度下的液体水产生的蒸气压要低。如果这种物料中的含水量比结合水多,它所产生的蒸气压最高只能与相同温度下的普通水产生的蒸气压一样。过量的水分就叫做非结合水,这部分水主要存在于固体的空隙内。含有结合水的物料叫做吸湿物。

现以图 9.4－1 中所示的木材的曲线 10 为例说明。该曲线与 100%湿度线相交所得的含水量为 30 kg H_2O/100 kg 干料。如果样品木料的含水量小于 30 kg H_2O/100 kg 干料,那么该木料内仅含结合水;如果样品木料的含水量为 34 kg H_2O/100 kg 干料,说明每 100 kg干物料中有 4 kg 是非结合水,有 30 kg 是结合水。

物料中的结合水可以通过几种不同的途径存在。细胞或纤维壁面上的水分可溶解于固体中,从而使蒸气压降低。直径非常小的毛细管中的水会产生较低的蒸气压,因为毛细管中产生凹的液体表面。天然有机物料内的水是以化学力和物理化学力而与物料结合的。

9.4.4 物料中的自由含水量和平衡含水量

样品中的自由含水量是指超过平衡含水量的那部分含水。在给定相对湿度百分率的干燥条件下，自由含水量是可被除去的含水量。例如：在图 9.4-1 中，丝绸与 25 ℃、相对湿度为 50%的空气接触达到平衡时，平衡含水量为 8.5 kg 水/100 kg 干料。如果样品的含水量为 10 kg 水/100 kg 干料，那么只有(10－8.5)即 1.5 kg 水/100 kg 干料可被干燥除去，这就是处于给定干燥条件下的物料的自由含水量。

在很多文献及参考书中，含水量也可以用干物料为基准的百分含水量来表示，也就是 kg 水/100 kg 干料再乘以 100%所得。

9.5 干燥速率曲线

9.5.1 概述及实验方法

(1) 概述。在各种工艺物料从一个含水量干燥至另一个含水量的过程中，通常希望能估算出所需干燥器的体积、所用空气的各种操作参数(如湿度及温度)、干燥指定物料量所需的时间等。正如第 9.4 节所述，各种物料的平衡含水量是不能预测的，而必须通过实验测定。同理，由于我们所掌握的干燥速率的基本理论知识非常不完整，在绝大多数情况下，需要实验测定干燥速率。

(2) 干燥速率的实验测定。为了实验测定给定物料的干燥速率，通常将样品放在盘子上来进行实验。如果样品是固体物料，该物料通常应充满整个盘子，以保证干燥过程中只有物料的上端面可与空气流接触。用秤将悬在洞道中的盘子称重，而该洞道流通着干燥气体，用秤可测出物料在不同时间间隔内的含水量的降低值，而无需中断干燥操作。

在间歇干燥实验中，为了获得接近大型干燥条件下的有用的实验数据，我们必须注意满足某些条件。样品不能太轻，能被与大型干燥过程中所用的相似的盘子或框架支承；不能干燥的物料表面(隔绝表面)的比率及物料层的高度应与大型干燥过程中的相似。为了模拟恒定干燥条件下的干燥过程，务必使干燥速率、空气流的湿度、温度及流向保持相同和恒定。

9.5.2 恒定干燥条件下的干燥速率曲线

(1) 将数据换算成干燥速率曲线。从间歇干燥实验中，我们获得的数据通常是不同干燥时刻 t(h)的湿物料(即干物料与水分的总和)的总质量 W。用以下方法可以将这些数据换算成不同时刻的干燥速率数据。首先将数据再次计算。如果 W 是以 kg 表示的湿物料(干物料与水分的总和)的总质量，W_S 是以 kg 表示的干物料的质量，则物料中总的自由含水量为：

$$X_t=\frac{W-W_S}{W_S}\frac{\text{kg 总水}}{\text{kg 干料}}\left(\frac{\text{lb 总水}}{\text{lb 干料}}\right) \tag{9.5-1}$$

当干燥条件一定时，平衡含水量 X^* (kg 平衡水/kg 干料)是一定的，那么自由含水量(kg 自由水/kg 干料)可通过不同时间的 X_t 计算得到：

$$X = X_t - X^* \tag{9.5-2}$$

通过式(9.5-2)可以获得一系列的自由含水量 X，以 X 为纵坐标、时间 t(h)为横坐标可以得到图 9.5-1(a)。为了从该图中得到干燥速率曲线，可以在图 9.5-1(a)中确定曲线上各点的切线，切线的斜率$\frac{dX}{dt}$是对应 t 时刻的。由下式可计算每一点的干燥速率 R：

$$R = -\frac{L_S}{A}\frac{dX}{dt} \tag{9.5-3}$$

式中 R 为干燥速率，kg $H_2O/(h \cdot m^2)$；L_S 为所用的干物料的质量，kg；A 为与空气流接触的干燥表面积，m^2。化为英制单位后：R 为 lb_m $H_2O/(h \cdot ft^2)$；L_S 为 lb_m 干料；A 为 ft^2。对于从图 9.5-1(a)中计算的干燥速率 R 而言，L_S/A 的值可用 21.5 kg/m^2。以 R 为纵坐标，含水量为横坐标便可得到干燥速率曲线，如图 9.5-1(b)所示。

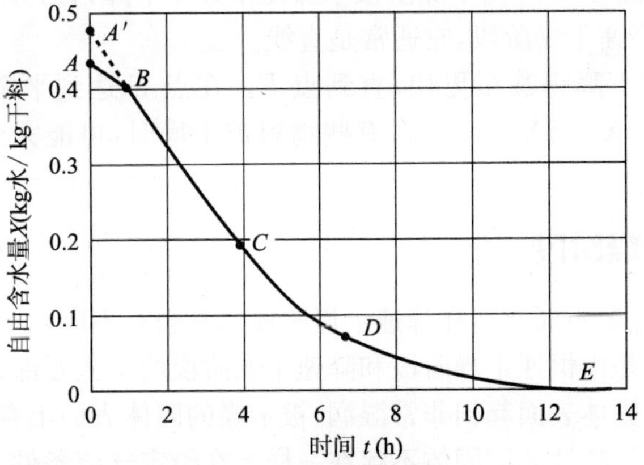

(a) 自由含水量对时间的标绘

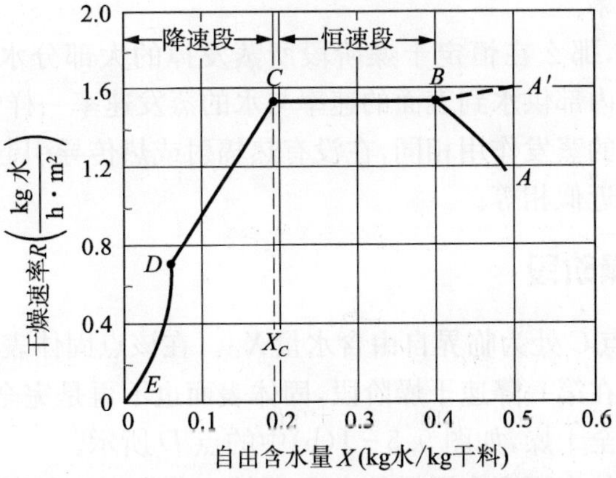

(b) 速率对自由含水量的干燥速率曲线

图 9.5-1　恒定干燥条件的典型干燥速率曲线

另一种获得干燥速率曲线的方法是：首先计算不同时间间隔 Δt 内失去的水分损失 ΔX。例如，如果 $t_1 = 1.68$ h 时 $X_1 = 0.350$，$t_2 = 2.04$ h 时，$X_2 = 0.325$，那么 $\Delta X/\Delta t = (0.350-0.325)/(2.04-1.68)$。然后由式(9.5-3)及 $L_S/A = 21.5$ 得：

$$R=-\frac{L_S}{A}\frac{\Delta X}{\Delta t}=21.5\times\frac{0.350-0.325}{2.04-1.68}=1.493$$

上式中 R 是时间段 1.68～2.04 h 内的平均干燥速率，其对应的自由含水量也应为这段时间内的平均值即 $X=(0.350+0.325)/2=0.338$。

(2) 干燥速率曲线的标绘。在图 9.5-1(b)中表示了恒定干燥条件下的干燥速率曲线。在零时刻的初始自由含水量示于点 A。在开始时，物料温度通常低于它的最终温度，汽化的速率不断增大。在点 B，物料表面的温度升高至它的平衡温度。或者，当物料的初始温度很高时，速率会从 A' 点开始。这个初始的非定态调整时期通常时间很短，它在干燥时间分析中通常可以忽略。

在图 9.5-1(a)中，从点 B 到点 C 是直线，因此在这个阶段斜率和干燥速率是恒定值。图 9.5-1(b)中的 BC 线就表示了这个恒速干燥阶段。

从两张图中的 C 点起，在降速干燥阶段干燥速率开始下降，直到点 D，图 9.5-1(b)中的直线 CD 表示了第一降速干燥阶段，它通常是直线。

在点 D 干燥速率下降得甚至更快，直到点 E。在点 E 达到平衡，此时平衡含水量为 X^*，而自由含水量 $X=X^*-X^*=0$。在有些物料被干燥时，可能完全没有 CD 阶段，即完全被降速干燥所取代。

9.5.3 恒速干燥阶段

处在不同干燥条件的不同物料在降速干燥阶段通常会有不同的干燥曲线形状。但大多数情况下，干燥曲线总是由恒速干燥阶段和降速干燥阶段两个主要部分组成。

在恒速干燥阶段，固体表面起初非常湿润，被干燥的固体表面上存在水的连续液膜。这些水完全是非结合水，其特性如同固体不存在一样。在给定气流条件下，这些水的蒸发速率不受固体影响，且与自由液体表面的蒸发速率相同。然而增加固体表面的粗糙度，可使干燥速率高于平整表面的速率。

如果固体是多孔的，那么在恒定干燥阶段所蒸发掉的大部分水是由固体内部供应的。这个阶段一直持续到从内部供水到表面的速率与水的蒸发速率一样快为止。这个阶段的蒸发作用与测定湿球温度的蒸发作用相同，在没有热辐射或热传导引起的传热情况下，使固体表面的温度与湿球温度近似相等。

9.5.4 降速干燥阶段

图 9.5-1(b)中的点 C 处为临界自由含水量 X_C。在该点固体表面没有充分的水分来维持水的液膜的连续性。在第一降速干燥阶段，固体表面也不再是完全湿润的，且湿润面积逐渐减少直到固体表面完全干燥，如图 9.5-1(b)中的点 D 所示。

第二降速干燥阶段从表面完全干燥的点 D 开始。蒸发平面逐渐从表面下降。蒸发热通过固体传入蒸发区域，而汽化的水通过固体进入气流。

在某些情况下，在点 D 并不会出现明显的间断性，从部分湿润到固体表面的完全干燥的转变过程如此平缓，以致很难检测到显著的变化。

在降速干燥过程中除去的水分相对来说较少，但该过程持续的时间却比较长。这点可从图 9.5-1 看出。恒速干燥阶段(BC 段)持续的时间约 3.0 h，X 从 0.40 减少到约 0.19，即减少量为:0.21 kg 水/kg 干料。而降速干燥阶段(CE 段)持续的时间为 9.0 h 左右,而 X 仅从 0.19 变为 0。

9.5.5 在降速干燥阶段固体中水分的移动

当通过固体表面水分的蒸发进行干燥时,水分必须从固体深处传递到固体表面。这种传递机理影响恒速及降速阶段的干燥过程。这里简要回顾一些能很好解释各种降速干燥曲线的理论。

(1) 液体扩散理论。按照这个理论,当固体表面与内部存在水分浓度差时,发生液体水分的扩散。这种水分传递的方法常发生在其内部可形成液体水的单相溶液的无孔固体内,如:糨糊、肥皂、明胶、动物胶等。它也发生于干燥黏土、面粉、木材、皮革、纸、淀粉及纺织品中的最后一部分水时。在许多食品物料的干燥过程中,在降速干燥阶段发生的水分传递,通常是由扩散引起的。

在给定时间范围内,固体物料内的水分分布曲线的形状定性地与第 7 章中给出的非定态的扩散方程一致。随着含水量的减少水的扩散系数 D_{AB} 逐渐减小,因此扩散系数通常是有关浓度范围内的平均值。按照这种方式进行的干燥可以认为是由扩散引起的干燥,尽管其实际机理非常复杂。在降速干燥阶段,固体表面液体水的蒸发速率要比通过固体的水的扩散速率快得多,也就是说蒸发阻力非常小,因此表面的含水量基本上达到了平衡值。

降速干燥阶段由扩散控制的干燥曲线的形状与图 9.5-2(a)类似。如果开始的恒速干燥速率相当高,那么由不饱和表面蒸发引起的第一降速阶段干燥过程将不会出现。如果恒速干燥的速率相当低,那么由不饱和表面的蒸发阶段出现在图 9.5-1(b)中的 CD 段,由扩散控制的干燥过程为 DE 段。由扩散控制干燥阶段的计算方程将在第 9.9 节中给出。用扩散理论计算习题 7.1-4 中黏土的干燥和习题 7.1-6 中木材的干燥过程,已在第 7 章习题中给出了。

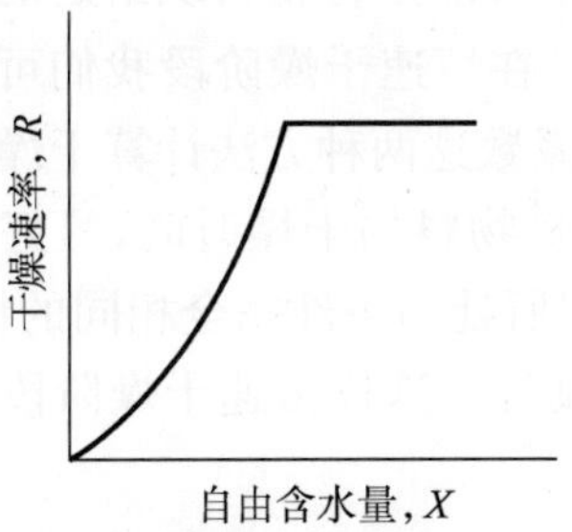

(a) 扩散控制降速阶段

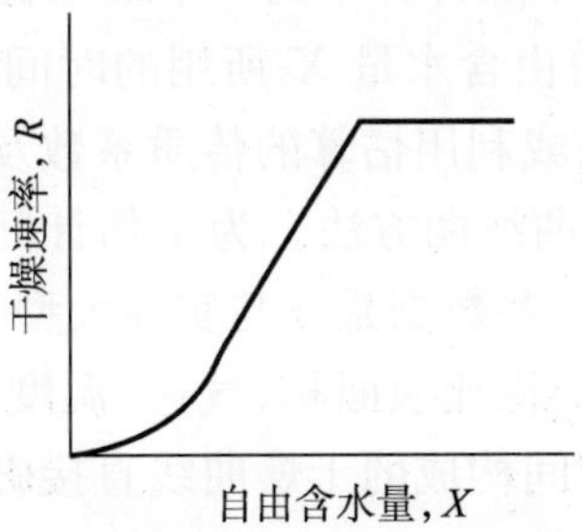

(b) 多孔固体的毛细管控制降速阶段

图 9.5-2 典型的干燥曲线

(2) 多孔固体中的毛细管运动。当颗粒状或多孔状的固体(诸如:黏土、沙、泥土、涂料及矿物质等)被干燥时,其中的非结合水即自由水在毛细管的作用下而不是在扩散作用下通过固体中的毛细管和空隙。这种机理涉及表面张力,与灯芯中的油的运动一样。

多孔固体内含有各种大小的、相连接的孔和通道。当水蒸发时,固体不同深度的孔与孔之间形成液体水的弯月面。水与固体之间的界面张力形成了毛细管力。正是毛细力提供了水穿过小孔到达固体表面的推动力。小孔提供的毛细管力比大孔要大。

在降速干燥的起始点(如图 9.5－1(b)中的点 C 所示),水在毛细管力作用下不断地被带到固体表面,但水的表面层却渐渐下降至固体表面以下。空气将填充空隙。随着水不断被除去,固体内部的水分不足以维持不同孔隙间连续的液膜,从而导致干燥速率突然下降,便到达第二降速干燥阶段的起始点,即图 9.5－1(b)中的点 D。之后,孔中水蒸气的扩散速率及固体内的热传导速率便成为干燥速率的主要影响因素。

对于含有细孔的固体而言,第二降速干燥阶段的干燥速率曲线可服从扩散定律,如图 9.5－2(b)所示,曲线向上凹。对于大孔固体,诸如含有大孔的沙层,第二降速干燥阶段的干燥速率曲线通常是直线,因此扩散方程就不适用了。

(3) 收缩效应。严重影响干燥速率的一个常见因素是随着水分不断除去而产生的固体的收缩。坚硬的固体不会产生明显的收缩,但胶状及纤维状的物料(诸如蔬菜及其他食品物料)会遇到较大的收缩。最严重的后果就是在固体表面可形成液体水及气流都无法通过的坚硬的表面层,从而使干燥速率降低,黏土和肥皂的干燥就是这样。在很多食品物料中,如果在太高温度下进行干燥,由于收缩的细胞聚集在一起,在表面将形成一层致密的压缩层。这阻碍了水分的迁移,该过程叫做表面的硬化。收缩的另一个后果是使固体变形,从而改变固体的结构。在木材干燥的过程中会发生这种情况。

有时为了减小这些收缩效应,最好使用湿的空气进行干燥。这样降低了干燥速率,从而使由表面硬化和固体变形引起的收缩效应极大程度地减小。

9.6 恒速干燥阶段的计算方法

9.6.1 应用实验干燥曲线的方法

(1) 概述。在干燥计算中的一个最重要的因素可能是将物料从给定的起始自由含水量 X_1 干燥到最终的自由含水量 X_2 所用的时间长度。在恒速干燥阶段我们可以用实验所得的间歇干燥速率曲线或利用估算的传质系数及传热系数这两种方法计算干燥时间 t。

(2) 应用干燥曲线的方法。为了估计间歇干燥物料的干燥时间,最好的方法就是利用实际的实验数据,这些数据是在与实际大型干燥器所处的条件完全相同的情况下测定的,即相同的进料物料、干燥比表面积、气速、温度及湿度等。这样恒速干燥阶段所需的时间就可从自由含水量与时间构成的干燥曲线直接确定。

例 9.6－1　利用干燥曲线求干燥时间

一种固体的干燥曲线如图 9.5－1(a)所示。试计算将该固体从自由含水量 $X_1=0.38$ kg 水/kg 干料干燥到 $X_2=0.25$ kg 水/kg 干料时所用的干燥时间。

解:从图 9.5－1(a)可知,当 $X_1=0.38$ 时 $t_1=1.28$ h,当 $X_2=0.25$ 时 $t_2=3.08$ h。因此所用的时间为:

$$t=t_2-t_1=3.08-1.28=1.80\ \text{h}$$

(3) 恒速阶段利用干燥速率曲线的计算方法。除了利用干燥曲线外,还可以用干燥速率曲线来计算干燥时间。式(9.5-3)定义的干燥速率 R 为:

$$R=-\frac{L_S}{A}\frac{dX}{dt} \tag{9.5-3}$$

上式经整理后并对时间从 X_1 的 $t=0$ 至 X_2 的 $t_2=t$ 进行积分得:

$$t=\int_{t_1=0}^{t_2=t}dt=\frac{L_S}{A}\int_{X_2}^{X_1}\frac{dX}{R} \tag{9.6-1}$$

如果干燥发生在恒速阶段,也就是 X_1、X_2 均大于临界自由含水量 X_C,那么此时 R=常数=R_C,整理式(9.6-1)便得到恒速阶段的干燥时间为:

$$t=\frac{L_S}{AR_C}(X_1-X_2) \tag{9.6-2}$$

例 9.6-2 利用干燥速率曲线求干燥时间

利用式(9.6-2)和图 9.5-1(b)计算例 9.6-1 中所需的干燥时间。

解: 正如前所述,L_S/A 值=21.5 被用来将图 9.5-1(a)换算成图 9.5-1(b)。从 9.5-1(b)中知,恒速阶段时 R_C=1.51 kg H_2O/h·m²。将各个参量代入式(9.6-2)后得:

$$t=\frac{L_S}{AR_C}(X_1-X_2)=\frac{21.5}{1.51}\times(0.38-0.25)=1.85\text{ h}$$

该值与例 9.6-1 中所得的值 1.80 h 很接近。

9.6.2 利用预测的恒速阶段传递系数的方法

(1) 概述。在恒速干燥阶段,与干燥空气流接触的固体颗粒的表面保持着完全湿润的状态。正如前面所述,给定空气条件下的水分蒸发速率与所干燥的固体的种类无关,且其速率与处于相同条件下的自由液面水分的蒸发速率完全相同。然而表面的粗糙程度可增加蒸发的速率。

在恒速干燥阶段,固体如此湿润以至于水分的性状就如固体不存在一样。固体表面被蒸发掉的水完全是由固体内部提供的。多孔固体中的蒸发速率与湿球温度计中的蒸发(它也是恒速干燥)机理相同。

(2) 恒速干燥的计算方程。当来自于物料饱和表面的水蒸气通过气膜传递到气相主体或环境中时,由质量传递引起的物料干燥过程便发生了。固体中水分的移动速率足够快,从而能保持表面的饱和。水蒸气的除去速率(干燥)受传递给蒸发面的传热速率控制,该热量提供了液体蒸发的潜热。在定态条件下,传质速率与传热速率达到平衡。

为了导出干燥方程,我们忽略由辐射和由金属盘或表面热传导引起的向固体表面的传热。热辐射和热传导将在第 9.8 节讨论。假设仅存在从热气流到固体表面的对流传热及从固体表面到热气流的质量传递(如图 9.6-1

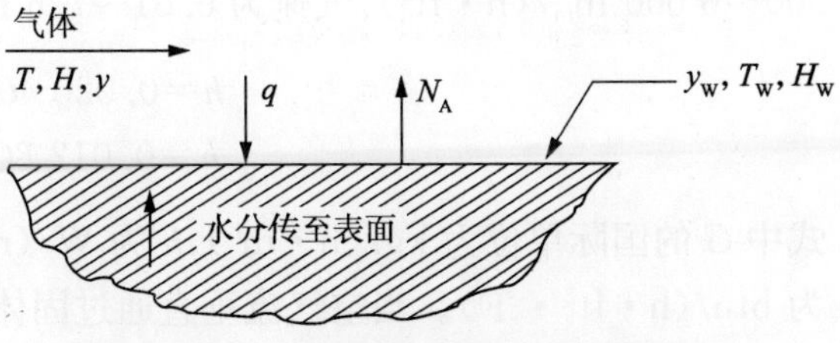

图 9.6-1 恒速干燥阶段的传热和传质

所示),我们可以写出与由湿球温度 T_W 导出的式(9.3-18)相同的方程。

从温度为 T(℃)的气流传递到温度为 T_W(℃)的固体壁面的对流传热速率 q(W 或 J/s)为:

$$q=h(T-T_W)A \tag{9.6-3}$$

式中 h 为传热系数,$W/m^2 \cdot K$($btu/h \cdot ft^2 \cdot °F$);$A$ 为干燥表面积,m^2(或 ft^2)。从固体表面传递的水蒸气通量方程与式(9.3-13)相同:

$$N_A=k_y(y_W-y) \tag{9.6-4}$$

将近似式(9.3-15)代入式(9.6-4)得:

$$N_A=k_y\frac{M_B}{M_A}(H_W-H) \tag{9.6-5}$$

忽略显热后,将 N_A $kmol/(s \cdot m^2)$($lb\ mol/(h \cdot ft^2)$)的水蒸发所需的热量与式(9.3-12)相同,为:

$$q=M_AN_A\lambda_WA \tag{9.6-6}$$

式中的 λ_W 为温度 T_W 下的潜热,单位为 J/kg(btu/lb_m)。

式(9.6-3)与式(9.6-6)相等,代入式(9.6-5)中的 N_A 后,得

$$R_C=\frac{q}{A\lambda_W}=\frac{h(T-T_W)}{\lambda_W}=k_yM_B(H_W-H) \tag{9.6-7}$$

式(9.6-7)和与湿球温度公式(9.3-18)一致。因此,在不存在热传导及热辐射引起的传热时,恒速干燥阶段的固体表面的温度等于空气流的湿球温度。这样,干燥速率 R_C 可通过传热方程 $h(T-T_W)/\lambda_W$ 或传质方程 $k_yM_B(H_W-H)$ 计算得到。然而,人们发现用传热方程式(9.6-8)更为可靠,因为确定界面温度 T_W 时引入的误差对推动力($T-T_W$)的影响比对推动力(H_W-H)的影响要小。

$$R_C\,kg\ H_2O/(h \cdot m^2)=\frac{h}{\lambda_W}(T-T_W\,℃)\times 3\,600 \quad (\text{SI 制})$$

$$R_C\,lb_m\ H_2O/(h \cdot ft^2)=\frac{h}{\lambda_W}(T-T_W\,°F) \quad (\text{英制}) \tag{9.6-8}$$

为了用式(9.6-8)计算 R_C,首先必须知道传热系数。在空气流平行经过干燥表面的情况下,可用式(4.6-3)计算。由于干燥表面的前端边缘可引起更多的湍流,因此下式适用的条件为:气流温度为 45 ℃~150 ℃,质量流速 G 为 2 450~29 300 $kg/(h \cdot m^2)$ 或 500~6 000 $lb_m/(h \cdot ft^2)$,气速为 0.61~7.6 m/s 或 2~25 ft/s:

$$h=0.020\,4G^{0.8} \quad (\text{SI 制})$$

$$h=0.012\,8G^{0.8} \quad (\text{英制}) \tag{9.6-9}$$

式中 G 的国际单位为 $kg/(h \cdot m^2)$,h 为 $W/(m^2 \cdot K)$;换为英制单位后 G 为 $lb_m/(h \cdot ft^2)$,h 为 $btu/(h \cdot ft^2 \cdot °F)$。当空气流垂直通过固体表面,且 G 为 3 900~19 500 $kg/(h \cdot m^2)$,气速为 0.9~4.6 m/s(3~15 ft/s)时,h 的计算式为:

$$h=1.17G^{0.37}\quad \text{(SI 制)}$$
$$h=0.37G^{0.37}\quad \text{(英制)}\tag{9.6-10}$$

利用式(9.6-8)～式(9.6-10)就可以计算恒速干燥阶段的干燥速率了。然而，在可能的情况下最好用实验测定干燥速率。

为了计算恒速阶段的干燥时间，只需将式(9.6-7)代入式(9.6-2)中即可：

$$t=\frac{L_S\lambda_W(X_1-X_2)}{Ah(T-T_W)}=\frac{L_S(X_1-X_2)}{Ak_yM_B(H_W-H)}\tag{9.6-11}$$

例 9.6-3　恒速干燥的计算

在边长为 0.457×0.457 m(1.5×1.5 ft)、深度为 25.4 mm 的底盘中干燥不能溶解的粒状物料。填料的深度为 25.4 mm，底盘的边和底部可认为是绝缘的。传热是由平行经过固体表面的气流的热对流引起的，气流的流速为 6.1 m/s(20 ft/s)，温度为 65.6 ℃(150 ℉)，湿度为 0.010 kg H_2O/kg 干气。试用国际单位和英制单位计算恒速阶段的干燥速率。

解：在湿度图中(图 9.3-2)，由经过干球温度 65.6 ℃，湿度为 0.010 kg H_2O/kg 干空气的绝热饱和曲线(同湿球温度线)与 100%湿度饱和曲线相交便得到湿球温度 T_W 为 28.9 ℃(84 ℉)、湿度 H_W 为 0.026。用式(9.3-7)计算比容为：

$$\begin{aligned}v_H&=(2.83\times10^{-3}+4.56\times10^{-3}H)T\\&=(2.83\times10^{-3}+4.56\times10^{-3}\times0.01)\times(273+65.6)\\&=0.974\ \text{m}^3/\text{kg 干空气}\end{aligned}$$

1.0 kg 的干空气加上 0.010 千克的水汽的密度为：

$$\rho=\frac{1.0+0.010}{0.974}=1.037\ \text{kg/m}^3(0.0647\ \text{lb}_m/\text{ft}^3)$$

则质量流速 G 为：

$$G=v\rho=6.1\times3\,600\times1.037=22\,770\ \text{kg/(h}\cdot\text{m}^2)$$
$$G=v\rho=20\times3\,600\times0.0647=4\,660\ \text{lb}_m/(\text{h}\cdot\text{ft}^2)$$

由式(9.6-9)得：

$$h=0.0204G^{0.8}=0.0204\times22\,770^{0.8}=62.45\ \text{W/(m}^2\cdot\text{K)}$$
$$h=0.0128G^{0.8}=0.0128\times4\,660^{0.8}=11.01\ \text{btu/(h}\cdot\text{ft}^2\cdot{}^\circ\text{F)}$$

从水蒸气表中可查得当温度 T_W=28.9 ℃时，λ_W 为 2 433 kJ/kg(1 046 btu/lb_m)。

注意到(65.6－28.9)℃=(65.6－28.9)K，并将 T_W 及 λ_W 的值代入式(9.6-8)得：

$$R_C=\frac{h}{\lambda_W}(T-T_W)\times3\,600=\frac{62.45}{2\,433\times1\,000}\times(65.6-28.9)\times3\,600=3.39\ \text{kg/(h}\cdot\text{m}^2)$$

$$R_C=\frac{11.01}{1\,046}\times(150-84)=0.695\ \text{lb}_m/(\text{h}\cdot\text{ft}^2)$$

则表面积为(0.457×0.457)m^2 上的总蒸发速率为：

$R_C A = 3.39 \times 0.457 \times 0.457 = 0.708\ \mathrm{kg\ H_2O/h} = 0.695 \times 1.5 \times 1.5 = 1.564\ \mathrm{lb_m\ H_2O/h}$

9.6.3 过程变量对恒速干燥阶段的影响

正如前所述,用实验测定干燥速率比用方程预测干燥速率要优越。然而,当实验数据非常有限时,用这些方程估算干燥过程中各变量的变化对干燥速率的影响是非常有用的。

(1) 气体流速的影响。当不存在由热传导和热辐射引起的传热时,恒速阶段的干燥速率与 h 成比例,当空气流平行通过固体表面时,由式(9.6-9)可知,该速率也与 $G^{0.8}$ 成比例。当要考虑热传导和热辐射时,气体流速的影响就变得不那么重要了。

(2) 空气湿度的影响。气体温度 T 一定时,减小气体的湿度 H,由湿度图(图 9.3-2)可知湿球温度 T_W 也将减小。那么由式(9.6-7)知,速率 R_C 将增加。例如,如果起始条件为 R_{C_1},T_1,T_{W_1},H_1,H_{W_1},此时若 H_1 变为 H_2,H_{W_1} 变为 H_{W_2},那么 R_{C_2} 变为:

$$R_{C_2} = R_{C_1} \frac{T - T_{W_2}}{T - T_{W_1}} \frac{\lambda_{W_1}}{\lambda_{W_2}} = R_{C_1} \frac{H_{W_2} - H_2}{H_{W_1} - H_1} \qquad (9.6-12)$$

然而,因 $\lambda_{W_1} \approx \lambda_{W_2}$,故得:

$$R_{C_2} = R_{C_1} \frac{T - T_{W_2}}{T - T_{W_1}} = R_{C_1} \frac{H_{W_2} - H_2}{H_{W_1} - H_1} \qquad (9.6-13)$$

(3) 空气温度的影响。如果气体温度 T 增加,那么 T_W 也将稍增加,但其增加的幅度没有 T 大,此时 R_{C_2} 增加如下:

$$R_{C_2} = R_{C_1} \frac{T_2 - T_{W_2}}{T_1 - T_{W_1}} = R_{C_1} \frac{H_{W_2} - H_2}{H_{W_1} - H_1} \qquad (9.6-14)$$

(4) 被干燥固体厚度的影响。如果传热仅是由热对流引起的,那么干燥速率 R_C 与固体的厚度 x_1 无关。但从给定的含水量 X_1 变为含水量为 X_2 的干燥时间 t 却直接与固体的厚度 x_1 成正比。这点可从式(9.6-2)中得出,在干燥表面积 A 一定时,增加固体的厚度将直接增加被干燥固体的质量 L_S(kg 干料)。

(5) 过程变量影响的实验。实验数据证明了物料的厚度、气体的湿度、气体的流速和 $(T - T_W)$ 等变量对干燥过程影响的结论。

9.7 降速干燥阶段的计算方法

9.7.1 数值积分的方法

在降速干燥阶段,如图 9.5-1(b)所示,干燥速率 R 不是恒定的,当干燥过程经过临界自由含水量 X_C 后,速率是不断减小的。当自由含水量 X 为零时,干燥速率也降到零。

X_1 与 X_2 之间的任意区间的干燥时间已由式(9.6-1)给出:

$$t = \frac{L_S}{A} \int_{X_2}^{X_1} \frac{\mathrm{d}X}{R} \qquad (9.6-1)$$

如果速率是恒定的，式(9.6-1)经积分后可得式(9.6-2)。然而，在降速干燥阶段，其干燥速率 R 是变化的。对任何形状的降速干燥曲线，根据 $1/R$ 对自由含水量 X 的标绘，可以对式(9.6-1)进行积分，通过电子表格程序进行数值积分或图解积分计算曲线下的面积，便可得到式(9.6-1)的干燥时间。(见第 1.8 节介绍的数值积分的方法。)

例 9.7-1 降速阶段的数值积分

现有一批湿物料，其干燥速率曲线可用图 9.5-1(b)来描述，现将该物料从自由含水量 $X_1=0.38$ kg H_2O/kg 干料干燥到自由含水量 $X_2=0.04$ kg H_2O/kg 干料。已知干物料的质量为 $L_S=399$ kg 干料，干燥的上部表面积为 $A=18.58\ m^2$。试计算干燥时间。注意$L_S/A=399/18.58=21.5\ kg/m^2$。

解: 由图 9.5-1(b)可知，临界自由含水量为 $X_C=0.195$ kg H_2O/kg 干料。因此，该过程既有恒速干燥过程，也有降速干燥过程。

在恒速干燥阶段，$X_1=0.38$，$X_2=X_C=0.195$。从图 9.5-1(b)可得该阶段的干燥速率为 $R_c=1.51$ kg $H_2O/(h\cdot m^2)$。代入式(9.6-2)得：

$$t=\frac{L_S}{AR_C}(X_1-X_2)=\frac{399\times(0.38-0.195)}{18.58\times1.51}=2.63\ h$$

在降速干燥阶段，从图 9.5-1(b)可得到与各 X 值对应的速率 R 值，列表如下：

X	R	$1/R$	X	R	$1/R$
0.195	1.51	0.663	0.065	0.71	1.41
0.150	1.21	0.826	0.050	0.37	2.70
0.100	0.90	1.11	0.040	0.27	3.70

用电子算表程序进行数值积分可计算面积，其计算结果列表如下：

X	R	$1/R$	ΔX	$(1/R)_{av}$	$\Delta X(1/R)_{av}$
0.195	0.51	0.633	0.045	0.745	0.033 5
0.150	1.21	0.826	0.050	0.969	0.048 5
0.100	0.90	1.111	0.035	1.260	0.044 1
0.065	0.71	1.408	0.015	2.055	0.030 8
0.050	0.37	2.702	0.010	3.203	0.032 0
0.040	0.27	3.704		合计=	0.188 9

第一个矩形的面积为平均高(0.663+0.829)/2，即 0.745，乘以宽度 ΔX(=0.195−0.15)即 0.045，得矩形面积为 0.033 5。同样，其他区间的面积也可用该法计算，得面积和为 0.188 9。

将该值代入式(9.6-1)得：

$$t=\frac{L_S}{A}\int_{X_2}^{X_1}\frac{dX}{R}=\frac{399}{18.58}\times0.188\,9=4.06\ h$$

则总干燥时间为：2.63+4.06=6.69 h

9.7.2 特殊情况下降速干燥阶段的计算方法

在某些特殊情况下的降速干燥阶段，计算干燥时间的方程(9.6－1)可进行直接积分计算。

(1) 速率是 X 的线性方程。如果 X_1 与 X_2 均小于 X_C，且速率 R 在整个区间均是 X 的线性方程，即

$$R=aX+b \tag{9.7-1}$$

式中 a 是直线的斜率，b 是常数。对式(9.7－1)进行微分，可得 $dR=adX$。代入式(9.6－1)，得

$$t=\frac{L_S}{aA}\int_{R_2}^{R_1}\frac{dR}{R}=\frac{L_S}{aA}\ln\frac{R_1}{R_2} \tag{9.7-2}$$

由于 $R_1=aX_1+b$，$R_2=aX_2+b$，则

$$a=\frac{R_1-R_2}{X_1-X_2} \tag{9.7-3}$$

将式(9.7－3)代入式(9.7－2)，得

$$t=\frac{L_S(X_1-X_2)}{A(R_1-R_2)}\ln\frac{R_1}{R_2} \tag{9.7-4}$$

(2) 速率是通过原点的线性方程。在有些情况下可用通过临界含水量与原点的直线来表示整个降速干燥阶段。在图 9.5－1(b)中用此法表示的直线将是通过点 C 与原点 E 的直线。通常在缺少较多的具体数据时可进行这样的假设。那么，当速率为通过原点的直线方程时，其速率将直接与自由含水量成正比，即

$$R=aX \tag{9.7-5}$$

对上式进行微分计算得 $dX=dR/a$，代入式(9.6－1)，得

$$t=\frac{L_S}{aA}\int_{R_2}^{R_1}\frac{dR}{R}=\frac{L_S}{aA}\ln\frac{R_1}{R_2} \tag{9.7-6}$$

直线的斜率 a 为 R_C/X_C，且 $X_1=X_C$ 时，$R_1=R_C$，则：

$$t=\frac{L_SX_C}{AR_C}\ln\frac{R_C}{R_2} \tag{9.7-7}$$

注意到 $R_C/R_2=X_C/X_2$，则：

$$t=\frac{L_SX_C}{AR_C}\ln\frac{X_C}{X_2} \tag{9.7-8}$$

或

$$R=R_C\frac{X}{X_C} \tag{9.7-9}$$

例 9.7-2 降速干燥阶段的线性近似

条件如例 9.7-1,但是作为近似计算,可假设速率 R 对 X 是通过原点的线性方程,用该直线方程表示 X_C 与 $X=0$ 两点间的降速干燥阶段。

解: $R_C=1.51\ kg\ H_2O/(h\cdot m^2)$,$X_C=0.195$,从 X_C 到 $X_2=0.040$ 的降速干燥阶段,由式(9.7-8)可得:

$$t=\frac{L_SX_C}{AR_C}\ln\frac{X_C}{X_2}=\frac{399\times0.195}{18.58\times1.51}\ln\frac{0.195}{0.040}=4.39\ h$$

4.39 h 的值与例 9.7-1 通过数值积分得到的值 4.06 h 较接近。

9.8 热对流、热辐射、热传导组合的恒速干燥阶段传热

9.8.1 概述

在 9.6.2 节中推导了计算恒速段干燥速率的方程。式(9.8-1)的推导中,假定对固体传递的热量仅来自周围空气与干燥表面之间的对流。通常,干燥是在包围的设备中进行的,包围的设备表面对干燥固体有热辐射作用。同样,在某些场合干燥物料是放在金属盘子上的,热量可通过金属热传导从底部传给物料。

9.8.2 热对流、热传导、热辐射方程的推导

图 9.8-1 显示了固体物料在空气流中被干燥的情形。干燥表面的总传热速率为:

$$q=q_C+q_R+q_K \tag{9.8-1}$$

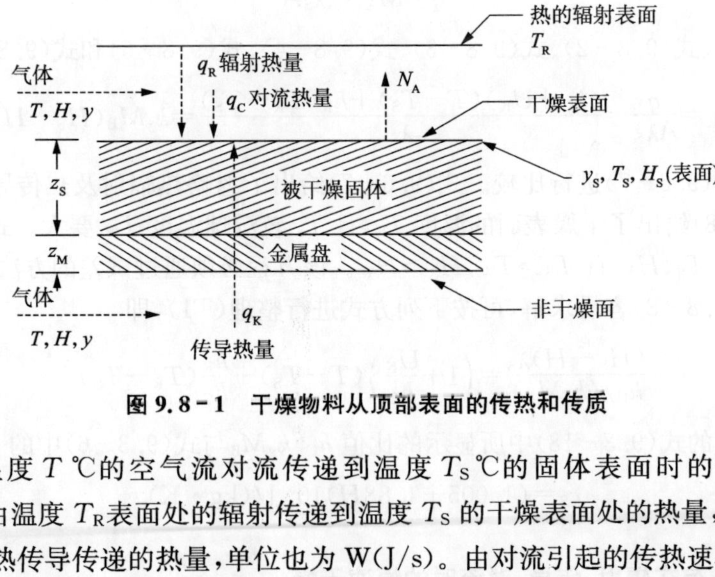

图 9.8-1 干燥物料从顶部表面的传热和传质

式中 q_C 是从温度 T ℃的空气流对流传递到温度 T_S ℃的固体表面时的热量,其单位为 W(J/s),q_R 是由温度 T_R 表面处的辐射传递到温度 T_S 的干燥表面处的热量,单位为 W(J/s),q_K 是从底部的热传导传递的热量,单位也为 W(J/s)。由对流引起的传热速率与式(9.6-3)相同,即为:

$$q_C=h_C(T-T_S)A \tag{9.8-2}$$

在该式中$(T-T_S)$℃$=(T-T_S)$K,A 是干燥表面积,其单位为 m^2。由热辐射引起的传热速率为:

$$q_R=h_R(T_R-T_S)A \tag{9.8-3}$$

式中 h_R为辐射传热系数,定义如式(4.10-10),即

$$h_R=\varepsilon\times 5.676\times\frac{\left(\frac{T_R}{100}\right)^4-\left(\frac{T_S}{100}\right)^4}{T_R-T_S} \tag{4.10-10}$$

注意在式(4.10-10)中 T_R与 T_S的单位均是K。对于从底部热传导引起的传热,热传递首先是在底部从空气传给金属,然后热传导通过金属层,最后是热传导通过固体物料。如果金属盘子是逐层放置的,那么盘子底部的热辐射量很小,通常可忽略不计。同理,如果空气流的温度不是很高,则从顶面向盘子传递的热辐射量也较小。因此,不必过分强调由热辐射引起的传热量。传导的热量为:

$$q_K=U_K(T-T_S)A \tag{9.8-4}$$

$$U_K=\frac{1}{1/h_C+z_M/k_M+z_S/k_S} \tag{9.8-5}$$

式中 z_M是金属的厚度,m,k_M是金属的热导率,W/(m·K)。z_S是固体的厚度,m,k_S是固体的热导率,W/(m·K)。可假定式(9.8-4)中的 h_c值与式(9.8-2)中的相同。

传质速率方程与式(9.6-5)类似,即

$$N_A=k_y\frac{M_B}{M_A}(H_S-H) \tag{9.8-6}$$

也可改写式(9.6-6),得

$$q=M_AN_A\lambda_SA \tag{9.8-7}$$

联立式(9.8-1)、式(9.8-2)、式(9.8-3)、式(9.8-4)、式(9.8-6)和式(9.8-7),可得公式

$$R_C=\frac{q}{A\lambda_S}=\frac{(h_C+U_K)(T-T_S)+h_R(T_R-T_S)}{\lambda_S}=k_yM_B(H_S-H) \tag{9.8-8}$$

上式可与式(9.6-7)进行比较。式(9.6-7)给出了忽略热辐射及热传导时的湿球温度 T_W,而式(9.8-8)给出了干燥表面的温度 T_S,且 T_S 较湿球温度 T_W 要大。式(9.8-8)与饱和湿度线相交于 T_S、H_S,且 $T_S>T_W$,$H_S>H_W$。该方程必须通过试差的方法才能求解。

为了使式(9.8-8)容易求解,可按下列方式进行整理(T1),即

$$\frac{(H_S-H)\lambda_S}{h_C/(k_yM_B)}=\left(1+\frac{U_K}{h_C}\right)(T-T_S)+\frac{h_R}{h_C}(T_R-T_S) \tag{9.8-9}$$

由导得湿球温度的式(9.3-18)中所显示的比值 h_C/k_yM_B与式(9.3-6)中的 c_S 值相近,即

$$c_S=(1.005+1.88H)10^3\ \text{J/(kg·K)} \tag{9.3-6}$$

例 9.8-1　存在辐射、传导、对流时的恒速干燥

在面积为 0.457 m×0.457 m、深度为 25.4 mm 的盘中干燥不溶的含水湿固体颗粒物料。在金属盘中物料的厚度为 25.4 mm,盘的底部金属厚度为 $z_M=0.610$ mm,其热导率为

k_M=43.3 W/(m·K)。固体物料的热导率可假定为 k_S=0.865 W/(m·K)。空气流平行通过干燥表面作对流传热，以及与底部金属表面也作对流传热，空气流速为 6.1 m/s，温度为 65.6 ℃，湿度为 0.010 kg H_2O/kg 干空气。上部干燥表面还接受来自蒸汽加热管的辐射热，该管的表面温度为 T_R=93.3 ℃。固体的黑度为 ε=0.92。试计算恒速干燥阶段的干燥速率。

解：由题已知：

T=65.5 ℃，z_S=0.025 4 m，k_M=43.3，k_S=0.865，z_M=0.000 61 m，ε=0.92，H=0.010。

空气流的速率、温度、湿度与例 9.6-3 相同，热对流系数可算得为 h_c=62.45 W/(m^2·K)。

用试差法可得式(9.8-9)的解。温度 T_S 比湿球温度 T_W=28.9 ℃要高，可算得 T_S=32.2 ℃。由水蒸气表可查出 λ_S=2 424 kJ/kg。当固体的黑度为 ε=0.92，T_1=93.3+273.2=366.5 K，T_2=32.2+273.2=305.4 K 时，由式(4.10-10)可计算 h_R，即

$$h_R = 0.92\times 5.676\times\frac{(366.5/100)^4-(305.4/100)^4}{366.5-305.4}=7.96\ \mathrm{W/(m^2\cdot K)}$$

由式(9.8-5)得

$$U_K=\frac{1}{1/h_c+z_m/k_m+z_s/k_s}=\frac{1}{1/62.45+0.000\,61/43.3+0.025\,4/0.865}$$
$$=22.04\ \mathrm{W/(m^2\cdot K)}$$

由式(9.3-6)得

$$c_S=(1.005+1.88H)\times 10^3=(1.005+1.88\times 0.010)\times 10^3$$
$$=1.024\times 10^3\ \mathrm{J/(kg\cdot K)}$$

将比值 h_C/k_yM_B 及其他的已知量代入式(9.8-9)，得

$$\frac{(H_S-0.01)\lambda_S}{1.024\times 10^3}=(1+22.04/62.45)\times(65.6-T_S)+(7.96/62.45)\times(93.3-T_S)$$
$$=1.353\times(65.6-T_S)+0.127\,5\times(93.3-T_S)\qquad(9.8-10)$$

假设 T_S=32.2 ℃，λ_S=2 424 kJ/kg，从湿度图(图 9.3-2)中可得当 T_S=32.2 ℃时，其饱和湿度为 H_S=0.031。将其代入式(9.8-10)便可解出 T_S，即

$$\frac{(0.031-0.010)\times 2\,424\times 10^3}{1.024\times 10^3}=1.353\times(65.6-T_S)+0.127\,5\times(93.3-T_S)$$

$$T_S=34.4\ ℃$$

作为第二次试差，假设 T_S=32.5 ℃，λ_S=2 423 kJ/kg，从饱和湿度图中可得出 H_S 为 0.032。假设 h_R 的值没有明显变化，将以上值代入式(9.8-10)可得 T_S=32.8 ℃。因此，T_S 的最终值为 32.8 ℃。该值比例 9.6-3 中忽略热辐射及热传导所得的湿球温度要高 3.9 ℃。

用式(9.8-8)，得

$$R_C=\frac{(h_c+U_k)(T-T_S)+h_R(T_R-T_S)}{\lambda_S}\times 3\ 600$$
$$=\frac{(62.45+22.04)\times(65.6-32.8)+7.96\times(93.3-32.8)}{2\ 423\times 10^3}\times 3\ 600$$
$$=4.83\ \text{kg}/(\text{h}\cdot\text{m}^2)$$

该值与例 9.6－3 中忽略热辐射及热传导所得的速率值 3.39 kg/(h·m²)相比要大些。

9.9 由扩散及毛细管流引起的降速阶段的干燥

9.9.1 概述

在降速干燥阶段,固体表面不再是完全湿润的,且干燥速率随时间是不断下降的。在第 9.7 节介绍了用经验方法计算干燥时间。一种方法是对实际干燥速率曲线进行图解积分或数值积分来计算干燥时间。

另一种方法是假设干燥速度从临界自由含水量以后近似为过自由含水量原点的直线。在这里假定干燥速率是自由含水量的线性方程。式(9.5－3)给出了干燥速率的定义式,即

$$R=-\frac{L_S}{A}\frac{dX}{dt} \tag{9.5-3}$$

式中,速率 R 是降速阶段速率,为 X 的线性方程,得

$$R=aX \tag{9.7-5}$$

上式中 a 是常数。将式(9.7－5)代入式(9.5－3),得

$$R=-\frac{L_S}{A}\frac{dX}{dt}=aX \tag{9.9-1}$$

重新整理后得

$$\frac{dX}{dt}=-\frac{aA}{L_S}X \tag{9.9-2}$$

然而在许多情况下,正如在第 9.5.5 节中简要介绍的那样,在降速阶段水分移动的速率是由扩散及毛细管流动引起的内部液体移动速率决定的。这两种水分移动的机理将作更细致的考虑,采用基于降速干燥阶段实验数据的理论。

9.9.2 干燥过程中水分的液相扩散

当由水分的液相扩散控制降速干燥阶段的干燥速率时,将用到第 7 章所介绍的扩散方程。用 X 表示浓度,其单位为 kg 自由水/kg 干料,代替了 kmol 水分/m³。非定态扩散过程中的费克第二定律,即式(7.10－10)可写为:

$$\frac{\partial X}{\partial t}=D_L\frac{\partial^2 X}{\partial x^2} \tag{9.9-3}$$

式中 D_L 是液相扩散系数(m^2/h),x 是处于固体中的深度(m)。

非颗粒状的物料,如干燥速率较低的肥皂、明胶及动物胶,和处在干燥后阶段结合水的黏土、木料、织物、皮革、纸张、食品、淀粉,以及其他亲水固体,往往具有此类扩散的特征。

分析扩散干燥数据的一个最主要的困难是:如果恒速干燥时间长于降速干燥时间,那么开始时整个固体中的水分的分布不是均匀的。在扩散控制的干燥阶段,由于固体表面水蒸气的传质阻力较小,固体内部的扩散控制着干燥速率。那么表面的水分含量将达到平衡含水量 X^*。这也意味着固体表面的自由含水量 X 基本上为零。

假设在 $t=0$ 时,起始的含水量分布是均匀的,用第 7 章介绍的方法对式(9.9-3)进行积分计算,得

$$\frac{X_t-X^*}{X_{t1}-X^*}=\frac{X}{X_1}=\frac{8}{\pi^2}\left[e^{-D_L t(\pi/2x_1)^2}+\frac{1}{9}e^{-9D_L t(\pi/2x_1)^2}+\frac{1}{25}e^{-25D_L t(\pi/2x_1)^2}+\cdots\right] \quad (9.9-4)$$

式中 X 为时间 t(h)时的平均自由含水量,X_1 为时间 $t=0$ 时的起始自由含水量,X^* 为平衡含水量,当干燥发生在与顶部及底部平行的平面上时,x_1 为平板厚度的一半,如果干燥仅仅发生在固体上部表面,那么 x_1 为整个平板的厚度。

式(9.9-4)假设 D_L 是常量,但是 D_L 很少是常量;它随着含水量、温度、湿度的变化而变化。对于长时间的干燥过程,式(9.9-4)中只有第一项是重要的,则方程变为

$$\frac{X}{X_1}=\frac{8}{\pi^2}e^{-D_L t(\pi/2x_1)^2} \quad (9.9-5)$$

解得干燥时间为

$$t=\frac{4x_1^2}{\pi^2 D_L}\ln\frac{8X_1}{\pi^2 X} \quad (9.9-6)$$

在上式中,如果扩散机理从 $X=X_C$ 开始,那么 $X_1=X_C$。式(9.9-6)对时间 t 求导,经整理后得

$$\frac{dX}{dt}=-\frac{\pi^2 D_L X}{4x_1^2} \quad (9.9-7)$$

在上式的两边同时乘以 $-L_S/A$ 后得

$$R=-\frac{L_S}{A}\frac{dX}{dt}=\frac{\pi^2 L_S D_L}{4x_1^2 A}X \quad (9.9-8)$$

因此,式(9.9-7)和式(9.9-8)表明:当干燥是由内部的扩散控制,且干燥时间较长时,干燥速率直接与自由含水量 X 及液相的扩散系数成正比,与厚度的平方成反比。上式也表明:当干燥一定湿度范围的物料时,其干燥时间随着厚度平方的变化而变化。干燥速率与空气流速及湿度无关。

例 9.9-1　水分扩散控制的木板干燥过程

给定木料的实验平均扩散系数为 2.97×10^{-6} m^2/h(3.20×10^{-5} ft^2/h)。厚度为 25.4 mm 的大木板被湿空气流从两边干燥,该木料的平衡含水量为 $X^*=0.04$ kg H_2O/kg 干木料。

现将总的平均含水量为 $X_{t_1}=0.29$ 的木料干燥到 $X_t=0.09$。试计算所需的干燥时间。

解:自由含水量为 $X_1=X_{t_1}-X^*=0.29-0.04=0.25$,$X=X_t-X^*=0.09-0.04=0.05$。平板厚度的一半值为 $x_1=25.4/(2\times1\,000)=0.012\,7$ m。代入式(9.9-6),得

$$t=\frac{4x_1^2}{\pi^2 D_L}\ln\frac{8X_1}{\pi^2 X}=\frac{4\times0.012\,7^2}{\pi^2\times2.97\times10^{-6}}\ln\frac{8\times0.25}{\pi^2\times0.05}=30.8\text{ h}$$

或者用与平板中的平均浓度有关的图 5.3-13 进行求解。其纵坐标为 $E_a=X/X_1=0.05/0.25=0.20$。从该曲线中读出 $D_L t/x_1^2$ 的值为 0.56,代入相关数据,解得时间 t 为:

$$t=\frac{x_1^2\times0.56}{D_L}=\frac{0.012\,7^2\times0.56}{2.97\times10^{-6}}=30.4\text{ h}$$

9.9.3 干燥过程中水分的毛细管运动

如果固体颗粒的孔径大小合适时,水分在毛细管作用下而不是在扩散作用下可以从高浓度区域流动到低浓度区域。

毛细管理论(P1)假设无孔球体的填充层中的球形颗粒间存在空隙,叫做孔道。当水分蒸发时毛细管力是由水分与固体间的界面张力引起的。水分从各孔道移动到干燥表面的推动力就是这些毛细管力。

当流动是由毛细管力引起时,联立修正的层流泊谡叶方程和毛细管力方程可导得干燥速率。如果水分的移动遵循毛细管流方程,干燥速率 R 将随 X 线性变化。因为这个阶段的蒸发机理与恒速阶段的机理相同,各种变量(诸如气流速度、温度、湿度)对干燥速率的影响也与恒速阶段的相同。

干燥速率的定义式为

$$R=-\frac{L_S}{A}\frac{dX}{dt}\tag{9.5-3}$$

当干燥速率 R 为 X 的线性方程时,如前所得

$$R=R_C\frac{X}{X_C}\tag{9.7-9}$$

$$t=\frac{L_S X_C}{AR_C}\ln\frac{X_C}{X_2}\tag{9.7-8}$$

当 $X=X_2$ 时定义其时间为 t,则

$$L_S=x_1 A\rho_S\tag{9.9-9}$$

式中 ρ_S 为固体的密度,单位为 kg 干固体/m³,将式(9.9-9)及 $X=X_2$ 代入式(9.7-8),得

$$t=\frac{x_1\rho_S X_C}{R_C}\ln\frac{X_C}{X}\tag{9.9-10}$$

将 R_C 代入方程(9.6-7),得

$$t=\frac{x_1\rho_S\lambda_W X_C}{h(T-T_W)}\ln\frac{X_C}{X}\tag{9.9-11}$$

因此，当降速干燥阶段是由毛细管流控制时，式(9.9－10)及式(9.9－11)表明干燥速率与厚度成反比。在一定的含水量范围内的干燥时间随厚度的变化而变化，且取决于空气的速度、温度及湿度。

9.9.4　液相扩散与毛细管流的比较

为了确定降速干燥阶段的干燥机理，可用以下方法分析在恒定干燥条件下获得的不同时刻含水量的试验数据。将干燥时间 t 后固体中存在的自由含水量与干燥起始时的固体中的总的自由含水量的比值叫做未干燥水分率记做 X/X_C，以 X/X_C 为纵坐标、时间 t 为横坐标在半对数坐标纸上作图。如果所获得的为直线，如图 9.9－1 中的曲线 B(用上面的横坐标刻度)，那么扩散方程式(9.9－4)～式(9.9－6)或毛细管流方程式(9.9－10)和式(9.9－11)均可用于这种情况。

如果应用毛细管流方程，图 9.9－1 中降速干燥曲线 B 的斜率将与含有恒速干燥速率 R_C 的方程式(9.9－10)相关联。从直线的斜率 $-R_c/(x_1\rho_S X_C)$ 中计算 R_C，如果该值与实验所测定的 R_C 值或计算的 R_C 值相同，那么水分的运动便是由毛细管流决定的。如果 R_C 的值不一致，那么水分的运动便是由扩散控制的，则图 9.9－1中直线 B 的斜率便与从方程式(9.9－6)中解出的 $-\pi^2 D_L/(4x_1^2)$ 相同。然而，在实际情况下，低含水量下的扩散系数 D_L要比高含水量下的扩散系数小，通常可通过实验测定一定含水量范围内扩散系数的平均值。式(9.9－4)的标绘如图中曲线 A 所示，该线是以 $\ln(X/X_1)$ 或 $\ln(X/X_C)$ 对 $D_L t/x_1^2$ 进行标绘的。该线与图 5.3－13 中平板的曲线相同，该曲线在 X/X_C 为 1.0 至 0.6 的范围内明显弯曲，而在 X/X_C＜0.6 的范围内为一直线。

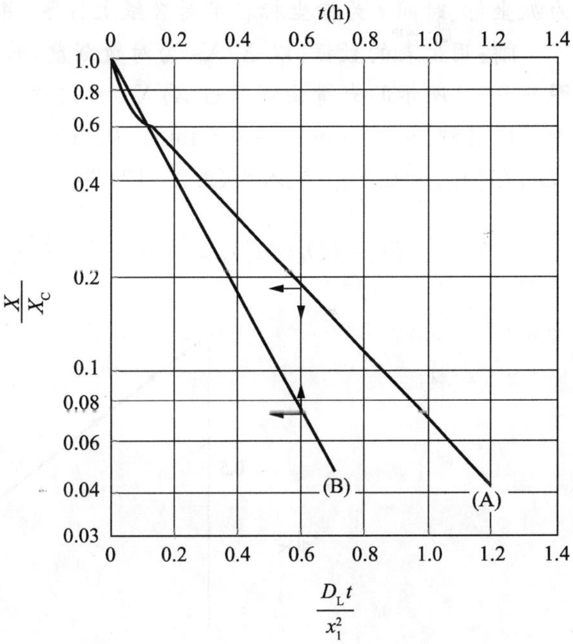

图 9.9－1　降速干燥阶段方程的标绘

(A) 水分扩散运动式(9.9－4)；(B) 水分毛细管流动式(9.9－10)

(经允许引自 R. H. Perry and C. H. Chilton, Chemical Engineers Handbook, 5th ed. New York: McGraw-Hill Book Company, 1973)

当实验数据表明水分的运动遵循扩散定理时，可用以下方法计算不同浓度范围内的平均实验扩散系数。例如当 X/X_C 选定在 0.4 时，从类似于图 9.9－1 中曲线 B 的实验曲线可以获得实验值 t。从曲线 A 可获得X/X_C＝0.4 时的理论值$(D_L t/x_1^2)_{理论}$。那么，将已知值 t 和 x_1 代入式(9.9－12)便可得到X/X_C＝1.0～0.4 范围内的 D_L的实验平均值，即：

$$D_L=\left(\frac{D_L t}{x_1^2}\right)_{理论}\frac{x_1^2}{t} \tag{9.9－12}$$

用同样的方法可计算其他比值的 X/X_C。曲线 A 的弯曲使 $X/X_C>0.6$ 所获得的 D_L 的平均值存在误差。

例 9.9－2　木薯根中的扩散系数

木薯根经干燥、轧磨可制得木薯淀粉。在恒定干燥条件下，3 mm 厚的木薯根薄片在两边都进行干燥，获得的降速阶段的实验数据列于下表。$t=0$ 为降速干燥阶段的开始时刻。

X/X_C	t(h)	X/X_C	t(h)	X/X_C	t(h)
1.0	0	0.55	0.40	0.23	0.94
0.80	0.15	0.40	0.60	0.18	1.07
0.63	0.27	0.30	0.80		

已经确定上述数据不服从毛细管流方程，但可能服从扩散方程。用上表的数据，以 X/X_C 为纵坐标、时间 t 为横坐标在半对数纸上作图，并计算当 $X/X_C=0.2$ 时的平均扩散系数。

解：用上表的数据，以 X/X_C 为对数刻度，时间 t 为线性刻度在半对数纸上作图，得到如图 9.9－2 所示的光滑曲线。当 $X/X_C=0.2$ 时，从图中读得时间为 $t=1.02$ h。对于从两边干燥的过程 $x_1=3\text{ mm}/2=1.5$ mm。从图 9.9－1 中的曲线 A 中可知，当 $X/X_C=0.2$ 时，$(D_L t/x_1^2)_{理论}=0.56$。代入式(9.9－12)得：

$$D_L=(D_L t/x_1^2)_{理论}\frac{x_1^2}{t}=\frac{0.56\times(1.5/1\,000)^2}{1.02\times3\,600}=3.44\times10^{-10}\ \text{m}^2/\text{s}$$

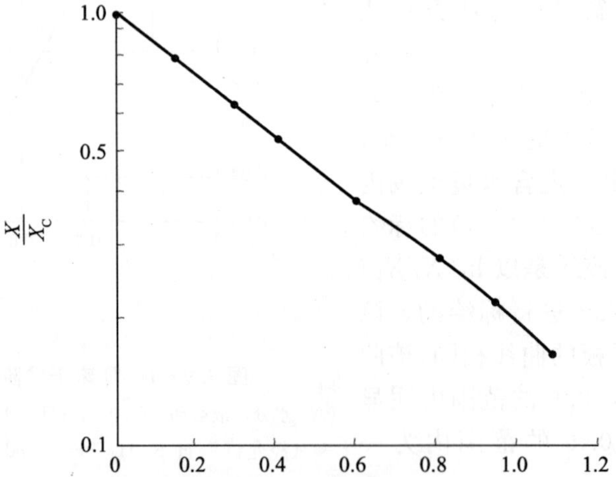

图 9.9－2　例 9.9－2 的干燥数据作图

9.10　各种类型干燥器的方程

9.10.1　填充床中的穿流气流干燥

对于穿流气流干燥，干燥气体向上或向下通过湿的固体颗粒床层，恒速干燥和降速干燥均可进行。通常固体颗粒被铺放在筛网上面，从而气流先通过筛网再通过固体颗粒之间的空隙。

(1) 方程的推导。为了推导出这种情况的干燥方程，假设没有热量损失，即整个系统是绝热的。这种干燥适用于非结合水的湿颗粒固体的干燥。我们考虑床层的截面积均匀，为 $A(m^2)$，气体流量为 G(kg 干气体/h·m^2)，进口气体湿度为 H_1。在给定的时刻作气体的物料衡算，离开床层的气体湿度为 H_2，床层中由气体除去的水分量等于该时刻的干燥速率。

$$R=G(H_2-H_1) \tag{9.10-1}$$

式中 R 的单位为 kg H_2O/h·m^2 截面，G 的单位为 kg 干空气/h·m^2 截面。

在图 9.10-1 中，空气以温度 T_1、湿度 H_1 进入，以 T_2、H_2 离开。因此，温度 T、湿度 H 均随着床层高度变化。在床层中取一微元段 dz(m)做热量衡算：

$$dq=-Gc_SAdT \tag{9.10-2}$$

式中 A 为横截面面积，m^2；q 为传热速率，W(J/s)；c_S 为湿空气的比热容，可用式(9.3-6)计算。注意该方程中 G 的单位为 kg/(s·m^2)。传热方程为：

$$dq=haAdz(T-T_W) \tag{9.10-3}$$

式中 T_W 为固体的湿球温度；h 为传热系数(W/m^2·K)；a 为比表面积，即单位为 m^2 固体表面积/m^3 床体积。令式(9.10-2)与式(9.10-3)相等，整理并积分后得：

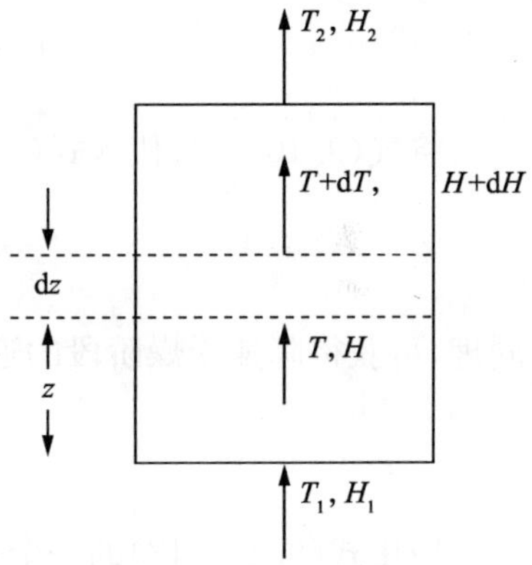

图 9.10-1　填充床穿流气流干燥器的热量衡算和物料衡算

$$\frac{ha}{Gc_S}\int_0^z dz=-\int_{T_1}^{T_2}\frac{dT}{T-T_W} \tag{9.10-4}$$

$$\frac{haz}{Gc_S}=\ln\frac{T_1-T_W}{T_2-T_W} \tag{9.10-5}$$

式中 z 是床层的厚度，$z=x_1$(m)。

对于空气流平行通过表面的恒速干燥阶段，引用式(9.6-11)，得

$$t=\frac{L_S\lambda_W(X_1-X_2)}{Ah(T-T_W)}=\frac{L_S(X_1-X_2)}{ak_yM_B(H_W-H)} \tag{9.6-11}$$

由式(9.9-9)和 a 的定义，可得

$$\frac{L_S}{A}=\frac{\rho_S}{a} \tag{9.10-6}$$

将式(9.10-6)代入式(9.6-11)，并设 $X_2=X_C$，即干燥至 X_c，则可得到恒速干燥阶段穿流气流干燥器的方程式：

$$t=\frac{\rho_S\lambda_W(X_1-X_C)}{ah(T-T_W)}=\frac{\rho_S(X_1-X_C)}{ak_yM_B(H_W-H)} \tag{9.10-7}$$

用同样的方法，对于降速干燥阶段的方程(9.7-8)(该方程假设 R 与 X 成正比)在穿流干燥时变为：

$$t=\frac{\rho_S\lambda_WX_C\ln(X_C/X)}{ah(T-T_W)}=\frac{\rho_SX_C\ln(X_C/X)}{ak_yM_B(H_W-H)} \tag{9.10-8}$$

然而式(9.10-7)和式(9.10-8)都只表示了图9.10-1中所示床层中一点的情况，因为气体的温度随着床高在变化。因此，可用与推导传热方程相同的方式，采用整个床层的对数平均温差代替式(9.10-7)和式(9.10-8)中 $T-T_W$。

$$(T-T_W)_{LM}=\frac{(T_1-T_W)-(T_2-T_W)}{\ln[(T_1-T_W)/(T_2-T_W)]}=\frac{T_1-T_2}{\ln[(T_1-T_W)/(T_2-T_W)]} \tag{9.10-9}$$

将式(9.10-5)取代式(9.10-9)中的分母，从式(9.10-5)中求出 T_2 值后再代入式(9.10-9)中，得

$$(T-T_W)_{LM}=\frac{(T_1-T_W)(1-e^{-haz/(Gc_S)})}{haz/Gc_S} \tag{9.10-10}$$

将式(9.10-10)代入式(9.10-7)中并设定 $x_1=z$ 后，得到恒速干燥阶段的方程为：

$$t=\frac{\rho_S\lambda_W x_1(X_1-X_C)}{Gc_S(T_1-T_W)(1-e^{-haz/(Gc_S)})} \tag{9.10-11}$$

同理，可获得降速干燥阶段的近似方程为：

$$t=\frac{\rho_S\lambda_W x_1 X_C\ln(X_C/X)}{Gc_S(T_1-T_W)(1-e^{-haz/(Gc_S)})} \tag{9.10-12}$$

应用式(9.10-12)的一个主要的困难是临界自由含水量的估算。用湿度取代温度可以导出式(9.10-11)与式(9.10-12)的其他形式(T1)。

(2) 传热系数。对于气体穿流通过湿固体颗粒床层的穿流干燥，可用以下的方程计算水的绝热汽化传热系数 h(G1，W1)。

当 $\frac{D_P G_t}{\mu}>350$ 时：

$$\begin{cases} h=0.151\times\frac{G_t^{0.59}}{D_P^{0.41}} & (\text{SI 制}) \\ h=0.11\times\frac{G_t^{0.59}}{D_P^{0.41}} & (\text{英制}) \end{cases} \tag{9.10-13}$$

当 $\frac{D_P G_t}{\mu}<350$ 时：

$$\begin{cases} h=0.214\times\frac{G_t^{0.49}}{D_P^{0.51}} & (\text{SI 制}) \\ h=0.15\times\frac{G_t^{0.49}}{D_P^{0.51}} & (\text{英制}) \end{cases} \tag{9.10-14}$$

式中 h 的单位为 W/(m^2·K)；D_P 为床层中的固体颗粒的等比表面积当量直径，m；G_t 为通过床层的气体总质量流速，kg/(h·m^2)；μ 为黏度，kg/(m·h)。换为英制单位后为：h 为 btu/(h·ft^2·°F)；D_P 为 ft；G_t 为 lb$_m$/(ft^2·h)；μ 为 lb$_m$/(ft·h)。

(3) 床层的几何因素。可用下式计算直径为 D_P(m)的球形颗粒填充层的比表面积 a(m^{2}表面积/m^{3}床体积)的值：

$$a=\frac{6(1-\varepsilon)}{D_P} \tag{9.10-15}$$

式中 ε 是床层的空隙率。对于圆柱形的颗粒而言，其比表面积为：

$$a=\frac{4(1-\varepsilon)(h+0.5D_C)}{D_C h} \tag{9.10-16}$$

式中 D_C 是圆柱体的直径(m),h 是圆柱体的高(m)。式(9.10-13)与式(9.10-14)中所用的圆柱体颗粒的等表面积球当量直径 D_P 为:

$$D_P=(D_C h+0.5D_C^2)^{1/2} \tag{9.10-17}$$

(4) 很细颗粒的方程。从填充床中的恒速和降速干燥阶段中导出的方程仅适用于直径为 3～19 mm 的颗粒、10～65 mm 厚的床层(T1,M1)。对于直径为 1.66～0.079 mm(10 至 200 目)的很细的颗粒、床层高度大于 11 mm 的干燥床层而言,其界面积 a 随湿度的变化而变化。计算 a 的值及传质系数的经验式是有用的(T1,A1)。

例 9.10-1 床层中的穿流干燥

糊状颗粒物料被挤压成直径为 6.35 mm、高度为 25.4 mm 的圆柱体。起始的总含水量为 $X_{t1}=1.0$ kg H_2O/kg 干固体,平衡含水量为 $X^*=0.01$。干固体的密度为 1 602 kg/m^3 (100 lb$_m$/ft^3)。该圆柱体的颗粒被填充在筛网上,层厚为 $x_1=50.8$ mm。床层中干物料的堆积密度为 $\rho_s=641$ kg/m^3。进口气体的湿度为 $H_1=0.04$ kg H_2O/kg 干空气,温度为 $T_1=121.1$ ℃。通过床层的气体空塔速度为 0.811 m/s。总的临界含水量为 $X_{tC}=0.50$。计算将该固体干燥到湿度为 $X_t=0.10$ kg H_2O/kg 干固体时所需的时间。

解:对于固体

$$X_1=X_{t1}-X^*=1.00-0.01=0.99 \text{ kg } H_2O/\text{kg 干料}$$
$$X_C=X_{tC}-X^*=0.50-0.01=0.49 \text{ kg } H_2O/\text{kg 干料}$$
$$X=X_t-X^*=0.10-0.01=0.09 \text{ kg } H_2O/\text{kg 干料}$$

对于气体,$T_1=121.1$ ℃,$H_1=0.04$ kg H_2O/kg 干空气。湿球温度为 $T_W=47.2$ ℃,湿度为 $H_W=0.074$。如果忽略热辐射和热传导,固体温度为 T_W。温度为 121.1 ℃、压力为 1 atm的进口气体的密度可由下式计算:

$$\begin{aligned} v_H &=(2.83\times10^{-3}+4.56\times10^{-3}\times0.04)\times(273+121.1) \\ &=1.187 \text{ m}^3/\text{kg 干空气} \end{aligned} \tag{9.3-7}$$

$$\rho=\frac{1.00+0.04}{1.187}=0.876 \text{ kg/m}^3$$

干空气的质量流速为:

$$G=v\rho\left(\frac{1.00}{1.00+0.04}\right)=0.811\times3\,600\times0.876\times\frac{1}{1.04}=2\,459 \text{ kg 干空气/(h·m}^2)$$

由于进口气体湿度为 $H_1=0.04$ kg H_2O/kg 干空气,且出口气体湿度将小于 0.074,可用 H 的近似平均值 $H=0.05$ 计算总的平均质量流速。平均质量流速的近似值 G_t 为:

$$G_t=2\,459+2\,459\times0.05=2\,582 \text{ kg/(h·m}^2)$$

对于填充层,含有固体颗粒及空隙的 1 m^3 的床层中的空隙率 ε 可用以下方法计算。总共存在 641 kg 的干物料。干固体的密度为 1 602 kg 干固体/m^3 固体。1 m^3 的床层中固体的体积为 641/1 602,即 0.40 m^3。因此,空隙率为 $\varepsilon=1-0.40=0.60$。固体圆柱体的高度为 $h=0.025\,4$ m,直径为 $D_C=0.006\,35$ m。代入式(9.10-16),得

$$a=\frac{4(1-\varepsilon)(h+0.5D_C)}{D_C h}=\frac{4(1-0.6)\times(0.025\ 4+0.5\times0.006\ 35)}{0.006\ 35\times0.025\ 4}$$
$$=283.5\ m^2(表面积)/m^3(床体积)$$

为了计算与圆柱体颗粒有相同表面积的球形颗粒直径,可采用式(9.10-17),即

$$D_P=(D_C h+0.5D_C^2)^{1/2}=(0.006\ 35\times0.025\ 4+0.5\times0.006\ 35^2)^{1/2}$$
$$=0.013\ 5\ m$$

床层的厚度为 $x_1=50.8\ mm=0.050\ 8m$。

为了计算传热系数,先计算雷诺数。假设空气温度的平均值近似为 93.3 ℃,空气的黏度为 $\mu=2.15\times10^{-5}\ kg/(m\cdot s)=2.15\times10^{-5}\times3\ 600=7.74\times10^{-2}\ kg/(m\cdot h)$。则雷诺数为:

$$N_{Re}=\frac{D_P G_t}{\mu}=\frac{0.013\ 5\times2\ 582}{7.74\times10^{-2}}=450$$

由式(9.10-13),得

$$h=0.151\frac{G_t^{0.59}}{D_P^{0.41}}=\frac{0.151\times2\ 582^{0.59}}{0.013\ 5^{0.41}}=90.9\ W/(m^2\cdot K)$$

当 $T_W=47.2$ ℃时,由水蒸气表得 $\lambda_W=2\ 389\ kJ/kg$ 或 $2.389\times10^6\ J/kg(1\ 027\ btu/lb_m)$。则由式(9.3-6)可计算湿空气平均比热为:

$$c_S=1.005+1.88H=1.005+1.88\times0.05=1.099\ kJ/(kg\ 干空气\cdot K)$$
$$=1.099\times10^3\ J/(kg\cdot K)$$

由式(9.10-11)和 $G=2\ 459/3\ 600=0.683\ 1\ kg/(s\cdot m^2)$ 可计算恒速阶段的干燥时间

$$t=\frac{\rho_S\lambda_W x_1(X_1-X_C)}{Gc_S(T_1-T_W)(1-e^{-haz/(Gc_S)})}$$
$$=\frac{641\times2.389\times10^6\times0.050\ 8\times(0.99-0.49)}{0.683\times1.099\times10^3\times(121.1-47.2)\times[1-e^{-(90.9\times283.5\times0.050\ 8)/(0.683\times1.099\times10^3)}]}$$
$$=850\ s=0.236\ h$$

由式(9.10-12)可计算降速阶段的干燥时间为

$$t=\frac{\rho_S\lambda_W x_1 X_C\ \ln(X_C/X)}{Gc_S(T_1-T_W)(1-e^{-haz/(Gc_S)})}$$
$$=\frac{641\times2.389\times10^6\times0.050\ 8\times0.49\ \ln(0.49/0.09)}{0.683\ 1\times1.099\times10^3\times(121.1-47.2)\times[1-e^{-(90.9\times283.5\times0.050\ 8)/(0.683\times1.099\times10^3)}]}$$
$$=1\ 412\ s=0.392\ h$$

则总时间为 $t=0.236+0.392=0.628\ h$

9.10.2 变化的空气条件下的盘式干燥

对于在架式干燥器或盘式干燥器(在此种干燥器中空气流均是水平通过盘子表面的)中进行的干燥过程,空气条件不可能保持不变。须建立与穿流干燥类似的物料衡算式和热量

衡算式,以确定出口气体的温度及湿度。

图 9.10-2 显示了经过盘子的空气。该气流以 T_1、H_1 进入,以 T_2、H_2 流出。盘子之间的间距为 b(m),空气流的质量流速为 G kg 干空气/s · m² 截面。以宽度为 1 m、长度为 dL_t 的盘子为单元写出热量衡算式:

$$dq = Gc_S(1\times b)dT \tag{9.10-18}$$

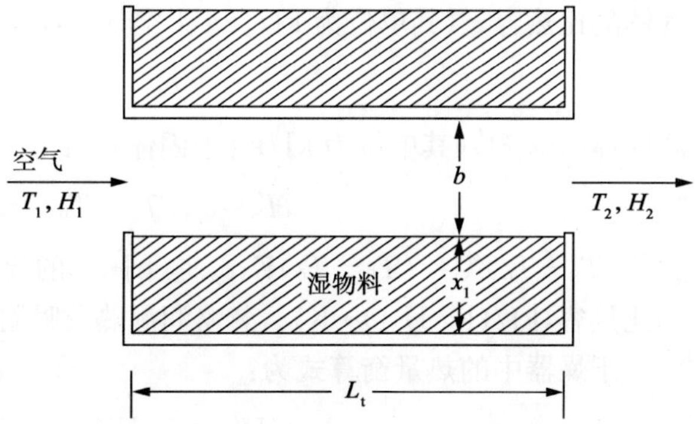

图 9.10-2　盘式干燥器的热量和物料衡算

则传热方程为:

$$dq = h(1\times dL_t)(T - T_W) \tag{9.10-19}$$

经整理和积分后可得:

$$\frac{hL_t}{Gc_S b} = \ln\frac{T_1 - T_W}{T_2 - T_W} \tag{9.10-20}$$

定义与式(9.10-10)类似的对数平均温差,并代入式(9.6-11)和式(9.7-8),可得到恒速干燥阶段的时间,

$$t = \frac{x_1\rho_S L_t\lambda_W(X_1 - X_C)}{Gc_S b(T_1 - T_W)(1 - e^{-hL_t/(Gc_S b)})} \tag{9.10-21}$$

在降速干燥阶段,可得到近似的方程为:

$$t = \frac{x_1\rho_S L_t\lambda_W X_C\ln(X_C/X)}{Gc_S b(T_1 - T_W)(1 - e^{-hL_t/(Gc_S b)})} \tag{9.10-22}$$

9.10.3　连续干燥器的物料衡算和热量衡算

(1) 简单的物料衡算与热量衡算。图 9.10-3 给出了连续干燥器的物流示意图,其中干燥气体流与固体流是逆流流动的。自由含水量为 X_1、温度为 T_{s1} 的固体以速率 L_S(其单位为 kg 干固体/h)进入,离开时的含水量为 X_2、温度为 T_{s2}。进口气体湿度为 H_2、温度为 T_{G2}、速率为 G(其单位为 kg 干空气/h),离开时的温度为 T_{G1}、湿度为 H_1。

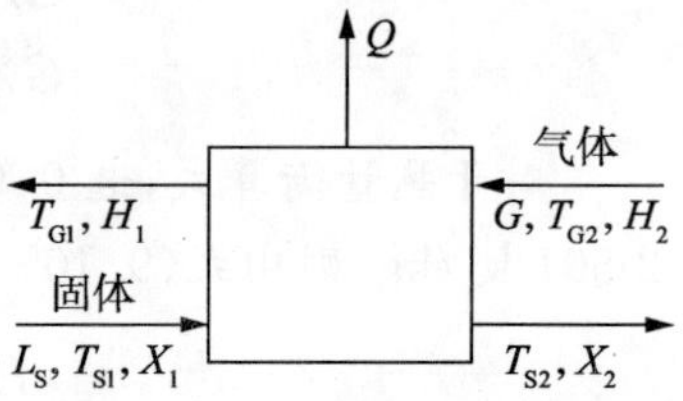

图 9.10-3　逆流连续干燥器的物流图

水分的物料衡算式为:

$$GH_2 + L_S X_1 = GH_1 + L_S X_2 \tag{9.10-23}$$

在热量衡算中 T_0℃为选定的基准温度,为方便起见,该温度通常取 0 ℃(32 ℉)。湿固体的焓为干固体的焓与自由水的焓之和。通常忽略润湿热。则气体的焓 H'_G(其单位为 kJ/kg干空气)为:

$$H'_G = c_S(T_G - T_0) + H\lambda_0 \tag{9.10-24}$$

式中 λ_0是水在 T_0℃下的汽化潜热,当温度为 0 ℃时,其值为 2 501 kJ/kg(1 075.4 btu/lb_m)。

气体的比热容 c_s(其单位为 kJ/(kg 干空气·K))为:

$$c_s=1.005+1.88H \quad (9.3-6)$$

湿固体的焓 H'_S(其单位为 kJ/kg 干固体)为:

$$H'_S=c_{ps}(T_S-T_0)+Xc_{pA}(T_S-T_0) \quad (9.10-25)$$

式中(T_S-T_0)℃$=(T_S-T_0)$K;c_{pS}是干固体的比热容,kJ/(kg 干空气·K);c_{pA}是液体水分的比热容,kJ/(kg H_2O·K)。忽略润湿热及吸附热。

干燥器中的热量衡算式为:

$$GH'_{G2}+L_SH'_{S1}=GH'_{G1}+L_SH'_{S2}+Q \quad (9.10-26)$$

式中 Q 是干燥器的热量损失,kJ/h。对于绝热过程 $Q=0$;如果干燥过程中热量增加,那么 Q 值将是负值。

例 9.10-2 干燥器中的热量衡算

用连续逆流干燥器干燥流量为 453.6 kg 干固体/h 的某物料,使其自由含水量由 0.04 kg 总水分/kg 干固体变为 0.002 kg 总水分/kg 干固体。粒状固体进入时的温度为 26.7 ℃,离开时的温度为 62.8 ℃。干固体的比热容为 1.465 kJ/(kg·K),并假设该值是常数。热空气进入时的温度为 93.3 ℃,湿度为 0.010 kg H_2O/kg 干空气,离开时的温度为 37.8 ℃。试计算空气流的速率和离开时的湿度,假定干燥器没有热量损失。

解:物流示意图如图 9.10-3 所示。对于固体:$L_S=453.6$ kg/h 干固体;$c_{ps}=1.465$ kJ/(kg干固体·K);$X_1=0.040$ kg H_2O/kg 干固体;$c_{pA}=4.187$ kJ/(kg H_2O·K);$T_{s1}=26.7$ ℃,$T_{s2}=62.8$ ℃;$X_2=0.002$(注意用到的 X 的值即 X_t)。对于气体:$T_{G2}=93.3$ ℃,$H_2=0.010$ kg H_2O/kg 干空气;$T_{G1}=37.8$ ℃。

由式(9.10-23)可得水分的物料衡算式为:

$$GH_2+L_SX_1=GH_1+L_SX_2$$

$$G\times0.010+453.6\times0.040=GH_1+453.6\times0.002 \quad (9.10-27)$$

对于热量衡算式,选 0 ℃为基准温度,且 ΔT(℃)$=\Delta T$(K),由表 A.2-9 可查出 λ_0 为 2 501 kJ/kg,则由式(9.10-24)便可得温度为 93.3 ℃的进口气体的焓:

$$\begin{aligned}H'_{G2}&=c_s(T_{G2}-T_0)+H_2\lambda_0\\&=[1.005+1.88\times(0.010)]\times(93.3-0)+0.010\times(2\,501)\\&=120.5\ \text{kJ/kg 干空气}\end{aligned}$$

对于出口气体有:

$$\begin{aligned}H'_{G1}&=c_s(T_{G1}-T_0)+H_1\lambda_0=(1.005+1.88H_1)\times(37.8-0)+H_1\times2\,501\\&=37.99+2\,572H_1\end{aligned}$$

对于进口固体,由式(9.10-25)可得:

$$\begin{aligned}H'_{S1}&=c_{ps}(T_{S1}-T_0)+X_1c_{pA}(T_{S1}-T_0)\\&=1.465\times(26.7-0)+0.040\times4.187\times(26.7-0)=43.59\ \text{kJ/kg 干固体}\end{aligned}$$

$$H'_{S2}=c_{ps}(T_{S2}-T_0)+X_2c_{pA}(T_{S2}-T_0)$$
$$=1.465\times(62.8-0)+0.002\times4.187\times(62.8-0)=92.53\ \mathrm{kJ/kg}$$

因为没有热量损失故 $Q=0$，将上值代入式(9.10－26)便可得热量衡算式为：

$$G\times120.5+453.6\times43.59=G(37.99+2\,572H_1)+453.6\times92.53+0 \quad (9.10-28)$$

联立求解式(9.10－27)和式(9.10－28)，可得

$$G=1\,166\ \mathrm{kg}\ 干空气/\mathrm{h} \quad H_1=0.024\,8\ \mathrm{kg\ H_2O/kg}\ 干空气$$

(2) 干燥器中的空气再循环。在许多干燥器中，都希望控制湿球温度，固体在该温度下开始干燥。同时，加热干燥气体所用水蒸气的费用非常重要，通常采用干燥气体再循环的方法来减小费用；控制湿度。离开干燥器的湿热空气中有部分被再循环与新鲜空气结合。如图 9.10－4 所示。温度为 T_{G1}、湿度为 H_1 的新鲜空气与温度为 T_{G2}、湿度为 H_2 的再循环气体结合得到温度为 T_{G3}、湿度为 H_3 的气体。该混合气体被加热到 T_{G4} 且 $H_4=H_3$。经干燥后，气体将以较低的温度 T_{G2}、较高的湿度 H_2 离开。

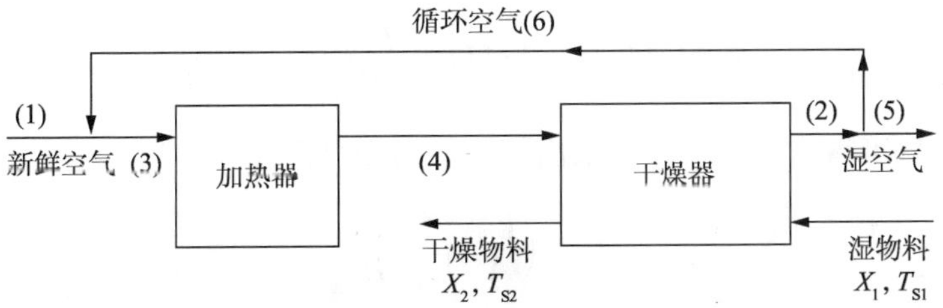

图 9.10－4　干燥中空气再循环的物流图

水的物料衡算式给出如下。在加热器中，注意 $H_6=H_5=H_2$，则水的衡算式为：

$$G_1H_1+G_6H_2=(G_1+G_6)H_4 \quad (9.10-29)$$

干燥器的水的物料衡算式为：

$$(G_1+G_6)H_4+L_SX_1=(G_1+G_6)H_2+L_SC_2 \quad (9.10-30)$$

用同样的方式可得出加热器、干燥器及整个系统中的热量衡算式。

9.10.4　连续逆流干燥

(1) 概述及温度分布图。与间歇干燥相比，连续干燥有很多优点。例如所用的干燥设备较小，所得产品的水分含量较均匀等。在连续干燥器中，物料在通过干燥器的过程中可按并流或者逆流的方式与流动的气体接触。在绝热逆流操作中，进口热气体与干燥后要离开的固体进行接触，而在绝热并流操作中，进口热气体与进口的湿固体接触。

图 9.10－5 给出了温度为 T_G 的气体与温度为 T_S 的固体在连续逆流干燥器中的典型温度分布图。在预热区，固体将被加热到湿球温度或绝热饱和温度。在该阶段，只发生少量的蒸发，如果干燥温度较低时，这个阶段的干燥通常可以忽略。在恒速干燥区(Ⅰ)，非结合水和表面的水分将被蒸发，如果传热是由对流引起时，固体的温度基本上保持恒定，为绝热饱

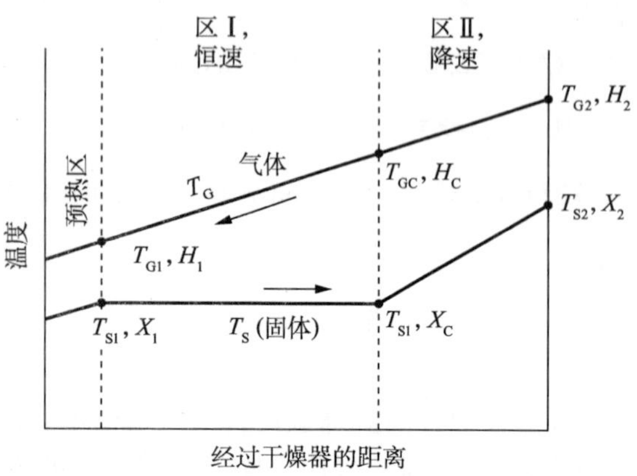

图 9.10-5　连续逆流干燥器中的温度分布

和温度。这里干燥速率将维持恒定,但是气体的温度和湿度都在不断改变。在这个阶段的最后,固体的含水量将下降到临界值 X_C。

在区域Ⅱ中,不饱和表面和结合水将被蒸发,固体将被干燥到最终值 X_2。进入区域Ⅱ的气体的湿度为 H_2,并上升到 H_C。由物料衡算式(9.10-23)可计算 H_C 值如下:

$$L_S(X_C-X_2)=G(H_C-H_2) \tag{9.10-31}$$

式中 L_S 的单位为 kg 干固体/h,G 的单位为 kg 干气体/h。

(2) 恒速干燥阶段的方程。如果空气条件不变,在恒速干燥阶段即区域Ⅰ中的干燥速率是不变的。可用与式(9.6-7)相类似的方程给出该区域的干燥速率:

$$R=k_yM_B(H_W-H)=\frac{h}{\lambda W}(T_G-T_W) \tag{9.10-32}$$

用式(9.6-1)可得出 X_1 至 X_C 范围内的干燥时间,即:

$$t=\left(\frac{L_S}{A}\right)\int_{X_C}^{X_1}\frac{dX}{R} \tag{9.10-33}$$

式中 A/L_S 为干燥表面积,其单位为 m^2/kg 干固体。将式(9.10-32)代入式(9.10-33),并用 $(G/L_S)dH$ 代替 dX 后得:

$$t=\frac{G}{L_S}\left(\frac{L_S}{A}\right)\left(\frac{1}{k_yM_B}\right)\int_{H_C}^{H_1}\frac{dH}{H_W-H} \tag{9.10-34}$$

式中 G=kg 干空气/h,L_S=kg 干固体/h,$A/L_S=m^2$/kg 干固体。该式可通过数值积分或图解积分求解。

对于绝热干燥,且 T_W 与 H_W 为常数的情况,式(9.10-34)经积分后可得:

$$t=\frac{G}{L_S}\left(\frac{L_S}{A}\right)\left(\frac{1}{k_yM_B}\right)\ln\frac{H_W-H_C}{H_W-H_1} \tag{9.10-35}$$

上式可用对数平均湿度差进行变换:

$$\Delta H_{LM}=\frac{(H_W-H_C)-(H_W-H_1)}{\ln[(H_W-H_C)/(H_W-H_1)]}=\frac{H_1-H_C}{\ln[(H_W-H_C)/(H_W-H_1)]} \tag{9.10-36}$$

将式(9.10-36)代入式(9.10-35)得到另一种形式:

$$t=\frac{G}{L_S}\left(\frac{L_S}{A}\right)\left(\frac{1}{k_yM_B}\right)\frac{H_1-H_C}{\Delta H_{LM}} \tag{9.10-37}$$

式(9.10-31)经整理后可得计算 H_C 的下式：

$$H_C=H_2+\frac{L_S}{G}(X_C-X_2) \tag{9.10-38}$$

(3) 降速干燥阶段的方程。当干燥不饱和表面时，在绝热过程中 H_W 为常数，干燥速率直接与式(9.7-9)中的 X 有关，应用式(9.10-32)，得

$$R=R_C\frac{X}{X_C}=k_yM_B(H_W-H)\frac{X}{X_C} \tag{9.10-39}$$

将式(9.10-39)代入式(9.6-1)得：

$$t=\frac{L_S}{A}\frac{X_C}{k_yM_B}\int_{X_2}^{X_C}\frac{dX}{(H_W-H)X} \tag{9.10-40}$$

用 GdH/L_S 代替 dX，用 $(H-H_2)G/L_S+X_2$ 代替 X 后得：

$$t=\frac{G}{L_S}\left(\frac{L_S}{A}\right)\frac{X_C}{k_yM_B}\int_{H_2}^{H_1}\frac{dH}{(H_W-H)[(H-H_2)G/L_S+X_2]} \tag{9.10-41}$$

$$t=\frac{G}{L_S}\left(\frac{L_S}{A}\right)\left(\frac{X_C}{k_yM_B}\right)\frac{1}{(H_W-H_2)G/L_S+X_2}\ln\frac{X_C(H_W-H_2)}{X_2(H_W-H_C)} \tag{9.10-42}$$

可再次用式(9.10-38)计算 H_C。

这两个阶段的这些方程，都可用式(9.10-32)中的后半部分，用温度代替湿度后进行推导得到。

9.11 生物物料的冷冻干燥

9.11.1 概述

某些食品、药物和生物物料甚至不能用一般干燥过程中的中等温度进行加热，这时可用冷冻干燥法对其干燥。被干燥的物料通常被裸露在冷空气中而结冰。在冷冻干燥中，结冰的物料被置于真空室中，冰(水)经升华变成气体而被移走。当水分升华为气体后，可用机械真空泵或喷射器将气体移走。

通常，用任何其他干燥方法获得的高质量食品，均可用冷冻干燥。最显著的因素是发生升华时结冰的物料在结构的刚性上不会变化。这可阻止干燥后留下的多孔结构的破坏。之后当加水时，水化产品将保持它原始的结构形式。生物及食品物料的冷冻干燥还有香味损失少的优点。使用的温度低，从而可减少在一般干燥过程中容易发生的降解反应。然而，冷冻干燥是食品脱水的一种费用较大的形式，因为该过程的速率慢，且需要真空操作。

由于冰的饱和蒸气压非常低，故冰冻干燥需要在较低的压力或较高的真空度下进行。如果水是纯态的，冷冻干燥需在温度为 0 ℃(273 K)左右，压力为 4 580 μmHg(或 4.58 mmHg 绝压)的条件下进行(从附录 A.2 中的冰的性质可知)。然而，水一般处在溶液或混和状态下，此时须将物料的温度降低到 0 ℃以下才能使水处于固体状态。绝大多数的冷冻干燥都是在 −10 ℃(263 K)、压力为 2 000 μmHg 或更低的条件下进行。

9.11.2　冷冻干燥方程的推导

在冷冻干燥过程中，原料是由物料的冷冻内核组成的。随着冰的升华，升华的平面从外表面开始，在干燥中升华平面逐渐降低，已干燥了的物料形成多孔的外壳仍然留着。冰的升华潜热的热量 2 838 kJ/kg(1 220 btu/lbm)通常由干燥物料层热传导传入内部。在某些情况下，该热量也可从背后的冰冻层传入。汽化后的水传递通过干燥层。因此，传热和传质是同时发生的。

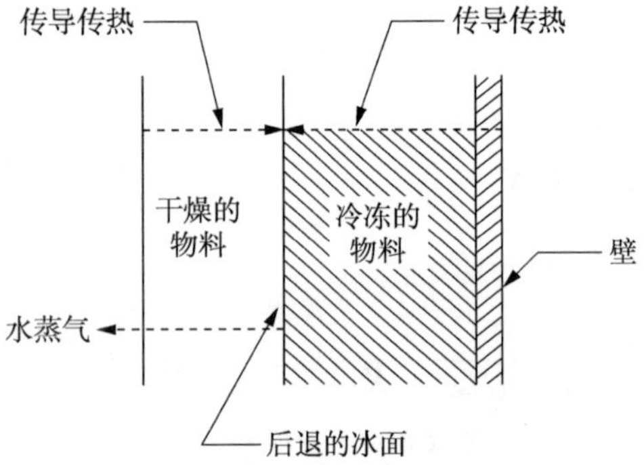

图 9.11－1　冷冻干燥中的传热和传质

在图 9.11－1 中画出了物料的冷冻过程。通过热传导、热对流及热辐射，热量便从气相到达干燥表面，再通过热传导传递热量到冰层。在某些情况下，热量也可通过冷冻层热传导到达升华面。为了防止储存的最终物料的降解，总干燥时间必须足够长才能保证最终的含水量低于 5%(质)。在干燥食物和冰冻食物时，最高温度必须足够低才能使降解减小到最低限度。

最广泛应用的冷冻干燥过程中升华热是由环境中的气体传热给物料表面所提供的。然后，热量传导通过干物料层到达冰面。图 9.11－2 给出了由 Sandall 等(S1)所述的该过程的简化模型。

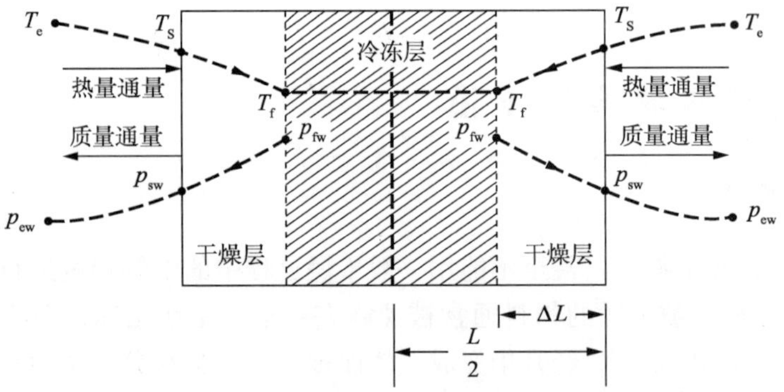

图 9.11－2　冷冻干燥中均匀后退的冰的升华面模型

图 9.11－2 中传递到物料表面的热流密度是由对流引起的，固体中的热传导将热量传递到升华面。假设过程为拟定态，则对流给表面的热量等于通过干固体传导的热量：

$$q=h(T_e-T_s)=\frac{k}{\Delta L}(T_s-T_f) \tag{9.11-1}$$

式中 q 为热通量，W(J/s)；h 为外表面的传热系数，W/(m^2·K)；T_e 为外表面气体的温度，℃；T_S 为干固体的表面温度，℃；T_f 为升华面温度或冰层温度，℃；k 为干固体的热导率，W/(m·K)；ΔL 为干燥层的厚度，m。注意：(T_S-T_f)℃$=(T_S-T_f)$K。

用同样的方式，可求出升华面的水蒸气的质量通量，即：

$$N_A=\frac{D'}{RT\Delta L}(p_{fw}-p_{sw})=k_g(p_{sw}-p_{ew}) \tag{9.11-2}$$

式中 N_A为水蒸气的通量,kmol/(s·m²);k_g为外表面的传质系数,kmol/(s·m²·atm),p_{sw}为表面水蒸气的分压,atm;p_{ew}为外表面气相主体中水蒸气的分压,atm;T 为干燥层的平均温度;D'为干燥层中的平均有效扩散系数,m²/s;p_{fw}为升华冰表面的水蒸气平衡分压,atm。

式(9.11-1)经整理后,得

$$q=\frac{1}{1/h+\Delta L/k}(T_e-T_f) \tag{9.11-3}$$

同理,式(9.11-2)经整理后得

$$N_A=\frac{1}{\frac{1}{k_g}+\frac{RT\Delta L}{D'}}(p_{fw}-p_{ew}) \tag{9.11-4}$$

系数 h 和 k_g是由气体的速度和干燥器的特性决定的,因此为常数。T_e和 p_{ew}是由外部的操作条件决定的。k 和 D'是由干燥物料的性质决定的。

在拟定态条件下,热流密度和质量通量可通过下式进行关联:

$$q=\Delta H_s N_A \tag{9.11-5}$$

式中 ΔH_s为冰的升华潜热,J/kmol。p_{fw}是由 T_f唯一确定的,因为 p_{fw}是冰在 T_f下的平衡蒸气压,或表示为:

$$p_{fw}=f(T_f) \tag{9.11-6}$$

将式(9.11-3)和式(9.11-4)代入式(9.11-5),得

$$\frac{1}{1/h+\Delta L/k}(T_e-T_f)=\Delta H_s\frac{1}{1/k_g+RT\Delta L/D'}(p_{fw}-p_{ew}) \tag{9.11-7}$$

同理,将式(9.11-1)和式(9.11-4)代入式(9.11-5),得

$$\frac{1}{\Delta L/k}(T_S-T_f)=\Delta H_s\frac{1}{1/k_g+RT\Delta L/D'}(p_{fw}-p_{ew}) \tag{9.11-8}$$

随着 T_e和 T_s的提高,干燥速率也将加快,此时可能出现两种极限。首先,由于热敏性的原因,外表面温度 T_s不允许太高。第二,T_f必须保持在冰点温度以下。如果与 k_g和 $D'/RT\Delta L$相比,$k/\Delta L$ 的值较小,那么随着 T_s的升高将首先达到外表面温度的极限。为了进一步地提高干燥速率,必须提高 k 值。因此,该过程被认为是由传热控制的。绝大多数的工业冷冻干燥过程都是由传热控制的(K1)。

为了求解给出的方程,可认为 ΔL 与 x 相关,原来的自由含水量分率不变,则:

$$\Delta L=(1-x)\frac{L}{2} \tag{9.11-9}$$

冷冻干燥速率可通过下式与 N_A关联:

$$N_A=\frac{L}{2}\frac{1}{M_AV_S}\left(-\frac{dx}{dt}\right) \tag{9.11-10}$$

式中 M_A为水的相对分子质量;V_S 为每 kg 水初始固体物料的体积($V_S=1/X_0\rho_S$);X_0为起始的自由含水量,其单位为 kg H_2O/kg 干固体;ρ_S为干固体的堆积密度,其单位为 kg/m³。

联立式(9.11-3)、式(9.11-5)、式(9.11-9)及式(9.11-10),对于传热,我们可以得到

$$\frac{L}{2}\frac{\Delta H_s}{M_A V_S}\left(-\frac{dx}{dt}\right)=\frac{1}{1/h+(1-x)L/(2k)}(T_e-T_f) \qquad (9.11-11)$$

同理,对于传质可得

$$\frac{L}{2}\frac{1}{M_A V_S}\left(-\frac{dx}{dt}\right)=\frac{1}{1/k_g+RT(1-x)L/(2D')}(p_{fw}-p_{ew}) \qquad (9.11-12)$$

在 $t=0$ 时 $x_1=1.0$ 与 $t=t$ 时 $x_2=x_2$之间对式(9.11-11)积分,当 h 值非常大时(忽略外部阻力),干燥至 x_2的时间 t 的方程为:

$$t=\frac{L^2}{4kV_s}\frac{\Delta H_S}{M_A}\frac{1}{T_e-T_f}\left(x_1-x_2-\frac{x_1^2}{2}+\frac{x_2^2}{2}\right) \qquad (9.11-13)$$

式中 $\Delta H_s/M_A$是升华热,其单位为 J/kg H_2O。当 $x_2=0$ 时,平板是完全干燥的。

假设物理特性、传质系数及传热系数为已知,当环境温度 T_e及环境的分压 p_{ew}设定后,就可用式(9.11-8)计算冰的升华温度 T_f。因为 h 值非常大,故 $T_e\approx T_s$。由于 T_f与 p_{fW}可通过平衡蒸气压方程(9.11-6)进行关联,那么此时就可由式(9.11-8)解出 T_f。式(9.11-8)中所用的 T 值近似于$(T_f+T_s)/2$。

由 Sandall 等(S1)对升华面均匀后退模型进行了实际的冷冻干燥数据测定。该模型很好地预示了初始总水量的 65%~90%除去时所需的干燥时间(S1,K1)。正如在推导中所假设的那样,升华面的温度 T_f确实保持基本恒定。然而,当除去水量的最后 10%~35%时,干燥速率明显下降,从而使这阶段所需的干燥时间比计算的明显要长。

随着总压及气体的种类的变化,干燥后的物料的有效导热系数 k 将明显变化。同样,原料的种类也会影响 k 值(S1,K1)。干燥后物料的有效扩散系数 D'是物料的结构、努森扩散系数和分子扩散系数的函数(K1)。

9.12 非定态的热处理过程及生物物料的消毒

9.12.1 概述

原始的生物物料通常不如绝大多数的无机物料及一些有机物料稳定。因此,用某些过程方法保护生物物料尤其是食品是非常必要的。常用的物理、化学保护方法有干燥、烟熏、腌制、冷藏、冷冻和加热等。食物的冷冻和冷藏法在 5.5 节中介绍的减慢生物物料变质的方法中就介绍过。在 9.11 节中也讨论了生物物料的冷冻干燥方法。

一个重要的方法就是热处理过程,存在于食物外表面、且容易导致食物变质和引起健康问题的污染的微生物在加热过程中被破坏。这可以延长食品和其他生物物料的保存时间。一种常见的保存方法是食品罐头的热封法。同样,热处理过程可对用于发酵过程的含水发酵培养基进行灭菌消毒,从而使那些细菌不易生存,以免和作为培养的细胞进行竞争。

通过加热对食品物料进行消毒可破坏细菌、酵母菌、霉菌及其他的菌体。加热法可损坏或破坏致病生物体(病原体),而这些生物体如果没有被破坏的话,会在食品中产生致命的毒素。微生物瓦解的速率随加热量和有机体种类而不同。一些细菌是以无性生长状态和休眠状态或孢子状态存在的。处于孢子状态的细菌热阻较大。到目前为止,该热阻机理仍不清楚。

对于食物,杀死肉毒杆菌的所有孢子非常必要,因为肉毒杆菌可产生一种致命的毒素。加热过程的主要目的就是完全杀灭这些孢子。由于肉毒杆菌非常危险,因此很难使用,通常用其他孢子,如脂肪杆菌(该杆菌不是病原体,且与肉毒杆菌有相同的热阻)来进行加热处理过程的实验(A2,C1)。

温度对微生物的生长有很大的影响,但目前还不清楚温度调节机理。每种微生物都有其生长的最佳温度范围。如果加热温度足够高,且时间足够长,那么微生物将会变为无菌的或被杀死。

无性繁殖或孢体细菌热死的确切机理还有些不确定。然而,可认为该机理取决于酶的破坏,而酶对生命细胞有很大的作用(B1)。

9.12.2　微生物热死速率的动力学

加热作用可使微生物被破坏是指失去活性,而不是物理意义上的破坏。假设细胞中某种酶的失活可使该细胞也失去活性,那么在一定温度下,这种生物体将停止繁殖,热死速率可用一级反应动力学方程来表达(A2)。破坏的速率(单位时间内死亡的数量)正比于生物体的数量:

$$\frac{\mathrm{d}N}{\mathrm{d}t}=-kN \tag{9.12-1}$$

式中 N 为给定时间 t(min)时的有活力的生物体的数量;k 为反应速率常数,其单位为 min^{-1}。反应速率常数是温度及微生物种类的函数。

式(9.12-1)经整理并积分后,可得

$$\int_{N_0}^{N}\frac{\mathrm{d}N}{N}=-\int_{t=0}^{t}k\cdot \mathrm{d}t \tag{9.12-2}$$

$$\ln\frac{N_0}{N}=kt \tag{9.12-3}$$

式中 N_0 为 $t=0$ 时刻生物体的起始数量,N 为 t 时刻生物体的数量。通常 N_0 叫做传染水平(即消毒前传染的微生物的数量),N 为消毒后水平。同样,式(9.12-3)可写为:

$$N=N_0\mathrm{e}^{-kt} \tag{9.12-4}$$

有时生物学家使用称之为十余一的时间,记为 D。在该时间段内,有活力的微生物数量将减少至起始的十分之一。将其代入式(9.12-4)中得:

$$\frac{N}{N_0}=\frac{1}{10}=\mathrm{e}^{-kD} \tag{9.12-5}$$

两边取对数后解出 D 为:

$$D=\frac{2.303}{k} \tag{9.12-6}$$

联立式(9.12－3)和式(9.12－6),得

$$t=D\log_{10}\frac{N_0}{N} \tag{9.12-7}$$

用式(9.12－3)中的$\log_{10}(N/N_0)$对时间t作图可得到一直线。无性繁殖细胞的实验数据证明了这点,孢子的实验数据也近似证实了这点。在给定温度下,无性繁殖细胞*E. coli*(A1)与这一对数死亡速率曲线完全符合。有时,细菌孢子的实验数据会与该对数死亡速率曲线产生一定的偏离,尤其是直接激烈加热的短时间段更是如此。然而,采用加热的办法热处理孢子如肉毒杆菌时,通常也可用该对数曲线。

为了实验测定微生物的死亡速率,孢子或细胞的悬浮液通常被密封在毛细管或试管中。很多这种试管同时被置于热浴中一定时间。然后,它们被移出并迅速被冷冻。被置于高温之前及之后存在的活性生物体的数量通常是用生物平板计数方法测出的。

温度对反应速率常数的影响可用阿仑尼乌斯方程表示为:

$$k=a\mathrm{e}^{-E/RT} \tag{9.12-8}$$

式中a为经验常数;R为气体常数,kJ/mol·K(或cal/mol·K);T为绝对温度,K;E为活化能,kJ/mol(或cal/mol)。对于无性繁殖细胞、孢子(A2),活化能值大概在210～418 kJ/mol(或50～100 kcal/mol),而对于酶和维生素,活化能要低得多。

将式(9.12－8)代入式(9.12－2)并积分,得

$$\ln\frac{N_0}{N}=a\int_{t=0}^{t}\mathrm{e}^{-E/RT}\,\mathrm{d}t \tag{9.12-9}$$

在常温T下,式(9.12－9)将变成式(9.12－3)。由式(9.12－6)可看出,十余一时间D与k值有关,由于k是温度的函数,所以D也是温度的函数。因此,通常将D写成D_T,以表示它与温度有关。

9.12.3 消毒的热处理时间的确定

对于罐装食品,肉毒杆菌是必须减少其初始数量的生物体(S2)。已经建立了起码的适当加热处理过程,可将孢子减少到原始数量的10^{-12}。这就意味着,由于将生物体减少到起始的十分之一所用的时间为D,将$N/N_0=10^{-12}$代入式(9.12－4),从而解出时间t为:

$$t=12\times\frac{2.303}{k}=12D \tag{9.12-10}$$

因此,时间t与$12D$相等(通常称为$12D$概念)。式(9.12－10)中所示的这个时间,即将孢子数量减少到起始的10^{-12}所需时间,叫做热死时间。通常,消毒后水平N的数量要远少于初始生物体的数量。这些时间并不代表完全消毒的时间,而仅仅是一个数学概念,该概念从经验上给出了杀毒灭菌的有效时间。

肉毒杆菌的热死速率的实验数据以给定温度T下的十余一时间D_T对温度T(°F)在半对数纸上作图便得到一直线,该直线跨越了食品灭菌消毒的温度范围(S2)。图9.12－1给出了典

型的热消毒曲线。实际上，联立式(9.12－6)与式(9.12－8)，并以 $\log_{10}D_T$对 $1/T$(T 为绝对温度)作图可得一直线，但当温度变化的范围较小时，以 $\log_{10}D_T$对 T(℃或℉)作图也可以得到一条直线。

图(9.12－1)中的 z 值代表 D_T发生 10∶1 变化时的温度(℉)变化范围。由于该曲线是直线，故可用下式表示该方程：

$$\log_{10}D_{T_2}-\log_{10}D_{T_1}=\frac{1}{z}(T_1-T_2) \quad (9.12-11)$$

设 $T_1=250$ ℉(121.1 ℃)为热处理过程作比较的标准温度，并令 $T_2=T$，则式(9.12－11)变为：

$$D_T=D_{250}\times 10^{(250-T)z} \quad (9.12-12)$$

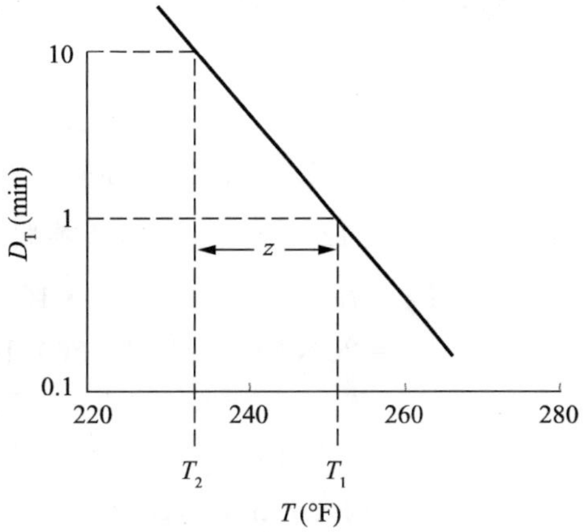

图 9.12－1　热消毒曲线：十余一时间对温度标绘

对肉毒杆菌，z 的实验值为 18 ℉。这意味着温度每增加 18 ℉(或 10 ℃)时，细菌死亡的速率变为原来的十倍。相比较，许多化学反应在温度升高 18 ℉时，速度仅为原来的两倍。

用式(9.12－7)

$$t=D_T\log_{10}\frac{N_0}{N} \quad (9.12-7)$$

将 $T=250$ ℉(121.1 ℃)作为标准温度代入上式，并用 F_0代替 t 后得：

$$F_0=D_{250}\log_{10}\frac{N_0}{N} \quad (9.12-13)$$

式中，F_0的值是在 250 ℉下产生与温度 T 下的杀菌过程相同的效果时所需的时间值。联立式(9.12－7)、式(9.12－12)与式(9.12－13)，便可得到温度 T 下给定过程的 F_0的值，即：

$$F_0=t\cdot 10^{(T\text{℃}-121.1)/(z\text{℃})} \quad \text{(SI 制)}$$
$$F_0=t\cdot 10^{(T\text{℉}-250)/(z\text{℉})} \quad \text{(英制)} \quad (9.12-14)$$

这里的 F_0值就是给定恒定温度 T(℉)下的热处理过程的时间(min)。对于肉毒杆菌的适当消毒灭菌过程，F_0及 z 值会随着食物的种类而产生一定的变化。Stumbo(S2)和 Charm(C2)将各种食物和微生物的数据制成了表。

对给定的物料，由不同的但有效的组合灭菌过程的效果是可以加和的。因此，对于不同的温度阶段 T_1、T_2等，对应着不同的时间 t_1、t_2，每个阶段的 F_0值经求和后可得总的 F_0：

$$F_0=t_1\cdot 10^{(T_1-250)/z}+t_2\cdot 10^{(T_2-250)/z}+\cdots \quad \text{(英制)} \quad (9.12-15)$$

例 9.12－1　罐装食品的灭菌消毒

将给定食品的罐头放入蒸馏器中加热以便灭菌。给定食物中的肉毒杆菌的 F_0值为 2.50 min，z 值为 18 ℉。测量的罐中心(最慢的加热区域)的温度近似如下，该温度是给定时间范围内的平均温度，即：t_1(0～20 min)，$T_1=160$ ℉；t_2(20～40 min)，$T_2=210$ ℉；t_3(40～73 min)，$T_3=230$ ℉。试确定该灭菌过程是否合适。用英制和 SI 制单位表示。

解:三个时间段的已知数据如下:

$t_1=20-0=20$ min,　$T_1=160$ °F(71.1 ℃),　$z=18$ °F(10 ℃)

$t_2=40-20=20$ min,　$T_2=210$ °F(98.9 ℃)

$t_3=73-40=33$ min,　$T_3=230$ °F(110 ℃)

将其代入式(9.12-15)并求解,得英制单位和 SI 单位分别如下:

$$\begin{aligned} F_0 &= t_1 \cdot 10^{(T_1-250)/z} + t_2 \cdot 10^{(T_2-250)/z} + t_3 \cdot 10^{(T_3-250)/z} \\ &= 20\times 10^{(160-250)/18} + 20\times 10^{(210-250)/18} + 33\times 10^{(230-250)/18} \\ &= 0.0020 + 0.1199 + 2.555 = 2.68 \text{ min} \quad (\text{英制}) \\ &= 20\times 10^{(71.1-121.1)/10} + 20\times 10^{(98.9-121.1)/10} + 33\times 10^{(110-121.1)/10} \\ &= 2.68 \text{ min} \quad (\text{SI 制}) \end{aligned} \qquad (9.12-15)$$

由于完全的灭菌过程所需的时间仅为 2.50 min,故该热处理过程是合适的。注意 160 °F (71.1 ℃)时的时间段对 F_0 的值贡献最小,而最高温度下,即 230 °F(110 ℃)时对 F_0 的值贡献最大。

一般情况下,当在蒸馏器中对罐装食品进行消毒时,在给定时间区域内,温度不是恒定不变的,而是随时间连续变化的。因此,必须对式(9.12-15)进行修正,对连续变化的温度中的任一个温度 T 取一微元时间 dt(min),并加和,则最后的公式变为:

$$F_0 = \int_{t=0}^{t=t} 10^{(T\,°F-250)/(z\,°F)}\,dt \quad (\text{英制})$$

$$F_0 = \int_{t=0}^{t=t} 10^{(T\,℃-121.1)/(z\,℃)}\,dt \quad (\text{SI 制}) \qquad (9.12-16)$$

该方程的应用如下。假设过程温度是连续变化的,T 对 t 的曲线图或表格是已知的,或可通过第 5 章所介绍的非定态的方法进行 T 与 t 之间的计算。可通过对 $10^{(T-250)/z}$ 对 t 的曲线图作图解积分来求解方程(9.12-16),曲线下的面积便是方程的解。在绝大多数情况下可用数值积分来求取 F_0 的值。(见第 1.8 节介绍的数值积分的方法。)

绝大多数情况下,随时间连续变化的过程温度是由在最慢加热区所测定的温度决定的。对罐体而言,该温度是罐的中心温度。第 5 章介绍的用热传导加热短圆柱体时的非定态传热计算方法可用来预计罐体的中心温度随时间变化的函数关系。然而,这些预计会产生一定的误差,因为食物的物理特性及热力学特性很难准确测定,且经常是变化的。另外,截留在容器中的空气及一些未知的对流效应也可影响预测的准确性。

例 9.12-2　用数值积分进行热处理估算

在对罐装的果酱进行消毒的过程中,测量了最慢加热区即罐的中心温度,下表给出了加热及保温阶段 $T-t$ 数据。为了保险起见,该表忽略了冷却阶段的数据。

t(min)	T(°F)	t(min)	T(°F)
0	80(26.7 ℃)	40	225(107.2 ℃)
15	165(73.9 ℃)	50	230.5(110.3 ℃)
25	201(93.9 ℃)	64	235(112.8 ℃)
30	212.5(100.3 ℃)		

肉毒杆菌的 F_0 值为 2.45 min，z 值为 18 ℉。试计算上述过程中的 F_0 的值并确定该消毒过程是否充分？

解：为了应用式(9.12-16)，必须首先计算每个时间下的 $10^{(T-250)/z}$ 值。

当 $t=0$ min 时，$T=80$ ℉，$z=18$ ℉：$10^{(80-250)/18}=3.6\times10^{-10}$

当 $t=15$ min 时，$T=165$ ℉：$10^{(165-250)/18}=0.000\,018\,9$

当 $t=25$ min 时，$T=201$ ℉：$10^{(201-250)/18}=0.001\,89$

当 $t=30$ min 时，$10^{(212.5-250)/18}=0.008\,25$

当 $t=40$ min 时，$10^{(225-250)/18}=0.040\,8$

当 $t=50$ min 时，$10^{(230.5-250)/18}=0.082\,5$

当 $t=64$ min 时，$10^{(235-250)/18}=0.146\,5$

这些数据用于式(9.12-16)的数值积分便可得到该过程的 F_0 值为 $F_0=2.50$ min。因为该过程的 F_0 值 2.50 min 比给定的值 2.45 min 要大，故该消毒过程是充分的。

9.12.4　采用其他设计标准的消毒方法

在不必包含食品杀菌的热处理中，可用其他类型的设计标准。在食品的起码充分加热杀菌中，将孢子的数量减少为原来的 10^{-12} 倍，即 $N/N_0=10^{-12}$。然而在其他间歇消毒过程中，如对发酵培养基的消毒，可用其他的标准。对于特定的生物体反应速率常数 k 的值可用方程表示：

$$k=a\mathrm{e}^{-E/RT} \tag{9.12-8}$$

则式(9.12-9)可写为：

$$\nabla=\ln\frac{N_0}{N}=a\int_{t=0}^{t}\mathrm{e}^{-E/RT}\mathrm{d}t=\int_{t=0}^{t}k\mathrm{d}t \tag{9.12-7}$$

式中 ∇ 为设计标准。通常，污染水平 N_0 为已知的，而给定温度时的消毒后水平 N 或消毒时间是未知的。在这两种情况下，都可用数值积分或图解积分来解决问题。

在对容器中的食物进行消毒的过程中，使物料变得安全所需的时间是用容器中最慢加热区(通常为容器的中心)的数据计算得到的。容器中的其他区域，由于其被加热的温度较高，处理肯定到位。因此，所用的其他方法是以整个容器中的残存概率为基础的。这些细节已由其他作者给出(C2，S2)。还可用另一种方法，即用短时间的连续流动过程来代替容器中的间歇过程(B2)。

9.12.5　巴氏灭菌法

今天所用的巴氏灭菌法这一术语应用于在温和条件下对食品进行热处理，过程中所用的条件远没有一般的消毒法剧烈。用该法杀死的生物体的耐热性与用较剧烈的消毒过程相比要低些。巴氏灭菌法通常用于除去无性繁殖的微生物和不耐热孢子。

最普通的过程是用于杀死结核杆菌(为一种无孢子的细菌)的牛奶巴氏灭菌法。这种巴氏灭菌法并不仅仅对牛奶进行消毒，而是杀死了里面的结核杆菌，并充分减少了其他细菌的数量,使罐装的牛奶可冷藏保存较长时间。

用于牛奶、水果汁及啤酒等食品的巴氏灭菌法,可用相同的数学程序来计算巴氏灭菌法中所需要的杀菌程度(B1,S2)。巴氏灭菌法中所需要的时间较短,温度较低。通常 F_0 的给定值为 150 ℉(65.6 ℃)下的,类似于消毒法中的 250 ℉温度。同样,也可引用 z 值的概念,该概念认为每升高 z ℉,死亡速率将增加为原来的十倍。某 F_0 记为 F_{150}^{9},则表明温度为 150 ℉,z 值为 9 ℉时的 F 的值(S2)。

在巴氏灭菌法消毒牛奶时,既可间歇进行也可连续进行。美国卫生组织指定两种等价的条件:一种是将牛奶在 145 ℉(62.8 ℃)的温度下保持 30 min,另一种是将牛奶在 161 ℉(71.7 ℃)的温度下保持 15 s。

巴氏灭菌法中所用的方程与消毒过程所用的方程相似,具体如下。重写式(9.12-13)后得:

$$F_{T_1}^{z}=D_{T_1}\log_{10}\frac{N_0}{N} \tag{9.12-18}$$

重写式(9.12-14),得

$$F_{T_1}^{z}=t\cdot 10^{(T-T_1)/z} \tag{9.12-19}$$

式中 T_1 为所用的标准温度,如 150 ℉;z 是死亡速率增加到原来的十倍时所对应的 z 值;T 是实际过程中的温度。

例 9.12-3　牛奶的巴氏灭菌法

在列管式换热器中对牛奶进行热处理,典型的 F 值为 $F_{150}^{9}=9.0$ min,$D_{150}=0.6$ min。试计算在该条件下,活细胞减少的数量。

解:由题知 z 值为 9 ℉(5 ℃),该过程的温度为 150 ℉(65.6 ℃),将其代入式(9.12-18)中并求解:

$$F_{150}^{9}=9.0=0.6\log_{10}\frac{N_0}{N}$$

$$\frac{N_0}{N}=\frac{10^{15}}{1}$$

由上式知活细胞的数量减少至起始细胞数的 10^{-15}。

9.12.6　热处理对食品组分的影响

热处理用于使各种不希望存在的微生物减少,但它也会产生一些负面效应,诸如某些营养组分值的减少。热处理会部分地损坏抗坏血酸(维生素 C)、硫胺和核黄素(维生素 B_1 及维生素 B_2)。这些所需要的组分的减少也可用和杀菌法及巴氏灭菌法相同的方法给出动力学参数 F_0 及 z 的值。Charm(C2)给出了相关的例子及数据。

可用热死速率动力学方法来预测食品中的香味变化量与时间的关系。Dietrich 等(D1)用菠菜中的香味一定变化量所需的天数对储存的温度作图得到一曲线。这些数据符合式(9.12-8),也服从一级反应动力学方程。

习 题

9.3-1 由水汽分压确定湿度。室内空气温度为37.8 ℃，总压为101.3 kPa绝压，含有水汽分压 p_A = 3.59 kPa。试计算：

(1) 湿度；

(2) 饱和湿度和湿度百分率；

(3) 相对湿度百分率。

9.3-2 湿度百分率和相对湿度。室内空气湿度 H 为 0.021 kg H_2O/kg 干空气，温度为 32.2 ℃，总压为 101.3 kPa 绝压。试计算：

(1) 湿度百分率 H_p；

(2) 相对湿度百分率 H_R；

答：(1) H_p=67.5%；(2) H_R=68.6%

9.3-3 湿度图的使用。进入干燥器的空气温度为65.6 ℃(150 ℉)，露点温度为15.6 ℃(60 ℉)。用湿度图确定实际湿度和湿度百分率。试计算该混合物气体的比容和用SI单位及英制单位计算 c_S。

答：H=0.011 3 kg H_2O/kg 干空气，H_p=5.3%，c_S=1.026 kJ/(kg · K)(0.245 btu/(lb_m · ℉))，v_H=0.976 m^3/kg 干空气

9.3-4 干燥器空气的性质。进入干燥器的空气-水蒸气混合物干球温度为57.2 ℃，湿度为0.030 kg H_2O/kg 干空气。试用湿度图和近似计算方程确定湿度百分率、57.2 ℃的饱和湿度、露点、比热容、比容。

9.3-5 绝热饱和温度。82.2 ℃的空气湿度为 H=0.065 5 kg H_2O/kg 干空气，在绝热饱和器中与水接触。它离开时达到80%饱和度。

(1) 最终的 H 和 T (℃)值为多少？

(2) 当100%饱和时，H 和 T (℃)值为多少？

答：(1) H=0.079 kg H_2O/kg 干空气，T-52.8 ℃

9.3-6 空气的绝热饱和。进入绝热饱和器的空气温度为76.7 ℃，露点温度为40.6 ℃。它离开时达到90%饱和度。最终的 H 和 T (℃)值为多少？

9.3-7 由干球温度和湿球温度确定湿度。某空气-水汽混合物的干球温度为65.6 ℃，湿球温度为32.2 ℃。问混合物的湿度为多少？

答：H=0.017 5 kg H_2O/kg 干空气

9.3-8 湿度和湿球温度。某空气-水汽混合物的湿度为 H=0.030 kg H_2O/kg 干空气。混合物的干球温度为60 ℃。问湿球温度为多少？

9.3-9 空气的减湿。空气的干球温度为37.8 ℃，湿球温度为26.7 ℃。该空气先被冷却至15.6 ℃，使析出水来而变干燥，然后被加热至23.9 ℃。

(1) 计算初始的湿度和湿度百分率；

(2) 计算最终的湿度和湿度百分率。[提示：确定湿度图上的初始状态点。然后，沿水平线达到100%饱和线(冷却)。沿着饱和线到15.6 ℃。再沿水平线升温至23.9 ℃。]

答：(2) H=0.011 5 kg H_2O/kg 干空气，H_p=60%

9.3-10 空气的冷却和减湿。温度为32.2 ℃、湿度百分率为65%的空气进入绝热冷却室。它被冷水喷淋冷却，达到水蒸气饱和。离开冷却室后，它被加热至23.9 ℃。最终的空气湿度百分率为40%。

(1) 空气的初始湿度为多少？

(2) 加热后，空气的最终湿度为多少？

9.6-1 恒速阶段的干燥时间。一批湿物料在盘式干燥器中被干燥，干燥条件恒定，盘上的物料厚度为25.4 mm。只有上表面暴露于气体中。恒速阶段的干燥速率为 R=2.05 kg H_2O/h · m^2

(0.42 $lb_m/(h \cdot ft^2)$)。使用的 L_S/A 比值为 24.4 kg 干料/m^2 表面(5.0 lb_m 干料/ft^2)。初始自由含水量为 $X_1=0.55$,临界含水量 $X_C=0.22$ kg 自由水/kg 干料。

采用同样的干燥条件,但物料厚度为 50.8 mm,干燥从上下两个表面进行,计算该物料从 $X_1=0.45$ 至 $X_2=0.30$ 的间歇干燥时间。(提示:先计算新工况下的 L_S/A 比值)

答:$t=1.785$ h

9.6-2 计算过程变量对干燥速率的影响。采用例 9.6-3 的恒速干燥阶段的条件,作如下计算:

(1) 如果空气流速仅为 3.05 m/s,计算对 R_C 的影响;

(2) 如果空气的温度上升为 76.7 ℃和 H 不变,计算其影响;

(3) 如果被干燥物料的厚度为 38.1 mm,而不是 25.4 mm,干燥仍处于恒速阶段,计算对含水量从 X_1 至 X_2 的干燥时间的影响。

答:(1) $R_C=1.947$ kg $H_2O/(h \cdot m^2)$(0.399 $lb_m/(h \cdot ft^2)$);(2) $R_C=4.21$ kg $H_2O/(h \cdot m^2)$

9.6-3 恒速干燥区域的计算。颗粒状不溶固体含水湿物料在 0.61 m×0.61 m、料层深度为 25.4 mm 的盘子中进行恒速阶段的干燥。边和底部是隔绝的。空气平行流过上部干燥表面,流速为 3.05 m/s,干球温度为 60 ℃,湿球温度为 29.4 ℃。盘中有 11.34 kg 干料,自由含水量为 0.35 kg H_2O/kg 干料,物料在恒速阶段干燥至 0.22 kg H_2O/kg 干料。

(1) 计算干燥速率和所需的干燥时间(h);

(2) 当物料的层厚增加至 44.5 mm 时,计算所需的时间。

9.6-4 恒速阶段干燥一滤饼。一湿滤饼在 1 ft×1 ft、厚 1 英寸的方形盘中进行干燥,在上表面,湿球温度为 80 ℉、干球温度为 120 ℉的空气以 2.5 ft/s 的速度流过。滤饼的干密度为 120 lb_m/ft^3,临界自由含水量为 0.09 lb H_2O/lb 干固体。将该物料从自由含水量为 0.20 lb H_2O/lb 干固体干燥至临界自由含水量需要多少时间?

答:$t=13.3$ h

9.7-1 降速阶段干燥的数值积分。湿固体在一盘式干燥器中、在恒定空气条件下,从自由含水量 $X_1=0.40$ kg H_2O/kg 干固体干燥至 $X_2=0.02$ kg H_2O/kg 干固体。干固体重 99.8 kg 干固体,上部干燥表面积为 4.645 m^2。干燥速率曲线可用图 9.5-1(b)表示。

(1) 对降速阶段干燥进行数值积分,计算干燥时间;

(2) 重复上述计算,但用直线来表示降速阶段干燥速率。

答:(1) t(恒速)=2.91 h,t(降速)=6.65 h,t(总)=9.56 h

9.7-2 食品物料的干燥试验。为了试验某食品物料的干燥可行性,在盘式干燥器中获取干燥试验数据,空气在盘子上部表面流过,面积为 0.186 m^2。十分干燥的样品重 3.765 kg 干固体。在长期平衡的条件下,湿样品总重(水+固体)3.955 kg。因此,平衡含水量为 3.955−3.765=0.190 kg。在干燥试验中获得下列样品质量与时间的关系:

时间(h)	质量(kg)	时间(h)	质量(kg)	时间(h)	质量(kg)
0	4.944	2.2	4.554	7.0	4.019
0.4	4.885	3.0	4.404	9.0	3.978
0.8	4.808	4.2	4.241	12.0	3.955
1.0	4.699	5.0	4.150		

(1) 计算每个数据点的自由含水量 X kg H_2O/kg 干固体,将 X 对时间进行标绘;(提示:$t=0$ 时,3.765 kg 干固体中有 4.944 − 0.19 − 3.765 = 0.989 kg 自由含水量。因此,$X=0.989/3.765$。)

(2) 测量斜率,计算干燥速率 R kg $H_2O/(h \cdot m^2)$,将 R 对 X 进行标绘;

(3) 用干燥速率曲线,计算样品从 $X=0.20$ 干燥至 $X=0.04$ 所需的总时间。用数值积分计算降速干燥阶段。恒速阶段的干燥速率 R_C 为多少? X_C 为多少?

答:(3) $R_C=0.996$ kg $H_2O/(h \cdot m^2)$,$X_C=0.12$,$t=4.1$ h(总)

9.7-3　计算干燥时间。在盘式间歇干燥器中，用恒定的干燥条件干燥某物料。当初始的自由含水量为 0.28 kg 自由含水量/kg 干固体，干燥至 0.08 kg 自由含水量/kg 干固体所需时间为 6.0 h。临界自由含水量为 0.14。假定干燥速率处于降速阶段，该阶段从临界点起速率曲线为过原点的直线，试计算将样品从自由含水量 0.33 干燥至 0.04 kg 自由含水量/kg 干固体所需的时间。(提示：先用解析方程计算恒速阶段和降速阶段为直线的已知总时间 6.0 h。然后，用同样的方程计算新的条件。)

9.8-1　生物物料在盘式干燥器中的干燥。颗粒状的生物物料含水湿物料在 0.305×0.305 m、深 38.1 mm 的盘中进行干燥。物料在盘中的深度为 38.1 mm，盘子的边和底部是隔绝的。热量从平行流过上部表面、流速为 3.05 m/s 的气体流中对流传入，气流的温度为 65.6 ℃，湿度 $H=0.010$ kg H_2O/kg 干空气。上部表面接受来自水蒸气加热管的辐射，该管温度 $T_R=93.3$ ℃。固体的黑度为 $\varepsilon=0.95$。要求固体表面的温度保持在 32.2 ℃以下，以使分解保持在低水平。试计算表面温度和恒速段的干燥速率。

答：$T_S=31.3$ ℃，$R_C=2.583$ kg H_2O/(h · m^2)

9.8-2　存在辐射、传导、对流时的干燥。颗粒状的、含水湿物料在深度为 25.4 mm 的间歇盘式干燥器中被干燥。盘子金属底的导热系数为 $k_M=43.3$ W/(m · K)，厚度为 1.59 mm。固体的导热系数为 $k_S=1.125$ W/(m · K)。空气平行于上部暴露表面和底部金属面流动，流速为 3.05 m/s，温度为 60 ℃，湿度为 $H=0.010$ kg H_2O/kg 干空气。从水蒸气管表面温度为 104.4 ℃直接辐射热量至上部暴露表面，该表面的黑度为 0.94。试计算表面温度和恒速段的干燥速率。

9.9-1　木材中的扩散干燥。用已给的物理性质，但作如下变化，重复例 9.9-1 计算：

(1) 计算木材从总含水量 0.22 干燥至 0.13 所需的时间。用图 5.3-13。

(2) 计算 12.7 mm 厚的木板从 $X_{t1}=0.29$ 干燥至 $X_t=0.09$ 所需的时间。比较厚度为 25.4 mm 时所需的时间。

答：(2) $t=7.60$ h(12.7 mm 厚)

9.9-2　木薯根干燥中的扩散系数。使用例 9.9-2 给出的数据，确定水分上至 $X/X_C=0.5$ 的平均扩散系数。

9.9-3　扩散系数。在恒定的干燥条件下，测得的降速阶段典型的无孔生物物料的实验干燥数据列于下表：

X/X_C	t(h)	X/X_C	t(h)
1.00	0	0.17	11.4
0.65	2.50	0.10	14.0
0.32	7.00	0.06	16.0

干燥从一边发生，物料厚度为 10.1 mm。数据显示服从扩散方程。试确定在 $X/X_C=1.0$～0.10 范围内的平均扩散系数。

9.10-1　固体床层的穿流气流干燥。重复例 9.10-1 的湿圆柱体填充床用干燥空气进行穿流气流干燥。使用相同的干燥条件，但气速为 0.381 m/s。

9.10-2　穿流气流干燥方程的推导。式(9.10-11)和式(9.10-12)可以用湿度和传质方程代替温度和传热方程。这可以通过写出类似于热量衡算的式(9.10-2)的物料衡算方程和类似于式(9.10-3)的传质方程来实现。

(1) 用湿度和传质方程推导恒速阶段干燥时间的最终方程；

(2) 对降速干燥阶段重复推导。

答：(1) $t=\dfrac{\rho_s x_1 (X_1-X_C)}{G(H_W-H_1)(1-e^{-k_y M_B a x_1/G})}$

9.10-3 恒速阶段的穿流气流干燥。直径为 12.7 mm 的球形湿催化剂颗粒在一穿流气流干燥器中进行干燥。在床层中,网板上的颗粒层厚度为 63.5 mm。进入干燥器的气体表观速度 0.914 m/s,温度 82.2 ℃,湿度 H=0.01 kg H_2O/kg 干空气。干燥固体的密度确定为 1 522 kg/m^3,床层空隙率为 0.35。初始的自由含水量为 0.90 kg H_2O/kg 干料,固体被干燥至自由含水量为 0.45,它大于临界自由含水量。试计算这一恒速阶段的干燥时间。

9.10-4 连续干燥器的物料衡算和热量衡算。重复例 9.10-2,作热量衡算和物料衡算,但作如下变化。固体进口温度为 15.6 ℃,出口温度为 60 ℃。气体进口温度为 87.8 ℃,出口温度为 32.2 ℃。干燥器的热量损失估计为 2 931 W。

9.10-5 连续洞道干燥器中的干燥。加料的速度为 700 lb_m 干固体/h,加料中自由含水量 X_1 = 0.413 3 lb H_2O/lb 干固体,在连续逆流洞道干燥器中被干燥至 X_2=0.037 4 lb H_2O/lb 干固体。进口气体流率为 13 280 lb_m 干空气/h,温度为 203 °F,湿度 H_2=0.056 2 lb H_2O/lb 干空气。原料在湿球温度为 119 °F下进入,物料在干燥器中基本保持温度恒定。从湿度图上可查得 119 °F下的饱和湿度 H_W=0.078 6 lb H_2O/lb 干空气。干燥的有效表面积为(A/L_S)=0.30 ft^2/lb_m 干固体。

小批量的实验在与连续干燥器中相同的近似恒定干燥条件、空气流速、固体的温度下进行。临界自由含水量确定为 X_C=0.095 9 lb H_2O/lb 干固体,k_yM_B 的实验值为 30.15 lb_m 空气/(h·ft^2)。在降速阶段,干燥速率正比于 X。

对于连续干燥器,计算干燥器中恒速干燥区域和降速干燥区域的停留时间。

答:H_C=0.059 3 lb H_2O/lb 干空气,H_1=0.076 0 lb H_2O/lb 干空气,恒速区域 t=4.20 h,降速区域 t=0.47 h

9.10-6 连续干燥器中的空气循环。湿物料加料至连续干燥器,加料湿基含水量 50%(质),被逆流的空气干燥至 27%(质)。干燥产品离开的速率为 907.2 kg/h。进入系统的新鲜空气温度为 25.6 ℃,湿度为 H=0.007 kg H_2O/kg 干空气。离开干燥器的湿空气为 37.8 ℃,湿度为 H=0.020 kg H_2O/kg 干空气,该气体部分循环,与新鲜空气在进入加热器之前混合。加热后的空气在 65.6 ℃、H=0.010 下进入干燥器。固体进入时温度为 26.7 ℃,离开时温度为 26.7 ℃。试计算新鲜空气流量,离开干燥器空气循环的百分比,加热器加入的热量,干燥器的热量损失。

答:32 094 kg 新鲜干空气/h,23.08%循环,加热器 440.6 kW

9.12-1 罐头食品的消毒。在蒸馏消毒器中,给定食品的罐头被加热;在第一阶段 30 min 罐中心的平均温度为 98.9 ℃。在第二阶段罐中心的平均温度为 110 ℃。如果孢子的 F_0值为 2.50 min 和 z=10 ℃,试计算使过程得到保证的 110 ℃的加热时间。

答:29.9 min

9.12-2 温度对减至十分之一时间的影响。结合式(9.12-6)和式(9.12-8)证明 $\log_{10}D_T$对 $1/T$(T 为绝对温度)作图是一条直线。

9.12-3 豌豆泥的加热过程时间。豌豆泥的罐头热处理,F_0值为 2.45 min,z=9.94 ℃(C2)。忽略升温时间,确定当罐中心的平均温度为 112.8 ℃时合适的加热时间。

答:t=16.76 min

9.12-4 合适的消毒过程时间。给定食品的罐头的 F_0值为 2.80 min,z=18 °F(10 ℃)。当加热时该食品罐中心的温度在不同的时间段为:t_1(0~10 min),T_1=140 °F;t_2(10~30 min),T_2=185 °F;t_3(30~50 min),T_3=220 °F;t_4(50~80 min),T_4=230 °F;t_5(80~100 min),T_5=190 °F。确定该加热消毒过程是否合适。

9.12-5 过程时间和数值积分。某食品的罐头在容器内加热、保持温度和冷却的过程获得下列温度-时间数据,温度为罐中心的测量值。

t(min)	T(°F)	t(min)	T(°F)
0	110(43.3 ℃)	80	232(111.1 ℃)
20	165(73.9 ℃)	90	225(107.2 ℃)
40	205(96.1 ℃)	100	160(71.1 ℃)
60	228(108.9 ℃)		

所用的 F_0 值为 2.60 min，z=18 °F(10 ℃)。计算本过程的 F_0 值，确定加热过程是否合适。采用 SI 单位和英制单位。

9.12－6　发酵介质的杀菌水平。发酵罐内的水溶液介质被杀菌消毒，获得时间-温度数据如下：

时间(min)	0	10	20	25	30	35
温度(℃)	100	110	120	120	110	100

污染细菌孢子的反应速度常数 k(min^{-1})可表达为(A1)

$$k=7.94\times10^{38}\,\mathrm{e}^{-(68\,700)/1.987T}$$

式中 T 的单位为 K。污染细菌孢子的水平 $N_0=1\times10^{12}$。试计算消毒等级 N 和 ∇。

9.12－7　牛奶的巴氏消毒时间。试计算 62.8 ℃下牛奶的巴氏消毒时间为多少分钟。62.8 ℃下所用的 F_0 值为 9.0 min。z 值为 5 ℃。

答：t=32.7 min

9.12－8　巴氏消毒中存活细胞数量的减少。在给定的巴氏消毒过程中，所用存活细胞数量的减少为 10^{15}，F_0 值为 9.0 min。因污染增加，如果减少改为 10^{16}，则新的 F_0 值为多少？

参考文献

(A1)　ALLERTON, J., BROWNELL, L. E., and KATZ, D. L. *Chem. Eng. Progr.*, **45**, 619 (1949).

(A2)　AIBA, S., HUMPHREY, A. E., and MILLIS, N. F. *Biochemical Engineering*, 2nd ed. New York: Academic Press, Inc., 1973.

(B1)　BLAKEBROUGH, N. *Biochemical and Biological Engineering Science*, Vol. 2. New York: Academic Press, Inc., 1968.

(B2)　BATESON, R. N. *Chem. Eng. Progr. Symp. Ser.*, **67**(108), 44 (1971).

(C1)　CRUESS, W. V. *Commercial Fruit and Vegetable Products*, 4th ed. New York: McGraw-Hill Book Company, 1958.

(C2)　CHARM, S. E. *The Fundamentals of Food Engineering*, 2nd ed. Westport, Conn.: Avi Publishing Co., Inc., 1971.

(D1)　DIETRICH, W. C., BOGGS, M. M., NUTTING, M. D., and WEINSTEIN, N. E. *Food Technol.*, **14**, 522 (1960).

(E1)　EARLE, R. L. *Unit Operations in Food Processing*. Oxford: Pergamon Press, Inc., 1966.

(G1)　GAMSON, B. W., THODOS, G., and HOUGEN, O. A. *Trans. A. I. Ch. E.*, **39**, 1 (1943).

(H1)　HALL, C. W. *Processing Equipment for Agricultural Products*. Westport, Conn.: Avi Publishing Co., Inc., 1972.

(H2)　HENDERSON, S. M. *Agr. Eng.*, **33**(1), 29 (1952).

(K1)　KING, C. J. *Freeze Drying of Foods*. Boca Raton, Fla.: Chemical Rubber Co., Inc. 1971.

(M1)　MARSHALL, W. R., JR., and HOUGEN, O. A. *Trans. A. I. Ch. E.*, **38**, 91 (1942).

(P1) PERRY, R. H., and GREEN, D. *Perry's Chemical Engineers' Handbook*, 6th ed. New York: McGraw-Hill Book Company, 1984.

(S1) SANDALL, O. C., KING, C. J., and WILKE, C. R. *A. I. Ch. E. J.*, **13**, 428(1967); *Chem. Eng. Progr.*, **64**(86), 43 (1968).

(S2) STUMBO, C. R. *Thermobacteriology in Food Processing*, 2nd ed. New York: Academic Press, Inc., 1973.

(T1) TREYBAL, R. E. *Mass Transfer Operations*, 3rd ed. New York: McGraw-Hill Book Company, 1980.

(W1) WILKE, C. R., and HOUGEN, O. A. *Trans. A. I. Ch. E.*, **41**, 441(1945).

第 10 章　级式和连续式气液分离过程

10.1　分离过程的类型和方法

10.1.1　概述

许多化学过程中的物料和生物物质在气相、液相或者固相中是以不同组分的混合物存在的。为了从原混合物中分离或除去一种或者多种组分，它必须与另一相接触。使两相充分接触以使一种溶质或多种溶质能够从一相扩散至另一相。两个主体相通常只能彼此微溶。这两相可以是气-液、气-固、液-液、液-固。在两相接触时，原混合物中的各组分在两相中重新分配。然后通过简单的物理方法就可以分离两相。通过选择合适的条件和相态，一种或多种组分在一相中得到浓缩，而在另一相中则减少。

10.1.2　分离过程的类型

(1) 吸收。当相互接触的两相是一种气体和一种液体时，这种操作叫做吸收。在吸收过程中一种溶质 A 或几种溶质从气相吸收进入液相中。这个过程涉及溶质 A 通过静止无扩散的气体 B 进入到静止的液体 C 中的分子和湍流扩散或质量传递。用液体水 C 吸收空气 B 中的氨 A 是吸收的一个例子。通常，出口的氨-水溶液用蒸馏来回收得到纯净的氨。

另一个例子是用碱溶液从烟道气中吸收 SO_2。在食品厂里的食用油氢化过程中，氢气鼓泡进入油层并被吸收。在催化剂存在的条件下，溶液里的氢与油发生反应。吸收的逆过程叫做汽提或解吸，服从相同的理论和基本原理。非挥发性油的汽提是一个例子，在这个过程中水蒸气与油接触，油中的少量挥发组分随水蒸气出来。当气体是纯空气、液体是纯水时，这个过程叫做增湿。减湿是指水蒸气从空气中除去。

(2) 蒸馏。在蒸馏过程中，包含了挥发的蒸气和汽化的液相。乙醇-水溶液的蒸馏是一个例子，这里蒸气中所含乙醇的浓度比液体中的大。另一个例子是氨-水溶液的蒸馏以生产富集的氨气。在天然石油的蒸馏中，各种馏分，如汽油、煤油和加热油被蒸馏分离出来。

(3) 液-液萃取。当两相都是液体时，溶质从一个液相传递到另一液相中，这个过程叫做液-液萃取。用异丙基醚从水溶液中萃取乙酸是一个例子。在制药厂，含水的发酵溶液里的抗生素有时用有机溶剂萃取分离。

(4) 浸取。如果一种流体被应用于从固体中萃取溶质，这个过程叫做浸取。有时这个过程也叫做萃取。例如，用硫酸从固态矿石中浸取铜，用有机溶剂如己烷从大豆中浸取菜油。菜油也可从其他生物产品中浸取得到，如花生、油菜籽和葵花籽。用水从甘蔗和甜菜中可浸取可溶蔗糖。

(5) 膜分离过程。利用膜来实现分子分离是一种较新的分离过程，并且变得越来越重要。极其薄的固膜控制分子在两相间的运动速率。在食品加工中,它用来从水中除去盐、使气体纯净,等等。

(6) 结晶。在溶液中可溶解的溶质组分可以通过改变它的条件,从溶液中分离出来,这些条件如温度或浓度,以使一种或多种组分的浓度超过溶解度,从而它们会以固相的形式结晶出来。这种分离过程的例子有糖的溶液结晶和金属矿溶液中结晶出金属盐的过程。

(7) 吸附。在吸附过程中,液体或气体流中的一种或多种组分被吸附在固体吸附剂的表面上或细孔中,从而达到分离效果。这样的例子包括从废水中除去有机物,从芳香族化合物中分离烷烃,以及空气中除去溶剂。

(8) 离子交换。在离子交换过程中,某种离子可以通过离子交换树脂来除去。这种分离过程非常类似于吸附。

10.1.3 过程方法

以上讨论了分离过程的几种方法。如气液、液液两相可以在容器中混和然后分离。这是单级分离过程。通常,两相可在一个级中混和、分离,或者在多级过程中再接触处理。这两种方法可以按间歇式或连续式进行。在另一种常用方法中,两相可以在填料塔中连续接触。

在本章中将讨论增湿和吸收,第 11 章中将讨论蒸馏;第 12 章中将讨论吸附,离子交换,液-液萃取、浸取和结晶。在第 13 章中将讨论膜过程;第 14 章中将讨论物理-力学分离过程。在这些过程中,涉及的两相间的平衡关系必须已知。在第 10.2 节将讨论气-液系统,其他系统将在第 11、第 12、第 13 章中讨论。

10.2 相与相之间的平衡关系

10.2.1 相律和平衡

为了估算两相中各相每一种溶质的平衡浓度,必须要有可用的实验平衡数据。如果两相不处于平衡状态,则传质速率是与推动力成正比的,而推动力是偏离平衡的程度。在所有平衡情况下,都涉及两相,例如气-液、液-液。影响溶质平衡的重要变量是温度、压力和浓度。

在给定条件的两相平衡受相律的约束:

$$F=C-P+2 \tag{10.2-1}$$

式中 P 是平衡时的相数,C 是不发生反应时两相中总组分的数目,F 是系统的自变量数或自由度。例如,对于 CO_2-空气-水的气液物系,有两相和三个组分(把空气看作一个惰性组分)。根据式(10.2-1),

$$F=C-P+2=3-2+2=3$$

这意味着自由度为 3。如果给定总压和温度,只剩下一个可以任意设定的可变参数。如果给定液相中 CO_2(A)的摩尔分数 x_A,则气相中的摩尔分率 y_A 或分压 p_A 也随即自动地确定了。

在相律中没有告诉我们平衡中分压 p_A 与给定的 x_A 的关系。p_A 的值必须由实验确定。当然两相可以是气-液、液-固，等等。例如，已经有人对各种不同条件下，乙酸在水相和异丙基醚相之间的平衡分布进行了实验测定。

10.2.2　气-液平衡

(1) 气-液平衡数据。为了说明实验测取气-液平衡数据的方法，可考察 SO_2-空气-水物系。在给定温度下，把一定量的 SO_2、空气、水放在一个密闭容器里，并不断地摇动直至达到平衡。取气体和液体样品来分析，确定气体 SO_2(A) 的分压 p_A(atm) 和液体中的摩尔分数 x_A。图 10.2-1 表示了由附录 3 中得到的 293 K(20 ℃) 时蒸气中 SO_2 分压 p_A 与液体中 SO_2 的摩尔分数 x_A 的平衡关系的数据标绘。

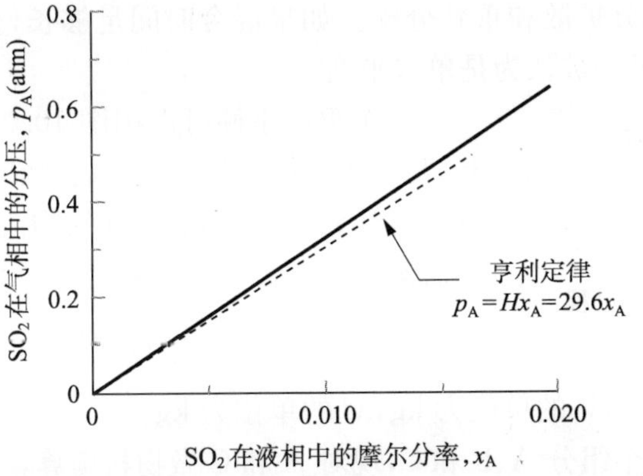

图 10.2-1　SO_2-水物系在 293 K(20 ℃) 下的平衡曲线

(2) 亨利定律。通常在低浓度时气相 p_A 和 x_A 的平衡关系可以用直线的亨利方程来表示：

$$p_A = Hx_A \tag{10.2-2}$$

式中 H 是给定物系以 atm/摩尔分数表示的亨利常数。如果式(10.2-2)两边除以总压，

$$y_A = H'x_A \tag{10.2-3}$$

式中 H' 是以气体摩尔分数/液体摩尔分数表示的亨利常数且等于 H/p。注意 H' 与总压有关，而 H 与总压无关。

在图 10.2-1 中，服从亨利定律的数据从浓度 x_A 为 0 至 0.005，H=29.6 atm。一般地，当总压低于 5×10^5 Pa(5 atm) 时，H 的值与 p 无关。附录 3 给出了一些普通气体水溶液的数据。

例 10.2-1　水中溶解氧的浓度

当溶液在 1 atm 总压、298 K 下与空气中的氧气平衡时，水中溶解氧的浓度是多少？亨利常数为 4.38×10^4 atm。

解：空气中氧(A)的分压 p_A 为 0.21 atm。由式(10.2-2)：

$$0.21 = Hx_A = 4.38 \times 10^4 x_A$$

解得，$x_A = 4.80 \times 10^{-6}$。这意味着 4.80×10^{-6} mol O_2 被溶于 1.0 mol 的水和氧的混合物中，或者说 100 份水中含有 0.000 853 份氧。

10.3 单级和多级平衡接触

10.3.1 单级平衡接触

在许多化工操作和其他过程工业中，从一相到另一相的质量传递，通常伴随着混合物中组分的分离，因为一种组分将比另一种组分传递程度大。

一个单级过程可以定义为一个两相充分接触再分开的过程。在相互接触的时间里，充分混合且两相间各种组分扩散和重新分配。如果混合时间足够长，分离后两相组分基本上处于平衡状态，且这个过程被认为是单级平衡。

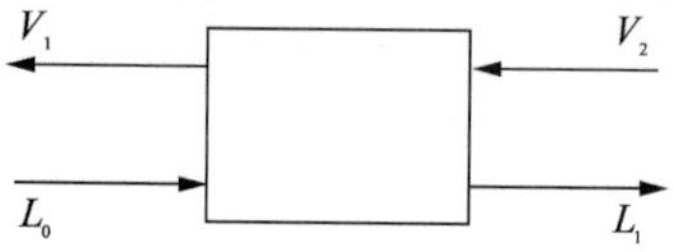

图 10.3-1　单级平衡过程

一个单级平衡可以用图 10.3-1 来代表。两个进料相，L_0 和 V_2 进入级间，它们的量和组成是已知的。在级内混合并达到平衡；两股离开的物流 L_1 和 V_1 以相互平衡的状态离开。作总物料衡算，

$$L_0 + V_2 = L_1 + V_1 = M \tag{10.3-1}$$

这里 L 的单位为 kg(lb_m)，V 的单位为 kg，M 的单位为 kg。

假定物流中存在三个组分 A、B 和 C，现对 A 和 C 做物料衡算，

$$L_0 x_{A0} + V_2 y_{A2} = L_1 x_{A1} + V_1 y_{A1} = M x_{AM} \tag{10.3-2}$$

$$L_0 x_{C0} + V_2 y_{C2} = L_1 x_{C1} + V_1 y_{C1} = M x_{CM} \tag{10.3-3}$$

因为 $x_A + x_B + x_C = 1.0$，对于 B 的物料衡算方程是不需要的。L 物流中 A 的质量分率为 x_A，在 V 物流中的为 y_A。在 M 物流中 A 的质量分率为 x_{AM}。

为了解这三个方程，必须知道各组分的相平衡关系。在第 10.3.2 节中将会介绍气-液体系，在第 11 章将会介绍汽-液体系。注意式(10.3-1)～(10.3-3)也可用摩尔单位表示，L 和 V 的单位均为摩尔数，x_A 和 y_A 的单位均为摩尔分数。

10.3.2 气-液体系的单级平衡接触

在一般的气-液体系中，溶质 A 在气相 V 中与惰性空气 B 在一起，在液相 L 中与水 C 在一起。假定空气在水相中基本不溶解，水不会蒸发到气相，气相是由两组分 A-B 组成的，液相是由两组分 A-C 组成的。式(10.3-1)用摩尔和摩尔分数表示，作单级过程的总物料衡算。由于组分 A 是两相间重新分配的唯一组分，A 的物料衡算方程如下：

$$L'\left(\frac{x_{A0}}{1-x_{A0}}\right) + V'\left(\frac{y_{A2}}{1-y_{A2}}\right) = L'\left(\frac{x_{A1}}{1-x_{A1}}\right) + V'\left(\frac{y_{A1}}{1-y_{A1}}\right) \tag{10.3-4}$$

式中 L' 是水 C 的摩尔流率，V' 是惰性空气 B 的摩尔流率。L' 和 V' 都是常数，且通常是已

知的。

为了求解式(10.3－4),根据亨利定律给出了平衡时 y_{A1} 和 x_{A1} 的关系：

$$y_{A1}=H'x_{A1} \tag{10.3-5}$$

如果溶液不是稀溶液,必须给出 p_A 或者 y_A 与 x_A 的平衡数据,如图 10.2－1 所示。

例 10.3－1　CO_2-空气-水的平衡级接触

293 K,1.0 atm(绝压)下含有 CO_2 和空气的气体混合物与纯水在单级混合器中连续接触。两出口的气体和液体物流达到平衡。进口气体流率为 100 kmol/h,CO_2 的摩尔分率 $y_{A2}=0.20$。液体进入的流率为 300 kmol 水/h。计算两相出口的量和组成。假定水不蒸发至气相。

解:流程图和图 10.3－1 一样。进口惰性水的流量 $L'=L_0=300$ kmol/h。进口惰性空气流量 V' 从式(10.3－6)得出：

$$V'=V(1-y_A) \tag{10.3-6}$$

因此,惰性空气流量 $V'=V_2(1-y_{A2})=100\times(1-0.20)=80$ kmol/h。代入式(10.3－4)作 CO_2(A)的物料衡算：

$$300\times\left(\frac{0}{1-0}\right)+80\times\left(\frac{0.20}{1-0.20}\right)=300\times\left(\frac{x_{A1}}{1-x_{A1}}\right)+80\times\left(\frac{y_{A1}}{1-y_{A1}}\right) \tag{10.3-7}$$

在 293 K,从附录 3 查得亨利常数为 $H=0.142\times10^4$ atm。
$H'=H/p=0.142\times10^4/1.0=0.142\times10^4$。代入式(10.3－5)：

$$y_{A1}=0.142\times10^4 x_{A1} \tag{10.3-8}$$

将式(10.3－8)代入式(10.3－7),解得 $x_{A1}=1.41\times10^{-4}$,$y_{A1}=0.20$。计算离开级的总流率：

$$L_1=\frac{L'}{1-x_{A1}}=\frac{300}{1-1.41\times10^{-4}}=300\ \text{kmol/h}$$

$$V_1=\frac{V'}{1-y_{A1}}=\frac{80}{1-0.20}=100\ \text{kmol/h}$$

在这个例子中,因为液体溶液非常稀,因此 $L_0\approx L_1$。

10.3.3　逆流多级接触

(1) 一般方程的推导。在第 10.3.1 节中,用单级接触使溶质 A 在 V 和 L 相中进行传递。为了使更多的溶质从 V_1 物流中传递出来,将离开第一级的物流 V_1 与新鲜 L_0 单级接触,不断重复进行。这可以在多级过程中重复进行。然而,这会浪费物流 L_0,出口物流 L_1 给出了很低浓度的产品。为了充分利用物流 L_0 并获得较浓的产品,一般采用逆流多级接触。这在某个角度类似于换热器中的逆流传热,其中的冷流体出口温度较接近进口热流体的温度。

图 10.3－2 表示了逆流多级过程的流程图。L 的进口物流是 L_0,V 的进口物流是 V_{N+1},代替图 10.3－1 所示单级中的 V_2。出口产品物流为 V_1 和 L_N,总级数为 N。在物流 L

和 V 之间，组分 A 进行传递。物流 V 主要是由组分 B 组成的，而 L 主要是由组分 C 组成的。组分 B 和 C 可以部分互溶或完全不互溶。两相体系可以是气-液、汽-液、液-液或其他。

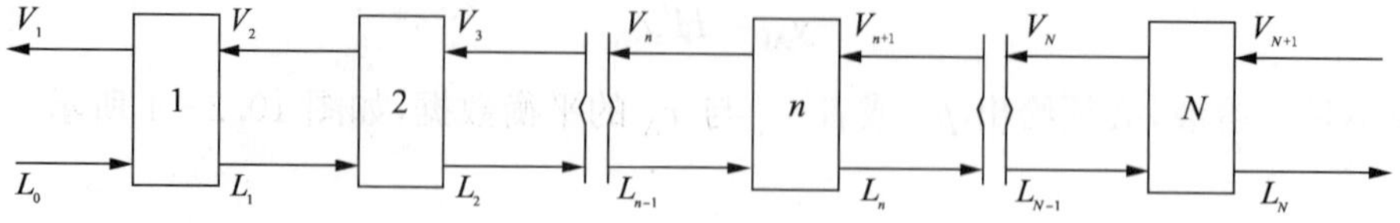

图 10.3-2　多级逆流过程

作所有级数的总物料衡算，

$$L_0+V_{N+1}=L_N+V_1=M \tag{10.3-9}$$

其中 V_{N+1} 为进入过程的流量，mol/h，L_N 为离开时的流量，mol/h，M 为总流量。注意图 10.3-2 表示了离开每一级的任意两物流都达到了相平衡。例如，在 n 级，V_n 和 L_n 处于平衡。对于 A、B 或 C 的组分总物料衡算：

$$L_0x_0+V_{N+1}y_{N+1}=L_Nx_N+V_1y_1=Mx_m \tag{10.3-10}$$

其中 x 和 y 为摩尔分数。这些方程也可以用质量流率 kg/h(lbm/h)和质量分率表示。

作前 n 级总物料衡算，

$$L_0+V_{n+1}=L_n+V_1 \tag{10.3-11}$$

作前 n 级组分物料衡算，

$$L_0x_0+V_{n+1}y_{n+1}=L_nx_n+V_1y_1 \tag{10.3-12}$$

由式(10.3-12)解得 y_{n+1}

$$y_{n+1}=\frac{L_nx_n}{V_{n+1}}+\frac{V_1y_1-L_0x_0}{V_{n+1}} \tag{10.3-13}$$

这是一个重要的物料衡算方程，通常叫做操作线。它将流率 V 的浓度 y_{n+1} 与经过它的流率 L 的浓度 x_n 相联系。V_1，y_1，L_0 和 x_0 通常是已知的常数或者可由式(10.3-9)～式(10.3-12)求出。

(2) 不互溶物流的逆流接触。当包含组分 A 和 B 而没有 C 的溶剂流 V 与包含 A 和 C 而没有 B 的溶剂流 L 接触时，溶质 A 发生传递，这是一个典型的例子。两股物流 L 和 V 彼此不互溶，只有 A 发生传递。当方程(10.3-13)绘制成 $x-y$ 图(组分 A 的 x_A 和 y_A)时，如图 10.3-3 所示，它通常是一条曲线，因为如果 L 和 V 物流从一级到另一级变化时操作线的斜率 L_n/V_{n+1} 也随之变化。

在图 10.3-3 中绘制了平衡线，它表示了离开平衡级的两个互成平衡的物流组成之间的关系。为了确定给定分离任务或组分 A 从浓度 y_{N+1} 降低至 y_1 所需要的理论级数，计算过程经常用图解方法。从第一级开始 y_1 和 x_0 在操作线上，即式(10.3-13)，绘制在图中。离开的蒸气的 y_1 和离开的 x_1 平衡组成都在平衡线上。然后 y_2 和 x_1 在操作线上，y_2 再与 x_2 平衡，等等。图 10.3-3 表示了过程的逐级向下连续作梯级，直到图形上达到 y_{N+1} 为止。我们也能从 y_{N+1} 开始逐级作梯级，直至达到 y_1。

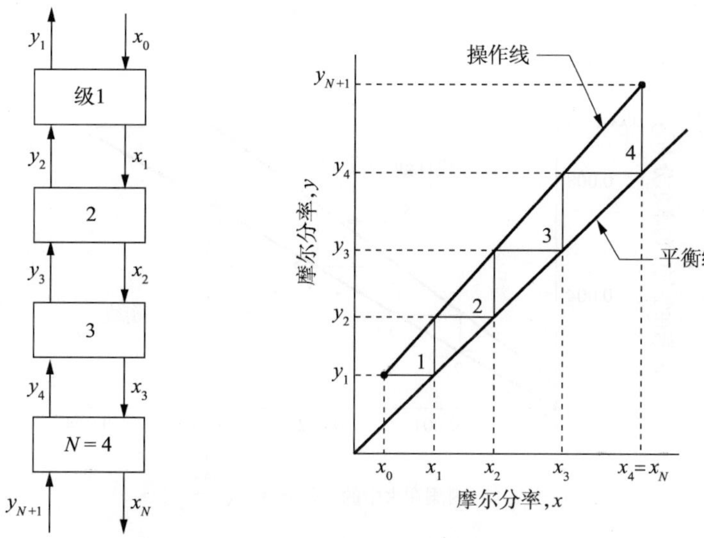

图 10.3-3　逆流级式接触过程的理论级数

如果 L 和 V 流率中的组分 A 是低浓度，那么流率近似恒定，方程(10.3-13)的斜率 L_n/V_{n+1} 近似为常数。因此，操作线在 $x-y$ 图中近似为直线。在精馏中，当只有组分 A 和 B 时，操作线也服从方程(10.3-13)。这将在第 11 章中讨论。A、B 和 C 彼此互溶的情况经常在液-液萃取中发生，这将在第 12 章中讨论。

例 10.3-2　逆流级式塔设备中丙酮的吸收

在逆流级式塔设备中欲从含有 1.0%(mol)的丙酮的气体中吸收 90%的丙酮。入塔气体总流量为 30.0 kmol/h，用于吸收丙酮的纯水进口总流量为 90 kmol H_2O/h。该过程在 300 K、101.3 kPa 下等温操作。在气体-液体中丙酮(A)的平衡关系为 $y_A=2.53x_A$。试确定这个分离过程所需的理论级数。

解： 流程图类似于图 10.3-3。已知 $y_{AN+1}=0.01$，$x_{A0}=0$，$V_{N+1}=30.0$ kmol/h，$L_0=90.0$ kmol/h。对丙酮作物料衡算：

进入的丙酮量 $=y_{AN+1}V_{N+1}=0.01\times30.0=0.30$ kmol/h

进入的空气 $=(1-y_{AN+1})V_{N+1}=(1-0.01)\times30.0=29.7$ kmol 空气/h

V_1 中离开的丙酮 $=0.10\times0.30=0.030$ kmol/h

L_N 中离开的丙酮 $=0.90\times0.30=0.27$ kmol/h

$V_1=29.7+0.03=29.73$ kmol(空气＋丙酮)/h

$$y_{A1}=\frac{0.030}{29.73}=0.001\ 01$$

$L_N=90.0+0.27=90.27$ kmol(水＋丙酮)/h

$$x_{AN}=\frac{0.27}{90.27}=0.003\ 00$$

由于液体流量从进口 $L_0=90.0$ 到出口 $L_N=90.27$ 只有轻微的变化，V 从 30.0 变化为 29.73，方程(10.3-13)的操作线斜率 L_n/V_{n+1} 基本为常数。这条线与平衡关系式 $y_A=2.53x_A$ 一起绘制在图 10.3-4 中。起始点从 y_{A1}，x_{A0} 开始，逐级绘制如图所示。所需理论级数大约为 5.2。

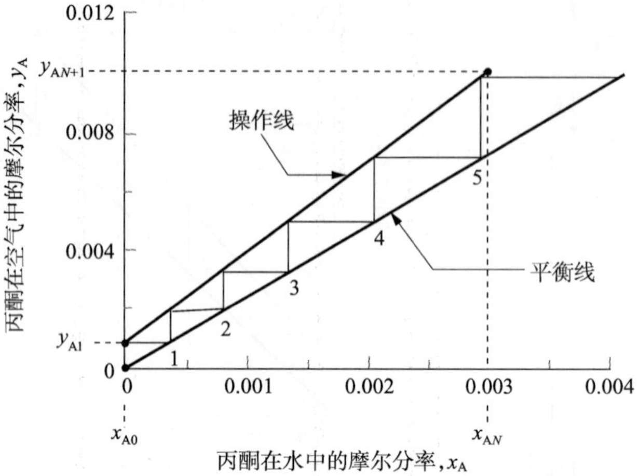

图 10.3－4　例 10.3－2 中逆流吸收过程的理论级数

10.3.4　逆流多级接触的解析方程

当在逆流过程中流率 V 和 L 基本为常数时,操作线方程(10.3－13)变成直线。如果在整个浓度范围内平衡线也是直线,那么在逆流过程中可以通过简单的解析表达式得到平衡级数。

再参照图 10.3－2,方程(10.3－14)为组分 A 的总物料衡算:

$$L_0 x_0 + V_{N+1} y_{N+1} = L_N x_N + V_1 y_1 \qquad (10.3-14)$$

整理后

$$L_N x_N - V_{N+1} y_{N+1} = L_0 x_0 - V_1 y_1 \qquad (10.3-15)$$

作前 n 级组分 A 的物料衡算:

$$L_0 x_0 + V_{n+1} y_{n+1} = L_n x_n + V_1 y_1 \qquad (10.3-16)$$

重新整理,

$$L_0 x_0 - V_1 y_1 = L_n x_n - V_{n+1} y_{n+1} \qquad (10.3-17)$$

因式(10.3－15)与式(10.3－17)相等:

$$L_N x_N - V_{N+1} y_{N+1} = L_n x_n - V_{n+1} y_{n+1} \qquad (10.3-18)$$

由于总摩尔流量为常数,$L_n = L_N =$ 常数 $= L$,$V_{n+1} = V_{N+1} =$ 常数 $= V$。因此式(10.3－18)变为

$$L(x_n - x_N) = V(y_{n+1} - y_{N+1}) \qquad (10.3-19)$$

由于 y_{n+1} 和 x_{n+1} 处于平衡状态,平衡线为直线,$y_{n+1} = m x_{n+1}$。同样 $y_{N+1} = m x_{N+1}$。用 $m x_{n+1}$ 代替 y_{n+1},令 $A = L/mV$,则式(10.3－19)变为

$$x_{n+1}-Ax_n=\frac{y_{N+1}}{m}-Ax_N \tag{10.3-20}$$

式中 A 为吸收因子且为常数。

式(10.3-20)右边所有项都是常数。这个方程是个一级线性差方程，可以通过有限差分方法计算解得(G1，M1)。最后得到的方程如下。

对于溶质 A 从 L 相传递到 V 相中(解吸)：

$$\frac{x_0-x_N}{x_0-y_{N+1}/m}=\frac{\left(\frac{1}{A}\right)^{N+1}-\frac{1}{A}}{\left(\frac{1}{A}\right)^{N+1}-1} \tag{10.3-21}$$

$$N=\frac{\ln\left[\frac{x_0-y_{N+1}/m}{x_N-y_{N+1}/m}(1-A)+A\right]}{\ln\left(\frac{1}{A}\right)} \tag{10.3-22}$$

当 $A=1$ 时：

$$N=\frac{x_0-x_N}{x_N-y_{N+1}/m} \tag{10.3-23}$$

对于溶质 A 从 V 相传递到 L 相(吸收)：

$$\frac{y_{N+1}-y_1}{y_{N+1}-mx_0}=\frac{A^{N+1}-A}{A^{N+1}-1} \tag{10.3-24}$$

$$N=\frac{\ln\left[\frac{y_{N+1}-mx_0}{y_1-mx_0}\left(1-\frac{1}{A}\right)+\frac{1}{A}\right]}{\ln A} \tag{10.3-25}$$

当 $A=1$ 时：

$$N=\frac{y_{N+1}-y_1}{y_1-mx_0} \tag{10.3-26}$$

A 通常叫做吸收因子，S 为解吸因子，这里 $S=1/A$。这些方程可用于任何单位的计算，例如质量流量和质量分率或者摩尔流量和摩尔分率。这一系列方程叫做 Kremser 方程，应用很方便。

如果平衡线不是直线而是有些弯曲的，斜率将发生变化，因此，m 和 $A=L/mV$ 将发生变化。对于吸收(参考图 10.3-3)在浓的一端，离开底部 N 级的浓度 y_N，x_N 处可用斜率 m_N 即平衡线在该点的切线。这个 m_N 在平衡线的 x_N 点上。在塔顶的第一级即低浓度的一端，使用平衡线在离开该级的浓度 y_1、x_1 处的斜率 m_1。这个 m_1 在平衡线 y_1 点上。则 $A_N=L_N/m_NV_{N+1}$，$A_1=L_0/m_1V_1$。使用几何平均值，则 $A=\sqrt{A_NA_1}$(P1，T3)。同样，在式(10.3-24)～式(10.3-26)中使用低浓度的 m_1。

对于解吸塔顶部或较高浓度的一级，使用斜率 m_1，即浓度 y_1、x_1 处的平衡线的斜率。这个 m_1 在平衡线上点 y_1 处。在塔底级或低浓度的一端，使用平衡线在 y_N，x_N 点的斜率 m_N。这个 m_N 在平衡线的点 x_N 处。这样，$A_N=L_N/m_NV_{N+1}$，$A_1=L_0/m_1V_1$，$A=\sqrt{A_NA_1}$。在式

(10.3-21)～式(10.3-23)中使用低浓度的 m_N。由于在这个区域有很多级，因此有时只使用在低浓度端的 A 和 m 值。

例 10.3-3 用解析方程求级数

同例 10.3-2 的多级逆流过程，但采用 Kremser 解析方程。

解：在第一级 $V_1=29.37\ \text{kmol/h}$，$y_{A1}=0.001\ 01$，$L_0=90.0$，$x_{A0}=0$。同样，方程的平衡关系为 $y_A=2.53x_A$，这里 $m=2.53$。则，

$$A_1=\frac{L}{mV}=\frac{L_0}{mV_1}=\frac{90.0}{2.53\times 29.73}=1.20$$

在 N 级，$V_{N+1}=30.0$，$y_{AN+1}=0.01$，$L_N=90.27$，$x_{AN}=0.003\ 00$。

$$A_N=\frac{L_N}{mV_{N+1}}=\frac{90.27}{2.53\times 30.0}=1.19$$

几何平均值 $A=\sqrt{A_NA_1}=\sqrt{1.20\times 1.19}=1.195$。

丙酮溶质从 V 相传递到 L 相(吸收)。代入到式(10.3-25)，

$$N=\frac{\ln\left[\frac{0.01-2.53\times 0}{0.001\ 01-2.53\times 0}\left(1-\frac{1}{1.195}\right)+\frac{1}{1.195}\right]}{\ln 1.195}=5.04\ \text{级}$$

这与图解法获得的 5.2 级比较接近。

10.4 相际质量传递

10.4.1 概述及平衡关系

(1) 相际质量传递概述。在第 7 章我们考虑了从流体相到另一相的质量传递，另一相通常指固相。溶质 A 通过流体相中的对流传质和固体中的扩散而实现传递。在本节中我们将讨论溶质 A 通过对流从一个流体相到第二个流体相的质量传递。例如，溶质扩散通过气相，再扩散通过相邻的不互溶的液相并被吸收。用水从空气中吸收氨就是一个例子。

两相直接相互接触，如在填料塔、板式塔、喷淋塔，并且两相间的界面面积通常不能很好地确定。两相间的质量传递，由每一相中存在的浓度梯度引起传质。在很多情况下，在两流体相的界面上处于相平衡。

(2) 平衡关系。当发生质量传递时，平衡关系对于决定浓度分布以计算质量传递的速度是重要的。在第 10.2 节讨论过气-液体系的平衡关系和亨利定律。在第 7.1.3 节讨论了两相间的平衡分配系数。这节中将采用这些平衡关系讨论相际的质量传递。

10.4.2 相际质量传递的浓度分布

在绝大多数质量传递物系中，彼此不能互溶的两相一起处在两相间的界面两边。假设溶质 A 正从气相主体 G 扩散到液相 L 中，它必须先后依次通过气相 G、界面，再进入液相。必须存在浓度梯度，形成质量传递，克服每一相的阻力，如图 10.4-1 所示。在气相中 A 的

平均浓度或主体浓度用摩尔分数表示为 y_{AG}，这里 $y_{AG}=p_A/p$，在液相主体中用摩尔分数表示为 x_{AL}。

在气相主体中浓度从 y_{AG} 减少到界面的 y_{Ai}。液相浓度从界面的 x_{Ai} 下降到 x_{AL}。在界面上，由于跨越界面的传递不存在阻力，y_{Ai} 和 x_{Ai} 处于平衡，且通过平衡分配关系使它们联系起来

$$y_{Ai}=f(x_{Ai}) \tag{10.4-1}$$

式中 y_{Ai} 是 x_{Ai} 的函数。它们通过平衡关系图，如图 10.4-1 联系起来。如果物系服从亨利定律，$y_A p$ 或 p_A 和 x_A 在界面处通过式(10.2-2)联系起来。

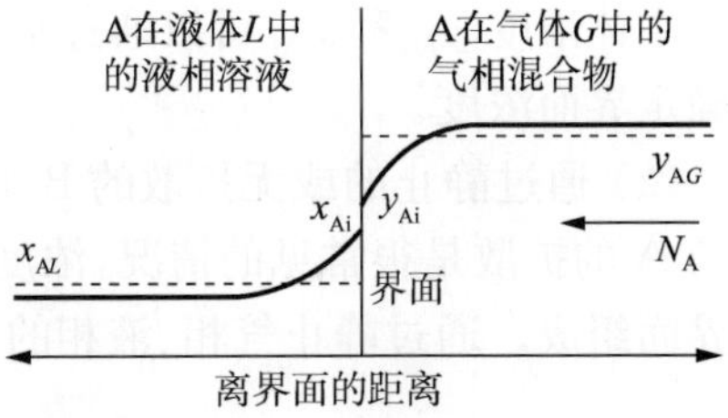

图 10.4-1　溶质 A 扩散通过两相的浓度分布

从实验得知，当不发生化学反应时，界面阻力在质量传递的大多数情况下可以忽略，如从空气到水中常见气体的吸收，从一相到另一相的有机溶质的萃取。但是，也有些例外。某种表面活性物质可富集于界面上，形成降低溶质分子扩散速率的“界面阻力”。当界面阻力出现时，预测的理论是很难计算速率的，而且不可靠。

10.4.3　用传质系数和界面浓度确定传质速率

(1) 等分子反向扩散。对于等分子反向扩散，图 10.4-1 中的浓度能绘制成 $x-y$ 图，如图 10.4-2 所示。点 P 代表两相主体组成 x_{AG} 和 x_{AL}，M 点为界面浓度 y_{Ai} 和 x_{Ai}。对于 A 从气相扩散到液相以及 B 在等分子反向扩散中从液相扩散到气相：

$$N_A=k'_y(y_{AG}-y_{Ai})=k'_x(x_{Ai}-x_{AL}) \tag{10.4-2}$$

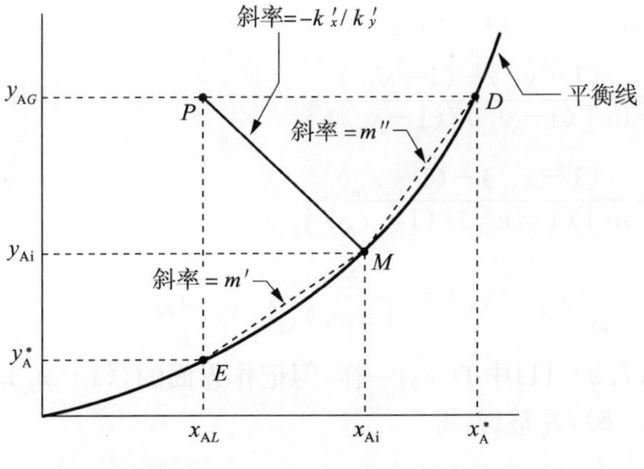

图 10.4-2　在相际传质(等分子反向扩散)中的浓度差推动力和界面浓度

其中 k'_y 为气相传质系数，单位为 kmol/(s·m²)，(mol/(s·cm²)，lb mol/(h·ft²))，k'_x 为液相传质系数，单位为 kmol/(s·m²)，(mol/(s·cm²)，lb mol/(h·ft²))。整理式(10.4-2)：

$$-\frac{k'_x}{k'_y}=\frac{y_{AG}-y_{Ai}}{x_{AL}-x_{Ai}} \tag{10.4-3}$$

气相中的推动力为 $(y_{AG}-y_{Ai})$，液相中推动力为 $(x_{Ai}-x_{AL})$。PM 线的斜率为 $-k'_x/k'_y$。

这意味着如果两个膜系数 k'_x 和 k'_y 是已知的，可以通过画斜率为 $-k'_x/k'_y$ 的 PM 线与平衡线相交来决定界面组成。

主体浓度 y_{AG} 和 x_{AL} 可以通过从混和的气相和液相简单取样来测定。由式(10.4-3)可以确定界面浓度。

(2) 通过静止的或无扩散的 B 组分的 A 的扩散(单向扩散)。通过静止的气相再进入液相的 A 的扩散是很常见的情况，浓度在图 10.4-3 中表示出来了，这里 P 为相主体组成，M 为界面组成。通过静止气相、液相的 A 的扩散方程为

$$N_A = k_y(y_{AG} - y_{Ai}) = k_x(x_{Ai} - x_{AL}) \tag{10.4-4}$$

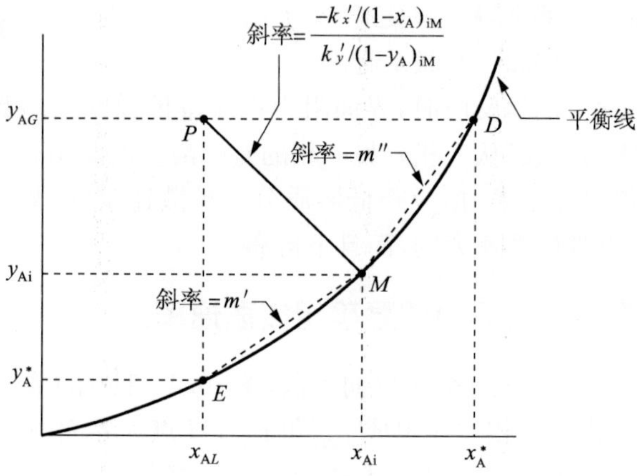

图 10.4-3　在相际传质(单向扩散)中的浓度差推动力和界面浓度

现在，$$k_y = \frac{k'_y}{(1-y_A)_{iM}},\quad k_x = \frac{k'_x}{(1-x_A)_{iM}} \tag{10.4-5}$$

式中 $$(1-y_A)_{iM} = \frac{(1-y_{Ai}) - (1-y_{AG})}{\ln[(1-y_{Ai})/(1-y_{AG})]} \tag{10.4-6}$$

$$(1-x_A)_{iM} = \frac{(1-x_{AL}) - (1-x_{Ai})}{\ln[(1-x_{AL})/(1-x_{Ai})]} \tag{10.4-7}$$

则 $$N_A = \frac{k'_y}{(1-y_A)_{iM}}(y_{AG} - y_{Ai}) = \frac{k'_x}{(1-x_A)_{iM}}(x_{Ai} - x_{AL}) \tag{10.4-8}$$

注意，$(1-y_A)_{iM}$ 与式(7.2-11)中的 y_{BM} 一样，但记作界面的，$(1-x_A)_{iM}$ 与式(7.2-11)中的 x_{BM} 一样。用式(10.4-8)，并整理，得

$$\frac{-k'_x/(1-x_A)_{iM}}{k'_y/(1-y_A)_{iM}} = \frac{(y_{AG} - y_{Ai})}{(x_{AL} - x_{Ai})} \tag{10.4-9}$$

通过式(10.4-9)的左边可知，由图 10.4-3 中 PM 线的斜率可以确定界面的组成。这里因 $(1-y_A)_{iM}$ 和 $(1-x_A)_{iM}$ 项而与等分子反向扩散的方程(10.4-3)的斜率有所不同。当 A 扩散通过静止的 B 且溶液为稀溶液时，$(1-y_A)_{iM}$ 和 $(1-x_A)_{iM}$ 接近于 1。

由于式(10.4-9)的左边含有需求的项 y_{Ai} 和 x_{Ai}，为了得到式(10.4-9)中的斜率需要采用试差法。第一步试差中假定 $(1-y_A)_{iM}$ 和 $(1-x_A)_{iM}$ 为 1.0，使用式(10.4-9)得到斜率和

y_{Ai}，x_{Ai}的值。第二步试差，用 y_{Ai}，x_{Ai} 值计算新的斜率，从而得到新的 y_{Ai}和 x_{Ai}值。这个计算将重复进行直到界面组成不再变化。通常用三步试差已足够了。

例 10.4-1　相际传质中的界面组成

在湿壁塔中，液体形成膜沿着壁面向下流动，A 和 B 的混合气体中溶质 A 被液体吸收。在塔中的某一点气体主体浓度为 $y_{AG}=0.380$(摩尔分率)，液体浓度为 $x_{AL}=0.100$。塔的操作条件为 298 K 和 1.013×10^5 Pa，平衡数据如下：

x_A	y_A	x_A	y_A
0	0	0.20	0.131
0.05	0.022	0.25	0.187
0.10	0.052	0.30	0.265
0.15	0.087	0.35	0.385

溶质 A 在气相中单向扩散通过 B 组分，再通过无扩散的液相。

在湿壁塔中，用低浓度的关联式，计算气相中 A 组分传质系数为 $k_y=1.465\times10^{-3}$ kmol A/(s·m^2)，(1.08 lb mol/(h·ft^2))，液相传质系数为 $k_x=1.967\times10^{-3}$ kmol A/(s·m^2)，(1.45 lb mol/(h·ft^2))。计算界面浓度 y_{Ai}和 x_{Ai}以及通量 N_A。

解：由于关联式用于稀溶液，所以 $(1-y_A)_{iM}$ 和 $(1-x_A)_{iM}$ 近似为 1.0，系数与 k'_y和 k'_x值一样。图 10.4-4 画出了平衡数据图。在 $y_{AG}=0.380$，$x_{AL}=0.100$ 处画出点 P。第一次试差，$(1-y_A)_{iM}$和 $(1-x_A)_{iM}$的值假定为 1.0，通过方程(10.4-9)得 PM 线的斜率为：

$$-\frac{k'_x/(1-x_A)_{iM}}{k'_y/(1-y_A)_{iM}}=-\frac{1.967\times10^{-3}/1.0}{1.465\times10^{-3}/1.0}=-1.342$$

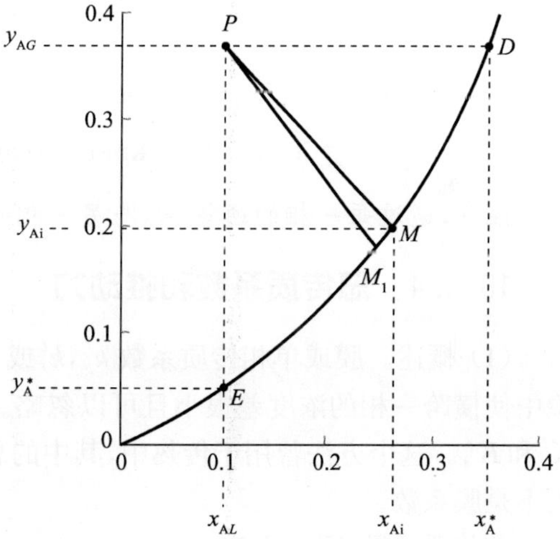

图 10.4-4　例 10.4-1 中界面浓度的确定

在图 10.4-4 中，画出通过点 P 斜率为 -1.342 的直线与平衡线交于 M_1，该点 $y_{Ai}=0.183$，$x_{Ai}=0.247$。

第二步试差我们用从第一步试差得到的 y_{Ai}和 x_{Ai}计算新的斜率。代入到式(10.4-6)和式(10.4-7)中：

$$(1-y_A)_{iM}=\frac{(1-y_{Ai})-(1-y_{AG})}{\ln[(1-y_{Ai})/(1-y_{AG})]}=\frac{(1-0.183)-(1-0.380)}{\ln[(1-0.183)/(1-0.380)]}=0.715$$

$$(1-x_A)_{iM}=\frac{(1-x_{AL})-(1-x_{Ai})}{\ln[(1-x_{AL})/(1-x_{Ai})]}=\frac{(1-0.100)-(1-0.247)}{\ln[(1-0.100)/(1-0.247)]}=0.825$$

代入式(10.4-9)得到新的斜率：

$$-\frac{k'_x/(1-x_A)_{iM}}{k'_y/(1-y_A)_{iM}}=-\frac{1.967\times10^{-3}/0.825}{1.465\times10^{-3}/0.715}=-1.163$$

画出通过点 P 斜率为 -1.163 的直线与平衡线交于 M,该点 $y_{Ai}=0.197$,$x_{Ai}=0.257$。

用这些值进行第三次试差,下面是计算过程:

$$(1-y_A)_{iM}=\frac{(1-0.197)-(1-0.380)}{\ln[(1-0.197)/(1-0.380)]}=0.709$$

$$(1-x_A)_{iM}=\frac{(1-0.100)-(1-0.257)}{\ln[(1-0.100)/(1-0.257)]}=0.820$$

$$-\frac{k'_x/(1-x_A)_{iM}}{k'_y/(1-y_A)_{iM}}=-\frac{1.967\times10^{-3}/0.820}{1.465\times10^{-3}/0.709}=-1.160$$

斜率 -1.160 与第二次试差的斜率 -1.163 接近。因此,最终值为 $y_{Ai}=0.197$,$x_{Ai}=0.257$,如图 10.4-4 中点 M 所示。

用式(10.4-8)计算通量:

$$N_A=\frac{k'_y}{(1-y_A)_{iM}}(y_{AG}-y_{Ai})=\frac{1.465\times10^{-3}}{0.709}\times(0.380-0.197)$$
$$=3.78\times10^{-4}\ \text{kmol/(s·m}^2)$$

$$N_A=\frac{1.08}{0.709}\times(0.380-0.197)=0.278\,5\ \text{lb mol/(h·ft}^2)$$

$$N_A=\frac{k'_x}{(1-x_A)_{iM}}(x_{AG}-x_{Ai})=\frac{1.967\times10^{-3}}{0.820}\times(0.257-0.100)$$
$$=3.78\times10^{-4}\ \text{kmol/(s·m}^2)$$

注意,通过每一相的通量 N_A 与另一相的通量一样,这应该适用于定态的情况。

10.4.4 总传质系数和推动力

(1) 概述。膜或单相传质系数 k'_y,k'_x 或 k_y,k_x 通常很难实验测定,除非在特定的设计实验中使横跨一相的浓度差很小且可以忽略。因而,能够测定基于气相或液相的总传质系数 K'_y 和 K'_x。这个方法曾用于传热中,其中的总传热系数可以根据内表面积或外表面积测定,而不是膜系数。

总传质系数 K'_y 定义为

$$N_A=K'_y(y_{AG}-y_A^*) \tag{10.4-10}$$

其中 K'_y 基于气相总传质推动力,单位为 kmol/(s·m²),y_A^* 为与 x_{AL} 相平衡的值,如图 10.4-2 所示。同样,K'_x 定义为

$$N_A=K'_x(x_A^*-x_{AL}) \tag{10.4-11}$$

式中 K'_x 基于液相总传质推动力,单位为 kmol/(s·m²),x_A^* 为与 y_{AG} 相平衡的值。

(2) 等分子反向扩散和稀溶液中的扩散。式(10.4-2)为等分子反向扩散方程,当溶液为稀溶液时,式(10.4-8)和式(10.4-2)相等:

$$N_A=k'_y(y_{AG}-y_{Ai})=k'_x(x_{Ai}-x_{AL}) \tag{10.4-2}$$

从图 10.4-2 得

$$y_{AG}-y_A^*=(y_{AG}-y_{Ai})+(y_{Ai}-y_A^*) \tag{10.4-12}$$

由点 E 和点 M 之间可以得到斜率 m'

$$m'=\frac{y_{Ai}-y_A^*}{x_{Ai}-x_{AL}} \tag{10.4-13}$$

解式(10.4-13)得($y_{Ai}-y_A^*$)，并代入式(10.4-12)中

$$y_{AG}-y_A^*=(y_{AG}-y_{Ai})+m'(x_{Ai}-x_{AL}) \tag{10.4-14}$$

然后，将式(10.4-10)和式 (10.4-2)代入式(10.4-14)，消去 N_A，

$$\frac{1}{K_y'}=\frac{1}{k_y'}+\frac{m'}{k_x'} \tag{10.4-15}$$

式(10.4-15)的左边为基于气相总推动力的总阻力，且等于气膜阻力 $1/k_y'$加上液膜阻力 m'/k_x'。

从图 10.4-2 中，用相同方法得

$$x_A^*-x_{AL}=(x_A^*-x_{Ai})+(x_{Ai}-x_{AL}) \tag{10.4-16}$$

$$m''=\frac{y_{AG}-y_{Ai}}{x_A^*-x_{Ai}} \tag{10.4-17}$$

同理，

$$\frac{1}{K_x'}=\frac{1}{m''k_y'}+\frac{1}{k_x'} \tag{10.4-18}$$

现在将讨论式(10.4-15)和式(10.4-18)的几个特殊情况。k_x'和 k_y'数值非常相似。斜率 m'和 m''的值很重要。如果 m'很小，以至图 10.4-2 中的平衡曲线几乎成水平线，气相中一个小 y_A 值可以得到平衡条件下液相中的大 x_A 值。那么，气相溶质 A 在液相中易溶，因此，式(10.4-15)中的 m'/k_x'项很小，则

$$\frac{1}{K_y'}\approx\frac{1}{k_y'} \tag{10.4-19}$$

主要阻力在气相，或称为“气膜控制”。点 M 移动到靠近点 E 的位置，因此

$$y_{AG}-y_A^*\cong y_{AG}-y_{Ai} \tag{10.4-20}$$

类似地，当 m''非常大时，溶质 A 在液体中难溶，$1/(m''k_y')$很小，则

$$\frac{1}{K_x'}\approx\frac{1}{k_x'} \tag{10.4-21}$$

这时为“液膜控制”，而且 $x_{Ai}\cong x_A^*$。用水从空气中吸收氧和 CO_2 的物系与式(10.4-21)相近。

(3) A 通过静止或无扩散的 B 组分的扩散(单向扩散)。A 通过无扩散的 B 组分的扩散的情况，应用式(10.4-8)和式(10.4-14)计算，用图 10.4-3 可得：

$$N_A=\frac{k_y'}{(1-y_A)_{iM}}(y_{AG}-y_{Ai})=\frac{k_x'}{(1-x_A)_{iM}}(x_{Ai}-x_{AL}) \tag{10.4-8}$$

$$y_{AG}-y_A^*=(y_{AG}-y_{Ai})+m'(x_{Ai}-x_{AL}) \tag{10.4-14}$$

然而,我们必须定义用总系数计算通量的方程如下:

$$N_A=\left[\frac{K_y'}{(1-y_A)_{*M}}\right](y_{AG}-y_A^*)=\left[\frac{K_x'}{(1-x_A)_{*M}}\right](x_A^*-x_{AL}) \tag{10.4-22}$$

方括号里的项通常写为如下式子:

$$K_y=\frac{K_y'}{(1-y_A)_{*M}} \qquad K_x=\frac{K_x'}{(1-x_A)_{*M}} \tag{10.4-23}$$

其中 K_y 为 A 的单向扩散的气相总传质系数,K_x 为液相总传质系数。这两个系数与浓度无关。将式(10.4-8)和式(10.4-22)代入式(10.4-14),得到

$$\frac{1}{K_y'/(1-y_A)_{*M}}=\frac{1}{k_y'/(1-y_A)_{iM}}+\frac{m'}{k_x'/(1-x_A)_{iM}} \tag{10.4-24}$$

其中

$$(1-y_A)_{*M}=\frac{(1-y_A^*)-(1-y_{AG})}{\ln\dfrac{1-y_A^*}{1-y_{AG}}} \tag{10.4-25}$$

类似地,对于 K_x' 有

$$\frac{1}{K_x'/(1-x_A)_{*M}}=\frac{1}{m''k_y'/(1-y_A)_{iM}}+\frac{1}{k_x'/(1-x_A)_{iM}} \tag{10.4-26}$$

其中

$$(1-x_A)_{*M}=\frac{(1-x_{AL})-(1-x_A^*)}{\ln\dfrac{1-x_{AL}}{1-x_A^*}} \tag{10.4-27}$$

值得注意的是,得到的这些关系式对任何两相体系都适用,其中 y 代表一相,x 代表另一相。例如,用异丙基醚(x 相)从水(y 相)中萃取溶质乙酸(A),可以采用相同的关系式。

例 10.4-2　从膜系数到总传质系数

用例 10.4-1 相同的数据计算总传质系数 K_y'、通量以及气膜和液膜阻力的百分比。按 A 通过静止的 B 组分的扩散情况进行计算。

解: 从图 10.4-4 得,$y_A^*=0.052$,它与液相 $x_{AL}=0.10$ 相平衡。同样,$y_{AG}=0.380$。由于 $y_{Ai}=0.197$,$x_{Ai}=0.257$,由式(10.4-13)得点 E 和点 M 之间弦的斜率 m' 为

$$m'=\frac{y_{Ai}-y_A^*}{x_{Ai}-x_{AL}}=\frac{0.197-0.052}{0.257-0.100}=0.923$$

由例 10.4-1 得

$$\frac{k'_y}{(1-y_A)_{iM}}=\frac{1.465\times10^{-3}}{0.709},\qquad \frac{k'_x}{(1-x_A)_{iM}}=\frac{1.967\times10^{-3}}{0.820}$$

用式(10.4-25)：

$$(1-y_A)_{*M}=\frac{(1-y_A^*)-(1-y_{AG})}{\ln\dfrac{1-y_A^*}{1-y_{AG}}}=\frac{(1-0.052)-(1-0.380)}{\ln[(1-0.052)/(1-0.380)]}=0.733$$

再用式(10.4-24)：

$$\frac{1}{K'_y/0.733}=\frac{1}{1.465\times10^{-3}/0.709}+\frac{0.923}{1.967\times10^{-3}/0.820}$$
$$=484.0+384.8=868.8$$

解得 $K'_y=8.90\times10^4$。气膜阻力的百分率为(484.0/868.8)=55.7%，液膜阻力为 44.3%。通量计算用式(10.4-22)：

$$N_A=\frac{K'_y}{(1-y_A)_{*M}}(y_{AG}-y_A^*)=\frac{8.90\times10^{-4}}{0.773}\times(0.380-0.052)$$
$$=3.78\times10^{-4}\ \text{kmol}/(\text{s}\cdot\text{m}^2)$$

当然，这与例 10.4-1 用膜方程计算得到的通量值是一致的。

(4) 总系数的讨论。如果两相体系是气相阻力为主时，如式(10.4-19)所示，为了增加总传质速率，应尽量增加气相湍流，而不是液相湍流。对于液相阻力控制的两相体系，为了增加传质速率，应增加液相的湍流。

为了设计传质设备，如这节中讨论的，由单个的膜系数组合成总传质系数。

通常，当传质过程是气相阻力为主，那么使用总传质系数 K'_y 或膜系数 k'_y。用水吸收空气中的氨就是一个例子。当液相阻力为主时，与用水吸收空气中的氧一样，采用 K'_x 或 k'_x。

10.5　连续增湿过程

10.5.1　增湿设备概述和类型

(1) 气-液接触器的介绍。当一种较热的液体与不饱和的气体直接接触时，部分液体被汽化。由于热液体汽化，会使其温度下降。这种气体与纯液体的直接接触经常发生在空气与水接触的情况。这样做有以下目的：使空气潮湿以便在干燥中或空调条件下控制空气湿度；空气减湿，冷水使热空气中部分水蒸气凝结出来；水的冷却，水蒸发到空气中使热水的温度降低。

在第 9 章中讨论了湿度和绝热增湿的基本原理。在本节中将讨论连续空气-水接触器的特性和设计。重点是热水冷却，因为这是工业过程中最典型的过程。在工厂中有许多的情况，从换热器和冷凝器排出的热水，当冷却它和循环使用它比直接排放掉更为经济时，就采用这种直接冷却的方法。

(2) 热水冷却塔。在典型的水冷却塔中，热水与空气流逆流流动。热水进入到填料塔中通过填料流下来,从底部流出。空气从塔底进入向上流动与下降的水流接触。塔填料通常是由塑料栅板或填充床构成。水通过料槽和溢流口分布在栅板或填料上,水以液滴和水膜的形式在水与空气间提供了足够大的接触界面。向上流动通过塔的空气可以由塔内热空气浮力(自然对流)或鼓风机来输送。塔的详细描述可以参考其他书籍(B1,T1)。

水不能冷却到湿球温度以下。水蒸发的推动力大约为水的蒸气压与湿球温度下的饱和蒸气压之差。水只能冷却到湿球温度,实际上它冷却到高于这个温度约 3 K 或以上。在冷却中通过蒸发只有少量的水会损失掉。因为水的蒸发潜热大约为 2 300 kJ/kg,所以在水温变化为 8 K 时,大约会蒸发损失 1.5%的水。因此,在计算塔的尺寸时水的总流量通常假定为常数。

在增湿和减湿过程中,气相和液相间的充分接触需要大的传质速率和传热速率。气相阻力控制传递速度。喷淋塔或填料塔可以提供大的界面和促进气相的湍流。

10.5.2 冷却塔的理论和计算

(1) 界面处的温度和浓度分布。在图 10.5-1 中,根据湿度画出了水-空气界面处的温度分布图和浓度分布图。水蒸气从界面扩散到气相主体中,推动力为(H_i-H_G)kg H_2O/kg 干空气。因为水为纯液体,因此液相中传质没有推动力。在液相中温差推动力为 T_L-T_i,气相中为 T_i-T_G(K 或℃)。在液体中,显热从液相主体向界面流动。显热也从界面向气相流动。汽化潜热随着水蒸气离开界面扩散到气相中。从液相到界面的显热流量等于进入气相中的显热加上汽化潜热。

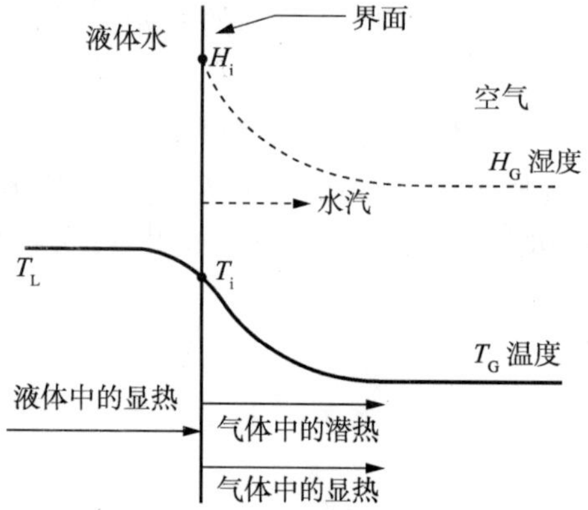

图 10.5-1 在热水冷却塔上部的温度和浓度分布

图 10.5-1 的条件发生在冷却塔的上部。在冷却塔底部,水的主体温度比空气湿球温度高,但比在干球温度低。那么显热流动方向与图 10.5-1 中所示相反。

(2) 传热和传质的速率方程。我们考察一个水冷却填料塔,塔中空气向上流动,水则逆流向下流动。因为填料的表面面积不等于水和空气的界面面积,所以空气和水的界面面积不知道。因此,我们将定义一个量 a,定义为每立方米填料所占的界面面积,m^2/m^3。它与气相传质系数 k_G(单位为 kmol/(s·m²·Pa)或 kmol/(s·m²·atm))组合起来给出了体积系数 k_Ga,单位为 kmol/(s·m³·Pa)或 kmol/(s·m³·atm)(lb mol/(h·ft³·atm))。

这个过程在绝热条件下操作;在图 10.5-2 中给出了各种物流和条件,其中

L 为水的流量,kg 水/(s·m²)(lb_m/(h·ft²))

T_L为水的温度,℃或 K(℉)

G 为干空气流量,kg/(s·m²)(lb_m/(h·ft²))

T_G为空气的温度,℃或 K(℉)

H 为空气的湿度,kg 水/kg 干空气(lb 水/lb 干空气)

H_y为空气-水蒸气混合物的焓,J/kg 干空气(btu/lb_m干空气)

在式(9.3-8)中给出的焓 H_y 为

$$H_y=c_S(T-T_0)+H\lambda_0=(1.005+1.88H)\times10^3(T-0)+2.501\times10^6H \quad \text{(SI 制)}$$

$$H_y=c_S(T-T_0)+H\lambda_0=(0.24+0.45H)(T-32)+1\,075.4H \quad \text{(英制)} \tag{9.3-8}$$

选择的基准温度为 0 ℃或 273 K(32 ℉)。注意$(T-T_0)$℃$=(T-T_0)$K。

对图 10.5-2 中的虚线框作热量衡算,获得一条操作线:

$$G(H_y-H_{y1})=Lc_L(T_L-T_{L1}) \tag{10.5-1}$$

因为只有少量水蒸发,所以假定 L 为常量。液体的比热容 c_L 假定为常数 4.187×10^3 J/(kg·K)(1.00 btu/(lb$_m$·℉))。当在 H_y-T_L 图上标绘时,方程(10.5-1)是斜率为 Lc_L/G 的直线。作全塔热量衡算:

$$G(H_{y2}-H_{y1})=Lc_L(T_{L2}-T_{L1}) \tag{10.5-2}$$

再对高度为 dz 的塔段作热量衡算,与汽化潜热相比忽略显热:

$$Lc_L\mathrm{d}T_L=G\mathrm{d}H_y \tag{10.5-3}$$

从液相主体传递到界面的总显热量为

$$Lc_L\mathrm{d}T_L=G\mathrm{d}H_y=h_La\mathrm{d}z(T_L-T_i) \tag{10.5-4}$$

式中 h_La 为液相体积传热系数,单位为 W/(m^3·K)(btu/(h·ft^3·℉)),T_i 为界面温度。

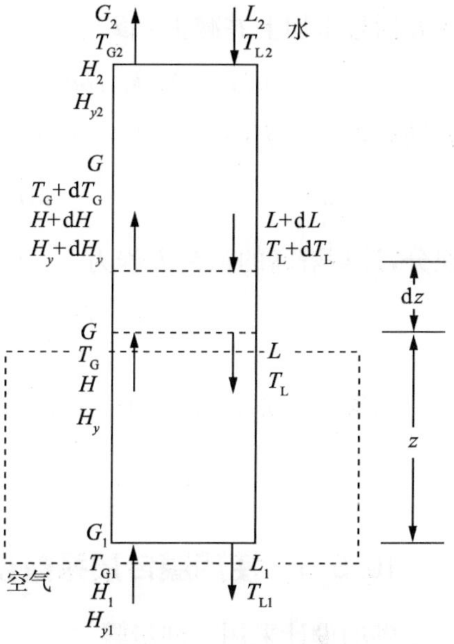

图 10.5-2 连续逆流绝热水冷却塔

对于绝热传质过程中,因水蒸气所需的潜热量引起的传热速率可以由式(9.3-16)通过重新整理而获得,使用体积传质系数可得:

$$\frac{q_\lambda}{A}=M_Bk_Gap\lambda_0(H_i-H_G)\mathrm{d}z \tag{10.5-5}$$

式中 q_λ/A 的单位为 W/m^2(btu/(h·ft^2)),M_B 为空气相对分子质量,k_Ga 为气相体积传质系数,单位为 kmol/(s·m^3·Pa),p 为压力,单位为 Pa,λ_0 为水的汽化潜热,单位为 J/kg 水,H_i 为界面上的气体湿度,单位为 kg 水/kg 干空气,H_G 为气相主体湿度,单位为 kg 水/kg 干空气。气相中显热传递速度为

$$\frac{q_s}{A}=h_Ga(T_i-T_G)\mathrm{d}z \tag{10.5-6}$$

式中 q_s/A 的单位为 W/m^2,h_Ga 为气相体积传热系数,单位为 W/(m^3·K)。

现在从图 10.5-1 得,式(10.5-4)必等于式(10.5-5)和式(10.5-6)之和:

$$G\mathrm{d}H_y=M_Bk_Gap\lambda_0(H_i-H_G)\mathrm{d}z+h_Ga(T_i-T_G)\mathrm{d}z \tag{10.5-7}$$

由式(9.3-18)得

$$\frac{h_G a}{M_B k_y a} \approx c_S \tag{10.5-8}$$

用 $pk_G a$ 代替 $k_y a$，

$$\frac{h_G a}{M_B p k_G a} \approx c_S \tag{10.5-9}$$

将式(10.5－9)代入式(10.5－7)，并整理

$$G\mathrm{d}H_y = M_B k_G a p \mathrm{d}z[(c_S T_i + \lambda_0 H_i) - (c_S T_G + \lambda_0 H_G)] \tag{10.5-10}$$

在方括号里加上并减去 $c_S T_0$，

$$G\mathrm{d}H_y = M_B k_G a p \mathrm{d}z\{c_S(T_i - T_0) + H_i\lambda_0 - [c_S(T_G - T_0) + H_G\lambda_0]\} \tag{10.5-11}$$

方括号里的项为$(H_{yi} - H_y)$，式(10.5－11)变为

$$G\mathrm{d}H_y = M_B k_G a p \mathrm{d}z(H_{yi} - H_y) \tag{10.5-12}$$

积分，计算塔高的最终方程为

$$\int_0^z \mathrm{d}z = z = \frac{G}{M_B k_G a p}\int_{H_{y1}}^{H_{y2}} \frac{\mathrm{d}H_y}{H_{yi} - H_y} \tag{10.5-13}$$

如果式(10.5－4)等于式(10.5－12)，并将结果整理

$$-\frac{h_L a}{k_G a M_B p} = \frac{H_{yi} - H_y}{T_i - T_L} \tag{10.5-14}$$

10.5.3 使用膜传质系数设计热水冷却塔

塔的设计采用下列步骤：

(1) 在图 10.5－3 中的 $H-T$ 图上绘制了饱和气焓 H_{yi}对 T_i 的关系。用湿度图查出给定温度的饱和湿度，以 0 ℃(273 K)作为基准温度，由式(9.3－8)计算饱和空气的焓。计算的值列于表 10.5－1 中。

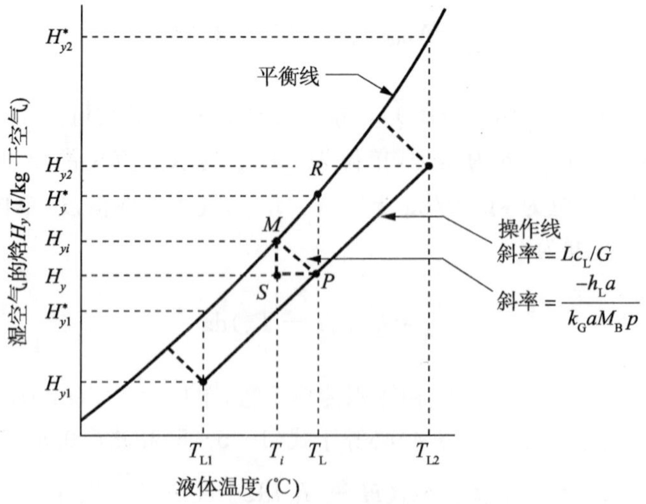

图 10.5－3 温-焓图和水冷却塔的操作线

表 10.5-1　饱和的空气-水蒸气混合物的焓(0 ℃为基准温度)

T_L		H_y		T_L		H_y	
℉	℃	btu/lb_m干空气	J/kg 干空气	℉	℃	btu/lb_m干空气	J/kg 干空气
60	15.6	18.78	43.68×10^3	100	37.8	63.7	148.2×10^3
80	26.7	36.1	84.0×10^3	105	40.6	74.0	172.1×10^3
85	29.4	41.8	97.2×10^3	110	43.3	84.8	197.2×10^3
90	32.2	48.2	112.1×10^3	115	46.1	96.5	224.5×10^3
95	35.0	55.4	128.9×10^3	140	60.0	198.4	461.5×10^3

(2) 已知气体进口的条件 T_{G1} 和 H_1，则采用式(9.3-8)可计算出这种气体的焓 H_{y1}。点 H_{y1} 和 T_{L1}(所要求的出口处水温)作为操作线上的一个点绘制在图 10.5-3 中。操作线的斜率为 Lc_L/G，且端点为 T_{L2}，T_{L2} 为进口水的温度。这可得出 H_{y2}。或者，通过式(10.5-2)计算 H_{y2}。

(3) 已知 h_La 和 k_Ga，在图 10.5-3 中画出斜率为 $-h_La/k_GaM_Bp$ 的直线。由式(10.5-14)可得，操作线上的点 P 代表了 H_y 和 T_L，点 M 表示了 H_{yi} 和 T_i，为界面条件。因此，直线 MS 或 $H_{yi}-H_y$ 表示式(10.5-13)中的推动力。

(4) 可以计算出 T_{L1} 和 T_{L2} 之间任何 T_L 值的推动力 $H_{yi}-H_y$。再通过数值积分或图解积分法对函数 $1/(H_{yi}-H_y)$ 从 H_{y1} 到 H_{y2} 求出式(10.5-13)中的积分值。最后，通过式(10.5-13)可以求出塔高 Z。

10.5.4　使用总传质系数的水冷却塔的设计

通常，只有总传质系数 K_Ga(单位为 kmol/s·m³·Pa 或 kmol/s·m³·atm)是可以获得的，则式(10.5　13)变为

$$Z=\frac{G}{M_Bk_Gap}\int_{H_{y1}}^{H_{y2}}\frac{dH_y}{H_y^*-H_y} \tag{10.5-15}$$

从点 P 处 H_y 的值向上作垂线交平衡线的点为 R，从而得到 H_y^* 的值，如图 10.5-3 所示。在很多情况下，实验的膜系数 k_Ga 和 h_La 常不能获得。少数实验数据表明 h_La 相当大；式(10.5-14)中线的斜率 $-h_La/(k_GaM_Bp)$ 将会非常大，图 10.5-3 中的 H_{yi} 值会向 H_y^* 靠近。

使用总传质系数设计塔的步骤如下：

(1) 由表 10.5-1 中的焓-温度数据标绘如图 10.5-3 所示。

(2) 和膜系数中的第一步和第二步一样计算出操作线，并在图 10.5-3 中画出来。

(3) 在图 10.5-3 中点 P 表示操作线上的 H_y 和 T_L，点 R 表示平衡线上的 H_y^*。因此，垂线 RP 即 $H_y^*-H_y$ 为式(10.5-15)中的推动力。

(4) 可以计算出 T_{L1} 和 T_{L2} 间任何 T_L 值下的推动力 $H_y^*-H_y$。再通过数值积分或图解积分法对函数 $1/(H_y^*-H_y)$ 从 H_{y1} 到 H_{y2} 求出式(10.5-15)中的积分值。最后，通过式(10.5-15)可求出塔高 Z。

如果能从已知塔高 Z 的实际运行中的水冷却塔获取冷却的实验数据，那么通过式(10.5-15)就可以得到 K_Ga 的实验值。

例 10.5－1　用膜系数设计水冷却塔

一个逆流冷却水的填料塔，气体流率 $G=1.356$ kg 干空气/(s·m^2)，水的流率 $L=1.356$ kg 水/(s·m^2)，使水从 $T_{L2}=43.3$ ℃(110 ℉)冷却到 $T_{L1}=29.4$ ℃(85 ℉)。空气进口温度为 29.4 ℃，湿球温度为 23.9 ℃。传质系数 k_Ga 确定为 1.207×10^7 kmol/(s·m^3·Pa)，h_La/k_GaM_Bp 为 4.187×10^4 J/(kg·K)(10.0 btu/(lb$_m$·℉))。试求填料塔塔高 Z。塔的操作压力为 1.013×10^5 Pa。

解：根据给出的步骤，从表 10.5－1 查出饱和空气－水蒸气混合物的焓，画在图 10.5－4 中。进口空气温度 $T_{G1}=29.4$ ℃，湿球温度为 23.9 ℃。从湿度图中查得湿度 $H_1=0.0165$ kg 水/kg 干空气。代入式(9.3－8)，注意(29.4－0)℃＝(29.4－0)K：

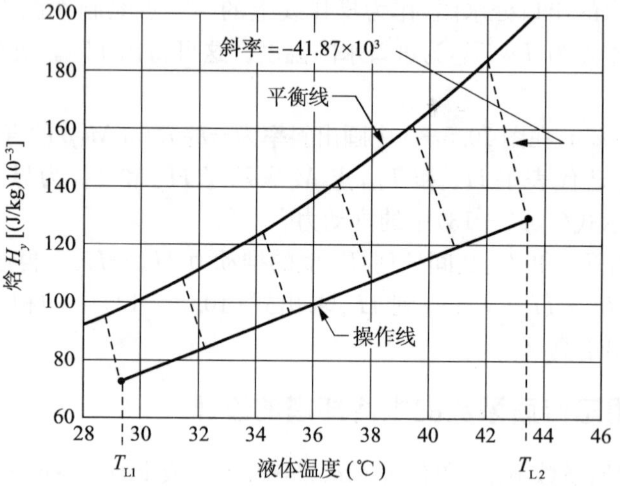

图 10.5－4　例 10.5－1 的图解

$$H_{y1}=(1.005+1.88\times0.0165)\times10^3\times(29.4-0)+2.501\times10^6\times0.0165$$
$$=71.7\times10^3\ \text{J/kg}$$

画出点 $H_{y1}=71.7\times10^3$ 和 $T_{L1}=29.4$ ℃。代入式(10.5－2)，并解得

$$1.356(H_{y2}-71.7\times10^3)=1.356\times4.187\times10^3\times(43.3-29.4)$$

$H_{y2}=129.9\times10^3$ J/kg 干空气(55.8 btu/lb$_m$)。同样，画出点 $H_{y2}=129.9\times10^3$ 和 $T_{L2}=43.3$ ℃，给出操作线。画出斜率 $-h_La/k_GaM_Bp=-41.87\times10^3$ J/(kg·K)的直线，得出的 H_{yi} 和 H_y 的值列于表 10.5－2 中。用数值积分方法对函数 $1/(H_{yi}-H_y)$ 在 $H_{y1}=71.7\times10^3$ 至 $H_{y2}=129.9\times10^3$ 间进行积分，可得

$$\int_{H_{y1}}^{H_{y2}}\frac{dH_y}{H_{yi}-H_y}=1.82$$

代入式(10.5－13)：

$$z=\frac{G}{M_Bk_Gap}\int\frac{dH_y}{H_{yi}-H_y}=\frac{1.356}{29\times1.207\times10^{-7}\times1.013\times10^5}\times1.82$$
$$=6.98\ \text{m}(22.9\ \text{ft})$$

表 10.5-2　例 10.5-1 求解的焓值(焓 J/kg 干空气)

H_{yi}	H_y	$H_{yi}-H_y$	$1/(H_{yi}-H_y)$
94.4×10^3	71.7×10^3	22.7×10^3	4.41×10^{-5}
108.4×10^3	83.5×10^3	24.9×10^3	4.02×10^{-5}
124.4×10^3	94.9×10^3	29.5×10^3	3.39×10^{-5}
141.8×10^3	106.5×10^3	35.3×10^3	2.83×10^{-5}
162.1×10^3	118.4×10^3	43.7×10^3	2.29×10^{-5}
184.7×10^3	129.9×10^3	54.8×10^3	1.82×10^{-5}

10.5.5　空气流量的最小值

通常，空气流量 G 不是固定的，但在冷却塔的设计时必须给定。如图 10.5-5 所示，对于 G 的最小值，操作线 MN 通过点(H_{y1}，T_{L1})与平衡线交于 T_{L2} 处，即点 N。如果平衡曲线非常弯曲，那么直线 MN 会成为平衡线的切线，切点在点 N 以下。在实际塔中，采用大于 G_{min} 的 G 值。通常 G 值等于 G_{min} 的 1.3～1.5 倍。

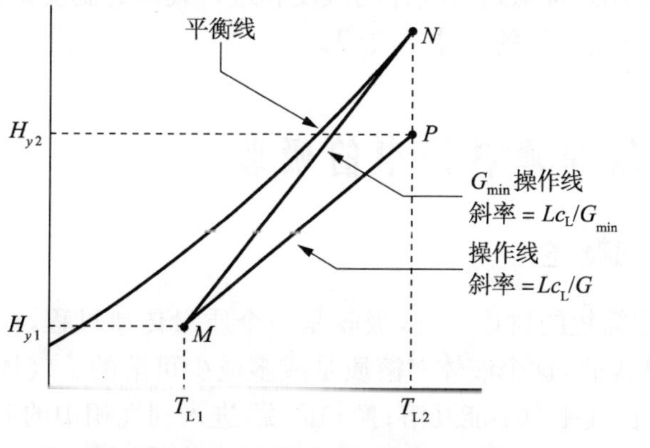

图 10.5-5　最小气体流量的操作线建立

10.5.6　使用传递单元高度设计水冷却塔

式(10.5-13)中的膜传质系数可以采用另一种形式：

$$Z=H_G\int_{H_{y1}}^{H_{y2}}\frac{dH_y}{H_{yi}-H_y}\tag{10.5-16}$$

$$H_G=\frac{G}{M_B k_G a p}\tag{10.5-17}$$

式中 H_G 为气体焓传递单元高度，单位为 m，积分项叫做传递单元数。H_G 项常常被使用，因为 H_G 与流速的关系较 $k_G a$ 小。

在很多情况下，总传递系数 $K_G a$(单位为 kmol/(s·m^3·Pa)或 kmol/(s·m^3·atm))也可采用另一种形式，方程(10.5-15)变为

$$Z=\frac{G}{M_B K_G a p}\int_{H_{y1}}^{H_{y2}}\frac{dH_y}{H_y^*-H_y}=H_{OG}\int_{H_{y1}}^{H_{y2}}\frac{dH_y}{H_y^*-H_y}\tag{10.5-18}$$

式中 H_{OG}为气体总焓传递单元高度,单位为 m。H_y^* 的值是从 H_y 作垂线向上与平衡线的交点决定的,如图 10.5－3 所示。只有当平衡线在涉及的浓度范围内几乎为直线时才采用这种方法。但是,由于缺少膜传质系数数据,尽管平衡线稍有弯曲时仍常常采用 H_{OG}。

10.5.7 塔中空气流的温度和湿度

以上概括的方法对塔中空气-水蒸气物流的温度和湿度变化不提供任何信息。如果对这种信息感兴趣,可以用 Mickley(M2)的图解方法。这个用于图解方法的方程可以先设式(10.5－6)等于 $Gc_S dT_G$,然后将它与式(10.5－12)和式 (10.5－9)结合,得到式(10.5－19):

$$\frac{dH_y}{dT_G}=\frac{H_{yi}-H_y}{T_i-T_G} \tag{10.5-19}$$

10.5.8 减湿塔

对于上面讨论的冷却塔或增湿塔,操作线位于平衡线的下方,水被冷却而空气达到增湿。在减湿塔中,冷水用来降低进口气体的湿度和进口气体的温度。在这种情况下,操作线位于平衡线的上方。采用类似的计算方法(T1)。

10.6 在板式塔和填料塔中的吸收

10.6.1 吸收的概述

和第 10.1.2 节中简短的讨论一样,吸收是一个质量传递过程,在这个过程中气体混合物中的溶质 A 被液体吸收,这个液体对溶质是或多或少可溶的。气体混合物主要由惰性气体和溶质组成。液体在气相中不能互溶;换句话说,进入到气相中的液体蒸气很少。一个典型的例子是用水从空气-氨的混合物中吸收溶质氨。然后,通过蒸馏可以从溶液中得到溶质。在相反的解吸或汽提过程中,使用相同的原理和方程。

第 10.2 节讨论了吸收过程中的气-液体系平衡关系,这些数据在吸收塔的设计中都是需要的。附录 A.3 列出了一些数据。此外,Perry 和 Green(P1,P2)给出了更多的数据。

10.6.2 吸收和蒸馏的设备

(1) 用于吸收和蒸馏的各种类型的板式塔。在吸收和蒸馏过程中,为了使蒸气和液相有效接触,常常采用以下类型的板式塔。

① 筛板。图 10.6－1(a)为最常见的筛板。在精馏和气体吸收过程中采用基本上相同的塔板。在筛板中,蒸气在塔中穿过小孔鼓泡通过流动液体。孔径范围为 3～12 mm,以 5 mm最为常见。开孔率(通气面积/塔板面积)在 5%～15%之间变化。液体停留在塔板表面,并且通过蒸气或气体的动能阻止它向下流过筛孔。在板上的液层高度通过出口堰和溢流流量来保持。溢流的液体流进降液管到下层塔板上。

② 浮阀塔板。图 10.6－1(b)所示为浮阀塔板,它是筛板的改进。它是由塔板上的孔和浮阀盖构成的,阀腿使浮阀位于孔上。这提供了可变的开孔面积,它可以随气速变化,在气体速度较低时防止液体泄漏。因此,这种类型的塔板可以在比筛板更大的流速范围内操作,

而成本只需比筛板高 20%左右。浮阀塔板现在应用越来越广泛(S5)。

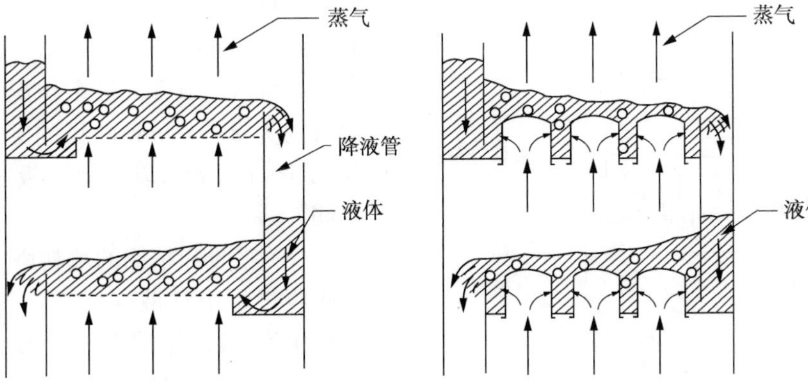

(a) 筛板塔　(b) 浮阀塔

图 10.6-1　板式接触装置

③ 泡罩塔板。泡罩塔板已经使用了有 100 多年,但是,由于成本几乎是筛板类的两倍,自 1950 年以来,它们被筛板或浮阀塔板取代了。在鼓泡塔盘中,蒸气或气体通过塔板上的孔进入泡罩中。气体流动通过每个泡罩周边的狭槽,然后鼓泡通过流动的液体。许多这些泡罩塔板和其他类型的塔板的细节和设计过程已经在很多地方给出了(B2,P2,T1)。在第 11.5 节中将会讨论不同类型塔板的效率。

(2) 吸收和精馏的规整填料。规整填料已经成为常用板式塔的竞争者,尤其在需要增加处理量和效率的塔的改进时(K1,L2)。图 10.6-2 所示为典型的波纹板填料(F1)。在图 10.6-2(a)中,薄的金属波纹板形成三角形切面。蒸气向上流过与垂线成 45 度的三角形槽。波纹板排列成可以使液体能反方向向下流动并在表面上铺展开来,和湿壁塔中一样。

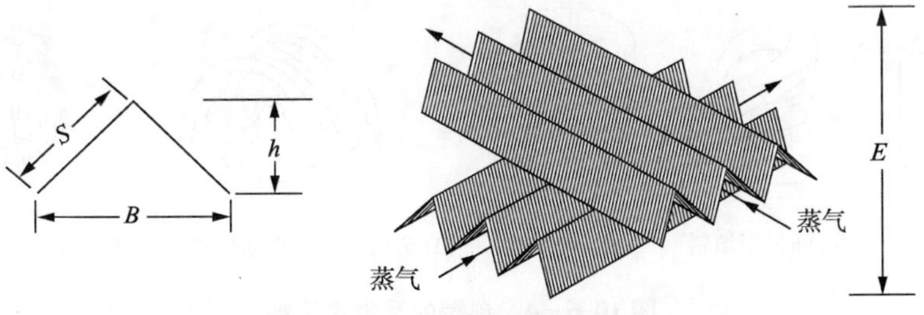

(a) 三角形截面的流动通道　(b) 流动通道的排布,蒸气向上流动,用箭头表示,液体向下流动

图 10.6-2　典型波纹规整填料

[经允许引自 J. R. Fair and J. L. Bravo, Chem. Eng. Progr., 86, (Jan.), 19(1990)]

波纹板组合成一个高度为 E 的元件,如图 10.6-2(b)所示,大约 20～30 cm(8～12 英寸)高。这个高度更低的话会使液体和蒸气在水平方向铺展。每个相邻的元件在水平面上互成 90 度,以使液体和蒸气在塔截面上分布均匀。图 10.6-2(a)中,B/h 的比值范围为 2/1 到 4/1。三角形的典型尺寸:B 为 2.4～4.0 cm,S 为 1.7～2.6 cm,h 为 1.2～1.8 cm(K1)。三角形尺寸越小意味着有更多的波纹板,有更大的表面积。这使填料具有更高的效率,但是

开孔率较小。然而,增加的气体流动阻力使处理能力较小,对堵塞更敏感(K1)。

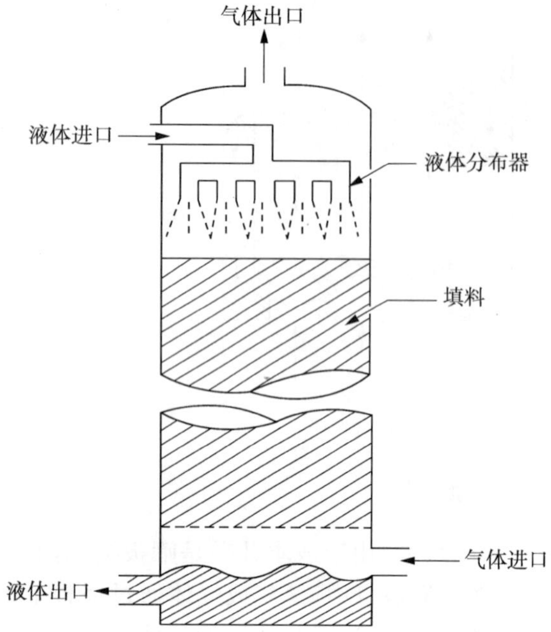

图 10.6－3 填料吸收塔的流动和特性

典型的空隙率变化范围从 0.91～0.96,比表面积变化从 165～330 m^2/m^3(50～100 ft^2/ft^3)。很多情况下,波纹板含有约为 2～4 mm 内径的穿孔,孔间距为 0.5～1.5 cm,以使波纹板上下两面都湿润。

(3) 吸收和精馏的填料塔。填料塔用于吸收过程中气液连续逆流接触和精馏过程中汽-液接触的操作。图 10.6－3 中的塔由一个圆柱体构成,它包含有气体进口和底部分布器、液体进口和顶部分布装置、顶部气体出口、底部液体出口、塔中的填料。气体进入填料下面的分布器中,向上流动通过填料的孔或空隙,与通过这些孔流动的液体接触。填料提供了液体和气体间大的接触面积。

(4) 吸收和精馏的乱堆填料。已经开发了许多不同类型的塔填料,且大部分常被使用。在塔中乱堆装填的普通类型填料如图 10.6－4 所示。这些填料和其他工业填料的尺寸为 3 到 75 mm。大多数塔填料是由黏土、瓷器、金属或塑料制成的。好填料的空隙率为 65%～95%。填料允许较大量的液体流量穿过,气体逆流流动,气体通过孔道的阻力压降较小。这些相同类型的填料也用于精馏的分离过程。

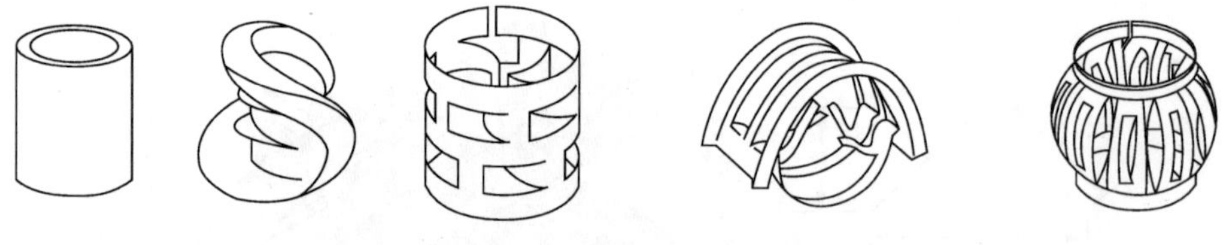

(a) 拉西环　(b) 弧鞍形填料　(c) 鲍尔环　(d) 金属英特洛克斯填料, IMTP　(e) 麦勒环填料

图 10.6－4 典型的乱堆塔填料

图 10.6－4(a)、(b)所示的陶瓷拉西环和弧鞍形填料是老式的乱堆填料,现在已很少使用(K1)。图 10.6－4(c)所示的鲍尔环(第二代填料)是由塑料或金属制成;它们更有效且目前仍在使用。它们有多孔结构,空隙率为 0.90～0.96,比表面积为 100～200 m^2/m^3(30～60 ft^2/ft^3)。图 10.6－4(d)所示为金属英特洛克斯填料,是最新的第三代填料,它是弧鞍填料和鲍尔环的结合体,图 10.6－4(e)所示为金属麦勒环填料,它是球形的鲍尔环。空隙率的范围从 0.95～0.98。现在有许多其他新型的填料。这些第三代填料比鲍尔环效率稍高。

尺寸为 75 mm 或更大的乱堆填料也获得了应用。填料垂直堆叠,有孔道连续不断地通过床层。气体流动阻力压降较低的优势部分抵消了堆放填料中的气-液接触较差的弱点。

典型的堆放填料有木格栅、滴水格栅、螺旋隔板环或其他。

10.6.3　填料塔的压降和液泛

在已给定填料类型和大小的以及有限液体流量的填料塔中，气体流量的上限叫做泛点速度。大于这个速度塔就不能操作。在低气速下，液体向下流过填料，基本上不受向上流动气体的影响。在低速度下，随着气体流速增加，压降与流速的 1.8 次方成正比。在称作载点的气体流速下，气体开始阻止液体向下流动，因此液体在填料中出现局部积累。气体压降开始以较快速度上升。随着气体流速增加，液体的持液量增加。在泛点时，液体不能再通过填料向下流动，而是被气体吹出来。

在实际操作的塔中，气体速度必须低于泛点速度。最优的经济气速大约为泛点速度的一半或以上。它取决于经济因素的核算，包括设备成本，压降和过程变量。压降在塔的设计中是一个重要的考虑因素，下面将会详细讲述。

(1) 乱堆填料中的压降。以实验数据为基础的各种乱堆填料的经验关联式用于预算气体流动的压降。原始的 Eckert(K1)关系式把气体和液体流速和压降特性关联起来。最新的版本是由 Strigle(K1，S4)重新绘制的，如图 10.6－5 所示。$\Delta p=2.0$ in. H_2O/ft 的线是外推得到的。纵坐标(处理量参数)为 $v_G[\rho_G/(\rho_L-\rho_G)]^{0.5}F_p^{\ 0.5}\nu^{0.05}$，横坐标(流动参数)为 $(G_L/G_G)(\rho_G/\rho_L)^{0.5}$，其中 v_G 为表观气体速度，单位为 ft/s，ρ_G 为气体密度，单位为 lb_m/ft^3，$v_G=G_G/\rho_G$，ρ_L 为液体密度，单位为 lb_m/ft^3，F_p 为填料因子，单位为 ft^{-1}，ν 为动力学黏度 $\mu_L/(\rho_L/62.4)$，单位为厘沲，μ_L 为液体黏度，单位为厘泊 cP，G_L 为液体质量速度，单位为 $lb_m/(s\cdot ft^2)$，G_G 为气体质量速度，单位为 $lb_m/(s\cdot ft^2)$。注意这个处理量参数不是无量纲的，只能用这些单位。这个关联可计算压降，精确度为±11%(L2)。

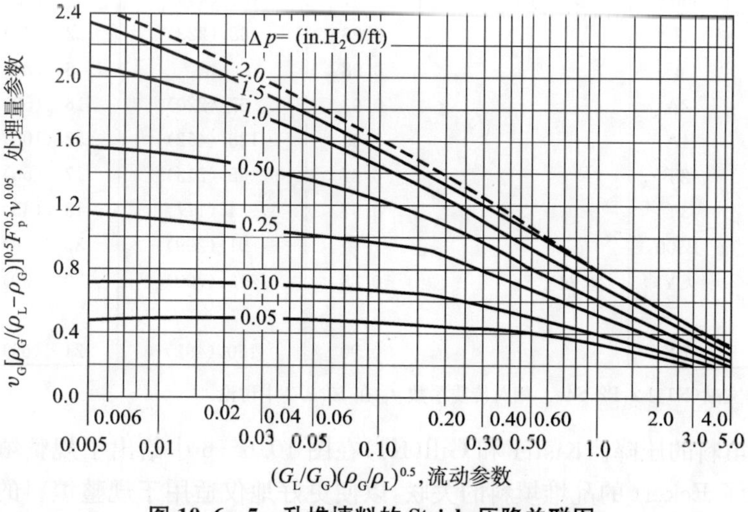

图 10.6－5　乱堆填料的 Strigle 压降关联图

(经 Elsevier Science 允许引自 R. F. Strigle, Jr.，Random Packings and Packed Towers，Houston：Gulf Publishing Company，1987)

填料因子 F_p 与填料尺寸几乎成反比。F_p 是由实验测定各种填料的尺寸和填料类型而获得的，在表 10.6－1 中给出了部分数据。Kister(K1)列表给出了更多的 F_p 值。

表 10.6-1　乱堆填料和规整填料的填料因子

类型	材料	标准尺寸/英寸	空隙率 ε	比表面 a/(ft^2/ft^3) (m^2/m^3)	填料因子 F_p /ft^{-1}(m^{-1})	相对传质系数 f_p
乱堆填料						
拉西环	陶瓷	1/2	0.64	111 (364)	580 (1 900)	1.52
		1	0.74	58 (190)	179 (587)	1.20
		1.5	0.73	37 (121)	95 (312)	1.00
		2	0.74	28 (92)	65 (213)	0.85
弧鞍形填料	陶瓷	1/2	0.62	142 (466)	240 (787)	1.58
		1	0.68	76 (249)	110 (361)	1.36
		2		32 (105)	45 (148)	
鲍尔环	金属	1	0.94	63 (207)	56 (184)	1.61
		1.5	0.95	39 (128)	40 (131)	1.34
		2	0.96	31 (102)	27 (89)	1.14
金属英特洛克斯(IMTP)	金属	1	0.97	70 (230)	41 (134)	1.78
		2	0.98	30 (98)	18 (59)	1.27
Nor-Pac	塑料	1	0.92	55 (180)	25 (82)	
		2	0.94	31 (102)	12 (39)	
Hy-Pak	金属	1	0.96	54 (177)	45 (148)	1.51
		2	0.97	29 (95)	26 (85)	1.07
	塑料	1	0.92	55 (180)	25 (82)	
		2	0.94	31 (102)	12 (39)	
规整填料						
Mellapak	250Y　金属		0.95	76 (249)	20 (66)	
	500Y			152 (499)	34 (112)	
Flexipac	2		0.93	68 (223)	22 (72)	
	4		0.98		6 (20)	
Gempak	2A		0.93	67 (220)	16 (52)	
	4A		0.91	138 (452)	32 (105)	
Norton Intalox	2T		0.97	65 (213)	17 (56)	1.98
	3T		0.97	54 (177)	13 (43)	1.94
Montz	B300			91 (299)	33 (108)	
Sulzer	CY　丝网		0.85	213 (700)	70 (230)	
	BX		0.90	150 (492)	21 (69)	

数据引自参考文献(K1,L2,P2,S4)。相对传质系数 f_p 在 10.8.2 中讨论。

(2) 规整填料的压降。Kister 和 Gill(K1)在图 10.6-6 中给出了规整填料的经验关联图。他们修正了 Eckert 的乱堆填料的关联,以便更好地仅适用于规整填料的数据。外推法得到 Δp=0.05 in. H_2O/ft 的线,且加上 Δp=2.0 的线。规整填料的填料因子 F_p 已在表 10.6-1 中给出,也可查阅(K1,L2,P2)。图 10.6-6 中的纵坐标和横坐标的单位与图 10.6-5中的一样。

(3) 规整填料的液泛压降。对于合适的设计,能够计算塔中的液泛压降很重要,因为极限流率是液泛流率。图 10.6-5 和图 10.6-6 不能计算液泛条件。Kister 和 Gill(K2)已经

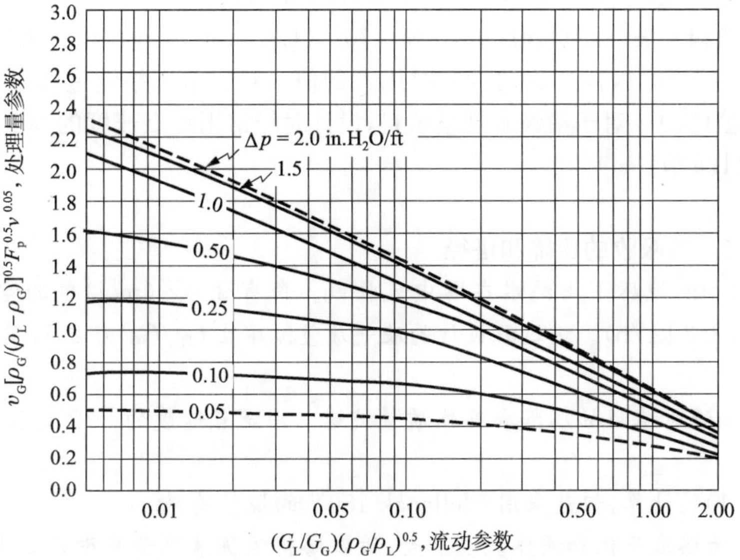

图 10.6-6　规整填料的 Kister 和 Gill(K2)压降关联图

（经允许引自 H. Z. Kister，Distillation Design，New York：McGraw-Hill Book Company，1992）

开发了一个经验方程，来预算液泛时的极限压降。这个方程为

$$\Delta p_{泛} = 0.115F_0^{0.7} \tag{10.6-1}$$

式中 $\Delta p_{泛}$ 的单位为 in. H_2O/ft 填料高度，F_p 为填料因子，单位为 ft^{-1}，在表 10.6-1 中给出了乱堆填料或规整填料的数据。将英制单位转化为国际单位，1.00 in. H_2O/ft＝83.33 mm H_2O/m。这个式子适用于填料因子值从 9～60 的范围。它回归的所有液泛数据误差在 ±15%内，大多数为±10%内。填料因子为 60 或更大时，不能再用式(10.6-1)；但是，液泛压降可以取 2.00 in. H_2O/ft(166.7 mmH_2O/m)。

采用以下方法能确定极限流速和塔径。

① 首先，选择合适的乱堆填料或规整填料，给出 F_p 值。

② 根据气体总流速选择合适的液气比 G_L/G_G。

③ 用式(10.6-1)计算液泛时的压降，如果 F_p 大于等于 60 时，$\Delta p_{泛}$ 可以取 2.0 in./ft 填料高度。

④ 然后计算流动参数，用液泛时的压降计算流量和从图 10.6-5 或图 10.6-6 中读出处理量参数。

⑤ 用处理量参数可以得到 G_G 的值，它是液泛时的最大值。

⑥ 用液泛值 G_G 的合适的百分比，可以得到新的 G_G 和 G_L。从图 10.6-5 或图 10.6-6 中也可以得到压降。

⑦ 知道了气体总流率和 G_G，可以计算出塔的截面积和内径。

(4) 使用近似设计因子。在乱堆填料的应用中，塔径与填料尺寸的比值应为 10/1 或更大。这样能确保液体和气体的良好分布。对于每 3 m(10 ft)高的填料应该用液体再分布器来防止液体偏向壁面的沟流。一般用的乱堆填料的塔径只有 1.0 m(3.3 ft)或更小。由于清洗和安装问题，一般不用直径小于 0.6 m(2 ft)的板式塔。

填料塔中负荷一般在泛点速度的 65%～70%(L2)。对于吸收，设计塔时应该采用气体泛点速度的 50%～70%，在高流动参数时用大的值。对于常压精馏过程，可用泛点速度的 70%～80%的值(S5)。对于精馏和规整填料，设计时经常用泛点速度的 80%(L3)。对于板式塔，详见第 11.5 节。

例 10.6-1　氨吸收的压降和塔径

25 ℃、1.0 atm 绝压下用纯水在塔中吸收氨。含有 3.0%(mol)氨的空气进料流率为 1 440 lb_m/h(653.2 kg/h)。该过程设计的液气质量流率比 G_L/G_G 为 2/1，用 1 in. 的金属鲍尔环。

(1) 计算液泛时填料的压降和气体质量流速。用泛点速度的 50%计算压降，气液流量以及塔径。

(2) 重复(1)的计算，但是采用 Mellapak 250Y 的规整填料。

解：(1) 因为塔底气体和液体流量最大，所以塔将依据该流量来设计大小。假定氨几乎全部被吸收。气体平均相对分子质量为 28.97×0.97+17.0×0.03=28.61

$$\text{氨的质量分数为 } 0.03\times17/28.61=0.017\ 83$$

$$\rho_G=\left(\frac{492}{460+77}\right)\times\frac{28.64}{359}=0.073\ 09\ lb_m/ft^3$$

假定水是低浓度的，从附录 A.2-4 查得水的黏度 μ=0.893 7 cP。从附录 A.2-3 查得水的密度为 0.997 08 g/cm^3。那么，ρ_L=0.997 08×62.43=62.25 lb_m/ft^3，同样，$v=\mu/\rho$= 0.893 7/0.997 08 =0.896 3 厘沲。

从表 10.6-1，对于 1 in. 鲍尔环，查得 $F_p=56\ ft^{-1}$。使用式(10.6-1)得，$\Delta p_{泛}$= $0.115F_0^{0.7}=0.115\times56^{0.7}=1.925$ in. H_2O/ft 填料高度。图 10.6-5 中流动参数为

$$(G_L/G_G)(\rho_G/\rho_L)^{0.5}=2.0\times(0.073\ 09/62.25)^{0.5}=0.068\ 53$$

从图 10.6-5 可查得，当流动参数为 0.068 53(横坐标)时，液泛时压降为 1.925 in./ft，从图中可得出处理量参数(纵坐标)为 1.7。再代入处理量参数方程并求解 v_G，

$$1.7=v_G[\rho_G/(\rho_L-\rho_G)]^{0.5}F_p^{0.5}\nu^{0.05}=v_G\left(\frac{0.073\ 09}{62.25-0.073\ 09}\right)^{0.5}\times56^{0.5}\times(0.896\ 3)^{0.05}$$

v_G=6.663 ft/s。那么液泛时 $G_G=v_G/\rho_G$=6.663×0.073 09=0.487 0 $lb_m/(s\cdot ft^2)$。采用泛点速度的 50%设计，G_G=0.5×0.487 0=0.243 5 $lb_m/(s\cdot ft^2)$[1.189 $kg/(s\cdot m^2)$]。同样，液体流速 G_L=2.0×0.243 5 =0.487 0 $lb_m/(s\cdot ft^2)$[2.378 $kg/(s\cdot m^2)$]。

为计算液泛速度 50%时的压降，G_G=0.243 5，G_L=0.487 0，新的处理量参数为 0.5×1.7 =0.85。根据处理量参数为 0.85 和相同的流动参数 0.068 53，从图 10.6-5 中可以得到压降 0.18 in. 水/ft。

塔的截面面积=(1 440/3 600 lb_m/s)×(1/0.243 5 $lb_m/(s\cdot ft^2)$)=1.642 7 $ft^2=(\pi/4)D^2$。解得 D=1.446 ft (0.441 m)。假定氨全部被吸收于出口液体时，氨的量为 0.017 83×1 440= 25.68 lb。由于液体流率为气体流率的 2 倍，所以液体总流率为 2.0×1 440=2 880 lb_m/h。

因此，进口纯水的流率为 2 880−25.68=2 858.3 lb_m/s。

(2) 采用 Mellapak250Y 型的规整填料，从表 10.6-1 中可得 $F_p=20$。$p_{泛}=0.115\ F_0^{0.7}=0.115\times 20^{0.7}=0.936$ in. H_2O/ft。流动参数还是一样的，为 0.068 53。从图 10.6-6 中可得，液泛时处理量参数为 1.38。则，

$$1.38=\frac{G_G}{\rho_G}\left(\frac{\rho_G}{\rho_L-\rho_G}\right)^{0.5}F_p^{0.5}\nu^{0.05}=\frac{G_G}{0.073\ 09}\times\left(\frac{0.073\ 09}{62.25-0.073\ 09}\right)^{0.5}\times(20)^{0.5}\times(0.896\ 3)^{0.005}$$

解得，$G_G=0.661\ 5\ lb_m/(s\cdot ft^2)$。在泛点 50%时，$G_G=0.5\times 0.661\ 5=0.330\ 8\ lb_m/(s\cdot ft^2)$ [$1.615\ kg/(s\cdot m^2)$]。同样，液体流速为 $G_L=2\times 0.330\ 8=0.661\ 6\ lb_m/(s\cdot ft^2)$ [$3.230\ kg/(s\cdot m^2)$]。新的处理量参数为 0.5×1.38=0.69。根据这个数据从图 10.6-6 中可得到压降为 0.11 in. H_2O/ft。

塔截面积=(1 440/3 600 lb_m/s)×(1/0.330 8 $lb_m/(s\cdot ft^2)$)=1.209 ft^2=$(\pi/4)D^2$。解得D=1.241 ft (0.378 4 m)。注意，采用规整填料使塔截面积减少约 25%。

10.6.4　板式吸收塔的设计

(1) 操作线的推导。板式吸收塔与图 10.3-2 中的逆流多级过程有着相同的流程图，在图 10.6-7 中把它画成垂直的塔。在溶质 A 单向扩散通过静止气体 B 再到液体中的情况下，如用水从空气(B)中吸收丙酮(A)的例子，惰性气体(空气)和水的摩尔流量在全塔中为常数。如果流率为 V'，单位为 kmol 惰性空气/s，L'的单位为 kmol 惰性溶剂水/s 或 kmol/(s·m²)(lb mol/(h·ft²))，在图 10.6-7 中对组分 A 作总物料衡算

$$L'\left(\frac{x_0}{1-x_0}\right)+V'\left(\frac{y_{N+1}}{1-y_{N+1}}\right)=L'\left(\frac{x_N}{1-x_N}\right)+V'\left(\frac{y_1}{1-y_1}\right) \tag{10.6-2}$$

虚线框中的物料衡算式为

$$L'\left(\frac{x_0}{1-x_0}\right)+V'\left(\frac{y_{n+1}}{1-y_{n+1}}\right)=L'\left(\frac{x_n}{1-x_n}\right)+V'\left(\frac{y_1}{1-y_1}\right) \tag{10.6-3}$$

式中 x 为液体中 A 的摩尔分数，y 为气体中 A 的摩尔分数。L_n 为液体的总摩尔流率(mol/s)，V_{n+1}为气体的总摩尔流率(mol/s)。液体和气体的总流量在全塔中变化。

式(10.6-3)为吸收塔的物料衡算或操作线，它与逆流多级过程的方程(10.3-13)类似，但是总流率 L 和 V 用惰性组分流率 L'和 V'代替。式(10.6-3)把气体流的浓度 y_{n+1}与经过的液体流的浓度 x_n 相联系。L'、V'、x_0 和 y_1 通常是已知的常量，或是可以确定的量。

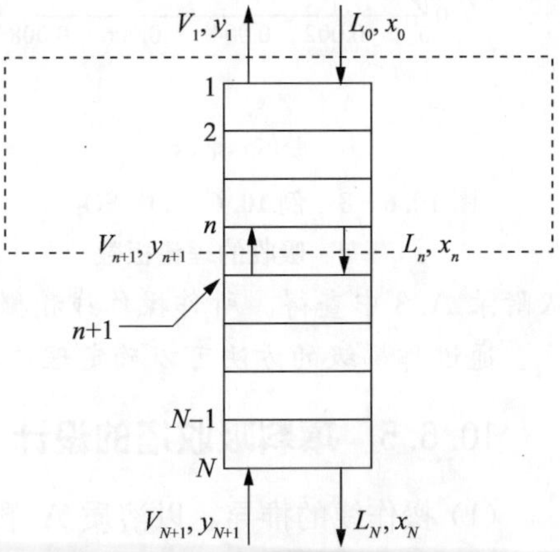

图 10.6-7　板式吸收塔的物料衡算

(2) 图示法确定塔板数。操作线方程(10.6-3)在 y-x 图中为一条曲线。如果 x 和 y 浓度很低，分母 $1-x$ 和 $1-y$ 将接近于 1.0，这条曲线近似为直线，斜率近似为 L'/V'。通过简单的作梯级的方法画出塔板数，作法如逆流多级过程的图 10.3-3。

例 10.6-2　板式塔中 SO_2 的吸收

一个要设计的板式塔在 293 K(68 ℉)下用水从空气中吸收 SO_2。在总压为 101.3 kPa 下,入塔的气体中含 20%(摩尔分数)的 SO_2,出塔气中含 2%(摩尔分数)的 SO_2。空气流率为 150 kg/(h·m²),水的进口流率为 6 000 kg/(h·m²)。假定全塔效率为 25%,问所需的理论板数和实际板数为多少?设塔的操作温度为 293 K(20 ℃)。

解:首先计算摩尔流率,

$$V'=\frac{150}{29}=5.18\ \text{kmol/(h·m}^2\text{)}$$

$$L'=\frac{6\,000}{18.0}=333\ \text{kmol/(h·m}^2\text{)}$$

参考图 10.6-7,$y_{N+1}=0.20$,$y_1=0.02$,$x_0=0$。代入式(10.6-2)并求解 x_N,

$$333\times\left(\frac{0}{1-0}\right)+5.18\times\left(\frac{0.20}{1-0.20}\right)=333\times\left(\frac{x_N}{1-x_N}\right)+5.18\times\left(\frac{0.02}{1-0.02}\right)$$

$$x_N=0.003\,55$$

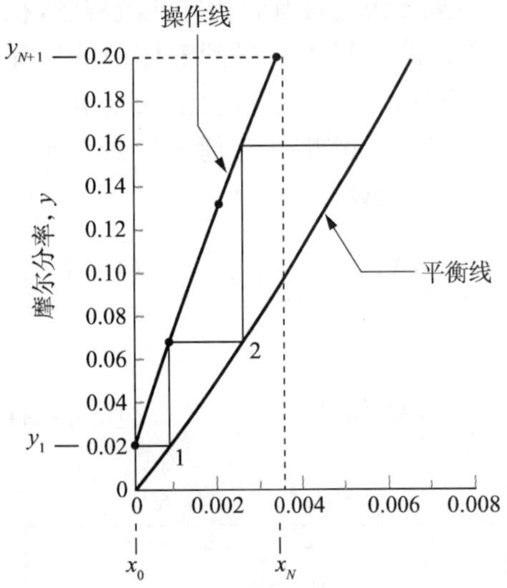

图 10.6-8　例 10.6-2 中 SO_2 吸收的理论板数

代入式(10.6-3),V'和L'的单位用 kmol/(h·m²)代替 kmol/(s·m²),

$$333\times\left(\frac{0}{1-0}\right)+5.18\times\left(\frac{y_{n+1}}{1-y_{n+1}}\right)$$
$$=333\times\left(\frac{x_n}{1-x_n}\right)+5.18\times\left(\frac{0.02}{1-0.02}\right)$$

为了画出操作线,计算几个中间点。设 $y_{n+1}=0.07$ 并代入操作线方程:

$$0+5.18\times\left(\frac{0.07}{1-0.07}\right)$$
$$=333\times\left(\frac{x_n}{1-x_n}\right)+5.18\times\left(\frac{0.02}{1-0.02}\right)$$

因此,$x_n=0.000\,855$。为计算另一中间点,我们设 $y_{n+1}=0.13$,则可计算出 x_n 为 0.002 01。两个端点和两个中间点绘制的操作线如 10.6-8 图,平衡数据从附录 A.3 中查得。所作操作线稍微有点弯。

通过作梯级的方法可以确定理论塔板数为 2.4 块。实际塔板数为 2.4/0.25=9.6 块。

10.6.5　填料吸收塔的设计

(1) 操作线的推导。以溶质 A 单向扩散通过静止气体、再进入液体的情况为例,在图 10.6-9 中对填料塔中组分 A 作总物料衡算(注意图 10.6-9 中的符号变化,进口为 y_1 和 x_2)

$$L'\left(\frac{x_2}{1-x_2}\right)+V'\left(\frac{y_1}{1-y_1}\right)=L'\left(\frac{x_1}{1-x_1}\right)+V'\left(\frac{y_2}{1-y_2}\right)\qquad(10.6-4)$$

式中 L' 的单位为 kmol 惰性液体/s 或 kmol/(s·m²)，V' 的单位为 kmol 惰性气体/s 或 kmol/(s·m²)，y_1 和 x_1 分别为气体和液体中 A 的摩尔分数。流量 L' 和 V' 在全塔中为常数，但是总流量 L 和 V 不是常数。

对图 10.6-9 中虚线框作物料衡算得出了操作线方程

$$L'\left(\frac{x}{1-x}\right)+V'\left(\frac{y_1}{1-y_1}\right)=L'\left(\frac{x_1}{1-x_1}\right)+V'\left(\frac{y}{1-y}\right) \quad (10.6-5)$$

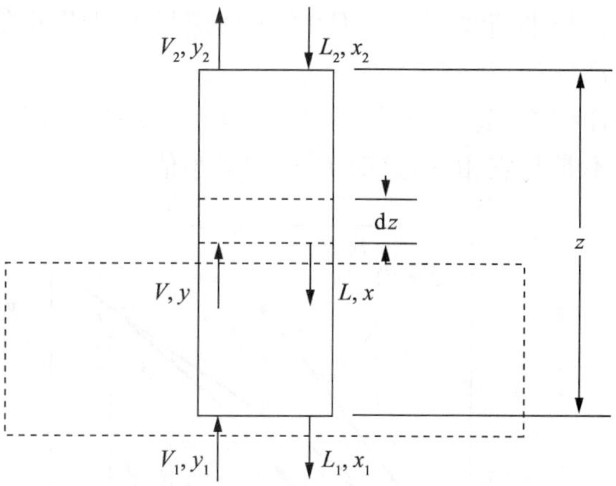

图 10.6-9　逆流填料吸收塔的物料衡算

绘制在 $x-y$ 坐标系中，这个方程为一条曲线，如图 10.6-10(a)所示。式(10.6-5)也可以用 A 的分压来书写，这里 $y_1/(1-y_1)=p_1/(p-p_1)$，等等。如果 x 和 y 浓度很低，那么 $(1-x)$ 和 $(1-y)$ 都可取为 1.0，则方程(10.6-5)变为

$$L'x+V'y_1 \approx L'x_1+V'y \quad (10.6-6)$$

操作线基本上为直线，斜率为 L'/V'。

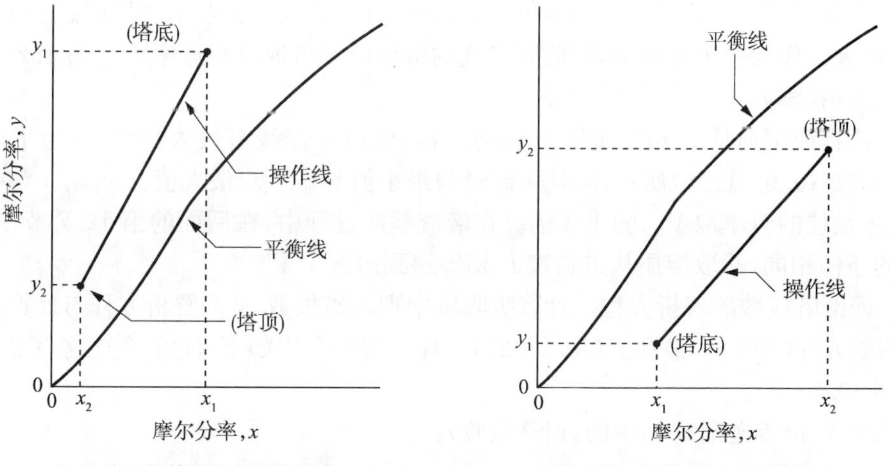

(a) A 从 V 相传递至 L 相的吸收　　(b) A 从 L 相传递至 V 相的解吸

图 10.6-10　操作线的位置

当溶质从 L 相传递到 V 相时，这个过程叫做解吸(汽提)。操作线位于平衡线的下方，如图 10.6-10(b)所示。

(2) L'/V' 比的极限值和最佳值。在吸收过程中，一般会给定气体的进口流量 V_1(图 10.6-9)和它的组成 y_1。出口浓度 y_2 通常也由设计者给定，液体的进口浓度 x_2 由过程需要来确定。因此，液体进口流量 L_2 或 L' 可以任意选择。

在图 10.6-11(a)中流量 V_1 和浓度 y_2，x_2 以及 y_1 是给定的。当操作线由最小的斜率

且与平衡线交于点 P 时,液体流量 L' 为最小值 $L'_{\min}$。当 L' 最小时 x_1 为最大值 $x_{1\max}$。在点 P 推动力 $y-y^*$,$y-y_i$,x^*-x 和 x_i-x 都为 0。为了求解 $L'_{\min}$,将 y_1 和 $x_{1\max}$ 的值代入操作线方程。在某些情况下,如果平衡线为向下弯的曲线时,那么操作线变成平衡线的切线而不是与它相交,这时 L' 达到最小值。

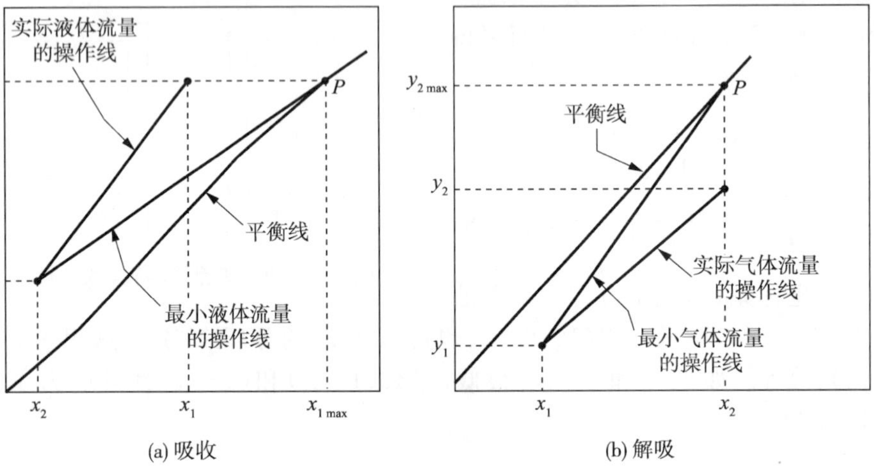

图 10.6-11 极限条件的操作线

设计中 L'/V' 的最佳值的选择取决于经济核算。吸收过程中,L'/V' 值太大的话需要较大的液体流量和塔径。通过精馏从液体中回收溶液的成本将会很高。液体流量小需要较高的塔,费用大。作为一个近似值,吸收时最优的液体流率可取最小流率 $L'_{\min}$ 的 1.2~1.5 倍,通常取 1.5 倍(S6)。

对于汽提或溶质从 L 相传递到 V 相的过程,此时操作线有最大的斜率,与平衡线交于点 P 时,如图 10.6-11(b)所示,则气体流量为最小值 $V'_{\min}$。y_2 最大值为 $y_{2\max}$。与吸收过程相似,气体最佳的流率取 $V'_{\min}$ 的 1.5 倍。在液液萃取过程中,在后面的第 12.7 节中将讨论,与解吸的条件相同,萃取溶质从进料液 L 相传递到溶剂 V 相。

(3) 理论塔板数的解析方程。计算吸收塔中理论塔板数 N 的解析方程与计算逆流多级过程中级数方程(10.3-22)和式(10.3-25)一样。这些方程如下(注意:符号参考图 10.6-9 而不是图 10.3-3)。

对于溶质从 V 相传递到 L 相中的过程(吸收):

$$N=\frac{\ln\left[\left(\frac{y_1-mx_2}{y_2-mx_2}\right)(1-1/A)+1/A\right]}{\ln A} \tag{10.6-7}$$

对于溶质从 L 相传递到 V 相中的过程(解吸):

$$N=\frac{\ln\left[\left(\frac{x_2-y_1/m}{x_1-y_1/m}\right)(1-A)+A\right]}{\ln (1/A)} \tag{10.6-8}$$

式中 $A=L/mV$。

如果平衡线或操作线略微弯曲时,m 和 $A=L/mV$ 将会发生变化。对于吸收过程(参考图 10.6-9),在底层塔板上浓度较高,可用斜率 m_1 或平衡线上点 x_1 的切线。在顶层塔板上浓度较低，可用斜率 m_2 或平衡线上点 y_2 的切线。这样，$A_1=L_1/m_1V_1$，$A_2=L_2/m_2V_2$，$A=\sqrt{A_1A_2}$。低浓度的 m_2 也可用于式(10.6-7)中。对于解吸过程，在塔顶浓度较高，可用斜率 m_2 或平衡线上点 y_2 处的切线。在塔底浓度较低，可用斜率 m_1 或平衡线上点 x_1 处的切线。这样，$A_1=L_1/m_1V_1$，$A_2=L_2/m_2V_2$，$A=\sqrt{A_1A_2}$。同样，低浓度的 m_1 可用于式(10.6-8)中。

例 10.6-3　最小液体流率和塔板级数的解析计算

在 303 K、101.3 kPa 下，在板式塔中用纯水从气体中吸收乙醇。进口气体中含 2.2%(摩尔分数)的乙醇，流率为 100.0 kmol/h。乙醇的回收率为 90%。这个稀溶液的平衡线关系为 $y=mx=0.68x$。试采用 1.5 倍的最小液体流率，确定所需的塔板数。采用图解法和解析法求解。

解：已给数据有 $y_1=0.022$，$x_2=0$，$V_1=100.0$ kmol/h，$m=0.68$。则 $V'=V_1(1-y_1)=100.0\times(1-0.022)=97.8$ kmol 惰性气体/h。V_1(mol 乙醇/h)为 $100-97.8=2.20$。除去 90%的乙醇，出口气体 $V_2=0.10\times2.20=0.220$ mol 乙醇/h。$V_2=V'+0.220=97.8+0.22=98.02$。$y_2=0.22/98.02=0.002\ 244$。根据 y_2，x_2 和 y_1 在图 10.6-12 中画出平衡线。从 y_2，x_2 到点 P 画出最小液体流量 L_{min} 的操作线，与平衡线交于 $x_{1\,max}=y_1/m=0.022/0.68=0.032\ 35$。代入操作线方程(10.6-4)，求解 L_{min}，

$$L'\left(\frac{x_2}{1-x_2}\right)+V'\left(\frac{y_1}{1-y_1}\right)=L'\left(\frac{x_1}{1-x_1}\right)+V'\left(\frac{y_2}{1-y_2}\right)$$

$$L'_{min}\left(\frac{0}{1-0}\right)+97.8\times\left(\frac{0.022}{1-0.022}\right)=L'_{min}\left(\frac{0.032\ 35}{1-0.032\ 35}\right)+97.8\times\left(\frac{0.002\ 244}{1-0.002\ 244}\right)$$

$L'_{min}=59.24$ kmol/h。用 $1.5L'_{min}$，$L'=1.5\times59.24=88.86$。将 $L'=88.86$ 代入式(10.6-4)并求解出口浓度，$x_1=0.021\ 80$。根据点(y_2，x_2)和点(y_1，x_1)在图 10.6-12 中画出直线为操作线。设 $y=0.012$，通过式(10.6-5)计算一个中间点，得 $x=0.010\ 78$。作的这个点表明操作线很接近直线。这是因为该溶液为稀溶液。

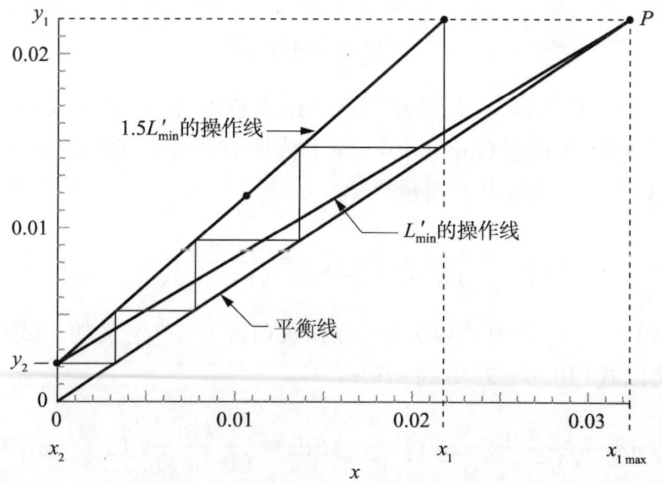

图 10.6-12　例 10.6-3 的最小液体流率和实际液体流率下的操作线

通过作图可得到理论塔板数为 4.0 级。总流率为 $V_1=100.0$，$V_2=V'/(1-y_2)=97.8/(1-0.002\ 244)=98.02$，$L_2=L'=88.86$，$L_1=L'/(1-x_1)=88.86/(1-0.021\ 80)=90.84$。为了解析计算塔板数，$A_1=L_1/mV_1=90.84/(0.68\times100)=1.336$，$A_2=L_2/mV_2=88.86/(0.68\times98.02)=1.333$。采用几何平均值，$A=1.335$。由式(10.6-7)：

$$N=\frac{\ln\left[\left(\frac{y_1-mx_2}{y_2-mx_2}\right)(1-1/A)+1/A\right]}{\ln A}$$

$$=\frac{1}{\ln 1.335}\ln\left[\left(\frac{0.022-0}{0.002\ 244-0}\right)\times(1-1/1.335)+1/1.335\right]$$

$N=4.04$ 理论级数，这与图解法得出的 4.0 级很接近。

(4) 填料塔中的膜传质系数和总传质系数。正如第 10.5 节中讨论的，实验测定 L 相和 V 相的界面面积 $A(\mathrm{m}^2)$ 很困难。同样，测定膜系数 k'_x，k'_y 和总系数 K'_x，K'_y 也很难。一般，在填料塔中的实验测定可得体积传质系数，它是界面面积和传质系数的组合。

定义 a 为界面面积 $\mathrm{m}^2/\mathrm{m}^3$ 填料体积，高度 $\mathrm{d}z(\mathrm{m})$ 的填料体积为 $S\mathrm{d}z$，这样

$$\mathrm{d}A=aS\mathrm{d}z \tag{10.6-9}$$

式中 S 为塔的截面面积，单位为 m^2。那么体积膜系数和总传递系数定义为

$$k'_ya=\frac{\mathrm{kmol}}{\mathrm{s\cdot m^3}}\qquad k'_xa=\frac{\mathrm{kmol}}{\mathrm{s\cdot m^3}}\qquad (\text{SI 制})$$

$$K'_ya=\frac{\mathrm{kmol}}{\mathrm{s\cdot m^3}}\qquad K'_xa=\frac{\mathrm{kmol}}{\mathrm{s\cdot m^3}}\qquad (\text{SI 制})$$

$$k'_ya=\frac{\mathrm{lbmol}}{\mathrm{s\cdot ft^3}}\qquad k'_xa=\frac{\mathrm{lbmol}}{\mathrm{s\cdot ft^3}}\qquad (\text{英制})$$

(5) 采用传质系数的填料塔的设计方法。对于从静止的 B 中吸收 A 的过程，操作线方程(10.6-5)成立。对于图 10.6-9 中的微分塔高 $\mathrm{d}z$，离开 V 相的 A 的摩尔流率等于进入 L 相的摩尔流率：

$$\mathrm{d}(Vy)=\mathrm{d}(Lx) \tag{10.6-10}$$

式中 V 的单位为 kmol 总气体/s，L 的单位为 kmol 总液体/s，且 $\mathrm{d}(Vy)=\mathrm{d}(Lx)=\mathrm{kmol/s}$。式(10.6-10)中传递的 A 的量(kmol/s)必等于传质方程中的 N_A(kmol/s)。采用气体和液体膜传递系数，式(10.4-8)给出了通量 N_A：

$$N_\mathrm{A}=\frac{k'_y}{(1-y_\mathrm{A})_\mathrm{iM}}(y_{AG}-y_\mathrm{Ai})=\frac{k'_x}{(1-x_\mathrm{A})_\mathrm{iM}}(x_\mathrm{Ai}-x_{AL}) \tag{10.4-8}$$

式中 $(1-y_\mathrm{A})_\mathrm{iM}$ 和 $(1-x_\mathrm{A})_\mathrm{iM}$ 是由式(10.4-6)和式(10.4-7)定义的。式(10.4-8)左边乘以 $\mathrm{d}A$，右边的两项乘以式(10.6-9)中的 $aS\mathrm{d}z$，

$$N_\mathrm{A}\mathrm{d}A=\frac{k'_ya}{(1-y_\mathrm{A})_\mathrm{iM}}(y_{AG}-y_\mathrm{Ai})S\mathrm{d}z=\frac{k'_xa}{(1-x_\mathrm{A})_\mathrm{iM}}(x_\mathrm{Ai}-x_{AL})S\mathrm{d}z \tag{10.6-11}$$

式中 $N_\mathrm{A}\mathrm{d}A$ 为单位床高 $\mathrm{d}z$(m)每秒传递的 A 的量(或 lb mol/h)。

令式(10.6－10)和式(10.6－11)相等，用气相的 y_{AG} 和液相的 x_{AL} 代入，

$$d(Vy_{AG})=\frac{k'_y a}{(1-y_A)_{iM}}(y_{AG}-y_{Ai})Sdz \tag{10.6-12}$$

$$d(Lx_{AL})=\frac{k'_x a}{(1-x_A)_{iM}}(x_{Ai}-x_{AL})Sdz \tag{10.6-13}$$

由于 $V'=V(1-y_{AG})$ 或 $V=V'/(1-y_{AG})$，

$$d(Vy_{AG})=d\left(\frac{V'}{1-y_{AG}}y_{AG}\right)=V'd\left(\frac{y_{AG}}{1-y_{AG}}\right)=\frac{V'dy_{AG}}{(1-y_{AG})^2} \tag{10.6-14}$$

用 V 代替式(10.6－14)中的 $V'/(1-y_{AG})$，再令式(10.6－14)和(10.6－12)相等：

$$\frac{Vdy_{AG}}{1-y_{AG}}=\frac{k'_y a}{(1-y_A)_{iM}}(y_{AG}-y_{Ai})Sdz \tag{10.6-15}$$

同样处理式(10.6－13)，因为 $L=L'/(1-x_{AL})$，

$$\frac{Ldx_{AL}}{1-x_{AL}}=\frac{k'_x a}{(1-x_A)_{iM}}(x_{Ai}-x_{AL})Sdz \tag{10.6-16}$$

去掉下标 A，G 和 L，并积分，用膜系数表示的最终方程如下：

$$\int_0^z dz = z = \int_{y_2}^{y_1}\frac{Vdy}{\frac{k'_y aS}{(1-y)_{iM}}(1-y)(y-y_i)} \tag{10.6-17}$$

$$\int_0^z dz = z = \int_{x_2}^{x_1}\frac{Ldx}{\frac{k'_x aS}{(1-x)_{iM}}(1-x)(x_i-x)} \tag{10.6-18}$$

采用相同的方法可以得到用总传递系数表示的最终方程：

$$z=\int_{y_2}^{y_1}\frac{Vdy}{\frac{K'_y aS}{(1-y)_{*M}}(1-y)(1-y^*)} \tag{10.6-19}$$

$$z=\int_{x_2}^{x_1}\frac{Ldx}{\frac{K'_x aS}{(1-x)_{*M}}(1-x)(x^*-x)} \tag{10.6-20}$$

一般情况下，平衡线和操作线通常为曲线，而且 $k'_x a$，$k'_y a$，$K'_x a$ 和 $K'_y a$ 随气体和液体的流量发生变化。因此，式(10.6－17)～式(10.6－20)必须用数值方法或图解方法积分。对于高浓度混合物的这种求解方法将在第 10.7 节中讨论。下面将对低浓度气体的方法进行讨论。

10.6.6　填料塔中低浓度气体混合物的简化设计方法

因为吸收过程中的大部分是低浓度气体 A 的吸收，这些情况可考虑用简化的设计方法。当气体和液体的摩尔分数 y 和 x 小于 0.10，即 10%时，对于工程设计这个浓度被认为是低浓度的。流量变化小于 10%，传质系数的变化也可认为小于这个值。这样，流量 V 和 L 的

平均值以及塔顶和塔底的传质系数的平均值可以移到积分号外面。同样,$(1-y)_{iM}/(1-y)$,$(1-y)_{*M}/(1-y)$,$(1-x)_{iM}/(1-x)$和$(1-x)_{*M}/(1-x)$这些项可以放到积分号外面,采用塔顶和塔底的平均值。(通常这些项的值接近于 1.0,可以全部忽略。)那么式(10.6-17)～式(10.6-20)变为

$$z=\left[\frac{V}{k'_y aS}\frac{(1-y)_{iM}}{1-y}\right]_{av}\int_{y_2}^{y_1}\frac{dy}{y-y_i} \tag{10.6-21}$$

$$z=\left[\frac{L}{k'_x aS}\frac{(1-x)_{iM}}{1-x}\right]_{av}\int_{x_2}^{x_1}\frac{dx}{x_i-x} \tag{10.6-22}$$

$$z=\left[\frac{V}{K'_y aS}\frac{(1-y)_{*M}}{1-y}\right]_{av}\int_{y_2}^{y_1}\frac{dy}{y-y^*} \tag{10.6-23}$$

$$z=\left[\frac{L}{K'_x aS}\frac{(1-x)_{*M}}{1-x}\right]_{av}\int_{x_2}^{x_1}\frac{dx}{x^*-x} \tag{10.6-24}$$

由于溶液为稀溶液,所以操作线基本上为直线。假定在操作浓度范围内平衡线近似为直线,那么$(y-y_i)$随 y 和 x 均为线性变化:

$$y-y_i=ky+b \tag{10.6-25}$$

式中 k 和 b 为常数。因此,式(10.6-21)的积分可写成如下:

$$\int_{y_2}^{y_1}\frac{dy}{y-y_i}=\frac{y_1-y_2}{(y-y_i)_M} \tag{10.6-26}$$

式中$(y-y_i)_M$ 为对数平均推动力:

$$(y-y_i)_M=\frac{(y_1-y_{i1})-(y_2-y_{i2})}{\ln[(y_1-y_{i1})/(y_2-y_{i2})]} \tag{10.6-27}$$

同样,式(10.6-23)可得

$$(y-y^*)_M=\frac{(y_1-y_1^*)-(y_2-y_2^*)}{\ln[(y_1-y_1^*)/(y_2-y_2^*)]} \tag{10.6-28}$$

如果$(1-y)_{iM}/(1-y)$项视作 1.0 时,那么将式(10.6-26)代入式(10.6-21)中,并且对式(10.6-22)～式(10.6-24)做相同的运算,最后结果如下:

$$\frac{V}{S}(y_1-y_2)=k'_y az(y-y_i)_M \tag{10.6-29}$$

$$\frac{L}{S}(x_1-x_2)=k'_x az(x_i-x)_M \tag{10.6-30}$$

$$\frac{V}{S}(y_1-y_2)=K'_y az(y-y^*)_M \tag{10.6-31}$$

$$\frac{L}{S}(x_1-x_2)=K'_x az(x^*-x)_M \tag{10.6-32}$$

式中左边为物料衡算,单位为 $kmol/(s\cdot m^2)$ $(lb\ mol/(h\cdot ft^2))$,右边为传质的速率方程。V

为平均值$(V_1+V_2)/2$，L 为$(L_1+L_2)/2$。

使用式(10.6-29)～式(10.6-32)，可按略微不同的方式进行。如图 10.6-13 所示，下面将讨论一般步骤。

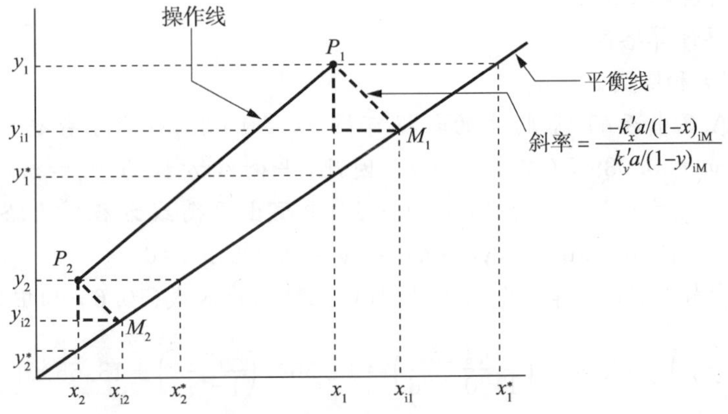

图 10.6-13　低浓度气体吸收填料塔中的操作线和界面组成

(1) 在图 10.6-13 中画出操作线方程(10.6-5)，其为直线。计算 V_1，V_2 和 $V_{av}=(V_1+V_2)/2$；同样，也计算 L_1，L_2 和 $L_{av}=(L_1+L_2)/2$。

(2) 膜系数 $k'_y a$ 和 $k'_x a$ 的实验平均值是已知的，或可以通过经验关联式得到。塔中点(y_1, x_1)处的界面组成 y_{i1} 和 x_{i1} 在塔中可以通过画出的直线 P_1M_1 来确定，它的斜率按式(10.6-33)来计算：

$$\text{斜率}=-\frac{k'_x a/(1-x)_{iM}}{k'_y a/(1-y)_{iM}}=-\frac{k_x a}{k_y a} \tag{10.6-33}$$

$$\text{斜率}\approx-\frac{k'_x a/(1-x_1)}{k'_y a/(1-y_1)} \tag{10.6-34}$$

如果用$(1-x)_{iM}$和$(1-y)_{iM}$项进行计算，那么计算过程是试差法，如例 10.4-1 所述。然而，由于溶液为稀溶液，式(10.6-34)中可以采用$(1-x_1)$和$(1-y_1)$项，这个过程不需要试差，而只在斜率中存在小误差。如果在操作浓度范围内已知系数 $k_y a$ 和 $k_x a$，由于它们包括了$(1-x)_{iM}$和$(1-y)_{iM}$项，所以可以用这两个系数。对于塔的另一端的线 P_2M_2，用式(10.6-33)或(10.6-34)和 y_2 和 x_2 的值可以确定 y_{i2} 和 x_{i2} 的值。

(3) 如果采用总系数 $K'_y a$，那么 y_1^* 和 y_2^* 的确定如图 10.6-13 所示。如果采用 $K'_x a$，那么可以得到 x_1^* 和 x_2^*。

(4) 如果采用 $k'_y a$，那么可以用式(10.6-27)计算对数平均推动力$(y-y_i)_M$。当采用 $K'_y a$时，用式(10.6-28)可计算$(y-y^*)_M$。用液相系数时，可计算相应的推动力。

(5) 代入到式(10.6-29)～式(10.6-32)中相应的形式计算塔高 z(m)。

例 10.6-4　填料塔中丙酮的吸收

293 K、101.32 kPa(1 atm)下，在横截面积为 0.186 m^2 的填料塔中用水吸收丙酮。进口气体中含 2.6%(摩尔分数)的丙酮，出口气体中含 0.5%(摩尔分数)的丙酮。气体进口流量为 13.65 kmol 惰性气体/h(30.1 lb mol/h)。纯水的进口流量为 45.36 kmol 水/h(100 lb mol/h)。塔中已给的流量下,膜系数为 $k'_y a=3.78\times10^{-2}$ kmol/(s·m³)(8.50 lb mol/(h·ft³)),$k'_x a=6.16\times10^{-2}$ kmol/(s·m³)(13.85 lb mol/(h·ft³))。附录 A.3 中给出了平衡数据。

(1) 用 $k'_y a$ 计算塔高。

(2) 用 $k'_x a$ 再计算塔高。

(3) 计算 $K'_y a$ 和塔高。

解:从附录 A.3 中丙酮-水物系的数据可得 $x_A=0.0333$(摩尔分数),$p_A=30/760=0.0395$ atm 或 $y_A=0.0395$(摩尔分数)。因此,平衡线方程为 $y_A=mx_A$ 或 $0.0395=m(0.0333)$。那么,$y=1.186x$。在图 10.6-14 中画出平衡线方程。已给的数据是 $L'=45.36$ kmol/h,$V'=13.65$ kmol/h,$y_1=0.026$,$y_2=0.005$,$x_2=0$。

用 kmol/h 代替 kmol/s 作流率的单位,将以上数据代入式(10.6-4)中作总物料衡算:

$$45.36\times\left(\frac{0}{1-0}\right)+13.65\times\left(\frac{0.026}{1-0.026}\right)=45.36\times\left(\frac{x_1}{1-x_1}\right)+13.65\times\left(\frac{0.005}{1-0.005}\right)$$

$$x_1=0.00648$$

在图 10.6-14 中可以画出点(y_1,x_1)和点(y_2,x_2),它们之间所作的直线为操作线。

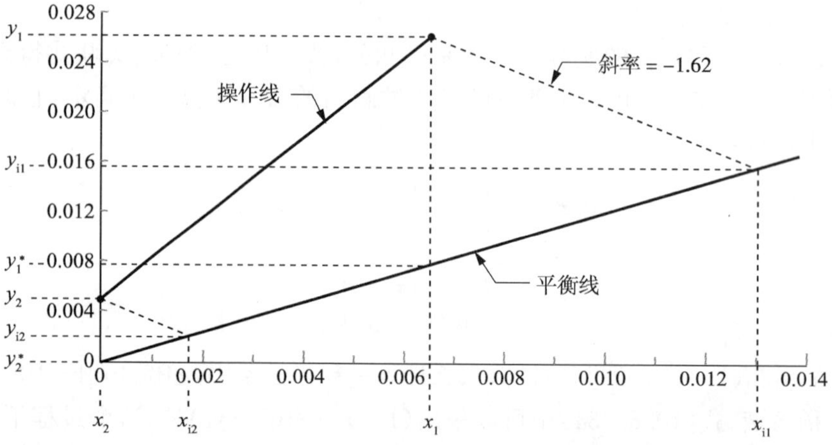

图 10.6-14 例 10.6-4 中界面浓度的位置

用式(10.6-34)计算点(y_1,x_1)处斜率的近似值为

$$斜率\approx-\frac{k'_x a/(1-x_1)}{k'_y a/(1-y_1)}=-\frac{6.16\times10^{-2}/(1-0.00648)}{3.78\times10^{-2}/(1-0.026)}=-1.60$$

过点 y_1,x_1 画出这条直线,这条直线与平衡线交于 $y_{i1}=0.0154$ 和 $x_{i1}=0.0130$。同样,$y_1^*=0.0077$。采用式(10.6-33)计算出更精确的斜率,y_{i1} 和 x_{i1} 的初值将用于试差法求解。代入式(10.4-6):

$$(1-y)_{iM}=\frac{(1-y_{i1})-(1-y_1)}{\ln[(1-y_{i1})/(1-y_1)]}=\frac{(1-0.0154)-(1-0.026)}{\ln[(1-0.0154)/(1-0.026)]}=0.979$$

代入式(10.4-7):

$$(1-x)_{iM}=\frac{(1-x_1)-(1-x_{i1})}{\ln[(1-x_1)/(1-x_{i1})]}=\frac{(1-0.006\ 48)-(1-0.013\ 0)}{\ln[(1-0.006\ 48)/(1-0.013\ 0)]}=0.993$$

代入式(10.6-33)：

$$斜率=-\frac{k'_x a/(1-x)_{iM}}{k'_y a/(1-y)_{iM}}=-\frac{6.16\times10^{-2}/0.993}{3.78\times10^{-2}/0.979}=-1.61$$

因此，斜率的近似值和界面浓度值足够精确。

对于点(y_2,x_2)处的斜率：

$$斜率=-\frac{k'_x a/(1-x_2)}{k'_y a/(1-y_2)}=-\frac{6.16\times10^{-2}/(1-0)}{3.78\times10^{-2}/(1-0.005)}=-1.62$$

塔中斜率只变化了一点。作出这条直线，$y_{i2}=0.002\ 0$，$x_{i2}=0.001\ 8$，$y_2^*=0$。

代入式(10.6-27)，得

$$(y-y_i)_M=\frac{(y_1-y_{i1})-(y_2-y_{i2})}{\ln[(y_1-y_{i1})/(y_2-y_{i2})]}$$

$$=\frac{(0.026-0.015\ 4)-(0.005-0.002\ 0)}{\ln[(0.026-0.015\ 4)/(0.005-0.002\ 0)]}=0.006\ 02$$

计算总的摩尔流率，单位为 kmol/s：

$$V_1=\frac{V'}{1-y_1}=\frac{13.65/3\ 600}{1-0.026}=3.893\times10^{-3}\ \text{kmol/s}$$

$$V_2=\frac{V'}{1-y_2}=\frac{13.65/3\ 600}{1-0.005}=3.811\times10^{-3}\ \text{kmol/s}$$

$$V_{av}=\frac{V_1+V_2}{2}=\frac{3.893\times10^{-3}+3.811\times10^{-3}}{2}=3.852\times10^{-3}\ \text{kmol/s}$$

$$L'\approx L_1\approx L_2\approx L_{av}=\frac{45.36}{3\ 600}=1.260\times10^{-2}\ \text{kmol/s}$$

(1) 代入式(10.6-29)并求解：

$$\frac{V_{av}}{S}(y_1-y_2)=k'_y az(y-y_i)_M$$

$$\frac{3.852\times10^{-3}}{0.186}\times(0.026\ 0-0.005)=3.78\times10^{-2}\times z\times0.006\ 02$$

$$z=1.911\ \text{m}(6.27\ \text{ft})$$

(2) 用与式(10.6-27)类似的一个方程：

$$(x_i-x)_M=\frac{(x_{i1}-x_1)-(x_{i2}-x_2)}{\ln[(x_{i1}-x_1)/(x_{i2}-x_2)]}$$

$$=\frac{(0.013\ 0-0.006\ 48)-(0.001\ 8-0)}{\ln[(0.013\ 0-0.006\ 48)/(0.001\ 8-0)]}=0.003\ 68$$

代入式(10.6-30)，并求解：

$$\frac{1.260\times10^{-2}}{0.186}(0.006\ 48-0)=6.16\times10^{-2}\times z\times0.003\ 68$$

$$z=1.936\ \mathrm{m}$$

这与(1)的结果非常接近。

(3) 将点(y_1, x_1)代入式(10.4-25)：

$$(1-y)_{*M}=\frac{(1-y_1^*)-(1-y_1)}{\ln[(1-y_1^*)/(1-y_1)]}=\frac{(1-0.007\ 7)-(1-0.026)}{\ln[(1-0.007\ 7)/(1-0.026)]}=0.983$$

代入式(10.4-24)来计算点(y_1, x_1)处的总传质系数$K'_y a$：

$$\frac{1}{K'_y a/(1-y)_{*M}}=\frac{1}{k'_y a/(1-y)_{iM}}+\frac{m'}{k'_x a/(1-x)_{iM}}$$

$$\frac{1}{K'a/0.098\ 3}=\frac{1}{3.78\times10^{-2}/0.979}+\frac{1.186}{6.16\times10^{-2}/0.993}$$

$$K'_y a=2.183\times10^{-2}\ \mathrm{kmol/(s\cdot m^3)}$$

代入式(10.4-28)：

$$(y-y^*)_M=\frac{(y_1-y_1^*)-(y_2-y_2^*)}{\ln[(y_1-y_1^*)/(y_2-y_2^*)]}$$

$$=\frac{(0.026\ 0-0.007\ 7)-(0.005\ 0-0)}{\ln[(0.026\ 0-0.007\ 7)/(0.005\ 0-0)]}=0.010\ 25$$

最后，代入式(10.6-31)：

$$\frac{3.852\times10^{-3}}{0.186}\times(0.026\ 0-0.005\ 0)=2.183\times10^{-2}\times z\times0.010\ 25$$

$$z=1.944\ \mathrm{m}$$

这与(1)和(2)的结论一致。

10.6.7 用传递单元法设计填料塔

(1) 高浓度气体吸收的设计。另一种有时更有用的填料塔设计方法是采用传递单元的概念。对A通过B的单向扩散这个最普遍的例子来说，式(10.6-17)～式(10.6-20)可以写为

$$z=H_G\int_{y_2}^{y_1}\frac{(1-y)_{iM}\mathrm{d}y}{(1-y)(y-y_i)}=H_G N_G \tag{10.6-35}$$

$$z=H_L\int_{x_2}^{x_1}\frac{(1-x)_{iM}\mathrm{d}x}{(1-x)(x_i-x)}=H_L N_L \tag{10.6-36}$$

$$z=H_{OG}\int_{y_2}^{y_1}\frac{(1-y)_{*M}\mathrm{d}y}{(1-y)(y-y^*)}=H_{OG}N_{OG} \tag{10.6-37}$$

$$z=H_{OL}\int_{x_2}^{x_1}\frac{(1-x)_{*M}\mathrm{d}x}{(1-x)(x^*-x)}=H_{OL}N_{OL} \tag{10.6-38}$$

式中

$$H_G = \frac{V}{k'_y aS} = \frac{V}{k_y a(1-y)_{iM} S} \tag{10.6-39}$$

$$H_L = \frac{L}{k'_x aS} = \frac{L}{k_x a(1-x)_{iM} S} \tag{10.6-40}$$

$$H_{OG} = \frac{V}{K'_y aS} = \frac{V}{K_y a(1-y)_{*M} S} \tag{10.6-41}$$

$$H_{OL} = \frac{L}{K'_x aS} = \frac{L}{K_x a(1-x)_{*M} S} \tag{10.6-42}$$

式中$(1-y)_{iM}$是由式(10.4-6)定义的，$(1-x)_{iM}$是由式(10.4-7)定义的，$(1-y)_{*M}$是由式(10.4-25)定义的，$(1-x)_{*M}$是由式(10.4-27)定义的。单元高度 H 的单位是 m(ft)。H_G 为气相传质单元高度。传质单元高度的值比传质系数更恒定。例如，$k'_y a$ 通常正比于 $V^{0.7}$，那么 $H_G \propto V^{1.0}/V^{0.7} \propto V^{0.3}$。在式(10.6-39)～式(10.6-42)中必须用传质系数和$(1-y)_{iM}$，$(1-y)_{*M}$，$(1-x)_{iM}$和$(1-x)_{*M}$的平均值。

式(10.6-35)～式(10.6-38)右边的积分分别是传质单元数 N_G，N_L，N_{OG}，N_{OL}。那么填料塔的高度为

$$z = H_G N_G = H_L N_L = H_{OG} N_{OG} = H_{OL} N_{OL} \tag{10.6-43}$$

这些式子与用传质系数的方程基本上没有什么不同。仍需用 $k'_y a$ 和 $k'_x a$ 来确定界面浓度。$(1-y)_{iM}/(1-y)$在方程(10.6-35)中近似为 1.0，所以可以忽略$(1-y)_{iM}/(1-y)$，那么吸收量(y_1-y_2)越大或推动力$(y-y_i)$越小，传质单元数 N_G 越大，塔越高。

(2) 低浓度溶液的设计。当溶液为浓度低于 10% 的稀溶液时，式(10.6-35)～式(10.6-38)中的$(1-y)_{iM}/(1-y)$，$(1-x)_{iM}/(1-x)$，$(1-y)_{*M}/(1-y)$和$(1-x)_{*M}/(1-x)$项可以提到积分号外面，采用平均值。由于这些值非常接近 1.0，所以它们可以忽略。这些式子变为

$$z = H_G N_G = H_G \int_{y_2}^{y_1} \frac{dy}{y - y_i} \tag{10.6-44}$$

$$z = H_L N_L = H_L \int_{x_2}^{x_1} \frac{dx}{x_i - x} \tag{10.6-45}$$

$$z = H_{OG} N_{OG} = H_{OG} \int_{y_2}^{y_1} \frac{dy}{y - y^*} \tag{10.6-46}$$

$$z = H_{OL} N_{OL} = H_{OL} \int_{x_2}^{x_1} \frac{dx}{x^* - x} \tag{10.6-47}$$

如果操作线和平衡线都为直线，低浓度吸收，那么式(10.6-44)～式(10.6-47)中的积分式可以被积分，算出传质单元数：

$$N_G = \frac{y_1 - y_2}{(y - y_i)_M} \tag{10.6-48}$$

$$N_L = \frac{x_1 - x_2}{(x_i - x)_M} \tag{10.6-49}$$

$$N_{OG}=\frac{(y_1-y_2)}{(y-y^*)_M} \quad (10.6-50)$$

$$N_{OL}=\frac{(x_1-x_2)}{(x^*-x)_M} \quad (10.6-51)$$

式中$(y-y_i)_M$由式(10.6－27)定义,$(y-y^*)_M$由式(10.6－28)定义。

当传质的总阻力是气相阻力为主时,如用水从空气中吸收丙酮,那么应该用气相总传递单元数N_{OG}或气相传递单元数N_G。当总阻力是液相阻力为主时,如用水吸收氧气或水中难溶溶质的解吸,那么应该用N_{OL}或N_L。这也在第10.4.4节中作了详细讨论。通常膜系数不知道,所以用N_{OG}或N_{OL}将更为方便。

将操作线与式(10.6－46)和式(10.6－47)中的积分相结合,采用平衡线方程$y=mx$,令$A=L/(mV)$,那么对于吸收时的N_{OG}和解吸时的N_{OL}可以得到不同形式的方程:

$$N_{OG}=\frac{1}{(1-1/A)}\ln\left[(1-1/A)\left(\frac{y_1-mx_2}{y_2-mx_2}\right)+1/A\right] \quad (10.6-52)$$

$$N_{OL}=\frac{1}{(1-A)}\ln\left[(1-A)\left(\frac{x_2-y_1/m}{x_1-y_1/m}\right)+A\right] \quad (10.6-53)$$

当操作线和平衡线略微弯曲时,上述方程的m和A的值已在第10.6.5节中叙述如何使用式(10.6－7)和 式(10.6－8)时作了详细讨论。

当操作线和平衡线为直线且相互不平行时,对于吸收过程,式(10.6－52)中气相总传质单元数与式(10.6－7)中的理论级数N的关系为

$$N_{OG}=\frac{N\ln A}{(1-1/A)} \quad (10.6-54)$$

等板高度HETP单位为m,它与H_{OG}的关系为

$$\text{HETP}=H_{OG}\frac{\ln(1/A)}{(1-A)/A} \quad (10.6-55)$$

在第11.5.4节中将对HETP作详细讨论。注意,如果操作线和平衡线平行($A=1.0$),那么$H_{OG}=\text{HETP}$,且$N_{OG}=N$。式(10.6－7)和式(10.6－8)能用于解析计算理论板数N。

例10.6－5　填料塔传质单元和解析方程的应用

题目同例10.6－4,采用传质单元和传质单元高度,作如下计算:

(1) 利用H_G和N_G来计算塔高。

(2) 利用H_{OG}和N_{OG}来计算塔高。

(3) 利用式(10.6－52)来计算N_{OG}和塔高。

(4) 利用解析式(10.6－55)计算HETP,式(10.6－7)计算理论级数,再计算塔高。

解: 从例10.6－4中得出,$k'_ya=3.78\times10^{-2}$ kmol/s·m³①,$K'_ya=2.183\times10^{-2}$ kmol/s·m³②,平均值$V=3.852\times10^{-3}$ kmol/s,$S=0.186$ m²。

---

①② 原著误为m²——译者注。

(1) 由式(10.6－39)得

$$H_G=\frac{V}{k'_y aS}=\frac{3.852\times10^{-3}}{3.78\times10^{-2}\times0.186}=0.548\ \text{m}$$

在例 10.6－4 中由式(10.6－27)得，$(y-y_i)_{iM}=0.00602$，$y_1=0.026$，$y_2=0.005$。那么，由式(10.6－48)得

$$N_G=\frac{y_1-y_2}{(y-y_i)_{iM}}=\frac{0.026-0.005}{0.00602}=3.488\ \text{传质单元}$$

代入式(10.6－44)得

$$z=H_G N_G=0.548\times3.488=1.911\ \text{m}(6.27\ \text{ft})$$

(2) 由式(10.6－41)得

$$H_{OG}=\frac{V}{K'_y aS}=\frac{3.852\times10^{-3}}{2.183\times10^{-2}\times0.186}=0.949\ \text{m}$$

在例 10.6－4 中由式(10.6－28)得，$(y-y^*)_{*M}=0.01025$。然后，由式(10.6－50)得，

$$N_{OG}=\frac{(y_1-y_2)}{(y-y^*)_{*M}}=\frac{0.026-0.005}{0.01025}=2.049\ \text{传质单元}$$

由式(10.6－46)得

$$z=H_{OG}N_{OG}=0.949\times2.049=1.945\ \text{m}(6.38\ \text{ft})$$

注意，传质单元数 $N_{OG}=2.049$ 与 $N_G=3.488$ 不相等。

(3) 由例 10.6－4 可知，$m=1.186$，平均 $V=3.852\times10^{-3}$，$L=1.260\times10^{-2}$，$y_1=0.026$，$y_2=0.005$，$x_2=0$。则 $A=L/mV=1.26\times10^{-2}/(1.186\times3.852\times10^{-3})=2.758$。代入式(10.6－52)，得

$$N_{OG}=\frac{1}{1-1/2.758}\ln\left[(1-1/2.758)\times\left(\frac{0.026-1.186\times0}{0.005-1.186\times0}\right)+\frac{1}{2.758}\right]$$
$$=2.043\ \text{传质单元}$$

这个结果与(2)中的结果 2.049 相近。同样，$z=H_{OG}N_{OG}=0.949\times2.043=1.939$ m。

(4) 由式(10.6－55)计算 HETP：

$$\text{HETP}=H_{OG}\frac{\ln(1/A)}{(1-A)/A}=0.949\times\frac{\ln(1/2.758)}{(1-2.758)/2.758}=1.510\ \text{m}$$

利用式(10.6－7)来计算 N，

$$N=\frac{1}{\ln A}\ln\left[\left(\frac{y_1-mx_2}{y_2-mx_2}\right)\times(1-1/A)+1/A\right]$$
$$=\frac{1}{\ln 2.758}\ln\left[\left(\frac{0.026-0}{0.005-0}\right)\times\left(1-\frac{1}{2.758}\right)+\frac{1}{2.758}\right]$$
$$N=1.283\ \text{理论级}$$

这个结果与图 10.6－14 中图解法得到的 1.35 级相近。

$$z=N(\text{HETP})-1.283\times1.510=1.938\ \text{m}$$

为了使 H_{OG} 与膜系数的 H_G 和 H_L 联系起来，稀溶液的式(10.4-24)可以重新写成：

$$\frac{1}{K'_y a}=\frac{1}{k'_y a}+\frac{m}{k'_x a} \tag{10.6-56}$$

那么，将 $H_G=V/k'_y aS$，$H_L=L/k'_x aS$，$H_{OG}=V/K'_y aS$ 代入式(10.6-56)并简化，得

$$H_{OG}=H_G+(mV/L)H_L \tag{10.6-57}$$

同样，由式(10.4-26)得

$$H_{OL}=H_L+(L/(mV))H_G \tag{10.6-58}$$

注意，通常在文献中用 H_y，H_x，H_{oy}，H_{ox} 来代替 H_G，H_L，H_{OG}，H_{OL}；它们是相互一致的。

10.7　填料塔中高浓度混合物的吸收

在 10.6.6 节中给出了当气体和液体摩尔分数低于约 10%时填料塔中气体吸收的简化设计方法。可以得到直线操作线和近似直线的平衡线。在高浓度气体混合物中，操作线和平衡线通常为曲线，并且 $k'_x a$ 和 $k'_y a$ 随总流量发生变化。那么，式(10.6-17)～式(10.6-20)必须用图解积分或数值积分：

$$\int_0^z dz = z = \int_{y_2}^{y_1} \frac{V dy}{\dfrac{k'_y aS}{(1-y)_{iM}}(1-y)(y-y_i)} \tag{10.6-17}$$

$$\int_0^z dz = z = \int_{x_2}^{x_1} \frac{L dx}{\dfrac{k'_x aS}{(1-x)_{iM}}(1-x)(x_i-x)} \tag{10.6-18}$$

$$\int_0^z dz = z = \int_{y_2}^{y_1} \frac{V dy}{\dfrac{K'_y aS}{(1-y)_{*M}}(1-y)(y-y^*)} \tag{10.6-19}$$

$$\int_0^z dz = z = \int_{x_2}^{x_1} \frac{L dx}{\dfrac{K'_x aS}{(1-x)_{*M}}(1-x)(x^*-x)} \tag{10.6-20}$$

详细的一般步骤如下：

(1) 画出操作线方程(10.6-5)和平衡线。

(2) 由经验方程得出膜系数 $k'_y a$ 和 $k'_x a$ 的值。这两个膜系数是 G_y^n，(kg/(s·m²))和 G_x^m，(kg/(s·m²))的函数，式中 n 和 m 的范围为 0.2～0.8。利用操作线方程的值计算塔中不同 y 和 x 值下的总流量 V 和 L，并换算成 G_y 和 G_x。然后可计算出 $k'_y a$ 和 $k'_x a$ 值。如果塔顶 $k'_y a$ 或 $k'_x a$ 至塔底的 $k'_y a$ 或 $k'_x a$ 变化很小时，那么可以采用平均值。

(3) 由塔底点 $P_1(y_1,x_1)$ 开始，可由直线 P_1M_1 确定界面组成 y_{i1}，x_{i1}，该直线具有可由式(10.6-33)计算得到的斜率，这条直线与平衡线交于界面浓度点 M_1：

$$斜率=-\frac{k'_x a/(1-x)_{iM}}{k'_y a/(1-y)_{iM}}=-\frac{k_x a}{k_y a} \tag{10.6-33}$$

式中$(1-y)_{iM}$和$(1-x)_{iM}$分别由式(10.4-6)和式(10.4-7)确定。这是试差法。第一次试差，$(1-x_1)$用于$(1-x)_{iM}$，$(1-y_1)$用于$(1-y)_{iM}$。第一次试差得到的y_{i1}，x_{i1}值被用于式(10.6-33)作第二次试差。

(4) 通过式(10.6-33)在点$P_2(y_2, x_2)$可以确定一个新的斜率，重复步骤3。对塔中的几个中间点作这个计算。这个斜率在全塔中变化。

(5) 利用y_i，x_i的值计算$f(y)$的值如下：

$$f(y)=\frac{V}{\frac{k'_y aS}{(1-y)_{iM}}(1-y)(y-y_i)} \tag{10.7-1}$$

然后在y_2与y_1间用数值或图解方法积分式(10.6-17)求得塔高。如果使用$k'_x a$或其他系数，那么可用式(10.6-18)～式(10.6-20)中的合适的式子。如果流体是很低浓度的，那么$(1-y)_{iM}$或$(1-x)_{iM}$可以被假定为1.0。

例 10.7-1　高浓度气体混合物吸收塔的设计

设计一个25.4 mm陶瓷环的填料塔，在293 K、1.013×10^5 Pa绝压下用水吸收空气中的SO_2。进口气体中含20%(摩尔分数)的SO_2，出口气体中含2%(摩尔分数)SO_2。空气进口流量为6.35×10^{-4} kmol/s，水的进口流量为4.20×10^{-2} kmol/s。塔的截面积为0.092 9 m²。对于25.4 mm(1英寸)环(W1)，293 K下低浓度SO_2的膜传质系数为，

$$k'_y a-0.059\,4G_y^{\,0.7}G_x^{\,0.25} \qquad k'_x a=0.152G_x^{\,0.82}$$

式中$k'_y a$单位为kmol/(s·m³)，$k'_x a$单位为kmol/(s·m³)，G_x和G_y分别为每平方米塔截面积的液体和气体的总流量。试计算塔高。

解：已给数据有$V'-6.53\times10^{-4}$ kmol/s(5.18 lb mol/h)，$L'=4.20\times10^{-2}$ kmol/s(333 lb mol/h)，$y_1=0.20$，$y_2=0.02$，$x_2=0$。代入总物料衡算式(10.6-4)，得

$$L'\left(\frac{x_2}{1-x_2}\right)+V'\left(\frac{y_1}{1-y_1}\right)=L'\left(\frac{x_1}{1-x_1}\right)+V'\left(\frac{y_2}{1-y_2}\right)$$

$$4.20\times10^{-2}\times\left(\frac{0}{1-0}\right)+6.53\times10^{-4}\times\left(\frac{0.2}{1-0.2}\right)=4.20\times10^{-2}\times\left(\frac{x_1}{1-x_1}\right)+6.53\times10^{-4}\times\left(\frac{0.02}{1-0.02}\right)$$

解得，$x_1=0.003\,55$。操作线方程(10.6-5)为

$$4.20\times10^{-2}\times\frac{x}{1-x}+6.53\times10^{-4}\times\frac{0.2}{1-0.2}=4.20\times10^{-2}\times\left(\frac{0.003\,55}{1-0.003\,55}\right)+6.53\times10^{-4}\left(\frac{y}{1-y}\right)$$

在上述操作线方程中设$y=0.04$，解得$x=0.000\,332$。选择其他的y值，解得x，表10.7-1列出了计算的操作线上的点，并与从附录A.3查出的平衡数据一起在图10.7-1中画出来。

由$V=V'/(1-y)$计算总摩尔流量V。当$y=0.20$时，$V=6.53\times10^{-4}/(1-0.2)=8.16\times10^{-4}$。计算的其他值，列于表10.7-1中。总质量流量$G_y$单位为kg/(s·m²)，它等于空气加上$SO_2$的质量流量除以塔截面：

$$G_y-\frac{6.53\times10^{-4}\times29\text{ kg 空气/s}+6.53\times10^{-4}\left(\frac{y}{1-y}\right)\times64.1\text{ kg }SO_2\text{/s}}{0.092\,9\text{ m}^2}$$

表 10.7-1 例 10.7-1 的计算数据

y	x	V	L	G_y	G_x	k'_ya	k'_xa	x_i	y_i	$1-y$	$(1-y)_{iM}$	$y-y_i$	$\dfrac{V}{\dfrac{k'_yaS}{(1-y)_{iM}}(1-y)(1-y_i)}$
0.02	0	6.66×10^{-4}	0.042 00	0.213 0	8.138	0.033 98	0.848	0.000 46	0.009 0	0.980	0.985	0.011 0	19.25
0.04	0.000 332	6.80×10^{-4}	0.042 01	0.222 6	8.147	0.035 04	0.849	0.001 03	0.023 5	0.960	0.968	0.016 5	12.77
0.07	0.000 855	7.02×10^{-4}	0.042 03	0.237 8	8.162	0.036 73	0.850	0.001 85	0.047 6	0.930	0.941	0.022 4	9.29
0.13	0.002 01	7.51×10^{-4}	0.042 08	0.271 2	8.196	0.040 32	0.853	0.003 55	0.101 5	0.870	0.885	0.018 5	7.16
0.20	0.003 55	8.16×10^{-4}	0.042 15	0.316 4	8.241	0.044 96	0.857	0.005 65	0.168 5	0.800	0.816	0.031 5	6.33

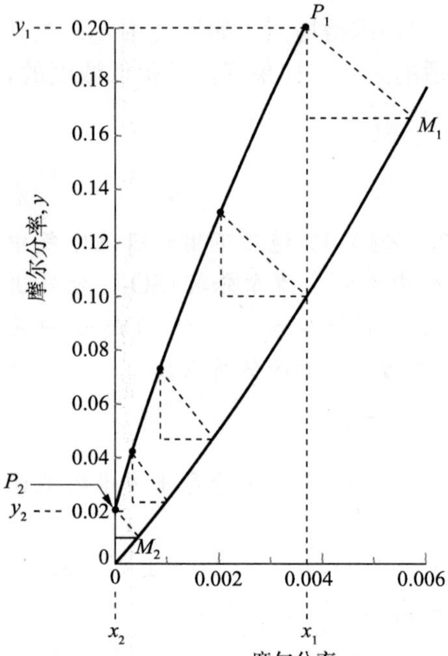

图 10.7-1 例 10.7-1 的操作线和界面组成

设 $y=0.20$，

$$G_y=\frac{6.53\times10^{-4}\times29+6.53\times10^{-4}\times\left(\dfrac{0.2}{1-0.2}\right)\times64.1}{0.092\ 9}$$

$$=0.316\ 4\ \text{kg/(s·m}^2)$$

同样，计算所有点的 G_y，并列于表 10.7-1 中。对于液体流量 $L=L'/(1-x)$。同样，液体总质量流速

$$G_x=\frac{4.20\times10^{-2}\times18+4.20\times10^{-2}\left(\dfrac{x}{1-x}\right)\times64.1}{0.092\ 9}$$

对于不同的 x 值计算相应的 L 和 G_x 并列于表 10.7-1中。

计算 k'_xa 的值，因为 $x=0, G_x=8.138$，所以

$$k'_xa=0.152G_x^{0.82}=0.152\times(8.138)^{0.82}$$
$$=0.848\ \text{kmol/(s·m}^3)$$

计算剩余的这些值并列于表 10.7-1 中。对于 k'_ya 的值，因为 $y=0.02, G_y=0.213\ 0, G_x=8.138$，所以

$$k'_ya=0.059\ 4G_y^{0.7}G_x^{0.25}=0.059\ 4\times(0.213\ 0)^{0.7}\times(8.138)^{0.25}=0.033\ 98\ \text{kmol/(s·m}^3)$$

计算的 k'_ya 的所有值被列于表 10.7-1 中。注意这些值在塔中变化很明显。

然后，必须由操作线上给出的 y 和 x 值来确定界面组成 y_i 和 x_i。对于点 $y_1=0.20$，$x_1=0.003\ 55$，我们做初步的估测 $(1-y)_{iM}\approx1-y\approx1-0.20\approx0.80$，$(1-x)_{iM}\approx1-x\approx1-0.003\ 55\approx0.996$。由式(10.6-33)得直线 P_1M_1 的斜率约为

$$\text{斜率}=-\frac{k'_xa/(1-x)_{iM}}{k'_ya/(1-y)_{iM}}=-\frac{0.857/0.996}{0.044\ 96/0.80}=-15.3$$

在图 10.7-1 中画出这条直线，$y_i=0.168\ 8, x_i=0.005\ 66$。用这些值通过式(10.4-6)和(10.4-7)作第二次试差，

$$(1-y)_{iM}=\frac{(1-0.168\ 8)-(1-0.20)}{\ln[(1-0.168\ 8)/(1-0.20)]}=0.816$$

$$(1-x)_{iM}=\frac{(1-0.00355)-(1-0.00566)}{\ln[(1-0.00355)/(1-0.00566)]}=0.995$$

由式(10.6-33)得到新的斜率为(-0.857/0.995)/(0.04496/0.816)=-15.6。画出这条直线，$y_i=0.1685$，$x_i=0.00565$。这就是图中的 M_1 点。重复进行计算直至点 y_2，x_2。式(10.6-33)的斜率在塔中增加显著，在塔顶为-24.6。表10.7-1给出了 y_i，x_i 的值。

为了对式(10.6-17)进行积分，所需的$(1-y)$，$(1-y)_{iM}$，$(y-y_i)$值列于表10.7-1中。则 $y=0.20$ 时，由式(10.7-1)计算 $f(y)$：

$$f(y)=\frac{V}{\frac{k'_y as}{(1-y)_{iM}}(1-y)(1-y_i)}=\frac{8.16\times10^{-4}}{\frac{0.04496\times0.0929}{0.816}\times0.800\times0.0315}=6.33$$

重复计算从 y_2 到 y_1 之间的其他 y 值所对应的 $f(y)$。然后，函数 $f(y)$ 用于数值积分式(10.6-17)，得出 $z=1.588$ m。

10.8 填料塔中传质系数的计算

10.8.1 实验确定膜系数

膜传质系数 $k'_y a$ 和 $k'_x a$ 一般与施密特数、气体和液体的质量流速、填料的大小和形状有关。这些因素之间的相互影响相当复杂。因此，传质系数的关联式基本上为经验式。这些关联式的可靠性不是很令人满意。偏差大于25%是不罕见的。因为它是实验测定的总系数或总阻力，在体系中代表了两个串联的膜阻力，这就是主要的困难。为了获得单相膜阻力，必须把实验安排成使其他阻力可以忽略或能近似计算出来。

为了测定液膜传质系数 $k'_x a$，应用难溶气体如水中 O_2 或 CO_2 物系的吸收或解吸。因为气相阻力可以忽略，所以实验给出的 $K'_x a$ 等于 $k'_x a$（它可计算 H_L）。

为了测定气膜系数 $k'_y a$，我们需要应用这样的物系，如溶质在液体中易溶和液膜阻力可以忽略的物系。绝大多数这样的体系，如 NH_3-空气-水，液相阻力约为10%。在式(10.4-24)中的总阻力中减去这个已知的液相阻力（用 O_2 或 CO_2 的吸收获得的 $k'_x a$ 数据可校正 NH_3 吸收的 $k'_x a$ 数据），我们可以得到系数 $k'_y a$ 或 H_G。这些物系的详细讨论见文献(G1，S1，S2)。

10.8.2 膜系数的关联式

实验系数的关联式能用 H_L 和 H_G 或 $k'_x a$ 和 $k'_y a$ 表达出来，这些数据用式(10.6-39)和(10.6-40)关联。对于第一代填料，例如拉西环和弧鞍填料，许多关联式都是有效的(T1)。但是，对于有更高传质系数和生产能力的填料，系数 H_L 和 H_G 的普遍可用的数据一般是没有的。这些新型填料现在应用更为普遍。

然而，作为一种可选择的方法用于比较这些不同类型和大小的新型乱堆填料性能，CO_2-空气-氢氧化钠溶液这个物系经常被使用(P2，S4)。在填料塔中用1.0 mol/L[4%(质)]氢氧化钠溶液在24 ℃(75 ℉)下吸收含1.0 mol CO_2的空气(E2，E3，P2，S4)。测定总系数 $K_G a$。

在这个物系中,受液膜控制但气膜阻力不可以忽略。NaOH 与 CO_2 在靠近界面处发生快速的化学反应,这在水膜中 CO_2 形成了很大的浓度梯度。因此,K_Ga 的值比在水中吸收 CO_2 的值更大。由于这个原因,这些实验值不会用于计算塔中其他物系的吸收。

但是,这些实验结果能用于各种填料性能的比较。为此,确定比值 f_p 为给定填料的 K_Ga 与 1.5 英寸拉西环填料在液体速度 G_x 为 5 000 $lb_m/(h\cdot ft^2)$(6.782 $kg/(s\cdot m^2)$),G_y 为 1 000 $lb_m/(h\cdot ft^2)$(1.356 $kg/(s\cdot m^2)$)条件下测定的 K_Ga 之比,这些值列在表 10.6-1 中。因为 CO_2 在 NaOH 溶液中的反应发生在相对静止的持液量和动态持液量中,所以 f_p 的值是总界面面积的相对比。在 G_y=500 $lb_m/(h\cdot ft^2)$ 而不是 1 000 $lb_m/(h\cdot ft^2)$(E3)时已经获得了一些 f_p 数据。Eckert 等(E2)表明 G_y 在 200～1 000 $lb_m/h\cdot ft^2$ 范围内对总系数 K_Ga 无影响。这是液膜阻力控制时所期望的(S1)。各研究者发表的 f_p 值在小于±10%的范围内一致。

10.8.3 计算传质膜系数

对于一个新填料预算性能 $H_L(H_x)$ 和 $H_G(H_y)$,f_p 的值能用于校准 1.5 英寸拉西环中氧气吸收或解吸的实验值 H_x 和 NH_3 吸收的 H_y 值。这些值也必须对施密特数、液体黏度和流速进行校正。

(1) 气膜系数 H_y。对于液膜阻力约为 10%时,由校正后的 NH_3 吸收数据已经发现,H_G 随 G_y 的 0.3 到 0.4 次方变化(S1,T1),G_y 值在约 700 $lb_m/(h\cdot ft^2)$(0.949 $kg/(s\cdot m^2)$)以内。指数取 0.35。对于液体流率 G_x 从 500 到 5 000 $lb_m/(h\cdot ft^2)$(0.678－6.782 $kg/(s\cdot m^2)$),H_y 随 $G_x^{-0.4}-G_x^{-0.6}$ 变化,取 $G_x^{-0.5}$。同样,已经发现 H_y 与气相 $N_{Sc}^{0.5}$ 成正比。G_x 为 5 000 $lb_m/(h\cdot ft^2)$(6.782 $kg/(s\cdot m^2)$),G_y 为 500 $lb_m/(h\cdot ft^2)$(0.678 $kg/(s\cdot m^2)$)的 NH_3 体系,经液膜阻力为 10%的校正,从关联式中可得到 1.5 英寸拉西环的 H_y 值为 0.74 ft(0.226 m)。采用 G_y 为 500 而不为 1 000,是因为 G_y 在这个范围对 f_p 没有影响。对于 NH_3 物系,25 ℃时 N_{Sc}=0.66。那么,由流速 G_x 和 G_y 采用国际单位制可估测新物系的填料的 H_G 值,

$$H_G=H_y=\left(\frac{0.226}{f_p}\right)\left(\frac{N_{Sc}}{0.660}\right)^{0.5}\left(\frac{G_x}{6.782}\right)^{-0.5}\left(\frac{G_y}{0.678}\right)^{0.35} \tag{10.8-1}$$

式中 f_p 为表 10.6-1 中给出的新填料的值,H_G 的单位为 m。

(2) 液膜系数 H_x。对于气体流速载点以下的流速或约为泛点速度的 50%时,G_y 对 H_x 的影响很小且可以忽略(S1)。由氧气解吸数据得,H_x 与 $N_{Sc}^{0.5}$ 成正比。25 ℃下,O_2 在水中 N_{Sc}=372,黏度 μ=0.893 7×10^{-3} $kg/(m\cdot s)$。不同填料的数据表明 H_x 正比于(G_x/μ)的 0.22～0.35 次方,取平均值$(G_x/\mu)^{0.3}$。G_x=5 000 $lb_m/(h\cdot ft^2)$时,通过氧气物系和 1.5 英寸拉西环的关联式(S1)可以得到 H_x=1.17 ft(0.357 m)。那么,由速度 G_x 和 G_y 采用国际单位制来计算新物系的填料的 H_x 值,

$$H_L=H_x=\left(\frac{0.357}{f_p}\right)\left(\frac{N_{Sc}}{0.660}\right)^{0.5}\left(\frac{G_x/\mu}{6.782/0.8937\times10^{-3}}\right)^{0.3} \tag{10.8-2}$$

这些方程可用于 G_y 小于 1 000 $lb_m/(h\cdot ft^2)$ 和 G_x 小于 5 000 $lb_m/(h\cdot ft^2)$,仍处于载点以下的情况。

例 10.8-1　CO_2吸收的膜系数的计算

303 K(30 ℃)、101.32 kPa 下，在 1.5 英寸金属鲍尔环的填料塔中，用低浓度水溶液从空气中吸收 CO_2，计算 H_G，H_L 和 H_{OL}。流速为 $G_x=4.069\ kg/(s\cdot m^2)(3\,000\ lb_m/(h\cdot ft^2))$，$G_y=0.542\,4\ kg/(s\cdot m^2)(400\ lb_m/(h\cdot ft^2))$。

解：从附录 A.3-18 查得，CO_2在 1 atm 下 $p_A=1.86\times10^3x_A$。因此，$y_A=p_A/1.0=1.86\times10^3x_A$(摩尔分率)。同样，从附录 A.3-3 查得，空气在 303 K 时 $\mu=1.866\times10^{-5}\ kg/(m\cdot s)$，密度 $\rho=1.166\ kg/m^3$。从表 6.2-1 中查得，276.2 K 下 CO_2的扩散系数为 $0.142\times10^{-4}\ m^2/s$。用式(6.2-45)把它校正到 303 K 下，$D_{AB}=0.142\times10^{-4}(303/276.2)^{1.75}=0.167\,0\times10^{-4}\ m^2/s$。所以：

$$N_{Sc}=\frac{\mu}{\rho D_{AB}}=\frac{1.866\times10^{-5}}{1.166\times0.167\,0\times10^{-4}}=0.958$$

从表 10.6-1 中得到 1.5 英寸鲍尔环与 1.5 英寸拉西环相比，传质系数相对比 $f_p=1.34$。代入式(10.8-1)中：

$$H_G=\frac{0.226}{1.34}\times\left(\frac{0.958}{0.660}\right)^{0.5}\times\left(\frac{4.069}{6.782}\right)^{-0.5}\times\left(\frac{0.542\,4}{0.678}\right)^{0.35}=0.242\,6\ m(0.796\ ft)$$

从附录 A.2-4 中得到，303 K 下水的黏度为 $0.800\,7\times10^{-3}\ kg/(m\cdot s)$，密度 $\rho=995.68\ kg/m^3$。298 K 下水的黏度为 $0.893\,7\times10^{-3}\ kg/(m\cdot s)$。

从表 6.3-1 中得到，25 ℃下水中 CO_2的扩散系数为 $2.00\times10^{-9}\ m^2/s$。用式(6.3-9)校正到 303 K 下，$D_{AB}=[0.893\,7\times10^{-3}/(0.800\,7\times10^{-3})](303/298)(2.00\times10^{-9})=2.270\times10^{-9}\ m^2/s$，则：

$$N_{Sc}=\frac{\mu}{\rho D_{AB}}=\frac{0.800\,7\times10^{-3}}{955.68\times2.270\times10^{-9}}-354.3$$

代入式(10.8-2)，得

$$H_L=\left(\frac{0.357}{f_p}\right)\times\left(\frac{N_{Sc}}{372}\right)^{0.5}\times\left[\frac{G_x/\mu}{6.782/(0.893\,7\times10^{-3})}\right]^{0.3}$$

$$H_L=\left(\frac{0.357}{1.34}\right)\times\left(\frac{354.3}{372}\right)^{0.5}\times\left[\frac{4.069/(0.800\,7\times10^{-3})}{6.782/(0.893\,7\times10^{-3})}\right]^{0.3}=0.230\,6\ m(0.759\ ft)$$

为了计算 H_{OL}的值，计算摩尔流速，对于低浓度空气 $V=G_y/M_W=0.542\,4/28.97=0.018\,72\ kmol/(s\cdot m^2)$，对于水，$L=G_x/M_W=4.069/18.0=0.226\,1\ kmol/(s\cdot m^2)$，代入式(10.6-58)，得

$$\begin{aligned}H_{OL}&=H_{ox}=H_L+(L/mV)H_G\\&=0.230\,6+[0.226\,1/(1.86\times10^3\times0.018\,72)]\times0.242\,6\\&=0.230\,6+0.001\,575=0.232\,2\ m\end{aligned}$$

气膜阻力百分比为 $0.001\,575\times100/0.232\,2=0.68\%$。这表明对于难溶气体，即使 H_G与 H_L 相近，但是很大的 m 值使气相阻力很小。因此，$H_{OL}\approx H_L$。对于像 NH_3这样的易溶气体，303 K 下 $m=1.20$，而 CO_2的 $m=1.86\times10^3$，气膜阻力百分比约为 90%(见习题 10.8-1)。对于 NH_3来说，不同的气体和液体的施密特数对结果影响非常小。

10.9 吸收过程中的热效应和温度变化

10.9.1 吸收过程中的热效应

当进口气体中含有较高浓度的溶质时,吸收塔中的温度从塔顶到塔底产生变化。液体吸收溶质产生了溶解热,它使液体温度升高。同样,如果发生溶剂蒸发到气相的过程,液体温度就被冷却。平衡线的曲率取决于溶质的吸收,相际的传热速率以及液体溶剂的蒸发或冷凝。

计算的温度分布在塔中可以有最大值。当气体进口温度明显低于溶剂出口温度或易挥发溶剂蒸发时,会发生这种情况。溶剂蒸发使塔底附近的液体冷却,出现一个最高温度。详细的、精确的热量和物料衡算方程需要考虑溶质的质量传递,溶剂的质量传递,气液间的热量传递以及焓衡算。Sherwood 等(S1),Stockar 和 Wilke(S7),以及 Treybal(T2)给出了方程和例子。注意,在实际塔中,经常采用中间冷却器来保持塔内等温。

10.9.2 简化的设计方法

当进塔的气体中含有溶剂蒸气或溶剂发生蒸发时,有时采用简化的绝热设计方法。在设计中也涉及溶质的溶解热。则可应用总焓衡算来计算出口液体温度。液体温度的升高能用于调整平衡线的曲率。首先,作总焓衡算时,它包括进出口气体温度的显热、溶质的溶解热、溶剂的蒸发热以及进口液体温度的显热和未知的出口温度的显热。那么,这个出口温度就可以得到了。

在低浓度下,塔顶进口液体的温度下的平衡线由已知的斜率可以画出来。接着,画出在较高的液体出口温度下的平衡线。则出口浓度 x_1 就在这条平衡线上。那么,假定一个线性液体温度分布,可以得到塔顶和塔底浓度中间的某浓度点 x 的温度。这个 x 值为新温度下平衡线上的点。可以画出最终的曲线平衡线,它通过低浓度的一端,按斜率画至中间点 x,再达到 x_1 点。在例 10.9－1 中阐述了这种方法。

例 10.9－1 变温吸收塔的热量衡算

20 ℃、1 atm 下含有 6.0%(mol)NH_3的空气(干气为基准)进入填料吸收塔。进塔的气体已被水蒸气饱和。吸收剂纯水的进口温度为 25 ℃。出口气体中含 0.5%(mol)NH_3(干基)。假定它被水蒸气饱和,出口温度为 25 ℃。加料 100 mol 干气体需用 190 mol 纯水吸收。1.0 mol NH_3在水中的溶解热为 $\Delta H=-8\ 310$ cal/mol (S1)。这个物系的平衡数据(P1)如下,这里 $y=mx$:

x \ t/℃ \ m	20	25	30	35	40
0.030 77	0.778	1.005	1.266	1.578①	1.924

① 内插的值。

解:对于进口气体 $y_1=0.06$,NH_3 的摩尔数$=0.06\times100=6.0$,空气的摩尔数$=0.94\times100=94.0$。对于出口气体,$y_2=0.005$,空气的摩尔数为 94.0,NH_3 的摩尔数$=$

0.94×[0.005/(1−0.005)]=0.472。总摩尔数为 94.472。吸收的 NH_3 的摩尔数=6.0−0.472=5.528。出口 x_1=(5.528)/(190+5.528)=0.028 3。由附录 A.2-9 查得，25 ℃时水的汽化潜热为(2 442.3 J/g)×(1/4.184 J/cal)×(18.02 g/mol)=10 519 cal/mol。20 ℃时水的蒸气压为 2.346 kPa，25 ℃时蒸气压为 3.169 kPa。

20 ℃时进口气体中水蒸气的摩尔数=100×2.346/(101.325−2.346)=2.370 mol。出口气体水蒸气摩尔数=94.472×3.169/(101.325−3.169)=3.050 mol。水蒸发的摩尔数=3.050−2.370=0.680 mol。

25 ℃下对氨和空气、水作焓衡算。对于空气，由附录 A.3-3 得，c_p=(1.004 8J/(g·K))(1/4.184 J/cal)×(28.972 g/mol)=6.957 cal/(mol·K)。对于水蒸气，由附录中的图 A.3-1 可得，c_p=8.0 cal/(mol·K)，对于 NH_3，c_p=8.58 cal/(mol·K)。20 ℃下进口气体的显热如下。对于空气，显热 q=94×6.957×(20−25)=−3 270 cal。对于水蒸气，q=2.370×8.0×(20−25)=−95 cal。对于气体 NH_3，q=6.00×8.58×(20−25)=−257 cal。总显热为−3 270−95−257=−3 622 cal。进口水蒸气相变热 q=2.370×10 519=24 930 cal。25 ℃下进口液体显热为 0。

25 ℃下出口气体显热为 0。水蒸气的汽化潜热=3.050×10 519=32 083 cal。NH_3 的吸收溶解热=5.528×(−8 310)=−45 938 cal。由附录 A.2-11，假定为低浓度液体水，c_p=(1.000 cal/g·K)×(18.02 g/mol)=18.02 cal/(mol·K)。出口液体总摩尔数=190+5.528−0.68=194.85。出口液体显热 q=194.85×18.02×(T_1−25)=3 511(T_1−25) cal，其中 T_1 为未知的出口温度℃。使进口热与出口热相等，

$$-3\,622+24\,930=0+32\,083-45\,938+3\,511(T_1-25)$$

解得，(T_1−25)=10.02 ℃，这是出口液体升高的温度。出口温度 T_1=35.02 ℃或 35 ℃。

在图 10.9-1 中画出了一条直线，因为该溶液为稀溶液。塔顶的 25 ℃时的平衡线的斜率 m=1.005。在塔底，35 ℃下出口 x_1=0.0283。35 ℃时的平衡线如图所示，点 x_1 在 35 ℃平衡线上，且处在塔内的平衡曲线上。假定的线性温度分布如图 10.9-1 所示。令 x=(0+

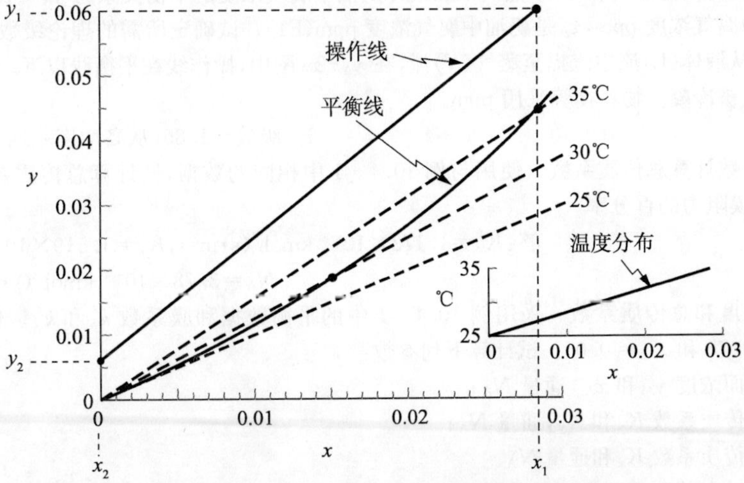

图 10.9-1　例 10.9-1 的操作线和平衡线

同时显示了计算得到的线性温度分布

0.028 3)/2=0.014 2,温度为(35+25)/2 即 30 ℃,点 $x_1=0.0142$ 在画出的 30 ℃的平衡线上。最后,平衡线从斜率为 1.005 的 25 ℃线开始,通过 30 ℃平衡线上的点 $x=0.0142$,和 35 ℃平衡线上的点 $x_1=0.0283$。由于平衡线为曲线,如前所述,由式(10.6-46)进行数值或图解积分就能得到总传质单元数 N_{Oy}。

习　题

10.2-1 相平衡和亨利定律常数。CO_2在空气中的分压为 1.33×10^4 Pa,总压为 1.133×10^5 Pa。气相与 303 K 的水溶液达到平衡。问溶液中 CO_2 的平衡浓度 x_A 值为多少?亨利定律常数见附录 A.3。

答:$x_A=7.07\times10^{-5}$(CO_2摩尔分率)

10.2-2 气体在水溶液中的溶解度。在 303 K 下,CO_2 水溶液的浓度为 0.90×10^{-4} kg CO_2/kg 水。使用附录 A.3 的亨利定律常数,为使水溶液中的 CO_2 不发生解吸,试计算气相中的 CO_2 分压应为多少?

答:$p_A=6.93\times10^3$ Pa(0.068 4 atm)

10.2-3 气液体系的相率。SO_2-空气-水物系的总压为 1 atm 绝压,气相中 SO_2 的分压为 0.20 atm。试计算物系的自由度数目 F。问哪些变量是独立的,因而可以任意设定?

10.3-1 气液体系的接触平衡级。在 2.026×10^5 Pa 总压下,一含有空气和 SO_2 的气体混合物进入单级平衡混合器与纯水在 293 K 下接触。进料气体中 SO_2 的分压为 1.52×10^4 Pa。进料气体总量为 5.70 kmol,水为 2.20 kmol。离开的气体和液体达到了平衡。试计算出口两相的组成和量。平衡数据见图 10.2-1。

答:$x_{A1}=0.00495$,$y_{A1}=0.0733$,$L_1=2.211$ kmol,$V_1=5.69$ kmol

10.3-2 多级逆流吸收塔。重复例 10.3-2,采用同样的条件,但作如下变化。使用纯水,进塔流量为 108 kmol H_2O/h,即比例 10.3-2 的 90 增加 20%。试图解确定所需的理论级数。再用 Kremser 公式重复进行解析计算。

10.3-3 用水蒸气汽提奶油中的腐气。逆流多级汽提塔用来除去奶油中的腐气。腐气存在于原料奶油中,浓度为 20 ppm。每单位时间加料的奶油为 100 kg,使用的水蒸气为 50 kg。期望将奶油中的腐气浓度降低至 1 ppm。水蒸气中和液体奶油中腐气浓度的平衡关系为 $y_A=10x_A$,其中 y_A是水蒸气中腐气浓度 ppm,x_A是奶油中腐气浓度 ppm(E1)。试确定所需的理论级数。[提示:这种情况下,从液体(L)流中汽提至蒸气(V)流,在 y_A-x_A图中,操作线在平衡线以下。假定汽提中没有水蒸气被冷凝。物料衡算采用 ppm。]

答:级数=1.85(从高浓度一端开始向下作梯级)

10.4-1 由膜系数计算总传质系数。使用与例 10.4-1 中相同的数据,试计算总传质系数 K'_x和 K_x,通量,气膜阻力的百分率。

答:$K'_x=1.173\times10^{-3}$ kmol/(s·m²),$K_x=1.519\times10^{-3}$ kmol/(s·m²),$N_A=3.78\times10^{-4}$ kmol/(s·m²),36.7%阻力

10.4-2 界面浓度和总传质系数。采用例 10.4-1 中的平衡数据和膜系数 k'_y和 k'_x。但使用主体浓度 $y_{AG}=0.25$ 和 $x_{AL}=0.05$。试计算下列参数:

(1) 界面浓度 y_{Ai}和 x_{Ai},通量 N_A;

(2) 总传质系数 K'_y和 K_y,通量 N_A;

(3) 总传质系数 K'_x和通量 N_A。

10.5-1 逆流水冷却塔。一强制通风的逆流水冷却塔用于冷却 43.3 ℃的水至 26.7 ℃。23.9 ℃的空气进入塔的底部,其湿球温度为 21.1 ℃。流动条件的 H_G的值为 $H_G=0.533$ m。液相传热阻力可忽略,即 h_L很大。因此,应使用 H_y^* 值。当采用空气用量为最小值的 1.5 倍时,试计算所需的塔高。

10.5-2　最小气体流量和水冷却塔的高度。要求将水从 100 ℉冷却至 85 ℉，在一填料水冷却塔中与空气逆流接触，进塔气体 85 ℉，其湿球温度为 75 ℉。水流量为 2 000 $lb_m/(h\cdot ft^2)$，空气流量为 1 400 lb_m空气$/(h\cdot ft^2)$。总传质系数为 $K_G a=6.90$ lb mol/(h·ft^3·atm)。

(1) 计算可用的最小气体流量；

(2) 计算采用气体流量 1 400 lb_m空气$/(h\cdot ft^2)$时所需的塔高。

答：(1) $G_{min}=935$ lb_m空气$/(h\cdot ft^2)$(4 241 kg 空气$/(h\cdot m^2)$)；(2) $z=21.8$ ft(6.64 m)

10.5-3　水冷却塔的设计。重复计算例 10.5-1，但是，计算最小气体流量，采用最小气体流量的 1.75 倍作为气体流量。

10.5-4　水冷却塔中空气条件变化的影响。对于例 10.5-1 中的水冷却塔，当进塔空气温度为 29.4 ℃，湿球温度为 26.7 ℃时，水温将冷却至多少℃？采用同样的气体和液体流率。进塔水温为 43.3 ℃，与前相同。(提示：在这种情况下，T_{L1}是未知的。塔的高度与例 10.5-1 的相同。操作线的斜率如前。试差求解。假定大于 29.4 ℃的 T_{L1} 值。作数值或图解积分，看得到的塔高是否相同。)

10.6-1　板式塔的吸收量。一板式塔含有相当于 3 块理论板，在 293 K 和 1.013×10^5 Pa 下用纯水来吸收空气中的 SO_2。进塔气体含有 20%(摩尔分率) SO_2，进塔空气流率为 150 kg 惰性空气$/(h\cdot m^2)$。进塔水流率为 6 000 kg$/(h\cdot m^2)$。计算出塔气体的组成。(提示：用试差求解。假定出口气体组成，比如 $y_1=0.01$。作操作线，确定所需的理论板数。如果这个数不是 3.0，假定另外的 y_1 值，继续计算。)

答：$y_1=0.009$

10.6-2　吸收塔板数的解析计算方法。采用第 10.6 节中的逆流级式接触过程解析方程计算例 10.6-3 所需的理论板数，取 $L'=1.3L'_{min}$。

10.6-3　板式塔中吸收氨。在 293 K 和 1.013×10^5 Pa 下，板式塔用来除去入塔空气流中的氨，进塔气体含氨 6%(摩尔分率)，回收率为 99%。进塔的纯水流率为 188 kg $H_2O/(h\cdot m^2)$，进塔的空气流率为 128 kg 空气$/(h\cdot m^2)$。试采用附录 A.3 的平衡数据，计算所需的理论板数。在塔的低浓度一端，作一个放大的图来更精确的作台阶求解理论板数。

答：$y_1=0.000\,639$(出口)，$x_N=0.026\,0$(出口)，3.8 理论板

10.6-4　填料塔中的最小液体流量。来自化学反应器的气体流含氨 25%(摩尔分率)，其余为惰性气体。在 303 K 和 1.013×10^5 Pa 压力下，进入吸收塔的总流率为 181.4 kmol/h，进塔的吸收液为含有 0.005 摩尔分率氨的水。出口气体浓度为含氨 2.0%(摩尔分率)。问最小液体流量 L'_{min}为多少？采用的液体流量为最小值的 1.5 倍，作平衡线和操作线。

答：$L'_{min}=262.6$ kmol/h

10.6-5　水蒸气汽提和板数。相对难挥发的碳氢化合物(油)中含 4.0%(摩尔分率)丙烷，在汽提板式塔中被过热水蒸气直接汽提，丙烷浓度降低至 0.2%(摩尔分率)。由内加热使温度保持在 422 K 恒定，塔内压力为 2.026×10^5 Pa。直接汽提水蒸气的总流量为 11.42 kmol，处理的入塔液体总量为 300 kmol。气液平衡可用 $y=25x$ 表示，其中 y 是水蒸气中的丙烷的摩尔分率，x 是油中的丙烷的摩尔分率。水蒸气可看作惰性气体，不会冷凝。作操作线和平衡线，确定所需的理论板数。

答：5.6 块理论板(从塔顶开始向下作梯级)

10.6-6　填料塔中氨的吸收。气体流中含氨 4.0%(摩尔分率)，在填料吸收塔中氨的浓度降低至 0.5%(摩尔分率)，塔内 293 K 和 1.013×10^5 Pa。入塔纯水流率为 68.0 kmol/h，入塔气体总流率为 57.8 kmol/h。塔径为 0.747 m。膜传质系数为 $k'_ya=0.073\,9$ kmol/(s·m^3)，$k'_xa=0.169$ kmol/(s·m^3)。试采用低浓度气体吸收的设计方法，作下列计算：

(1) 采用 k'_ya 计算塔高；

(2) 采用 K'_ya 计算塔高。

答：(1) $z=2.362$ m(7.75 ft)

10.6-7　用总传质系数计算塔高。重复例 10.6-4 的计算，采用液相传质总系数 K'_xa 计算塔高。

10.6-8 实验总传质系数。在一直径为0.254 m的塔内,在293 K和101.32 kPa下用清水吸收丙酮,获得下列实验数据。25.4 mm的拉西环堆积的填料层高度为4.88 m,$V'=3.30$ kmol空气/h,$y_1=0.010\ 53$丙酮摩尔分率,$y_2=0.000\ 72$,$L'=9.03$ kmol水/h,$x_1=0.003\ 63$丙酮摩尔分率。计算K_ya的实验值。

10.6-9 将传质系数换算成传质单元高度。在一个用25.4 mm的拉西环堆积的填料塔中,空气中低浓度的丙酮用水在80 ℉和1 atm压力下进行吸收,获得实验数据。惰性气体流率为95 lb_m空气/(h·ft^2),纯水流率为987 lb_m/(h·ft^2)。实验测得系数为$k_Ga=4.03$ lb mol/(h·ft^3·atm),$k_La=16.6$ lb mol/(h·ft^3·lb mol/·ft^3)①。平衡数据可用$c_A=1.37p_A$表示,其中c_A的单位为lb mol/ft^3,p_A的单位为atm,丙酮的分压。

(1) 计算分传质单元高度H_G和H_L;

(2) 计算H_{OG}。

答:$H_{OG}=0.957$ ft(0.292 m)

10.6-10 用传质单元计算塔高。重复例10.6-4,但采用传递单元和计算H_L,N_L和塔高。

10.6-11 H_{OG}的实验值。采用题10.6-8中给出的实验数据,计算传质单元数N_{OG}和实验值H_{OG}。

答:$H_{OG}=1.265$ m

10.6-12 压力降和塔直径。采用例10.6-1的同样条件,但作如下变化。气体加料速率2 000 lb_m/h,设计的比值$G_L/G_G=2.2$。采用60%泛点百分率气速和1英寸英特洛克斯填料,计算压力降,气体和液体的流率,塔直径。

答:$\Delta p=0.250$ in. H_2O/ft,$D=1.452$ ft (0.445 2 m)

10.6-13 吸收的最小液体用量。采用例10.6-3的数据,当液体用量为最小液体用量的1.3倍时,图解计算和解析求解理论板数。

答:$N=5.34$级(解析解)

10.6-14 实验的传递单元高度和解析方程。一个4.0 m高的填料塔用于吸收惰性气体中的乙醇,操作温度303 K、压力101.3 kPa、溶剂为90 kmol/h的纯水。进塔总气体流率为100 kmol/h,含乙醇2.0%(摩尔分率),出口浓度为0.20%(摩尔分率)。低浓度下,平衡关系为$y=mx=0.68x$。用解析方程计算理论板数N,传递单元数N_{OG},H_{OG}和HETP。

答:$H_{OG}=0.860$ m(2.823 ft),$N=4.016$块

10.7-1 液膜系数和SO_2塔的设计。使用例10.7-1的数据,按式(10.6-18)计算塔的高度,该式基于液膜传质系数k'_xa。[注意:界面值x_i已经获得。]

答:$z=1.586$ m

10.7-2 用总传质系数设计SO_2塔。用例10.7-1的数据,用总传质系数K'_ya计算塔高。[提示:用膜系数计算塔顶的和塔底的K'_ya。然后,用两者的算术平均值进行设计。从操作线和平衡线作图获得y^*值。对式(10.6-19)进行数值的或图解的积分,将K'_ya放在积分号外边。]

10.7-3 用传质单元计算填料塔高度。对于例10.7-1,用H_G和传递单元数N_G计算塔高。[提示:用式(10.6-39)计算塔顶和塔底的H_G。使用H_G的算术平均值。对式(10.6-35)进行数值的或图解的积分,计算传质单元数N_G。然后计算塔高。]

答:$H_G=0.203\ 6$ m(平均值)

10.7-4 用传递单元设计吸收塔。气体中的SO_2用纯水在303 K和1.013×10^5 Pa下进行吸收。进塔气体含有6.00%(摩尔分率)SO_2,出口含有0.3%(摩尔分率)SO_2。填料塔截面积为0.426 m^2。进塔气体流率为13.65 kmol惰性空气/h,进塔水的流率为984 kmol惰性水/h。传质系数为$H_L=0.436$ m、$k_Ga=6.06\times10^{-7}$ kmol/(s·m^3·Pa),并假定在全塔浓度范围内保持常数。使用附录A.3的平衡数据。用数值的或图解的积分,计算N_G。计算塔高。(注意:平衡线明显弯曲,尽管是低浓度吸收,仍需要数值的或图解的积分。)

---

① 原著误为lb mol/h·ft^3·lb mol/h·ft^3——译者注。

答：$N_G=8.47$ 传递单元，$z=1.311$ m

10.8-1　NH_3吸收的膜系数关联。使用与例 10.8-1 相同的物系和条件，但吸收的是 NH_3，而不是 CO_2。流率相同。计算 H_G，H_L，H_{OG}和液相阻力百分比。

答：$H_{OG}=0.2244$ m，液相阻力百分比＝9.4％

10.8-2　丙酮吸收膜系数的计算。试计算用水吸收空气中的低浓度丙酮的 H_G，H_L和 H_{OG}，采用 2 英寸英特洛克斯金属 IMTP 填料，温度 20 ℃，压力 1 atm 绝压。流率为 $G_x=3.391$ kg/(s·m^2)(2 500 lb$_m$/(h·ft^2))和 $G_y=0.678$ kg/(s·m^2)(500 lb$_m$/(h·ft^2))。使用附录 A.3-21 的平衡数据和表 6.3-1 中丙酮在水中的扩散系数。丙酮在 0 ℃和 1 atm空气中的扩散系数为 0.109×10^{-4} m^2/s (P1)。

答：$H_G=0.3416$ m，$H_{OG}=0.3921$ m

10.9-1　非等温吸收塔。使用与例 10.9-1 NH_3吸收相同的操作条件，但作下列变化。进塔气体温度为 15 ℃，它被水蒸气饱和。用数值的或图解的积分，计算出塔水温 T_1和总传质单元数 N_{Oy}。

答：$T_1=32.05$ ℃

参考文献

(B1)　BADGER, W. L., and BANCHERO, J. T. *Introduction to Chemical Engineering*. New York: McGraw-Hill Book Company, 1955.

(B2)　*Bubble Tray Design Manual*. American Institute of Chemical Engineers, New York, 1958.

(E1)　EARLE, R. L. *Unit Operations in Food Processing*. Oxford: Pergamon Press, Inc., 1966.

(E2)　ECKERT, J. S., FOOTE, E. H., and HUNTINGTON, R. L. *Chem. Eng. Progr.*, **54**(1), 70 (1958).

(E3)　ECKERT J. S., FOOTE, E. H., ROLLISON, L. R., and WALTER, L. F. *Ind. Eng. Chem.*, **59** (2), 41(1967).

(F1)　FAIR, J. R., and BRAVO, J. L. *Chem. Eng. Progr.*, **86**(Jan.), 19(1990).

(G1)　GEANKOPLIS, C. J. *Mass Transport Phenomena*. Columbus, Ohio: Ohio State University Bookstores, 1972.

(K1)　KISTER, H. Z. *Distillation Design*. New York: McGraw-Hill Book Company, 1992.

(K2)　KISTER, H. Z., and GILL, D. R. *Chem. Eng. Progr.*, **87**(Feb.), 32(1991).

(L1)　LEVA, M. *Tower Packings and Packed Tower Design*, 2nd ed. Akron, Ohio: U. S. Stoneware, Inc., 1953.

(L2)　LUDWIG, E. E. *Applied Process Design for Chemical and Petroleum Plants*, Vol. 2, 3rd ed. Houston: Gulf Publishing Company, 1997.

(M1)　MICKLEY, H. S., SHERWOOD, T K., and REED, C. E. *Applied Mathematics in Chemical Engineering*, 2nd ed. New York: McGraw-Hill Book Company, 1957.

(M2)　MICKLEY, H. S. *Chem. Eng. Progr.*, **45**, 739(1949).

(P1)　PERRY, R. H., and GREEN, D. *Perry's Chemical Engineers' Handbook*, 6th ed. New York: McGraw-Hill Book Company, 1984.

(P2)　PERRY, R. H., and GREEN, D. *Perry's Chemical Engineers' Handbook*, 7th ed. New York: McGraw-Hill Book Company, 1997.

(S1)　SHERWOOD, T. K., PIGFORD, R. L., and WILKIE, C. R. *Mass Transfer*. New York: McGraw-Hill Book Company, 1975.

(S2)　SHULMAN, H. L., and coworkers. *A. I. Ch. E. J.*, **1**, 274(1955); **9**, 479(1963).

(S3) SHERWOOD, T. K., and HOLLOWAY, F. A. L. *Trans. A. I. Ch. E.*, **30**, 39(1940).
(S4) STRIGLE, R. F., JR. *Packed Tower Design and Applications: Random and Structured Packings*, 2nd ed. Houston: Gulf Publishing Company, 1994.
(S5) SCHWEITZER, P. A. *Handbook of Separation Techniques for Chemical Engineers*. New York: McGraw-Hill Book Company, 1997.
(S6) SEADER, J. D., and HENLEY, E. J. *Separation Process Principles*. New York: John Wiley & Sons, Inc., 1998.
(S7) STOCKAR, U., and WILKE, C. R. *Ind. Eng. Chem. Fund.*, **16**(1), 88, 94(1977).
(T1) TREYBAL, R. E. *Mass Transfer Operations*, 3rd ed. New York: McGraw-Hill Book Company, 1980.
(T2) TREYBAL, R. E. *Mass Transfer Operations*. New York: McGraw-Hill Book Company, 1955.
(T3) TREYBAL, R. E. *Liquid Extraction*, 2nd ed. New York: McGraw-Hill Book Company, 1963.
(W1) WHITNEY, R. P., and VIVIAN, J. E. *Chem. Eng. Progr.*, **45**, 323(1949).

第 11 章　汽-液分离过程

11.1　汽液平衡

11.1.1　相律和拉乌尔定律

与气液系统相同，汽液系统的平衡也受相律(式 10.2－1)的约束。氨-水物系就是一个我们常用的汽液系统的例子。对于二元物系和两相共存，式(10.2－1)中的自由度 F 等于 2。四个变量是温度、压力、汽相中氨的组成 y_A 和液相中氨的组成 x_A。当 y_A 或 x_A 确定时，水(B)的组成是确定的，因为 $y_A+y_B=1.0$ 和 $x_A+x_B=1.0$。当压力确定后，只能再定一个变量。如果我们设定液相组成 x_A，则温度和汽相组成 y_A 就自动确定了。

对于理想物系的汽液相平衡，可用拉乌尔定律，它定义为

$$p_A=p_A^S x_A \tag{11.1-1}$$

式中 p_A 是组分 A 在汽相中的分压，Pa(或 atm)；p_A^S 是纯组分 A 的饱和蒸气压，Pa(或 atm)；x_A 是组分 A 在液相中的摩尔分率。这个定律只适用于理想溶液，例如苯-甲苯物系、己烷-庚烷物系、甲醇-乙醇物系，这些物系通常各组分物质相互间非常类似。许多理想的或非理想的物系在低浓度下服从亨利定律。

11.1.2　沸点图和 $x-y$ 图

通常，A、B 二元混合物的汽液平衡关系可用沸点图表示，如图 11.1－1 所示，为 101.32 kPa总压下的苯(A)-甲苯(B)物系。上面的线是饱和蒸气线(露点线)，下面的线是饱和液体线(泡点线)。这两条线之间的区域是两相区。

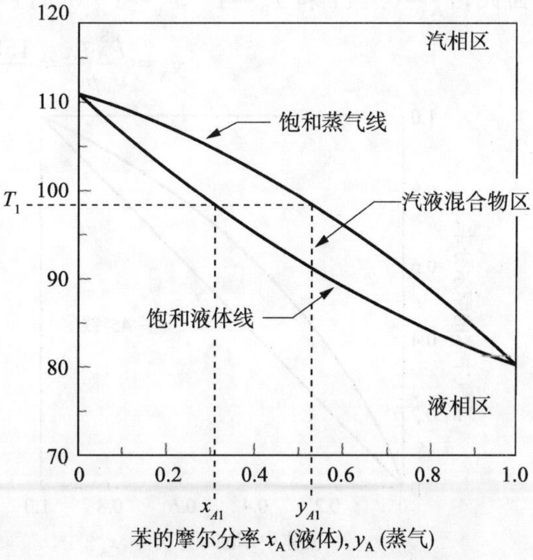

图 11.1－1　苯(A)-甲苯(B)物系在 101.325 kPa 总压下的沸点图

在图 11.1－1 中，如果我们将 $x_{A1}=0.318$ 的混合物从冷液开始加热，它将在 98 ℃(371.2 K)开始沸腾，最初形成的平衡汽相组成为 $y_{A1}=0.532$。若继续加热沸腾，由于组成 y_A 较富集组分 A，x_A 将向左移动。

苯-甲苯物系服从拉乌尔定律，所以沸点图可以由表 11.1－1 中纯物质的蒸气压数据用下列公式计算：

$$p_A + p_B = p \tag{11.1-2}$$

$$p_A^S x_A + p_B^S(1 - x_A) = p \tag{11.1-3}$$

$$y_A = \frac{p_A}{p} = \frac{p_A^S x_A}{p} \tag{11.1-4}$$

例 11.1-1 用拉乌尔定律计算沸点图

使用表 11.1-1 的蒸气压数据，计算 101.13 kPa 和 95 ℃(368.2 K)下苯-甲苯物系的汽液组成。

表 11.1-1 苯-甲苯物系的蒸气压和汽液平衡摩尔分率数据

蒸气压							
温度		苯		甲苯		101.325 kPa 下苯的摩尔分率	
K	℃	kPa	mmHg	kPa	mmHg	x_A	y_A
353.3	80.1	101.32	760			1.000	1.000
358.2	85	116.9	877	46.0	345	0.780	0.900
363.2	90	135.5	1 016	54.0	405	0.581	0.777
368.2	95	155.7	1 168	63.3	475	0.411	0.632
373.2	100	179.2	1 344	74.3	557	0.258	0.456
378.2	105	204.2	1 532	86.0	645	0.130	0.261
383.8	110.6	240.0	1 800	101.32	760	0	0

解：由表 11.1-1 可知在 95 ℃下苯-甲苯的 $p_A^S = 155.7$ kPa，$p_B^S = 63.3$ kPa。代入式(11.1-3)可得

$$155.7x_A + 63.3(1 - x_A) = 101.3 \text{ kPa } (760 \text{ mmHg})$$

因此，$x_A = 0.411$ 和 $x_B = 1 - x_A = 1 - 0.411 = 0.589$。代入式(11.1-4)，

$$y_A = \frac{p_A^S x_A}{p} = \frac{155.7 \times 0.411}{101.32} = 0.632$$

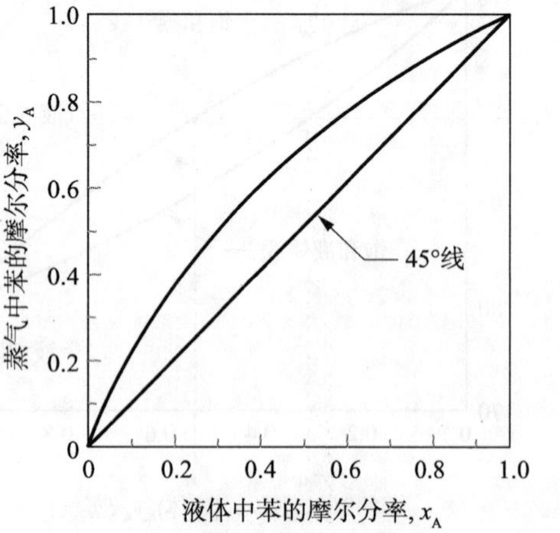

图 11.1-2 苯(A)-甲苯(B)物系在 101.3 kPa (1 atm)下的相平衡图

平衡数据的一般作图方法如图 11.1-2 所示，其中 y_A 对 x_A 作标绘，是苯-甲苯的数据。45°线表明，y_A 比 x_A 含 A 的浓度更高些。

典型的服从拉乌尔定律的理想物系如图 11.1-2 所示。非理想物系显然就不同。图 11.1-3(a)所示的沸点图具有最高恒沸点，对应于最高温度 T_{max} 的浓度组成为 x_{AZ}，而且该点 $y_{AZ} = x_{AZ}$。y_A 对 x_A 的标绘曲线将在这一点跨越 45°线。丙酮-氯仿就是这种物系的一个实例。图 11.1-3(b)中具有最低恒沸点，在 T_{min} 处 $y_{AZ} = x_{AZ}$。乙醇-水就是这样的一个物系。

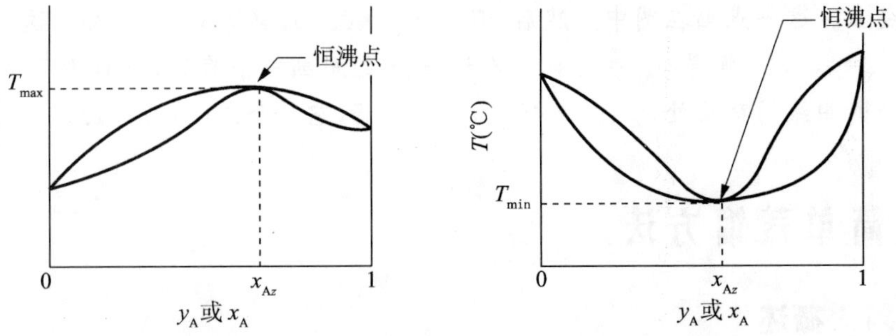

(a) 最高恒沸点　　(b) 最低恒沸点

图 11.1-3　相平衡沸点图

11.2　单级汽液平衡接触

如果考察一汽液系统，类似如图 10.3-1 所示，其中 V_2是蒸气；L_0是液体；两股流体进入单级平衡装置。这时，亨利定律不再适用，而须采用沸点图或 $x-y$ 相平衡图。由于只考虑A、B两组分，只需要用式(10.3-1)和式(10.3-2)作物料衡算。如果显热作用较小，两组分的汽化潜热相等，则 1 mol A 组分冷凝时就有 1 mol B 组分汽化。因此，离开的蒸气总摩尔流率 V_1将等于进入的蒸气总摩尔流率 V_2。同样，有摩尔流率 $L_1=L_0$。这种情况称为恒摩尔流。苯-甲苯物系就是一个例子。

例 11.2-1　汽液混合的平衡接触

在 101.3 kPa 下，一股 100 kmol 含苯 0.4(摩尔分率，下同)，含甲苯 0.6 的露点蒸气，与另一股 110 kmol 含苯 0.3、含甲苯 0.7 的泡点液体接触。两股流体进行单级接触，离开的两相流体达到相平衡。符合恒摩尔流假定。试计算确定离开的两相流体的量和组成。

解：过程的流程图与图 10.3-1 相同。给定的值为 $V_2=100$ kmol，$y_{A2}=0.40$，$L_0=110$ kmol，$x_{A0}=0.30$。由于恒摩尔流，$V_1=V_2$，$L_1=L_0$。代入式(10.3-2)作 A 组分的物料衡算，

$$L_0x_{A0}+V_2y_{A2}=L_1x_{A1}+V_1y_{A1} \qquad (10.3-2)$$

$$110\times0.30+100\times0.40=110x_{A1}+100y_{A1} \qquad (11.2-1)$$

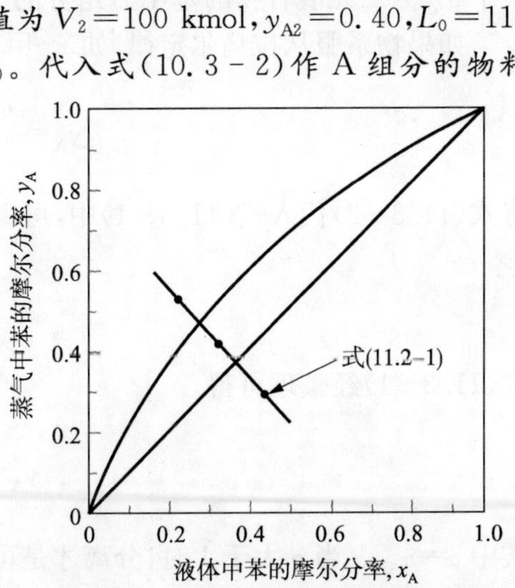

图 11.2-1　例 11.2-1 的解

为了求解式(11.2-1)，须使用图 11.1-1 所示的相平衡关系。由于 y_A 和 x_A 之间没有解析表达式，这个问题可以用试差法。

先假定 $x_{A1}=0.20$，代入式(11.2-1)解 y_{A1}，

$$110\times0.30+100\times0.40=110\times0.20+100y_{A1}$$

解得 $y_{A1}=0.51$。苯-甲苯的平衡关系画在图 11.2-1 中。显然，$y_{A1}=0.51$ 和 $x_{A1}=0.20$ 并不

处在平衡线上。这一点画在图中。然后,假定 $x_{A1}=0.40$,解得 $y_{A1}=0.29$。这一点也画在图中。假定 $x_{A1}=0.30$,解得 $y_{A1}=0.40$。在这三点之间画一条直线,它代表了式(11.2-1)。在此线与平衡曲线的交叉处,$y_{A1}=0.455$,$x_{A1}=0.25$,它符合式(11.2-1)。

11.3 简单蒸馏方法

11.3.1 概述

蒸馏这类分离过程是分离液体溶液各组分的一种方法,它依赖于各组分在汽液两相之间的分配。汽相由液体在沸点下汽化而形成,各个组分在两相中都出现。

由蒸馏分离各组分的基本要求是汽相组成与液相组成不同,而该汽相与沸点下的液相达到平衡。蒸馏涉及溶液的各个组分都明显挥发,例如,氨-水或甲醇-水溶液,两个组分都会在蒸气相中存在。在盐水溶液的蒸发中,盐水溶液被浓缩,因为水是汽化的而盐不汽化。吸收过程不同于蒸馏在于,吸收中的组分之一在液相中是可溶的。氨从空气中被水吸收就是一个例子,其中空气不溶解于水而氨溶解于水。

11.3.2 汽液系统的相对挥发度

在 A、B 二元混合物的相平衡图 11.1-2 中,平衡线与 45°线的距离越大,则汽相组成 y_A 与液相组成 x_A 的差别就越大,因而,分离就越容易。这一分离的数值表达就是相对挥发度 α_{AB},它被定义为汽相中 A 组分的浓度与液相中 A 组分的浓度之比除以汽相中 B 组分的浓度与液相中 B 组分的浓度之比:

$$\alpha_{AB}=\frac{y_A/x_A}{y_B/x_B}=\frac{y_A/x_A}{(1-y_A)/(1-x_A)} \tag{11.3-1}$$

式中 α_{AB} 为二元混合物的基于 B 组分的 A 组分相对挥发度。

如果物系服从拉乌尔定律,如苯-甲苯物系,

$$y_A=\frac{p_A^S x_A}{p} \qquad y_B=\frac{p_B^S x_B}{p} \tag{11.3-2}$$

将式(11.3-2)代入式(11.3-1)中,可得理想物系

$$\alpha_{AB}=\frac{p_A^S}{p_B^S} \tag{11.3-3}$$

式(11.3-1)经整理可得

$$y_A=\frac{\alpha x_A}{1+(\alpha-1)x_A} \tag{11.3-4}$$

式中 $\alpha=\alpha_{AB}$。当 α 大于 1 时,分离才是可能的。α 会随着浓度变化而变化。当二元物系服从拉乌尔定律时,在恒定总压下,相对挥发度在很大的浓度范围内通常只有很小的变化。

例 11.3-1　苯-甲苯物系的相对挥发度

使用表 11.1-1 的数据，计算苯-甲苯物系在 85 ℃(358.2 K)和 105 ℃(378.2 K)下的相对挥发度。

解：在 85 ℃下，根据物系服从拉乌尔定律，将数据代入式(11.3-3)：

$$\alpha=\frac{p_A^S}{p_B^S}=\frac{116.9}{46.0}=2.54$$

同样，在 105 ℃下：

$$\alpha=\frac{204.2}{86.0}=2.38$$

α 的偏差约为 7%。

11.3.3　平衡蒸馏或闪蒸

(1) 蒸馏方法概述。蒸馏可以用两种主要方法之一来进行。第一种蒸馏方法是将要分离的液体混合物在单级中沸腾产生蒸气，并回收和冷凝蒸气。不要求将液体回流与上升蒸气接触。第二种蒸馏方法是将冷凝液体部分回流到设备中。上升蒸气通过串联的多级装置或塔板，部分凝液向下流经这些串联的多级装置或塔板，与蒸气逆流接触。这第二种方法称为分馏、回流蒸馏或精馏。

蒸馏有三种重要的类型，它们进行于单级装置或釜中，不含回流。其中的第一种是平衡蒸馏或闪蒸，第二种是简单间歇蒸馏或微分蒸馏，第三种是简单水蒸气蒸馏。

(2) 平衡蒸馏或闪蒸。平衡蒸馏或闪蒸在单级装置中进行，液体混合物部分汽化。蒸气与液体可以达到相平衡，然后，气相与液相分开。它可以是间歇式的，也可以是连续式的。

图 11.3-1 所示为组分 A、B 二元混合物以 F(mol/h)的流率流经加热器，部分汽化。混合物达到相平衡，并被分开。F 的组成 A 的摩尔分率为 x_A。A 组成的物料衡算为

$$Fx_F=Vy+Lx \qquad (11.3-5)$$

由于 $L=F-V$，式(11.3-5)变成

$$Fx_F=Vy+(F-V)x \qquad (11.3-6)$$

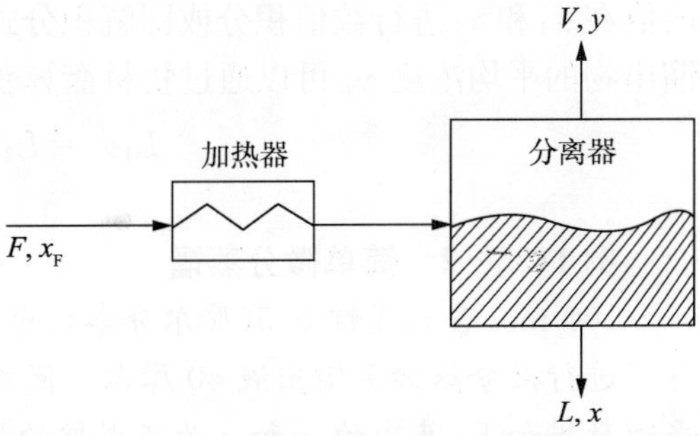

图 11.3-1　平衡蒸馏或闪蒸

通常，加料 F(mol/h)、蒸气量(mol/h)、液体量(mol/h)都是已知的或设定的。因此，式(11.3-6)中有两个未知数，x 和 y。求解式(11.3-6)所需要的另一个关系就是平衡线。一个使用方便的方法是将式(11.3-6)绘制在 $x-y$ 平衡图上。该式与平衡线的交点就是期望的解。这与例 11.2-1 类似，如图 11.2-1 所示。

11.3.4　简单间歇或微分蒸馏

在简单间歇或微分蒸馏中，液体先加入加热釜中。加入的液体被慢慢加热沸腾，蒸气在冷凝后马上回收，蒸气冷凝液(馏出液)被收集起来。蒸气冷凝下来的第一部分液体富集了较多的易挥发组分 A。随着汽化过程的进行，馏出物的 A 浓度逐渐降低。

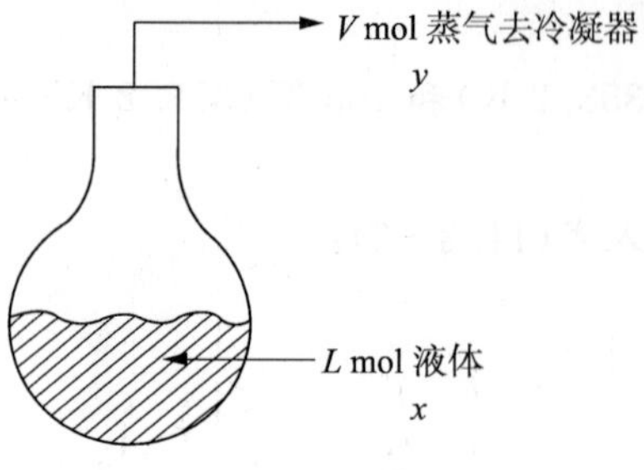

图 11.3-2 简单间歇或微分蒸馏

图 11.3-2 所示为一简单釜。通常，釜中的 A、B 总加入量为 L_1 mol，A 组分浓度为 x_1。在任何瞬间，釜中的总量为 L mol，A 组分浓度为 x，离开蒸馏釜的平衡蒸气浓度为 y，汽化的微分量为 dL。

蒸馏釜中的组成随时间而变化。在推导这一过程的方程中，我们假定微分量 dL 被汽化。液体的组成从 x 变化至 $x-\mathrm{d}x$，液体的量从 L 变化至 $L-\mathrm{d}L$。A 组分的物料衡算可以建立为：原先的量＝液相中留下的量＋蒸气中的量

$$xL=(x-\mathrm{d}x)(L-\mathrm{d}L)+y\mathrm{d}L \tag{11.3-7}$$

右边展开后

$$xL=xL-x\mathrm{d}L-L\mathrm{d}x+\mathrm{d}x\mathrm{d}L+y\mathrm{d}L \tag{11.3-8}$$

忽略 $\mathrm{d}x\mathrm{d}L$ 项，整理后得

$$\frac{\mathrm{d}L}{L}=\frac{\mathrm{d}x}{y-x} \tag{11.3-9}$$

积分

$$\int_{L_2}^{L_1}\frac{\mathrm{d}L}{L}=\ln\frac{L_1}{L_2}=\int_{x_2}^{x_1}\frac{\mathrm{d}x}{y-x} \tag{11.3-10}$$

其中 L_1 是原加料摩尔量，L_2 是釜中剩余摩尔量，x_1 是液体的起始浓度，x_2 是液体的终了浓度。

平衡曲线给出了 y 和 x 之间的关系。式(11.3-10)的积分可通过计算 $f(x)=1/(y-x)$ 的值在 x_1 和 x_2 进行数值积分或图解积分式(11.3-10)。式(11.3-10)称为 Rayleigh 方程。馏出物的平均浓度 y_{av} 可以通过物料衡算获得

$$L_1x_1=L_2x_2+(L_1-L_2)y_{av} \tag{11.3-11}$$

例 11.3-2 简单微分蒸馏

100 mol 含正戊烷 0.5(摩尔分率)、含正庚烷 0.5(摩尔分率)的混合物在 101.3 kPa 条件下进行微分蒸馏至馏出液 40 摩尔。问馏出液的平均浓度是多少？残留液的浓度为多少？平衡数据如下，其中的 x 和 y 为正戊烷的摩尔分率。

x	y	x	y	x	y
1.000	1.000	0.398	0.836	0.059	0.271
0.867	0.984	0.254	0.701	0	0
0.594	0.925	0.145	0.521		

解：式(11.3-10)中使用的给定值 $L_1=100$ mol，$x_1=0.50$，$L_2=60$ mol，V(馏出的)＝40 mol。代入式(11.3-10)得

$$\ln\frac{100}{60}=0.510=\int_{x_2}^{x_1=0.5}\frac{\mathrm{d}x}{y-x} \tag{11.3-12}$$

未知的是微分蒸馏终了液体 L_2 的浓度 x_2。为了用数值积分求解此题，将平衡值 y 对 x 进行

标绘，这样可以从该曲线上得到很小的 x 间隔下的 y 值，或者将平衡数据拟合成多项式。如 $x=0.594$ 时，平衡值 $y=0.925$，$f(x)=1/(y-x)=1/(0.925-0.594)=3.02$，其他的 $f(x)$ 值可以作类似的计算。

式(11.3-10)的数值积分从 $x_1=0.5$ 进行至 x_2，使式(11.3-12)在图 11.3-3 中的积分值$=0.510$。可得 $x_2=0.277$。代入式(11.3-11)，可求得 40 mol 馏出液的平均浓度

$$100\times0.50=60\times0.277+40y_{av}$$

$$y_{av}=0.835$$

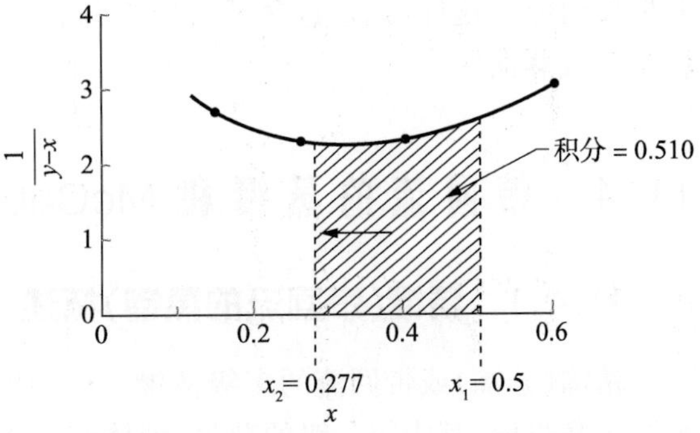

图 11.3-3　例 11.3-2 的数值积分

11.3.5　简单水蒸气蒸馏

在常压下高沸点液体难以用普通蒸馏方法获得纯物质，因为液体中的组分在所需的高温下会分解。通常，高沸点物质在水中基本上难以溶解，这样，可以在较低温度下用简单水蒸气蒸馏的方法获得分离。这一方法常用以从少量难挥发杂质中分离高沸点物质。

如果水(A)和不可混合的高沸点物质(B)如碳氢化合物的液层在 101.3 kPa 绝对压力下沸腾，那么根据相律式(10.2-1)，对于 3 相和 2 个组分有

$$F=2-3+2=1 \text{ 个自由度}$$

因此，当总压一定时，系统就确定了。由于存在两个液体相，每一相都在汽相中施加在主体温度下各自的蒸气压，而不受其他组分的压力的影响。当蒸气分压之和等于总压时，混合物沸腾

$$p_A^S+p_B^S=p \tag{11.3-13}$$

其中，p_A^S是纯水(A)的蒸气压，p_B^S是纯 B 的蒸气压。那么，汽相组成为

$$y_A=\frac{p_A^S}{p}\qquad y_B=\frac{p_B^S}{p} \tag{11.3-14}$$

只要存在两个液体相，混合物就会在同样的温度下沸腾，汽相组成也就一定。该温度可以由纯 A 和纯 B 的物质的饱和蒸气压曲线来确定。

在水蒸气蒸馏中，只要液态水存在，高沸点物质 B 可以在比正常沸点低的温度下汽化，而不需要抽真空。水(A)和高沸点物质(B)的蒸气通常在冷凝器中冷凝，形成两层不相混的液体。这种方法的缺点是要消耗大量热能，用以汽化高沸点物质的同时汽化水分。

汽化的 A 组分摩尔数与 B 组分摩尔数之比为

$$\frac{n_B}{n_A}=\frac{p_B^S}{p_A^S} \tag{11.3-15}$$

水蒸气蒸馏有时用于食品工业，从食用脂肪和食用油中除去挥发性的气味和物质。在许多场合，真空蒸馏代替水蒸气蒸馏用来净化高沸点物质，总压很低时，物系的蒸气压在相当低的温度下就达到了总压。

Van Winkle (V1)导出了水蒸气蒸馏的方程式,其中与高沸点物质一起存在着相当量的非挥发组分。这样,物系包含了三个组分。他也考虑了二元系的间歇、连续,以及多组分间歇水蒸气蒸馏。

11.4　带回流的蒸馏和 McCabe - Thiele 方法

11.4.1　精馏(带回流的蒸馏)概述

精馏(分馏)或带回流的多级蒸馏,从简化的角度看,考察一个过程,它由一系列闪蒸平衡级串联组成,其中每一级的蒸气、液体产物相互之间逆流流动。每一级的液体被导入至下一级,而蒸气向上流动至上一级。因此,进入每一级的蒸气流率 V 和液体流率进行混合,并达到相平衡,离开的蒸气流与液体流达到相平衡。这个过程的单级流程图如图 10.3 - 1 所示,例 11.2 - 1 为苯-甲苯混合物的一个实例。

多级逆流接触的过程如图 10.3 - 2 所示,物料衡算或操作线方程(10.3 - 13)已导出,它表示了逆流过程中在每一级上相互经过的蒸气和液体两相浓度的关系。在精馏塔中,精馏的各级都按垂直方向排列(比如筛板或其他塔板),如图 11.4 - 1 所示。

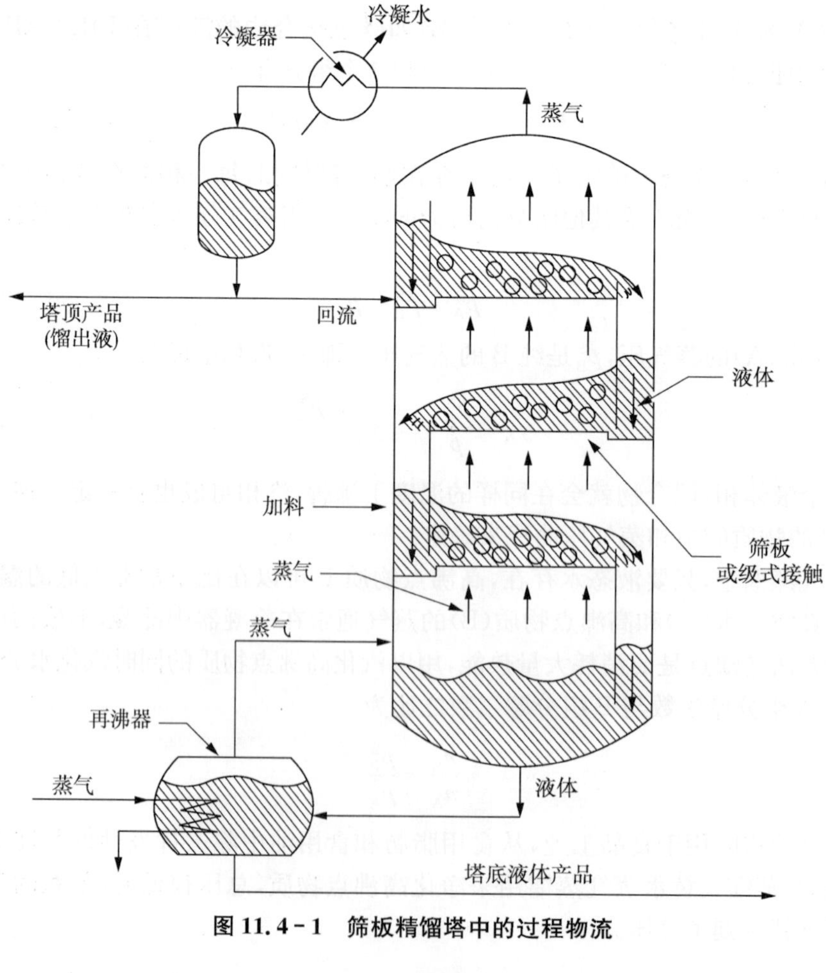

图 11.4 - 1　筛板精馏塔中的过程物流

图 11.4-1 中，加料进入塔的中部某处。如果加料是液体，它流到筛孔塔板(级)上，蒸气进入塔板，鼓泡通过板上的液体层，与液体错流流动。离开塔板的蒸气和液体基本上达到相平衡。蒸气继续向上进入上一块塔板或级，在那里与下来的液体再次接触。在这种情况下，随着逐级向上，汽相中的易挥发组分(低沸点组分 A)的浓度越来越富集；而液体随着逐级向下，其浓度就越来越低。最后，在塔顶出来的蒸气进入冷凝器冷凝，一部分冷凝液体作产品(馏出物)取走，它含有高浓度的 A 组分。从冷凝器出来的其余的冷凝液作回流液回到塔顶。

离开塔底底部板的液体进入再沸器，在再沸器中液体部分汽化，其余的液体含 A 少或含 B 多，被排出作为液体产品。来自再沸器的蒸气回到塔底部的塔板或级。在图 11.4-1 所示的塔中只画出了三块塔板。在大多数情况下，塔板数远远大于 3 块。在筛板上，蒸气进入孔道并鼓泡通过液体层，使蒸气和液体在塔板上充分接触。在理论板中，离开的汽液两相达到相平衡。再沸器可看作一个理论级或理论板。

11.4.2　计算理论级数的 McCabe-Thiele 方法

(1) 概述与假定。对于给定的 A、B 两组分的分离任务，一个确定理论板数或理论级数的数学图解方法是由 McCabe 和 Thiele 提出的。该方法使用了塔段的物料衡算，由此给出了与式(10.3-13)类似的操作线，以及使用了物系的 $x-y$ 相平衡曲线。

McCabe-Thiele 方法中所作的主要假定是全塔从塔顶至加料口、从加料至塔底的汽液两相流率为恒摩尔流。图 11.4-2 表示了液体、蒸气进入塔板，达到平衡，然后离开。由总物料衡算可得

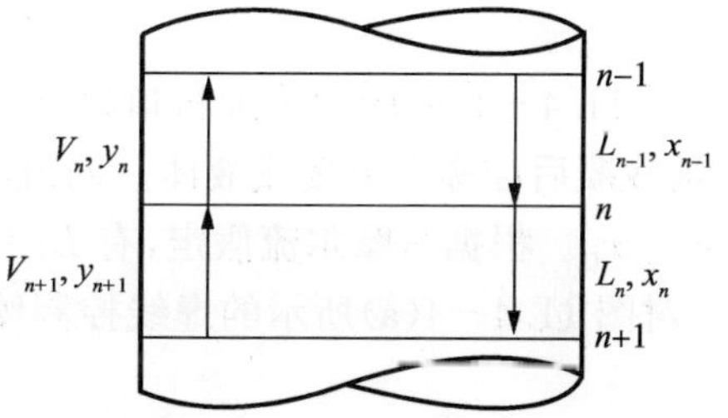

图 11.4-2　进入和离开塔板的蒸气和液体流股

$$V_{n+1}+L_{n-1}=V_n+L_n \qquad (11.4-1)$$

组分 A 的物料衡算为

$$V_{n+1}y_{n+1}+L_{n-1}x_{n-1}=V_n y_n+L_n x_n \qquad (11.4-2)$$

式中 V_{n+1} 为来自 $n+1$ 板的蒸气，mol/h；L_n 为来自 n 板的液体，mol/h；y_{n+1} 是 V_{n+1} 中 A 组分的摩尔分率；等等。组成 y_n 和 x_n 处于相平衡，n 板的温度为 T_n。如果将 T_n 作为基准，且溶解热可以忽略的话，通过热量衡算，可以计算出四股流体之间的显热差很小。

因此，只有物流 V_{n+1} 和 V_n 的汽化潜热是重要的。由于化学类似的化合物的摩尔汽化潜热大多数是相同的，所以 $V_{n+1}=V_n$，$L_n=L_{n-1}$。因而，精馏塔有恒摩尔流。

(2) 精馏段方程。图 11.4-3 中所示为连续精馏塔，在塔的中部某处引入加料，顶部引出馏出液产品，底部排出塔底产品。加料口以上的塔段称为精馏段，因为加料的 A、B 二元组分在该塔段内得到了精馏，塔顶馏出液含 A 比加料浓。塔处于定态条件下操作。

对图 11.4-3 所示的全塔进行物料衡算，可得进料量 F(mol/h)应该等于馏出量 D(mol/h)加塔釜产出量 W(mol/h)：

$$F=D+W \qquad (11.4-3)$$

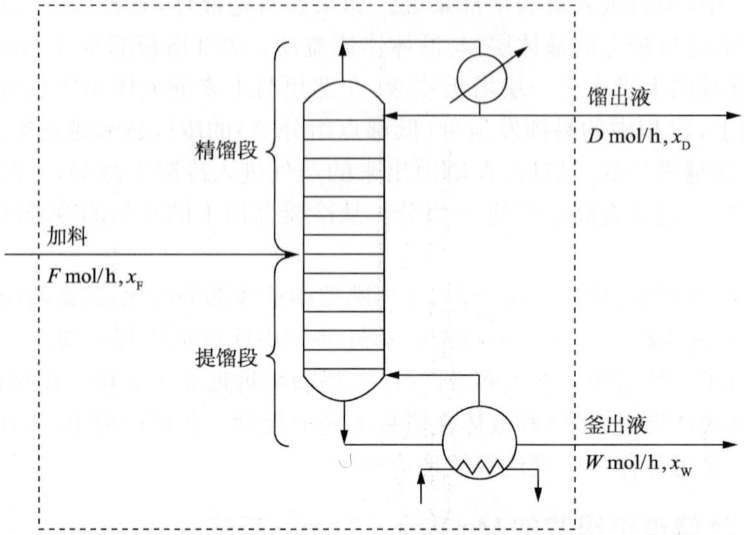

图 11.4-3　McCabe-Thiele 方法的塔段物料衡算

全塔 A 组分的物料衡算为

$$F x_F = D x_D + W x_W \tag{11.4-4}$$

图 11.4-4(a)所示为加料口以上的精馏段。塔顶出来的蒸气具有 y_1 的组成,进入冷凝器,被冷凝后在沸点下变成液体。回流液 L(mol/h)和馏出液 D(mol/h)具有同样的组成,所以 $y_1 = x_D$。根据恒摩尔流假定,有 $L_1 = L_2 = L_n$ 和 $V_1 = V_2 = V_n = V_{n+1}$。

对图 11.4-4(a)所示的虚线控制体进行总物料衡算,可得

$$V_{n+1} = L_n + D \tag{11.4-5}$$

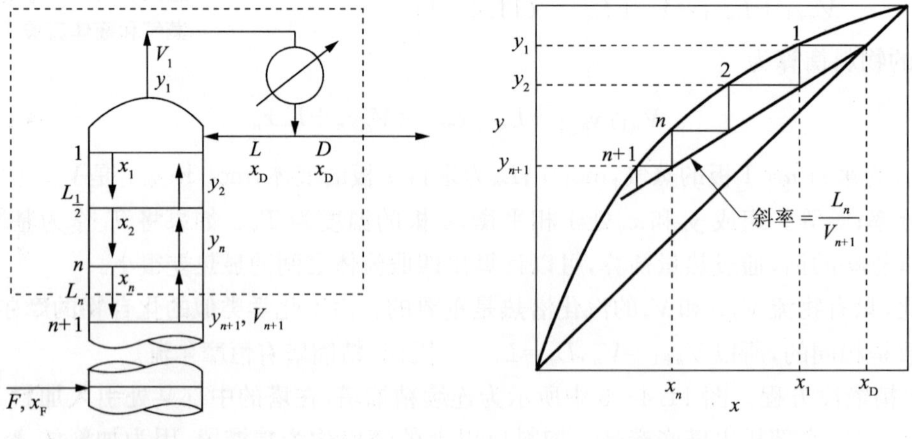

(a) 塔的图示　　(b) 操作线和平衡线

图 11.4-4　精馏段物料衡算和操作线

作 A 组分的物料衡算,可得

$$V_{n+1} y_{n+1} = L_n x_n + D x_D \tag{11.4-6}$$

解出 y_{n+1}，精馏段操作线为

$$y_{n+1}=\frac{L_n}{V_{n+1}}x_n+\frac{Dx_D}{V_{n+1}} \tag{11.4-7}$$

由于 $V_{n+1}=L_n+D, L_n/V_{n+1}=R/(R+1)$，式(11.4-7)变成

$$y_{n+1}=\frac{R}{R+1}x_n+\frac{x_D}{R+1} \tag{11.4-8}$$

式中 $R=L_n/D=$回流比$=$常数。式(11.4-7)为直线方程，表示了汽相组成 y 与液相组成 x 的关系。它表示了两股相互经过的流率的组成之间关系，绘于图 11.4-4(b)。斜率为 L_n/V_{n+1} 或 $R/(R+1)$，见式(11.4-8)。它在 $x=x_D$ 处与 $y=x$ 线(45°线)相交。操作线在 $x=0$ 处的截距为 $y=x_D/(R+1)$。

从 $x=x_D$ 开始作梯级，第一块板至 x_1 处，表示理论板浓度变化。y_2 是与液体 x_1 相互经过的蒸气的浓度。其他理论板可以按类似的方法在精馏段内向下作梯级，直至加料板。

(3) 提馏段方程。对图 11.4-5 中虚线所示的控制体作物料衡算，该塔段为加料口以下的提馏段，可得

$$V_{m+1}=L_m-W \tag{11.4-9}$$

对 A 组分作物料衡算，可得

$$V_{m+1}y_{m+1}=L_mx_m-Wx_W \tag{11.4-10}$$

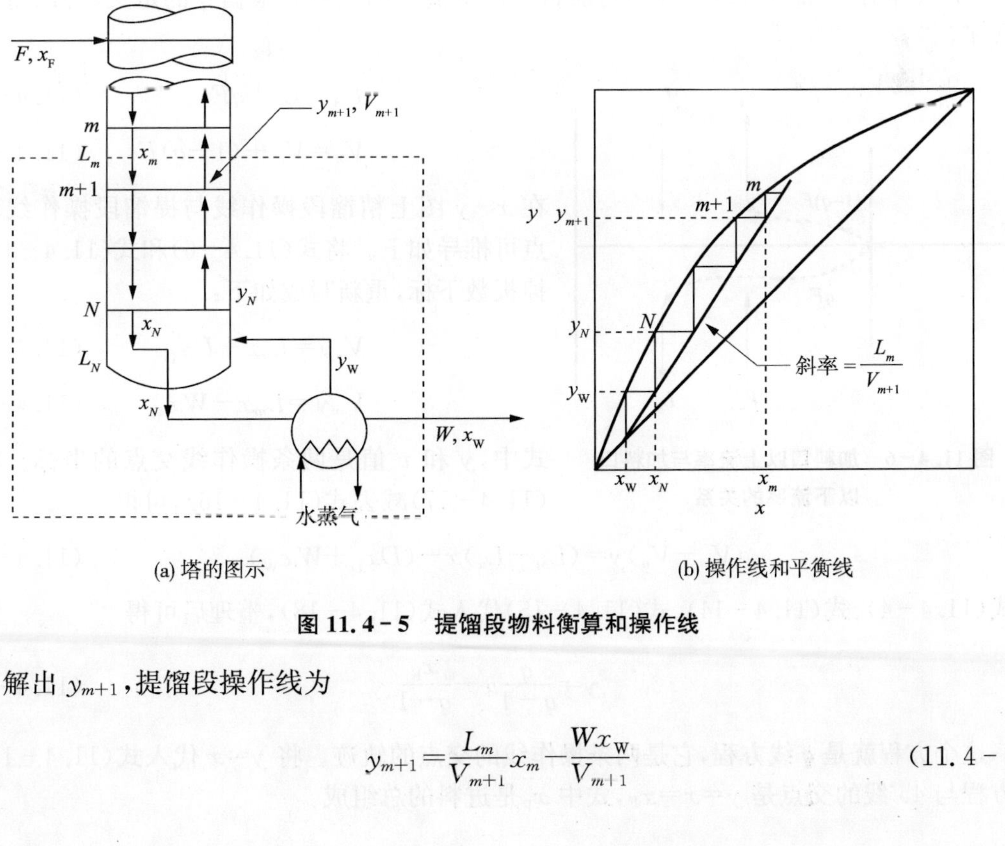

图 11.4-5　提馏段物料衡算和操作线

解出 y_{m+1}，提馏段操作线为

$$y_{m+1}=\frac{L_m}{V_{m+1}}x_m-\frac{Wx_W}{V_{m+1}} \tag{11.4-11}$$

由于恒摩尔流假定,$L_m = L_N =$ 常数,$V_{m+1} = V_N =$ 常数。式(11.4-11)为直线方程,表示了汽相组成 y 与液相组成 x 的关系,绘于图 11.4-5(b),斜率为 L_m/V_{m+1}。它在 $x = x_W$ 处与 $y = x$ 线相交。操作线在 $x=0$ 处的截距为 $y = -Wx_W/V_{m+1}$。

提馏段的理论级数的确定可以从 x_W 开始,先向上至 y_W,再与操作线相交,如此等等。

(4) 加料条件的影响。加料流股的条件决定了提馏段蒸气流量 V_m 与精馏段蒸气流量 V_n 的关系,也决定了提馏段液体流量 L_m 与精馏段液体流量 L_n 的关系。如果加料为部分液体、部分蒸气,蒸气流量加 V_m 而得到 V_n。

为方便起见,我们用变量 q 代表加料的条件,q 定义为

$$q = \frac{\text{在加料条件下 1 mol 进料加热至饱和蒸气所需的热量}}{\text{加料的摩尔汽化潜热}} \tag{11.4-12}$$

如果加料在沸点下进料,式(11.4-12)中的分子等于分母,$q=1.0$。式(11.4-12)可以用焓来表示:

$$q = \frac{H_V - H_F}{H_V - H_L} \tag{11.4-13}$$

式中 H_V 是加料在露点下的焓,H_L 是加料在沸点(泡点)下的焓,H_F 是加料在进料条件下的焓。如果加料在露点下进料,则 $q=0$。对于冷液进料,$q>1.0$;对于过热蒸气进料,$q<0$;对于部分液体和部分蒸气进料,q 就是液体所占的摩尔分率。

我们也可将 q 看作在加料进入塔之后,在加料板上每摩尔进料产生的饱和液体的量。图 11.4-6 表示了加料口以上流率与加料口以下流率的关系。根据 q 的定义,可以得到下列式子:

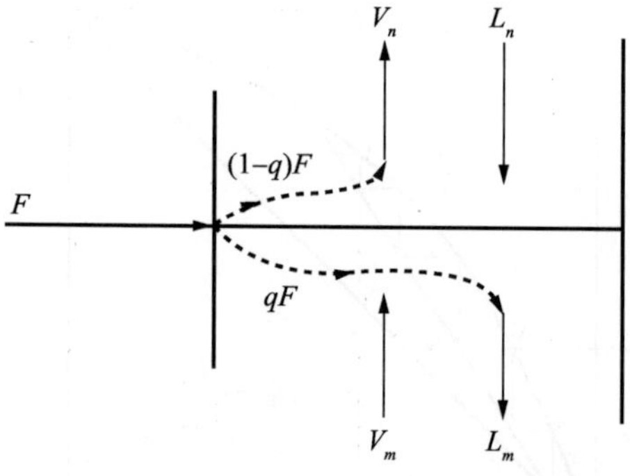

图 11.4-6 加料口以上流率与加料口以下流率的关系

$$L_m = L_n + qF \tag{11.4-14}$$

$$V_n = V_m + (1-q)F \tag{11.4-15}$$

在 $x-y$ 图上精馏段操作线与提馏段操作线的交点可推导如下。将式(11.4-6)和式(11.4-10)去掉板数下标,重新写成如下:

$$V_n y = L_n x + Dx_D \tag{11.4-16}$$

$$V_m y = L_m x - Wx_W \tag{11.4-17}$$

式中,y 和 x 值是两条操作线交点的坐标。将式(11.4-17)减去式(11.4-16),可得

$$(V_m - V_n)y = (L_m - L_n)x - (Dx_D + Wx_W) \tag{11.4-18}$$

将式(11.4-4)、式(11.4-14)、式(11.4-15)代入式(11.4-18),整理后可得

$$y = \frac{q}{q-1}x - \frac{x_F}{q-1} \tag{11.4-19}$$

这个方程就是 q 线方程,它是两条操作线的交点的轨迹。将 $y=x$ 代入式(11.4-19),q 线方程与 45°线的交点是 $y = x = x_F$,式中 x_F 是进料的总组成。

在图 11.4－7 中，对各种加料条件下的 q 线进行了标绘。q 线的斜率是 $q/(q-1)$。例如，对于沸点温度以下的液体进料，$q>1$，如图所示，斜率大于 1。部分液体和部分蒸气进料情况下的精馏段操作线和提馏段操作线绘在图上，两条操作线相交于 q 线上。一个确定提馏段操作线的简便的方法就是先画出精馏段操作线和 q 线，然后，由 q 线与精馏段操作线的交点和点 $y=x=x_W$ 之间画出提馏段操作线。

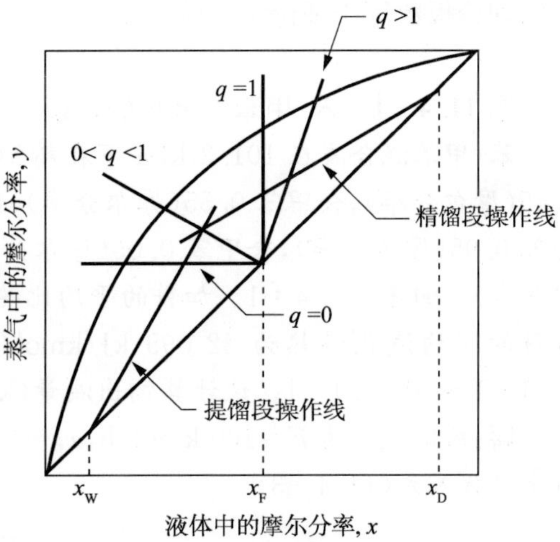

图 11.4－7　各种加料条件下的 q 线的位置

冷液进料($q>1$)，沸点进料($q=1$)，汽液混合物($0<q<1$)，饱和蒸气($q=0$)

(5) 一个塔的加料板位置和板数。为了确定一个塔所需的理论板数，将精馏段操作线和提馏段操作线，以及相交于 q 线画在图 11.4－8 中。从顶部的 x_D 开始，向下作梯级。第 2、第 3 块板可采用精馏段操作线作梯级，如图11.4－8(a)所示。第 4 块板采用提馏段操作线作梯级。总的所需理论级数约为 4.6，加料口位置在第 4 块板。

正确的方法是，换成在第 2 块板就用提馏段操作线作梯级，如图 11.4－8(b)所示。总的所需理论级数约为 3.7，加料口位置在第 2 块板。为了使理论板数最小，从采用精馏段操作线到换用提馏段操作线应当在刚跨越操作线交点之处进行。

在图 11.4－8(b)中，加料为部分液体和部分蒸气，$0<q<1$。因此，在第 2 块板加料，加料中的蒸气部分被分开，在第 2 块板下面加入，而液体部分从第 2 块板的上面加入。如果加料全部为液体，应该加在第 2 块板之上的那块板出口。如果加料全部为蒸气，应该加在第 2 块板之下，使蒸气与下面那块板的上升蒸气汇合。

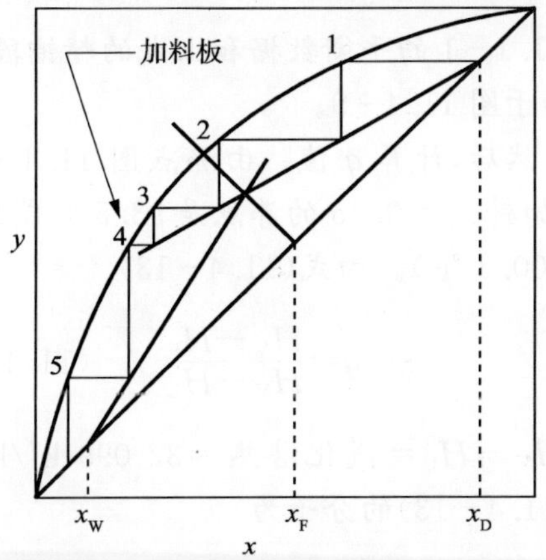

(a) 不适当的第 4 块板加料位置

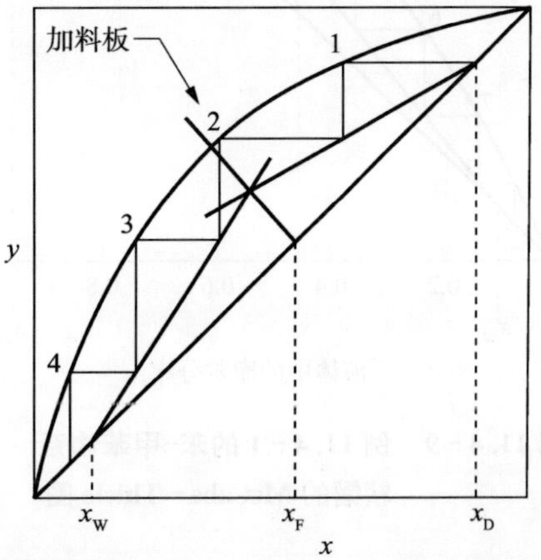

(b) 适当的第 2 块板加料位置，所需理论级数最小

图 11.4－8　梯级法求理论板数和加料板位置

由于再沸器可看作是一个理论级，当蒸气 y_W 与 x_W 相平衡时，如图 11.4－5(b)所示，塔

中的理论板数等于理论级数减去 1。

例 11.4-1　苯-甲苯混合物的精馏

苯-甲苯混合液在 101.3 kPa 下在精馏塔内进行精馏。加料为 100 kmol/h 液体，含苯 0.45(摩尔分率)，含甲苯 0.55(摩尔分率)，进料温度为 327.6 K(130 ℉)。要获得的馏出液含苯 0.95(摩尔分率)，含甲苯 0.05(摩尔分率)；釜液含苯 0.10(摩尔分率)，含甲苯 0.90(摩尔分率)。回流比为 4∶1。加料的平均比热容为 159 kJ/(kmol·K)(38 btu/(lb mol·℉))，加料的平均汽化潜热为 32 099 kJ/kmol(13 800 btu/lb mol)。该物系的平衡数据见表 11.1-1 和图 11.1-1。试计算馏出液量(kmol/h)、釜液量(kmol/h)和所需的理论板数。

解: 给定数据为 $F=100$ kmol/h，$x_F=0.45$，$x_D=0.95$，$x_W=0.10$，$R=L_n/D=4$。将总物料衡算代入式(11.4-3)

$$F=D+W \qquad (11.4-3)$$

$$100=D+W$$

代入式(11.4-4)，求解 D 和 W

$$Fx_F=Dx_D+Wx_W \qquad (11.4-4)$$

$$100\times 0.45=D\times 0.95+(100-D)\times 0.10$$

得　$D=41.2$ kmol/h　$W=58.8$ kmol/h

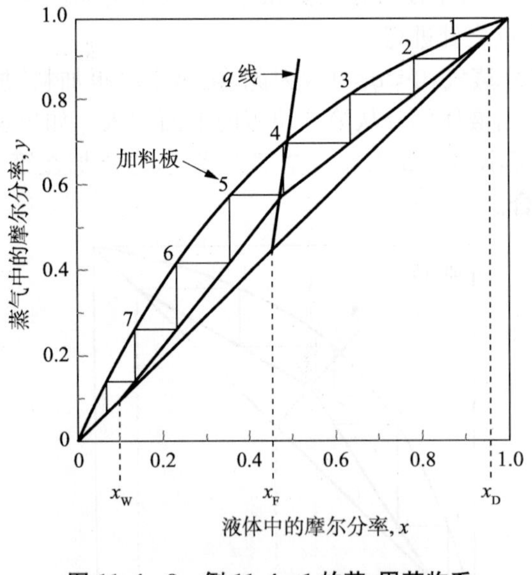

图 11.4-9　例 11.4-1 的苯-甲苯物系精馏的 McCabe-Thiele 图

采用式(11.4-8)可得精馏段操作线方程

$$y_{n+1}=\frac{R}{R+1}x_n+\frac{x_D}{R+1}$$

$$=\frac{4}{4+1}x_n+\frac{0.95}{4+1}$$

$$=0.800x_n+0.190$$

表 11.1-1 的平衡数据和上式的精馏段操作线绘于图 11.4-9。

然后，计算 q 值。由沸点图 11.1-1 可知，加料 $x_F=0.45$ 的沸点是 93.5 ℃或 266.7 K(200.3 ℉)。由式(11.4-13)

$$q=\frac{H_V-H_F}{H_V-H_L} \qquad (11.4-13)$$

值 H_V-H_L=汽化潜热=32 099 kJ/kmol。式(11.4-13)的分子为

$$H_V-H_F=(H_V-H_L)+(H_L-H_F) \qquad (11.4-20)$$

也可

$$H_L-H_F=c_{pL}(T_B-T_F) \qquad (11.4-21)$$

其中加料液的比热容 $c_{pL}=159$ kJ/kmol·K，$T_B=366.7$ K(加料的沸点)，$T_F=327.6$ K(加料的温度)。将式(11.4－20)和式(11.4－21)代入式(11.4－13)

$$q=\frac{(H_V-H_L)+c_{pL}(T_B-T_F)}{H_V-H_L} \tag{11.4-22}$$

将已知值代入式(11.4－22)，可得

$$q=\frac{32\,099+159\times(366.7-327.6)}{32\,099}=1.195 \quad (\text{SI 制})$$

$$q=\frac{13\,800+38\times(200.3-1.30)}{13\,800}=1.195 \quad (\text{英制})$$

由式(11.4－19)可得 q 线的斜率为

$$\frac{q}{q-1}=\frac{1.195}{1.195-1}=6.12$$

q 线绘于图 11.4－9 中，从点 $y=x_F=0.45$ 开始，斜率为 6.12。

提馏段操作线由点 $y=x=x_W=0.10$ 与 q 线同精馏段操作线的交点相连接获得。从点 $y=x=x_D$ 开始，按理论板向下作梯级，如图 11.4－9 所示。理论级数为 7.6，板数为 7.6 减去再沸器，即 6.6 块理论板。自顶向下第 5 块板进料。

11.4.3　McCabe－Thiele 方法的全回流和最小回流比

(1) 全回流。在 A、B 二元混合物的精馏中，加料条件、馏出液浓度、釜液浓度通常给定，计算理论板数。然而，所需的理论板数与操作线有关。为了固定操作线，必须在塔顶设定回流比 $R=L_n/D$。

回流比的极限值之一是全回流，即 $R=\infty$。因 $R=L_n/D$，由式(11.4－5)

$$V_{n+1}=L_n+D \tag{11.4-5}$$

可知 L_n 很大，汽相流量 V_n 也如此。这表明，精馏段操作线的斜率变成了 1.0，两段操作线完全与 45°对角线重合，如图 11.4－10 所示。

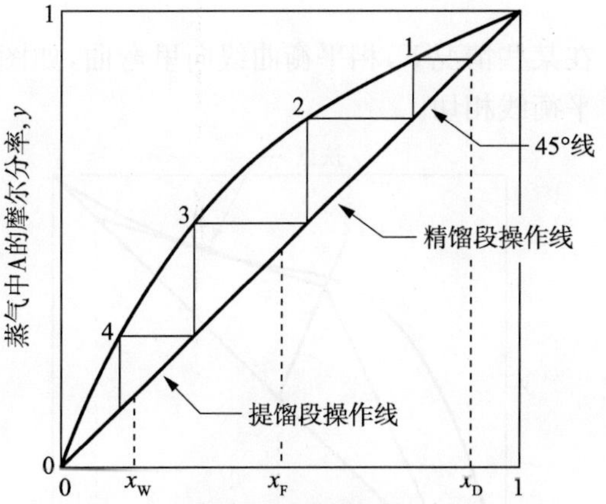

图 11.4－10　McCabe－Thiele 方法的全回流和最少理论板数

所需的理论板数的求取同前面一样，可从馏出液浓度至釜液浓度作梯级获得。这样得到的理论板数为指定分离任务下的最小理论板数。在实际应用中，可以将塔顶出来的蒸气 V_1 的凝液全部回入塔内来实现这一条件，即全回流。同样，下降至塔釜的液体全部被汽化。那么，塔顶馏出液流量和塔釜液流量都减少至零，塔的新鲜进料流量也只能为零。

全回流的这一条件也可理解为，在给定的进料流率下完成分离任务所需的冷凝器面积、再沸器面积、塔直径均为无穷大。

如果二元混合物的相对挥发度 α 接近于常数,芬斯克(Fenske)导出了下列数学表达式,它可用于计算全回流下的最少理论板数 N_m:

$$N_m=\frac{\lg\left(\frac{x_D}{1-x_D}\ \frac{1-x_W}{x_W}\right)}{\lg\ \alpha_{av}} \tag{11.4-23}$$

当 α 稍有变化时,$\alpha_{av}=(\alpha_1\alpha_W)^{1/2}$,其中 α_1 是塔顶蒸气的相对挥发度,α_W 是塔底液体的相对挥发度。

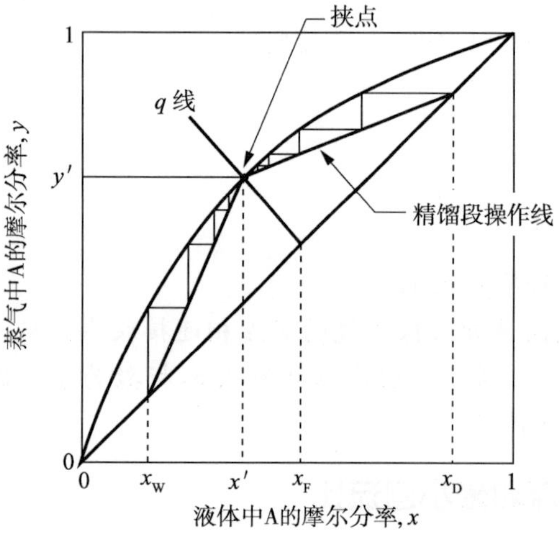

图 11.4-11　McCabe-Thiele 方法的最小回流比和无穷塔板数

(2) 最小回流比。最小回流比定义为对于指定的 x_D、x_W 分离任务所需的理论板数为无穷大时的回流比 R_m。这时,塔内的汽相流量为最小,因而,冷凝器面积、再沸器面积也为最小。这种情况如图 11.4-1 所示。如果 R 减小,精馏段操作线的斜率也减小,精馏段操作线与 q 线的交点也向离开 45°线的方向移动,离平衡线越来越近。其结果就是在指定的 x_D、x_W 下所需的理论板数增加。当两条操作线碰到平衡线时,在 y' 与 x' 处出现"挟点",该处所需的理论板数为无穷多。从图 11.4-11 可见,由于精馏段操作线通过点 x' 与 y' 和点 x_D ($y=x_D$),可导得精馏段操作线的斜率如下:

$$\frac{R_m}{R_m+1}=\frac{x_D-y'}{x_D-x'} \tag{11.4-24}$$

在某些情况下,相平衡曲线向里弯曲,如图 11.4-12 所示,在最小回流比条件下,操作线与平衡线相切。

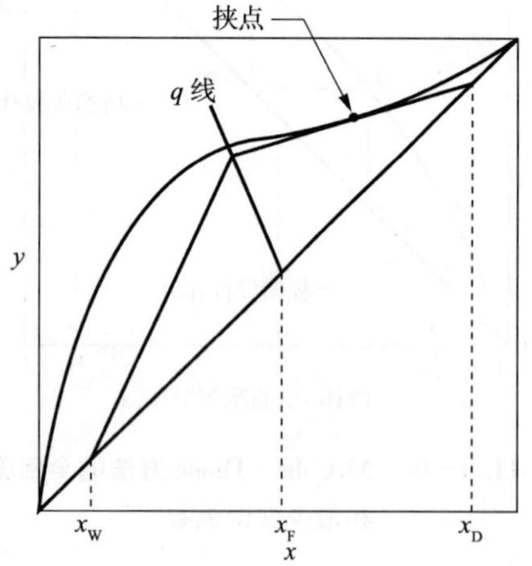

图 11.4-12　当操作线与平衡线相切时的最小回流比和无穷塔板数

(3) 操作的和优化的最小回流比。在全回流条件下,所需理论板数最少,但塔直径为无穷大。与此相应,塔的设备费用、加热蒸汽和冷却水费用都为无穷大。这是塔操作的一个极限。在最小回流比条件下,所需理论板数为无穷大,这也使设备费用无穷大。这些是塔的操作的两个极限。

实际操作使用的回流比处于这两个极限之间。为了选择 R 的合适值,需要对塔的设备费用和操作费用进行全面经济核算。使用的优化回流比使每年的总费用最低,它处于最小回流比 R_m 和全回流之间。许多情况表明,这一优化操作回流比在 $1.2R_m$ 与 $1.5R_m$ 之间。

例 11.4－2　精馏中的最小回流比和全回流

例 11.4－1 中的精馏过程，苯-甲苯进料被分离成馏出液组成 $x_D=0.95$，釜液组成 $x_W=0.10$，试求：

(1) 最小回流比 R_m；

(2) 全回流下的最少理论板数。

解：(1) 平衡线作于图 11.4－13，根据 $x_F=0.45$ 画出 q 线。用与例 11.4－1 相同的 x_D、x_W，最小回流比下的精馏段操作线用虚线画出，它与平衡线的交点就是 q 线与平衡线的交点。读得 $x'=0.49$，$y'=0.702$ 值，将这些值代入式(11.4－24)，求解 R_m，

$$\frac{R_m}{R_m+1}=\frac{x_D-y'}{x_D-x'}=\frac{0.95-0.702}{0.95-0.49}$$

因此，最小回流比 $R_m=1.17$。

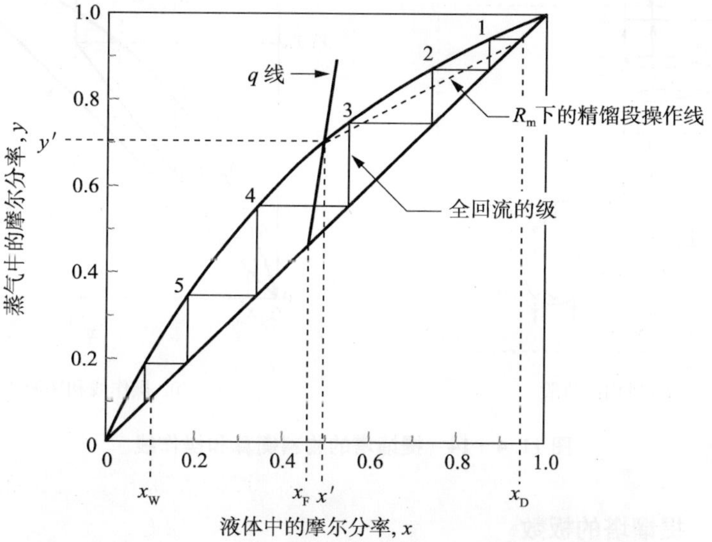

图 11.4－13　例 11.4－2 的最小回流比和全回流的图解

(2) 全回流时，求算理论级数如图 11.4－13 所示，最少理论级数为 5.8，即理论板数 4.8 加上再沸器。

11.4.4　用 McCabe-Thiele 方法计算精馏的特殊情况

(1) 提馏塔蒸馏。在某些情况下，要精馏分离的进料并不加在塔中部的某处，而是加在提馏塔的顶部，如图 11.4－14(a)所示。进料通常是处于沸点的饱和液体，顶部产物 V_D 为最上面一块板的上升蒸气，蒸气进入冷凝器而没有回流或液体回入塔内。

塔釜产品 W 中通常难挥发组分 B 的含量较高，因此，塔当作提馏塔来操作，利用上升蒸气将自塔顶下降的液体中的易挥发组分 A 除去。假定恒摩尔流成立，对图 11.4－14(a)中虚线所示的控制体作易挥发组分 A 的物料衡算，经整理可得

$$y_{m+1}=\frac{L_m}{V_{m+1}}x_m-\frac{Wx_W}{V_{m+1}} \tag{11.4－25}$$

这个提馏线方程与完全塔中的提馏线方程(11.4-11)一样。它与 $y=x$ 线在 $x=x_W$ 处相交,它的斜率为常数 L_m/V_{m+1}。

如果加料是饱和液体,则 $L_m=F$。如果加料是沸点温度以下的冷液,得使用 q 线,$q>1$:

$$L_m=qF \tag{11.4-26}$$

在图 11.4-14 中,绘出了提馏操作线方程(11.4-25),也绘出了 $q=1$ 时式(11.4-19)的 q 线。从 x_F 开始,向下作梯级。

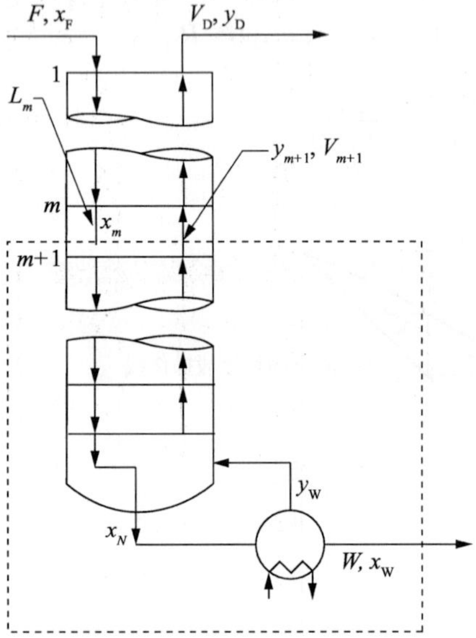

(a) 塔内的流股

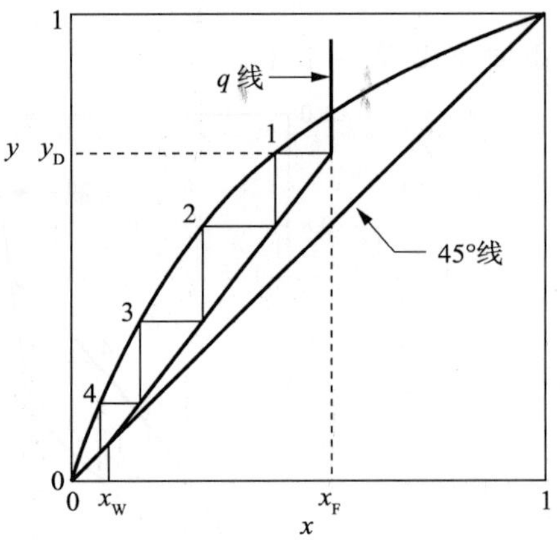

(b) 操作线和平衡线

图 11.4-14 提馏塔的物料衡算和操作线

例 11.4-3 提馏塔的板数

液体在沸点下加料 400 kmol/h,含苯(A)0.7(摩尔分率),含甲苯(B)0.3(摩尔分率),加入 101.3 kPa 的提馏塔。塔釜产品流率为 60 kmol/h,只含 A 0.1(摩尔分率),其余为 B。试计算塔顶蒸气量 (kmol/h)和组成,及所需要的理论板数。

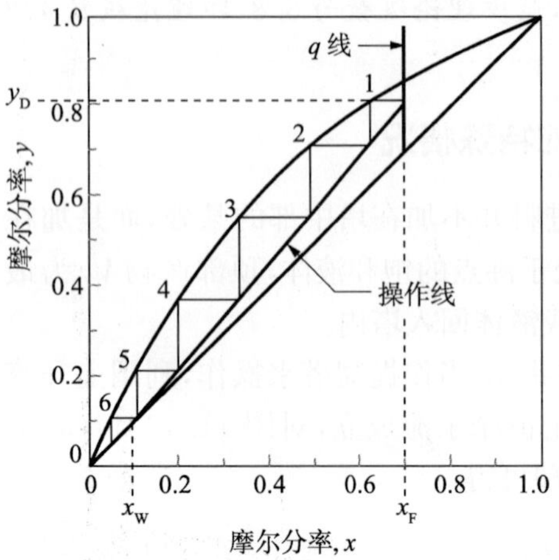

图 11.4-15 例 11.4-3 的提馏塔

解: 参考图 11.4-14(a),已知 $F=400$ kmol/h,$x_F=0.70$,$W=60$ kmol/h,$x_W=0.10$。表 11.1-1 的平衡数据绘于图 11.4-15。由总物料衡算可得

$$F=W+V_D$$

$$400=60+V_D$$

解得 $V_D=340$ kmol/h。对 A 组分作物料衡算,并求解

$$Fx_F=Wx_W+V_Dy_D$$

$$400\times0.70=60\times0.10+340y_D$$

$$y_D=0.806$$

对于饱和液体，q 线是垂直线，绘于图 11.4-15。操作线由点 $y=x_W=0.10$ 和 $y_D=0.806$ 与 q 线的交点绘出。或者，用式(11.4-25)绘出，斜率为 $L_m/V_{m+1}=400/340$。从顶部开始向下作梯级，需要 5.3 个理论级，即 4.3 个理论板加再沸器。

(2) 富集塔蒸馏。有时，也会用到富集塔，它的进料以蒸气形式从塔底加入。塔顶馏出液按与完全精馏塔相同的方式产出，它通常富集了易挥发组分 A。釜液的浓度通常与加料的组成相近，它的 A 组分浓度稍低一些。如果加料是饱和蒸气，塔内的蒸气流率 $V_n=F$。操作线仍与式(11.4-7)相同，q 线也与式(11.4-19)相同。

(3) 直接水蒸气加热的精馏。通常，精馏塔的加热在换热器(再沸器)的一侧进行，水蒸气不会直接进入塔内与沸腾溶液接触，如图 11.4-5 所示。然而，当精馏的是易挥发组分 A 与水 B 组成的水溶液时，所需要的热量可以用水蒸气直接喷入塔釜的方式提供。这样，就不需要再沸换热器了。

水蒸气在塔釜中以小气泡的形式喷入，如图 11.4-16(a)所示。在获得充分接触的情况下，离开液体的蒸气与液体达到了相平衡。作总物料衡算和 A 组分物料衡算可得

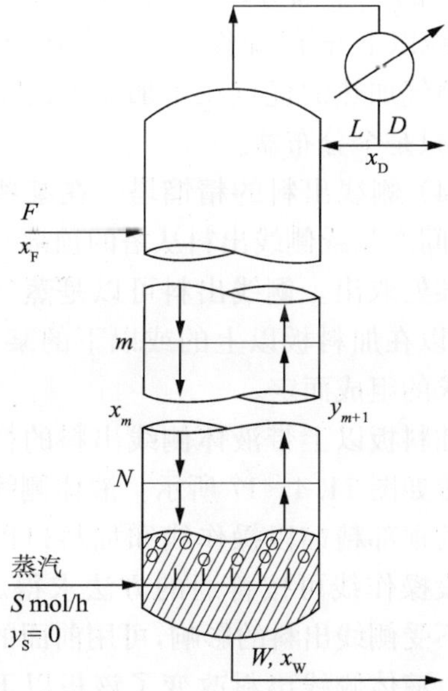

(a) 塔的示意图

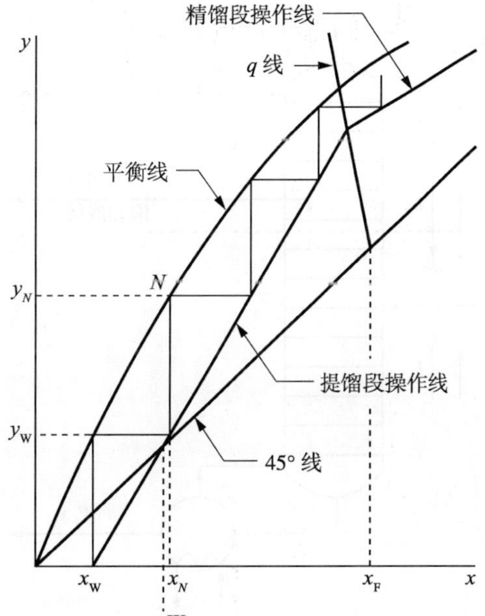

(b) 操作线和平衡线

图 11.4-16　使用直接蒸汽加热

$$F+S=D+W \tag{11.4-27}$$

$$Fx_F+Sy_S=Dx_D+Wx_W \tag{11.4-28}$$

其中 S 为水蒸气量(mol/h)；$y_S=0$ 为水蒸气中 A 组分的摩尔分率。精馏段操作线方程与间接蒸汽加热的塔一样。

对于提馏线方程,总物料衡算和 A 组分物料衡算如下:

$$L_m+S=V_{m+1}+W \tag{11.4-29}$$

$$L_m x_m+S(0)=V_{m+1}y_{m+1}+Wx_W \tag{11.4-30}$$

解出式(11.4-30)中的 y_{m+1}

$$y_{m+1}=\frac{L_m}{V_{m+1}}x_m-\frac{Wx_W}{V_{m+1}} \tag{11.4-31}$$

对于饱和水蒸气加热,有 $S=V_{m+1}$,因此,由式(11.4-29)可得 $L_m=W$。代入式(11.4-31),提馏段操作线为

$$y_{m+1}=\frac{W}{S}x_m-\frac{W}{S}x_W \tag{11.4-32}$$

当 $y=0$ 时,$x=x_W$。因此,提馏段操作线通过点 $y=0, x=x_W$,如图 11.4-16(b)所示,延伸至 x 轴。提馏段操作线也与 45°线相交,当式(11.4-32)中 $y=x$ 时,$x=Wx_W/(W-S)$。

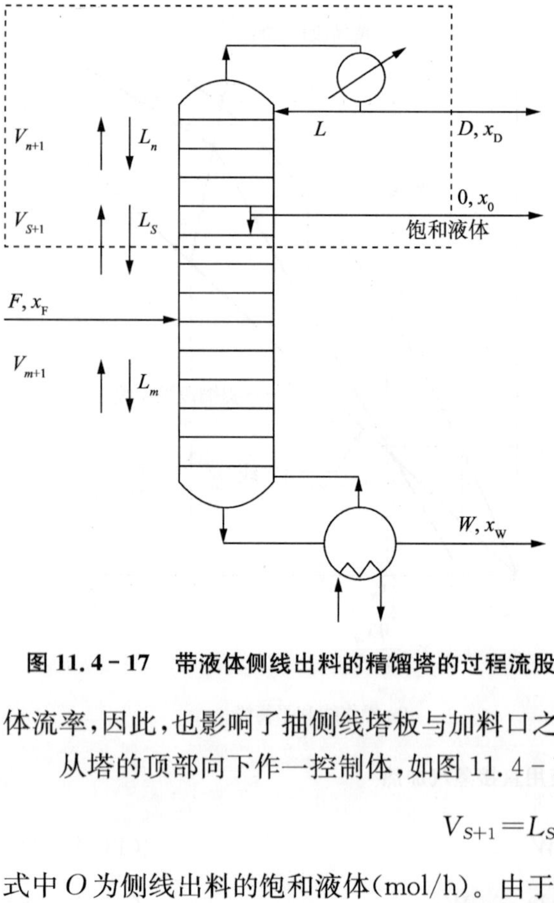

图 11.4-17　带液体侧线出料的精馏塔的过程流股

对于给定的回流比和塔顶馏出液组成,直接蒸汽加热比间接蒸汽加热所需理论级多额外的一小部分,因为塔釜的梯级要从 $y=x$ 线以下开始[见图 11.4-16(b)]。直接水蒸气加热的优点在于加热器的结构简单,它只是个分布器。

(4) 侧线出料的精馏塔。在某些情况下,中间产品或侧线出料从塔的顶部与塔釜之间某处取出。侧线出料可以是蒸气或液体,可以在加料板以上的或以下的某点,视所要求的组成而定。

加料板以上带液体侧线出料的精馏塔的流股如图 11.4-17 所示。液体侧线出料以上的顶部精馏段操作线和加料口以下的提馏段操作线可按普通的方法求得。q 线方程不受侧线出料的影响,可用前面的方法获得。液体侧线出料改变了该板以下的液体流率,因此,也影响了抽侧线塔板与加料口之间部分塔段的物料衡算和操作线。

从塔的顶部向下作一控制体,如图 11.4-17 中虚线所示,对它作总物料衡算

$$V_{S+1}=L_S+O+D \tag{11.4-33}$$

式中 O 为侧线出料的饱和液体(mol/h)。由于液体侧线出料是饱和的,故

$$L_n=L_S+O \tag{11.4-34}$$

$$V_{S+1}=V_{n+1} \tag{11.4-35}$$

对最易挥发的组分作物料衡算

$$V_{S+1}y_{S+1}=L_Sx_S+Ox_O+Dx_D \tag{11.4-36}$$

解出 y_{S+1}，从侧线抽料板至加料口塔段的操作线为

$$y_{S+1}=\frac{L_S}{V_{S+1}}x_S+\frac{Ox_O+Dx_D}{V_{S-1}} \tag{11.4-37}$$

该操作线的斜率是 L_S/V_{S+1}。如图 11.4-18 所示，该线落在 q 线上，q 线表示了提馏段操作线与式(11.4-37)的交点，该线或者可由侧线出料的组成 x_O来确定。McCabe-Thiele 图上实际塔的该级必定是在两条操作线的交点 x_O处。如果这点不出现，回流比会稍作变化，以改变这些级。

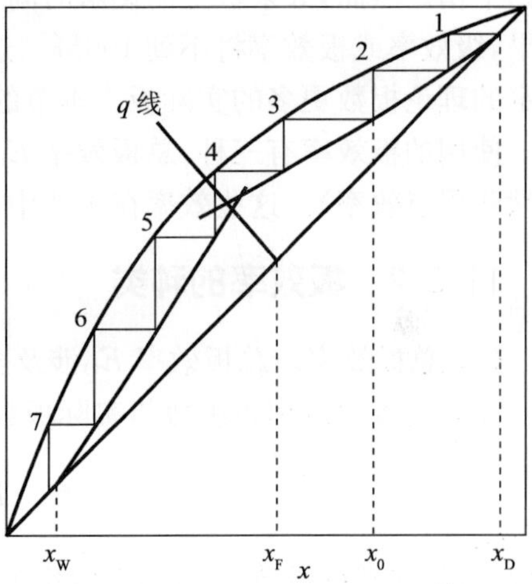

图 11.4-18　加料口以上带液体侧线出料精馏塔的 McCabe-Thiele 图

(5) 部分冷凝器。在少数情况下，希望获得的塔顶馏出物是蒸气而不是液体。这也可发生在当低沸点的馏出物完全冷凝有困难的情况。在部分冷凝器中的液体凝液作为回流返回到塔中，而蒸气移出作为产品，如图 11.4-19 所示。

如果蒸气与液体接触的时间足够的长，部分冷凝器相当于一个理论级。回流液体的组成 x_R 与蒸气的组成 y_D达到相平衡，这里 $y_D=x_D$。如果冷凝器的冷却非常快，蒸气与液体没有达到相平衡，仅仅得到部分的分离。

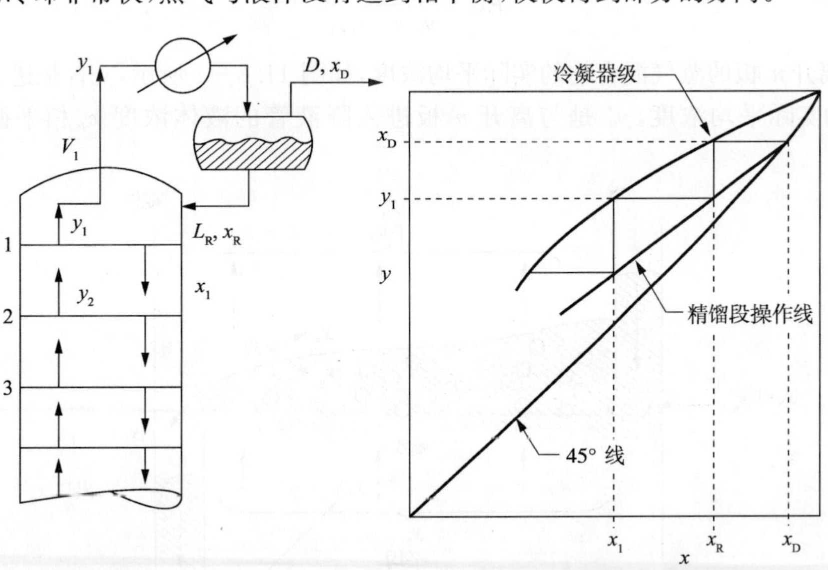

(a) 流程图　　　　(b) McCabe-Thiele图

图 11.4-19　部分冷凝器，离开的汽液两相达到相平衡

11.5 板式塔和填料塔的精馏和吸收效率

11.5.1 板效率

在先前的精馏塔的理论板或理论级的讨论中，我们假定离开板的蒸气与离开板的液体达到平衡。然而，如果板上的接触时间和混合程度不充分，两股流体就没有达到平衡。作为结果，级效率或板效率将不到100%。这表明，对于指定的分离任务，我们必须使用比计算所确定的理论板数更多的实际板。本节的讨论对于吸收和精馏的板式塔都适用。

使用的板效率有三种：总板效率 E_O、默弗里板效率 E_M、点效率或局部效率 E_{MP}(有时称为默弗里点效率)。这些效率在工业中被应用。

11.5.2 板效率的种类

(1) 总板效率。总板效率 E_O涉及全塔，便于应用，但是，它是最少本质的。它定义为全塔所需理论板数或理想板数与实际板数之比：

$$E_O = \frac{\text{理论板数}}{\text{实际板数}} \tag{11.5-1}$$

例如，所需的理论级数为 8，总板效率为 60%，理论板数为 8 减去再沸器，即 7 块板。实际板数为 7/0.60，即 11.7 块板。

(2) 默弗里板效率。默弗里板效率 E_M定义为

$$E_M = \frac{y_n - y_{n+1}}{y_n^* - y_{n+1}} \tag{11.5-2}$$

式中 y_n是离开 n 板的蒸气混合物的实际平均浓度，如图 11.5-1 所示，y_{n+1}是进入 n 板的蒸气混合物的实际平均浓度，y_n^* 是与离开 n 板进入降液管的液体浓度 x_n 相平衡的蒸气的浓度。

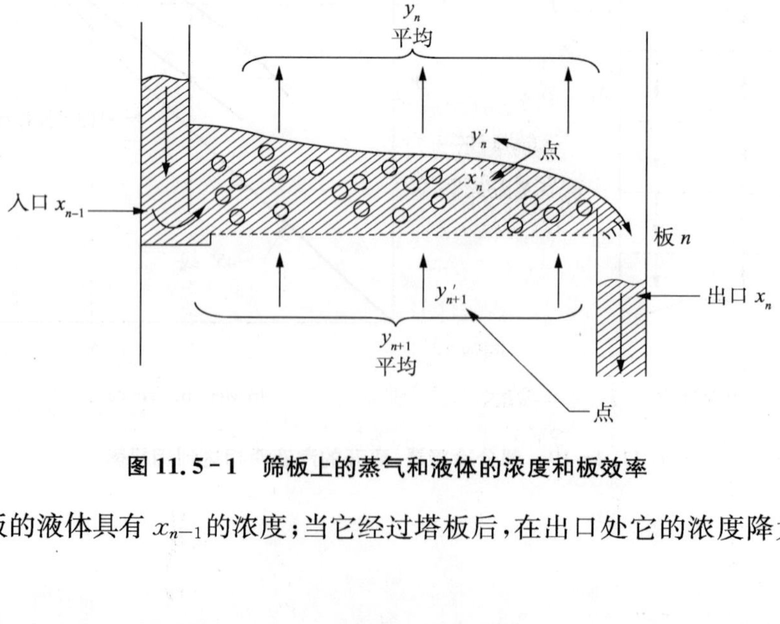

图 11.5-1 筛板上的蒸气和液体的浓度和板效率

进入该板的液体具有 x_{n-1}的浓度；当它经过塔板后，在出口处它的浓度降为 x_n。因此，

当液体横跨塔板时，液体中存在着浓度梯度。进入塔板的蒸气与不同浓度的液体接触，出口蒸气的浓度就不一致。

(3) 点效率。板上的点效率或局部效率 E_{MP} 定义为

$$E_{MP}=\frac{y'_n-y'_{n+1}}{y'^{*}_n-y'_{n+1}} \tag{11.5-3}$$

式中 y'_n 是蒸气在 n 板特定点的浓度，如图 11.5-1 所示，y'_{n+1} 是在同一点进入 n 板的蒸气浓度，y'^{*}_n 是与在同一点的液体浓度 x'_n 相平衡的蒸气浓度。由于 y'_n 不可能大于 y'^{*}_n，局部效率不可能大于 1.00 或 100%。

在小直径塔中，蒸气流比较充分地搅动了液体，所以液体在塔板上混合均匀。那么，离开的液体的浓度与板上液体的浓度一样。这样，$y'_n=y_n$，$y'_{n+1}=y_{n+1}$，$y'^{*}_n=y^{*}_n$，点效率就等于默弗里板效率，即 $E_M=E_{MP}$。

在大直径塔中，在塔板上出现不完全的混合。部分蒸气与刚进入的液体 x_{n-1} 接触，该液体的 A 组分浓度大于 x_n。这些点的蒸气浓度就大于出口点的浓度，液体出口的浓度为 x_n。因此，板效率 E_M 会大于点效率 E_{MP}。板效率 E_M 值可以通过整个塔板上的点效率 E_{MP} 的积分与 E_{MP} 进行关联。

11.5.3　板效率之间的关系

如果液体混合的量和蒸气混合的量都是确定的话，E_M 和 E_{MP} 之间可以导出数学关系。Robinson 和 Gilliland(R1)给出了三种不同假定条件下的结果。然而，为了获得混合的量的关系，往往需要实验数据。Van Winkle(V1)对预算 E_{MP} 和 E_M 的半理论方法进行了详细总结。

当默弗里板效率 E_M 已知或已算得时，可以通过一些方法关联总板效率 E_O 与 E_M 的关系。当相平衡线的斜率为 m、操作线的斜率为 L/V 时，第一种方法推导得到下列的解析表达式

$$E_O=\frac{\lg[1+E_M(mV/L-1)]}{\lg(mV/L)} \tag{11.5-4}$$

如果塔内的平衡线和操作线不是直线，当默弗里板效率 E_M 已知时，可以用 McCabe-Thiele 图解方法确定实际板数。在图 11.5-2 中，画出了与理想板相比的实际板数。三角形 acd 代表了理论板，较小的三角形 abe 代表了实际板。对于该图所示的情况，默弗里板效率 $E_M=0.60=ba/ca$。虚线通过点 b 画出，因此，对于每一块板都有 $ba/ca=0.60$。使用这个效率作台阶求得实际板数，总的级数给出了所需的实际板数。再沸器看作一块理论板，所以，该级采用真实的平衡曲线，如图所示。在图 11.5-2 中，得到的结果表明，需要 6 块实际板加上再沸器。

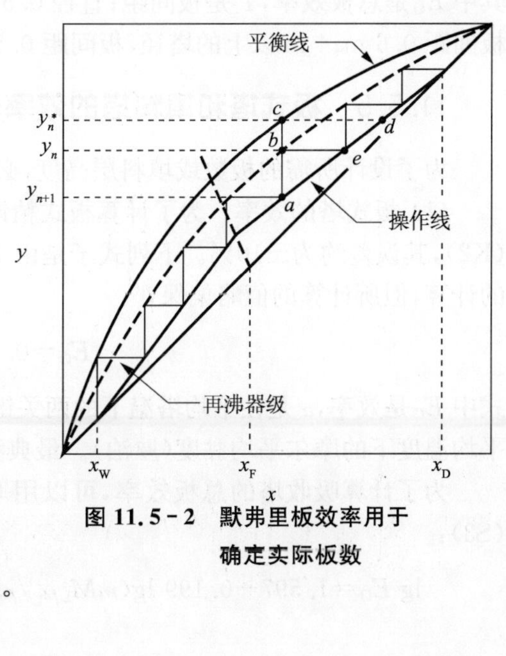

图 11.5-2　默弗里板效率用于确定实际板数

11.5.4 乱堆填料和整砌填料塔的效率

在板式塔中,理论板定义为离开该板的气体或蒸气和液体达到了相平衡。在乱堆填料或整砌填料塔中,采用同样的方法,其中等板高度 HETP(m 或 ft)定义为分离度等于一块理论板的所需填料层高度。传质塔设备的设计计算理论级数或传递单元数。因此,对于指定分离任务所需的填料层高度 H(m 或 ft)为

$$H=n(\text{HETP}) \tag{11.5-5}$$

式中 n 是所需的理论级数。使用传递单元数方法,则高度 H 为

$$H=N_{OG}H_{OG} \tag{11.5-6}$$

式中 H_{OG}是总传递单元高度(m 或 ft),N_{OG}是传递单元数。

等板高度 HETP 和总传递单元高度 H_{OG}可用下式进行相互换算,它与式(10.6-55)完全一样:

$$\text{HETP}=H_{OG}\frac{\ln[m/(L/V)]}{m/(L/V)-1} \tag{11.5-7}$$

式中 m 是以摩尔分率为单位的相平衡线斜率,L 和 V 是摩尔流率。如果操作线和平衡线平行,则有 HETP=H_{OG}。在精馏中,操作线和平衡线在提馏段相互分叉,在精馏段相互汇合,所以 mV/L 的平均值接近于 1.0,对于精馏 HETP≈HTU。这个结果对于吸收和提馏塔常常不适合。尽管 HETP 的概念缺乏完善的理论基础,不像传质和 H_{OG} 概念那样,但是 HETP 简单和便于使用计算机进行精馏相平衡的逐级计算,它广泛应用于计算填料层高度(S3)。它对于多组分物系的计算特别有用。

对于板式塔 HETP 可定义为

$$\text{HETP}=\frac{T}{E_O} \tag{11.5-8}$$

其中 E_O是总板效率,T 是板间距;直径 0.5 m 的塔,板间距大约是 0.3 m;直径 1.0 m 的塔,板间距 0.6 m;4 m 以上的塔径,板间距 0.8 m(2.6 ft)。

11.5.5 板式塔和填料塔的效率计算

为了设计所需的板数或填料层高度,必须获得各种效率的数据。

(1) 板式塔的效率。为了计算板式精馏塔的总板效率,常常使用 O'Connell(O1)关联式(K2),其误差约为±10%。下列式子是由 Lockett(L1)数据获得的,可用以筛板塔和浮阀塔的计算,但所计算的值略偏保守:

$$E_O=0.492(\mu_L\alpha)^{-0.245} \tag{11.5-9}$$

式中 E_O是效率,α 是在平均塔温下的两关键组分的相对挥发度,μ_L是加料液体在塔顶和塔底平均温度下的摩尔平均黏度(厘泊)。最典型的效率在 40%至 80%。

为了计算吸收塔的总板效率,可以用 O'Connell(O1)关联式。该关联式可表示为方程(S3):

$$\lg E_O=1.597-0.199\lg(mM_L\mu_L/\rho_L)-0.0896[\lg(mM_L\mu_L/\rho_L)]^2 \tag{11.5-10}$$

式中 E_O是总平均板效率%，M_L是液体的平均相对分子质量，m 是以摩尔分率为单位的相平衡线斜率，ρ_L是液体密度(lb_m/ft^3)，μ_L是在塔顶和塔底平均温度下的摩尔平均黏度(厘泊)。数据的平均偏差为±16.3%，最大为 157%。该式可用于泡罩塔、筛板塔、浮阀塔计算。注意，这些板效率相当低，在 1%至 50%，典型值在 10%至 30%。

(2) 乱堆填料的效率。为了计算乱堆填料，式(11.5-11)仅可用于计算确定第 2 代、第 3 代填料的 HETP 值(S2)

$$\text{HETP}=0.0180d_p \quad (\text{SI 制}) \tag{11.5-11}$$

$$\text{HETP}=1.5d_p \quad (\text{英制})$$

式中 HETP 的单位为 m，d_p是填料直径(mm)。在英制单位中，HETP 的单位为 ft，d_p为英寸。对于小直径塔，塔径 D 小于 0.6 m(2 ft)，HETP=D，但 D 不小于 0.3 m(1 ft)。

对于真空操作(S3)

$$\text{HETP}=0.0180d_p+0.15 \quad (\text{SI 制}) \tag{11.5-12}$$

$$\text{HETP}=1.5d_p+0.50 \quad (\text{英制})$$

上两式对于低黏度液体是有用的。对于高黏度液体的吸收，HETP 值大得多，其值在 1.5 至 1.8 m(5 至 6 ft)。

(3) 整砌填料塔的效率。在低压至中压，低黏度液体的整砌填料塔的效率近似计算可用下式(K4)：

$$\text{HETP}=100/a+0.10 \quad (\text{SI}) \tag{11.5-13}$$

$$\text{HETP}=100/a+0.33 \quad (\text{英制})$$

式中 HETP 的单位为 m，a 为比表面，m^2/m^3。在英制单位中，HETP 的单位为 ft，a 为 ft^2/ft^3。加上 0.10 m 值，所得到的计算值是偏保守的(S4)。HETP 值的范围在 0.3 至 0.6 m(1.0 至 2.0 ft)。对于丝网整砌填料，其值范围在 0.1 至 0.3 m(0.3 至 1.0 ft)。

例 11.5-1　板式塔和填料塔效率和塔高的计算

苯-甲苯混合液在与例 11.4-1 相同的条件下进行精馏。算得所需的理论级数为 7.6。加料组成 $x_F=0.45$，$x_D=0.95$，$x_W=0.10$。试求：

(1) 使用浮阀塔板，计算总效率 E_0和塔高。假定板间距 T 为 0.6 m。

(2) 使用 2 英寸金属鲍尔环，计算 HETP 和塔高。

(3) 使用 2 号 Flexipac 整砌填料，计算塔高。

解：(1) 从图 11.1-1 可知，在 1 atm 绝压和 $x_W=0.10$ 下，沸点温度为 106.5 ℃。在塔顶，$x_D=0.95$，其露点温度为 82.3 ℃。平均温度为(106.5+82.3)/2=94.4 ℃。

查表 A.3-12 和图 A.3-4，可得苯的黏度为 0.26 厘泊，甲苯的黏度为 0.295 厘泊。摩尔平均黏度为 $\mu_L=0.45\times0.26+0.55\times0.295=0.279$ 厘泊。

由表 11.1-1 可得苯在 94.4 ℃下的饱和蒸气压 p_A^S 为 153.3 kPa，甲苯的 $p_B^S=$ 62.2 kPa。因此，平均相对挥发度 $\alpha=153.3/62.2=2.465$。

采用式(11.5-9)，$E_O=0.492(\mu_L\alpha)^{-0.245}=0.492\times(0.279\times2.465)^{-0.245}=0.539$。应用式(11.5-8)，HETP=$T/E_O$=0.6/0.539=1.113 m/理论级。理论级数=7.6-1(再沸

器)=6.6 级。因此,板式塔高度 $H=1.113\times6.6=7.35$ m。

(2) 对于 2 英寸(25.4×2 mm)鲍尔环,式(11.5-11)给出

$$\text{HETP}=0.0180d_p=0.0180\times(25.4\times2)=0.914\text{ m}$$

由 6.6 个理论级可得,塔高 $H=0.914\times6.6=6.03$ m。

(3) 对于 2 号 Flexipac 整砌填料,查表 10.6-1 可得 $a=223\text{ m}^2/\text{m}^3$。由式(11.5-13)可得

$$\text{HETP}=100/a+0.10=100/223+0.10=0.548\text{ m}$$

塔高 $H=0.548\times6.6=3.617$ m

11.5.6 液泛速率和板式塔直径

在板式塔中,最大蒸气速度受到小液滴的雾沫夹带的限制,或者受到塔板降液管液体处理能力的限制,即液体在塔板降液管中阻塞而无法到达下一块塔板。作为设计的依据,人们采用允许的蒸气速度的概念。Fair 方程(F1)用以计算筛板塔的、泡罩塔的、浮阀塔的最大允许蒸气速度

$$v_{\max}=K_V\left(\frac{\sigma}{20}\right)^{0.2}\sqrt{\frac{\rho_L-\rho_V}{\rho_V}} \tag{11.5-14}$$

式中 $v_{\max}$是以塔的全部截面积减去降液管截面积为基准的允许蒸气速度(ft/s),σ 是液体的表面张力(dyn/cm 或 mN/m),ρ_L和 ρ_V分别是液体和蒸气的密度(kg/m³ 或 lb$_m$/ft³)。K_V值(ft/s)可从图 11.5-3 中查得,L 和 V 为液体和蒸气的流率(kg/h 或 lb$_m$/h)。作为纯经验的方法,K_V值应该乘以 0.91 因子,以扣除塔板的 9%的降液面积(T2)。

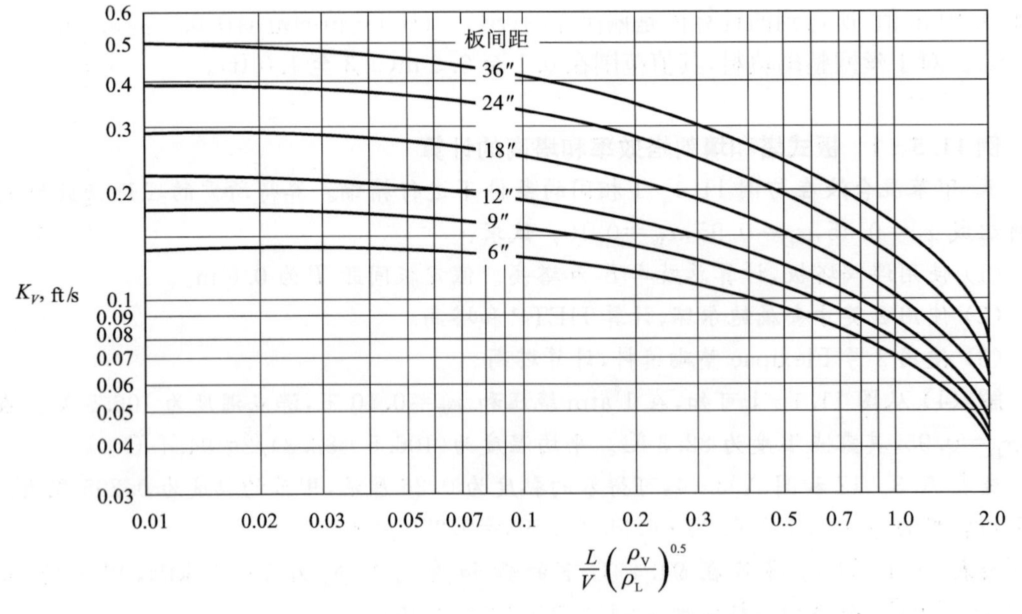

图 11.5-3 确定允许蒸气速度的 K_V值

(经允许引自 Fair,J. R., Petro/Chem. Eng., 33(10), 45(1961))

式(11.5-14)适用于不易发泡的物系。对于许多吸收剂，K_V值应该乘以0.90或考虑发泡因素(S3)。最终用于设计，上述v_{max}应乘以0.80，使操作处于泛点以下20%。对于有机液体，σ的典型值约为20～25 dyn/cm。对于水，界面张力约为72 dyn/cm，泛点速率较大，约为$(72/22.5)^{0.2}=1.26$倍。

例11.5-2 浮阀吸收塔的塔板直径

浮阀吸收塔用于吸收和回收空气中的乙醇蒸气，用纯水作吸收剂。塔的操作温度为30 ℃，操作压力为110 kPa绝对压。入塔气体含0.02(摩尔分率)的乙醇，在出塔的水流中乙醇的回收率为95%。入塔纯水的流量为186 kmol/h，入塔气体的流量为211.7 kmol/h。试计算所需的塔板直径。塔板间距假定为0.610 m(2.0 ft)。发泡因子可取0.95。

解：在塔底入塔的空气流量最大，该气体的摩尔质量为

$$M=0.98\times29.0+0.02\times46.1=29.34\ \text{kg/kmol}$$

气体的密度为

$$\rho_V=\frac{29.34\ \text{kg/kg mol}}{(22.414\ \text{m}^3/\text{kg mol})}\times\frac{273.2\times110}{(273.2+30)\times101.325}=1.280\ \text{kg/m}^3$$

气体的质量流率为$V=211.7\times29.34=6\ 211$ kg/h。回收的乙醇的摩尔数$=0.95\times0.02\times211.7=4.02$。出塔水溶液流率$L=186.0+4.02=190.02$ kmol/h。液体的质量流率为

$$L-186.0\times18+4.02\times46.1-3\ 533\ \text{kg/h}$$

出塔液体的密度，取温度为30 ℃，查附录A.2-3可得$\rho_L=0.995\times1\ 000=995\ \text{kg/m}^3$。那么

$$\frac{L}{V}\left(\frac{\rho_V}{\rho_L}\right)^{0.5}=\frac{3\ 533}{6\ 211}\times\left(\frac{1.280}{995}\right)^{0.5}=0.020\ 40$$

查图11.5-3中的24英寸塔板间距，$K_V=0.385$ ft/s。代入式(11.5-14)，并取表面张力为70(略低于水的)，

$$v_{max}=0.385\left(\frac{70}{20}\right)^{0.2}\times\sqrt{\frac{995-1.280}{1.280}}=13.78\ \text{ft/s}$$

上式的值乘以0.91，以考虑降液面积；乘以0.95考虑发泡因素；乘以0.80考虑泛点百分率，

$$v_{设计}=13.78\times0.91\times0.95\times0.80=9.531\ \text{ft/s 或 }2.905\ \text{m/s}$$

塔截面积为

$$\frac{(6\ 211\ \text{kg/h})}{(3\ 600\ \text{s/h})}\times\frac{1}{(1.28\ \text{kg/m}^3)}\times\frac{1}{(2.905\ \text{m/s})}=0.464\ \text{m}^2$$

由$\pi D^2/4=0.464$，解出塔直径$D=0.768\ 6$ m(2.522 ft)。

11.6 使用焓-浓度的方法计算精馏过程

11.6.1 焓-浓度数据

(1) 概述。在第11.4.2节中，使用McCabe-Thiele方法来计算A、B二元混合物精馏或

分馏分离所需的理论级数或理论塔板数。该方法的主要假定是汽化潜热相等,显热差可忽略不计,在精馏塔的每一段都呈现恒摩尔流。在本节中,我们对不符合恒摩尔流假定的情况将采用焓-浓度数据计算精馏过程。分析过程将采用焓衡算和物料衡算。

(2) 焓-浓度数据。A、B二元汽液混合物的焓-浓图考虑了汽化潜热、溶解热或混合热、混合物各组分的显热。绘制这样一个恒定压力下的图需要下列数据:① 液体比热容与温度、组成和压力的函数关系;② 溶解热与温度、组成的函数关系;③ 汽化潜热与组成和压力或温度的函数关系;④ 沸点温度与组成和压力的函数关系。

恒定压力下的焓-浓图是基于液体的任意参考状态和温度的,例如 273 K(32 ℉)。饱和液体线上的焓值 h kJ/kg(btu/lb_m)或 kJ/kmol 可用下式计算

$$h=x_A c_{pA}(T-T_0)+(1-x_A)c_{pB}(T-T_0)+\Delta H_{sol} \qquad (11.6-1)$$

式中 x_A是 A 组分的质量分率或摩尔分率,T 是混合物的沸点(K(℉)或℃),T_0是参考温度(K),c_{pA}是液体组分 A 的比热容(kJ/(kg·K)(btu/(lb_m·℉))或 kJ/(kmol·K)),c_{pB}是液体组分 B 的比热容,ΔH_{sol}是 T_0温度下的溶解热(kJ/kg(btu/lb_m)或 kJ/kmol)。如果在混合中放出热量,式(11.6-1)中的 ΔH_{sol}是负值。通常,溶解热较小,对于碳氢化合物可以忽略。

饱和蒸气线上蒸气组成为 y_A的焓 H kJ/kg(btu/lb_m)或 kJ/kmol 可用下式计算

$$H=y_A[\lambda_A+c_{pyA}(T-T_0)]+(1-y_A)[\lambda_B+c_{pyB}(T-T_0)] \qquad (11.6-2)$$

式中 c_{pyA}是蒸气组分 A 的比热容,c_{pyB}是蒸气组分 B 的比热容。汽化潜热 λ_A和 λ_B是参考温度 T_0下的值。通常,λ_{Ab}是纯组分 A 在常压沸点 T_{bA}下的汽化潜热,λ_{Bb}是纯组分 B 的汽化潜热。为了将它们换算到参考温度 T_0,以便使用式(11.6-2),可作如下计算:

$$\lambda_A=c_{pA}(T_{bA}-T_0)+\lambda_{Ab}-c_{pyA}(T_{bA}-T_0) \qquad (11.6-3)$$

$$\lambda_B=c_{pB}(T_{bB}-T_0)+\lambda_{Bb}-c_{pyB}(T_{bB}-T_0) \qquad (11.6-4)$$

在式(11.6-3)中,纯液体从 T_0被加热至 T_{bA},然后在 T_{bA}下汽化,再作为蒸气被冷却至 T_0。类似地,式(11.6-4)用于计算 B组分的 λ_B。为了方便起见,参考温度 T_0通常被定为与低沸点组分 A 的沸点相等。这就意味着 $\lambda_A=\lambda_{Ab}$。因此,仅仅 λ_{Bb}需要进行换算。

例 11.6-1　苯-甲苯物系的焓-浓度图

制备苯-甲苯物系在常压下的焓-浓度图。相平衡数据见表 11.1-1、图 11.1-1 和 11.1-2。物理性质数据见表 11.6-1。

表 11.6-1　苯-甲苯的物性数据

组分	沸点/ ℃	比热容 / kJ/(kmol·K)		汽化潜热/(kJ/kmol)
		液体	蒸气	
苯(A)	80.1	138.2	96.3	30 820
甲苯(B)	110.6	167.5	138.2	33 330

解:为了方便计算,取参考温度为 T_0=80.1 ℃,所以,沸点温度下的纯苯(x_A=1.0)的焓值为零。第一点,我们取纯甲苯(x_A=0)。对于沸点温度(110.6 ℃)下的液体甲苯,采用式(11.6-1)和表 11.6-1 的数据,并取溶解热为零:

$$h=x_A c_{pA}(T-80.1)+(1-x_A)c_{pB}(T-80.1)+0 \tag{11.6-5}$$

$$h=0+(1-0)\times 167.5\times(110.6-80.1)=5\ 109\ \text{kJ/kmol}$$

对于饱和蒸气焓线，可用式(11.6-2)计算。然而，首先得计算在参考温度 $T_0=80.1$ ℃下的 λ_B，由式(11.6-4)可得

$$\begin{aligned}\lambda_B&=c_{pB}(T_{bB}-T_0)+\lambda_{Bb}-c_{pyB}(T_{bB}-T_0)\\&=167.5\times(110.6-80.1)+33\ 330-138.2\times(110.6-80.1)\\&=34\ 224\ \text{kJ/kmol}\end{aligned} \tag{11.6-4}$$

可用式(11.6-2)来计算 H，代入 $y_A=0$ 可得

$$\begin{aligned}H&=y_A[\lambda_A+c_{pyA}(T-T_0)]+(1-y_A)[\lambda_B+c_{pyB}(T-T_0)]\\&=0+(1.0-0)\times[34\ 224+138.2\times(110.6-80.1)]\\&=38\ 439\ \text{kJ/kmol}\end{aligned} \tag{11.6-2}$$

对于纯甲苯，$x_A=1.0$，$y_A=1.0$。由于 $T=T_0=80.1$，由式(11.6-5)可得 $h=0$。对于饱和蒸气焓，由 $T=80.1$ 和式(11.6-2)可得

$$H=1.0\times[30\ 820+96.3\times(80.1-80.1)]+0=30\ 820$$

查图 11.1-1 可得，当 $x_A=0.50$，沸点 $T_b=92$ ℃，$y_A=0.50$ 时的饱和温度为 98.8 ℃。用式(11.6-5)计算沸点下的饱和液体焓

$$\begin{aligned}h&=0.5\times 138.2\times(92-80.1)+(1-0.5)\times 167.5\times(92-80.1)\\&=1\ 820\end{aligned}$$

用式(11.6-2)计算 $y_A=0.50$ 时 98.8 ℃的饱和蒸气的焓

$$\begin{aligned}H&=0.5\times[30\ 820+96.3\times(98.8-80.1)]+(1-0.5)\times[34\ 224+138.2\times(98.8-80.1)]\\&=34\ 716\end{aligned}$$

取 $x_A=0.30$，$y_A=0.30$，可得 $h=2\ 920$，$H=36\ 268$。同样，取 $x_A=0.80$，$y_A=0.80$，可得 $h=562$，$H=32\ 380$。这些值列于表 11.6-2 中，绘于图 11.6-1 上。

表 11.6-2　101.325 kPa(1 atm)总压下苯-甲苯混合物的焓-浓度数据

饱和液体		饱和蒸气	
摩尔分率，x_A	焓，h/(kJ/kmol)	摩尔分率，y_A	焓，H/(kJ/kmol)
0	5 109	0	38 439
0.30	2 920	0.30	36 268
0.50	1 820	0.50	34 716
0.80	562	0.80	32 380
1.00	0	1.00	30 820

焓-浓图的一些性质如下。在饱和蒸气线和饱和液体线之间的区域是汽液两相区。由表 11.1-1 查 $x_A=0.411$ 时，平衡蒸气的 $y_A=0.632$。这两点绘于图 11.6-1；相平衡联接线表示了平衡的汽液两相的焓和浓度。其他相平衡联接线可以用类似的方法画出。在 h-x_A 曲线以下的区域表示了沸点以下的液体。

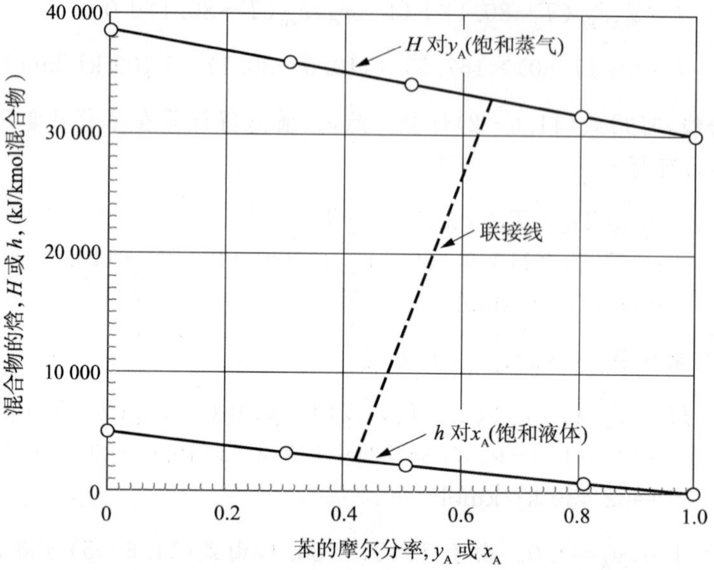

图 11.6－1　1 atm 绝压下苯-甲苯混合物的焓-浓图

11.6.2　精馏塔的精馏段

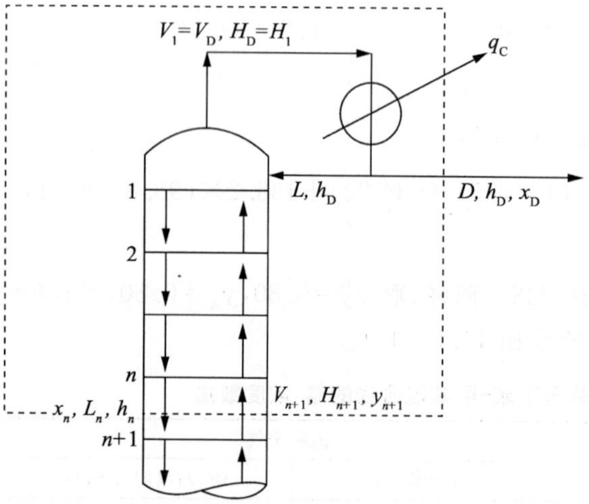

图 11.6－2　精馏塔的精馏段

为了用焓-浓度数据分析精馏塔的精馏段，对图 11.6－2 中的虚线控制体作总物料衡算和组分的物料衡算：

$$V_{n+1}=L_n+D \tag{11.6-6}$$

$$V_{n+1}y_{n+1}=L_nx_n+Dx_D \tag{11.6-7}$$

式(11.6－7)经整理可得精馏段操作线：

$$y_{n+1}=\frac{L_n}{V_{n+1}}x_n+\frac{Dx_D}{V_{n+1}} \tag{11.6-8}$$

这与 McCabe-Thiele 方法的式(11.4－7)完全一样，但是，这里的蒸气、液体流率 V_{n+1} 和 L_n 可以是沿塔高变化的，式(11.6－8)在 $x-y$ 图上不再是直线。

作焓衡算可得

$$V_{n+1}H_{n+1}=L_nh_n+Dh_D+q_C \tag{11.6-9}$$

式中 q_C 是冷凝器负荷(kJ/h 或 kW(btu/h))。将冷凝器作控制体进行焓衡算，可得

$$q_C=V_1H_1-Lh_D-Dh_D \tag{11.6-10}$$

结合式(11.6－9)和式(11.6－10)，消去 q_C，可得如下的焓衡算式，

$$V_{n+1}H_{n+1}=L_nh_n+V_1H_1-Lh_D \tag{11.6-11}$$

将式(11.6-6)中的 L_n 代入式(11.6-11)

$$V_{n+1}H_{n+1}=(V_{n+1}-D)h_n+V_1H_1-Lh_D \tag{11.6-12}$$

式(11.6-8)和式(11.6-12)是精馏段的最终操作方程。

为了画出式(11.6-8)的操作线,V_{n+1} 和 L_n 项得由式(11.6-12)确定。如果回流比已给定,V_1 和 L 就是已知的。H_1 和 h_D 的值可以通过式(11.6-1)和(11.6-2)来确定,或从焓-浓图来确定。如果 x_n 值已选定,因 y_{n+1} 是未知的,要用试差法求解 H_{n+1}。求解步骤如下:

(1) 取一个 x_n 的值。假定 $V_{n+1}=V=L+D$ 和 $L_n=L$,将这些值代入式(11.6-8),计算近似的 y_{n+1} 值。这样假定操作线为直线。

(2) 用这个 y_{n+1} 值,由焓-浓图来确定 H_{n+1},用 x_n 得到 h_n。将这些值代入式(11.6-12),并解出 V_{n+1}。再由式(11.6-6)获得 L_n。

(3) 代入式(11.6-8),并解出 y_{n+1} 值。

(4) 如果计算的 y_{n+1} 值与前面假定的 y_{n+1} 值不相等,重复步骤(2)~(3)。通常,不需要再进行第二次试差。然后,假定另一个 x_n 值,重复步骤(1)~(4)。

(5) 画出弯曲的精馏段操作线。一般情况下,确定精馏段操作线只需要少数的 L_n 和 V_{n+1} 流率值,该线弯曲程度很小。

11.6.3　精馏塔的提馏段

为了分析精馏塔的提馏段,对图 11.4-5(a)中的虚线控制体作总物料衡算和组分的物料衡算:

$$L_m=W+V_{m+1} \tag{11.6-13}$$

$$L_mx_m=Wx_W+V_{m+1}x_{m+1} \tag{11.6-14}$$

$$y_{m+1}=\frac{L_m}{V_{m+1}}x_m-\frac{Wx_W}{V_{m+1}} \tag{11.6-15}$$

对图 11.4-5(a)中的虚线控制体作焓衡算,其中进入再沸器的热量为 q_R(kJ/h 或 kW(btu/h)),将式(11.6-13)中的($V_{m+1}+W$)代入 L_m,

$$V_{m+1}H_{m+1}=(V_{m+1}+W)h_m+q_R-Wh_W \tag{11.6-16}$$

对图 11.4-3 中的虚线控制体作总的焓衡算:

$$q_R=Dh_D+Wh_W+q_C-Fh_F \tag{11.6-17}$$

式(11.6-15)~式(11.6-17)是最终使用的操作方程。

采用类似于精馏段的处理方法解方程,选一个 y_{m+1} 的值,假定恒摩尔流,由式(11.6-15)计算近似 x_m 值。然后,从式(11.6-16)和式(11.6-13)计算 V_{m+1} 和 L_m。再用式(11.6-15)计算 x_m 值。将此计算的 x_m 值与先前假定的 x_m 值作比较。

例 11.6-2　用焓-浓度方法计算精馏

苯-甲苯液体混合物在与例 11.4-1 相同的条件下进行精馏,此外,采用的实际回流比是最小回流比的 1.5 倍。在例 11.4-1 中使用了最小回流比 $R_m=1.17$。试用焓衡算确定精馏塔中多处的液体和蒸气的流率,并画出弯曲的操作线。确定所需的理论级数。

解:给定的数据如下:$F=100$ kmol/h,$x_F=0.45$,$x_D=0.95$,$x_W=0.10$,$R=1.5R_m=1.5\times1.17=1.755$,$D=41.2$ kmol/h,$W=58.8$ kmol/h。加料在 54.4 ℃和 $q=1.195$ 条件下进入塔内。塔顶的汽液流股计算如下:

$$\frac{L}{D}=1.755;\quad L=1.755\times41.2=72.3;\quad V_1=L+D=72.3+41.2=113.5$$

查图 11.1-1,塔顶 $y_1=x_D=0.95$ 的饱和温度为 82.3 ℃。由式(11.6-2)可得

$$H_1=0.95\times[30\,820+96.3\times(82.3-80.1)]+(1-0.95)\times[34\,224+138.2\times(82.3-80.1)]$$
$$=31\,206$$

这个 31 206 值也能从焓-浓图 11.6-1 获得。馏出液 D 的沸点从图 11.1-1 可得,为 81.1 ℃。由式(11.6-5)可得

$$h_D=0.95\times138.2\times(81.1-80.1)+(1-0.95)\times167.5\times(81.1-80.1)=139$$

这个值也可从图 11.6-1 获得。

根据前述的精馏段的方法计算第 1 步,取 $x_n=0.55$。假定式(11.6-8)的操作线为直线,可得到 y_{n+1} 的近似值

$$y_{n+1}=\frac{72.3}{113.5}x_n+\frac{41.2}{113.5}\times0.95=0.637x_n+0.345$$
$$=0.637\times0.55+0.345=0.695$$

开始第 2 步,由图 11.6-1 可得,$x_n=0.55$ 时,$h_n=1\,590$;$y_{n+1}=0.695$ 时,$H_{n+1}=33\,240$。代入式(11.6-12)并求解

$$V_{n+1}\times33\,240=(V_{n+1}-41.2)\times1\,590+113.5\times31\,206-72.3\times139$$
$$V_{n+1}=109.5$$

由式(11.6-6)可得

$$109.5=L_n+41.2\quad 或\quad L_n=68.3$$

第 3 步,代入式(11.6-8)

$$y_{n+1}=\frac{68.3}{109.5}\times0.55+\frac{41.2}{109.5}\times0.95=0.700$$

这里计算的 $y_{n+1}=0.700$ 值与假定值 0.695 很接近,不需要做进一步的试差。

选另外的一个值 $x_n=0.70$,由式(11.6-8)计算近似的 y_{n+1} 值。

$$y_{n+1}=\frac{72.3}{113.5}\times0.70+\frac{41.2}{113.5}\times0.95=0.791$$

由图 11.6-1 可得 $x_n=0.70$ 时,$h_n=1\,000$,$y_{n+1}=0.791$,$H_{n+1}=32\,500$。代入式(11.6-12),并求解

$$V_{n+1}(32\,500)=(V_{n+1}-41.2)\times1\,000+113.5\times31\,206-72.3\times139$$
$$V_{n+1}=110.8$$

由式(11.6-6)可得

$$L_n = 110.8 - 41.2 = 69.6$$

代入式(11.6－8),

$$y_{n+1} = \frac{69.6}{110.8} \times 0.70 + \frac{41.2}{110.8} \times 0.95 = 0.793$$

在图 11.6－3 中,绘出了弯曲的精馏段操作线上的点。这条线与直线很接近,它在恒摩尔流的直线上面一点,两线很靠近。

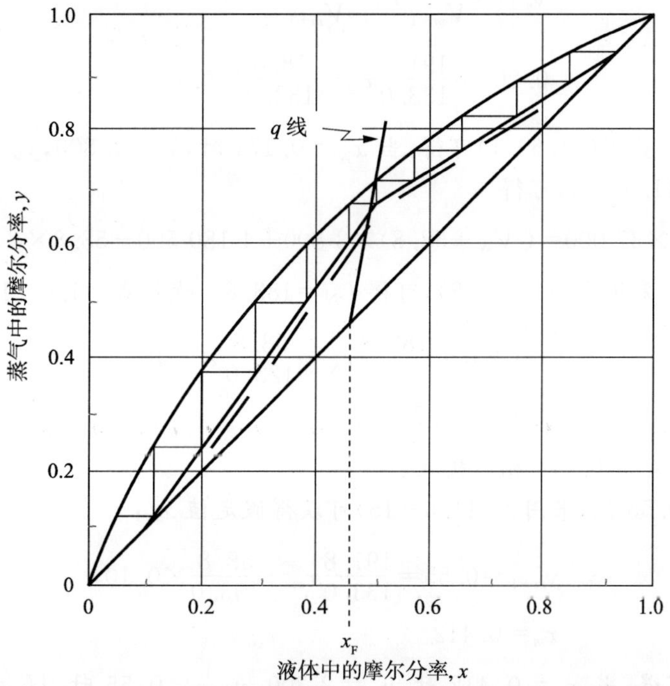

图 11.6－3　用焓-浓方法绘制例 11.6－2 中弯曲了的操作线

由式(11.6－10)可算得冷凝器负荷:

$$q_C = 113.5 \times 31\,206 - 72.3 \times 139 - 41.2 \times 139 = 3\,526\,100 \text{ kJ/h}$$

为了获得再沸器的负荷 q_R,需要 h_W 和 h_F 的值。由图 11.6－1 可得 $x_W = 0.10$, $h_W = 4\,350$。加料温度为 54.5 ℃。由式(11.6－5)可得

$$h_F = 0.45 \times 138.2 \times (54.5 - 80.1) + (1 - 0.45) \times 167.5 \times (54 - 80.1) = -3\,929$$

用式(11.6－17)

$$q_R = 41.2 \times 139 + 58.8 \times 4\,350 + 3\,526\,100 - 100 \times (-3\,929) = 4\,180\,500 \text{ kJ/h}$$

对图 11.4－5 所示的塔底再沸器作控制体进行物料衡算:

$$L_N = W + V_W \tag{11.6－18}$$

对此塔釜用式(11.6－6)计算

$$V_W H_W = (V_W + W) h_N + q_R - W h_W \tag{11.6－19}$$

从相平衡图 11.1-2 可得，$x_W=0.10$，$y_W=0.207$，y_W是离开再沸器的蒸气的组成。

对于恒摩尔流下的提馏段，采用式(11.4-14)和式(11.4-15)

$$L_m=L_n+qF=72.3+1.195\times100=191.8 \tag{11.4-14}$$

$$V_{m+1}=V_{n+1}-(1-q)F=113.5-(1-1.195)\times100=133.0 \tag{11.4-15}$$

取 $y_{m+1}=y_W=0.207$，由式(11.6-15)可以求得 $x_m=x_N$的近似值：

$$y_{m+1}=\frac{L_m}{V_{m+1}}x_m-\frac{Wx_W}{V_{m+1}} \tag{11.6-15}$$

$$0.207=\frac{191.8}{133.0}x_N-\frac{58.8}{133.0}\times0.10$$

解得，$x_N=0.174$。查图(11.6-1)可得，当 $x_N=0.174$ 时，$h_N=3\ 800$，$y_W=0.207$ 时，$H_W=37\ 000$。代入式(11.6-9)，可得

$$V_W\times37\ 000=(V_W+58.8)\times3\ 800+4\ 180\ 500-58.8\times4\ 350$$

解得 $V_W=125.0$。采用式(11.6-18)，可得 $L_N=183.8$。代入式(11.6-15)，求解 x_N，

$$0.207=\frac{183.8}{125.0}x_N-\frac{58.8}{125.0}\times0.10$$

$$x_N=0.173$$

0.173 这个值与假定值 0.174 相当接近。

假定 $y_{m+1}=0.55$ 值，采用式(11.6-15)可获得假定值 x_m：

$$y_{m+1}=0.55=\frac{191.8}{133.0}x_m-\frac{58.8}{133.0}\times0.10$$

$$x_m=0.412$$

查图(11.6-1)可得，当 $x_m=0.412$ 时，$h_m=2\ 300$，$y_{m+1}=0.55$ 时，$H_m=34\ 400$。代入式(11.6-16)，可得

$$V_{m+1}\times34\ 400=(V_{m+1}+58.8)\times2\ 300+4\ 180\ 500-58.8\times4\ 350$$

解得 $V_{m+1}=126.5$。采用式(11.6-13)，

$$L_m=W+V_{m+1}=58.8+126.5=185.3$$

代入式(11.6-15)，求解 x_m，

$$y_{m+1}=0.55=\frac{185.3}{126.5}x_m-\frac{58.8}{126.5}\times0.1$$

$$x_m=0.407$$

0.407 这个值与假定值 0.412 很接近，而不需要做进一步的试差。提馏段所计算的两点绘于图 11.6-3 上。这条提馏线很接近直线，在恒摩尔流的操作线之上，两线很靠近。

使用由焓衡算方法所得的操作线，求得所需的理论级数为 10.4。使用恒摩尔流方法所得的理论级数为 9.9。如果回流比从 R_m的 1.5 倍降低到 1.2 或 1.3 倍，理论级数的这个差别将变大。在大的回流比条件下，理论级数的这个差别可以被忽略。

在例 11.6－2 中，在提馏段，自塔釜到接近加料板，蒸气流率从 125.0 略微增加至 126.5。这些值都低于由恒摩尔流假定所得到的 133.0 值。对于精馏段，可以得到类似的结论。焓-浓方法对于计算塔内任何一个截面的蒸气和液体流率都是非常有用的。这些数据被用于确定塔板的尺寸。计算 q_C 和 q_R 也用于设计冷凝器和再沸器。这种方法非常适合于计算机计算二元的或多组分混合物的全塔逐板质量衡算和热量衡算。更受限制的 Ponchon-Savarit 图解方法仅适用于二元混合物精馏计算(K3，T2)。

11.7　多组分混合物的精馏

11.7.1　多组分精馏概述

在工业上，许多精馏过程包含了多于两个组分的分离。设计计算多组分精馏塔的基本原理在许多方面与所描述的两组分物系的是一样的。在多组分混合物中，每一个组分都有一个质量衡算式。所作的焓衡算或热量衡算与二元情况是类似的。平衡数据用来计算沸点和露点。最小回流比的概念和全回流作为极限条件也被使用。

(1) 所需的精馏塔数目。在二元精馏中，一个塔可以将 A、B 两个组分分离到比较纯的程度，塔顶得到 A，塔底得到 B。然而，在 n 个组分的多组分混合物分离中，需要 $n-1$ 个塔。例如，对于三组分物系 A、B、C 的混合物，其中 A 是最易挥发的，C 是最难挥发的，需要 2 个塔，如图 11.7－1 所示。A、B、C 的加料先在塔 1 中分离，A 和 B 从塔顶移出，C 从塔底分出。由于该塔的分离是在 B 和 C 之间，塔釜主要含 C，含有少量的 B 和可忽略的量的 A(通常称为痕量组分)。如果相对挥发度相当大，痕量组分 A 在塔釜的量通常被忽略掉。在塔 2 中，对 A 和 B 的进料进行分离，塔顶馏出液为 A 含有少量的组分 B 和极其少量的 A。釜液含 B，并有少量的 C 和 A。或者，也可在塔 1 的顶部移去 A 组分，B、C 进入第 2 个塔分离成 B 和 C。

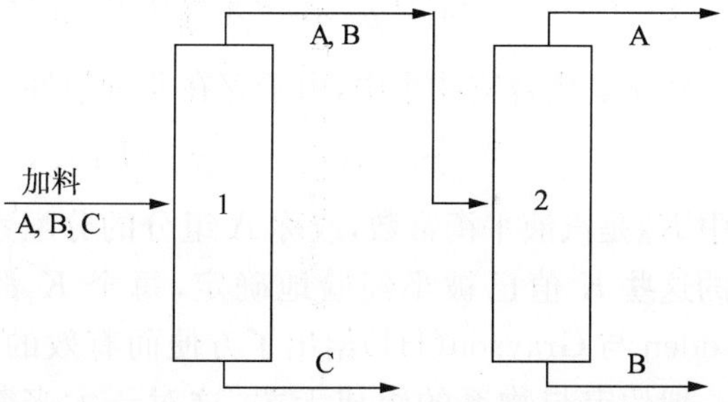

图 11.7－1　A、B、C 三元物系的分离

(2) 设计计算方法。在多组分精馏中，如二元精馏，理论板或理论级在逐板计算中仍然应用。用相平衡数据，通过相平衡计算可以由已知的液体组成求得沸点和平衡的汽相组成，或者由已知的汽相组成求得露点和平衡的液相组成。物料衡算和热量衡算与第 11.6 节中所述的类似，用来计算流进、流出相邻塔板的流股。这样的逐板计算方法包含了试差计算。通常，用计算机来进行计算，以获得严格的解。

在进料状态的计算中，一般已知或确定温度、压力、组成和流率。那么，在大多数场合，按照两种普通的方法之一来进行计算。在第一种方法中，所要求的分离或分割在两个确定的组分之间进行，在选定的回流比下计算所需的理论板数。加料的二元或多元组成是已知的，塔顶馏出液和釜液的完全的组成是不知道的，必须用试差方法进行计算。在第二种方法中，精馏段的级数、提馏段的级数、回流比是确定的或设定的，通过假定最初的液体和蒸气的流率、温度来进行试差计算。这种迭代通常借助于计算机进行计算(H2，P1)。在试差过程中,Thiele 和 Geddes(P1,S1,T1)的设计方法是可靠的,通常用于计算获得塔顶馏出液和釜液的组成,以及各板上的温度和组成。上述的严格计算方法的各种组合和变化可查阅文献(H2,P1,S1),这里不再进一步讨论。

设计精馏塔的变量都是相互关联的,其中只有某些数字是可以在设计时固定的。关于这些变量的确定的详细讨论,见 Kwauk(K2)。

(3) 简捷计算方法。在本章的剩余部分,讨论多组分精馏的近似解的简捷计算方法。这些方法对于快速研究大量的分离过程相当有用,以便于帮助设计者确定近似的最优条件,或提供投资费用的信息。在讨论这一方法之前,先需弄清多组分物系的相平衡关系、泡点、露点和闪蒸的计算方法。

11.7.2 多组分精馏的平衡数据

可以看作理想物系多组分体系,可用拉乌尔定律来确定与液体相平衡的蒸气的组成。例如,对于含 A、B、C、D 四个组分的物系,有

$$p_A = p_A^S x_A, \qquad p_B = p_B^S x_B, \quad p_C = p_C^S x_C, \quad p_D = p_D^S x_D \tag{11.7-1}$$

$$y_A = \frac{p_A}{p} = \frac{p_A^S}{p} x_A, \quad y_B = \frac{p_B^S}{p} x_B, \quad y_C = \frac{p_C^S}{p} x_C, \quad y_D = \frac{p_D^S}{p} x_D \tag{11.7-2}$$

在碳氢化合物物系中,由于存在非理想性,平衡数据通常表达为

$$y_A = K_A x_A, \quad y_B = K_B x_B, \quad y_C = K_C x_C, \quad y_D = K_D x_D \tag{11.7-3}$$

式中 K_A 是汽液平衡常数,或称 A 组分的分配系数。易挥发的碳氢化合物(甲烷至癸烷)物系的这些 K 值已被半经验地确定,每个 K 都是温度和压力的函数。Depriester(D1)和 Hadden 与 Grayson(H1)给出了方便而有效的 K 值图。对于易挥发的碳氢化合物物系,K 值一般假定与物系的组成无关,这对于大多数工程计算精度是足够的。对于理想物系,$K_A = p_A^S / p$,等等。比如,易挥发的碳氢化合物中的正丁烷、正戊烷、正己烷、正庚烷在 405.3 kPa(4.0 atm)绝压下的数据绘于图 11.7-2(D1,H1)上。

各个组分在多组分混合物物系中的相对挥发度 α_i 可按与二元混合物类似的方法定义。如果混合物中含有 C 组分,可选作 A、B、C、D 的基准组分,

$$\alpha_i = \frac{K_i}{K_C}, \quad \alpha_A = \frac{K_A}{K_C}, \quad \alpha_B = \frac{K_B}{K_C}, \quad \alpha_C = \frac{K_C}{K_C} = 1.0, \quad \alpha_D = \frac{K_D}{K_C} \tag{11.7-4}$$

相对挥发度 α_i 与温度的关系比 K_i 值与温度的关系要弱得多,因为图 11.7-2 中的 K_i 线都以同样的方式随着温度的增加而增加。

11.7.3 沸点、露点和闪蒸

(1) 沸点。在指定的温度下,给定的液体多组分混合物的沸点或泡点应满足 $\sum y_i = 1.0$ 的条件。对于 A、B、C、D 的混合物,以 C 组分作基准组分,

$$\sum y_i = \sum K_i x_i = K_C \sum \alpha_i x_i = 1.0 \tag{11.7-5}$$

计算过程是试差过程,具体如下。首先设定温度,根据该温度下的 K_i 值计算 α_i 值。然后,由

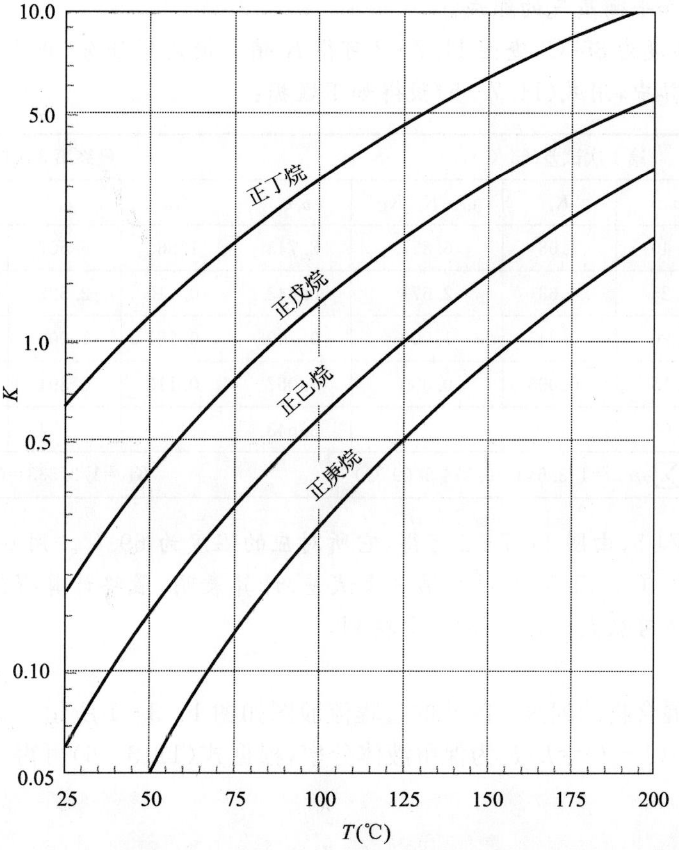

图 11.7-2 405.3 kPa(4.0 atm)绝压下的易挥发的碳氢化合物的平衡 K 值

$K_C = 1.0/\sum \alpha_i x_i$ 计算 K_C 值。根据 $K_C = 1.0/\sum \alpha_i x_i$ 的计算值，由图中确定相应的计算温度。将所得的计算温度与设定的温度比较。如果差别较大，该计算温度值就作为下次迭代的初值。在最终温度确定之后，蒸气组成可由下式计算

$$y_i = \frac{\alpha_i x_i}{\sum(\alpha_i x_i)} \tag{11.7-6}$$

(2) 露点。对于露点计算，也使用试差法，

$$\sum x_i = \sum\left(\frac{y_i}{K_i}\right) = \left(\frac{1}{K_C}\right)\sum\left(\frac{y_i}{\alpha_i}\right) = 1.0 \tag{11.7-7}$$

K_C 值可以从 $K_C = 1.0/\sum \alpha_i x_i$ 计算。在最终温度确定之后，液体组成可由下式计算

$$x_i = \frac{y_i/\alpha_i}{\sum(y_i/\alpha_i)} \tag{11.7-8}$$

例 11.7-1 多组分液体的泡点

精馏塔的一股液体加料在 405.3 kPa 绝压下进入精馏塔。它的各组成的摩尔分率如下，正丁烷(x_A=0.40)、正戊烷(x_B=0.25)、正己烷(x_C=0.20)、正庚烷(x_D=0.15)。试计

算该液体的沸点和平衡蒸气的组成。

解:先假定温度为 65 ℃,查图 11.7 - 2 可得 K 值。使用 C 组分(正己烷)作为基准组分,在第一次试差计算中,用式(11.7 - 5)获得如下数据:

第 1 次试差(65 ℃)					最终第 3 次试差(70 ℃)			
组成	x_i	K_i	$\alpha_i=K_i/K_C$	$\alpha_i x_i$	K_i	α_i	$\alpha_i x_i$	y_i
A	0.40	1.68	6.857	2.743	1.86	6.607	2.643	0.748
B	0.25	0.63	2.571	0.643	0.710	2.522	0.631	0.178
C	0.20	0.245	1.000	0.200	0.281 5	1.000	0.200	0.057
D	0.15	0.093	0.380	0.057	0.110	0.391	0.059	0.017
$\sum$	1.00			3.643			3.533	1.000
$K_C=1/\sum\alpha_i x_i=1/3.643=0.274\ 5$(69 ℃)					$K_C=1/3.533=0.283\ 0$(70 ℃)			

计算值 $K_C=0.274\ 5$,由图 11.7 - 2 可得,它所对应的温度为 69 ℃。用 69 ℃进行第 2 次试差,得到温度为 70 ℃。用 70 ℃进行第 3 次试差,计算表明,最终计算得到温度仍为 70 ℃,它就是沸点。y_i 值可从式(11.7 - 6)计算得到。

(3) 多组分混合物的闪蒸。闪蒸的过程流股图如图 11.3 - 1 所示。定义 $f=V/F$,为进料的汽化分率;而$(1-f)=L/F$ 为保留液体分率,根据式(11.3 - 6)可得,i 组分的物料衡算如下:

$$y_i=\frac{f-1}{f}x_i+\frac{x_{iF}}{f} \tag{11.7-9}$$

式中 y_i是汽相中的i 组分,在汽化后与液体的 x_i达到平衡。根据相平衡,$y_i=K_i x_i=K_C\alpha_i x_i$,式中 $\alpha_i=K_i/K_C$。代入式(11.7 - 9),变成

$$y_i=K_C\alpha_i x_i=\frac{f-1}{f}x_i+\frac{x_{iF}}{f} \tag{11.7-10}$$

解出 x_i,并加和所有组分,

$$\sum x_i=\sum\frac{x_{iF}}{f(K_C\alpha_i-1)+1}=1.0 \tag{11.7-11}$$

上式可用试差法求解,当汽化率 f 给定时,先设一个温度进行试差。当$\sum x_i$ 等于1时,所选的温度就是适合的温度。蒸气的组成 y_i 可由 $y_i=K_C\alpha_i x_i$ 或物料衡算获得。

11.7.4 多组分精馏的关键组分

在一精馏塔中进行多组分混合物的精馏,将只可在两个组分之间进行分离。如 A、B、C、D 的混合物等等,在一个精馏塔中进行的分离只能是 A 与 B 之间或 B 与 C 之间,等等。分离的两个组分中,易挥发的组分(用下标 L 来表示)称为轻关键组分,另一个为重关键组分(用下标 H 表示)。比轻关键组分更易挥发的组分称为轻组分,在塔釜中以很少的量出现。

比重关键组分更难挥发的组分称为重组分,在塔顶馏出液中以很少的量出现。两个关键组分在塔顶馏出液和釜液中都以显著的含量出现。

11.7.5 多组分精馏的全回流

(1) 全回流下的最少理论级数。如同二元精馏,多组分精馏的最少理论级数或理论板数 N_m 可以在全回流的条件下确定。芬斯克方程(11.4-23)也可用于多组分物系中的任何两个组分。当用于重关键组分 H 和轻关键组分 L 时,就变成

$$N_m = \frac{\lg[(x_{LD}D/(x_{HD}D))(x_{HW}W/(x_{LW}W))]}{\lg(\alpha_{L,av})} \tag{11.7-12}$$

式中 x_{LD} 是塔顶馏出液中轻关键组分的摩尔分率,x_{LW} 是釜液中轻关键组分的摩尔分率;x_{HD} 是塔顶馏出液中重关键组分的摩尔分率,x_{HW} 是釜液中重关键组分的摩尔分率。轻关键组分的平均相对挥发度 α_L 可从塔顶温度(露点)下的 α_{LD} 和塔釜温度下的 α_{LW} 算得:

$$\alpha_{L,av} = \sqrt{\alpha_{LD}\alpha_{LW}} \tag{11.7-13}$$

塔顶馏出物的露点和釜液的泡点的确定需要分别试差计算,因为其他组分在塔顶馏出物中和釜液中的分布是未知的,而且对塔顶和塔底温度是有影响的。

(2) 其他组分的分布。为了确定全回流条件下其他组分在塔顶馏出物中和釜液中的分布或浓度,式(11.7-12)用来计算任何组分 i,经整理可写成如下的形式:

$$\frac{x_{iD}D}{x_{iW}W} = (\alpha_{i,av})^{N_m}\frac{x_{HD}D}{x_{HW}W} \tag{11.7-14}$$

这些其他组分在全回流条件下确定的浓度可近似地用于有限的回流和最小回流比的情况。用于计算有限回流和最小回流比情况的更精确的方法可参阅其他文献(H2,S1,V1)。

例 11.7-2 塔顶和塔底温度和全回流的计算

如例 11.7-1 中所述的沸点液体加料为 100 kmol/h,在 405.3 kPa 绝压下进入精馏塔,经精馏后,正戊烷(B)在塔顶馏出物中的回收率为 90%,正己烷(C)在塔底釜出液中的回收率为 90%。试求:

(1) 塔顶馏出物和塔底釜出液的流率(mol/h)和组成;

(2) 馏出物的塔顶温度(露点)和塔釜沸点;

(3) 全回流下的最少级数和其他组分在塔顶馏出物和塔底釜出液中的分布。

解:(1) 对每个组分进行物料衡算,以正戊烷(B)为轻关键组分(L),正己烷(C)为重关键组分(H)。总物料衡算有

$$F = D + W \tag{11.7-15}$$

对于轻关键组分 B,

$$x_{BF}F = 0.25\times100 = 25.0 = y_{BD}D + x_{BW}W \tag{11.7-16}$$

由于 90% 的 B 在塔顶馏出物中,$y_{BD}D = 0.90\times25 - 22.5$。因此,$x_{BW}W = 2.5$。

对于重关键组分 C,

$$x_{CF}F=0.20\times100=20.0=y_{CD}D+x_{CW}W \qquad (11.7-17)$$

同样,90%的 C 在塔底釜出液中,$x_{CW}W=0.90\times20=18.0$。那么,$y_{CD}D=2.0$。第 1 次试差时,假定塔顶馏出物中没有 D 组分(比 C 组分难挥发),塔底釜出液中没有轻组分 A。因此,塔顶馏出物中 A 的摩尔流率$=y_{AD}D=0.40\times100=40.0$。同样,塔底釜出液中 D 的摩尔流率$=x_{DW}W=0.15\times100=15.0$。这些值列成下表。

组分	加料 F		馏出物 D		釜出液 W	
	x_F	$x_F F$	$y_D=x_D$	$y_D D$	x_W	$x_W W$
A	0.40	40.0	0.620	40.0	0	0
B(轻关键 L)	0.25	25.0	0.349	22.5	0.070	2.5
C(重关键 H)	0.20	20.0	0.031	2.0	0.507	18.0
D	0.15	15.0	0	0	0.423	15.0
$\sum$	1.00	100.0	1.000	64.5	1.000	35.5

(2) 塔顶馏出物的露点(塔顶温度),在第 1 次试差时,假定 67 ℃值。从图 11.7-2 可得 K 值,并计算出 α 值。用式(11.7-7)和式(11.7-8)可计算得如下数据:

组分	y_{iD}	K_i(67 ℃)	α_i	y_i/α_i	x_i
A	0.620	1.75	6.73	0.092 1	0.351
B(L)	0.349	0.65	2.50	0.139 6	0.531
C(H)	0.031	0.26	1.00	0.031 0	0.118
D	0	0.10	0.385	0	0
$\sum$	1.000			0.262 7	1.000
$K_C=\sum y_i/\alpha_i=0.2627$					

计算的 K_C 值为 0.262 7,它所对应的温度很接近 67 ℃,这就是最终的露点温度。

塔底釜出液的泡点,在第 1 次试差时,可先假定 135℃值,用式(11.7-5)和式(11.7-6)进行计算。第 2 次试差用 132 ℃值,得到最终的温度如下所示:

组分	x_{iW}	K_i	α_i	$\alpha_i x_i$	y_i
A	0	5.00	4.348	0	0
B(L)	0.070	2.35	2.043	0.143 0	0.164
C(H)	0.507	1.15	1.000	0.507 0	0.580
D	0.423	0.61	0.530	0.224 2	0.256
$\sum$	1.000			0.874 2	1.000
$K_C=1/0.8742=1.144$					

计算的 K_C 值为 1.144,它所对应的温度很接近 132 ℃。

(3) 用于式(11.7-13)所需的轻关键组分(正戊烷)的 α 值如下:

$$\alpha_{LD}=2.50 \quad (t=67\ ℃\text{在塔顶})$$

$$\alpha_{LW}=2.04 \quad (t=132\ ℃ 在塔底)$$

$$\alpha_{L,av}=\sqrt{\alpha_{LD}\alpha_{LW}}=\sqrt{2.50\times 2.04}=2.258 \tag{11.7-13}$$

代入式(11.7-12)

$$N_m=\frac{\lg[(0.349\times 64.5/(0.031\times 64.5))\times(0.507\times 35.5/(0.070\times 35.5))]}{\lg(2.258)}$$

$$=5.404 理论级(4.404 理论板)$$

其他组分的分布或浓度可用式(11.7-14)进行计算。对于A组分,使用的平均 α 值为

$$\alpha_{A,av}=\sqrt{\alpha_{AD}\alpha_{AW}}=\sqrt{6.73\times 4.348}=5.409$$

$$\frac{x_{AD}D}{x_{AW}W}=(\alpha_{A,av})^{N_m}\frac{x_{HD}D}{x_{HW}W}=5.409^{5.404}\times\frac{0.031\times 64.5}{0.507\times 35.5}=1\,017 \tag{11.7-14}$$

对A组分作全塔的物料衡算

$$x_{AF}F=40.0=x_{AD}D+x_{AW}W \tag{11.7-18}$$

将式(11.7-14)所得 $x_{AD}D=1\,017x_{AW}W$ 代入式(11.7-18),并解得

$$x_{AW}W=0.039,\quad x_{AD}D=39.961$$

对于D组分的分布,$\alpha_{D,av}=\sqrt{0.385\times 0.530}=0.452$

$$\frac{x_{DD}D}{x_{DW}W}=(\alpha_{D,av})^{N_m}\frac{x_{HD}D}{x_{HW}W}=0.452^{5.404}\times\frac{0.031\times 645}{0.507\times 355}=0.001\,521$$

$$x_{DF}F=15.0=x_{DD}D+x_{DW}W$$

解得,$x_{DD}D=0.023$,$x_{DW}W=14.977$。

修正后的塔顶和塔底的组成如下:

组分	馏出液 D		釜出液 W	
	$y_D=x_D$	x_DD	x_W	x_WW
A	0.619 7	39.961	0.001 1	0.039
B(L)	0.348 9	22.500	0.070 4	2.500
C(H)	0.031 0	2.000	0.506 8	18.000
D	0.000 4	0.023	0.421 7	14.977
$\sum$	1.000 0	64.484	1.000 0	35.516

由此可知,馏出液中D组分的摩尔流率很小,釜出液中A组分的摩尔流率也如此。

采用新的馏出液组成,假定露点 67 ℃,重新进行计算得 $K_C=0.263\,7$。这与假定塔顶馏出液中痕量组分D为零的结果 $K_C=0.262\,7$ 非常接近。因此,露点为 67 ℃。假定塔釜液的泡点 132 ℃,重新进行计算得 $K_C=1.138$,它与 132 ℃下的值非常接近。因此,泡点仍为 132 ℃。如果泡点或露点温度有变化,新的值将用来重新进行 N_m 的计算。

11.7.6 多组分精馏最小回流比的简捷计算方法

与二元精馏的情况相似,最小回流比 R_m 是在关键组分指定分离任务的条件下,所需的理论板数为无穷多时的回流比。

对于二元精馏,只出现一个“挟点”,该处的理论板数变成无穷多,通常是在加料口处。对于多组分精馏,出现两个挟点或恒浓区:一个在加料口以上,另一个在加料口以下。严格的逐板计算确定 R_m 的方法是试差方法,用手算的话是极其冗长乏味的。

恩德伍德简捷计算 R_m(U1,U2)的方法采用恒定的 α 平均值,假定在塔的精馏段和提馏段的流率恒定。这个方法提供了合乎情理的精确的 R_m 值。用于确定最小回流比的两个方程为

$$1-q=\sum\frac{\alpha_i x_{iF}}{\alpha_i-\theta} \tag{11.7-19}$$

$$R_m+1=\sum\frac{\alpha_i x_{iD}}{\alpha_i-\theta} \tag{11.7-20}$$

式(11.7-20)中的每个组分的 x_{iD} 值假定为最小回流比下的值。然而,作为近似,这些值采用由芬斯克方程计算的全回流条件下的值。由于每个 α_i 都可以随温度变化,用于计算的 α_i 值近似采用塔顶、塔底平均温度下的 α_i 值。有人(P1,S1)使用芬斯克方程中的平均 α 值或进料温度下的 α 值。为了求得 R_m 值,先用试差方法求出式(11.7-19)中的 θ 值。这个 θ 值在轻关键组分的 α 值与重关键组分的 α 值(它是 1.0)之间。在式(11.7-20)中使用这个 θ 值,可以直接求得 R_m 值。当两个关键组分之间还有其他组分时,可以用其他作者(S1,T2,V1)所描述的方法修正。

11.7.7 在操作回流比下理论级数的简捷计算方法

(1) 操作回流比下的级数。全回流下最少理论级数的确定在 11.7.5 节中进行了表述。11.7.5 节中表述的最小回流比对于确定理论级数的可行范围和流率条件是有用的。这些范围有助于选定设计计算中的部分操作条件。在操作回流比下,相对复杂的严格的逐板计算过程已在 11.7.1 中进行了讨论。

一个确定在操作回流比 R 下所需理论板数的重要简捷方法是 Erbar 和 Maddox(E1)给出的经验关联方法,如图 11.7-3 所示。这个关联与吉利兰(G1)关联有些类似,可看作是个近似的方法。在图 11.7-3 中,操作回流比 R(塔顶流率)与由恩德伍德方法算得的最小 R_m 值关联,最少理论板数 N_m 由芬斯克方程算得,N 就是操作回流比 R 下的理论级数。

(2) 加料板位置的确定。Kirkbride(K1)导出了确定加料口以上和以下的理论板数的近似方法,可用以确定加料板位置。这个经验方程如下:

$$\lg\frac{N_e}{N_s}=0.206\times\lg\left[\left(\frac{x_{HF}}{x_{LF}}\right)\frac{W}{D}\left(\frac{x_{LW}}{x_{HD}}\right)^2\right] \tag{11.7-21}$$

式中 N_e 是加料板以上的理论板数,N_s 是加料板以下的理论板数。

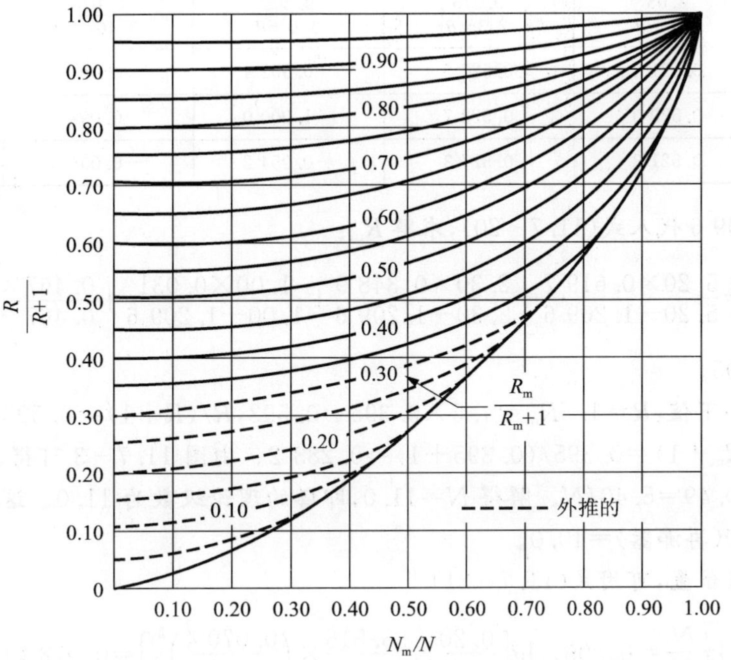

图 11.7-3　回流比与级数之间的 Erbar-Maddox 关联(R_m基于恩德伍德方法)

[经允许引自 J. H. Erbar 和 R. N. Maddox, Petrol. Refiner, 40(5), 183(1961)]

例 11.7-3　最小回流比和操作回流比下的理论级数

用例 11.7-2 中的条件与结果,试计算下列量:

(1) 用恩德伍德方法确定最小回流比。

(2) 在 $R=1.5R_m$的条件下,用 Erbar-Maddox 关联方法确定理论级数。

(3) 用 Kirkbride 方法确定加料板位置。

解:(1) 用于确定 α_i值的温度是塔顶 67 ℃和塔釜 132 ℃的平均值(取自例 11.7-2),即(67+132)/2=99.5 ℃。例 11.7-2 中所得到的 K_i 值和 α_i 值,用于式(11.7-19)和式(11.7-20)的馏出物和加料液的组成列于下表:

组分	x_{iF}	x_{iD}	K_i(99.5 ℃)	α_i(99.5 ℃)	x_{iW}
A	0.40	0.619 7	3.12	5.20	0.001 1
B(L)	0.25	0.348 9	1.38	2.30	0.070 4
C(H)	0.20	0.031 0	0.60	1.00	0.506 8
D	0.15	0.000 4	0.28	0.467	0.421 7
$\sum$	1.00	1.000 0			1.000 0

上述数据代入式(11.7-19),且沸点加料 $q=1.0$,

$$1-q=1-1=0=\frac{5.20\times0.40}{5.20-\theta}+\frac{2.30\times0.25}{2.30-\theta}+\frac{1.00\times0.20}{1.00-\theta}+\frac{0.467\times0.15}{0.467-\theta} \quad (11.7-22)$$

上式需用试差法,初值取 $\theta=1.210$(θ 必须在 2.30 至 1.00 之间),进行第 1 次试差。这次和其他几次的试差结果如下:

θ(假定)	$\frac{2.08}{5.2-\theta}$	$\frac{0.575}{2.3-\theta}$	$\frac{0.200}{1.0-\theta}$	$\frac{0.070}{0.467-\theta}$	$\sum$(加和)
1.210	0.521 3	0.527 5	−0.952 4	−0.094 2	+0.002 2
1.200	0.520 0	0.522 7	−1.000 0	−0.095 5	−0.052 8
1.209 6	0.521 3	0.527 3	−0.954 2	−0.094 3	+0.000 1

最终值 $\theta=1.209\ 6$ 代入式(11.7-20),求解 R_m:

$$R_m+1=\frac{5.20\times0.619\ 7}{5.20-1.209\ 6}+\frac{2.30\times0.348\ 9}{2.30-1.209\ 6}+\frac{1.00\times0.031}{1.00-1.209\ 6}+\frac{0.467\times0.000\ 4}{0.467-1.209\ 6}$$

解得,$R_m=0.395$。

(2) 计算如下值:$R=1.5R_m=1.5\times0.395=0.593$,$R/(R+1)=0.593/(0.593+1)=0.372\ 3$,$R_m/(R_m+1)=0.395/(0.395+1)=0.283\ 2$。由图 11.7-3 可得,$N_m/N=0.49$。因此,$N_m/N=0.49=5.40/N$。解得 $N=11.0$,即塔的理论级数为 11.0。这样,得到理论板数为 11.0−1.0(再沸器)=10.0。

(3) 加料板位置,可用式(11.7-21)

$$\lg\frac{N_e}{N_s}=0.206\times\lg\left[\frac{0.20}{0.25}\times\frac{35.516}{64.484}\times\left(\frac{0.070\ 4}{0.031\ 0}\right)^2\right]=0.073\ 44$$

因此,$N_e/N_s=1.184$。同样,$N_e+N_s=1.184N_s+N_s=N=11.0$ 级。
解得,$N_s=5.0$ 和 $N_e=6.0$。这就表明,加料板是塔顶往下第 6 块。

习　　题

11.1-1　汽相物系的相率。NH_3-水组成的物系,只有汽相存在,试计算物系的自由度数。哪些变量是确定的?

答:$F=3$ 个自由度;T,p,y_A。

11.1-2　沸点和拉乌尔定律。苯-甲苯物系,用表 11.1-1 中的数据作如下计算:

(1) 在 378.2 K 下,用拉乌尔定律计算 y_A 和 x_A。

(2) 如果一混合物 $x_A=0.40$,处于 358.2 K 和 101.32 kPa,它是否将沸腾?如果不,在什么温度下它将沸腾?最初出现的蒸气的组成如何?

11.1-3　沸点图计算。己烷-辛烷物系的蒸气压数据给出如下:

T(℉)	T(℃)	蒸气压			
		正己烷		正辛烷	
		kPa	mmHg	kPa	mmHg
155.7	68.7	101.3	760	16.1	121
175	79.4	136.7	1 025	23.1	173
200	93.3	197.3	1 480	37.1	278
225	107.2	284.0	2 130	57.9	434
258.2	125.7	456.0	3 420	101.3	760

(1) 用拉乌尔定律计算总压 101.3 kPa 下的 $x-y$ 数据和绘制 $x-y$ 图。

(2) 绘制沸点图。

11.2-1　汽液物系的单级接触。100 mol 含 0.60(摩尔分率)正戊烷和 0.40(摩尔分率)正庚烷的混合物在 101.32 kPa 绝对压力下沸腾，直至产生 40 mol 蒸气，且与 60 mol 液体相互达到相平衡。这发生在单级装置中，蒸气与液体相互保持接触直至蒸发完成。平衡数据已在例 11.3-2 中给出。试计算蒸气和液体的组成。

11.3-1　二元物系的相对挥发度。用已在例 11.3-2 中给出的正戊烷和正庚烷平衡数据，计算各个浓度下的相对挥发度，并画出 α 对液相组成 x_A 的图。

11.3-2　比较微分蒸馏和闪蒸。100 kmol 含 0.60(摩尔分率)正戊烷(A)和 0.40(摩尔分率)正庚烷(B)的混合物在 101.32 kPa 绝对压力、微分条件下汽化，蒸馏直至残留液体为 40 kmol。用例 11.3-2 中给出的平衡数据，试计算：

(1) 馏出的蒸气总平均浓度为多少？残留液体的浓度为多少？

(2) 如果在平衡蒸馏或闪蒸过程中，汽化同样的蒸气量(残留液体为 40 kmol)，蒸气的组成为多少？残留液体的组成为多少？

答：(1) $x_2=0.405$，$y_{av}=0.892$；(2) $x_2=0.430$，$y_2=0.854$。

11.3-3　苯-甲苯的简单蒸馏。一混合物含有 0.7(摩尔分率)苯和 0.3(摩尔分率)甲苯，在 101.32 kPa (1 atm)压力、简单蒸馏的条件下进行蒸馏。加料总量中的三分之一摩尔数被汽化。试计算馏出蒸气的平均组成，残留液体的组成。相平衡数据见表 11.1-1。

11.3-4　乙基苯胺的水蒸气蒸馏。某混合物含有 100 kg H_2O 和 100 kg 乙基苯胺(摩尔质量＝121.1 kg/kmol)，乙基苯胺在水中不溶解。在有机相中含有少量的难挥发组分杂质。为了精制乙基苯胺，在总压 101.32 kPa(1 atm)下用饱和水蒸气对混合物进行水蒸气蒸馏。试确定混合物的泡点和蒸气的组成。各个纯组分的饱和蒸气压见下表(T1)：

温度		p_A^S(水)	p_B^S(乙基苯胺)
K	℃	(kPa)	(kPa)
353.8	80.6	48.5	1.33
369.2	96.0	87.7	2.67
372.3	99.15	98.3	3.04
386.4	113.2	163.3	5.33

11.3-5　苯的水蒸气蒸馏。含有 50 mol 液体苯和 50 mol 水的混合物在 101.32 kPa(1 atm)压力下沸腾。液体苯不溶于水。试确定混合物的沸点和蒸气的组成。哪一个组分将先被完全地从塔釜中除去。各纯组分的蒸气压数据如下：

温度		$p_{水}^S$	$p_{苯}^S$
K	℃	(mmHg)	(mmHg)
308.5	35.3	43	150
325.9	52.7	106	300
345.8	72.6	261	600
353.3	80.1	356	760

11.4-1　用 McCabe-Thiele 方法计算精馏。一精馏塔在 101.32 kPa 绝对压力下操作，加料为 100 koml/h，含 0.5(摩尔分率)苯和 0.5(摩尔分率)甲苯。加料为沸点液体。馏出液含 0.90 苯，釜出液含 0.10 苯。回流比为 4.52∶1。试计算馏出液的量(kmol/h)和釜出液的量(kmol/h)。用 McCabe-

Thiele 方法计算精馏所需的理论板数。

答：$D=50$ kmol/h，$W=50$ kmol/h，4.9 块理论板加再沸器。

11.4-2　庚烷与乙苯混合物的精馏。沸点下的饱和液体加料 200 kmol/h，含 0.42(摩尔分率)庚烷和 0.58(摩尔分率)乙苯，在 101.32 kPa 绝对压力下操作，得到含 0.97(摩尔分率)庚烷的馏出液和含 0.011(摩尔分率)庚烷的釜出液。回流比为 2.5∶1。试计算馏出液的量(kmol/h)和釜出液的量(kmol/h)，精馏所需的理论板数，加料板位置。101.32 kPa 绝对压力下的相平衡数据见下列表格，其中 x_H 和 y_H 为庚烷的摩尔分率。

温度		x_H	y_H	温度		x_H	y_H
K	℃			K	℃		
409.3	136.1	0	0	383.8	110.6	0.485	0.730
402.6	129.4	0.08	0.230	376.0	102.8	0.790	0.904
392.6	119.4	0.25	0.514	371.5	98.3	1.000	1.000

答：$D=85.3$ kmol/h，$W=114.7$ kmol/h，9.5 块理论板加再沸器，从塔顶向下第 6 块加料。

11.4-3　图解最小回流比和全回流。对于题 11.4-1 给出的精馏问题，苯-甲苯的等摩尔混合物液体加料，被精馏至馏出液浓度 $x_D=0.90$ 和塔底釜出液浓度 $x_W=0.10$。试用图解方法计算下列变量：

(1) 最小回流比 R_m。

(2) 全回流下的最小理论板数。

答：(1) $R_m=0.91$；(2) 4.0 块理论板加再沸器。

11.4-4　最少理论板数和最小回流比。对例 11.4-2 所给出的庚烷与乙苯混合物的精馏分离问题，用 McCabe-Thiele 图解方法确定最小回流比 R_m 和全回流下的最少理论板数。

11.4-5　采用加料部分汽化的精馏。总加料 200 kmol/h 具有总组成 0.42(摩尔分率)庚烷和 0.58(摩尔分率)乙苯，在 101.32 kPa 绝对压力下进行精馏操作，被精馏至馏出液浓度 $x_D=0.97$ 庚烷和塔底釜出液浓度 $x_W=0.011$ 庚烷。加料进塔时部分汽化，40%(摩尔分率)为液体，60%为蒸气。平衡数据已在题 11.4-2 中给出。试计算下列变量：

(1) 馏出液和塔底釜出液的量，mol/h。

(2) 最小回流比 R_m。

(3) 全回流下的最小理论板数。

(4) 在操作回流比为 2.5∶1 的条件下所需的理论板数。

与题 11.4-2 中采用饱和液体进料所得出的结果进行比较。

11.4-6　采用蒸气加料的精馏。重复习题 11.4-1，但是使用的加料为露点下的饱和蒸气。试计算：

(1) 最小回流比 R_m。

(2) 全回流下的最小理论板数。

(3) 在操作回流比为 $1.5R_m$ 的条件下所需的理论板数。

11.4-7　苯-甲苯的富集塔精馏。一富集精馏塔加料为 100 kmol/h 含 0.40(摩尔分率)苯(A)和 0.6(摩尔分率)甲苯(B)的饱和蒸气，在 101.32 kPa 绝对压力下精馏。塔顶馏出液含 0.90 苯(摩尔分率)。回流比定为 4.0。试计算塔顶馏出液量 D、塔釜液量 W(kmol/h)和它们的组成。并计算所需的理论板数。

答：$D=20$ kmol/h，$W=80$ kmol/h，$x_W=0.275$。

11.4-8　提馏塔。含有 0.10(摩尔分率)正庚烷和 0.90(摩尔分率)正辛烷的混合液体在沸点下加入在 101.32 kPa 绝对压力下操作的提馏塔的塔顶。釜出液含 0.98(摩尔分率)正辛烷。每进料3 mol，回收 2 mol 蒸气作产品。试计算蒸气的组成和所需的理论板数。相平衡数据给出如下，其中 x、y 为正庚烷的摩尔分率。

x	y	x	y
0.284	0.459	0.039	0.078
0.097	0.184	0.012	0.025
0.067	0.131		

11.4-9　直接蒸汽加热的提馏塔。一股泡点液体加料含 0.033(摩尔分率)乙醇和 0.967(摩尔分率)水，进入提馏塔的塔顶。饱和水蒸气直接通入塔釜。塔顶出来的蒸气中回收了进料中的 99% 乙醇。此题服从恒摩尔流假定。101.32 kPa 绝对压力(1 atm 绝压)下以乙醇摩尔分率表示的相平衡数据见下表：

x	y	x	y
0	0	0.029 6	0.250
0.008 0	0.075 0	0.033	0.270
0.020	0.175		

(1) 计算在无穷理论级数下，每摩尔加料所需要的最少水蒸气量。(提示：用 q 线作图解)

(2) 采用两倍的最少水蒸气量，计算所需的理论级数、塔顶蒸气的组成、釜出液的组成。

答：(1) 0.121 mol 水蒸气/mol 加料；(2) 5.0 理论级，$x_D=0.135$，$x_W=0.000\ 33$。

11.5-1　默弗里板效率和实际板数。题 11.4-2 中庚烷与乙苯的精馏分离，已知默弗里板效率为 0.55。试通过逐板按板效率 0.55 计算，确定实际所需的理论板数。并计算总板效率 E_O。

11.5-2　填料吸收塔和板式吸收塔的效率。石化炼油厂中的一个吸收塔，用贫油吸收天然气中的丁烷。气相中的关键组分丁烷的浓度与它在液相中的浓度的相平衡关系为 $y=mx=0.7x$。在塔釜流率达到最大，密度为 $\rho_L=57.91\ lb_m/ft^3$ (927 kg/m³)。在平均塔温下，$\mu_L=1.4$ cP，液体的平均分子量为 $M_L=245$。试确定浮阀板式塔的板效率和 Norton Intalox 2T 规整填料的 HETP 值。

11.5-3　筛板塔直径的确定。一精馏筛板塔被用于精馏烷烃混合物。塔釜的蒸气流率为 21 000 kg/h，液体流率为 19 500 kg/h。液体的密度为 $\rho_L=673\ kg/m^3$，蒸气 $\rho_V=3.68\ kg/m^3$。假定板间距为 24 英寸(0.610 m)。试计算塔直径，假定塔的操作处于 80% 泛点负荷。物系的界面张力 $\sigma=22.5$ dyn/cm。

答：$K_V=0.35$，$D=1.372$ m(4.50 ft)。

11.6-1　用焓-浓方法求解乙醇-水的精馏分离。50%(质)乙醇与 50%(质)水的混合物，在沸点下加入 101.32 kPa 压力下的精馏塔，塔顶馏出液含 85%(质)乙醇，釜出液含 3%(质)乙醇。加料流率为 453.6 kg/h，采用的回流比为 1.5。使用的相平衡数据和焓数据见附录 A.3。浓度为质量分率，焓为 kJ/kg。用这些统一的单位作图表达焓-浓度数据和平衡数据。试求：

(1) 计算塔顶馏出液的量和釜出液的量；

(2) 计算所需的理论板数；

(3) 计算冷凝器和再沸器的热负荷。

答：(1) $D=260.0$ kg/h，$W=193.6$ kg/h　(2) 3.9 块板加再沸器

(3) $q_C=698\ 750$ kJ/h，$q_R=704\ 770$ kJ/h。

11.6-2　用焓-浓方法计算乙醇-水的精馏分离。重复习题 11.6-1，但是，回流比用 2.0 代替 1.5。

答：3.6 块板加再沸器。

11.6-3　最小回流比和理论板数。含乙醇 0.6(质量分率)的乙醇水溶液在 101.32 kPa 压力下精馏，塔顶馏出液含乙醇 0.85(质量分率)，塔釜出料含乙醇 0.02(质量分率)。加料流率为 10 000 kg/h，加料焓值为 116.3 kJ/kg (50 btu/lbm)。统一使用单位 kg/h，质量分率，kJ/kg。

(1) 计算塔顶馏出液的量和釜出液的量；

(2) 采用附录 A.3 的焓-浓度数据确定最小回流比 R_m；

(3) 采用 $R=2R_m$ 的回流比，计算所需的理论板数；

(4) 计算冷凝器和再沸器的热负荷；

(5) 确定全回流条件下的最少理论板数。

答：(2) $R_m=0.373$ (3) 4.4 块理论板加再沸器 (4) $q_C=3\ 634$ kJ/h，$q_R=4\ 096$ kJ/h (5) 2.8 块理论板加再沸器

11.6-4 用焓-浓方法计算苯-甲苯精馏。沸点下的苯-甲苯加料 100 kmol/h 含 0.55(摩尔分率)苯和 0.45(摩尔分率)甲苯。在 101.32 kPa 压力下精馏，塔顶馏出液 $x_D=0.98$，釜出液 $x_W=0.04$。采用回流比为 1.3 倍的最小回流比，试用焓-浓方法计算：

(1) 确定所需的理论板数；

(2) 计算冷凝器和再沸器的热负荷；

(3) 确定全回流条件下的最少理论板数。

11.6-5 采用焓-浓图。对苯-甲苯物系进行下列计算：

(1) 用表 11.6-2 中的数据作图绘制焓-浓图。按 $x=0.60=y$ 值，计算饱和液体的焓 h 和饱和蒸气的焓 H，并将这些数据绘制在图中。

(2) 一混合物含 60 mol 苯和 40 mol 甲苯。该混合物被加热至产生 30 mol 蒸气。汽液两相处于相平衡。试确定该混合物总的焓，并将该点绘制在焓-浓图上。

11.7-1 多组分加料的闪蒸汽化。加料与例 11.7-1 相同，计算下列变量：

(1) 加料的露点和加料相平衡的液体的组成(提示：已计算得泡点为 70 ℃)。

(2) 当进料的 40%量在闪蒸器中被汽化时，两相的温度和组成。

答：(1) 107 ℃，$x_A=0.114$，$x_B=0.158$，$x_C=0.218$，$x_D=0.447$；

(2) 82 ℃，$x_A=0.260$，$x_B=0.254$，$x_C=0.262$，$x_D=0.224$；

$y_A=0.610$，$y_B=0.244$，$y_C=0.107$，$y_D=0.039$

11.7-2 沸点、露点和闪蒸汽化。下面是以摩尔分率表示的液体加料组成：正丁烷($x_A=0.35$)、正戊烷($x_B=0.20$)、正己烷($x_C=0.25$)、正庚烷($x_D=0.20$)。在 405.3 kPa 压力下操作，试求：

(1) 沸点和相平衡的汽相的组成；

(2) 露点和相平衡的液相的组成；

(3) 当加料的 60%量在闪蒸器中被汽化时，两相的温度和组成。

11.7-3 多组分醇混合物的汽化。混合物中各类醇的饱和蒸气压数据给出如下：

T(℃)	饱和蒸气压(mmHg)			
	甲醇	乙醇	正丙醇	正丁醇
50	415	220.0	88.9	33.7
60	629	351.5	148.9	59.2
65	767	438	190.1	77.7
70	929	542	240.6	99.6
75	1 119	665	301.9	131.3
80	1 339	812	376.0	165.0
85	1 539	984	465	206.1
90	1 884	1 185	571	225.9
100	2 598	1 706	843	387.6

下面是以摩尔分率表示多组分醇混合物液体加料的组成：甲醇($x_A=0.30$)、乙醇($x_B=0.20$)、正丙醇($x_C=0.15$)、正丁醇($x_D=0.35$)，该料液进入在 101.32 kPa 压力下操作的塔内精馏分离。假定该混合物物系服从拉乌尔定律，试计算：

(1) 沸点和相平衡的汽相的组成；

(2) 露点和相平衡的液相的组成；

(3) 当加料的 40%量在闪蒸器中被汽化时，两相的温度和组成。

答：(1) 83 ℃，$y_A=0.589$，$y_B=0.241$，$y_C=0.084$，$y_D=0.086$；

(2) 100 ℃，$x_A=0.088$，$x_B=0.089$，$x_C=0.136$，$x_D=0.687$

11.7-4 全回流、最小回流比、理论级数。下面的液体加料进入在 405.3 kPa 压力下操作精馏塔进行分离，以摩尔分率表示的组成为：正丁烷($x_A=0.40$)、正戊烷($x_B=0.25$)、正己烷($x_C=0.20$)、正庚烷($x_D=0.15$)。该进料在塔顶馏出液中回收 95% 的正戊烷，在塔底釜出液中回收 95% 的正己烷。试求：

(1) 计算塔顶馏出液的量和塔底釜出液的量(mol/h)以及组成；

(2) 塔顶和塔底的温度；

(3) 全回流下的最少理论级数和其他组分(痕量组分)在塔顶、塔底产物中的分布，即摩尔流率和摩尔分率；[并修正在(1)中的痕量组分的摩尔流率和摩尔分率。]

(4) 用恩德伍德方法计算最小回流比；

(5) 在操作回流比为最小回流比的 1.3 倍时，用 Erbar-Maddox 关联式确定所需理论板数；

(6) 用 Kirkbride 方法确定加料板位置。

答：(1) $D=64.75$ mol/h，$x_{AD}=0.6178$，$x_{BD}=0.3668$，$x_{CD}=0.0154$，$x_{DD}=0$；

$W=35.25$ mol/h，$x_{AW}=0$，$x_{BW}=0.0355$，$x_{CW}=0.5390$，$x_{DW}=0.4255$；

(2) 塔顶 66 ℃，塔底 134 ℃；

(3) $N_m=7.14$ 级；痕量组分，$x_{AW}=1.2\times10^{-4}$，$x_{DD}=4.0\times10^{-5}$，

(4) $R_m=0.504$；(5) $N=16.8$ 级；(6) $N_e=9.1$ 级，$N_S=7.7$ 级，自塔顶向下 9.1 级加料。

11.7-5 多组分精馏塔的简捷设计计算。部分液体和部分蒸气($q=0.30$)的加料以 1 000 kmol/h 的流率进入 405.4 kPa 压力下操作的精馏塔。以摩尔分率表示的加料总组成为：正丁烷($x_A=0.35$)，正戊烷($x_B=0.30$)，正己烷($x_C=0.20$)，正庚烷($x_D=0.15$)。该进料在塔顶馏出液中回收 97% 的正戊烷，在塔底釜出液中回收 85% 的正己烷。试求：

(1) 计算塔顶馏出液、塔底釜出液的量、组成和温度；

(2) 全回流下的最少理论级数和其他组分(痕量组分)在塔顶、塔底产物中的分布；

(3) 最小回流比，在操作回流比为 $1.2R_m$ 时所需理论板数，加料板位置。

11.7-6 多组分醇混合物的精馏。一加料含甲醇 $x_A=0.30$ (摩尔分率，下同)、乙醇 $x_B=0.20$、正丙醇 $x_C=0.15$、正丁醇 $x_D=0.35$，在 101.32 kPa 绝对压力下精馏，塔顶馏出液甲醇浓度为 0.95，塔底残液甲醇浓度为 0.05，其他组成按计算确定。加料温度低于沸点，$q=1.1$。操作回流比为 3.0。假定物系服从拉乌尔定律，所用的蒸气压数据见题 11.7-3。试求：

(1) 当加料为 100 mol/h 时，计算塔顶馏出液、塔底釜出液的量和组成；

(2) 塔顶和塔底的温度，全回流下的最少理论级数，并计算其他组分在塔顶、塔底产物中的分布；

(3) 最小回流比，在操作回流比 $R=3.0$ 时所需理论板数，加料板位置。

答：(1) $D=27.778$ mol/h，$x_{AD}=0.95$，$x_{BD}=0.05$，$x_{CD}=0$，$x_{DD}=0$；

$W=72.222$ mol/h，$x_{AW}=0.0500$，$x_{BW}=0.2577$，$x_{CW}=0.2077$，$x_{DW}=0.4846$；

(2) 塔顶 65.5 ℃，塔底 94.3 ℃，$N_m=9.21$ 级，$x_{CD}=3.04\times10^{-5}$，$x_{DD}=8.79\times10^{-7}$(痕量组分)；

(3) $R_m=2.20$，$N=16.2$ 级，$N_s=7.6$ 级，$N_e=8.6$ 级，自塔顶向下 8.6 级加料。

11.7-7 三元混合物精馏的简捷设计计算。一液体加料在沸点下加入板式塔进行精馏，产生塔顶馏出液和塔底釜出液。具体组成为：加料 $x_{AF}=0.047$，$x_{BF}=0.072$，$x_{CF}=0.881$；塔顶馏出液 $x_{AD}=0.1260$，$x_{BD}=0.1913$，$x_{CD}=0.6827$；塔底釜出液 $x_{AW}=0$，$x_{BW}=0.001$，$x_{CW}=0.999$。采用的平均 α 值为 $\alpha_A=4.19$，$\alpha_B=1.58$，$\alpha_C=1.00$。试求：

(1) 当加料为 100 mol/h 时，计算塔顶馏出液 D、塔底釜出液 W；全回流下的最少理论级数；A 组分在塔底产物中的分布(浓度)；

(2) 计算最小回流比，在操作回流比为 $1.25R_m$ 时所需理论级数。

参考文献

(D1) DEPRIESTER, C. L. Chem. Eng. Progr. Symp. Ser., **49**(7), 1(1953).

(E1) ERBAR, J. H., and MADDOX, R. N. Petrol. Refiner, **40**(5), 183(1961).

(F1) FAIR, J. R. Petro/Chem. Eng., **33**(10), 45(1961).

(G1) GILLILAND, E. R. Ind. Eng. Chem., **32**, 1220(1940).

(H1) HADDEN, S. T., and GRAYSON, H. G. Petrol. Refiner, **40**(9), 207(1961).

(H2) HOLLAND, C. D. Multicomponent Distillation. Englewood Cliffs, N. J.: Prentice-Hall, 1963.

(K1) KIRKBRIDE, C. G. Petrol. Refiner, 23(9), 321(1944).

(K2) KWAUK, M. A. I. Ch. E. J., 2, 240(1956).

(K3) KING, C. J. Separation Processes, 2nd ed. New York: McGraw-Hill Book Company, 1980.

(K4) KISTER, H. Z. Distillation Design. New York: McGraw-Hill Book Company, 1992.

(L1) LOCKETT, M. J. Chem. Eng. Progr., 86(Jan.), 19(1990).

(O1) O'CONNELL, H. E. Trans. A. I. Ch. E., **42**, 741(1946).

(P1) PERRY, R. H., and GREEN, D. Perry's Chemical Engineers' Handbook, 6th ed. New York: McGraw-Hill Book Company, 1984.

(R1) ROBINSON, C. S., and GILLILAND, E. R. Elements of Fractional Distillation, 4th ed. New York: McGraw-Hill Book Company, 1950.

(S1) SMITH, B. D. Design of Equilibrium Stage Processes. New York: McGraw-Hill Book Company, 1963.

(S2) SCHWEITZER, P. A. Handbook of Separation Techniques for Chemical Engineers. New York: McGraw-Hill Book Company, 1997.

(S3) SEADER, J. D., and HENLEY, E. J. Separation Process Principles. New York: John Wiley & Sons, Inc., 1998.

(T1) THIELE, E. W., and GEDDES, R. L. Ind. Eng. Chem., 25, 289(1933).

(T2) TREYBAL, R. E. Mass Transfer Operation, 3rd ed. New York: McGraw-Hill Book Company, 1980.

(U1) UNDERWOOD, A. J. V. Chem. Eng. Progr., **44**, 603(1948); **45**, 609(1949).

(U2) UNDERWOOD, A. J. V. J. Inst. Petrol., **32**, 614(1946).

(V1) VAN WINKLE, M. Distillation. New York: McGraw-Hill Book Company, 1967.

第12章 液-液和流-固分离过程

12.1 吸附过程概述

12.1.1 概述

在吸附过程中，流动的气体或液体中的一个或多个组分被吸附剂固体表面吸附，从而实现分离。在工业过程中，吸附剂通常是以小颗粒的固定床形式出现的。流体流过床层，固体颗粒从流体中吸附有关组分。当床层几乎饱和时，这个床层的流动就结束了，该床层就通过加热的或其他的方法进行再生，以使有关组分发生脱附。被吸附的物质(吸附质)因而被回收，再生后的固体吸附剂为进入下一个吸附循环做好了准备。

液相吸附的应用包括从水中或有机溶液中除去有机化合物，从有机物中脱除带色物质，从发酵罐流出物中分离出各种发酵产物。分离包括从芳香化产物中分离出直链烷烃，用沸石分子筛从葡萄糖中分离出左旋糖。

气相吸附的应用包括从烃类化合物的气体中除去水分，从天然气中除去含硫化合物，从空气中或其他气体中回收溶剂，从空气中分离气味物质。

12.1.2 吸附剂的物理性质

许多吸附剂被开发用于广泛的分离过程。典型的吸附剂是小丸状颗粒、珠状颗粒或细颗粒，尺寸大约在0.1 mm～12 mm，而大的颗粒被用于填充床。吸附剂颗粒具有多孔结构，带有很多小孔，并且小孔容积占总颗粒体积的50%以上。吸附通常出现在细孔表面的单层吸附，尽管有时也出现多层吸附。物理吸附或范德华吸附，通常出现在被吸附分子与固体内孔表面之间，它是容易脱附的。

总的吸附过程由一系列的步骤串联组成。当流体流经固定床中的颗粒时，溶质首先从流体主体扩散至颗粒的外表面。然后，溶质在孔道内扩散至孔道的内表面。最后，溶质在表面上被吸附。因此，总的吸附过程是几步串联的过程。

有各种各样的工业吸附剂，下面简述其中一些主要的吸附剂。这些吸附剂都具有非常大的内表面积，在100～2 000 m^2/g以上。

(1) 活性炭。这是一种微晶体材料，由木材、果壳、煤炭等等物质经热分解制得，具有300～1 200 m^2/g的内表面，平均孔直径为10～60 Å。通常，有机物可被活性炭吸附。

(2) 硅胶。这种吸附剂由酸处理硅酸纳盐水溶液并经过干燥而制得。它具有的内表面积为600～800 m^2/g，平均孔直径为20～50 Å。它最初用于气体、液体的脱水，用于提纯烃类物质。

(3) 活性氧化铝。为制备这种材料，水合的氧化铝通过加热驱除水分后被活化，并制得活性氧化铝。它主要用于干燥气体和液体。内表面积在 200～500 m^2/g，平均孔直径为 20～140 Å。

(4) 沸石分子筛。这些沸石是硅铝酸盐的多孔结晶，它形成开放的晶体晶格，含有大小均一的微孔，使得它与其他种类的吸附剂不同，其他种类的吸附剂含有各种大小的微孔。不同的沸石具有的微孔从大约 3 至 10 Å。沸石用于干燥，分离烃类化合物、混合物和许多其他应用。

(5) 合成聚合物或合成树脂。这种吸附剂由两种主要的单体聚合而成。那些由芳香化合物如苯乙烯和二乙烯基苯制成的聚合物被用于从水溶液中吸附非极性有机物。那些由丙烯酸酯制成的聚合物被用于从水溶液中吸附极性更强的溶质。

12.1.3 吸附剂的平衡关系

流体相中溶质的浓度与固体相中溶质浓度之间的关系有点类似于气体在液体中的平衡溶解度。数据按等温吸附线作图，绘于图 12.1－1 之中。固体相中的浓度用 q(kg 吸附质(溶质)/kg 吸附剂(固体))来表示，流体相(气体或液体)中的浓度用 c (kg 吸附质/m^3 流体)来表示。

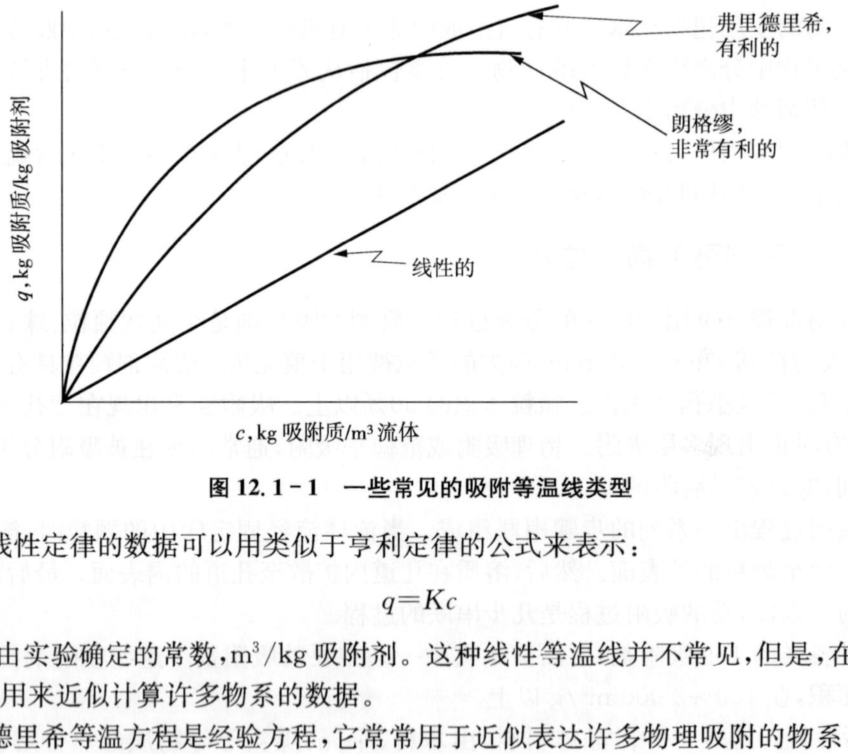

图 12.1－1 一些常见的吸附等温线类型

服从线性定律的数据可以用类似于亨利定律的公式来表示：

$$q=Kc \tag{12.1-1}$$

式中 K 是由实验确定的常数，m^3/kg 吸附剂。这种线性等温线并不常见，但是，在低浓度范围内，它被用来近似计算许多物系的数据。

弗里德里希等温方程是经验方程，它常常用于近似表达许多物理吸附的物系，尤其适用于液体：

$$q=Kc^n \tag{12.1-2}$$

式中 K 和 n 是常数，须由实验来确定。如果用双对数进行 q 对 c 的标绘，斜率就是无量纲的指数 n。K 的量纲与 n 的值有关。这个方程有时用于关联烃类气体在活性炭上的吸附过程的数据。

朗格缪等温方程具有理论的基础，给出如下：

$$q=\frac{q_0c}{K+c} \tag{12.1-3}$$

式中 q_0 和 K 是经验常数，q_0 的单位为 kg 吸附质/kg 固体，K 的单位为 kg/m^3。方程是在下列假定条件下导出的，吸附剂活化中心具有确切的数目，吸附过程只形成单层分子吸附，吸附是可逆的并达到平衡条件。以 $1/q$ 对 $1/c$ 作图，可得斜率为 K/q_0，截距为 $1/q_0$。

几乎所有的吸附物系都表明，随着温度的上升，吸附剂上的吸附量大大下降。这一点非常有用，因而吸附通常在常温下进行，脱附则可用升高温度的办法来实现。

例 12.1-1 废水中酚的等温吸附

用含酚水溶液和活性炭细颗粒在实验室中进行间歇的实验(R5)。常温下的相平衡数据如表 12.1-1 所示。对数据进行拟合，并确定吸附等温线。

表 12.1-1 例 12.1-1 的平衡数据(R5)

c (kg 酚/m^3 溶液)	q (kg 酚/kg 炭)
0.322	0.150
0.117	0.122
0.039	0.094
0.006 1	0.059
0.001 1	0.045

解：以 $1/q$ 对 $1/c$ 作图，所得结果不是直线，这表明该物系不服从朗格缪等温方程式(12.1-3)。用双对数以 $\lg q$ 对 $\lg c$ 作图，如图 12.1-2 所示，所得为一条直线，因此，服从弗甲德里希等温方程式(12.1-2)。斜率 n 为 0.229，常数 K 为 0.199，即

$$q=0.199c^{0.229}$$

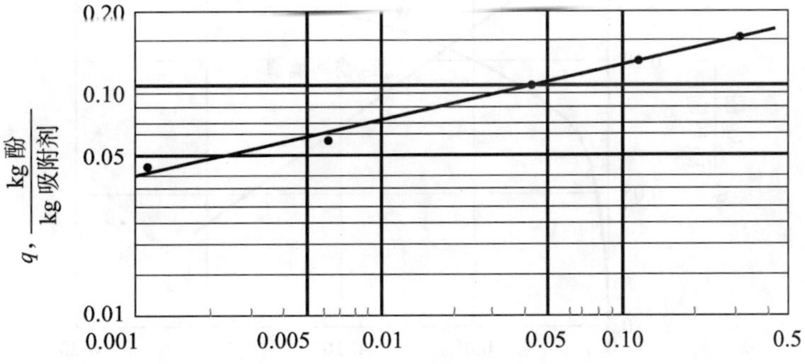

图 12.1-2 例 12.1-1 的数据作图

12.2 间歇吸附

当处理量比较小时，间歇吸附通常用于从液体溶液中吸附溶质，例如在制药工业或其他工业中。与许多其他过程相同，需要相平衡关系如弗里德里希等温方程或朗格缪等温方程，以及物料衡算方程。初始进料浓度为 c_F，最终平衡浓度为 c。同样，固体相初始吸附的溶质

浓度为 q_F，最终平衡浓度为 q。吸附质的物料衡算为

$$q_F M + c_F S = qM + cS \tag{12.2-1}$$

式中 M 是吸附剂的量，kg；S 是进料溶液的体积，m^3。

当式(12.2-1)中的变量 q 对 c 作图时，结果是一条直线。如果平衡等温线标绘在同一张图上，两线的交点表示了最终的平衡值 q 和 c。

例 12.2-1　活性炭的间歇吸附

废水溶液的量为 1.0 m^3，含有 0.21 kg 酚/m^3溶液(0.21 g/L)。总量为 1.40 kg 的新鲜活性炭颗粒加入溶液中进行吸附，经充分混合达到平衡。使用例 12.1-1 中的等温方程，试求最终平衡的值为多少，被除去的酚为百分之几？

解：给定的值为 $c_F = 0.21$ kg 酚/m^3溶液，$S = 1.0\ m^3$，$M = 1.40$ kg 炭，q_F假定为零。代入式(12.2-1)可得

$$0 \times 1.40 + 0.21 \times 1.0 = q \times 1.40 + c \times 1.0$$

这一直线方程绘于图 12.2-1 中。由例 12.1-1 所得的等温线方程也绘于图 12.2-1 中。在交点处，$q = 0.106$ kg 酚/kg 炭，$c = 0.062$ kg 酚/m^3溶液。被吸附的酚的百分率为

$$吸附百分率 = \frac{c_F - c}{c} \times 100\% = \frac{0.210 - 0.062}{0.210} \times 100\% = 70.5\%$$

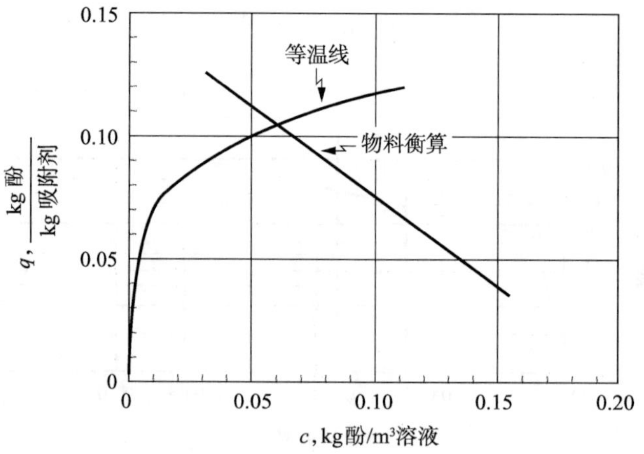

图 12.2-1　例 12.2-1 的解

12.3　固定床吸附器的设计

12.3.1　概述和浓度波

广泛用于从液体或气体中吸附溶质的方法是应用颗粒的固定床。所处理的流体通常以恒定的流率向下通过填充床层。其情况比搅拌釜的间歇吸附过程复杂得多，间歇吸附是达

到相平衡的。在固定床过程中,传质阻力是很重要的,该过程是非定态的。物系总的动力学速率决定了过程的效率,而不能看作是刚好达到了相平衡。

当吸附进行时,流体相中溶质的浓度和固体相中溶质的浓度是随时间和固定床中的位置而变化的。在床层进口处,假定在过程刚开始时固体中不含溶质。当流体刚在进口处与固体接触时,大多数的传质和吸附发生在入口处。当流体流过床层时,流体中溶质的浓度随着进入床层的距离的增加很快下降,并在到达出口处之前浓度早已达到了零。浓度波在时间 t_1 时开始形成,如图 12.3-1(a)所示,该图表示了浓度比 c/c_0 与床层长度之间的关系。流体浓度 c_0 是进料浓度,c 是床层中某一点的流体浓度。

在短时间之后,接近入口处的塔内固体接近于饱和,这样,大多数的传质和吸附发生在稍微离开入口处的床层中。在后来的时刻 t_2,发生大部分浓度变化的区域,即浓度波或传质区向床层内部进一步移动。所显示的浓度波是流体相的,固体相中的吸附质浓度波是与此类似的。入口处的固体将接近饱和,此处的浓度向下到传质区的固体浓度保持常数,在传质区中浓度会很快降低至几乎为零。t_3 时的虚线表示了与固体相平衡的流体相浓度。浓度差是传质的推动力。

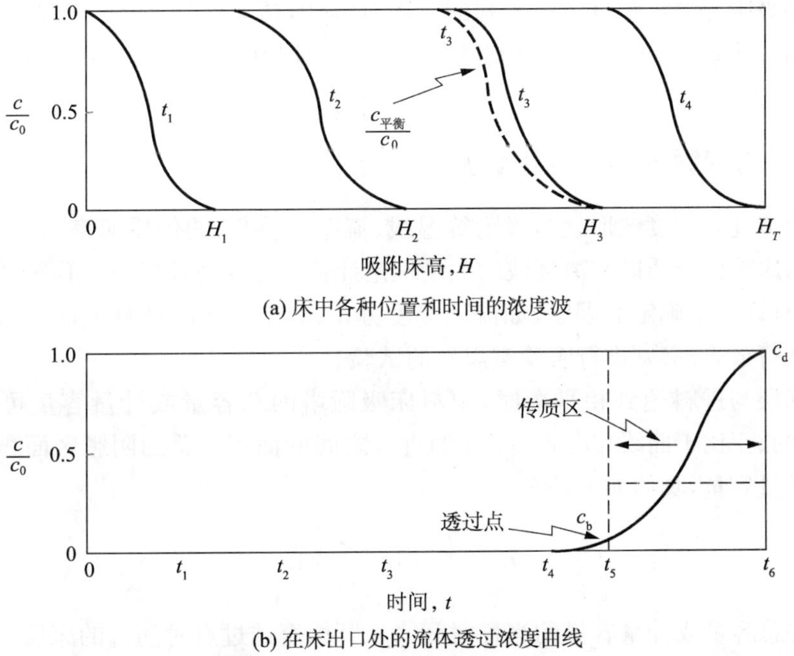

图 12.3-1 固定床吸附器的浓度波

12.3.2 浓度的透过曲线

如在图 12.3-1(a)中所见的,在任何时刻的吸附主要发生在相当窄的区域内,即传质区内。当溶液连续流动时,这个呈S形的传质区在吸附柱内向下移动。在给定时刻 t_3 时,如图 12.3-1(a)所示,几乎一半的床层被溶质饱和了,但是,出口处的浓度仍然接近于零,如图 12.3-1(b)所示。这个出口浓度一直保持接近于零,直到传质区在 t_4 时刻开始到达床层出口处。然后,出口浓度开始上升,在 t_5 时刻浓度上升至 c_b,该处称为透过点。

在到达透过点之后，浓度 c 很快上升至 c_d，这是透过曲线的终点，这时的床层被认为是完全无效的了。透过点的浓度代表了能够承载的最大负荷，通常取 $c_b/c_0=0.01$ 至 0.05。c_d/c_0 值取作在 c_d 接近等于 c_0 处的点。对于很窄的传质区，透过曲线非常陡峭，在透过点大部分床层的容量被使用。这使吸附剂的使用效率提高，再生费用较低。

如果传质速率无限大，并且没有出现轴向返混，则传质区宽度将为零，透过曲线为从 $c_b/c_0=0$ 至 $c_b/c_0=1.0$ 的垂直线。

12.3.3 传质区

如图 12.3-1(a)所示，流体中的浓度波在床层的入口处开始发展。当物系为有利的吸附等温线时，如类似于弗里德里希等温方程或朗格缪等温方程(图 12.1-1)，它是向下凹的(L1)，传质区的浓度波就得到典型的传质区 S 形曲线。这样，当传质区向下移动时，它的高度是恒定的。

当总的床高比传质区的高度大得多时，这个传质区的恒定高度可用来放大设计(L1，T1)。许多工业应用情况都处于这些约束之内，这些工业应用情况用于从气体、液体相中吸附溶质。如果吸附等温线是直线或不利的吸附等温线，传质区的宽度会随着床层距离的增加而变宽。同一物系，对于吸附是有利的等温线，则对于脱附再生过程就是不利的等温线(P4)。

12.3.4 塔的容量和放大设计方法

传质区的宽度和浓度波形状与吸附等温线、流率、至颗粒的传质速率、孔道内的分子扩散有关。预示床层内传质区和浓度波的大量理论计算方法已公开发表。预算的结果有时会不精确，因为有许多不确定的因素，如流动速度分布、分子扩散的计算关联式、传质。因此，为了将结果进行放大，必须进行实验室规模的试验。

当整个床层与进料达到相平衡时，填料床吸附塔的总容量或计量容量可表示为如图 12.3-2所示的、正比于曲线与 $c/c_0=1.0$ 的直线之间的面积。总的阴影区面积表示了床层的总容量或计量容量，具体如下(R6)：

$$t_t=\int_0^{\infty}\left(1-\frac{c}{c_0}\right)\mathrm{d}t \tag{12.3-1}$$

式中 t_t 是塔的总容量或计量容量的当量时间。从开始至透过点时间 t_b 的床层可用容量为由交叉线画成阴影的面积：

$$t_u=\int_0^{t_b}\left(1-\frac{c}{c_0}\right)\mathrm{d}t \tag{12.3-2}$$

式中 t_u 是塔的可用容量的当量时间，或流出浓度达到允许的最大值时的时间。t_u 的值通常很接近透过时间 t_b。式(12.3-1)和式(12.3-2)的数值积分可以用计算机程序完成计算。

比值 t_u/t_t 是总的床层容量或长度用到透过点时的利用分率(C3，L1，M1)。因此，对于床层总长度 H_T(m)而言，H_B 是使用至透过点的床层长度，

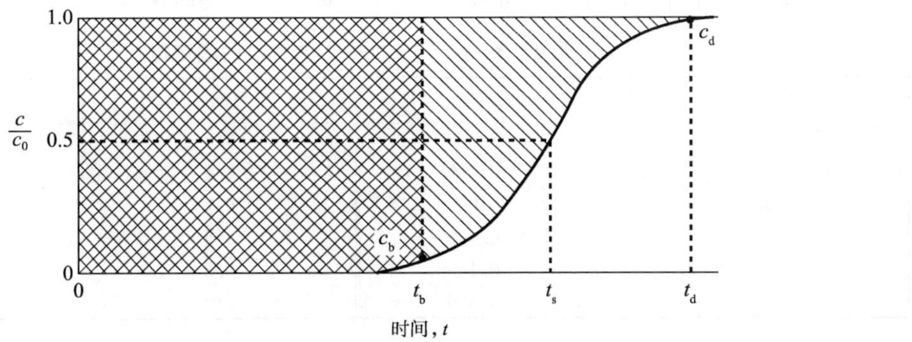

图 12.3-2　由透过曲线确定塔的容量

$$H_B = \frac{t_u}{t_t} H_T \tag{12.3-3}$$

没有使用的床层长度 H_{UNB}(m)就是没有被使用的时间分率乘以总床层长度：

$$H_{UNB} = \left(1 - \frac{t_u}{t_t}\right) H_T \tag{12.3-4}$$

H_{UNB}代表了传质段或传质区。它与流体的流速有关，而基本上与床层总高无关。因此，可以在小直径的试验塔中填充所要使用的吸附剂，在设计流速下测量 H_{UNB}值。这样，就可以简单地用前面计算的床层长度设计计算要在透过点达到期望的床层利用率 H_B的大装置吸附器。H_B的值直接正比于 t_b。传质段的长度 H_{UNB}与长度 H_B简单相加就可得到床层总高 H_T：

$$H_T = H_{UNB} + H_B \tag{12.3-5}$$

这个设计过程已被广泛地使用；它的有效性与试验吸附塔的条件与工业规模的吸附塔的相似程度有关。当大直径装置绝热操作时，小直径装置必须很好地绝热，以便使之条件相似。两个装置中的质量速度必须相等，床层必须足够地长，以使它含有稳定状态的传质区(L1)。在两个装置中轴向弥散或轴向混合不会精确地相同，但是应当谨慎处理，这才是有用的设计方法。

一种近似计算积分过程以取代数值积分求取面积的方法是假定图 12.3-2 中的透过曲线是在 $c/c_0=0.5$ 和 t_s处旋转对称的。这样，式(12.3-1)中的 t_t值就等于 t_s。这个假定就是从 t_b至 t_s之间曲线下的面积等于从 t_s至 t_d之间曲线上的面积。

例 12.3-1　试验吸附塔的放大

一股来自生产过程含有乙醇蒸气的废空气流用活性炭颗粒在一固定床内进行吸附，床直径为 4 cm，床层高度为 14 cm，装有活性炭 79.2 g。进口气体流的浓度 c_0为 600 ppm，密度为 0.001 15 g/cm^3，进入床层的流率为 754 cm^3/s。表 12.3-1 给出了透过曲线的浓度。透过点浓度取 $c/c_0=0.01$。试求：

(1) 确定透过点时间，使用至透过点的总床层利用率，未利用床层的长度。并确定活性炭的饱和负荷容量。

(2) 如果新塔所需的透过时间为 6.0 小时,新塔所需要的床层总长度为多少?

表 12.3-1 例 12.3-1 的透过曲线浓度

时间,h	c/c_0	时间,h	c/c_0
0	0	5.5	0.658
3	0	6.0	0.903
3.5	0.002	6.2	0.933
4	0.030	6.5	0.975
4.5	0.155	6.8	0.993
5	0.396		

解:(1) 将表 12.3-1 中的数据标绘于图 12.3-3 中。取 $c/c_0=0.01$,从图中可得透过时间为 $t_b=3.65$ h。t_d的值近似为 6.95 h。数值积分或图解积分可得,$A_1=3.65$ h,$A_2=1.51$ h。这样,由式(12.3-1)可得床层总容量或计量容量的当量时间为

$$t_t=\int_0^\infty\left(1-\frac{c}{c_0}\right)\mathrm{d}t=A_1+A_2=3.65+1.51=5.16\ \mathrm{h}$$

床层至透过点时间的可用容量当量时间可用式(12.3-2)计算,

$$t_u=\int_0^{t_b=3.65}\left(1-\frac{c}{c_0}\right)\mathrm{d}t=A_1=3.65\ \mathrm{h}$$

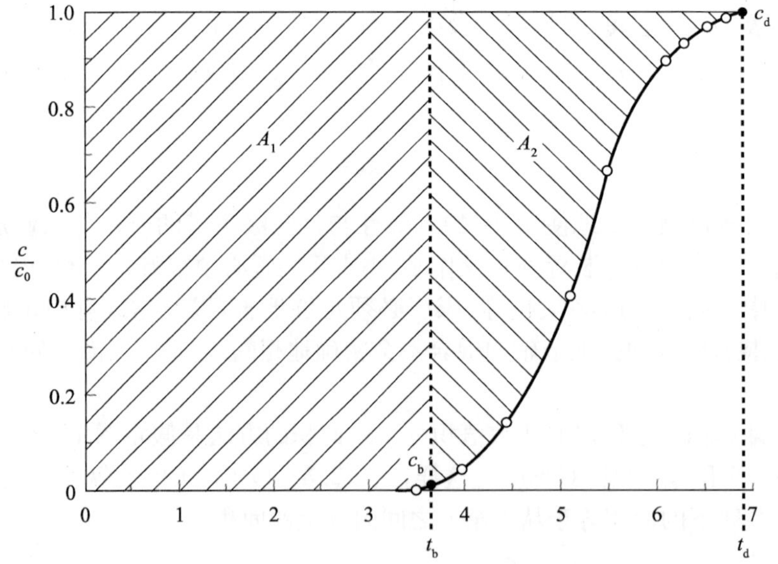

图 12.3-3 例 12.3-1 的透过曲线

因此,使用至透过点的总容量的分率是 $t_u/t_t=3.65/5.16=0.707$。从式(12.3-3)可算得可用的床层长度为 $H_B=0.707\times14=9.9$ cm。由式(12.3-4)可算得未使用床层的长度为

$$H_{UNB}=\left(1-\frac{t_u}{t_t}\right)H_T=(1-0.707)\times14=4.1\ \mathrm{cm}$$

(2) 新装置的 $t_b=6.0$ h,H_B就可由透点时间之比乘以原装置的 H_B:

$$H_B=\frac{6.0}{3.65}\times 9.9=16.3\ \text{cm}$$

$$H_T=H_B+H_{UNB}=16.3+4.1=20.4\ \text{cm}$$

该活性炭的饱和容量可确定如下：

气体流率＝(754 cm^3/s)×(3 600 s)×(0.001 15 g/cm^3)＝3 122 g 空气/h

总的吸附的乙醇量＝(600 g 乙醇/10^6 g 空气)×(3 122 g 空气/h)×(5.16 h)

＝9.67g 乙醇

饱和容量＝9.67 g 乙醇/79.2 g 炭＝0.122 0 g 乙醇/g 炭

新床层使用至透过点的利用率则为 16.3/20.4＝0.799。

在放大中，不仅需要改变床层高度，而且实际的流体通量也会与试验装置上使用的通量不同。由于床层中的质量流速在放大中必须保持不变，床直径就需要调整使质量流速保持常数。

典型的气体吸附物系所使用的固定床高度为 0.3～1.5 m，气体向下流动。采用低的表观气速，在 15～50 cm/s (0.5～1.7 ft/s)。吸附剂颗粒尺寸范围在大约 4～50 目(0.3～5 mm)。压降较低，仅为每英尺床高几英寸水柱。吸附时间大约在 0.5 h～8 h。对于液体吸附物系，床层中液体的表观速度大约在 0.3～0.7 cm/s(4～10 g/ft^2 min)。

实际使用的床层高度通常为传质区高度的 5 到 10 倍，这样比较经济(W1)。吸附操作通常采用在床层中由上向下的流动。而脱吸过程一般采用由下往上的流动，以获得较高的效率(S3)。

12.3.5　计算吸附的基本方法

固定床中的吸附是这一单元操作中最重要的方法。一固定的或填充的床层由垂直的圆柱形管道填充了吸附剂颗粒组成。采用试验数据和试验方法，进行吸附器设计计算的主要方法已在第 12.3.4 节中进行了描述。在这一节，将对等温吸附的基本方程进行描述，以便更好地理解包含在本过程中的基础知识。

根据微分长度 dz 床层内流体中非定态的溶质物料衡算，可导出如下方程：

$$\varepsilon\frac{\partial c}{\partial t}+(1-\varepsilon)\rho_p\frac{\partial q}{\partial t}=-v\frac{\partial c}{\partial z}+E\frac{\partial^2 c}{\partial z^2}\qquad(12.3-6)$$

式中 ε 是床层空隙率，v 是空床的表观速度，m/s；ρ_p 是颗粒密度，kg/m^3；E 是轴向弥散系数，m^2/s。第一项代表了液体中溶质的积累。第二项代表溶质在固体相中的积累。第三项代表通过对流进入微分段 dz 的溶质量减去流出的量。最后一项代表床层中溶质的轴向弥散，它导致了溶质和溶剂的混合。

第二个微分方程需要描述这个过程中式(12.3－6)的第二项固体中溶质积累与溶质从流体溶液主体到颗粒的外部传质和在内表面积上的扩散和吸附的关系。实际的物理吸附是非常快的。第三个方程是相平衡等温线。

上述三个方程是非线性的，并且相互耦合的，目前已有许多解。这些解常常与实验结果拟合得并不很好，这里不再作进一步的讨论。

12.3.6 过程变量与吸附循环

大规模的吸附过程可以分成两大类。第一类也是最重要的一类,就是循环的间歇系统,在这种系统中固定床吸附器以循环的方式轮流进行吸附或再生。第二类是连续流动的系统,在该系统中吸附剂物流与加料物流逆流流动。

用固定床进行循环间歇吸附的系统有四种常用的基本方法。这些方法相互之间的区别主要在于吸附剂吸附后再生所用的方法的不同。通常,这四种方法用两个或有时三个固定床平行地进行操作,一个在进行吸附,其他一个或两个在进行脱附,以提供连续的流动。在一个床层完成了吸附阶段操作之后,加料物流就被切换到第二个新完成脱附的固定床进行吸附。第一个固定床就用下列方法的任何一种进行吸附剂再生。

(1) 变温循环。这种方法也称为热变换循环。用尽的吸附床用埋入的盘管或用热的净化气体进行加热,以除去吸附质。温度的升高被用来改变吸附平衡曲线,从而使吸附剂再生。最后,床层必须被冷却,以便用于下一轮的吸附。用于再生的时间通常需要几小时,甚至更多。

(2) 变压循环。在这种情况下,在温度基本不变的条件下床层通过降低压力来进行脱附,然后在低压下用低浓度的气流净化床层。压力的降低改变了吸附的平衡,从而使吸附剂再生。这个过程对于气体的吸附来说,与变温循环相比,只需要很短的循环时间进行吸附剂再生。

(3) 惰性净化气体冲洗循环。在这种循环中,用通入不吸附的或惰性的气体来除去床层中的吸附质。这样,降低了颗粒周围的吸附质分压或浓度,从而发生脱附。再生阶段所需时间通常只要几分钟。

(4) 置换净化循环。在净化气体冲洗时,压力和温度基本保持恒定,但是,所用的气体或液体的吸附性比吸附质更强,从而置换吸附质。并且,置换所需的时间仅为几分钟。

水蒸气冲洗是常用于活性炭吸附剂的吸附质回收和吸附剂再生。这可看作是变温循环和置换净化循环的组合。

12.4 离子交换过程

12.4.1 概述和离子交换材料

离子交换过程是基于溶液中的离子与不溶固体相中的离子之间化学反应的过程。离子交换中采用的技术与在吸附中采用的非常类似,对于大多数工程应用而言,可以将离子交换看作是吸附的特例。

在离子交换中,某些离子被离子交换固体除去。由于必须保持电中性,固体就释放交换的离子,并进入溶液。最早的离子交换材料是天然的多孔状沙子,叫做沸石,它是阳离子交换体。溶液中带正电荷的离子,例如 Ca^{2+},扩散进入多孔固体,与矿石中的 Na^+ 离子进行交换:

$$\underset{(溶液)}{Ca^{2+}} + \underset{(固体)}{Na_2R} \rightleftharpoons \underset{(固体)}{CaR} + \underset{(溶液)}{2Na^+} \tag{12.4-1}$$

式中 R 代表固体。这是水“软化”的基础。为了再生，可加入 NaCl 水溶液，它可推动上述可逆反应向左进行。几乎所有这些无机离子交换固体都只是阳离子的。

大多数现今的离子交换固体是合成树脂的或聚合物的。某些合成聚合物的树脂含有磺基的、羧基的或酚基的基团。这些阴离子的基团能够交换阳离子：

$$\underset{(溶液)}{Na^+} + \underset{(固体)}{HR} \rightleftharpoons \underset{(固体)}{NaR} + \underset{(溶液)}{H^+} \tag{12.4-2}$$

这里 R 代表固体树脂。固体树脂中的 Na^+ 被 H^+ 或其他阳离子交换。

类似地，含有氨基基团的合成树脂可用于溶液中阴离子和 OH^- 的交换：

$$\underset{(溶液)}{Cl^-} + \underset{(固体)}{RNH_3OH} \rightleftharpoons \underset{(固体)}{RNH_3Cl} + \underset{(溶液)}{OH^-} \tag{12.4-3}$$

12.4.2　离子交换中的平衡关系

离子交换等温线是由质量作用定律发展而来的。例如，在式(12.4-2)所示的反应情况下，HR 和 NaR 代表树脂上离子交换场所带有的质子 H^+ 和钠离子 Na^+。假定场所的确定数目都被 H^+ 或 Na^+ 填满。在平衡时：

$$K=\frac{[NaR][H^+]}{[Na^+][HR]} \tag{12.4-4}$$

由于树脂上离子的基团$[\overline{R}]$的总浓度是固定的(B7)，可得

$$[\overline{R}]=常数=[NaR]+[HR] \tag{12.4-5}$$

结合式(12.4-4)和式(12.4-5)：

$$[NaR]=\frac{K[\overline{R}][Na^+]}{[H^+]+K[Na^+]} \tag{12.4-6}$$

如果溶液是缓冲的，使得$[H^+]$为恒定，上式的钠离子交换或吸附与朗格谬等温方程完全类似。

对于强酸或强碱交换物质而言，离子交换过程通过溶液的离子被如 H^+ 或 OH^- 之类的离子替换而实现。这些来自溶液的替换的离子被树脂取走。然后，为了再生树脂，少量的高浓度 H^+ 的溶液用于阳离子交换树脂再生，少量的高浓度 OH^- 的溶液用于阴离子交换树脂再生。这些高浓度 H^+ 或 OH^- 的再生溶液使平衡反应向左边进行，使再生过程更有利。

典型的从溶液中除去金属离子的离子交换过程如下所示，铜离子从含有 $CuSO_4$ 和 H_2SO_4 的稀溶液流股中被除去：

$$\underset{(溶液)}{Cu^{2+}} + \underset{(固体)}{2HR} \rightleftharpoons \underset{(固体)}{CuR_2} + \underset{(溶液)}{2H^+} \tag{12.4-7}$$

再生时，树脂床层与高浓度 H_2SO_4 接触，以使平衡反应向左边进行。

12.4.3　平衡关系的使用和相对摩尔选择性系数

各种离子交换树脂的相对摩尔选择性系数 K 被列成方便的表格。表 12.4-1 所列为强

酸和强碱树脂的数据,它由交联(B8,P4)8%二乙烯基苯(DVB)的聚苯乙烯树脂构成。阳离子交换体,给出的值为进入树脂的阳离子 A 置换阳离子 Li^+ 的值,阴离子交换体,给出的值为进入树脂的阴离子 A 置换 Cl^- 的值。

任何两个离子 A 和 B 的平衡常数或选择性系数可用表 12.4-1 中的 K_A 和 K_B 值近似计算

$$K_{A,B}=K_A/K_B \tag{12.4-8}$$

例如,对于阳离子 K^+(A)代替 H^+(B)的反应,

$$A+BR \rightleftharpoons AR+B \tag{12.4-9}$$
$$K^+ + HR \rightleftharpoons KR + H^+$$

表 12.4-1 交联(B8,P4)8%DVB 的聚苯乙烯阳离子和阴离子交换树脂的相对摩尔选择性系数 *K*

强碱阴离子交换体(相对于 Cl^- 为 1.0)		强酸阳离子交换体(相对于 Li^+ 为 1.0)	
Cl^-	1.0	Li^+	1.0
I^-	8.7	H^+	1.27
NO_3^-	3.8	Na^+	1.98
CH_3COO^-	0.2	NH_4^+	2.55
SO_4^{2-}	0.15	K^+	2.90
OH^-	0.05～0.07	Mg^{2+}	3.29
		Cu^{2+}	3.85
		Ca^{2+}	5.16

代入式(12.4-8),$K_{A,B}=K_A/K_B=2.90/1.27=2.28$。

对于稀溶液,活度系数相对恒定,可以直接用浓度计算。在式(12.4-10)中,平衡常数如下:

$$K_{A,B}=\frac{c_B q_{AR}}{c_A q_{BR}}=\frac{(c_{H^+})(q_{KR})}{(c_{K^+})(q_{HR})} \tag{12.4-10}$$

其中,树脂相的浓度 q_{KR} 和 q_{HR} 的单位是:当量/L① 水溶胀树脂的主体床体积;水相的浓度 c_{H^+} 和 c_{K^+} 的单位是:当量/L 水溶液体积。

因式(12.4-9)中的电中性,液体溶液中的总浓度 C 和树脂相中的总浓度 Q 在离子交换过程中保持常数。那么,

$$C=c_A+c_B, \quad Q=q_{AR}+q_{BR} \tag{12.4-11}$$

对于式(12.4-7)所示的情况,其中离子 Cu^{2+}(A)代替 H^+(B),电荷不相等:

$$K_{A,B}=\frac{(c_B)^2(q_{AR_2})}{(c_A)(q_{BR})^2}=\frac{(c_{H^+})^2(q_{CuR_2})}{(c_{Cu^{2+}})(q_{HR})^2} \tag{12.4-12}$$

① 当量/L(有的文献中用 N 表示)为 mol/L(有的文献中用 M 表示)乘以离子的化合价——译者注。

例 12.4-1　用离子交换树脂从酸溶液中除去 Cu^{2+}

一股废酸液体溶液含有铜离子，用强酸-阳离子树脂除去该离子。阳离子 Cu^{2+}(A)被树脂中的阳离子 H^+(B)替代。所用的聚苯乙烯树脂与表 12.4-1 中所列的类似。树脂的总浓度 Q 近似为 1.9 当量/L 湿床体积。溶液的总浓度 C 为 0.10 N(0.10 当量/L)，当溶液中的 Cu^{2+} 浓度为 0.02 mol/L(0.04 N)时，试计算在平衡条件下树脂相的 Cu^{2+} 当量。

解：已知值为溶液中 C=0.10 N 或 Cu^{2+}(A)和 H^+(B)的当量/L，树脂中 Q=1.9 A 和 B 的当量/L。平衡关系为式(12.4-7)：

$$\underset{(溶液)}{Cu^{2+}} + \underset{(固体)}{2HR} \rightleftharpoons \underset{(固体)}{CuR_2} + \underset{(溶液)}{2H^+}$$

或

$$A + 2BR \rightleftharpoons AR_2 + 2B$$

从表 12.4-1 可得，$K_A = K_{Cu^{2+}} = 3.85$ 和 $K_B = K_{H^+} = 1.27$。这样，由式(12.4-8)可得

$$K_{A,B} = K_A/K_B = 3.85/1.27 = 3.03$$

用式(12.4-12)计算

$$K_{A,B} = \frac{(c_B)^2(q_{AR_2})}{(c_A)(q_{BR})^2} = \frac{(c_{H^+})^2(q_{CuR_2})}{(c_{Cu^{2+}})(q_{HR})^2}$$

从式(12.4-11)可得，$C = 0.10$ 当量/L$= 2c_{Cu^{2+}} + c_{H^+}$。同样，$Q = 1.9 = q_{HR} + q_{CuR_2}$。代入式(12.4-12)的值为 $K_{A,B} = 3.03$，$q_{CuR_2} = 1.9/2 - q_{HR}/2$，$c_{Cu^{2+}} = 0.02$，$c_{H^+} = 0.10 - 2\,c_{Cu^{2+}} = 0.10 - 0.04 = 0.06$。

$$3.03 = \frac{0.06^2 \times (1.9/2 - q_{HR}/2)}{0.02(q_{HR})^2}$$

整理后，

$$(q_{HR})^2 + 0.029\,70\,q_{HR} - 0.056\,44 = 0$$

求解这个二次方程可得 $q_{HR} = 0.223\,2$。这样，$q_{CuR_2} = 1.9/2 - 0.223\,2/2 = 0.838\,4$。因此，树脂相的 Cu^{2+} 当量为 $2 \times 0.838\,4 = 1.677$，相比较，当树脂完全被铜离子填满时为 1.9。结果表明，用树脂从溶液中除去 Cu^{2+} 是非常有利的。

12.4.4　浓度波和透过曲线

(1) 离子交换的基本模型。离子交换速率有赖于离子从液相主体到颗粒表面的质量传递、离子在多孔固体中扩散至内表面、在表面上进行离子交换、交换的离子再返回到液相主体。这与吸附相类似。推导出来的微分方程也与吸附过程中导出的那些微分方程非常类似。用于离子交换的设计计算方法也与吸附过程类似。

(2) 填充床中的浓度波。离子交换填充床中的浓度波与图 12.3-1(a)中给出的吸附的浓度波完全类似。出现典型的 S 形曲线，并通过床层。任何时间的离子交换的主要部分是在相对较窄的传质区中进行的。这个传质区沿着床层向下移动。图 12.3-1(b)中的透过曲

线表明,吸附的透过曲线与离子交换的透过曲线是类似的。

(3) 传质区。当传质区沿着床层向下移动时,这个区的高度保持恒定。这种特性通常表现在从进料流中除去的离子对固体树脂具有比树脂原有离子较大的亲和力。大多数工业离子交换过程处于这种类型(M1)。这个恒定的传质区高度可用于放大,与吸附过程的放大类似。

12.4.5 床层的容量和放大设计方法

(1) 床层的容量。固定床离子交换器的设计方法完全与吸附过程使用的方法类似。因为流速分布等因素的不确定,浓度波、传质区、质量传递的理论计算可能并不精确。因此,用小的试验规模的填充床的数据来进行放大设计是必需的。

填充床的总的化学计量的容量是如图 12.3-2 中透过曲线以上的阴影区面积。时间 t_t 是总容量的时间当量:

$$t_t = \int_0^{\infty} (1 - c/c_0)\,dt \tag{12.3-1}$$

到透过点时间 t_b 为止的可用容量为从 $t=0$ 至 $t=t_b$ 的交叉线阴影区域。可用容量的时间当量为 t_u,即

$$t_u = \int_0^{t_b} (1 - c/c_0)\,dt \tag{12.3-2}$$

式(12.3-1)和式(12.3-2)的数值积分可用计算机程序计算。那么,使用至透过点的总床层高度的分率或容量为 t_u/t_t。对于 H_T(m)的床层总高度,H_B是使用至透过点的床层高度

$$H_B = (t_u/t_t)H_T \tag{12.3-3}$$

传质段的长度或没被使用的床层高度(m)为

$$H_{UNB} = (1 - t_u/t_t)H_T \tag{12.3-4}$$

这个 H_{UNB}基本上与床层总高度无关。H_{UNB}的实验值是在期望的流速下在小直径的试验规模的填充床中测得的。为了设计工业规模的床层,须根据所要求的透过点时间的容量计算床层高度 H_B的数据。那么,床层的总高度是

$$H_T = H_{UNB} + H_B \tag{12.3-5}$$

小直径的试验规模的填充床与工业规模床层的质量流速必须相同。大的工业规模的床层直径就按质量流速相同来进行计算。

(2) 典型的过程变量。一些典型的操作过程变量如下。实验规模的塔直径至少在 2.5 cm以上,长度至少 0.3 m。工业装置的液体流率(W1)在 1~12 gpm①/ft^2(0.041~0.489 m/min),通常在 6~8 gpm/ft^2(0.244~0.326 m/min)。工业的床层高度通常为 1 至 3 m。通常,留 50%的总高度或更多的空间,以便在再生时液体向上流动床层会适度地膨胀。

① gpm 为 gallons per mintue,每分钟加仑数——译者注。

树脂凝胶在离子交换中会溶胀，体积增大约 10%～20%。使用的颗粒尺寸范围在 0.2～1.0 mm。树脂的典型的含水量在 50%～70%变化。强酸或强碱交换树脂的典型的平衡交换容量在 3～5 meq①/g 干树脂，或 1～2 meq/mL 湿树脂床体积。

典型的再生流率是相当低的，在 0.5～5.0 床体积/h，以便在接近平衡的条件下再生，使溶液用量最小(W1)。床体积是树脂填充床的总体积，由塔直径和填充高度算得。

采用填充床的流动计算公式可以预算床层压力降。当流速在 6～8 gpm/ft^2时，床层的典型压力降在约 0.6～0.9 psi/ft 高度(13.6～20.4 kPa/m 高度)。应该避免过大的压力降，因为树脂凝胶颗粒会变形。

关联不同流动速率下实验透过曲线与传质区的有用的方法如下：将图 12.3-1(b)中 c/c_0对时间 t 的标绘替换为 c/c_0对流量按床体积(BV)算得倍数的标绘。这样，不同流速下的数据趋向于落在同一条曲线上。

(3) 操作循环。填充床中的离子交换过程的操作循环比气体吸附的操作循环更为复杂。这些循环通常由下列四步组成，与通常所需的实验数据一起确定各自的操作时间(S3，W1)。① 过程进料向下流动持续合适的时间。在离子交换操作结束时床内空隙中充满了加料溶液。② 再生溶液向上流动将加料溶液置换出来。这样，逗留的加料溶液的置换就像一个波的前沿。③ 床层的再生用再生溶液连续向上流动来进行。这个过程形成第二个波前沿。④ 向上冲洗，以除去床层中逗留的再生剂。冲洗可以用来代替步骤②，以回收可能有用的被堵塞的过程溶液(W1)。

对于实际设计和连续加料流动，至少需要两个塔，以便一个塔在进行加料过程时，另一个塔用于再生过程。当到达透过点时，两个塔进行切换。床的总数与负荷时间和再生时间有关。或者，系统也可用三个塔，以便更好地利用各个塔。当塔 1 在进行再生时，进料就串联进入塔 2 和塔 3。当塔 3 出现透过时，塔 2 移作再生操作。进料就串联经过塔 3 和塔 1。

12.5　单级液-液萃取过程

12.5.1　萃取过程概述

为了分离混合物中的一个或多个组分，将混合物与另一相接触。两相组合可以是气-液组合，这在第 10 章中已经作了讨论；可以是汽-液，在第 11 章中对此进行了叙述；也可以是液-液或流-固组合。在本节中先讨论液-液萃取分离过程。这一过程也可称为液体萃取或溶剂萃取。

在精馏中，液体部分汽化而形成另一相，它是蒸气。组分的分离与物质的相对蒸气压力有关。蒸气与液体的化学组成是类似的。在液-液萃取中，两相的化学组成是完全不同的，这使组分的分离与物理性质和化学性质有关。

溶剂萃取有时被用作与精馏或蒸发比较可选的分离方法。例如，水中的乙酸可以用精馏的方法，也可用有机溶剂进行溶剂萃取的方法除去。形成的有机溶液-乙酸溶液再送去精馏。精馏或溶剂萃取的选择取决于相对的费用(C7)。再例如，大相对分子质量的脂肪酸可从蔬菜

① meq 为毫克当量数——译者注。

油中用液体丙烷萃取的方法分离出来,也可用高真空精馏的方法,但精馏方法花费较大。

在制药工业中,如青霉素产品是由发酵混合物中获得的,而该混合物成分很复杂,而液体萃取可用来分离青霉素。许多金属的分离用水溶液的萃取方法实现了工业化的分离,例如铜-铁、铀-钒、钽-铌的分离。

12.5.2 萃取的平衡关系

(1) 相律。一般在液液系统中有三个组分 A、B、C,两相之间呈平衡状态。代入相律式(10.2-1),可得系统的自由度为 3。变量是温度、压力、四个浓度。出现四个浓度是因为每一相中的三个质量分率浓度中只有两个可以被指定。第三个浓度应满足质量分率之和等于 1.0:$x_A+x_B+x_C=1.0$。如果温度、压力给定了,这是通常的情况,那么在平衡的两相中指定一个浓度就可使系统确定了。

(2) 三角坐标和平衡数据。等边三角形坐标通常用来表示三组分物系的相平衡数据,因为它有三根轴。如图 12.5-1 所示,三角形的每个角代表一个纯组分,A、B 或 C。点 M 代表了的 A、B 和 C 的混合物。从点 M 到 AB 边的垂直距离代表了点 M 混合物中 C 的质量分率 x_C,到 CB 边的距离是 A 组分的质量分率 x_A,到 AC 边的距离是 B 组分的质量分率 x_B。于是

$$x_A+x_B+x_C=0.40+0.20+0.40=1.0 \tag{12.5-1}$$

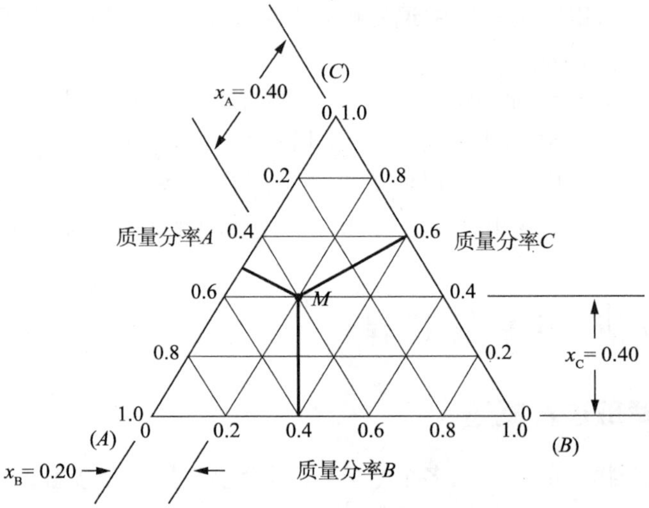

图 12.5-1 三角形坐标绘图

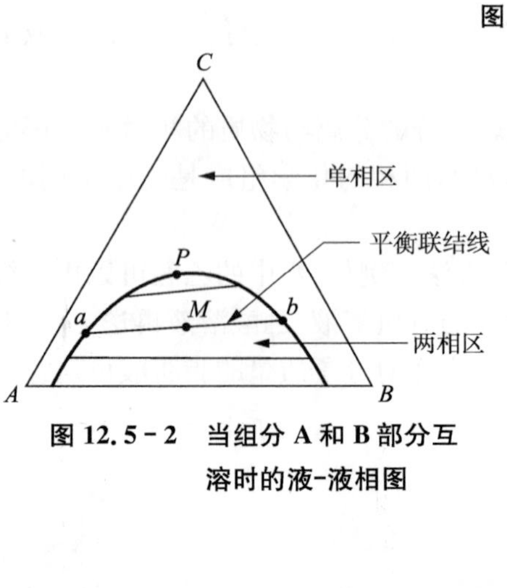

图 12.5-2 当组分 A 和 B 部分互溶时的液-液相图

图 12.5-2 所示为一普通相图,它的 A 和 B 组分是部分互溶的。典型的例子是甲基异丁基酮(A)-水(B)-丙酮(C)物系,水(A)-氯仿(B)-丙酮(C)物系,苯(A)-水(B)-乙酸(C)物系。参考图 12.5-2,液体 C 在 A 中或 B 中完全溶解。液体 A 在 B 中仅仅微溶,液体 B 在 A 中也是微溶。在溶解度曲线之下形成两相区。组成为 M 的原始混合物将分成两相 a 和 b,它们处在通过 M 点的平衡联结线上,其他平衡联结线也在图中绘出。两相在点 P 处完全一致,

该点称为混溶点。

(3) 在直角坐标上的平衡数据。由于三角图因坐标特殊而存在缺点，三组分物系数据更常用的作图方法是使用直角坐标。图 12.5-3 用这种方法所示的为乙酸(A)-水(B)-异丙醚溶剂(C)物系。该物系的数据取自附录 A.3。溶剂组合 B 和 C 是部分互溶的。组分 C 的浓度标绘于纵坐标，组分 A 的浓度标绘于横坐标。组分 B 的浓度可由式(12.5-2)或式(12.5-3)中的差值获得：

$$x_B = 1.0 - x_A - x_C \qquad (12.5-2)$$

$$y_B = 1.0 - y_A - y_C \qquad (12.5-3)$$

图 12.5-3 中的两相区在溶解度曲线包围的区域内，而区域外为单相区。联结线 gi 表示了富水层 i 与富醚溶剂层 g 之间的联系，富水层 i 称为萃余相，富醚溶剂层 g 称为萃取相。萃余相的组成用 x 表示，萃取相的组成用 y 表示。因此，C 的质量分率在萃取相中用 y_C 表示，在萃余相中用 x_C 表示。为了构成联结线 gi，用画在下面的相图引出平衡的 $y_A - x_A$，画垂直线至 g 点和 i 点就可获得。

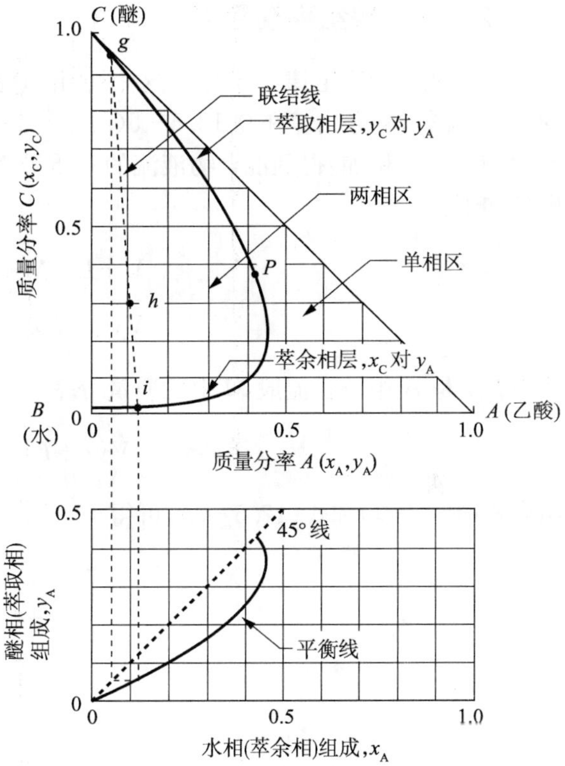

图 12.5-3　293 K(20 ℃)下，乙酸(A)-水(B)-异丙醚(C)的液-液相图

例 12.5-1　平衡相之间的物料衡算

一初始的混合物重 100 kg，含有 30 kg 异丙醚(C)，10 kg 乙酸(A)，60 kg 水(B)，使之达到相平衡，并分开两相。两平衡相的组成各为多少？

解： 初始混合物的组成为 $x_C = 0.30$，$x_A = 0.10$，$x_B = 0.60$。这个组成 $x_C = 0.30$ 和 $x_A = 0.10$ 标绘于图 12.5-3 中的点 h。用试差法作通过 h 点的相平衡联结线。萃取(醚)相的组成为 g 点，$y_A = 0.04$，$y_C = 0.94$，$y_B = 1.00 - 0.04 - 0.94 = 0.02$(质量分率)。萃余(水)相的组成为点 i，$x_A = 0.12$ 和 $x_C = 0.02$，$x_B = 1.00 - 0.12 - 0.02 = 0.86$(质量分率)。

另一种常见的相图类型如图 12.5-4 所示，其中溶剂对 B 和 C，A 和 C 都是部分互溶的。例如，物系苯乙烯(A)-乙苯(B)-二甘醇(C)、物系氯苯(A)-甲乙酮(B)-水(C)都如此。

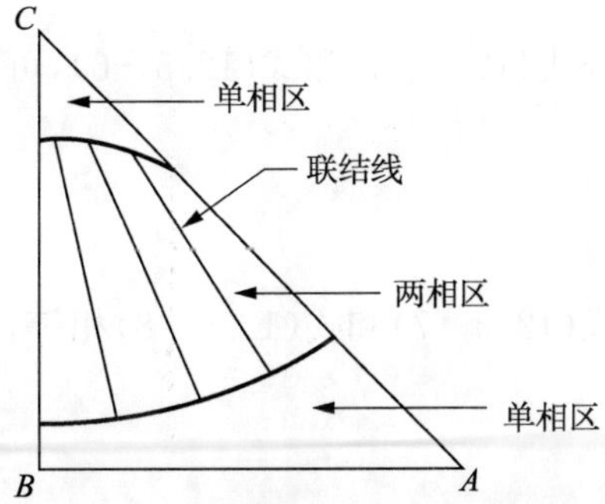

图 12.5-4　溶剂对 B-C 和 A-C 都是部分互溶的物系相图

12.5.3 单级平衡萃取

(1) 图解杠杆定律的推导。这个可由直角坐标的萃取相图作图导出。在图 12.5-5(a)中,两股液流都含有组分 A、B、C,流量为 L kg 和 V kg,相互混合(相加)得到混合物液流的总质量为 M kg。写出总的物料衡算和 A 组分的物料衡算如下:

$$V+L=M \tag{12.5-4}$$

$$Vy_A+Lx_A=Mx_{AM} \tag{12.5-5}$$

式中 x_{AM}是 A 组分在流股 M 中的质量分率。写出 C 组分的物料衡算如下:

$$Vy_C+Lx_C=Mx_{CM} \tag{12.5-6}$$

结合式(12.5-4)和式(12.5-5),可得

$$\frac{L}{V}=\frac{y_A-x_{AM}}{x_{AM}-x_A} \tag{12.5-7}$$

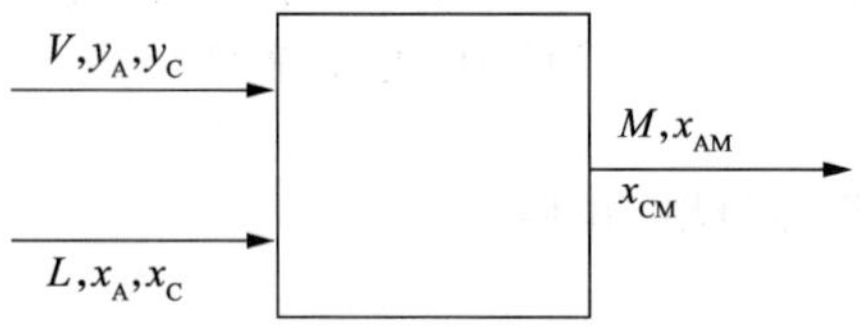

(a) 过程物流

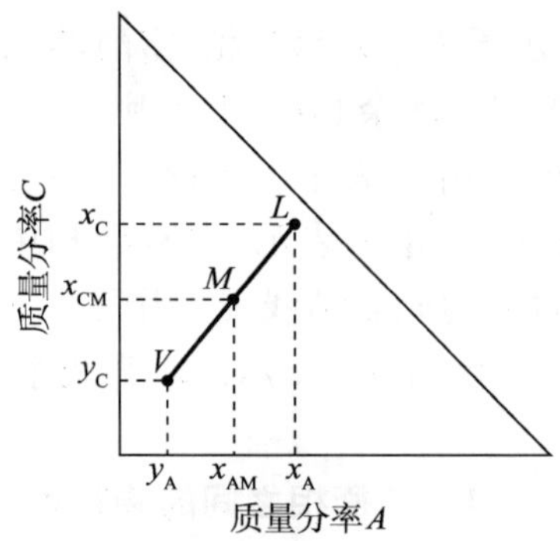

(b) 图示加和

图 12.5-5 图示加和与杠杆定律

结合式(12.5-4)和式(12.5-6),可得

$$\frac{L}{V}=\frac{y_C-x_{CM}}{x_{CM}-x_C} \tag{12.5-8}$$

令式(12.5-7)和式(12.5-8)相等,并整理可得

$$\frac{x_C-x_{CM}}{x_A-x_{AM}}=\frac{x_{CM}-y_C}{x_{AM}-y_A} \tag{12.5-9}$$

这表明点 L、M 和 V 必然位于同一条直线上。利用直角三角形相似的原理,可得

$$\frac{L(\mathrm{kg})}{V(\mathrm{kg})}=\frac{\overline{VM}}{\overline{LM}} \tag{12.5-10}$$

这就是杠杆定律，它表示 kg L/kg V 等于线段长度$\overline{VM}$/线段长度$\overline{LM}$。同样，

$$\frac{L(\text{kg})}{M(\text{kg})}=\frac{\overline{VM}}{\overline{LM}} \tag{12.5-11}$$

这些同样的公式也可用于 kmol 和摩尔分率，lb_m等等。

例 12.5-2　溶剂萃取中各相的量

例 12.5-1 中两平衡相的组成为：萃取相(V)，$y_A=0.04$，$y_B=0.02$ 和 $y_C=0.94$；萃余相(L)，$x_A=0.12$，$x_B=0.86$ 和 $x_C=0.02$。初始的混合物为 100 kg，$x_{AM}=0.10$。试确定 V 和 L 的量。

解：代入式(12.5-4)

$$V+L=M=100$$

代入式(12.5-5)，其中 $M=100$ kg 和 $x_{AM}=0.10$，

$$V\times0.04+L\times0.12=100\times0.10$$

联立求解上述两式，$L=75.0$ 和 $V=25.0$。或者，用杠杆定律，图 12.5-3 中测得 hg 线段长度为 4.2 单位，gi 线段长度为 5.8 单位。那么由式(12.5-11)可得，

$$\frac{L}{M}=\frac{L}{100}=\frac{\overline{hg}}{\overline{gi}}=\frac{4.2}{5.8}$$

解得 $L=72.5$ kg，$V=27.5$ kg，它与物料衡算所得的结果非常接近。

(2) 单级平衡萃取。现在我们来研究从 A 和 B 的混合物中用溶剂 C 来分离 A 的单级平衡。过程如图 12.5-6(a)所示，其中溶剂为流股 V_2，与流股 L_0 同时进入该级。两个流股混合并达到平衡，出口的流股 L_1 和 V_1 相互之间达到了相平衡。

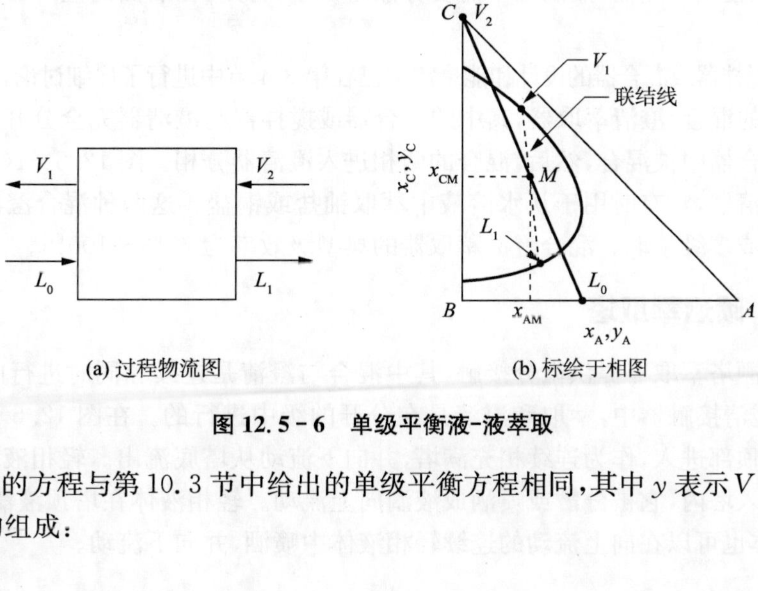

(a) 过程物流图　　(b) 标绘于相图

图 12.5-6　单级平衡液-液萃取

这个过程的方程与第 10.3 节中给出的单级平衡方程相同，其中 y 表示 V 流股的组成，x 代表物流 L 的组成：

$$L_0+V_2=L_1+V_1=M \tag{12.5-12}$$

$$L_0x_{A0}+V_2y_{A2}=L_1x_{A1}+V_1y_{A1}=Mx_{AM} \tag{12.5-13}$$

$$L_0x_{C0}+V_2y_{C2}=L_1x_{C1}+V_1y_{C1}=Mx_{CM} \tag{12.5-14}$$

由于 $x_A+x_B+x_C=1.0$,不需要对 B 组分列方程。为了解三个方程,使用图 12.5－6(b)所示的平衡相图。由于 L_0 和 V_2 的量和组成是已知的,可由式(12.5－12)～式(12.5－14)计算 M,x_{AM},x_{CM} 的值。点 L_0,V_2 和 M 可如图 12.5－6(b)所示绘出。然后,用试差方法画一条通过点 M 的相平衡联结线,它确定了 L_1 和 V_1 的组成。L_1 和 V_1 的量可由各组成代入式(12.5－12)～式(12.5－14)算得,或者用杠杆定律算得。

12.6　液-液萃取设备的类型和设计

12.6.1　概述和设备类型

如同在吸收和精馏的分离过程中,液-液萃取中的两相必须以高度湍流状态密切接触,以便获得高的传质速率。在两相充分接触后,再将它们分开。在吸收和精馏中,这种相的分离过程很快、很容易,因为气相或汽相与液相的密度差是非常大的。而在溶剂萃取中,两相的密度差不大,相的分离就比较困难。

溶剂萃取设备有两种主要的类型,内部带有机械搅拌提供混合的设备和流体在流动过程中本身已经进行了混合的设备。如同在吸收和精馏中一样,萃取设备也可以间歇式操作或者连续式操作。

12.6.2　混合-澄清萃取器

为了提供有效的传质,机械搅拌通常用来提供两相液体的密切接触。通常,有一相以小液滴的形式被分散在另一相中。必须提供足够的接触时间,以便进行萃取。小液滴提供大的相界面,萃取较快。然而,液滴并不需要分散得太小,否则,在后面的澄清器中澄清时间就会很长。

有挡板的搅拌器或混合器的设计和能量需求已在第 3.4 节中进行了详细讨论。图 12.6－1(a)所示为一典型的混合-澄清萃取器,其中的混合器或搅拌器与澄清器完全分开。水相和有机相的加料在混合器中被混合,然后,混合的两相进入澄清器分相。图 12.6－1(b)中所示的是组合的混合澄清器,它有时用于从水溶液中萃取铀盐或铜盐。这两种混合澄清萃取器可作逆流串联萃取或多级萃取。混合澄清萃取器的典型级效率为 75%～100%。

12.6.3　喷洒萃取塔

填充的喷洒塔萃取器提供微分接触,其中混合与澄清是连续和同时进行的(C8)。在板式塔或混合-澄清接触器中,萃取和澄清是在分开的级中进行的。在图 12.6－2 中,重相液体在喷洒塔的顶部进入,作为连续相充满塔,并向下流动从塔底流出。轻相液体在塔底通过喷嘴分布器进入塔内,它被分散或喷洒成液滴向上流动。轻相液体在塔顶液滴合并后流出。同样,重相液体也可以在向上流动的连续轻相液体中喷洒,并向下流动。

喷洒塔具有非常大的连续相轴向弥散(返混)。因此,在这样的塔中常常只有 1 到 2 级的分离级。喷洒塔的典型的特性参数见表 12.6－1。尽管它的费用很低,但这种塔很少使用。当在萃取中发生快速的、不可逆的化学反应时,可用这种设备,例如,在废酸中和过程中(W1)。

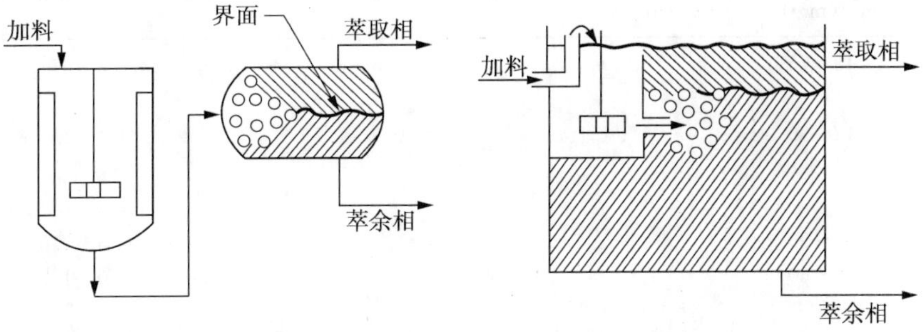

(a) 分开的混合-澄清器　(b) 组合的混合-澄清器

图 12.6－1　典型的混合-澄清萃取器

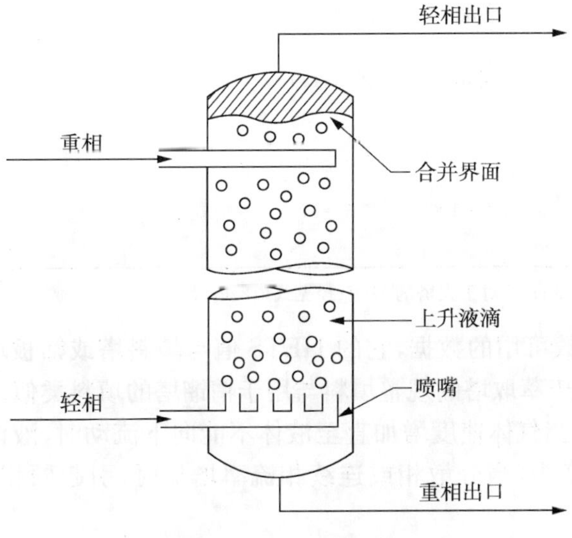

图 12.6－2　喷洒萃取塔

12.6.4　填料萃取塔

一种效率较高的塔型是塔内用乱堆填料填充,如拉西环、弧鞍形填料、鲍尔环等等,这些填料使液滴在通过塔内流动时频频合并、再分散。轴向混合明显降低。填料塔效率比喷洒塔明显高,但是仍然有返混发生,HETP 值(理论级当量高度)通常大于脉冲塔和机械搅拌塔,这些塔将在后面的第 12.6.6 节和 12.6.7 节讨论。

填料塔被用于只需要几个理论级的场合(S3),一般适合于界面张力约为 10 dyn/cm 或近似此值的物系(W1)。当使用乱堆填料时,最好选择被连续相流体优先浸润的材料做填料。例如,陶瓷拉西环或弧鞍形填料用于水相作连续相,炭做的环形或鞍形填料用于甲苯做连续相(T2)。填料塔较多使用乱堆填料,而较少使用规整填料。填料塔的一些典型特征参数值列于表 12.6-1。

表 12.6-1 一些工业萃取塔类型的典型特性

类型	组合处理能力，(V_D+V_C)，$m^3/(m^2\cdot h)$	近似的泛点 (V_D+V_C)，$m^3/(m^2\cdot h)$	板间距 T,cm	传递单元总高度 H_{OL},m	板效率 E_O,%	平衡级高度 HETS,m	参考文献
喷洒塔	15～75			3～6		3～6	M4，S5
填料塔	12～30			0.9～1.7		0.4～1.5	S4，S5，W1
整砌填料塔	65～90					0.5～1.6	H4
筛板塔	27～60		10～25		8～30	8.0～1.2	M4，P4，S4
脉冲填料塔	17～23	40				0.15～0.3	P4，S4，W1
脉冲筛板塔	25～35	60	5.1			0.15～0.3	S4，W1
Scheibel 塔	10～14①	40	2.5～20			0.1～0.3	P4，S2，S3，W1
Karr 塔	30～40	80～100	5～15			0.2～0.6	S2，S4

① 通过量为塔径 D_1=7.6 cm。对于大塔的 D_2 直径见式(12.6-3)。

规整填料只有少数可用的数据，它的 HETS 值与填料塔或筛板塔类似，但是具有较大的处理能力(H4)。用于萃取塔的规整填料与用于精馏塔的填料类似。

在填料吸收塔中，当气体速度增加直至液体不能向下流动时，液体被气体带出塔去，发生液泛。在填料萃取塔中，当分散相或连续相流率增加时，引起两相都从连续相的出口离开，发生液泛。

Grawford 和 Wilke(C9)的液泛关联式如图 12.6-3 所示，其中 V_C 和 V_D 是连续相和分散相的表观速度(ft/h)，ρ_C 和 ρ_D 为连续相和分散相的密度(lb_m/ft^3)，$\Delta\rho$ 是 $|\rho_C-\rho_D|$，μ_C 是连续相的黏度($lb_m/(ft\cdot h)$)，a 是填料的比表面积(ft^2/ft^3)(见表 10.6-1)，ε 是填料段的空隙率(见表 10.6-1)，σ 是两相之间的界面张力(lb_m/h^2)。注意：1.0 dyn/cm=28 572 lb_m/h^2。建议设计速度取 50%液泛速度左右，因为关联中还存在一些未知的因素。

例 12.6-1 泛点和填料塔直径的计算

甲苯作分散相被用来萃取稀水溶液中的二乙胺，操作在 1 英寸的鲍尔环填料塔中 26.7 ℃下进行。甲苯的流率为 V=84 ft^3/h，水溶液的流率为 L=56 ft^3/h。水溶液的物理性质是：对于水相即连续相(C)，ρ_C=62.2 lb_m/ft^3，μ_C=0.860 cP=0.860×2.419 1=2.080 $lb_m/(ft\cdot h)$；对于分散相(D)，ρ_D=54.0 lb_m/ft^3。界面张力 σ=25 dyn/cm(T2)。试求：

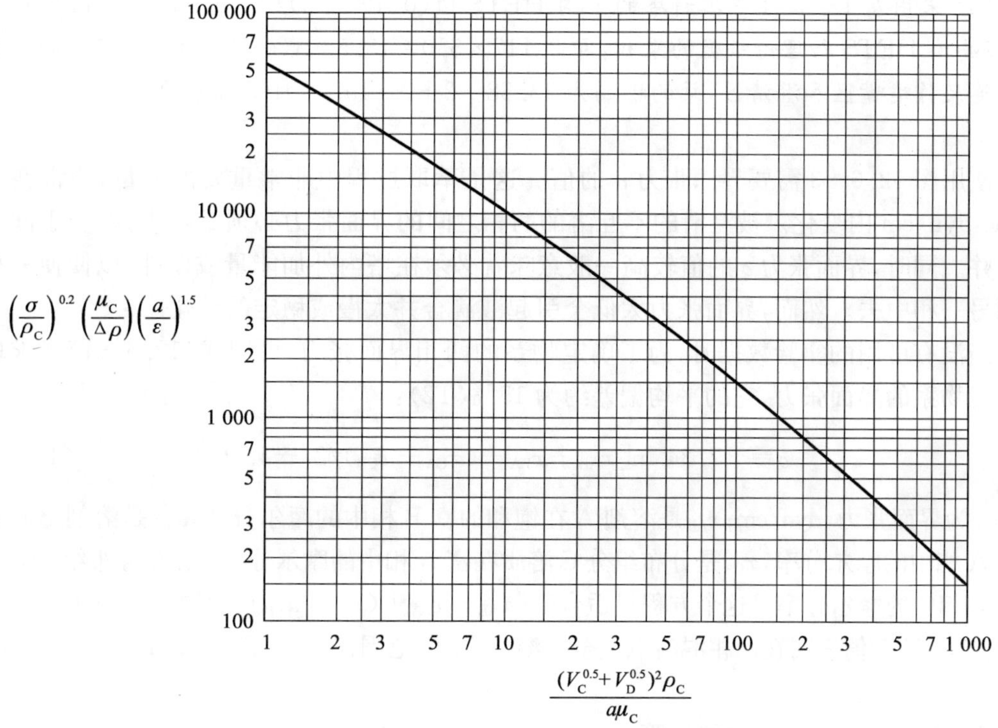

图 12.6-3 填料萃取塔的液泛关联图

[经允许引自 J. W. Crawford and C. R. Wilke, Chen. Eng. Prog., 47, 423(1951)]

(1) 计算泛点速度。

(2) 采用50%液泛速度,确定塔直径。

(3) 如果分离需要5.0个理论级,计算塔高。

解:(1) 从表10.6-1查1英寸鲍尔环,表面积 $a=63\ \mathrm{ft^2/ft^3}$ 和空隙率 $\varepsilon=0.94$。同样,$\sigma=(25\ \mathrm{dyn/cm})(28\ 572\ \mathrm{lb_m/h^2})/(\mathrm{dyn/cm})=714\ 300\ \mathrm{lb_m/h^2}$。那么,图12.6-3中的纵坐标为

$$\left(\frac{\sigma}{\rho_C}\right)^{0.2}\left(\frac{\mu_C}{\Delta\rho}\right)\left(\frac{a}{\varepsilon}\right)^{1.5}=\left(\frac{714\ 300}{62.2}\right)^{0.2}\times\left(\frac{2.080}{62.2-54.0}\right)\times\left(\frac{63}{0.94}\right)^{1.5}=902.8$$

从图12.6-3可查得,横坐标值为170。因此,

$$170=\frac{(V_C^{0.5}+V_D^{0.5})^2\rho_C}{a\mu_C}=\frac{(V_C^{0.5}+V_D^{0.5})^2\times 62.2}{63\times 2.080}$$

解得 $(V_C^{0.5}+V_D^{0.5})=18.92$。同时,因 $V_D/V_C=V/L=84/56=1.5$,最终结果可得液泛速度为 $V_D=108.45\ \mathrm{ft/h}$ 和 $V_C=72.30\ \mathrm{ft/h}$。

(2) 取50%的液泛速度,$V_D=54.2\ \mathrm{ft/h}$ 和 $V_C=36.15\ \mathrm{ft/h}$,$V_C+V_D=90.35\ \mathrm{ft/h}=0.35/3.280\ 8=27.54\ \mathrm{m/h}$。这个值处于由表12.6-1的12~30 m/h典型范围内。

塔的横截面积 $=L/V_C=(56\ \mathrm{ft^3/h})/(36.15\ \mathrm{ft/h})=1.549\ \mathrm{ft^2}$。这样,$\pi D^2/4-1.549$,解得 $D=1.404\ \mathrm{ft}(0.428\ \mathrm{m})$。

(3) 采用表 12.6-1 中填料塔的平均 HETS 值(0.4+1.5)/2=0.95 m(3.117 ft)。这样,塔高为 HETS 与理论级数的乘积,即 3.117×5.0=15.58 ft(4.75 m)。在塔顶和塔底各加 2 英尺作喷嘴区和澄清区,总的塔高为 15.58+2+2=19.58 ft(5.97 m)。

使用图 12.6-3 需要界面张力 σ 的值。这是萃取过程中非常重要的变量,通常在大约 5~50 dyn/cm 内变化。被澄清的不互溶的两相之间的界面张力必须足够大,以便于液滴很快合并。同时,界面张力 σ 的值较高一般意味着必须在塔内外加能量或搅拌,以便使一相分散到另一相中去。然而,界面张力太低会引起液滴合并太慢或稳定的乳化。

当没有可用的实验数据时,为了确定物系的两相界面张力,可用式(12.6-1)来求取典型三元物系的界面张力,它的平均偏差约为 15%(T2):

$$\sigma=-7.34\ln[x_{AB}+x_{BA}+(x_{CA}+x_{CB})/2]-4.90 \tag{12.6-1}$$

式中 σ 为界面张力,dyn/cm;x_{AB}是溶剂 A 在饱和的富 B 相中的摩尔分率,x_{BA}是溶剂 B 在饱和的富 A 相中的摩尔分率,x_{CA}是分布组分 C 溶质在富 A 相中的摩尔分率,x_{CB}是分布组分 C 溶质在富 B 相中的摩尔分率。这个方程只适合于$[x_{AB}+x_{BA}+(x_{CA}+x_{CB})/2]$的值范围在0.000 4~0.30。1.0 这个值表明在两相混溶点完全互溶。σ 值的范围在 4~52.5 dyn/cm。

例 12.6-2 界面张力的计算

物系水(A)-乙酸(C)-甲基异丁基酮(MIBK)(B)的相平衡数据见下表,浓度为质量百分率,式中乙酸浓度为稀浓度(P4):

富水(A)相			富 MIBK(B)相		
水(A)	乙酸(C)	(MIBK)(B)	水(A)	乙酸(C)	(MIBK)(B)
98.45	0	1.55	2.12	0	97.88
95.46	2.85	1.7	2.80	1.87	95.33

试求含有一些乙酸的数据点的界面张力。

解: A 的相对分子质量为 18.02,B 的相对分子质量为 100.16,C 的为 60.05。将富 A 相中的质量分率 1.7%(B)换算成摩尔分率 x_{BA},

$$x_{BA}=\frac{1.7/100.16}{95.46/18.02+2.85/60.05+1.7/100.16}=0.003\,163$$

同时,富 A 相中的质量分率 2.85%(C)换算成摩尔分率,得 $x_{CA}=0.008\,85$。类似地,由质量分率 2.80%(A)换算成 $x_{AB}=0.136\,5$,质量分率 1.87%(C)换算成 $x_{CB}=0.027\,36$。

代入式(12.6-1):

$$\begin{aligned}\sigma&=-7.34\ln[0.136\,5+0.003\,163+(0.008\,85+0.027\,36)/2]-4.90\\&=8.65\ \text{dyn/cm}\end{aligned}$$

对于二元液-液系统,水(A)- MIBK(B),算得摩尔分率 $x_{BA}=0.002\,825$ 和 $x_{AB}=0.107\,4$。然后,由式(12.6-1)算得 $\sigma=11.49$ dyn/cm。

12.6.5　孔板(筛板)萃取塔

孔板或筛板也用于在每块板上分散液滴和合并液滴，如图 12.6－4 所示。这与图10.6－1(a)中所描述的吸收和精馏所用的筛板完全类似。降液管将重相的连续液体从一块板引入到下一块塔板。轻相的分散相在板下面液滴合并，然后喷流向上通过筛孔，被分散成液滴。在降液管上部不设溢流堰(S3)。

板上的筛孔直径在 0.32～0.64 cm，塔板开孔面积占塔截面积的百分比在 15%～25%。常用板间距为 10～25 cm。

下式被用于计算板式塔的板效率 E_O(P4)：

$$E_O=\frac{0.352T^{0.5}}{\sigma d_o^{0.35}}(V_D/V_C)^{0.42} \qquad (12.6-2)$$

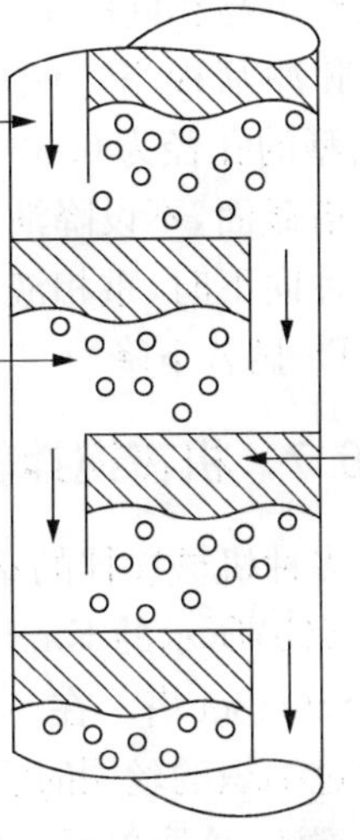

图 12.6－4　孔板或筛板萃取塔

式中 σ 为界面张力，dyn/cm；T 是板间距，ft；d_o是孔直径，ft；V_D和 V_C是表观速度，ft/s。对于高界面张力物系，传递单元高度比较高，板效率较低。

板式塔的一些典型操作条件如图 12.6－1 所示。为了将塔从小尺寸放大到大尺寸，应当采用同样的表观速度之和 V_C+V_D(S3)。对于各种类型的萃取塔，处理量的设计值应该取液泛速度的 50%左右。

例 12.6－3　筛板塔的板效率

乙酸被溶剂甲基异丁基酮从水溶液中萃取出来，操作在 25 ℃下的一筛板塔中进行。水溶液连续相的流率为 120 ft³/h，溶剂分散相的流率为 240 ft³/h。界面张力为 9.1 dyn/cm。板间距为 1.0 ft，板上的筛孔直径为 0.25 英寸。试计算确定板效率 E_O。

解：$V_D/V_C=240/120$，$\sigma=9.1$ dyn/cm，$T=1.0$ ft，$d_o=0.25/12=0.020\ 83$ ft。代入式(12.6－2)：

$$E_O=\frac{0.352T^{0.5}(V_D/V_C)^{0.42}}{\sigma d_o^{0.35}}=\frac{0.35\times(1.0)^{0.5}\times(240/120)^{0.42}}{9.1\times(0.020\ 83)^{0.35}}$$

$$E_O=0.201$$

12.6.6　脉冲填料和脉冲筛板塔

有许多类型的塔用机械搅拌来增加传质效率和/或处理量。一个常规的填料塔或筛板塔可以用快速的、小幅度的液体往复运动使塔内液体形成脉冲。一台活塞往复泵、隔膜泵或高压空气脉冲被接于塔的外部，并于塔的连续相下部空间连接，使塔内所有液体作上下运动。连续相和分散相连续地进入和离开萃取塔。

(1) 脉冲填料塔。脉冲填料塔明显降低 HETS，可使填料塔的 HETS 除以 2 左右。在处理高界面张力的物系时，如界面张力达到 30～40 dyn/cm，脉冲也是有用的(W1)。HETS 的典型值在 0.15～0.3 m 左右，见表 12.6－1。由于脉冲在整个塔界面上是均匀的，塔的尺寸在放大时可与相同的 V_C+V_D 值(W1)相结合。

(2) 脉冲筛板塔。使用的典型的脉冲幅度在 0.6～2.5 cm,频率在 100～250 次/分(P4)。典型的孔径为 0.32 cm,塔板开孔率 20%～25%,板间距 5.1 cm(2 英寸)。板的面积占据整个塔截面,不设降液管。在脉冲向上时,轻相液体在压力下通过筛孔,液滴上升至板上。在脉冲向下时,重相液体以同样的方式流到板下。典型的操作值见表 12.6-1。脉冲使塔的 HETS 显著下降。

12.6.7 机械搅拌的萃取塔

有许多种机械搅拌的萃取塔,其中两种最重要的是图 12.6-5(a)所示的 Scheibel 塔和图 12.6-5(b)所示的 Karr 塔。

(1) Scheibel 塔。在 Scheibel 塔中,一系列的旋转涡轮搅拌器形成液滴分散,分散的液滴又在通过编织的丝网时合并。然后,混合物再经过外部的澄清区。全塔就这样形成一连串的混合澄清-萃取单元。

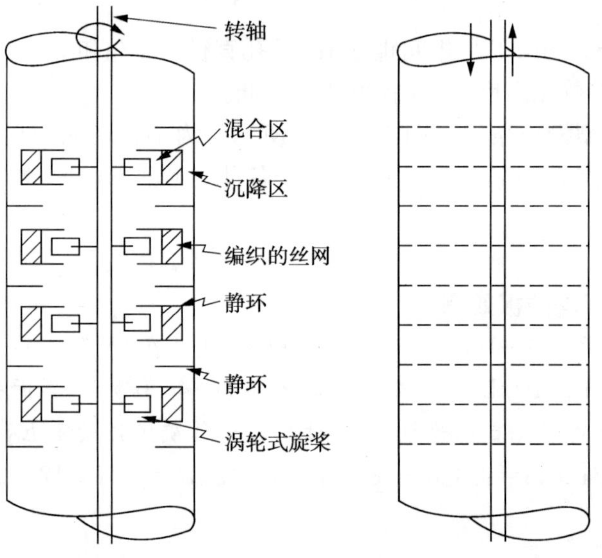

(a) Scheibel 旋转搅拌器塔　　(b) Karr 往复振动筛板塔

图 12.6-5　机械搅拌的萃取塔

该塔的操作具有高的传质效率,如表 12.6-1 所示。在从两相总组合流量 Q_1 (m^3/s) 放大到 Q_2 时,塔直径 D_2 与直塔径 D_1 的近似关系为(L4,S2)

$$\frac{D_2}{D_1}=\left(\frac{Q_2}{Q_1}\right)^{0.4} \tag{12.6-3}$$

在塔直径从 D_1 放大到 D_2 的同时,HETS 的变化如下:

$$(\text{HETS})_2/(\text{HETS})_1=(D_2/D_1)^{0.5} \tag{12.6-4}$$

塔内径放大的方程是有效的。

(2) Karr 往复振动筛板塔。如图 12.6－5 (b)所示的 Karr 塔，筛孔塔板周期性地向上和向下移动，以增加搅动和液体的湍动。这使得液滴尺寸分布更加均一，因为整个塔截面上的剪切力更加均匀(K4，P4)。

典型参数是，筛板运动的振幅为 2.5 cm(1 英寸)，频率 100～150 次/分，板间距为 5～15 cm。筛孔直径为 1.4 cm，开孔率为 50%～60%(W1)。Karr 塔的放大过程相对较精确。当直径为 D_1 的小塔放大到 D_2 的大塔时，单位面积上的总通量(V_C+V_D)、板间距、振幅保持恒定。这样，HETS(m)和振动频率(次/分，SPM)可按下式进行放大(K4，P4)，

$$(\mathrm{HETS})_2/(\mathrm{HETS})_1=(D_2/D_1)^{0.38} \tag{12.6-5}$$

$$(\mathrm{SPM})_2/(\mathrm{SPM})_1=(D_1/D_2)^{0.14} \tag{12.6-6}$$

典型的特性值见表 12.6－1。

12.7　连续多级逆流萃取

12.7.1　概述

在第 12.5 节中，单级平衡接触被用于溶质 A 从一个液相传递到另一个液相。为了传递更多的溶质，单级接触可以被重复，将图 12.5－6 中的出口物流 L_1 与新鲜的溶剂 V_2 再次接触。用这种方式，可以将溶液中的大部分溶质 A 除去。然而，这要消耗大量的溶剂，并且萃取溶剂出口物流为大量的稀 A 萃取相。为了用少量的溶剂获得更浓的出口萃取相物流，通常使用多级逆流萃取。

许多逆流气体吸收和精馏的基本方程是与用于逆流萃取的方程相同的或类似的。由于两液体相之间常常出现较高的互溶度，萃取过程的平衡关系比吸收和精馏更为复杂。

12.7.2　连续多级逆流萃取

(1) 逆流过程和总物料衡算。这一萃取过程的物流流程与先前图 10.3－2 所示的相同，如图 12.7－1 所示。含有溶质 A 的加料流从流程的一端进入并被萃取，溶剂从另一端进入。萃取相流股和萃余相流股逐级逆流流动，最终产物是离开第 1 级的萃取相 V_1 和离开第 N 级的萃余相 L_N。

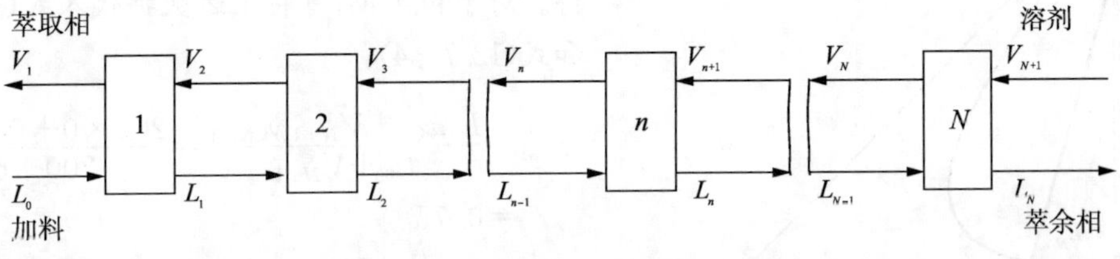

图 12.7－1　连续多级逆流萃取物流图

作所有 N 级的总物料衡算

$$L_0+V_{N+1}=L_N+V_1=M \tag{12.7-1}$$

式中 M 代表总流量 kg/h($\mathrm{lb_m/h}$)且为一常数，L_0 是进口处加料的流率 kg/h，V_{N+1} 是进口处溶剂的

流率 kg/h,V_1是出口处萃取相的流率,L_N是出口处萃余相的流率。对C组分作总的物料衡算,

$$L_0x_{C0}+V_{N+1}y_{CN+1}=L_Nx_{CN}+V_1y_{C1}=Mx_{CM} \tag{12.7-2}$$

结合式(12.7-1)和式(12.7-2),并整理得

$$x_{CM}=\frac{L_0x_{C0}+V_{N+1}y_{CN+1}}{L_0+V_{N+1}}=\frac{L_Nx_{CN}+V_1y_{C1}}{L_N+V_1} \tag{12.7-3}$$

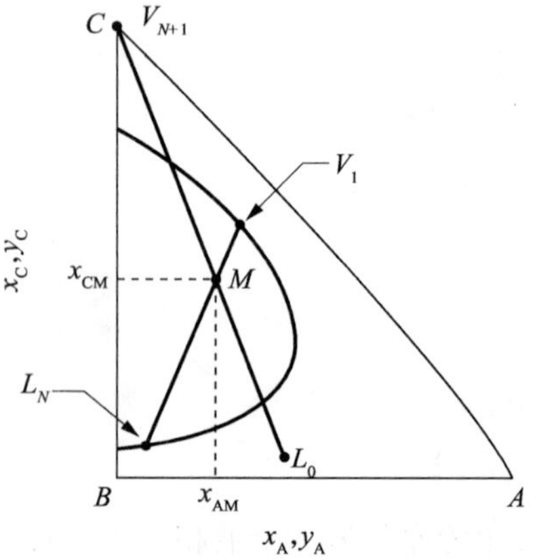

图 12.7-2 使用混和点 M 进行逆流溶剂萃取的总物料衡算

由类似的A组分衡算可得

$$x_{AM}=\frac{L_0x_{A0}+V_{N+1}y_{AN+1}}{L_0+V_{N+1}}=\frac{L_Nx_{AN}+V_1y_{A1}}{L_N+V_1} \tag{12.7-4}$$

式(12.7-3)和式(12.7-4)可被用来计算点 M 在相图上的坐标,它将两股进料 L_0 和 V_{N+1},以及两股出料 V_1 和 L_N 联结在一起。通常,L_0 和 V_{N+1} 的流量和浓度是已知的,所要求的出口浓度 x_{AN} 是给定的。如果联结点 L_0,V_{N+1} 和 M,如图 12.7-2 所示,一条直线必定把这三点连接起来。同样,点 L_N,M 和 V_1 也必定联结在同一直线上,而且,点 L_N 和 V_1 必定在溶解度曲线上,如图 12.7-2 所示。这些衡算关系也可用于 lb_m 和质量分率,kmol 和摩尔分率,等等。

例 12.7-1 多级逆流过程的物料衡算

纯溶剂异丙醚流率为 $V_{N+1}=600$ kg/h,用来萃取流率 $L_0=200$ kg/h、含 30%(质)乙酸(A)的水溶液,为多级逆流萃取。期望的出口萃余相含乙酸浓度为 4%。试计算异丙醚萃取相 V_1 和水萃余相 L_N 的量和浓度。用附录 A.3 的相平衡数据。

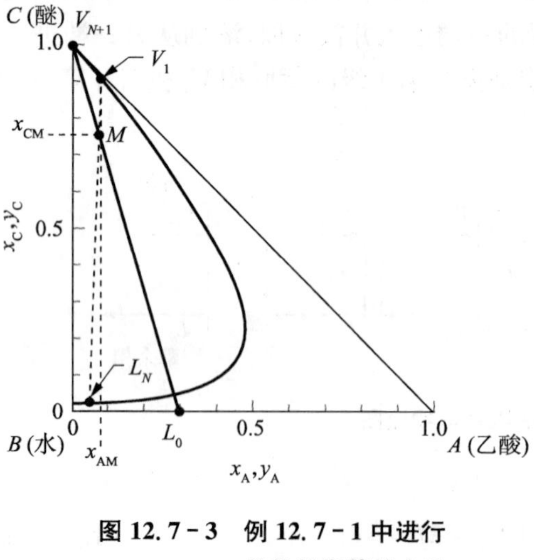

图 12.7-3 例 12.7-1 中进行总物料衡算的方法

解: 给定值 $V_{N+1}=600$,$y_{AN+1}=0$,$y_{CN+1}=1.0$,$L_0=200$,$x_{A0}=0.3$,$x_{B0}=0.7$,$x_{C0}=0$,$x_{AN}=0.04$。在图 12.7-3 中,先画出 V_{N+1} 和 L_0。同样,由于 L_N 在溶解度曲线上,它可按 $x_{AN}=0.04$ 画得。对于和点 M,可将上述数据代入式(12.7-3)和式(12.7-4):

$$x_{CM}=\frac{L_0x_{C0}+V_{N+1}y_{CN+1}}{L_0+V_{N+1}}=\frac{200\times0+600\times1.0}{200+600}$$

$$=0.75$$

$$x_{AM}=\frac{L_0x_{A0}+V_{N+1}y_{AN+1}}{L_0+V_{N+1}}=\frac{200\times0.30+600\times0}{200+600}$$

$$=0.075$$

用这两个坐标值,可以将点 M 画在图 12.7-3 中。由 L_N 点出发,通过点 M 画直线并延伸至溶

解度曲线,可以确定 V_1 的位置。由此可得,$y_{A1}=0.08$,$y_{C1}=0.90$。由 L_N 点可得,$x_{CN}=0.017$。代入式(12.7-1)和式(12.7-2)并解得 $L_N=136$ kg/h,$V_1=664$ kg/h。

(2) 逆流萃取的逐级计算。当总的物料衡算完成之后,需要逐级计算确定每一级的浓度和达到图 12.7-1 中 L_N 所需的总级数。

对第 1 级作总物料衡算:

$$L_0+V_2=L_1+V_1 \tag{12.7-5}$$

对第 n 级作类似的物料衡算:

$$L_{n-1}+V_{n+1}=L_n+V_n \tag{12.7-6}$$

对式(12.7-5)整理可得流率差 Δ

$$L_0-V_1=L_1-V_2=\Delta \tag{12.7-7}$$

这个 Δ 值(kg/h)是常数,对于所有的级

$$\Delta=L_0-V_1=L_n-V_{n+1}=L_N-V_{N+1}=\cdots \tag{12.7-8}$$

这个方法也适用于 A、B 或 C 组分的物料衡算

$$\Delta x_\Delta=L_0x_0-V_1y_1=L_nx_n-V_{n+1}y_{n+1}=L_Nx_N-V_{N+1}y_{N+1}=\cdots \tag{12.7-9}$$

结合式(12.7-8)和式(12.7-9),并解得 x_Δ,

$$x_\Delta=\frac{L_0x_0-V_1y_1}{L_0-V_1}=\frac{L_nx_n-V_{n+1}y_{n+1}}{L_n-V_{n+1}}=\frac{L_Nx_N-V_{N+1}y_{N+1}}{L_N-V_{N+1}} \tag{12.7-10}$$

式中 x_Δ 是 Δ 点的坐标值。

式(12.7-7)和式(12.7-8)可写成

$$L_0=\Delta+V_1 \quad L_n=\Delta+V_{n+1} \quad L_N=\Delta+V_{N+1} \tag{12.7-11}$$

由式(12.7-11)可见,L_0 是在通过 Δ 和 V_1 的直线上的,L_N 是在通过 Δ 和 V_{N+1} 的直线上的,等等。这表明 Δ 是所有相互流经的两股液体的共同点,例如 L_0 和 V_1,L_n 和 V_{n+1},L_N 和 V_{N+1},等等。这个操作点 Δ 所处的坐标由式(12.7-10)的 $x_{C\Delta}$ 和 $x_{A\Delta}$ 给定。由于两端的 L_0 和 V_1,L_N 和 V_{N+1} 是已知的,x_Δ 可以被算得,点 Δ 可确定。点 Δ 或者可由图解确定,由直线 L_0V_1 与 L_NV_{N+1} 的交点来获得,如图 12.7-4 所示。

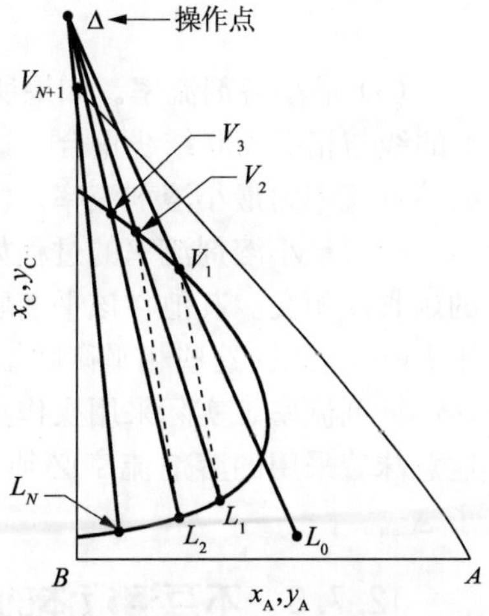

图 12.7-4 操作点 Δ 和逆流萃取所需的理论级数

为了用式(12.7-11)逐级画出所需级数,可以从点 L_0 开始画直线 $L_0\Delta$,它与溶解度曲线相交得 V_1 点。然后,由通过 V_1 点的相平衡联结线确定 L_1 点,它与 V_1 达到相平衡。然后,画直线 $L_1\Delta$,得 V_2 点。再画相平衡联结线 V_2L_2。如

此重复逐级作图过程,直至达到期望的萃余相 L_N 组成。进行萃取所需的级数就由这样的方法获得。

例 12.7-2 逆流萃取的理论级数

纯溶剂异丙醚流率为 450 kg/h,用来萃取流率为 150 kg/h、含 30%(质)乙酸(A)的水溶液,为多级逆流萃取。出口萃余相含乙酸浓度为 10%。试计算所需的理论级数。

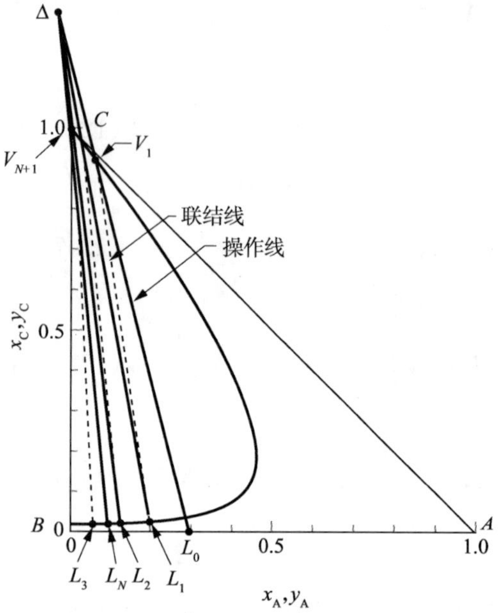

图 12.7-5 图解例 12.7-2 的逆流萃取

解: 给定值 $V_{N+1}=450$, $y_{AN+1}=0$, $y_{CN+1}=1.0$, $L_0=150$, $x_{A0}=0.3$, $x_{B0}=0.7$, $x_{C0}=0$, $x_{AN}=0.10$。在图 12.7-5 中,先画出 V_{N+1}, L_0 和 L_N。对于和点 M,可将上述数据代入式(12.7-3)和式(12.7-4),可得 $x_{CM}=0.75$, $x_{AM}=0.075$。用这两个坐标,将点 M 画在图中,V_1 处于直线 L_NM 与溶解度曲线的交点,得到 $y_{A1}=0.072$, $y_{C1}=0.895$。(这个过程没有在图 12.7-5 中作出,可见例 12.7-1 中画线的过程。)

画出直线 L_0V_1 和 L_NV_{N+1},其交点就是操作点 Δ,如图 12.7-5 所示。或者,Δ 的坐标可从式(12.7-10)计算,以确定 Δ 点。从点 L_0 开始画直线 $L_0\Delta$,与溶解度曲线相交得 V_1 点。然后,由通过 V_1 点的相平衡联结线确定 L_1 点,它与 V_1 达到相平衡。(相平衡联结线从放大的图中获得,如图 12.5-3 的下部所示。)然后,画直线 $L_1\Delta$,得 V_2 点。再画通过 V_2 的相平衡联结线得到 L_2。画直线 $L_2\Delta$,得 V_3 点。最后的相平衡联结线得到 L_3,它处于期望的 L_N 的左边。因此,所需的理论级数约为 2.5。

(3) 最小溶剂流率。如果所选的溶剂流率 V_{N+1} 值太低,会出现极限情况,这时一条通过 Δ 的线与相平衡联结线重合。这样,达到指定分离任务所需的理论级数达到无穷多。这时的溶剂流率为最小溶剂流率。实际操作中,必须采用比它大的溶剂流率。

获得最小溶剂流率的过程如下。一条相平衡联结线画过点 L_0(图 12.7-4),与 L_NV_{N+1} 的延长线相交。其他在该平衡联结线左边的相平衡联结线都画出,包括通过 L_N 点的,相交于 L_NV_{N+1} 线。这些相平衡联结线与 L_NV_{N+1} 线的交点中离 V_{N+1} 最近的就是 Δ_{min} 点,代表了最小溶剂流率。实际采用操作点 Δ 的位置离点 V_{N+1} 必须比 Δ_{min} 更近,因为级数为有限值。这意味着采用的溶剂流率必须比最小溶剂流率大。通常,通过点 L_0 的相平衡联结线代表了 Δ_{min}。

12.7.3 不互溶液体的逆流级式萃取

如果溶剂流股 V_{N+1} 含有组分 A 和 C,加料流股 L_0 含有 A 和 B,并且组分 B 和 C 相互不溶解,这时的逐级计算会容易得多。溶质 A 相对较稀,并且从 L_0 传递至 V_{N+1}。

参考图 12.7－1，越过 n 级对整个系统作 A 组分的物料衡算：

$$L'\left(\frac{x_0}{1-x_0}\right)+V'\left(\frac{y_{N+1}}{1-y_{N+1}}\right)=L'\left(\frac{x_N}{1-x_N}\right)+V'\left(\frac{y_1}{1-y_1}\right) \tag{12.7-12}$$

$$L'\left(\frac{x_0}{1-x_0}\right)+V'\left(\frac{y_{n+1}}{1-y_{n+1}}\right)=L'\left(\frac{x_n}{1-x_n}\right)+V'\left(\frac{y_1}{1-y_1}\right) \tag{12.7-13}$$

式中 L' 的单位是 kg 惰性 B/h，V' 的单位是 kg 惰性 C/h，y 为 V 流股中 A 的质量分率，x 为 L 流股中 A 的质量分率。这个式(12.7－13)是一操作线方程，它的斜率≈L'/V'。如果 y 和 x 相当稀，这条线在 x－y 图上可画作直线。

作图求解理论级数就像前面所述的吸收和精馏的情况，如图 10.3－4 所示。

如果平衡线处于相当稀的浓度范围，由于操作线基本上是直线，第 10.3.4 节中给出的解析式(10.3－21)～式(10.3－26)可以用来计算理论级数。

例 12.7－3　不互溶液体萃取尼古丁

进料水溶液 100 kg/h，水中含有尼古丁(A)0.010(质量分率)，用 200 kg/h 的煤油流率萃取，该煤油含尼古丁 0.000 5(质量分率)，在塔中逆流级式接触。水与煤油基本上不互溶。要求出口水中尼古丁的浓度降低至 0.001 0(质量分率)。试确定所需的理论级数。相平衡数据如下(C5)，其中 x 为水溶液中尼古丁的质量分率，y 为煤油中的质量分率：

x	y	x	y
0.001 010	0.000 806	0.007 46	0.006 82
0.002 46	0.001 959	0.009 88	0.009 04
0.005 00	0.004 54	0.020 2	0.018 5

(1) 画出平衡数据，图解确定理论级数；

(1) 用 Kremser 方程式(10.3－21)计算理论级数。

解：(1) 已知的值为 $L_0=100$ kg/h，$x_0=0.010$，$V_{N+1}=200$ kg/h，$y_{N+1}=0.000\,5$，$x_N=0.001\,0$。惰性组分流股为

$$L'=L(1-x)=L_0(1-x_0)=100\times(1-0.010)=99.00\ \text{kg 水/h}$$
$$V'=V(1-y)=V_{N+1}(1-y_{N+1})=200\times(1-0.000\,5)=199.9\ \text{kg 煤油/h}$$

用式(12.7－12)对总体作 A 组分的物料衡算，并解得 $y_1=0.004\,98$。在操作线上的这些点绘于图 12.7－6。

由于操作线方程用于低浓度溶液，就画作直线。平衡数据在图中画出，该线略有弯曲。

对于(1)部分，逐级作图可得 $N=4.5$ 理论级。

(2) 为了计算总流率 L_N 和 V_1，可用如下方程求解

$$L'=99.0=L_N(1-x_N)=L_N(1-0.001\,0)$$
$$L_N=99.10\ \text{kg/h}$$
$$V'=199.9=V_1(1-y_1)=V_1(1-0.004\,97)$$
$$V_1=200.9\ \text{kg/h}$$

$L_0=100$ kg/h，$V_{N+1}=200$ kg/h。为了用式(10.3－21)进行计算，必须先求得塔顶和塔底的

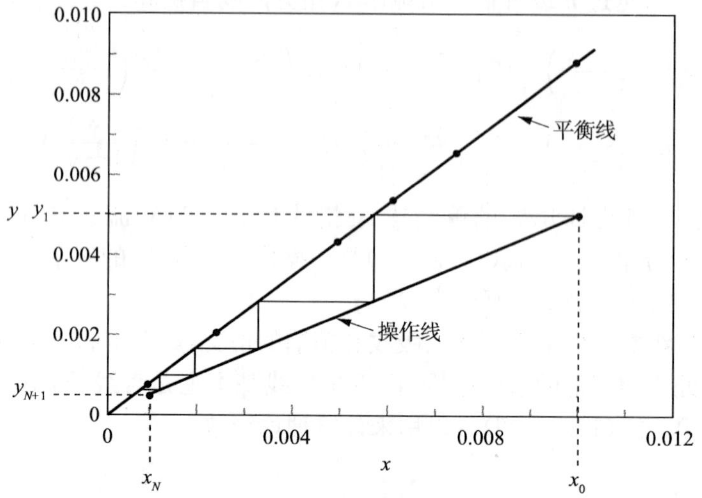

图 12.7-6　例 12.7-3 中不互溶液体萃取的求解

平衡线的斜率，因为平衡线不是直线。在平衡线的顶端，在点 $y_1=0.004\ 98$ 处，该点的切线或斜率被确定为 $m_1=0.91$。在平衡线的底端或稀浓度端，在点 $x_N=0.001\ 0$ 处，该处线段为直线，m_2 可以从平衡数据计算，$m_2=0.000\ 806/0.001\ 010=0.798$。这样，$A_1=L/(mV)=L_0/(m_1V_1)=100/(0.91\times200.9)=0.547$。同样，$A_2=L_N/(m_2V_{N+1})=99.1/(0.798\times200)=0.621$。几何平均值为 $A=\sqrt{0.547\times0.621}=0.582$ 。

代入式(10.3-2)，$m=m_2=0.798$，

$$N=\frac{\ln\left[\dfrac{x_0-(y_{N+1}/m)}{x_N-(y_{N+1}/m)}(1-A)+A\right]}{\ln(1/A)}$$

$$=\frac{\ln\left[\dfrac{0.010-0.000\ 5/0.798}{0.001-0.000\ 5/0.798}\times(1-0.583)+0.583\right]}{\ln(1/0.583)}$$

$N=4.45$ 理论级。这与图解方法求得的结果 $N=4.5$ 非常接近。

12.7.4　萃取塔的设计

(1) 不互溶液体的操作线方程。在这种情况下，图 12.7-7(a)中液体加料流 L 和溶剂流 V 不互溶，溶质 A 在两股流体中都很稀。加料流在出口通常称为萃余相，溶剂流在出口为萃取相。对于 A 从加料流 L 至溶剂流 V 的逆流萃取，对虚线控制体作 A 组分的物料衡算，可得下列操作线方程：

$$L'\left(\frac{x}{1-x}\right)+V'\left(\frac{y_1}{1-y_1}\right)=L'\left(\frac{x_1}{1-x_1}\right)+V'\left(\frac{y}{1-y}\right)\qquad(12.7-14)$$

式中 L' 的单位为 kg 加料 B/h，V' 的单位为 kg 溶剂/h，y 为溶剂流 V 中 A 的质量分率，x 为加料流 L 中 A 的质量分率。

当这个操作线方程在如图 12.7-7(b)中的 $x-y$ 图中画出时，是一条略微弯曲的线。有

时也采用摩尔分率和摩尔流率为单位。理论级数可按先前图 12.7-6 所示的方法作图逐级求得。如果溶剂和加料两股液体互不相溶，则 L'和 V'保持常数。

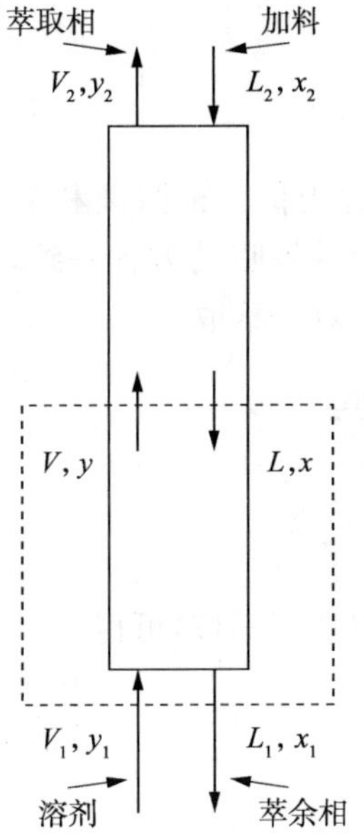

(a) 逆流萃取塔的过程物流和物料衡算

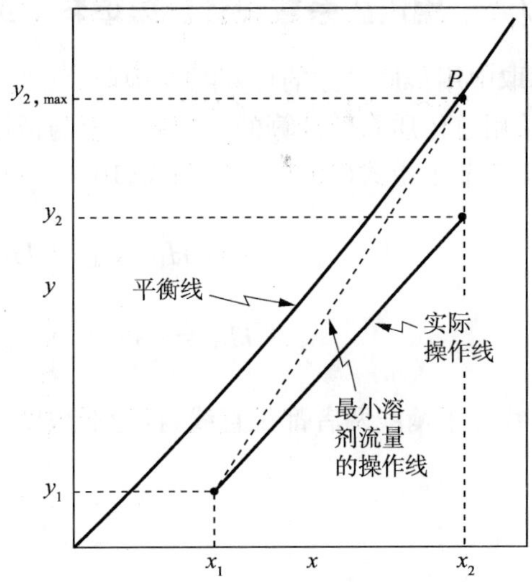

(b) 塔的最小溶剂流率操作线和实际操作线

图 12.7-7　萃取塔物流

(2) 极限溶剂流率和优化的 L'/V'比。在萃取过程中，通常，定入口处的加料流率为 L_2，它的组成为 x_2。设计时，通常定萃余液的出口浓度为 x_1（L_1流股）。进口的溶剂（V_1流股）的浓度 y_1通常是由溶剂再生塔循环返回的工艺要求所确定的。因此，进塔溶剂的流率 V_1或 V'的量是可以自由选择的。

在图 12.7-7(b)中，浓度 x_1，x_2，y_1是确定的。当操作线具有最小斜率时，它与平衡线相交于点 P，这时，最小的溶剂流率为 $V'_{\min}$。y_2值达到最大，为 $y_{2,\max}$。与吸收和提馏的情况相似，最优的溶剂流率取 1.2～1.5 倍的 $V'_{\min}$，一般采用 1.5 倍(S6)。当平衡线急剧向上弯曲时，最小的溶剂流率 $V'_{\min}$下的操作线是平衡线上的切线而不是与之相交。然后，取优化的溶剂流率为 1.2～1.5$V'_{\min}$。

(3) 塔板数的解析解方程。计算萃取理论塔板数 N 的解析解方程与气液分离中的式(10.6-8)相同，具体为

$$N=\frac{\ln\left[\frac{(x_2-y_1/m)}{(x_1-y_1/m)}(1-A)+A\right]}{\ln(1/A)} \qquad (12.7-15)$$

式中 $A=L/mV$。如果操作线和平衡线有些弯曲的话，A 的值会在塔中发生变化。参考图 12.7-7(b)，在浓度较高的塔顶，采用平衡线的斜率或点 y_2处的切线斜率 m_2。在浓度较低的塔底，采用平衡线在点 x_1处的斜率 m_1。这样，$A_1=L_1/m_1V_1$，$A_2=L_2/m_2V_2$，$A=\sqrt{A_1A_2}$。同时，低浓度的 m_1用于式(12.7-15)。方程式(12.7-16)是有用的，它可用来计算当理论板

数确定时出塔浓度的特性：

$$\frac{x_2-x_1}{x_2-y_1/m}=\frac{(1/A)^{N+1}-(1/A)}{(1/A)^{N+1}-1} \tag{12.7-16}$$

12.7.5 用传质系数设计计算填料萃取塔

在萃取中用传质系数的计算与在吸收、解吸中的计算类似。稀溶液和溶剂基本不互溶的物系，采用总传质系数计算的方程基本上与低浓度溶液的解吸的方程一致，这些方程先前已在 10.6.7 节中由式(10.6-46)和式(10.6-47)给出。对于萃取：

$$z=H_{OL}N_{OL}=H_{OL}\int_{x_2}^{x_1}\frac{dx}{x^*-x} \tag{12.7-17}$$

$$H_{OL}=\frac{L}{K'_x aS} \tag{12.7-18}$$

如果操作线和平衡线两者都是直线，且为低浓度，积分式(12.7-17)可得

$$N_{OL}=\frac{(x_1-x_2)}{(x^*-x)_M} \tag{12.7-19}$$

其中

$$(x^*-x)_M=\frac{(x_1^*-x_1)-(x_2^*-x_2)}{\ln[(x_1^*-x_1)/(x_2^*-x_2)]} \tag{12.7-20}$$

按 V 相参数表示：

$$N_{OV}=\frac{(y_1-y_2)}{(y-y^*)_M} \tag{12.7-21}$$

其中 $(y-y^*)_M$ 由式(10.6-28)定义。总传质单元数的值 N_{OL} 可用式(10.6-53)确定：

$$N_{OL}=\frac{1}{(1-A)}\ln\left[(1-A)\left(\frac{x_2^*-y_1/m}{x_1-y_1/m}\right)+A\right] \tag{12.7-22}$$

例 12.7-4 在塔设备中用三氯乙烷从水相中萃取丙酮

加料水溶液 800 kg/h 含有丙酮 12%(质)，在 25 ℃逆流板式塔中用含有 0.5%(质)丙酮的三氯乙烷溶剂进行萃取。当水相中丙酮浓度低于 27%(质)时，溶剂水和三氯乙烷基本上互不相溶。水相(萃余相)的出口丙酮浓度设定为 1.0%(质)。平衡数据如下(T3)，其中 x 为水相中丙酮质量分率，y 为三氯乙烷相中丙酮的质量分率：

x	y	x	y
0.012 0	0.019 6	0.083 3	0.130 4
0.029 4	0.047 6	0.108 1	0.166 6
0.046 2	0.074 1	0.131 6	0.200 0
0.057 1	0.090 9		

(1) 确定所需的最小溶剂流率；

(2) 用1.3倍的最小溶剂流率，图解确定所需的理论级数；

(3) 用解析式计算理论级数；

(4) 采用填料塔，已知传质单元高度 H_{OL} 为1.2 m。计算传质单元数 N_{OL} 和塔高。

解:(1) 给定值为 $L_2=800$ kg/h，$x_2=0.12$，$x_1=0.01$，$y_1=0.005$。进口流率为

$$L'=L_2(1-x_2)=800(1-0.12)=704.0 \text{ kg 水/h}$$

平衡数据绘于图12.7-8中，相平衡线略有弯曲。最小溶剂流率的操作线从点 x_1，y_1 至点 P，其中 $x_2=0.12$ 处于平衡线上，$y_{2,\max}=0.184$。

根据式(12.7-14)，代入已知值作总物料衡算

$$L'\left(\frac{x_2}{1-x_2}\right)+V'\left(\frac{y_1}{1-y_1}\right)=L'\left(\frac{x_1}{1-x_1}\right)+V'\left(\frac{y_{2,\max}}{1-y_{2,\max}}\right)$$

$$704\times\left(\frac{0.12}{1-0.12}\right)+V'\left(\frac{0.005}{1-0.005}\right)=704\times\left(\frac{0.01}{1-0.01}\right)+V'\left(\frac{0.184}{1-0.184}\right)$$

解得 $V'=V'_{\min}=403.2$ kg 溶剂/h。设式(12.7-14)中的 $x=0.07$，解得 $y=0.1062$。设定一些其他 x 值重复进行计算，这些操作线上的点标绘在图12.7-8中。这一最小溶剂流率的操作线(虚线)略有弯曲，除了点 P 中间不与平衡线相交或相切。

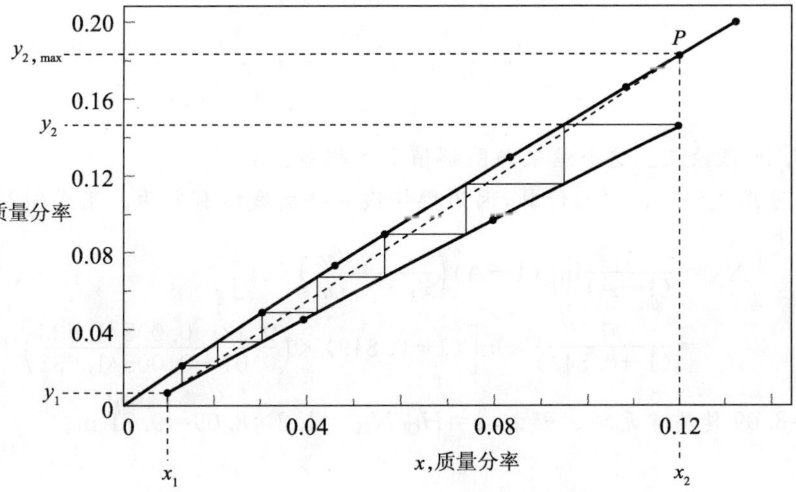

图12.7-8 例12.7-4的操作线和平衡线

(2) $V'=1.3V'_{\min}=1.3\times403.2=524.2$ kg 溶剂/h。代入操作线方程式(12.7-14)，解得 y_2，

$$L'\left(\frac{x_2}{1-x_2}\right)+V'\left(\frac{y_1}{1-y_1}\right)=L'\left(\frac{x_1}{1-x_1}\right)+V'\left(\frac{y_2}{1-y_2}\right)$$

$$704\times\left(\frac{0.12}{1-0.12}\right)+524.2\times\left(\frac{0.005}{1-0.005}\right)=704\times\left(\frac{0.01}{1-0.01}\right)+524.2\left(\frac{y_2}{1-y_2}\right)$$

这样，$y_2=0.1486$。如前所述，计算操作线上的一系列点，因它是略微弯曲的，$x=0.04$，解得 $y=0.0453$；$x=0.08$，解得 $y=0.0977$。将这些点作在图上，显示稍弯曲的操作线。逐板画出理论板，可得总共为7.4级。

(3) 先计算总流率

$$L_1=\frac{L'}{1-x_1}=\frac{704}{1-0.01}=711.1,\quad V_1=\frac{V'}{1-y_1}=\frac{524.2}{1-0.005}=526.8$$

$$L_2=800,\quad V_2=\frac{V'}{1-y_2}=\frac{524.2}{1-0.1486}=615.7$$

m_2值为平衡线上 y_2点处的切线斜率,可得 $m_2=1.49$。低浓度端平衡线上 x_1点的斜率 m_1值可从该点的相平衡数据确定,它等于 $y/x=0.0196/0.0120=1.633=m_1$。于是

$$A_1=\frac{L_1}{m_1V_1}=\frac{711.1}{1.633\times526.8}=0.827$$

$$A_2=\frac{L_2}{m_2V_2}=\frac{800}{1.49\times615.7}=0.872$$

$$A=\sqrt{A_1A_2}=\sqrt{0.827\times0.872}=0.849$$

用式(12.7-15):

$$N=\frac{\ln\left[\frac{x_2-(y_1/m)}{x_1-(y_1/m)}(1-A)+A\right]}{\ln(1/A)}$$

$$=\frac{\ln\left[\frac{0.12-0.0005/1.633}{0.01-0.0005/1.633}\times(1-0.849)+0.849\right]}{\ln(1/0.849)}$$

这样,$N=7.46$ 理论级。这个结果与图解值 7.4 相当接近。

(4) 不可用式(12.7-19)计算,因为操作线和平衡线略有弯曲。用式(12.7-22)

$$N_{\mathrm{OL}}=\frac{1}{(1-A)}\ln\left[(1-A)\left(\frac{x_2-y_1/m}{x_1-y_1/m}\right)+A\right]$$

$$=\frac{1}{(1-0.849)}\times\ln\left[(1-0.849)\times\left(\frac{0.12-0.005/1.633}{0.01-0.005/1.633}\right)+0.849\right]$$

解得 $N_{\mathrm{OL}}=8.09$ 传质单元数。那么,$z=H_{\mathrm{OL}}N_{\mathrm{OL}}=1.2\times8.09=9.71$ m。

12.8 液-固浸取介绍和设备

12.8.1 浸取过程

(1) 概述。许多生物的、无机的、有机的物质是不同组分组成的固体混合物。为了分离出所要求的溶质成分,或从固体相中除去不需要的溶质组分,将固体与液相接触。两相经过充分接触,一个或多个溶质从固体扩散到液体中,从而实现固体中原有组分的分离。这种分离过程称为液-固浸取,或简称浸取。术语萃取也用于描述这种分离过程,虽然它更多地用于指液-液萃取。在浸取中,当固体中的不需要的溶质组分要用水除去时,这种过程称为洗涤。

(2) 生物物质的浸取过程。在生物和食品工业,许多产品是从原有的天然结构中用液-

固浸取的方法分离出来的。例如，一个重要的过程就是从甜菜中用热水浸取糖。在植物油的生产中，有机溶剂如正已烷、丙酮、醚被用来从花生、大豆、亚麻籽、蓖麻籽、葵花籽、棉花籽、桐树粗粉、大比目鱼肝中萃取油。在药物生产工业中，许多不同的药物产品是由浸取植物根、叶子和茎获得的。在生产可溶的“速溶”咖啡、庭院烘烤咖啡时，用新鲜水进行浸取。可溶茶是用水浸取茶叶生产的。丹宁是从树皮中用水浸取出来的。

(3) 无机和有机物质的浸取过程。浸取过程广泛用于金属生产工业。有用的金属常常与大量的不需要的成分一起形成固体混合物，浸取就是将金属作为可溶的盐提取出来。铜盐可从含有其他矿物的基本矿石中用硫酸或氨溶液溶解或浸取出来。钴盐和镍盐可从它们的矿石中用硫酸-氨-氧混合物浸取出来。金子可从它的矿石中用氰化钠水溶液浸取出来。氢氧化钠的制备，可从碳酸钙泥浆中浸取 $Ca(OH)_2$，并用 $Ca(OH)_2$ 与 Na_2CO_3 反应制得氢氧化钠。

12.8.2　浸取固体的制备

(1) 无机和有机物质。固体的制备方法很大程度上取决于存在的可溶成分的比例，它在固体中的分布，固体的性质——也就是说，它是否暴露植物细胞，可溶物质是否完全被不可溶物质的脉石所包裹，还有赖于原始颗粒的尺寸。

如果可溶物质被不可溶物质的脉石所包裹，溶剂必须扩散到内部以便接触和溶解可溶物质，然后再扩散出来。这种情况出现在许多湿法冶金的过程中，这些过程中金属盐被从矿石中浸取出来。在这种情况下，常采用矿石的粉碎和磨碎，以增加浸取的速率，因为这样使溶剂更容易进入可溶部分。如果可溶物质是在固体中的固体溶液，或在整个固体中广泛分布的，溶剂的浸取作用会形成小的通道。另外的溶剂的通过就变得容易了，这样就没有必要磨碎成很细的尺寸了。如果可溶物质会溶解于黏附在固体上的溶液中，颗粒的磨碎就没有必要了。那么，可以用简单的洗涤的方法，就如在化学沉淀中的洗涤。

(2) 动物和植物的物质。生物物质是有细胞结构的，可溶成分一般都在细胞壁内。浸取的速率会比较慢，因为细胞壁形成了额外的扩散阻力。然而，用磨碎的方法将生物物质破碎到很小而使各个细胞中的物质暴露出来实际上是不可行的。甜菜切成很薄、楔形的薄片进行浸取，这样使水溶剂到达各个细胞所需扩散的距离减少了。甜菜的细胞基本保持未受损的，糖分会扩散通过半透性细胞壁，而不需要的白蛋白的和胶质的组分不能通过细胞壁。

对于从叶子、茎和根中提取药物产品的浸取，在萃取前物质的干燥会有助于细胞壁的破裂。这样，溶剂可以直接溶解溶质。当初始物料被辗轧或切片而使尺寸降低到约 0.1 mm～0.5 mm 时，大豆和许多蔬菜籽的细胞壁在很大程度上破裂了。细胞在尺寸上是很小的，但是壁破裂了，植物油就很容易进入溶剂了。

12.8.3　浸取的速率

(1) 概述和一般步骤。在从颗粒内部用溶剂浸取可溶物质的过程中，会发生下列的一般步骤。溶剂必须从溶剂溶液主体传递到固体的表面。然后，溶剂渗透或扩散进入固体。溶剂溶解溶质。溶质再扩散通过固体与溶剂的混合物到达颗粒的表面。最后，溶质传递到溶液主体。如果将理论用于浸取作用，所遇到的许多不同的现象使得它实际上不可行。

通常，溶剂从溶液主体传递到固体表面的速率是相当快的，而溶剂进入固体的传递速率比较慢。在许多情况下,在整个浸取的过程中没有速率控制步骤。溶剂传递通常在初始时发生,就是当颗粒刚与溶剂接触时。溶质在固体内溶剂中的溶解可以是简单的物理溶解过程,也可以是实际的化学反应,它使溶质的溶解加快。我们在溶解过程方面的知识是有限的,它的机理对于不同的固体会是完全不同的(K1)。

溶质扩散通过固体和溶剂到达固体表面的速率常常是浸取传质总过程中的控制阻力,它与各种不同的因素有关。如果固体是由惰性的多孔固体结构组成的,在固体的孔道中充满了溶质和溶液,通过多孔固体的扩散可以用有效扩散系数来描述。还需要空隙率和曲率因子。这在第 6.5.3 节中的多孔固体扩散内进行了描述。

在生物的和天然的物质中,由于细胞的存在,出现了外加的复杂性。在浸取甜菜薄片时,薄层中大约五分之一的细胞是破裂的。糖的浸取与洗涤过程(Y1)非常相似。在未破裂的细胞中糖分必须扩散通过细胞壁才能出来。这两种传递过程净的结果并不服从以扩散系数为常数的简单的扩散定律。

对于大豆,整颗豆粒无法进行有效的浸取。大豆的辗轧和切片使细胞壁破裂,使溶剂更容易在毛细管的作用下渗透。溶质大豆油从大豆薄片中扩散出来的速率不能用简单表达式描述。设计大规模浸取器的方法包括了使用薄片进行实验室小规模试验的数据(O2)。

与在同一固体中扩散的阻力相比,溶质从固体表面到溶剂主体的质量传递阻力一般是相当小的(O1)。在大豆浸取的过程中发现,外部溶剂的搅拌程度对浸取速率没有明显的影响(O3,Y1)。

(2) 固体溶解时的浸取速率。然而,当物质从固体溶解到溶剂溶液时,从固体表面到液体的质量传递速率是控制因素。如果固体是纯的物质,固体相基本上没有阻力。这个过程的方程可以用非定态的方法导出如下。下面推导假定,与从颗粒中扩散出来相比,固体中的扩散非常快。

溶质 A 溶解于溶液体积 V m^3 的质量传递速率为

$$\frac{\overline{N}_A}{A}=k_L(c_{AS}-c_A) \tag{12.8-1}$$

式中,N_A是溶解于溶液的组分 A,kmol/s。A 是颗粒表面积,m^2;k_L是传质系数,m/s;c_{AS}是溶质 A 在溶液中的饱和溶解度,kmol/m^3;c_A是溶质 A 在溶液中时刻 t(s)的浓度,kmol/m^3。由物料衡算可得,A 组分在溶液中积累的速率等于式(12.8-1)乘以面积 A:

$$\frac{V\mathrm{d}c_A}{\mathrm{d}t}=\overline{N}_A=Ak_L(c_{AS}-c_A) \tag{12.8-2}$$

从 $t=0, c_A=c_{A0}$ 积分至 $t=t, c_A=c_A$,

$$\int_{c_{A0}}^{c_A}\frac{\mathrm{d}c_A}{c_{AS}-c_A}=\frac{Ak_L}{V}\int_{t=0}^{t}\mathrm{d}t \tag{12.8-3}$$

$$\frac{c_{AS}-c_A}{c_{AS}-c_{A0}}=\mathrm{e}^{-(k_L A/V)t} \tag{12.8-4}$$

溶解按指数形式趋近于饱和的条件。通常,如果外表面积变得很不规则,内表面积 A 在萃取过程中会增加。如果可溶物质在固体中占有很高的比例,颗粒会发生分裂。如果固体完全溶解,内表面积显著地变化。这样,传质系数也会随之而变。

如果颗粒非常小,在搅拌条件下的颗粒传质系数可以用第7.4节中的方程式计算。对于大的颗粒,这在浸取中经常出现,搅拌混合釜条件下的计算传质系数 k_L 的方程式已在7.4节和参考文献(B1)中给出。

(3) 固体中扩散控制的浸取速率。对于外部溶剂浸取溶质,在固体中非定态扩散是控制阻力的情况下,通常采用下列近似方法。如果溶质A的平均扩散系数 D_{Aeff} 接近常数,那么对于间歇的浸取过程,可以用非定态的质量传递方程,如第7.1节中所讨论的。如果颗粒近似为球形,可用图5.3-13进行计算。

例12.8-1 间歇浸取时间的计算

平均直径约为2.0 mm的颗粒在一间歇式设备中用大量溶剂进行浸取。溶质A在溶剂中的浓度保持常数。从固体中浸取出80%的有效溶质需要3.11 h。假定固体中的扩散为控制阻力,有效扩散系数为常数,如果颗粒尺寸减小到1.5 mm,试计算浸取的时间。

解:80%的萃取率,未萃取分率 E_S 为0.20。用图5.3-13中球体的曲线,由 $E_S=0.20$,可得值 $D_{Aeff}t/a^2=0.112$,其中 D_{Aeff} 为有效扩散系数(mm^2/s),t 为时间(s),a 为半径(mm)。对于同样的 E_S 分率,不同颗粒尺寸下 $D_{Aeff}t/a^2$ 值为常数。因此

$$t_2=\frac{t_1a_2^2}{a_1^2} \tag{12.8-5}$$

其中,t_2 是颗粒尺寸 a_2 的浸取时间。代入式(12.8-5):

$$t_2=3.11\times\frac{(1.5/2)^2}{(2.0/2)^2}=1.75\ \text{h}$$

(4) 浸取的操作方法。固体浸取的操作有许多一般的方法。操作可在间歇的或非定态的条件下进行,也可在连续的或定态的条件下进行。在定态的或非定态的操作中,都可使用连续式的、级式的两种设备。

在非定态的浸取中,一个在矿物工业中常用的方法是替代浸取,在该方法中溶剂渗透通过实际矿物体。在其他情况下,浸取液被泵送到一堆粉碎了的矿物颗粒之上,然后当液体从颗粒堆中排出时在下部被收集起来。铜就是用硫酸溶液从硫矿中用这种方法浸取获得。

粉碎的固体通常堆积在一容器中形成稳定的固体床,溶剂渗透通过该床层并在底部通过筛孔板,排出的液体被收集。固体颗粒不必太细,否则遇到的流动阻力太大。有时,大量容器串联使用,称为浸取器组,新鲜的溶剂被加入到最后萃取的固体中。容器可以是敞开容器或密闭容器,称为浸提器。溶剂流过串联的容器,并从最后接上的容器排出。这是模拟连续逆流级式的操作。当一个容器完成浸取后,在另一端加入一个新装填的容器。操作中采用了多重管道供切换,以便在组成逆流操作中不必移动所有容器。这通常称为香克系统(Shanks system)。它广泛用于从矿石中浸取硝酸钠,从树皮和木材中回收丹宁,在矿物工业中、在制糖工业中和其他生产过程中都有应用。

在一些过程中,粉碎了的固体颗粒被斗式输送机或螺旋式输送机连续地移动。溶剂逆流流过这些移动的床层。

细小的固体颗粒可以在搅拌釜中或在增稠器中浸取。过程可以按非定态间歇操作或容器串联排列以获得逆流级式过程。

12.8.4 浸取设备的种类

(1) 固定床浸取。固定床浸取被用于甜菜制糖工业,也用于从鞣料树皮浸取丹宁,用于从树皮和籽中浸取药物,以及用于其他过程。图 12.8-1 所示为典型的甜菜浸提器或浸取器。盖子是可移动的,以便被称为甜菜丝的甜菜薄片能够被倾倒到床层中。344 K(71 ℃)至 350 K(77 ℃)的热水流入床层,浸取出糖分。浸取后的糖溶液从底部流出,进入下一个串联的槽中。在香克系统中采用逆流操作。顶部和底部的盖子是可以移动的,以便浸取过的甜菜可以被取走,新鲜的甜菜可以被加入。甜菜中大约有 95%的糖分可以被浸取出来,得到的系统出口溶液浓度约为 12%(质)。

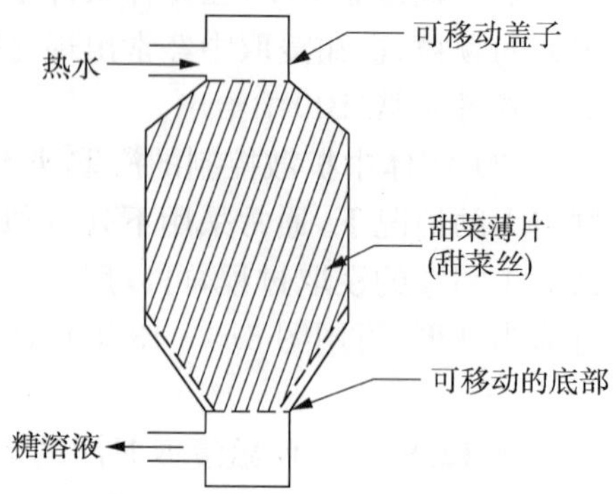

图 12.8-1 典型的固定床甜菜浸取装置

(2) 移动床浸取。有许多级式逆流浸取的装置,其中的床或级是移动的,而不是静止的。这些装置被广泛地用于从蔬菜籽(如棉花籽、花生、大豆)中浸取植物油。这些籽通常先去壳,有时还要预煮一下,通常部分干燥一下,然后辗轧或压片。有时与压榨结合,初步分离出部分油。溶剂通常是石油产品,例如己烷。最后的溶剂-植物溶液称为溶剂油,会含有一些细小的分散的固体。

图 12.8-2(a)所示为封闭的移动床吊斗式升降器装置。这个装置称为博尔曼浸取器(Bollman extractor)。干燥的薄片或固体从右上部加入带筛孔的吊篮或吊斗。当右边的吊斗下降时,它们由被称为半溶剂油的含油稀溶液所浸取。这个液体向下渗透通过移动的吊斗,在底部被收集,形成浓溶液,称为全溶剂油。左边的吊斗向上移动,被从顶部喷淋的新鲜溶剂逆流浸取。如图所示,湿的薄片被卸出,并被连续移走。

图 12.8-2(b)中所示为希尔德布兰德浸取器(Hildebrandt extractor),它由按 U 字形排列的 3 个螺旋输送器组成。固体在右上部加入,向下输送,然后横跨底部,在另一端向上移动。溶剂逆流流动。

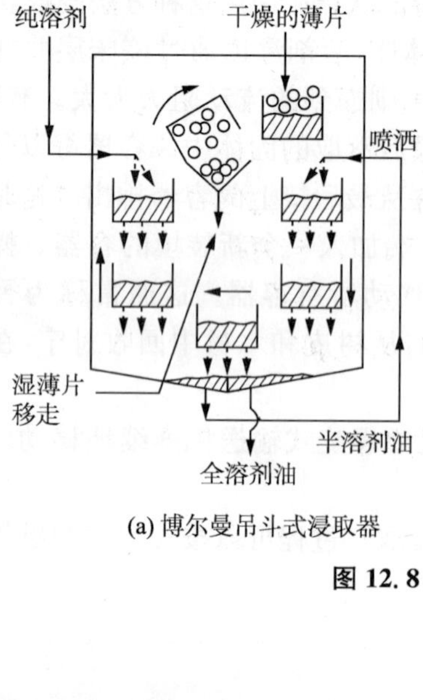

(a) 博尔曼吊斗式浸取器

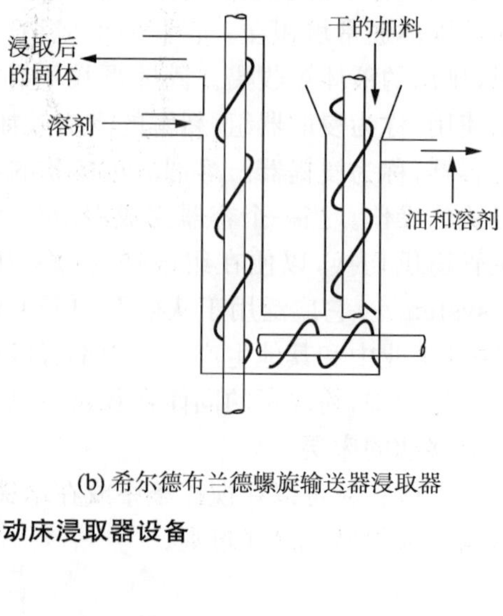

(b) 希尔德布兰德螺旋输送器浸取器

图 12.8-2 移动床浸取器设备

(3) 带搅拌的固体浸取。当固体颗粒小至约 200 目(0.074 mm)时,它可以在稍加搅拌的条件下保持悬浮状态。连续逆流浸取可以用许多搅拌器串联连接来实现,包括搅拌器之间的沉降器或增稠器。

有时增稠器本身就用作搅拌接触器和沉降器的组合,如图 12.8－3 所示。在这个逆流级式系统中,新鲜的溶剂进入第一级增稠器,如图 12.8－3 示。沉降后的清液离开一级进入下一级。加料固体进入最后一级,在那里与从前一级流入的溶剂接触,然后进入沉降器。慢慢旋转的耙子将固体移动到底部,然后排出。固体与一些液体一起以泥浆状被泵送到下一个容器。如果接触不够,可在沉降器之间加装混合器。

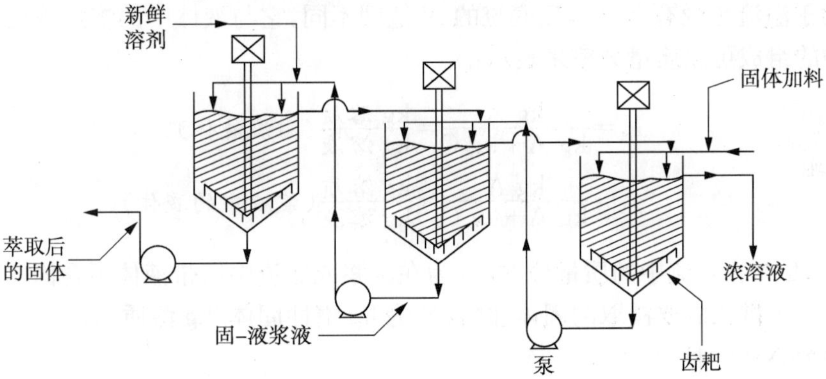

图 12.8－3 用增稠器组合的逆流浸取

12.9 平衡关系和单级浸取

12.9.1 浸取的平衡关系

(1) 概述。为了分析单级和多级逆流浸取,需要操作线方程或物料衡算关系,以及两股物流之间的平衡关系,就如液-液萃取中的关系。假定不含溶质的固体在溶剂中是不溶解的。在浸取中,假定有足够的溶剂,固体中的所有溶质都可以溶解到液体中去,当溶质溶解时达到平衡。因此,在第一级中所有的溶质都完全溶解了。在第一级中,通常有足够的时间达到上述结果。

还假定在浸取中溶质在固体上没有发生吸附。这意味着,离开一级的液相溶液与离开该级的沉积泥浆中保留在固体周围的液体完全相同。在一级的沉降器中,从固体中分离出所有的液体是不可能的或不可行的。因此,沉降了的固体离开该级时总是含有一定量的液体,其中含有溶解了的溶质。这个固-液流股称为底流或泥浆流。通常,油或溶质在液体中或溢流中的浓度等于底流或泥浆流中液体溶液内的溶质浓度。因此,在 $x-y$ 图中画出的平衡线是 45°的线。

每一级的沉降部分固体中保持的液体的量与悬浮固体的液体的黏度、密度有关。这些参数又与溶液中溶质的浓度有关。因此,固体中保持的溶液量和组成变化的实验数据表明,这个量是溶质组成的函数,由实验数据可获得该函数关系。这些数据必须在浓度、时间、温度与所要计算级数的过程类似的条件下获得。

(2) 浸取平衡图。平衡数据可以在直角坐标图中按三个组分的质量分率表示：溶质(A)，惰性的或浸取了的固体(B)，溶剂(C)。两相为溢流(液体)相和底流(泥浆)相。这个方法在别处讨论(B2)。使用的另一个方便的平衡数据作图的方法是与第 11.6 节中讨论的焓-浓图类似的方法。

惰性的或不溶的固体 B 在溶液混合物中或泥浆混合物中的浓度可用 kg(lb_m)单位来表示：

$$N=\frac{\text{kg B}}{\text{kg A}+\text{kg C}}=\frac{\text{kg 固体}}{\text{kg 溶液}}=\frac{\text{lb 固体}}{\text{lb 溶液}} \tag{12.9-1}$$

N 值对于溢流来说有 $N=0$，而底流的 N 值则不同，它与液体中的溶质浓度有关。溶质 A 在液体中的组成可用质量分率来表示：

$$x_A=\frac{\text{kg A}}{\text{kg A}+\text{kg C}}=\frac{\text{kg 溶质}}{\text{kg 溶液}}(\text{溢流液体}) \tag{12.9-2}$$

$$y_A=\frac{\text{kg A}}{\text{kg A}+\text{kg C}}=\frac{\text{kg 溶质}}{\text{kg 溶液}}(\text{浆液中的液体}) \tag{12.9-3}$$

式中 x_A 为溶质 A 在溢流中的质量分率，y_A 为在泥浆或底流中所带液体不含固体 B 的溶质 A 质量分率。对于进入的要浸取的固体加料，N 为 kg 惰性固体/kg 溶质 A，且 $y_A=1.0$。对于进入的纯溶剂 $N=0$，且 $x_A=0$。

图 12.9-1(a)所示为典型的平衡图，其中溶质 A 在溶剂 C 中可以无限溶解，例如在物系大豆油(A)-大豆惰性固体粗粉(B)-己烷溶剂(C)中就出现上述情况。上部的泥浆底流 N

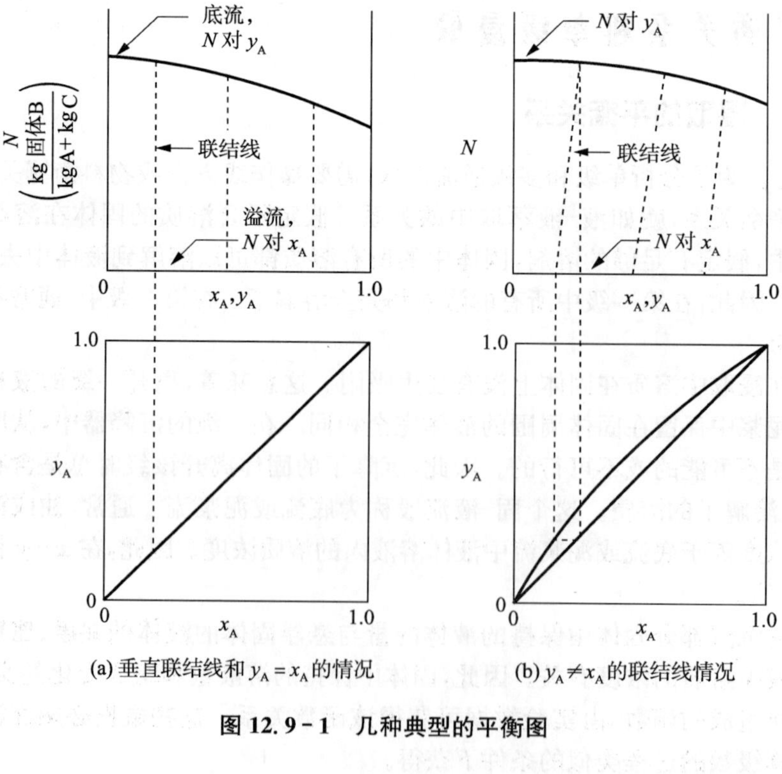

(a) 垂直联结线和 $y_A=x_A$ 的情况　　(b) $y_A\neq x_A$ 的联结线情况

图 12.9-1　几种典型的平衡图

对 y_A 作图曲线代表了在实验条件下分离了的固体与实际级过程类似。N 对 x_A 的底线在 $N=0$ 的横轴上，表示溢流液体中所有固体都被除尽。在有些情况下，在溢流中会含有少量固体。联结线是垂直的，在 $y-x$ 图中，平衡线是 $y_A=x_A$ 的 45°线。在图 12.9-1(b)中联结线不是垂直的，它可以是由接触时间不够造成的结果，这样不是所有的溶剂都溶解；或者溶质 A 在固体上吸附；或者溶质在固体 B 中会溶解。

如果底流的 N 对 y 线是水平直线，则在泥浆固体中保持的液体量在各浓度下是恒定的。这表明从各级出来的底流液体流率是恒定的，溢流也是恒定的。这是一种特殊情况，实际过程有时接近这种情况。

12.9.2 单级浸取

图 12.9-2(a)中所示为单级浸取过程，其中 V 是 kg/h(lb_m/h)溢流溶液，组成为 x_A；L 是 kg/h 底流中的液体，组成为 y_A；B 为 kg/h 不含溶质的干的固体。物料衡算方程几乎与单级液液萃取的式(12.5-12)～式(12.5-14)一致，对溶液(溶质 A+溶剂 C)的物料衡算、对组分 A 的物料衡算、对固体 B 的物料衡算分别如下：

$$L_0+V_2=L_1+V_1=M \tag{12.9-4}$$

$$L_0y_{A0}+V_2x_{A2}=L_1y_{A1}+V_1x_{A1}=Mx_{AM} \tag{12.9-5}$$

$$B=N_0L_0+0=N_1L_1+0=N_MM \tag{12.9-6}$$

式中 M 是总流率，kg(A+C)/h；x_{AM} 和 N_M 是 M 这点的坐标。C 组分的物料衡算不需要，因为 $x_A+x_C=1.0$，$y_A+y_C=1.0$。如前所示，L_1MV_1 必定是在联结直线上，L_0MV_2 也必定是在同一直线上。这个表示在图 12.9-2(b)中。同时，L_1 和 V_1 必定是在垂直的联结线上。点 M 是两线的交点。如果进入的 L_0 是要被浸取的不含溶剂 C 的新鲜固体加料，它将落在图 12.9-2(b)中 N 对 y 的曲线以上。

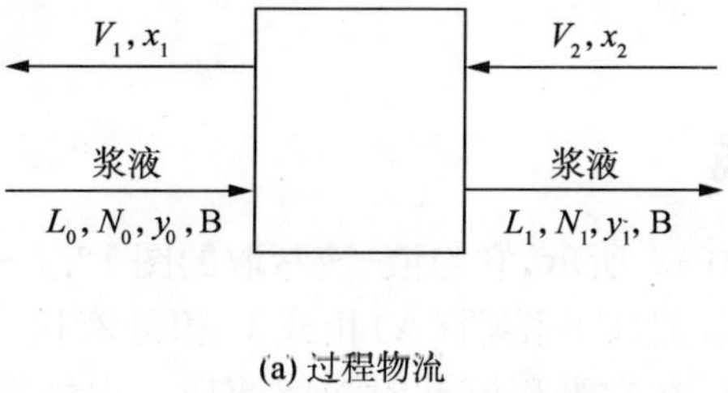

(a) 过程物流

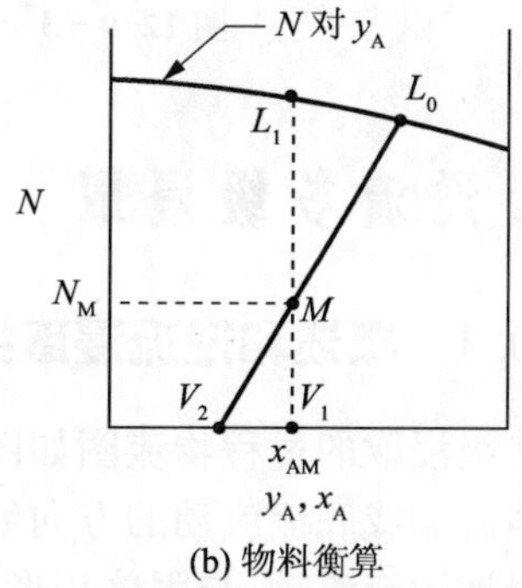

(b) 物料衡算

图 12.9-2 单级浸取的过程物流和物料衡算

例 12.9-1 压片大豆的单级浸取

在大豆油的单级浸取中，用己烷浸取压片的大豆，100 kg 含 20%(质)油的大豆用 100 kg 新鲜己烷溶剂浸取。泥浆底流的 N 值基本上是常数，为 1.5 kg 不溶固体/kg 夹带溶液。试计算离开该级的溢流 V_1 和底流 L_1 的量和组成。

解:过程的物流图与图 12.9-2(a)完全一样。已知过程变量如下:对于进入的溶剂流率,$V_2=100$ kg,$x_{A2}=0$,$x_{C2}=1.0$;对于进入的泥浆流率,$B=100\times(1.0-0.2)=80$ kg 不溶固体,$L_0=100\times(1.0-0.8)=20$ kg A,$N_0=80/20=4.0$ kg 固体/kg 溶液,$y_{A0}=1.0$。

为了计算点 M 的位置,代入式(12.9-4)、式(12.9-5)和式(12.9-6),并求解

$$L_0+V_2=20+100=120\ \text{kg}=M$$
$$L_0y_{A0}+V_2x_{A2}=20\times1.0+100\times0=120x_{AM}$$

因此,$x_{AM}=0.167$。

$$B=N_0L_0=4.0\times20=80=N_M\times120$$
$$N_M=0.667$$

点 M 画在图 12.9-3 中,在 V_2 和 L_0 连线上。画垂直联结线确定相互平衡的 L_1 和 V_1。这样,$N_1=1.5$,$y_{A1}=0.167$,$x_{A1}=0.167$。代入式(12.9-4)和式(12.9-6)并求解,或用杠杆定律,解得 $L_1=53.3$ kg,$V_1=66.7$ kg。

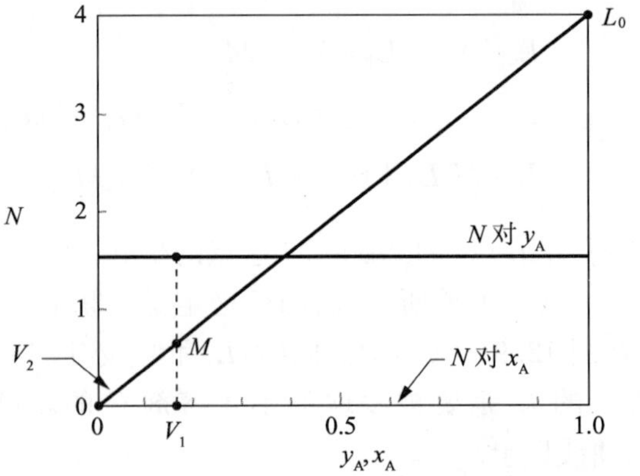

图 12.9-3　例 12.9-1 的单级浸取过程的图解

12.10　逆流多级浸取

12.10.1　概述和逆流浸取操作线

逆流多级浸取的过程物流图如图 12.10-1 所示,它与液-液萃取的图 12.7-1 类似。理论级按固体流动或底流流动的方向编号。溶剂(C)-溶质(A)相或 V 相是液相,它连续地从一级到一级地溢流流动,与固体相形成逆流,在它沿程流动时溶解溶质。由惰性固体(B)和液体的 A 和 C 组成的泥浆相 L 从每一级底部连续流出。V 相的组成记为 x,L 相的组成记为 y,这与液-液萃取中刚好相反。

假定固体 B 是不溶的,并且在液体 V 相中没有损失。固体流经串联级时的流率保持恒定。与单级浸取中相同,溢流溶液 V 为 kg/h(lb_m),泥浆中携带的液体溶液 L 为 kg/h(lb_m)。

为了推导操作线方程,从第 1 级到 n 级的总物料衡算和溶质 A 的物料衡算可得如下:

$$V_{n+1}+L_0=V_1+L_n \tag{12.10-1}$$

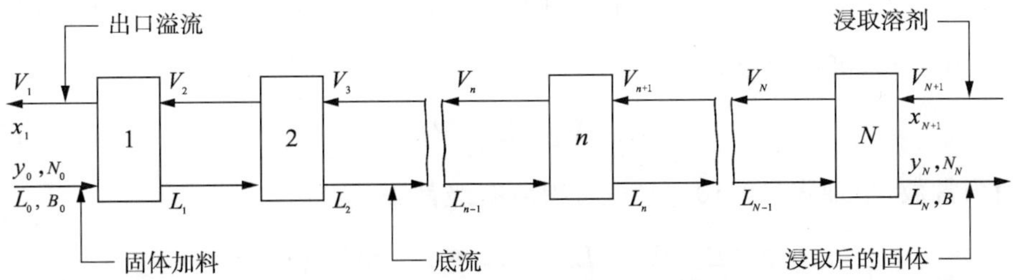

图 12.10 - 1　逆流多级浸取的过程物流图

$$V_{n+1}x_{n+1}+L_0y_0=V_1x_1+L_ny_n \tag{12.10-2}$$

消去 V_{n+1}，解出 x_{n+1}，

$$x_{n+1}=\frac{1}{1+(V_1-L_0)/L_n}y_n+\frac{V_1x_1-L_0x_0}{L_n+V_1-L_0} \tag{12.10-3}$$

当在 $x-y$ 图上绘出操作线方程式(12.10 - 3)时，该线通过端点(x_1，y_0)和(x_{N+1}，y_N)。

在浸取过程中，如果溶液的黏度和密度随着溶质(A)浓度有明显变化，前面几级的溶质浓度比较高，固体中含有较多的液体溶液；后面几级的溶质浓度比较低，固体中含有较少的液体溶液。这样，底流固体夹带的液体 L_n将变化，式(12.10 - 3)的斜率也将逐级变化。这个底流变化的条件将首先被考虑。溢流也随之而变化。如果底流固体夹带的液体 L_n 量是恒定的，它与浓度无关，则出现恒底流情况。这个条件部分简化了逐级计算过程。这种情况将在后面讨论。

12.10.2　逆流多级浸取的变底流

这一节中的方法与 12.7.2 节中所述逆流萃取的方法非常相似，其中的 L 和 V 流率是逐级变化的。对图 12.10 - 1 中所示的过程作总的溶液(溶质 A＋溶剂 C)物料衡算：

$$L_0+V_{N+1}=L_N+V_1=M \tag{12.10-4}$$

其中 M 是总的混合物流率，kg(A+C)/h。然后，对 A 组分作物料衡算：

$$L_0y_{A0}+V_{N+1}x_{AN+1}=L_Ny_{AN}+V_1x_{A1}=Mx_{AM} \tag{12.10-5}$$

对 B 组分固体作物料衡算：

$$B=N_0L_0=N_NL_N=N_MM \tag{12.10-6}$$

式中 N_M和 x_{AM}是点 M 的坐标，见图 12.10 - 2，该图是过程的操作图。如前所示，L_0MV_{N+1}必定联结在同一直线上，V_1ML_N必定也联结在同一直线上。通常，L_0和 V_{N+1}的流率和组成是已知的，期望的出口浓度 y_{AN}是给定的。这样坐标 N_M和 x_{AM}可用式(12.10 - 4)～式(12.10 - 6)计算，并画出点 M。那么，L_N，M，V_1 必定联结在同一直线上，如图 12.10 - 2 所示。

为了在图 12.10 - 2 上逐级作图表示，须导出操作点方程。对第 1 级和第 n 级作总物料衡算，

$$L_0+V_2=L_1+V_1 \tag{12.10-7}$$

$$L_{n-1}+V_{n+1}=L_n+V_n \tag{12.10-8}$$

整理式(12.10-7),可得流率差 Δ(kg/h),

$$L_0-V_1=L_1-V_2=\Delta \tag{12.10-9}$$

这个 Δ 值为常数,整理式(12.10-8)也可得所有级都服从:

$$\Delta=L_0-V_1=L_n-V_{n+1}=L_N-V_{N+1}=\cdots \tag{12.10-10}$$

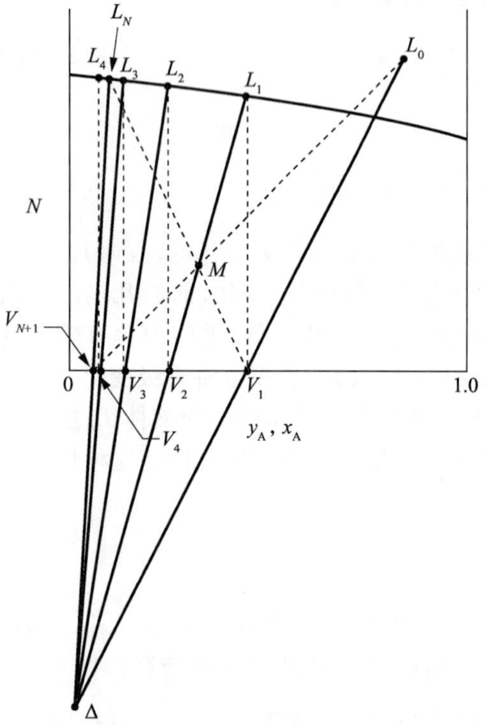

图 12.10-2 多级逆流浸取的级数

这个计算也可写成 A 组分的物料衡算式

$$x_{A\Delta}=\frac{L_0y_{A0}-V_1x_{A1}}{L_0-V_1}=\frac{L_Ny_{AN}-V_{N+1}x_{AN+1}}{L_N-V_{N+1}} \tag{12.10-11}$$

式中 $x_{A\Delta}$是操作点 Δ 的 x 轴坐标。由固体的物料衡算可得

$$N_\Delta=\frac{B}{L_0-V_1}=\frac{N_0L_0}{L_0-V_1} \tag{12.10-12}$$

式中 N_Δ是操作点 Δ 的 N 轴坐标。

如 12.7.2 节中所示,Δ 是操作点。这个 Δ 点处于图 12.10-2 中直线 L_0V_1和 L_NV_{N+1}的交点。从式(12.10-10)可见,V_1是在 L_0和 Δ 的连线上的,V_2在 L_1和 Δ 的连线上,V_{n+1}在 L_n和 Δ 的连线上,等等。

为了图解确定所需的级数,从 L_0开始,画 $L_0\Delta$线得到 V_1。再画通过 V_1的联结线得到 L_1。画 $L_1\Delta$线得到 V_2。画联结线得到 L_2。如此继续作图,直至达到所需的 L_N。在图12.10-2中,所需的级数约为 3.5。

例 12.10-1 从粗粉中浸取油

一连续多级逆流浸取系统,用于从粗粉中由苯溶剂(B3)浸取油。该过程处理 2 000 kg/h 的惰性固体粗粉(B),含有 800 kg/h 的油(A)和 50 kg/h 的苯(C)。进入的新鲜溶剂混合物每小时流率含 1 310 kg 苯和 20 kg 油。浸取后的固体含 120 kg 油/h。与实际浸取器相类似的沉降实验表明固体夹带的溶液量与溶液中油的浓度有关。数据(B3)列表如下,其中 N 为 kg 惰性固体 B/kg 溶液,y_A为 kg 油 A/kg 溶液:

N	x	N	x
2.00	0	1.82	0.4
1.98	0.1	1.75	0.5
1.94	0.2	1.68	0.6
1.89	0.3	1.61	0.7

试计算离开过程的两股流率的量和浓度，以及所需的级数。

解：表中的底流数据标绘在图 12.10－3 中，N 对 y_A 标绘。对于带有未处理固体的进口溶液，$L_0=800+50=850$ kg/h，$y_{A0}=800/(800+50)=0.941$，$B=2\ 000$ kg/h，$N_0=2\ 000/(800+50)=2.36$。对于入口的浸取溶剂，$V_{N+1}=1\ 310+20=1\ 330$ kg/h，$x_{AN+1}=20/1\ 330=0.015$。画出点 V_{N+1} 和 L_0。

点 L_N 由联结线与 N 对 y_A 曲线的交点确定，如图 12.10－3 所示。这一点的比值 N_N/y_{AN}＝(kg 固体/kg 溶液)/(kg 油/kg 溶液)＝kg 固体/kg 油＝2 000/120＝16.67。因此，从原点 $y_A=0$，$N=0$ 出发，按斜率 16.67 画一条虚线，与 N 对 y_A 曲线在 L_N 处相交。这个交点 L_N 的坐标是 $N_N=1.95$ kg 固体/kg 溶液，和 $y_{AN}=0.118$ kg 油/kg 溶液。

代入式(12.10－4)作总的物料衡算，确定点 M：

$$L_0+V_{N+1}=850+1\ 330=2\ 180\ \text{kg/h}=M$$

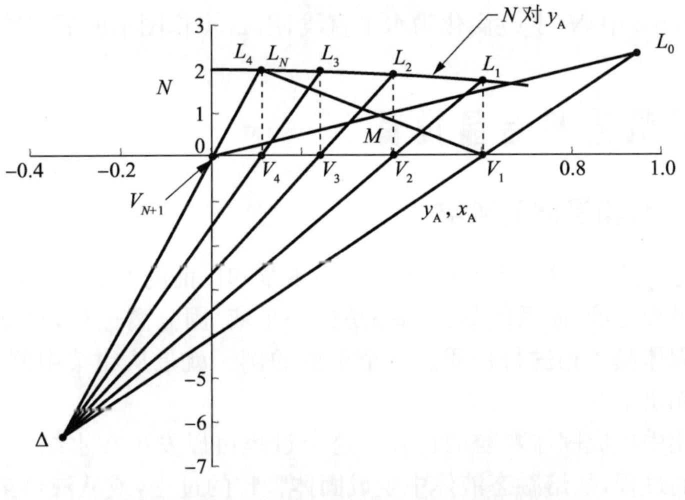

图 12.10－3　例 12.10－1 的图解确定级数

代入式(12.10－5)，并求解

$$L_0y_{A0}+V_{N+1}x_{AN+1}=850\times0.941+1\ 330\times0.015=2\ 180x_{AM}$$
$$x_{AM}=0.376$$

代入式(12.10－6)，并求解

$$B=2\ 000=N_MM=N_M\times2\ 180\qquad N_M=0.918$$

由坐标 $x_{AM}=0.376$ 和 $N_M=0.918$ 可在图 12.10－3 中画出点 M。画出直线 $V_{N+1}ML_0$，同样作直线 L_NM，它与横轴在 V_1 处相交，可得 $x_{A1}=0.600$。

代入式(12.10－4)和式(12.10－5)可计算流股 V_1 和 L_N 的量，联立求解：

$$L_N+V_1=M=2\ 180$$
$$L_Ny_{AN}+V_1x_{A1}=L_N\times0.118+V_1\times0.600=2\ 180\times0.376$$

因此，出口底流 $L_N=1\ 016$ kg 溶液/h，出口溢流 $V_1=1\ 164$ kg 溶液/h。或者，可以用杠杆定律计算两股流率的量。

在图 12.10－3 中直线 L_0V_1 与 L_NV_{N+1} 相交可得操作点 Δ。它的坐标可从式(12.10－11)和式(12.10－12)算得。如图 12.10－3 所示，可逐级作图。第 4 级的 L_4 已经略微跨越了 L_N。因此，所需级数约为 3.9 级。

12.10.3 恒底流的多级逆流浸取

在这种情况下，底流固体中夹带的液体 L_n 从一级到一级是恒定的。这意味着 N 对 y_A 标绘是一条水平的直线，N 是常数。这样，当 y_A 对 x_A 作图时，操作线方程式(12.10－3)是直线。在同样的图上也可作出平衡线。在许多情况下，平衡线也可以是直线 $y_A = x_A$。然而，第一级必须特殊处理，因为 L_0 一般不等于 L_n，它不含或很少含溶剂。对第一级作分离物质和平衡物流的物料衡算，可得 L_1 和 V_2（见图 12.10－1）。这样，可用直线操作线和 McCabe-Thiele 方法作梯级确定级数。

由于这个底流恒定的过程需要的计算量与变化底流的一般情况差不多，恒底流的一般过程可将图 12.10－2 中 N 对 y_A 简化为水平直线，用 Δ 点作图求所需级数。

12.11 结晶概述和结晶设备

12.11.1 结晶和晶体的种类

(1) 概述。气-液和液-液系统的分离过程在本章和以前的章节中进行了讨论。同时，讨论过的浸取分离过程是液-固系统的。结晶是另一个液-固分离过程，在结晶过程中溶质从液体溶液相向纯固体晶体相进行传质。一个重要的例子就是从甜菜中制取蔗糖，其中蔗糖是从水溶液中结晶出来的。

结晶是从均相中生成固体颗粒的过程。这个过程可以发生在水结成冰的凝固过程，从水蒸气中生成雪的过程，从熔融态液体中生成固体颗粒的过程，或从液体溶液中生成固体晶体的过程。上述提到的最后一个过程，从溶液中结晶的过程，是工业上最重要的结晶过程之一，将在本节讨论。在结晶中，溶液被浓缩并且通常被冷却，直至溶质浓度变得大于该温度下的溶解度。这样，溶质从溶液中析出，形成几乎纯溶质的晶体。

在工业结晶中，不仅晶体的产量和纯度是重要的，而且晶体的尺寸和形状也是重要的。通常，希望晶体的大小均一。尺寸大小均一会使包装中结块最少，卸料容易，洗涤和过滤方便，在使用中具有均一的特性。有时尽管小的晶体正好是可用的，但买主需要大的晶体。还有，有时需要的是某些形状的晶体，例如，宁要针状结晶体而不要立方体晶体。

(2) 晶体几何形状的种类。晶体可定义为由原子、离子或分子按一定规则排列和重复的方式组成的固体。它是物质高度组织的方式。原子、离子或分子排成三维列阵或空间点阵。晶体内原子之间的、假想平面之间的或空间点阵间的距离以及平面之间的角度可以用 X 射线衍射的方法测量。这些空间点阵的分布或排列会在各个方向上重复。

晶体以具有平面和尖角的多面体出现。同一物质不同晶体的面和棱的相对尺寸可以有很大的不同。然而，同一物质各种晶体的相应面之间的夹角是相等的，它是这种物质颗粒的特性。因此，晶体就是根据这些面交角进行分类的。

根据晶角归类的晶轴的排列分类，晶体有七种类型。

① 立方晶系。三个长度相等的晶轴互相成直角。

② 长方晶系。三个晶轴互相成直角，一个轴比另外两个长。

③ 正交晶系。三个晶轴互相成直角，但长度各不相等。

④ 六角晶系。三个长度相等的晶轴在同一平面上互相成 60°交角，第四根晶轴与该平面垂直，长度不一定相等。

⑤ 单斜晶系。三个长度不等的晶轴，两个轴在同一平面上相互垂直，第三根轴与该平面有一定的交角。

⑥ 三斜晶系。三个长度不等的晶轴互相成不相等的交角，而且不是 30°、60°或 90°。

⑦ 三角晶系。三个长度相等的晶轴相互等角度倾斜。

根据结晶溶质的不同，晶体各个面的相对增长是不同的。氯化钠从水溶液中结晶，晶体只以正方体出现。但是，如果氯化钠在给定的微量杂质存在的条件下从水溶液中结晶，晶体会以八面体出现。然而，两种晶体都是立方晶系的。结晶的总的外观形状是片状的或针状的，与晶系的种类没有关系，通常与结晶过程的晶体增长条件有关。

12.11.2 结晶的平衡溶解度

如果溶液或母液是饱和的，结晶就达到了相平衡。这个相平衡用溶解度曲线来表示。溶解度主要与温度有关。压力对溶解度的影响可忽略不计。溶解度数据以曲线的形式给出，该曲线上的溶解度用便于使用的单位表示，并将溶解度对温度进行作图。在许多化学手册(P1)中给出了溶解度的数据表格。一些典型的盐在水溶液中的溶解度曲线绘于图 8.1-1 中。一般地，大多数盐的溶解度随着温度的增加而或多或少地增加。

一个非常普通的曲线类型是图 8.1-1 中的 KNO_3 曲线，它的溶解度明显随着温度而上升，没有水合物。在整个温度范围内，固体相是 KNO_3。NaCl 的溶解度可见随温度变化很小。在溶解度图中，溶解度数据通常按每 100 份溶剂(许多情况下为水)总质量中无水溶质的质量份数来表示。

图 12.11-1 中所示为硫代硫酸钠 $Na_2S_2O_3$ 的溶解度曲线。随着温度的增加，溶解度很快增加，但是在曲线中有几个固定的折点，它们表明了不同的水合物。48.2 ℃以下的稳定相是五分子水合物 $Na_2S_2O_3 \cdot 5H_2O$。这表明浓度在溶解度曲线以上(48.2 ℃以下)时，生成的固体晶体是 $Na_2S_2O_3 \cdot 5H_2O$。在浓度低于溶解度曲线时只存在溶液。从 48.2 ℃至

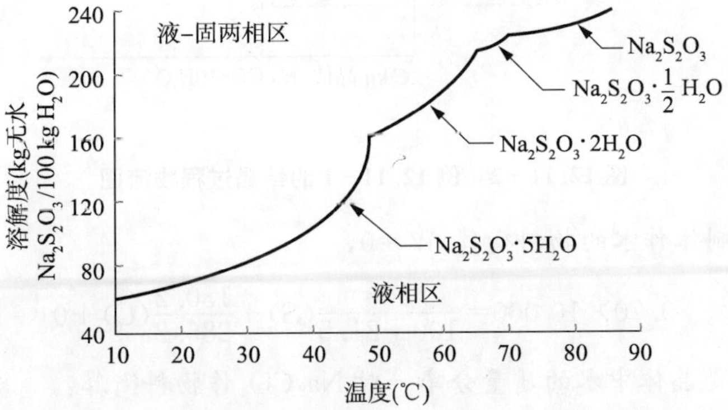

图 12.11-1 硫代硫酸钠 $Na_2S_2O_3$ 在水中的溶解度

65 ℃,稳定相是 $Na_2S_2O_3 \cdot 2H_2O$。在 65 ℃到 70 ℃之间,存在的是半水合物,70 ℃以上的稳定相是无水结晶盐。

12.11.3 结晶的产量和热量衡算、物料衡算

(1) 结晶中的产量和物料衡算。在大多数工业结晶过程中,溶液(母液)和固体晶体接触足够长时间,以达到相平衡。因此,母液是过程终了温度下的饱和溶液,溶液最终的溶质浓度可以从溶解度曲线获得。结晶过程的晶体产量可以在已知初始溶质浓度、最终温度和该温度下的溶解度的条件下算出。

在工业结晶的某些场合,晶体成长的速率非常慢,因为溶液的黏度较大或晶体暴露在溶液中的表面积很小。因此,尽管可以存在一定的过饱和度,与预期的相比,结晶的产量是很低的。

在作物料衡算时,如果溶质晶体无水合物,计算是简单的。简单地作水的和溶质的物料衡算。当晶体是水合物时,溶液中的一部分水被带到了晶体里而排出。

例 12.11-1 结晶过程的产量

一盐水溶液重 10 000 kg,含有 30%(质)的 Na_2CO_3 被冷却至 293 K(20 ℃)。结晶盐为十分子水合物。如果溶解度为 21.5 kg 无水 Na_2CO_3/100 kg 总水,$Na_2CO_3 \cdot 10H_2O$ 结晶的产量将为多少?计算如下情况:

(1) 假定没有水被蒸发;

(2) 假定在冷却时,有溶液总重 3%的水分被蒸发。

解:Na_2CO_3 的相对分子质量为 106.0,$10H_2O$ 为 180.2,$Na_2CO_3 \cdot 10H_2O$ 为 286.2。过程的物流图如图 12.11-2 所示,W 为蒸发的 kg 水分,S 为 kg 溶液(母液),C 为 kg $Na_2CO_3 \cdot 10H_2O$ 晶体。

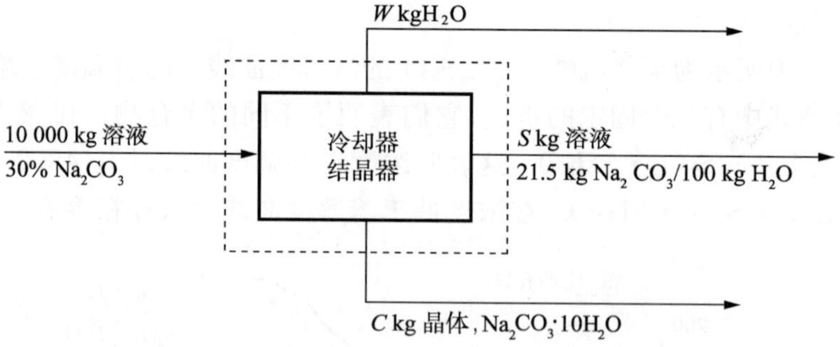

图 12.11-2 例 12.11-1 的结晶过程物流图

(1) 对虚线控制体作水的物料衡算,$W=0$,

$$0.70\times 10\,000=\frac{100}{100+21.5}(S)+\frac{180.2}{286.2}(C)+0 \tag{12.11-1}$$

其中 180.2/286.2 是晶体中水的质量分率。对 Na_2CO_3 作物料衡算:

$$0.30\times 10\,000=\frac{21.5}{100+21.5}(S)+\frac{106.0}{286.2}(C)+0 \tag{12.11-2}$$

联立求解上述两式，可得 $C=6\ 370$ kg $Na_2CO_3 \cdot 10H_2O$ 晶体，$S=3\ 630$ kg 溶液。

(2) $W=0.03\times10\ 000=300$ kg H_2O。式(12.11－1)变成

$$0.70\times10\ 000=\frac{100}{100+21.5}(S)+\frac{180.2}{286.2}(C)+300 \tag{12.11-3}$$

式(12.11－2)没有变化，因为 W 流股中没有盐。联立求解式(12.11－2)和式(12.11－3)，可得 $C=6\ 630$ kg $Na_2CO_3 \cdot 10H_2O$ 晶体，$S=3\ 070$ kg 溶液。

(2) 结晶过程的热效应和热量衡算。当溶解度随着温度的增加而增加的化合物溶解时，会吸收热量，称为溶解热。当溶解度随着温度的增加而降低的化合物溶解时，会释放热量。当溶解度不随温度变化的化合物溶解时，没有热量释放和吸收。大多数溶解热数据是以焓变化 kJ/kmol 溶质(kcal/mol)的形式给出，表示 1 kmol 固体在无限稀释的大量溶剂中溶解时吸收的热量。

在结晶中，发生与溶解相反的过程。在平衡时，结晶热应该等于在同样溶液浓度下的负的溶解热。如果从饱和溶液到无限稀释溶液的稀释热很小，可以忽略，负的无限稀释溶液的溶解热可用作结晶热。对于许多物质，这个稀释热相对于溶解热是很小的，这个近似是合理的、精确的。有效的溶解热数据可参见一些文献(P1，N1)。

大概大多数可靠的结晶过程热效应计算是用溶液的、系统中出现的各种固体相的焓-浓图来进行的。然而，只有少量这样的图供使用，包括下列物系：氯化钠-水(H1)，硫酸镁-水(P2)，硫酸铁-水(K2)。当使用这种图时，可按下列过程进行。从图上读出在初始温度下进入的溶液的焓 H_1，其中 H_1 是总加料的，kJ(btu)。最终温度下的晶体和母液的最终混合物的焓 H_2 也从图上读得。如果发生一些蒸发，水蒸气的焓 H_V 可从蒸汽表中获得。这样，总的吸收的热量 q(kJ)为

$$q=(H_2+H_V)-H_1 \tag{12.11-4}$$

如果 q 是正的，热量必定是加入到系统中。如果 q 是负的，热量是释放或给出的。

例 12.11－2　结晶的热量衡算

温度为 327.6 K(54.4 ℃)的加料溶液 2 268 kg，含有 48.2 kg $MgSO_4$/100 kg 总水，被冷却至 293.2 K(20 ℃)，结晶后移去 $MgSO_4 \cdot 7H_2O$ 晶体。盐的饱和溶解度为 35.5 kg $MgSO_4$/100 kg 总水(P1)。加料溶液的平均比热容假定为 2.93 kJ/kgK(H1)。291.2 K(18 ℃)的溶解热为 -13.31×10^3 kJ/kmol $MgSO_4 \cdot 7H_2O$(P1)。试计算晶体的产量和作热量衡算，确定总的吸收的热量 q，假定过程中没有水汽化。

解：用例 12.11－1 中类似于式(12.11－1)和式(12.11－2)的方程作水的物料衡算和 $MgSO_4$ 的物料衡算，可得 $C=616.9$ kg $MgSO_4 \cdot 7H_2O$ 晶体，$S=1\ 651.1$ kg 溶液。

为了作热量衡算，使用 293.2 K(20 ℃)的数据。$MgSO_4 \cdot 7H_2O$ 的相对分子质量为 246.49。加料的焓为 H_1：

$$H_1=2\ 268(327.6-293.2)\times2.93=228\ 600\ \text{kJ}$$

溶解热为 $-13.31\times10^3/246.49=-54.0$ kJ/kg 晶体。这样，结晶热为 $-(-54.0)=+54.0$

kJ/kg 晶体,或 54.0×616.9=33 312 kJ。这假定 291.2 K 的值与 293.2 K 的值相同。总的吸收的热量 q 为:

$$q=-228\ 600-33\ 312=-261\ 912\ \text{kJ}(-248\ 240\ \text{btu})$$

由于 q 是负的,是释放出热量来,必须移走热量。

12.11.4 结晶设备

(1) 概述和结晶器的分类。结晶器可以按是间歇操作还是连续操作进行分类。间歇操作适用于某些特殊的应用。连续操作结晶通常是首选的。

没有过饱和度就不会发生结晶。任何结晶器的主要功能是使之形成过饱和的溶液。结晶设备可按形成过饱和度的方法分成如下类型:(1) 通过冷却溶液和可忽略的蒸发而产生过饱和——槽和间歇式结晶器;(2) 通过蒸发溶剂和少量的或没有冷却而产生过饱和——蒸发器——结晶器和结晶蒸发器;(3) 在绝热蒸发器中结合冷却和蒸发而产生过饱和——真空结晶器。

在结晶器中通过冷却产生过饱和时,该物质必须有这样的溶解度曲线,随着温度降低溶解度明显降低。许多物质都属于这种情况,这种方法常被使用。当溶解度随温度变化很小时,例如食盐,常常用蒸发溶剂的方法产生过饱和。有时带有一些冷却的蒸发也被使用。在真空条件下绝热冷却的方法中,热溶液进入真空器,在那里闪蒸或蒸发,液体在绝热条件下被冷却。这个产生过饱和的方法是大规模工业生产的最重要的方法。

在另一个结晶器的分类方法中,设备按悬浮成长的晶体产品颗粒的方法进行分类。例如,容器中进行搅拌使颗粒悬浮,液体循环经过换热器或循环经过被刮的表面换热器。

许多工业结晶器之间的重要差别是过饱和液体与成长的晶体之间的接触的方式。一种方法称为循环稠液方法,在该方法中,所有晶体和过饱和液体的稠液循环通过过饱和步骤和结晶步骤,而不将固体从液体中分离形成两股流股。结晶和过饱和在晶体存在的情况下同时发生。第二种方法称为循环液体方法,在该方法中,分离的过饱和液体流股流经晶体颗粒的流化床,在那里晶体成长和形成新的晶核。然后,饱和液体经过蒸发区域或冷却区域,再次产生过饱和并循环。

(2) 容器结晶器。容器结晶是一个老方法,它还用于某些特殊的场合。容器结晶中热的饱和溶液在敞口的容器中冷却。在一段时间后,母液被排出,然后取出晶体。成核和晶体尺寸难以控制。晶体间含有可观的、被堵塞的母液量。实验费用非常高。在某些情况下容器内用盘管或夹套冷却,用一个搅拌器强化传热速率。然而,晶体常常在这些表面上形成。这种结晶器应用受到限制;它有时被用于生产某些精细化学品和药物产品。

(3) 被刮表面结晶器。一种被刮表面结晶器是 Swenson-Walker 结晶器,它由 0.6 m 宽的开口和半循环的底部以及一个外部冷却夹套组成。一个缓慢旋转的搅拌器旋转,并使成长的晶体轮流悬浮。刮刀紧靠壁面经过,使任何沉积在冷却面上的晶体被刮落。产品一般具有较宽的晶体尺寸分布。

在套管被刮表面结晶器中,冷却水通入环隙。内管中的搅拌器带有弹簧刮片,刮片刮擦壁面,从而提供很好的传热系数。这种类型称为同心双管换热器(Votator),用于冰淇淋的结晶和人造奶油的塑化。示意图见图 4.13-2。

(4) 循环液体蒸发器-结晶器。蒸发器-结晶器的组合如图 12.11-3(a)所示,由蒸发产生过饱和。循环液体被轴流泵送入水蒸气加热器的管程。加热后的液体流入蒸发室,在那里闪蒸蒸发,形成一定的过饱和。离开的蒸气被冷凝。过饱和的液体沿着管子向下流动,然后向上流过流化床并搅动晶体,使晶体长大。然后,离开的饱和液体循环返回加热器,进料也在循环管中加入。大的晶体颗粒沉降下来,晶体和母液的泥浆作为产品排出。这种类型的结晶器也称为奥斯陆(Oslo)结晶器。

(5) 稠液循环真空结晶器。稠液循环真空型结晶器如图 12.11-3(b)所示,晶体的稠液或悬浮液从主体中循环出来,进入轴流泵和循环管。稠液流入加热器,在那里温度升高 2~6 K。加热后的液体与主体悬浮液混合,在液体表面发生沸腾。这使表面附近旋动的液体过饱和,它使悬浮的晶体长大和生成新核,直至再次离开进入循环管。蒸气在顶部离开。蒸汽喷射泵提供真空。

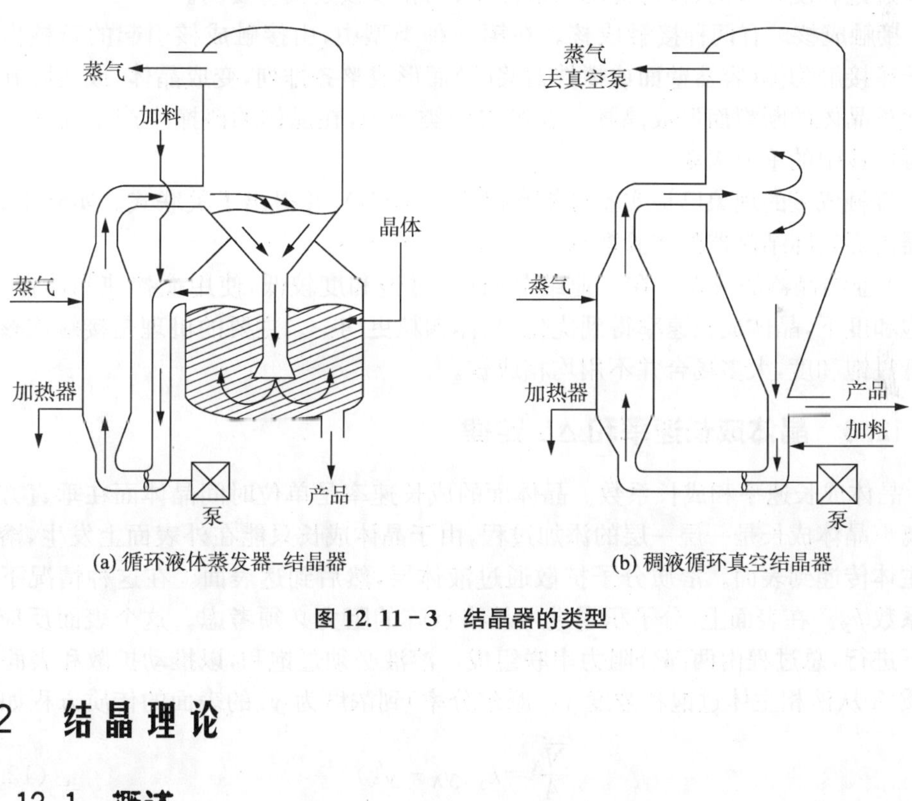

(a) 循环液体蒸发器–结晶器 (b) 稠液循环真空结晶器

图 12.11-3 结晶器的类型

12.12 结晶理论

12.12.1 概述

当在均相中产生结晶时,生成新的固体相。对晶体生成和成长的机理的理解有助于结晶器的设计和操作。已做的许多实验工作和理论工作对于理解结晶过程是很有帮助的。

从过饱和溶液中析出结晶的整个过程被认为是由晶核生成和晶体成长两步组成的。如果溶液中不含任何固体颗粒,既不含外加的也不含结晶的物质,那么在晶体开始成长之前必须先生成晶核。当现有的晶核在成长时,会不断生成新的晶核。新核生成的推动力与晶体成长步骤的一样都是过饱和度。这两步在饱和溶液中和欠饱和溶液中都不会发生。

12.12.2 成核理论

(1) 溶解度和晶体尺寸。在温度一定的溶液中,小的颗粒或晶体与大的颗粒或晶体之间的热力学差别是,小颗粒具有较大的单位质量的表面能量,而大颗粒则较小。结果是尺寸小于微米的小晶体的溶解度大于大尺寸晶体的溶解度。

通常的溶解度只应用于适当大小的晶体。因此,在过饱和溶液中,小晶体会处于平衡状态。如果大晶体也存在,则大晶体将成长,小晶体将溶解。这个尺寸效应是成核中的重要因素。

(2) 均相成核。作为均相溶液中分子的快速随机运动的结果,分子会遇到一起并连接成团簇。这种松散的聚集又会很快消失。然而,如果过饱和度足够大,那么足够的颗粒会连接形成晶核,它能长大生成固体的晶格,形成晶体。形成稳定晶核所需的粒子的数目要达到几百。在过饱和度较大的、没有搅动的溶液中,均相成核是很重要的。

(3) 接触成核。有两种接触成核。在第一种类型中,由接触成核引起的新核生成是因溶质分子簇接触物体(容器壁面或搅拌器桨叶)而形成整齐排列,变成晶体,或实际在表面上细小的生长晶体的断裂而形成晶核。在第二种类型中,在晶体的碰撞中产生新核。搅拌强度是接触成核中的重要因素。

这个接触成核的现象已被实验分析和研究(B9,C4),并得出了关联式。实际上,设计一个结晶器需要实际结晶器的实验数据。

(4) 工业结晶器的成核。在工业结晶器中,过饱和度较低,使用搅拌使晶体保持悬浮。在低过饱和度下,晶体成长速率得到优化,晶体颗粒更均一。主要的机理是接触成核。由于搅拌和低过饱和度,大多场合并不用均相成核。

12.12.3 晶体成长速率和 ΔL 定律

(1) 晶体成长速率和成长系数。晶体面的成长速率是单位时间晶体面在垂直方向上增长的距离。晶体成长是一层一层的添加过程,由于晶体成长只能在外表面上发生,溶质必须从溶液主体传递到表面。溶质分子扩散通过液体层,然后到达表面。在这种情况下常常使用传质系数 k_y。在表面上,分子积累进入晶格点阵的阻力必须考虑。这个表面反应在有限的速率下进行,总过程由两部分阻力串联组成。溶液必须过饱和,以推动扩散和表面过程。

溶质 A 从液相主体过饱和浓度 y_A(摩尔分率)到浓度为 y'_A 的表面的传质方程如下:

$$\frac{\overline{N}_A}{A_i}=k_y(y_A-y'_A) \tag{12.12-1}$$

式中 k_y 是传质系数,kmol/(s·m^2);$\overline{N}_A$ 是速率,kmol A/s;A_i 是面积,m^2 表面 i。假定晶体表面的反应速率与浓度差有关:

$$\frac{\overline{N}_A}{A_i}=k_s(y'_A-y_{Ae}) \tag{12.12-2}$$

式中 k_s 是表面反应系数,kmol/(s·m^2);y_{Ae} 是饱和浓度。结合式(12.12-1)和式(12.12-2),

$$\frac{\overline{N}_A}{A_i}=\frac{y_A-y_{Ae}}{1/k_y+1/k_s}=K(y_A-y_{Ae}) \tag{12.12-3}$$

式中 K 为总传质系数。

传质系数 k_y 可用 7.4 节给出对流传质系数计算的方法计算。当传质系数 k_y 很大时，表面反应是控制步骤，$1/k_y$ 可以忽略。相反，当传质系数 k_y 很小时，扩散阻力是控制步骤。许多物系的表面传质系数和总传质系数已被测定和发表(B4，H2，P3，V1)。文献中的许多信息并不能拿来直接应用，因为测定的条件与工业结晶器有很大的不同。同时，系统过饱和的速度和程度难以确定，它随结晶器中循环稠液的位置而变化。

(2) 晶体成长的 ΔL 定律。McCabe(M1)指出所有几何形状相似的晶体，同样物质在同样溶液中的成长速率相同。晶体的成长是按长度 ΔL(mm)测量的，ΔL 用单颗晶体的线性长度表示。这个长度的增加是所有颗粒的几何相关距离的增长。这个增加与初始晶体的初始尺寸无关，假如所有的晶体具有同样的环境条件。这个定律服从式(12.12－3)，其中总传质系数对于所有晶体的所有表面都是一样的。

数学上，这个定律可以写成

$$\frac{\Delta L}{\Delta t}=G \tag{12.12-4}$$

式中 Δt 是时间，h；成长速率 G 是一常数，mm/h。因此，如果 D_1 是给定晶体在时间 t_1 的线性长度，D_2 是时间 t_2 的线性长度

$$\Delta L=D_2-D_1=G(t_2-t_1) \tag{12.12-5}$$

总的增长(D_2-D_1)或 ΔL 对所有的晶体是一样的。

当晶体在尺度上经受不同的处理时，ΔL 定律不再成立。已经发现，许多物质在晶体尺寸小于 50 目(0.3 mm)时，都服从该定律。尽管这个定律不能用于所有的情况，但是，它在许多场合具有合理的精度。

12.12.4　晶体的颗粒尺寸分布

结晶设备设计的一个重要的因素是所得晶体的期望的颗粒尺寸分布。通常，干燥后的晶体被筛分确定颗粒尺寸。不同尺寸筛子上的截留的质量百分率被记录下来。所用的筛子是泰勒标准筛，它的筛孔直径(mm)在附录 A.5－3 中给出。

将数据在坐标纸上按颗粒直径 mm(筛孔直径)对截留百分率作图。典型的结晶器(B5)产出的尿素颗粒的数据如图 12.12－1 所示。对许多这种类型的数据所标绘的图表明，图中大部分近似为直线。

一个常用的表征尺寸分布的参数是变分系数 CV，为一百分数

$$\mathrm{CV}=100\%\times\frac{\mathrm{PD}_{16\%}-\mathrm{PD}_{84\%}}{2\mathrm{PD}_{50\%}} \tag{12.12-6}$$

式中 $\mathrm{PD}_{16\%}$ 是截留率为 16％的颗粒直径。当百分率在 90％和 10％之间该线近似为直线时，由给定的变分系数和颗粒平均直径，就可以获得颗粒尺寸分布的描述。对于由混合悬浮结晶器产出的产品，CV 值大约为 50％(R1)。在混合悬浮系统中，结晶器是稳定连续操作的，含有良好混合悬浮稠液，没有产品分级，没有固体进入加料。

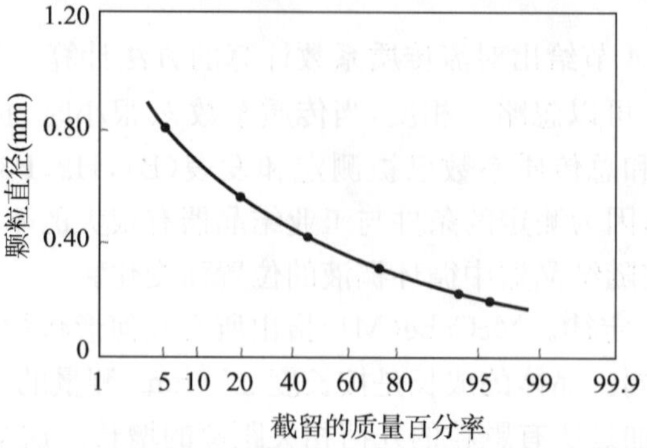

图 12.12-1　一结晶器产出的典型颗粒尺寸分布

[引自 R. C. Bennett 和 M. Van Buren, Chem. Eng. Progr. Symp., 65(95), 46(1969)]

12.12.5　混合悬浮-混合产品产出结晶器的模型

(1) 概述和模型假定。这个模型是为混合悬浮-混合产品产出结晶器(MSMPR)建立的,该结晶器是目前工业使用的最重要的类型。假定条件如下:稳定状态,悬浮液完全混合,没有产品分级,浓度均匀,加料中没有晶体,晶体成长可用 ΔL 定律。所有连续操作结晶器都有搅拌器或泵进行循环混合。在理想混合的条件下,排出液的组成与容器中的组成完全一样。这与 CSTR 连续搅拌釜反应器是类似的。

(2) 晶体总体密度函数 n。为了分析结晶器的数据,必须考虑综合成核速率、成长速率和物料衡算影响的总体理论。Randolph 和 Larson(R1,R2,R3)导出了这样的模型。他们将单位体积悬浮液(通常为 1 升)中尺寸小于等于 L 的晶体的总积累数目 N 对这个尺寸 L 作图,如图 12.12-2 所示。该曲线的斜率 dN/dL 定义为晶体总体密度 n:

$$n = dN/dL \tag{12.12-7}$$

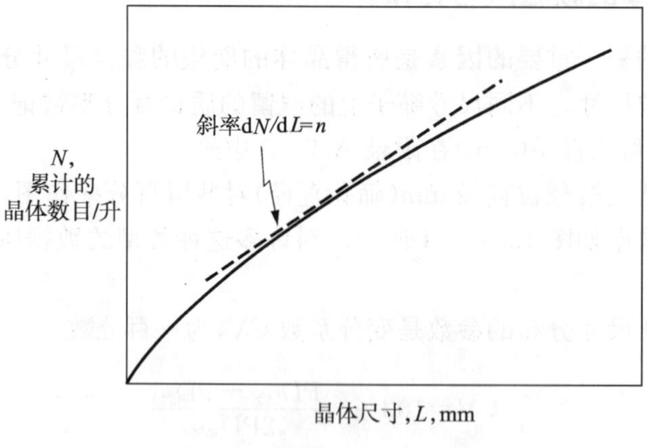

图 12.12-2　晶体总体密度的确定

式中 n 是晶体数目/(L·mm)。这表征了这种结晶器的成核增长速率。对于这个模型,需要获得的就是总体密度 n 与尺寸 L 之间的关系。

这个总体密度由实验筛分分析一定体积的总晶体量来获得,例如 1.0 L 悬浮液。每个筛子上的晶体的质量分率通过收集两相邻的筛子间的晶体而获得。这样，$L_{平均}=(L_1+L_2)/2$，其中 L_1 和 L_2 是两个相邻的筛子的孔径(mm)。同时，$\Delta L=L_1-L_2$，其中 L_1 是上一个筛子的孔径。这样，颗粒的体积 v_p 为

$$v_p=aL_{平均}^3 \tag{12.12-8}$$

式中 v_p 是 mm^3/颗粒，a 是形状因子常数。当已知这部分晶体的总重、密度 $\rho(g/mm^3)$ 时，单个晶体的质量为 ρv_p，在 ΔL 尺寸范围内总的晶体数目为 ΔN。

这样，将式(12.12-7)写成 ΔL 尺寸范围：

$$n=\frac{dN}{dL}\cong\frac{\Delta N}{\Delta L} \tag{12.12-9}$$

这个方法使得平均直径 $L_{平均}$(mm)下的 n 计算可由筛分分析收集的每个筛子上的分率来获得。

(3) 总体物料衡算。作总体物料衡算，在 Δt 时间里，$\Delta n\Delta L$ 量的晶体离开结晶器。由于出口液体 Q(L/h)的组成与结晶器中的组成一样，比值$(\Delta n\Delta L)/(n\Delta L)$，即 Δt 时间里离开结晶器的颗粒的分率，是和出料 $Q\Delta t$ 与结晶器总体积 V 的体积比相等的。因此

$$\frac{-\Delta n\ \Delta L}{n\ \Delta L}=\frac{Q\ \Delta t}{V} \tag{12.12-10}$$

在这个 Δt 时间段内，晶体的增长 ΔL 为

$$\Delta L=G\Delta t \tag{12.12-11}$$

式中 G 为增长速率，mm/h。结合式(12.12-10)和式(12.12-11)：

$$\frac{-\Delta n}{n}=\frac{Q\ \Delta L}{VG} \tag{12.12-12}$$

令 $\Delta L\to 0$，$\Delta n\to 0$，并积分：

$$\int_{n^0}^{n}\frac{dn}{n}=-\frac{1}{G\tau}\int_0^L dL \tag{12.12-13}$$

$$\ln n=-\frac{L}{G\tau}+\ln n^0 \tag{12.12-14}$$

式中 n^0 是 $L=0$ 时的晶体总数，n 是尺寸为 L 时的晶体总数，V/Q 是结晶器内总停留时间 τ(h)。式(12.12-14)的 $\ln n$ 对 L 作图是一条直线，截距为 $\ln n^0$，斜率为 $-1/G\tau$。如果该线不是直线，这表明该系统可能违背 ΔL 定律。这些计算非常适合用计算机程序进行计算。

(4) 平均颗粒尺寸和成核速率。总数的进一步推导可获得平均尺寸 L_a(mm)的质量分布的方程的结果：

$$L_a=3.67\ G\tau \tag{12.12-15}$$

这里产物的 50%质量是小于或大于该尺寸的。同样，主要的颗粒的尺寸是

$$L_d=3.00\ G\tau \tag{12.12-16}$$

这个主要的颗粒的尺寸意味着在这个尺寸间距差范围的质量大于任何其他尺寸间距差范围

的质量。

从这个模型可以获得另一个关系式，它将成核速率 B^0 和零尺寸的颗粒总数密度 n^0 以及成长速率 G 联系起来。对于条件 $L\to 0$，$\mathrm{d}N/\mathrm{d}t$(成核速率)的极限可写为

$$\lim_{L\to 0}\frac{\mathrm{d}N}{\mathrm{d}t}=\lim_{L\to 0}\frac{\mathrm{d}N}{\mathrm{d}L}\frac{\mathrm{d}L}{\mathrm{d}t} \tag{12.12-17}$$

然而，当 $L\to 0$ 时，斜率 $\mathrm{d}L/\mathrm{d}t=G$，斜率 $\mathrm{d}N/\mathrm{d}L=n^0$，$B^0=\mathrm{d}N/\mathrm{d}t$。因此，

$$B^0=Gn^0 \tag{12.12-18}$$

式中 B^0 是成核速率，单位为成核数目/(h · L)。

(5) 所得累计的质量分率的计算。总数方程可用于已知 G 和 τ 值时进行反算。由总数密度函数可导出如下方程(L4)：

$$(1-W_{\mathrm{f}})=\mathrm{e}^{-x}(1+x+x^2/2+x^3/6) \tag{12.12-19}$$

式中 $x=L/G\tau$，$(1-W_{\mathrm{f}})$ 是尺寸 L(mm)的累计质量分率，它与筛分分析结果具有相同的形式。

(6) 总数模型在设计中的应用。晶体增长速率 G 的实验数据和通过总数物料衡算获得的成核速率 B^0 是结晶器给定条件下的数据。外加的实验可以确定停留时间 τ(生产速率)的影响，比如，泵送循环速率(混合)对 B^0 和 G 的影响。改变这些条件，直至由式(12.12-19)计算的 W_{f} 达到期望的分布。或者，在同样的情况下，将目标确定为获得所需的主要颗粒尺寸 L_{d}。在许多情况下，当停留时间 τ 增加时，增长速率 G 的实验数据降低。此外可查阅一些有用的参考文献(B6，C2，C4，L5，M2，P1，R4，S2)。

例 12.12-1　MSMPR 结晶器中的成长速率和成核速率

根据尿素晶体的筛分分析结果，计算总数密度和晶核成长速率。晶浆密度(克晶体)为 450 g/升，晶体的形状因子常数 $a=1.00$，晶体密度 ρ 为 1.335 g/cm³，停留时间 τ 为 3.38 h。由参考文献(B5)的筛分分析所得结果如下：

粒径范围(目)	%(质)	粒径范围(目)	%(质)
14～20	4.4	48～65	15.5
20～28	14.4	65～100	7.4
28～35	24.2	100 以上	2.5
35～48	31.6		

解：用附录 A.5-3 的数据将上述数据列成表 12.12-1。L 的值为筛孔孔径。对于 14～20目的部分，$L_{平均}=(1.168+0.833)/2=1.001$ mm 和 $\Delta L=1.168-0.833=0.335$ mm。对于 $L_{平均}=1.001$ mm，用式(12.12-8)可得 $v_{\mathrm{p}}=aL_{平均}^3=1.00\times(1.001)^3=1.003$ mm³/颗粒。密度 $\rho=1.335$ g/cm³ $=1.335\times10^{-3}$ g/mm³，单颗粒质量 $=\rho v_{\mathrm{p}}=1.335\times10^{-3}\times1.003=1.339\times10^{-3}$ g。晶体的总质量=(450 g/升)(0.044 质量分率)。

采用式(12.12-9)计算 14～20 目尺寸范围的 n：

$$n=\frac{\Delta N}{\Delta L}=\frac{(450\ \mathrm{g/L})(质量分率)}{\rho(aL^3)\Delta L}$$

$$=\frac{(450\ \mathrm{g/L})\times 0.044}{(1.335\times 10^{-3}\ \mathrm{g/mm^3})\times(1.00)\times(1.001\ \mathrm{mm})^3\times(0.335\ \mathrm{mm})}$$

$$=4.414\times 10^4\quad \text{晶体数目}/(\mathrm{L}\cdot\mathrm{mm})$$

这样 $\ln n=\ln 4.414\times 10^4=10.695$。对于 20～28 目尺寸范围，$L_{平均}=0.711$ mm，$\Delta L=0.244$ mm。那么

$$n=\frac{450\times 0.144}{1.335\times 10^{-3}\times 1.00\times 0.711^3\times 0.244}=5.535\times 10^5$$

这样 $\ln n=13.224$。其他值按同样的方法用计算机程序进行计算，并在表 12.12－1 中给出。

$\ln n$ 对 L 作图，见图 12.12－3。这条线的方程是式(12.12－14)，其斜率是－9.12，截距＝19.79。

$$\ln n=-9.12L+19.79=\frac{-L}{G\tau}+\ln n^0$$

表 12.12－1　例 12.12－1 的数据和计算

目	L(mm)	目	L(mm)	$L_{平均}$(mm)	ΔL(mm)	$\ln n$	%(质)
14	1.168	20	0.833	1.001	0.335	10.695	4.4
20	0.833	28	0.589	0.711	0.244	13.224	14.4
28	0.589	35	0.417	0.503	0.172	15.131	24.2
35	0.417	48	0.295	0.356	0.122	16.778	31.6
48	0.295	65	0.208	0.252	0.087	17.441	15.5
65	0.208	100	0.147	0.178	0.061	18.099	7.4

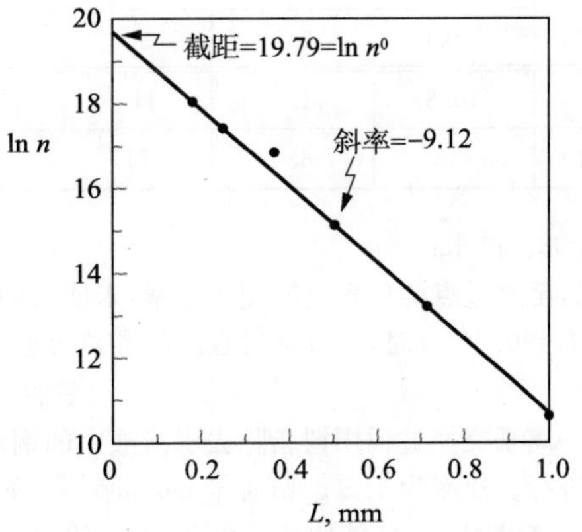

图 12.12－3　例 12.12－1 中总数密度 n 对尺寸 L 的标绘

斜率－9.12＝$-1/(G\tau)=-1/(G\times 3.38)$。因此，$G=0.032\,44$ mm/h。截距 $\ln n^0=19.79$。因此，$n^0=3.933\times 10^8$。由式(12.12－18)可得，成核速率 B^0 为

$$B^0=Gn^0=0.032\,44\times 3.933\times 10^8=1.276\times 10^7\ \text{晶核}/(\mathrm{h}\cdot\mathrm{L})$$

由式(12.12－15)可得，平均尺寸为 $L_a=3.67G\tau=3.67\times 0.032\,44\times 3.38=0.402$ mm。由式(12.12－16)可得，主要尺寸为 $L_d=3.00G\tau=3.00\times 0.032\,44\times 3.38=0.329$ mm。

习　　题

12.1－1　葡萄糖吸附的等温平衡。从水溶液中用活性氧化铝吸附葡萄糖的等温平衡数据如下(H3)：

c (g/cm^3)	0.004 0	0.0087	0.019	0.027	0.094	0.195
q(g溶质/g氧化铝)	0.026	0.053	0.075	0.082	0.123	0.129

试确定拟合上述数据的等温线,用给定的单位给出方程的常数。

答:朗格缪尔等温方程,$q=0.145c/(0.017\ 4+c)$

12.2－1　含酚溶液的间歇吸附。2.5 m^{3}的废水溶液含有 0.25 kg 酚/m^{3}溶液。这个溶液在一间歇过程中与 3.0 kg 活性炭颗粒完全混合直至达到平衡。试用例 12.2－1 的等温方程计算最终平衡值以及酚的收率百分数。

12.3－1　实验吸附柱数据的放大。用例 12.3－1 中透过点时间和其他结果,计算下列情况：

(1) 新吸附柱透过点时间为 8.5 h。计算新吸附柱所需的长度,柱直径,用至透过点的总容量分率。流率保持恒定,为 754 cm^3/s。

(2) 使用与(1)同样的条件,但是流率增加为 2 000 cm^3/s。

答:(1) $H_T=27.2$ cm,0.849 分率;(2) $D=6.52$ cm

12.3－2　氮气干燥和柱的放大。采用分子筛填充床从 28.3 ℃的氮气中除去水汽。柱高为 0.268 m,固体床的体积密度等于 712.8 kg/m^3。固体中初始的水浓度为 0.01 kg 水/kg 固体,氮气的质量流速为 4 052 kg/(m^2·h)。气体中初始的水汽浓度为 $c_0=926\times10^{-6}$ kg 水/kg 氮气。透过曲线数据如下：

t(h)	0	9	9.2	9.6	10	10.4
c(kg H_2O/kg $N_2\times10^6$)	<0.6	0.6	2.6	21	91	235
t(h)	10.8	11.25	11.5	12.0	12.5	12.8
c(kg H_2O/kg $N_2\times10^6$)	418	630	717	855	906	926

透过点期望 $c/c_0=0.02$。试求：

(1) 确定透过点时间,至透过点的总容量的使用分率,未使用的床层长度,固体饱和点的容量。

(2) 当床层高度为 $H_T=0.40$ m 时,计算透过点时间和总容量的使用分率。

答:(1) $t_b=9.58$ h,使用分率=0.878。

12.4－1　离子交换柱的放大。一离子交换过程用树脂除去水溶液中的铜离子,过程在直径为 1.0 英寸、高度为 1.2 英尺的柱中进行。流率为 1.5 gph(加仑每小时——译注),在 7.0 分钟时透过点出现。积分透过曲线得出使用容量与总容量的比值为 0.60。设计 3.0 英尺高的新柱,操作流率为 4.5 gph。试计算新柱直径和透过时间。

答:$t_b=24.5$ min,$D=1.732$ 英寸。

12.4－2　离子交换塔的高度。用一柱高为 0.40 m 的离子交换塔进行操作,流率为 0.2 m^3/h,透过点发生在 8.0 min。使用容量与总平衡容量的比值为 0.65。在同样直径、同样流率下,要求操作 13.0 min 到达才透过点,问所需的柱高为多少?

12.4－3　铜的离子交换柱。一离子交换柱含有 99.3 克 Amberlite 离子交换树脂,用于从水溶液中除去 Cu^{2+},溶液浓度为 $c_0=0.18$ M $CuSO_4$。塔高=30.5 cm,直径=2.59 cm。入塔流率为 1.37 cm^{3}溶液/s。透过曲线数据如下：

t(s)	420	480	510	540	600	660
c(mol Cu/L)	0	0.003 3	0.007 5	0.015 7	0.052 7	0.106 3
t(s)	720	780	810	870	900	
c(mol Cu/L)	0	0.163 4	0.172 2	0.176 3	0.180	

在透过点所要求的浓度为 $c/c_0=0.010$。试确定透过时间，至透过点的总容量的使用分率，未使用的床层长度，固体饱和点的容量。

12.4-4　离子交换树脂负荷总浓度的影响。使用例 12.4-1 的条件用 H^+ 来交换 Cu^{2+}，但要确定溶液总浓度对树脂上 Cu^{2+} 负荷的影响。用溶液平衡总浓度 C 为 0.010 N 而不是 0.10 N。而且，溶液中 Cu^{2+} 的浓度为 0.002 M(0.004 N)而不是 0.02 M。

答：$q_{CuR_2}=0.913\ 2$ 当量/L

12.4-5　H^+ 对 NH_4^+ 离子交换的平衡。在含 8%DVB 的聚苯乙烯树脂上进行阳离子 NH_4^+ 取代 H^+ 的离子交换，计算平衡常数 $K_{A,B}$。树脂总容量 $Q=2.0$ 当量/L 湿床体积。溶液总浓度 $C=0.20$ N。当溶液中 NH_4^+ 的浓度为 0.04 N 时，计算平衡时树脂上 NH_4^+ 的当量浓度。

答：$q_{NH_4R}=0.668\ 4$ 当量/L

12.5-1　平衡中的两液相组成。一有机混合物重 200 kg，含有 50 kg 异丙醚、20 kg 乙酸和 130 kg 水，在混合澄清器中达到平衡，并分相。试确定萃取相的萃余相的量和组成。平衡数据见附录 A.3。

12.5-2　单级萃取。400 kg 含有 35%(质)乙酸的水溶液与 400 kg 纯异丙醚接触，进行单级萃取。计算萃取相的萃余相的量和组成。分别用数学计算和杠杆定律两种方法求解。除去的乙酸百分率为多少？所用平衡数据见附录 A.3。

答：$L_1=358$ kg，$x_{B1}=0.715$，$x_{C1}=0.03$，$V_1=442$ kg，$y_{A1}=0.11$，$y_{C1}=0.86$，除去率 34.7%。

12.5-3　未知组成的单级萃取。加料混合物的质量为 200 kg，为未知的组成含水、乙酸、异丙醚混合物，在单级混合器中与 280 kg 含有 40%(质)乙酸、10%(质)水、50%(质)异丙醚的混合物充分混合。所得萃余相重 320 kg 且含 29.5%(质)乙酸、66.5%(质)水、4.0%(质)异丙醚。试确定加料混合物的初始组成和最终萃取相的组成。所用平衡数据见附录 A.3。

答：$x_{A0}=0.032$，$x_{B0}=0.948$，$y_{A1}=0.15$

12.5-4　丙酮的单级萃取。一混合物的质量为 1 000 kg，含有 23.5%(质)丙酮和 76.5%(质)水，用 500 kg 甲基异丁基酮在单级萃取器中萃取。试确定萃取相和萃余相的量和组成。所用平衡数据见附录 A.3。

12.6-1　液泛速率和塔直径。用与例 12.6-1 中相同的加料条件和两相流率，采用 1 英寸鲍尔环，选水溶液相代替甲苯作分散相，设计计算泛点百分率为 50%的塔直径。比较结果。

答：直径＝1.274 英尺

12.6-2　萃取物系的界面张力。物系水(A)-乙酸(C)-异丙醚(B)的平衡数据已在附录中给出，见附录表 A.3-24。用稀溶液数据计算界面张力，其中乙酸在富水相中的质量分率为 0.69%(质)。

答：$\sigma=20.28$ dyn/cm

12.6-3　筛孔塔板效率。一有机溶剂在筛板塔从水溶液中萃取酸。分散的有机相流率为 600 ft^3/h，连续的水溶液流率为 400 ft^3/h。界面张力为 15 dyn/cm，筛板间距为 1.1 英尺。孔径为 0.40 cm。试估计板效率。如果溶剂流率减少至 400 ft^3/h，会发生什么？

答：$E_0=0.133$(溶剂 600 ft^3/h)

12.7-1　每级用新鲜溶剂的多级萃取。纯水被用来萃取乙酸，400 kg 加料溶剂异丙醚中含有 25%(质)乙酸。所用平衡数据见附录 A.3。

(1) 如果用 400 kg 水单级萃取，试求水溶液中酸的回收百分率。

(2) 如果用三级错流萃取，每一级中用 133.3 kg 纯水，计算三级出口水流的总的酸的回收百分率。(提示:首先,计算第一级用 400 kg 加料与 133.3 kg 水萃取后的出口萃取相和萃余相流量。在第二级 133.3 kg 水与第一级出口的有机相接触。在第三级 133.3 kg 水与第二级出口的有机相接触,等等。)

12.7-2 逆流多级萃取的总物料衡算。一水相进料 200 kg/h,含有 25%(质)乙酸,用流率为 600 kg/h 的纯异丙醚进行多级逆流萃取。出口的水相酸浓度为含乙酸 3.0%(质)。计算出口的萃取相和萃余相的组成和量。使用的平衡数据见附录 A.3。

12.7-3 丙酮的逆流萃取和最少溶剂用量。一水溶液进料 1 000 kg/h,含有 23.5%(质)丙酮和 76.5%(质)水,用纯甲基异丁基酮溶剂在 298～299 K 温度的多级逆流萃取设备中萃取。出口水相萃余相含 2.5%(质)丙酮。所用平衡数据见附录 A.3。

(1) 计算可以使用的最少溶剂用量。[提示:在这种情况下,通过进料 L_0 的平衡联结线表示最少溶剂用量的条件。这样给出 $V_{1\,\min}$。画 $L_N V_{1\,\min}$ 线和 $L_0 V_{N+1}$ 线可获得混合点 $M_{\min}$ 和坐标 $x_{AM\min}$。用式(12.7-4)求出 $V_{N+1\,\min}$,即最少溶剂流率 V_{N+1}。]

(2) 使用溶剂流率为最少溶剂流率的 1.5 倍,计算所需的理论级数。

12.7-4 乙酸的逆流萃取和最少溶剂用量。一乙酸水溶液进料 1 000 kg/h,含有 30.0%(质)乙酸,用纯异丙醚溶剂在多级逆流萃取设备中萃取,以在最终萃余相降低酸浓度至 2.0%(质)。所用平衡数据见附录 A.3。

(1) 计算可以使用的最少溶剂流率。[提示:见题 12.7-3 使用的方法。]

(2) 如果采用 2 500 kg/h 异丙醚溶剂,确定所需的理论级数。[注:有必要重新画在稀浓度端浓度刻度扩大的图。]

答:(1) 最少溶剂流率 V_{N+1}=1 630 kg/h;(2) 7.5 级

12.7-5 逆流萃取级数。重复例 12.7-2,但是水相出口酸浓度为 4.0%(质)。

12.7-6 不互溶溶剂的萃取。一水溶液 1 000 kg/h,水中含有 1.5%(质)尼古丁,用流率为 2 000 kg/h 含 0.05%(质)尼古丁的煤油在多级逆流萃取塔中萃取。出口水流只含原有尼古丁的 10%,即 90% 被除去。所用平衡数据见例 12.7-3。试计算所需的理论级数。

答:3.7 级。

12.7-7 尼古丁萃取的传质单元数。使用例 12.7-3 中萃取尼古丁的数据,重新绘制平衡线和操作线。采用填料塔进行操作,传质单元高度确定为 H_{OL}=1.1 m。用两种不同的方法计算传质单元数,并进行比较。同时,计算塔高。

答:N_{OL}=5.76 传质单元(式 12.7-22),z=6.34 m

12.7-8 不互溶溶剂的最少溶剂用量。按例 12.7-3 中所要求的萃取,确定最少溶剂用量煤油的流率。以 1.5 倍的最少溶剂流率,用图解方法和解析方程计算确定所需的理论级数。

答:V'=153.8 kg/h,N=6.86 解析

12.7-9 煤油除去尼古丁。煤油流率为 100 kg/h 含有 1.4%(质)尼古丁,用纯水在多级逆流萃取塔中进行萃取。要求除去 90%的尼古丁。用水流率为最少流率的 1.5 倍,试确定所需的理论级数。(所用平衡数据见例 12.7-3。)

12.7-10 从水中萃取丙酮和传质单元数。重复例 12.7-4 从水中萃取丙酮,采用 1.5 倍的最少溶剂用量。试求:

(1) 图解法确定所需的理论级数;

(2) 用计算方法确定理论级数;

(3) 本物系用填料塔进行操作,传质单元高度 H_{OL} 确定为 0.9 m。计算传质单元数 N_{OL} 和塔高。

答:(2) N=5.34 级,解析计算;(3) N_{OL}=6.21 传质单元

12.7-11 现有的一定级数萃取塔的计算。现有的一萃取塔有 5.0 个理论级,在下列条件下,它用于例 12.7-4给定的水-丙酮-三氯乙烷物系的萃取分离。加料水溶液1 000 kg/h,含有 8.0%(质)丙酮,用 750 kg/h 含 1.0%(质)丙酮的三氯乙烷在25 ℃下进行逆流萃取。试用解析解方程确定水溶液的出口浓度 x_1 和三氯乙烷溶液的出口浓度 y_2。同样,用图解方法绘出平衡线和操作线

以及 5.0 个梯级。假定溶液为稀溶液。

答：$x_1=0.012\ 05$，$y_2=0.093\ 2$

12.8-1　浸取颗粒中的有效扩散。在例 12.8-1 中，固体颗粒浸取所需的时间是 3.11 h，以除去 80%的溶质。进行下列计算：

(1) 用实验数据计算有效扩散系数 D_{Aeff}；

(2) 计算从 2.0 mm 直径颗粒浸取 90%溶质所需时间。

答：(1) $D_{Aeff}=1.0\times10^{-5}\ mm^2/s$；(2) $t=5.00$ h

12.9-1　从大豆单级浸取大豆油。重复例 12.9-1 从大豆单级浸取大豆油。100 kg 大豆含 22%(质)油，加入的溶剂为 80 kg/h 含 3%(质)油的溶剂。

答：$L_1=52.0$ kg，$y_{A1}=0.239$，$V_1=50.0$ kg，$x_{A1}=0.239$，$N_1=1.5$

12.9-2　单级大豆浆的浸取。片状大豆浆总重 100 kg，含 75 kg 惰性固体和 25 kg10%(质)油、90%(质)己烷的溶液。这个浆液与 100 kg 纯己烷接触，进行单级浸取，出口处的 N 值为 1.5 kg 不溶固体/kg 夹带溶液。试计算离开该级的溢流 V_1 和底流 L_1 的量和组成。

12.10-1　恒底流从粗粉中浸取油。采用与例 12.10-1 中相同的条件，但假定恒定底流 $N=1.85$ kg 固体/kg 溶液。计算出口流率和组成，所需的级数。并与例 12.10-1 进行比较。

答：$y_{AN}=0.111$，$x_{A1}=0.623$，4.3 级

12.10-2　较少溶剂对从粗粉中浸取油的影响。采用与例 12.10-1 中相同的条件，但进口新鲜溶剂混合物流率减少 10%，至每小时 1 179 kg 苯和 18 kg 油。计算所需级数。

12.10-3　矿石的逆流多级洗涤。处理的矿石含惰性固体脉石和硫酸铜，在多级逆流浸取器中用纯水浸取硫酸铜 $CuSO_4$。每小时的固体负荷流率由 10 000 kg 脉石(B)、1 200 kg 硫酸铜 $CuSO_4$(溶质 A)、400 kg 水(C)组成。出口的洗涤溶液含 92%(质)水和 8%(质) $CuSO_4$。进料矿石中总的硫酸铜 $CuSO_4$ 的 95%被回收。底流恒定，为 $N=0.5$ kg 惰性脉石固体/kg 水溶液。试计算所需级数。

答：9 级，$L_N=20\ 000$ kg/h，$y_{AN}=0.003\ 0$，$V_1=14\ 250$ kg/h

12.10-4　比目鱼肝的多级逆流浸取。新鲜的比目鱼肝含有 25.7%(质)油，用纯乙醚在逆流多级浸取设备中浸取，除去 95%的油。加料流率为 10 000 kg 新鲜鱼肝/h。最终出口溢流溶液含有 70%(质)油。惰性固体(无油鱼肝)夹带的溶液的量变化如下(C1)，其中 N 为 kg 惰性固体/kg 夹带溶液，y_A 是 kg 油/kg 溶液：

N	y_A	N	y_A	N	y_A
4.88	0	2.47	0.4	1.39	0.81
3.50	0.2	1.67	0.6		

试计算两出口流股的量和组成，所需的理论级数。

12.10-5　大豆片的逆流浸取。大豆片含有 22%(质)油，在多级逆流设备中用新鲜的纯己烷浸取至含 0.8 kg 油/kg 惰性固体。每 1 000 kg 大豆片，用 1 000 kg 己烷。实验(S1)给出底流固体夹带溶液的量如下，其中 N 为 kg 惰性固体/kg 夹带溶液，y_A 是油在溶液中的质量分率：

N	y_A
1.73	0
1.52	0.20
1.43	0.30

试计算两出口流股的量和组成，所需的理论级数。

12.11-1　$Ba(NO_3)_2$ 的结晶。来自蒸发器的热 $Ba(NO_3)_2$ 溶液含有 30.6 kg $Ba(NO_3)_2$/100 kg H_2O，进入结晶器，在结晶器中溶液被冷却析出 $Ba(NO_3)_2$ 结晶。在冷却中加料液所含水分有 10%被蒸发。总的加料液为 100 kg，试计算：

(1) 如果溶液被冷却至 290 K(17 ℃)，该温度下的溶解度为 8.6 kg $Ba(NO_3)_2$/100 kg 总水，计算晶体的产量；

(2) 如果溶液被冷却至 283 K，该温度下的溶解度为 7.0 kg $Ba(NO_3)_2$/100 kg 总水，计算晶体的

产量。

答:(1) 17.47 kg $Ba(NO_3)_2$晶体

12.11-2　溶解和再结晶。一批 1 000 kg 的 KCl 溶解于足够的水中,形成 363 K 下的饱和溶液,该温度下的溶解度为 35%(质量,水中 KCl)。溶液被冷却至 293 K,该温度下的溶解度为 25.4%(质)。

(1) 配制溶液所需的水为多少千克? 得到的 KCl 晶体为多少千克?

(2) 如果 5%的原水在冷却时蒸发了,得到的晶体的重量为多少千克。

答:(1) 1 857 kg 水,368 kg 晶体;(2) 399 kg 晶体

12.11-3　$MgSO_4 \cdot 7H_2O$ 的结晶。一热溶液含 1 000 kg $MgSO_4$ 和水,$MgSO_4$ 的浓度为 30%(质),被冷却至 288.8 K,该温度下晶体 $MgSO_4 \cdot 7H_2O$ 析出。288.8 K 时溶液中的溶解度为 24.5%(质)无水 $MgSO_4$。如果 5%的原水在冷却时蒸发了,试计算得到的晶体产量为多少。

12.11-4　结晶中的热量衡算。130 ℉下 10 000lb_m的加料溶液含有 47.0 lb $FeSO_4$/100 lb 总水,被冷却至 80 ℉,以除去晶体。该温度下的盐的溶解度为 30.5 lb $FeSO_4$/100 lb 总水(P1)。加料溶液的平均比热容为 0.70 btu/(lb_m · ℉)。在 18 ℃下的溶解热为 −4.4 kcal/mol(−18.4 kJ/mol) $FeSO_4 \cdot 7H_2O$(P1)。计算晶体产量和作热量衡算。假定过程中没有水蒸发。

答:2 750 lb_m $FeSO_4 \cdot 7H_2O$ 晶体,q=−428 300 btu(−451 900 kJ)

12.11-5　结晶中温度对产量和热量衡算的影响。用例 12.11-2 给出的条件,但是溶液被冷却至 283.2 K,该温度下的溶解度为 30.9 kg $MgSO_4$/100 kg 总水(P1)。计算用 283.2 K 代替 293.2 K 对结晶产量和吸收的热量的影响。

12.12-1　MSMPR 结晶器中成核速率和成长速率。在 MSMPR 结晶器中进行实验并获得数据(S2)。晶浆密度为 169 g/L,晶体密度 ρ 为 1.65 g/m^3,停留时间 τ 为 6.57 h,形状因子 a 为 0.98。晶体的筛分分析如下:

目	%(质)	目	%(质)
14~20	4.5	35~48	31.5
20~28	14.5	48~65	15.5
28~35	24.0	65~100	7.5
		100 以上	2.5

用这些数据,进行下列计算:

(1) 计算总数密度,成长速率,成核速率。计算平均尺寸 L_a。

(2) 用这些计算值,由实验的 G 和 τ 值计算尺寸 L 的累计质量分率。

答:(1) G=0.016 73 mm/h;(2) L=0.589 mm,$(1-W_f)$=0.218

12.12-2　由晶体成长速率计算累计质量分率。在例 12.12-1 中,停留时间 τ 为 3.38 h 时,成长速率 G 确定为 0.032 44 mm/h。用这些值计算尺寸 L 的累计质量分率。比较计算值和实验值。

答:L=0.589 mm,$(1-W_f)$=0.217;L=0.417 mm,$(1-W_f)$=0.473

参考文献

(B1)　BLAKEBROUGH, N. Biochemical and Biological Engineering Science, Vol. 1. New York: Academic Press, Inc., 1968.

(B2)　BADGER, W. L., and BANCHERO, J. T. Introduction to Chemical Engineering. New York: McGraw-Hill Book Company, 1955.

(B3)　BADGER, W. L., and McCABE, W. L. Elements of Chemical Engineering. New York: McGraw-

Hill Book Company, 1936.

(B4) BUCKLEY, H. E. Crystal Growth. New York: John Wiley & Sons, Inc. , 1951.

(B5) BENNETT, R. C. , and VAN BUREN, M. Chem. Eng. Prgr. Symp. , **65**(95),46(1969).

(B6) BENNETT, R. C. , FIELDELMAN, H. , and RANDOLPH, A. D. Chem. Eng. Progr. , **69**(7), 86 (1972).

(B7) BELTER, P. A. , CUSSLER, E. L. , and HU, W. S. Bioseparations. New York: John Wiley & Sons, Inc. , 1988.

(B8) BONNER, O. D. , and SMITH, L. L. J. Phys. Chem. , **61**,236(1957).

(B9) BENNETT, R. C. , FIELDELMAN, H. , and RANDOLPH, A. D. Chem. Eng. Progr. , **69**(7), 86 (1973).

(C1) CHARM, S. E. The Fundamentals of Food Engineering, 2nd ed. Westport, Conn. : Avi Publishing Co. , Inc. , 1971.

(C2) Crystallization from Solutions and Melts, Chem. Eng. Progr. Symp. , **65**(95), (1969).

(C3) COLLINS, J. J. Chem. Eng. Symp. Series, **63**(74), 31(1967).

(C4) CLONTZ, N. A. , and MCCABE, W. L. A. I. Ch. E. Symp. Ser. No. 110, **67**, 6(1971).

(C5) CLAFFEY, J. B. , BADGETT, C. O. , SKALAMERA, C. D. , and PHILLIPS, G. W. Ind. Eng. Chem. , **42**, 166(1950).

(C6) CUSACK, R. W. , and KARR, A. E. Chem. Eng. , **98**(2), 112(1991).

(C7) CUSACK, R. W. , FREMEAUX, P. , and GLATZ, D. Chem. Eng. , **98**(2), 66(1991).

(C8) CUSACK, R. W. , and FREMEAUX, P. , Chem. Eng. , **98**(3), 132(1991).

(C9) CRAWFORD, J. W. , and WILKE, C. R. Chem. Eng. Prog. , **47**, 423(1951).

(H1) HOUGEN, O. A. , WATSON, K. M. , and RAGATZ, R. A. Chemical Process Principles, Part I, 2nd ed. New York: John Wiley&Sons, Inc. , 1954.

(H2) HIXSON, A. W. , and KNOX, K. L. Ind. Eng. Chem. , **43**, 2144(1951).

(H3) HU, M. C. , HAERING, E. R. , and GEANKOPLIS, C. J. Chem. Eng. Sci. , **40**, 2241(1985).

(H4) HUMPHRY, J. L. , and KELLER, G. E. Separation Process Technology. New York: McGraw-Hill Book Company, 1997.

(K1) KARNOFSKY, G. J. Am. Oil Chemist's Soc. , **26**, 564(1949).

(K2) KOBE, K. A. , and COUCH, E. J. , JR. Ind. Eng. Chem. , **46**, 377(1954).

(K3) KARR, A. E. and LO, T. C. Proc. Int. Solv. Ext. Conf. (ISEC), **1**, 299(1971).

(K4) KARR, A. E. Sepn. Sci. Tech. , **15**(No. 4), 877(1980).

(L1) LUKCHIS, G. M. Chem. Eng. , **80**(June11), 111(1973).

(L2) LARSON, M. A. Chem. Eng. , **85**(Feb. 13), 90(1978).

(L3) LO, T. C. and KARR, A. E. I. E. C. Proc. Des. Dev. , **11**(4), 495(1972).

(L4) LO, T. C. BAIRD, M. H. I. , and HANSON, C. Handbook of Solvent Extraction. New York: John Wiley & Sons, Inc. , 1983.

(L5) LARSON, M. A. and RANDOLPH, A. D. Chem. Eng. Progr. Symp. , **65**(95),1(1969).

(M1) MICHAELS, A. S. Ind. Eng. Chem. , **44**(8),1922(1952).

(M2) MURRAY, D. C. , and LARSON, M. A. A. I. Ch. E. J. , **11**, 728(1965).

(M3) MCCABE, W. L. , SMITH, J. C. , and HARRIOTT, P. Unit Operations of Chemical Engineering, 4th ed. New York: McGraw-Hill Book Company, 1985.

(M4) MCCABE, W. L. , SMITH, J. C. , and HARRIOTT, P. Unit Operations of Chemical Engineering, 5th ed. New York: McGraw-Hill Book Company, 1992.

(N1) NATIONAL RESEARCH COUNCIL. International Critical Tables, Vol. 5. New York: McGraw-Hill Book Company, 1929.

(O1) OSBURN, J. Q., and KATZ, D. L. Trans. A. I. Ch. E., **40**, 511(1944).

(O2) OTHMER, D. F., and JAATINEN, W. A. Ind. Eng. Chem., **51**,543(1959).

(O3) OTHMER, D. F., and AGARWAL, J. C. Ind. Eng. Chem., **51**,372(1955).

(P1) PERRY, R. H., and GREEN, D. Perry's Chemical Engineers' Handbook, 6th ed. New York: McGraw-Hill Book Company, 1984.

(P2) PERRY, R. H. Perry's Chemical Engineers' Handbook, 4th ed. New York: McGraw-Hill Book Company, 1963.

(P3) PERRY, R. H. and CAILTON, C. H. Perry's Chemical Engineers' Handbook, 5th ed. New York: McGraw-Hill Book Company, 1973.

(P4) PERRY, R. H., and GREEN, D. Perry's Chemical Engineers' Handbook, 7th ed. New York: McGraw-Hill Book Company, 1997.

(R1) RANDOLPH, A. D., and LARSON, M. A. Theory of Particulate Systems. New York: Academic Press, Inc., 1971.

(R2) RANDOLPH, A. D., and LARSON, M. A. A. I. Ch. E. J., **8**, 639(1962).

(R3) RANDOLPH, A. D. A. I. Ch. E. J., **11**, 424(1965).

(R4) ROUSSEAU, R. W. (ed.). Handbook of Separation Process Technology. New York: John Wiley & Sons, Inc., 1987.

(R5) REYNOLDS, T. D. Unit Operations and Processes in Environmental Engineering. Boston: PWS Publishers, 1982.

(R6) RUTHVEN, D. M. Principles of Adsorption and Adsorption Processes. New York: John Wiley & Sons, Inc., 1984.

(S1) SMITH, C. T. J. Am. Oil Chemists' Soc., **28**,274(1951).

(S2) SCHWEITZER, P. A. Handbook of Separation Techniques for Chemical Engineers. New York: McGraw-Hill Book Company, 1997.

(S3) SEADER, J. D., and HENLEY, E. J. Separation Process Principles. New York: John Wiley & Sons, Inc., 1998.

(S4) STICHLMAIR, J. Chemie Ingeniur Technik, **52**, 253(1980).

(S5) STRIGLE, R. F. Packed Tower Design and Applications. Houston: Gulf Publishing Company, 1994.

(T1) TREYBAL, R. E. Mass Transfer Operations, 3rd ed. New York: McGraw-Hill Book Company, 1980.

(T2) TREYBAL, R. E. Liquid Extraction, 2nd ed. New York: McGraw-Hill Book Company, 1963.

(T3) TREYBAL, R. E. LAWRENCE, D. W., and DALEY, F. Ind. Eng. Chem., **38**,817(1946).

(V1) VAN HOOK, A. Crystallization, Theory and Practice. New York: John Wiley & Sons, Inc., 1951.

(W1) WALAS, S. M. Chemical Process Equipment. Boston: Butterworth-Heinemann, 1990.

(Y1) YANG, H. H., and BRIER, J. C. A. I. Ch. E. J., **4**,453(1958).

第 13 章 膜分离过程

13.1 概述和膜分离过程的类型

13.1.1 概述

使用膜来进行的分离过程在过程工业中正变得日益重要。在这一相对新的分离过程中，膜起到半渗透的屏障的作用，膜对两个液相之间、两个气相之间或者一个液相和一个气相之间各种分子的移动速度起着控制作用从而产生分离。两流体相通常是互溶的，膜的屏障作用阻止了实际的、普通流体动力学的流动。膜分离分类的主要类型如下。

13.1.2 膜过程的分类

(1) 多孔固体中的气体扩散。在这种类型中膜的两边都存在气体，膜是一个微孔固体。各种气体分子的分子扩散速率有赖于孔的直径和分子的质量。这种分子的扩散，传递和努森扩散已在第 7.6 节中进行了详细讨论。

(2) 液体渗透或渗析。这种情况下，液体相中的小的溶质由于浓度差而扩散通过多孔膜进入第二液相或气相。大分子通过膜就比较困难。这个膜过程被用于化工过程分离，例如，从硫酸镍和硫酸铜的水溶液中分离出 H_2SO_4、食品加工、人工肾，在第 13.2 节中将详细讨论。在电渗析中，靠膜两边施加的电位差来实现离子的分离。

(3) 气体膜渗透。用于这个过程的膜通常是聚合物，如橡胶、聚酰胺等等，而不是多孔固体。溶质气体先在膜中溶解，然后在膜中扩散到另一气相。这在第 6.5 节关于溶质服从费克定律中已作了详细讨论，在第 13.3.1 节中将对存在阻力的情况作进一步的讨论。在第 13.3 节第 13.8 节中，考虑不同过程的流速分布。这类膜分离的例子有，从天然气中分离氦气，从空气中分离氮气。由于每种气体分子扩散通过膜的速率不一样，从而形成气体混合物的分离。

(4) 反渗透。在溶质-溶剂组成的溶液与纯溶剂之间放置一层膜，它阻止低相对分子质量的溶质通过。溶剂扩散通过渗透进入溶液。在反渗透中，施加一个反压差，它使溶剂反向流动，例如海水脱盐。这个过程也用于分离其他低分子量溶质，例如从溶剂(通常是水)中分出盐，糖，简单的酸。这种过程将在第 13.9 节和 13.10 节中详细讨论。

(5) 超滤膜过程。在这个过程中，借助半渗透性的聚合物膜用压力来实现分子的分离(M2)。膜根据分子的尺寸、形状或化学结构来区分，分离较高相对分子质量的溶质，例如，蛋白质、聚合物、胶体物质如矿物质等等。渗透压通常可以忽略，因为相对分子质量较大。这将在第 13.11 节中进一步讨论。

(6) 微滤膜过程。在微滤中，压力驱动通过膜的流动，用于从流体中分离微米尺寸的颗粒。颗粒一般大于超滤中的颗粒。例如从溶液中分离细菌、颜料、酵母细胞等等。这将在13.12节中详细讨论。

(7) 凝胶渗透层析。多孔凝胶阻碍大相对分子质量溶质的扩散。推动力是浓度。这个过程在分析复杂的化学溶液时、非常特殊的或有价值的组分的提纯时相当有用。

13.2 液体渗透膜过程或渗析

13.2.1 膜过程的串联阻力

液体混合物分离的膜过程中,溶质分子必须先传递或扩散通过第一液相的液膜到达固体膜的一侧,然后通过固体膜本身,最后通过第二液相的液膜。这个过程表示在图13.2-1(a)中,其中 c_1 是扩散溶质A组分在液相主体的浓度,kmol A/m^3;c_{1i} 是固体表面附近液相中A组分的浓度,c_{1iS} 是表面固体中A组分的浓度,它与 c_{1i} 相平衡。传质系数为 k_{c1} 和 k_{c2},m/s。平衡分配系数定义为

$$K'=\frac{c_S}{c_L}=\frac{c_{1iS}}{c_{1i}}=\frac{c_{2iS}}{c_{2i}} \tag{13.2-1}$$

注意 K' 是式(7.1-16)所定义的 K 值的倒数。

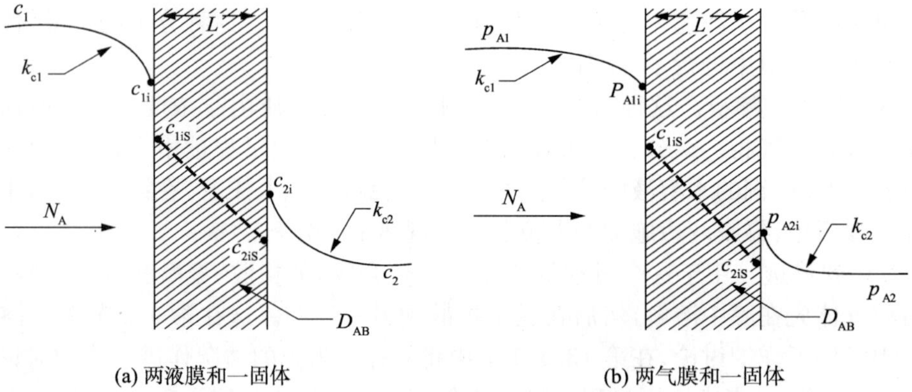

图 13.2-1　膜过程的浓度分布曲线

定态条件下,通过每一相的通量方程都相互相等且等于总的通量,表达如下

$$N_A=k_{c1}(c_1-c_{1i})=\frac{D_{AB}}{L}(c_{1iS}-c_{2iS})=k_{c2}(c_{2i}-c_2) \tag{13.2-2}$$

将 $c_{1iS}=K'c_{1i}$ 和 $c_{2iS}=K'c_{2i}$ 代入式(13.2-2),可得

$$N_A=k_{c1}(c_1-c_{1i})=\frac{D_{AB}K'}{L}(c_{1i}-c_{2i})=p_M(c_{1i}-c_{2i})=k_{c2}(c_{2i}-c_2) \tag{13.2-3}$$

$$p_M=\frac{D_{AB}K'}{L} \tag{13.2-4}$$

式中 p_M 是固体中的渗透系数,m/s;L 是厚度,m;D_{AB} 是A在固体中的扩散系数,m^2/s。注

意式(13.2-4)中的渗透系数 p_M 与式(6.5-9)定义的渗透度 P_M 是不同的。p_M 的值反比于厚度 L。代替对 D_{AB} 和 K' 的两个分开的测定实验,而对 p_M 的一个分离扩散实验的测定更为方便。解出式(13.2-3)中每一部分的浓度差:

$$c_1-c_{1i}=\frac{N_A}{k_{c1}} \quad c_{1i}-c_{2i}=\frac{N_A}{p_M} \quad c_{2i}-c_2=\frac{N_A}{k_{c2}} \tag{13.2-5}$$

加和方程,消去界面浓度 c_{1i} 和 c_{2i},最后的方程为

$$N_A=\frac{c_1-c_2}{1/k_{c1}+1/p_M+1/k_{c2}} \tag{13.2-6}$$

在某些情况下,两液膜的阻力与膜阻力相比非常小,渗透速率由膜阻力控制。

例 13.2-1　膜扩散和液膜阻力

稀浓度溶液含溶质 A 为 $c_1=3\times10^{-2}$ kmol/m³,很快流过厚度为 $L=3.0\times10^{-5}$ m 的膜。分配系数为 $K'=1.5$,膜中的扩散系数 $D_{AB}=7.0\times10^{-11}$ m²/s。溶质扩散通过膜,它在另一端的浓度为 $c_2=0.50\times10^{-2}$ kmol/m³。质量传递系数 k_{c1} 很大,可看作无穷大,$k_{c2}=2.02\times10^{-5}$ m/s。

(1) 导出计算定态传质通量 N_A 的方程,并作一示意图。

(2) 计算通量和膜界面的浓度。

解:(1) 示意图见图 13.2-2。注意左边的浓度曲线是平的($k_{c1}=\infty$)和 $c_1=c_{1i}$。导出的方程式与式(13.2-6)相同,但是 $1/k_{c1}=0$,可得

$$N_A=\frac{c_1-c_2}{1/p_M+1/k_{c2}} \tag{13.2-7}$$

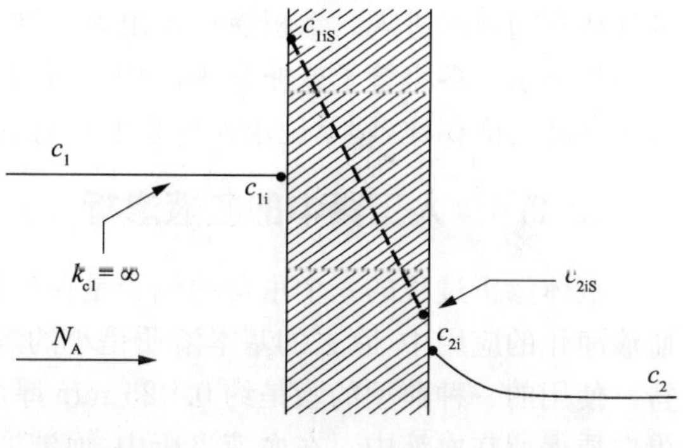

图 13.2-2　例 13.2-1 中的浓度分布

(2) 用式(13.2-4)和式(13.2-7)计算通量:

$$p_M=\frac{D_{AB}K'}{L}=\frac{7.0\times10^{-11}\times(1.5)}{3.0\times10^{-5}}=3.5\times10^{-6}\ \text{m/s}$$

$$N_A=\frac{c_1-c_2}{1/p_M+1/k_{c2}}=\frac{3.0\times10^{-2}-0.5\times10^{-2}}{1/(3.5\times10^{-6})+1/(2.02\times10^{-5})}$$

$$=7.458\times10^{-8}\ \text{kg mol/(s}\cdot\text{m}^2)$$

为了计算 c_{2i}:

$$N_A=7.458\times10^{-8}=k_{c2}(c_{2i}-c_2)=2.02\times10^{-5}(c_{2i}-0.5\times10^{-2})$$

解得 $c_{2i}=0.869\times10^{-2}$ kmol/m³。同样,用式(13.2-1):

$$K'=1.5=\frac{c_{2iS}}{c_{2i}}=\frac{c_{2iS}}{0.869\times10^{-2}}$$

解得 $c_{2iS}=1.304\times10^{-2}$ kmol/m³。

13.2.2 渗析过程

渗析采用半渗透性的膜，依靠各种物质在膜中的不同扩散速率来对它们进行分离。加入的溶液或渗析液含有要分离的溶质，渗析液在膜的一侧流动，溶剂或渗出液流在另一侧流动。一些溶剂也会反向扩散通过膜，可以用降低渗出液浓度的方法降低它的作用。

在实践中，渗析用于分离尺寸有明显不同的物质种类，这样在扩散速率上有一个足够大的差距。溶质的传质通量与膜中的浓度梯度有关。因此，与其他膜过程相比，渗析以低传质通量为特征，其他膜过程如反渗透和超滤，它们的通量与施加的压力有关。

通常，渗析用于膜两侧都是水溶液。与膜阻力相比，液膜阻力可以是明显的。其应用包括在纤维素生产过程中氢氧化钠的回收、从冶金废水中回收酸、从发酵培养液体中分离出产品、从干酪生产的乳清中脱盐、降低啤酒中的酒精含量。在制药工业中有许多小规模的应用。

13.2.3 渗析设备的种类

各种几何形状结构都被用于液体膜过程中。普通的一种与加压过滤器相似，其中的膜是平板。垂直的固体膜安装于溶液和溶剂加料框中间，被渗析的溶剂从这些框的底部进入，溶剂从框的顶部进入。渗析液和渗出液分别通过处于框的顶部和底部的通道被移走。最重要的类型由许多小管子或非常细的中空纤维排列成束组成，像列管式换热器。这种单元具有非常高的面积比，即单位单元体积所具有的膜面积。

13.2.4 人工肾中的血液渗析

液体渗析过程的一个重要的例子是在生物医学领域中用人工肾进行渗析。在这人类的血液净化的应用中，除去的基本溶质是小的溶质尿素、尿酸、肌酸酐、磷酸盐以及多余的盐酸盐。使用的一种典型的膜是约 0.025 mm 厚的赛璐玢，它让小分子溶质扩散通过，但将大的蛋白质保留在血液中。在血液渗析中，血液通过膜的一侧，而水相渗出液流过另一侧。溶质如尿素、尿酸、NaCl 等等在血液中具有较高浓度，这些溶质扩散通过膜到达渗出水溶液中，该渗出水溶液含有一定浓度的溶质如钾盐等等，以保证血液中这些物质的浓度降低不低于一定的水平。在一种结构中，膜被排成像多层三明治的形式，血液流过膜的一侧，渗出液流过另一侧。中空纤维类型常常被使用。

例 13.2-2 从血液中渗析除去尿素

计算在稳定状态 37 ℃下从血液中用铜纺(赛璐玢)膜渗析器渗析除去尿素的通量和速率(g/h)。膜厚 0.025 mm，膜面积 2.0 m^2。血液一侧的传质系数确定为 $k_{c1}=1.25\times10^{-5}$ m/s，水溶液一侧的为 $k_{c2}=3.33\times10^{-5}$ m/s。膜的渗透系数为 8.73×10^{-6} m/s(B2)。血液中尿素的浓度为 0.02 g 尿素/100 mL，而它在渗出液中的浓度可假定为零。

解：浓度 $c_1=0.02/100=2.0\times10^{-4}$ g/mL$=200$ g/m^3，$c_2=0$。代入式(13.2-6)：

$$N_A=\frac{c_1-c_2}{1/k_{c1}+1/p_M+1/k_{c2}}=\frac{200-0}{1/(1.25\times10^{-5})+1/(8.73\times10^{-6})+1/(3.33\times10^{-5})}$$

$$=8.91\times10^{-4}\ \text{g/(s}\cdot\text{m}^2)$$

时间为 1 h，面积为 2.0 m^2，

$$\text{除去的速率} = 8.91 \times 10^{-4} \times 3\,600 \times 2.0 = 6.42\ \text{g 尿素/h}$$

13.3 渗透膜过程

13.3.1 膜过程中的串联阻力

在两个气相和一个固体膜的膜过程中，如图 13.2-1(b)所示的情况可写出类似的方程。固体相与气相之间的平衡关系可写为

$$H = \frac{S}{22.414} = \frac{c_S}{p_A} = \frac{c_{1iS}}{p_{A1i}} = \frac{c_{2iS}}{p_{A2i}} \tag{13.3-1}$$

其中 S 是 A 的溶解度，m^3(STP)/(atm·m^3)固体；如式(6.5-5)所示，H 为平衡关系常数，kmol/(m^3·atm)。这与亨利定律类似。每一相的通量方程如下：

$$N_A = \frac{k_{c1}}{RT}(p_{A1} - p_{A1i}) = \frac{D_{AB}}{L}(c_{1iS} - c_{2iS}) \tag{13.3-2}$$

$$= \frac{D_{AB}S}{L \times 22.414}(p_{A1i} - p_{A2i}) \tag{13.3-3}$$

$$= \frac{k_{c2}}{RT}(p_{A2i} - p_{A2}) \tag{13.3-4}$$

先前给出的渗透度 P_M 为

$$P_M = D_{AB}S\ \frac{m^3(\text{STP}) \cdot m}{s \cdot m^2\text{C. S.} \cdot \text{atm}} \tag{6.5-9}$$

将式(6.5-9)中的 kmol 单位除以 22.414 m^3/kmol，可得渗透度 P_M 为

$$1.00\ \frac{\text{kmol} \cdot m}{s \cdot m^2\text{C. S.} \cdot \text{atm}} = \frac{1}{22.414}\ \frac{m^3(\text{STP}) \cdot m}{s \cdot m^2\text{C. S.} \cdot \text{atm}} \tag{13.3-5}$$

这样，由式(13.3-3)给出的通过膜的通量 N_A 变成

$$N_A = \frac{P_M}{L}(p_{A1i} - p_{A2i}) \tag{13.3-6}$$

像前面一样，消去界面浓度：

$$N_A = \frac{(p_{A1} - p_{A2})}{1/(k_{c1}/RT) + 1/(P_M/L) + 1/(k_{c2}/RT)} \tag{13.3-7}$$

在膜的左边为纯 A(p_{A1})的情况下，该气相没有扩散阻力，k_{c1} 可看作无穷大。注意 $k_{G1} = k_{c1}/RT$。

一个气体膜渗透的例子是聚合物膜作心肺机器的充氧器为血液充氧。在这个生物医学的应用中，纯氧气体处于薄膜的一边，血液在另一边。氧扩散通过膜进入血液，CO_2 在相反方向扩散进入气流。

13.3.2 分离气体的膜的种类与渗透度

(1) 稠相对称膜的种类。以前的膜在它们的应用中受到了限制,是因为在分离两种气体中低的选择性和非常低的渗透通量。这个低通量问题是由于膜相当厚(1 密耳,或1/1 000英寸,或更厚),以避免微小的细孔,这些细孔使进料产生毛细管流和努森流从而降低分离效果。硅氧烷聚合物(1 密耳厚度)的开发使渗透度增加到 10 至 20 倍左右。这些称为稠相对称膜。

(2) 不对称膜的种类。新近出现的不对称膜非常薄,但在膜的一侧有一层致密的表面受到多孔结构膜的支撑(R1)。这层致密表面的厚度约为 1 000Å,多孔支撑的厚度约为 25~100 μm。这些膜的通量增加,是原先 1 密耳厚度的膜的通量的 1 000 倍。目前使用的不对称膜的一些典型材料是由聚砜上覆盖硅橡胶、醋酸纤维素、改进的醋酸纤维素、芳族聚酰胺或芳族聚酰亚胺、硅氧烷-聚碳酸酯共聚物等用多孔支撑组合而成。

(3) 膜的渗透度。式(6.5-9)和式(13.3-6)的渗透度定义为 $D_{AB}S$, $m^3(STP)m/(s\cdot m^2C.S.\cdot atm)$。由于气体混合物是常常出现的,所以用 P'_A表示气体 A 的,P'_B表示气体 B 的,以取代 P_M。常用的单位的不同数据和它们的换算因子见表 13.3-1。有时给出的单位是 Barrer,定义也见表 13.3-1。

表 13.3-1 渗透度 P'_A与渗透系数 P'_A/t 的换算因子

渗透度,P'_A	渗透系数 P'_A/t
$\frac{1.00\ cm^3(STP)\cdot cm}{s\cdot cm^2\cdot cmHg}=7.501\times10^{-8}\frac{m^3(STP)\cdot m}{s\cdot m^2\cdot Pa}$	$\frac{1.00\ cm^3(STP)}{s\cdot cm^2\cdot cmHg}=7.501\times10^{-6}\frac{m^3(STP)}{s\cdot m^2\cdot Pa}$
$1.00\ Barrer=10^{-10}\frac{cm^3(STP)\cdot cm}{s\cdot cm^2\cdot cmHg}$	$1.00\ Barrer/cm=10^{-10}\frac{cm^3(STP)}{s\cdot cm^2\cdot cmHg}$
$\frac{1.00\ cm^3(STP)\cdot cm}{s\cdot cm^2\cdot cmHg}=480.9\frac{ft^3(STP)\cdot ft}{day\cdot ft^2\cdot psi}$	$\frac{1.00\ cm^3(STP)}{s\cdot cm^2\cdot cmHg}=1.4659\times10^4\frac{ft^3(STP)}{day\cdot ft^2\cdot psi}$
$\frac{1.00\ cm^3(STP)\cdot cm}{s\cdot cm^2\cdot cmHg}=20.04\frac{ft^3(STP)\cdot ft}{hr\cdot ft^2\cdot psi}$	$\frac{1.00\ cm^3(STP)}{s\cdot cm^2\cdot cmHg}=610.8\frac{ft^3(STP)}{hr\cdot ft^2\cdot psi}$

气体在膜中的渗透度的精确计算一般是不可能的,需要用实验值。在一些典型的稠相膜中一般气体的实验值给出在表 13.3-2 中。注意,同一种膜的各种气体的渗透度在量上有很大的差别。从表中可见,硅氧烷橡胶显示了非常高的气体渗透度。

表 13.3-2 各种气体在稠相对称膜中的渗透度

材料	温度(℃)	渗透度,P'_A,$\frac{cm^3(STP)\cdot cm}{s\cdot cm^2\cdot cmHg}\times10^{10}$						参考文献
		He	H_2	CH_4	CO_2	O_2	N_2	
聚硅氧烷橡胶	25	300	550	800	2 700	500	250	(S2)
天然橡胶	25	31	49	30	131	24	8.1	(S2)
聚碳酸酯(热塑聚碳酸酯)	25~30	15	12		5.6,10	1.4		(S2)
尼龙 66	25	1.0			0.17	0.034	0.008	(S2)
聚醚	—		1.65	0.035	0.31		0.031	(H1)
硅氧烷-碳酸酯共聚物(57%硅氧烷)	25		210		970	160	70	(W2)
聚四氟乙烯 FEP	30	62		1.4			2.5	(S1)
乙基纤维素	30	35.7	49.2	7.47	47.5	11.2	3.29	(W3)
聚苯乙烯	30	40.8	56.0	2.72	23.3	7.47	2.55	(W3)

对于温度 T(K)的影响，ln P'_A 近似为 $1/T$ 的线性函数，它随 T 增加。然而，在高的温度下操作会使膜降解。当气体以混合物出现时，经常会出现各个组分的渗透度都降低约 10% 的情况。在少数情况下，观察到降低较多的情况(R1)。因此，当使用气体混合物时，获得的实验数据应确定是否存在气体之间的相互作用。水蒸气的存在对渗透度有类似的影响，也可能会损坏膜。

(4) 膜的渗透。在许多情况下，尤其在不对称膜中，厚度 t 是不测量的，只给出渗透系数 P'_A/t 的实验值。换算因子也在表 13.3－1 中给出。

13.3.3　气体渗透膜过程设备的种类

(1) 平板式膜分离器。平板式膜分离器主要用于测定膜的渗透度的实验。组件便于制造和使用，膜的面积也便于确定。在某些情况下，组件是叠加起来安装的，像多层三明治或板框压滤机。这种类型不再多用的主要原因是单位分离器体积的膜面积很小。小型的工业平板式膜设备用于生产富氧空气供个别医疗应用。

(2) 螺旋卷式膜分离器。这个结构保持了平板式膜分离器制造简单的特点，然而单位分离器体积的膜面积明显增加，达到 100 ft^2/ft^3 (328 m^2/m^3)，降低了压降(R1)。这种分离器由四层薄层三明治式地围绕作收集管用的中心轴卷起来组成。四层薄层的组成是：顶层是网状物质作进料的通道，膜，多孔毡作渗透液通道，另一层膜；如图 13.3－1 所示。螺旋卷式组件为 100～200 mm 直径，轴向长度大约 1～1.5 m。卷起来之前的平面约 1～1.5 m 乘以约 2～2.5 m。膜与膜之间的间隙(网状物质进料的通道)约为 1 mm，多孔毡(渗透液通道)厚度约为 0.2 mm。

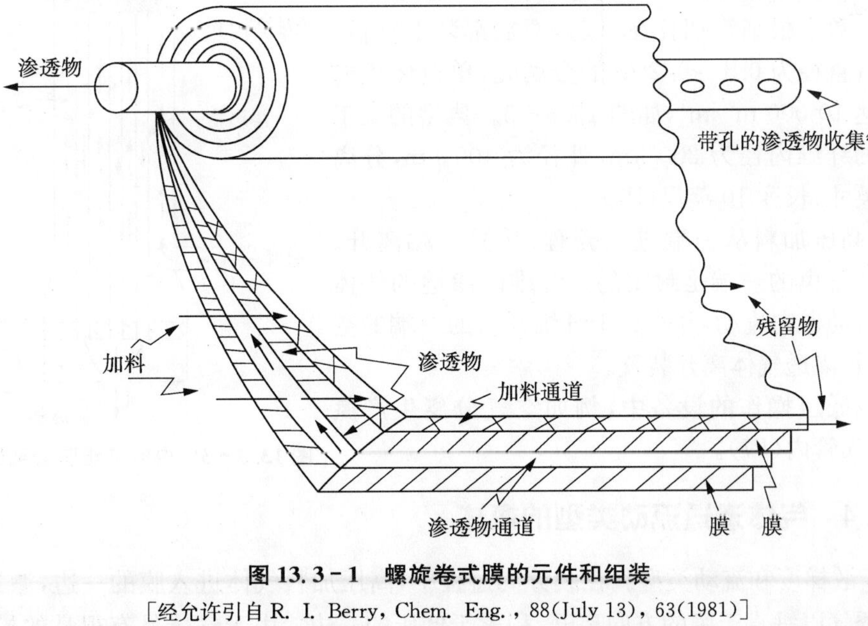

图 13.3－1　螺旋卷式膜的元件和组装

[经允许引自 R. I. Berry, Chem. Eng., 88(July 13), 63(1981)]

整个螺旋卷式膜分离器装于一金属壳中。加料气体在壳的左端进入，进入加料通道，流过这个通道沿绕轴的方向到达分离器的右端(图 13.3－1)。然后，剩余的气体在这个出口离开设备。加料通道中的加料流股渗透垂直通过膜。这个渗透物然后流过渗透物通道，径向流入带孔的收集管,然后从装置的另一端离开。这个过程示于图 13.3－2 中,它表示了气体流过装置的一个微小单元的情形。

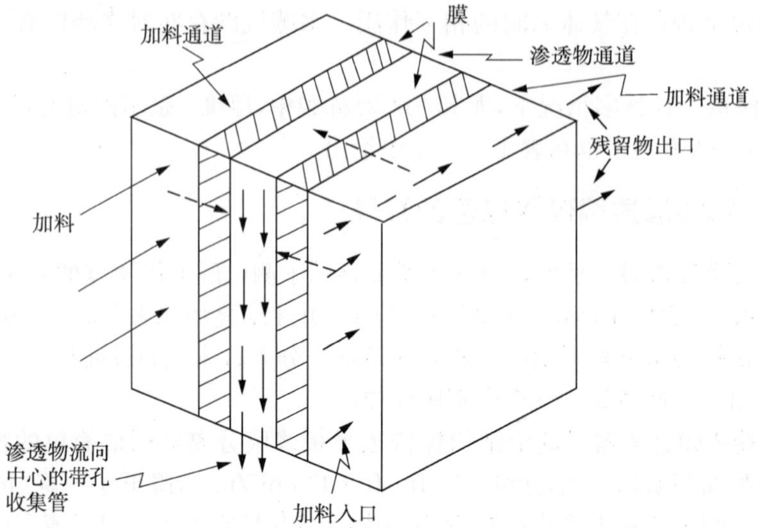

图 13.3－2　螺旋卷式膜分离器局部气体流动路径

(3) 中空纤维式膜分离器。膜以很小直径中空纤维的形状出现。纤维的内径在 100～500 μm,外径在 200～1 000 μm,长度为 3～5 m。这种模式类似于管壳式换热器。数千根细管捆扎在一起,两端都装上管板,管板外装有直径为 0.1～0.2 m 的金属壳,单位体积的膜面积可达 10 000 m^2/m^3,如图 13.3－3。典型的大工业渗透器的纤维内径为 200 μm,外径为 400 μm,分离器外径 6 英寸、长度 10 英尺(P7)。

通常,高压加料从一端进入壳程,从另一端离开。中空纤维在管束的一端是封闭的。纤维内渗透的气体与壳程的流动逆向流动,并收集于纤维开口的一端的空腔内。然后,渗透气体离开装置。

在一些低压操作的设备中,例如空气分离生产氮气,加料进入管内(P7)。

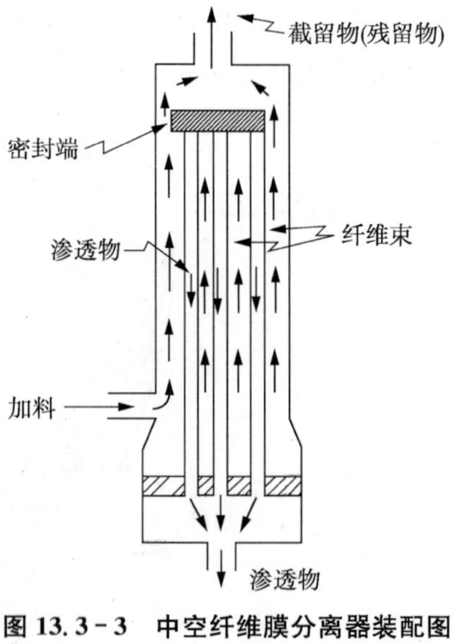

图 13.3－3　中空纤维膜分离器装配图

13.3.4　气体渗透流动类型的概述

(1) 扩散梯度和流动类型。在膜分离过程中,高压加料气体进入膜的一边,渗透垂直通过膜。渗透气以垂直于膜的方向离开,积累于低压的一边。由于气体具有很高的扩散系数,在气体相中垂直于膜表面的方向上的浓度梯度非常小。因此,气膜阻力与膜阻力相比可以忽略。这意味着气体相中垂直于膜表面方向上的浓度基本上是均匀的,无论气体流动是平行于表面的还是不流动的。

如果气体流股平行于膜表面流动，且基本上是活塞流，在流动方向上会形成浓度梯度。因此，在膜分离器的操作上会出现几种情况。膜的渗透物一边的操作可以是完全混合的（浓度均匀），或者可以是活塞流的。高压加料一边也可以是完全混合的或者活塞流的。当两边都是活塞流时，可以采用逆流流动或并流流动。因此，对于不同的操作类型必须导出不同的理论模型，如第 13.4～13.8 节中给出的。

（2）所用的假定和理想流动模型。在推导气体膜分离的理想流动模型时，通常假定等温条件和忽略加料流中的和渗透流中的压力降。还假定气体总压和组成的影响可以忽略不计，每个组分的渗透度是常数（即不同组分之间没有相互作用）。

有许多理想的流动模型，重要的类型汇总于图 13.3-4。在图 13.3-4(a)中，假定加料室内和渗透物室内都是完全混合。类似于连续搅拌釜，排出的或停留在内部的、产品或渗透物具有与该室内完全相同的组成。

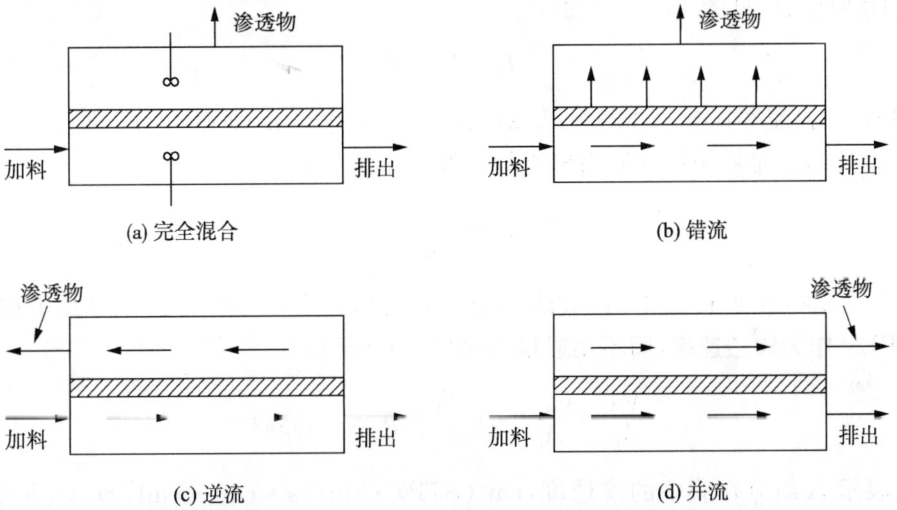

图 13.3-4　气体膜分离器中的理想流动模型

图 13.3-4(b)中给出了理想的错流模型，其中加料流是活塞流，渗透物流是垂直于膜表面的方向离开而没有混合。由于加料的组成沿着流动的途径变化，局部的渗透物浓度也沿着膜表面的途径而变化。

在图 13.3-4(c)中，加料流和渗透物流都是活塞流，两者相互之间呈逆流流动。每股物流的组成都是沿程变化的。加料流和渗透物流的并流流动如图 13.3-4(d)所示。

13.4　气体膜分离的完全混合模型

13.4.1　使用的基本方程

在图 13.4-1 中，表示了完全混合流动详细过程的物流图。当膜分离器在低回收率（即渗透物流率只是加料流率的一小部分）下操作时，组成只有微小的变化。用完全混合模型推导出来的结果可供合理计算渗透物的纯度。这种情况已由 Weller 和 Steiner（W4）推导出结果。

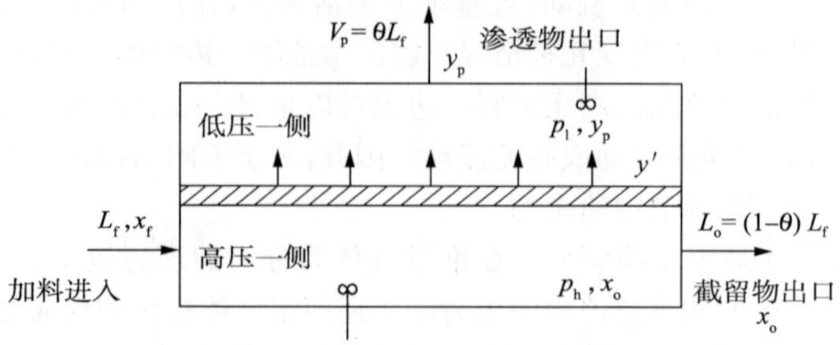

图 13.4-1　完全混合情况的过程物流

采用的术语与蒸馏中的相类似(P7),加料流率和非渗透流率用 L 表示,组成摩尔分率用 x 表示,渗透物流率为 V,组成为 y。

总的物料衡算(见图 13.4-1)如下:

$$L_f = L_o + V_p \tag{13.4-1}$$

其中 L_f 是总加料流率,cm^3(STP)/s;L_o 是出口排出流率,cm^3(STP)/s;V_p 是出口渗透物流率,cm^3(STP)/s。加料渗透的采出率或分率为 θ,定义如下:

$$\theta = \frac{V_p}{L_f} \tag{13.4-2}$$

组分 A(在二元物系 A 和 B 中)扩散或渗透速率给出如下,与式(13.3-6)相类似,但是用 cm^3(STP)/s 作为渗透速率,而不用通量 kmol/(s · cm^2):

$$\frac{V_A}{A_m} = \frac{V_p y_p}{A_m} = \left(\frac{P'_A}{t}\right)(p_h x_o - p_l y_p) \tag{13.4-3}$$

式中 P'_A 表示 A 组分在膜中的渗透度,cm^3(STP) · cm/(s · cm^2 · cmHg);V_A 是渗透物流中 A 的流率,cm^3(STP)/s;A_m 是膜面积,cm^2;t 是膜厚度,cm;p_h 是高压(加料)一边的总压,cmHg;p_l 是低压一边或渗透物一边的总压,cmHg;x_o 是排出物流中 A 组分的摩尔分率;x_f 是加料中 A 组分的摩尔分率;y_p 是渗透物流中 A 组分的摩尔分率。注意 $p_h x_o$ 是排出气体相中 A 组分的分压,$p_l y_p$ 是渗透气体相中 A 组分的分压。对于 B 组分可以写出类似的方程。

$$\frac{V_B}{A_m} = \frac{V_p(1-y_p)}{A_m} = \left(\frac{P'_B}{t}\right)[p_h(1-x_o) - p_l(1-y_p)] \tag{13.4-4}$$

式中 P'_B 表示 B 组分在膜中的渗透度,cm^3(STP) · cm/(s · cm^2 · cmHg)。理想分离因子 α^* 为

$$\alpha^* = P'_A / P'_B \tag{13.4-5}$$

用式(13.4-4)除以式(13.4-3),

$$\frac{y_p}{1-y_p} = \frac{\alpha^*[x_o - (p_l/p_h) y_p]}{(1-x_o) - (p_l/p_h)(1-y_p)} \tag{13.4-6}$$

这个方程将排出物浓度 x_o 与渗透物浓度 y_p 联系起来了。主体浓度或排出气相浓度为 x_o。

渗透物气相主体浓度 y_p 与低压一边的、直接邻近稠相膜的或在非对称膜稠密表皮上低压一边的气体浓度 y' 一样，y' 称为界面浓度或局部浓度。

式(13.4-6)是二次方程，它的解为

$$y_p=\frac{-b+\sqrt{b^2-4ac}}{2a} \tag{13.4-7}$$

其中

$$a=1-\alpha^*,\quad b=-1+\alpha^*+\frac{1}{r}+\frac{x_o}{r}(\alpha^*-1),\quad c=\frac{-\alpha^* x_o}{r},\quad r=p_l/p_h$$

对 A 组分作物料衡算

$$L_f x_f=L_o x_o+V_p y_p \tag{13.4-8}$$

除以 L_f，解得出口排放物浓度：

$$x_o=\frac{x_f-\theta y_p}{(1-\theta)}\quad 或\quad y_p=\frac{x_f-x_o(1-\theta)}{\theta} \tag{13.4-9}$$

将式(13.4-2)的 $V_p=\theta L_f$ 代入式(13.4-3)，解出膜面积 A_m，

$$A_m=\frac{\theta L_f y_p}{(P'_A/t)(p_h x_o-p_l y_p)} \tag{13.4-10}$$

13.4.2　完全混合情况设计的方程解

对于系统的设计，在完全混合模型中有 7 个变量(H1)，x_f，x_o，y_p，θ，α^*，p_l/p_h，A_m，其中 4 个是独立变量。这里考察两种经常出现的情况。

情况 1. 这是最简单的情况，其中 x_f、x_o、α^* 和 p_l/p_h 是给定的，y_p、θ、A_m 是待求变量，由方程的解来确定。用二次方程，由 x_o 解出式(13.4-7)中的渗透物组成 y_p。因此，求解这种情况时先用式(13.4-7)计算 y_p。然后用式(13.4-9)计算渗透的加料分率 θ 和用式(13.4-10)计算膜面积 A_m。

例 13.4-1　完全混合膜分离器的设计

一膜分离器用于分离 A 和 B 的气体混合物，它的加料流率为 $L_f=1\times10^4\ \mathrm{cm^3(STP)/s}$ 和加料 A 浓度 $x_f=0.50$(摩尔分率)。要求的排出物组成 $x_o=0.25$。膜厚度 $t=2.54\times10^{-3}$ cm，加料边的压力为 $p_h=80$ cmHg，渗透物边的压力 $p_l=20$ cmHg。渗透度为 $P'_A=50\times10^{-10}\ \mathrm{cm^3(STP)\cdot cm/(s\cdot cm^2\cdot cmHg)}$ 和 $P'_B=5\times10^{-10}$。假定完全混合模型，试计算渗透物的组成 y_p，渗透的加料分率 θ 和膜面积 A_m。

解： 代入式(13.4-5)：

$$\alpha^*=\frac{P'_A}{P'_B}=\frac{50\times10^{-10}}{5\times10^{-10}}=10$$

用式(13.4-7)

$$r=p_l/p_h=20/80=0.25$$

$$a=1-\alpha^*=1-10=-9$$

$$b=-1+\alpha^*+\frac{1}{r}+\frac{x_o}{r}(\alpha^*-1)$$

$$=-1+10+\frac{1}{0.25}+\frac{0.25}{0.25}\times(10-1)=22.0$$

$$c=\frac{-\alpha^* x_o}{r}=\frac{-10}{0.25}\times0.25=-10$$

$$y_p=\frac{-b+\sqrt{b^2-4ac}}{2a}$$

$$=\frac{-22.0+\sqrt{22.0^2-4\times(-9)\times(-10)}}{2\times(-9)}=0.604$$

用物料衡算方程式(13.4-9)

$$x_o=\frac{x_f-\theta y_p}{1-\theta};\quad 0.25=\frac{0.50-\theta\times0.604}{1-\theta}$$

解得 $\theta=0.706$。由式(13.4-10)

$$A_m=\frac{\theta L_f y_p}{(P'_A/t)(p_h x_o-p_l y_p)}$$

$$=\frac{0.706\times1\times10^4\times0.604}{[50\times10^{-10}/(2.54\times10^{-3})](80\times0.25-20\times0.604)}$$

$$=2.735\times10^8\ \mathrm{cm}^2(2.735\times10^4\ \mathrm{m}^2)$$

情况 2. 这种情况下,x_f、θ、α^* 和 p_l/p_h是给定的,y_p、x_o和 A_m是待求的。由于 x_o是未知的,式(13.4-7)不能解出 y_p。因此,将式(13.4-9)的 x_o代入式(13.4-7),用二次方程解出 y_p,可得

$$y_p=\frac{-b_1+\sqrt{b_1^2-4a_1c_1}}{2a_1}\tag{13.4-11}$$

其中

$$a_1=\theta+\frac{p_l}{p_h}-\frac{p_l}{p_h}\theta-\alpha^*\theta-\alpha^*\frac{p_l}{p_h}+\alpha^*\frac{p_l}{p_h}\theta$$

$$b_1=1-\theta-x_f-\frac{p_l}{p_h}+\frac{p_l}{p_h}\theta+\alpha^*\theta+\alpha^*\frac{p_l}{p_h}-\alpha^*\frac{p_l}{p_h}\theta+\alpha^*x_f$$

$$c_1=-\alpha^* x_f$$

解出 y_p之后,x_o值可从式(13.4-9)计算,A_m可从式(13.4-10)计算。

例 13.4-2　空气膜分离器的设计

用 1 密耳厚的膜分离空气流股,氧的渗透度为 $P'_A=500\times10^{-10}\ \mathrm{cm^3(STP)\cdot cm/(s\cdot cm^2\cdot cmHg)}$,计算确定所需的膜面积 A_m。可用 $\alpha^*=10$,它为氧的渗透度与氮的渗透

度之比。加料速率为 $L_f = 1\times10^6\ \mathrm{cm^3(STP)/s}$，采出率 $\theta = 0.20$。采用的压力为 $p_h = 190\ \mathrm{cmHg}$，$p_l = 19\ \mathrm{cmHg}$。假定完全混合模型，试计算渗透物的组成，排出物的组成，膜面积。

解：加料组成 $x_f = 0.209$，用式(13.4-11)，

$$\begin{aligned} a_1 &= \theta + \frac{p_l}{p_h} - \frac{p_l}{p_h}\theta - \alpha^*\theta - \alpha^*\frac{p_l}{p_h} + \alpha^*\frac{p_l}{p_h}\theta \\ &= 0.2 + \frac{19}{190} - \frac{19}{190}\times0.2 - 10\times0.2 - 10\times\frac{19}{190} + 10\times\frac{19}{190}\times0.2 = -2.52 \end{aligned}$$

$$\begin{aligned} b_1 &= 1 - \theta - x_f - \frac{p_l}{p_h} + \frac{p_l}{p_h}\theta + \alpha^*\theta + \alpha^*\frac{p_l}{p_h} - \alpha^*\frac{p_l}{p_h}\theta + \alpha^* x_f \\ &= 1 - 0.2 - 0.209 - \frac{19}{190} + \frac{19}{190}\times0.2 + 10\times0.2 \\ &\quad + 10\times\frac{19}{190} - 10\times\frac{19}{190}\times0.2 + 10\times0.209 = 5.401 \end{aligned}$$

$$c_1 = -\alpha^* x_f = -10\times0.209 = -2.09$$

$$\begin{aligned} y_p &= \frac{-b_1 + \sqrt{b_1^2 - 4a_1c_1}}{2a_1} \\ &= \frac{-5.401 + \sqrt{(5.401)^2 - 4\times(-2.52)\times(-2.09)}}{2\times(-2.52)} \\ &= 0.506\ 7 \end{aligned}$$

代入式(13.4-9)：

$$x_o = \frac{x_f - \theta y_p}{1-\theta} = \frac{0.209 - 0.2\times0.506\ 7}{1-0.2} = 0.134\ 6$$

最后，用式(13.4-10)计算面积：

$$\begin{aligned} A_m &= \frac{\theta L_f y_p}{(P'_A/t)(p_h x_o - p_l y_p)} \\ &= \frac{0.2\times1\times10^6\times0.506\ 7}{[500\times10^{-10}/(2.54\times10^{-3})](190\times0.134\ 6 - 19\times0.506\ 7)} \\ &= 3.228\times10^8\ \mathrm{cm^2} \end{aligned}$$

13.4.3　排出流的最小浓度

如果所有加料都渗透，那么 $\theta=1$，加料组成 $x_f = y_p$。因此，对应所有 $\theta<1$ 值，渗透物组成 $y_p > x_f$(H1)。将 $x_f = y_p$ 值代入式(13.4-7)并求解，可获得排出流的最小浓度 x_{oM}，

$$x_{oM} = \frac{x_f\left[1 + (\alpha^* - 1)\dfrac{p_l}{p_h}(1 - x_f)\right]}{\alpha^*(1 - x_f) + x_f} \qquad (13.4-12)$$

因此，在完全混合的情况下，浓度为 x_f 的加料不可能被分离到浓度低于 x_{oM} 值，即使膜面积为无穷大。若要超出这个极限值，须采用多级串联的方法，然而，对于单个装置，可以不是完全混合的，而是可以设计成活塞流的。

例 13.4-3　加料组成对最小排出浓度的影响

计算例 13.4-1 的最小排出浓度，加料浓度为 $x_f=0.50$。同样，计算加料纯度升高至 $x_f=0.65$，对最小排出浓度的影响。

解：将 $x_f=0.50$ 代入式(13.4-12)，

$$x_{oM}=\frac{x_f\left[1+(\alpha^*-1)\dfrac{p_l}{p_h}(1-x_f)\right]}{\alpha^*(1-x_f)+x_f}$$

$$=\frac{0.50\times\left[1+(10-1)\times\dfrac{20}{80}\times(1-0.50)\right]}{10\times(1-0.50)+0.50}$$

$$=0.1932$$

对于 $x_f=0.65$：

$$x_{oM}=\frac{0.65\left[1+(10-1)\times\dfrac{20}{80}\times(1-0.65)\right]}{10\times(1-0.65)+0.65}=0.2780$$

13.5　多组分混合物的完全混合模型

13.5.1　方程的导出

当出现多组分混合物时，Stern et al. (S1)的迭代方法相当有用。这个方法按 A、B、C 三元混合物导出。过程的物流如图 13.4-1 所示，其中加料浓度 x_f 应为 x_{fA}，x_{fB}，x_{fC}。已知值为：

$$x_{fA},x_{fB},x_{fC};\ L_f;\ \theta;\ p_h,p_l;\ P'_A,P'_B,P'_C;\ t$$

待求的未知值为：

$$y_{pA},y_{pB},y_{pC};\ x_{oA},x_{oB},x_{oC};\ V_p\text{或}\ L_o;\ A_m$$

这 8 个未知值可以用迭代方法通过求解 8 个模拟方程来获得。三个渗透速率方程与式(13.4-3)类似，对组分 A、B、C 的方程如下：

$$V_p y_{pA}=\frac{P'_A}{t}A_m(p_h x_{oA}-p_l y_{pA}) \tag{13.5-1}$$

$$V_p y_{pB}=\frac{P'_B}{t}A_m(p_h x_{oB}-p_l y_{pB}) \tag{13.5-2}$$

$$V_p y_{pC}=\frac{P'_C}{t}A_m(p_h x_{oC}-p_l y_{pC}) \tag{13.5-3}$$

三个物料衡算方程与式(13.4-9)类似，对组分 A、B、C 的方程如下：

$$x_{oA}=\frac{1}{1-\theta}x_{fA}-\frac{\theta}{1-\theta}y_{pA} \tag{13.5-4}$$

$$x_{oB}=\frac{1}{1-\theta}x_{fB}-\frac{\theta}{1-\theta}y_{pB} \tag{13.5-5}$$

$$x_{oC}=\frac{1}{1-\theta}x_{fC}-\frac{\theta}{1-\theta}y_{pC} \tag{13.5-6}$$

两个归一方程可写为

$$\sum_n y_{pn}=y_{pA}+y_{pB}+y_{pC}=1.0 \tag{13.5-7}$$

$$\sum_n x_{on}=x_{oA}+x_{oB}+x_{oC}=1.0 \tag{13.5-8}$$

将式(13.5-4)中的 x_{oA} 代入式(13.5-1),并求解 A_m:

$$A_m=\frac{V_p y_{pA} t}{P'_A\left[\frac{p_h}{1-\theta}(x_{fA}-\theta y_{pA})-p_l y_{pA}\right]} \tag{13.5-9}$$

对于组分 B,用式(13.5-5)代入式(13.5-2),可得

$$A_m=\frac{V_p y_{pB} t}{P'_B\left[\frac{p_h}{1-\theta}(x_{fB}-\theta y_{pB})-p_l y_{pB}\right]} \tag{13.5-10}$$

重新整理式(13.5-10),并解出 y_{pB},

$$y_{pB}=\frac{p_h x_{fB}/(1-\theta)}{V_p t/(P'_B A_m)+\theta p_h/(1-\theta)+p_l} \tag{13.5-11}$$

用类似的方法可以导得 y_{pC} 的计算式(13.5-12):

$$y_{pC}=\frac{p_h x_{fC}/(1-\theta)}{V_p t/(P'_C A_m)+\theta p_h/(1-\theta)+p_l} \tag{13.5-12}$$

13.5.2 多组分混合物的迭代求解过程

下列的迭代或试差过程可以用来求解上述方程:

① 根据 $y_{pA}>x_{fA}$ 假定一个 y_{pA} 值。

② 用式(13.4-2)和已知值 θ 计算 V_p。

③ 从式(13.5-9)计算膜面积。

④ 从式(13.5-11)和式(13.5-12)计算 y_{pB} 和 y_{pC} 值。

⑤ 从式(13.5-7)计算总和 $\sum_n y_{pn}$。如果这个总和不等于 1.0,重复步骤①~⑤,直至总和等于 1.0。

⑥ 最后,从式(13.5-4)、式(13.5-5)和式(13.5-6)计算 x_{oA},x_{oB} 和 x_{oC}。

例 13.5-1 多组分混合物膜分离器的设计

多组分气体混合物的组成为 $x_{fA}=0.25$,$x_{fB}=0.55$,$x_{fC}=0.20$,用厚度为 2.54×10^{-3} cm 的膜进行分离,采用完全混合模型。加料流率为 1×10^4 cm^3(STP)/s,渗透度为 $P'_A=200\times$

10^{-10} cm^3(STP) · cm/(s · cm^2 · cmHg)，$P'_B=50\times10^{-10}$，$P'_C=25\times10^{-10}$。加料一边的压力为 300 cmHg，渗透物一边的压力为 30 cmHg。渗透分率 $\theta=0.25$。假定完全混合模型，计算渗透物组成，排出物的组成，膜面积。

解：根据迭代程序，假定 $y_{pA}=0.50$。第 2 步，代入式(13.4-2)：

$$V_p=\theta L_f=0.25\times1\times10^4=0.25\times10^4\ cm^3(STP)/s$$

第 3 步，用式(13.5-9)，膜面积为

$$\begin{aligned}A_m&=\frac{V_p y_{pA} t}{P'_A\left[\frac{p_h}{1-\theta}(x_{fA}-\theta y_{pA})-p_l y_{pA}\right]}\\&=\frac{0.25\times10^4\times0.50\times(2.54\times10^{-3})}{200\times10^{-10}}\Big/\left[\frac{300}{1-0.25}\times(0.25-0.25\times0.50)-30\times0.50\right]\\&=4.536\times10^6\ cm^2\end{aligned}$$

下列步骤 4，用式(13.5-11)和式(13.5-12)计算 y_{pB}和 y_{pC}值

$$\begin{aligned}y_{pB}&=\frac{p_h x_{fB}/(1-\theta)}{V_p t/(P'_B A_m)+\theta p_h/(1-\theta)+p_l}\\&=\frac{300\times0.55/(1-0.25)}{0.25\times10^4\times2.54\times10^3/(50\times10^{-10}\times4.536\times10^6)+0.25\times300/(1-0.25)+30}\\&=0.5366\end{aligned}$$

$$\begin{aligned}y_{pC}&=\frac{p_h x_{fC}/(1-\theta)}{V_p t/(P'_C A_m)+\theta p_h/(1-\theta)+p_l}\\&=\frac{300\times0.20/(1-0.25)}{0.25\times10^4\times2.54\times10^{-3}/(25\times10^{-10}\times4.536\times10^6)+0.25\times300/(1-0.25)+30}\\&=0.1159\end{aligned}$$

代入式(13.5-7)：

$$\sum_n y_{pn}=y_{pA}+y_{pB}+y_{pC}=0.5000+0.5366+0.1159=1.1525$$

为进行第 2 次迭代，假定 $y_{pA}=0.45$，可计算得如下值：

$$A_m=3.546\times10^6\ cm^2\quad y_{pB}=0.4410\quad y_{pC}=0.0922$$

$$\sum_n y_{pn}=0.9832$$

最后迭代值为 $A_m=3.536\times10^6\ cm^2$；$y_{pA}=0.4555$；$y_{pB}=0.4502$；$y_{pC}=0.0943$。代入式(13.5-4)，式(13.5-5)和式(13.5-6)：

$$x_{oA}=\frac{1}{1-\theta}x_{fA}-\frac{\theta}{1-\theta}y_{pA}=\frac{1}{1-0.25}\times0.25-\frac{0.25}{1-0.25}\times0.4555=0.1815$$

$$x_{oB}=\frac{1}{1-\theta}x_{fB}-\frac{\theta}{1-\theta}y_{pB}=\frac{1}{1-0.25}\times0.55-\frac{0.25}{1-0.25}\times0.4502=0.5833$$

$$x_{oC}=\frac{1}{1-\theta}x_{fC}-\frac{\theta}{1-\theta}y_{pC}=\frac{1}{1-0.25}\times0.20-\frac{0.25}{1-0.25}\times0.0943=0.2352$$

13.6 气体膜分离器的错流模型

13.6.1 基本方程的导出

由 Weller 和 Steiner(W3,W4)导出的错流模型详细的流程图如图 13.6-1 所示。在这种情况下,高压流体或排出流体的纵向速度足够大,气体以活塞流形式平行于膜表面流动。在低压的一边的渗透流几乎被抽入真空,所以流动基本上是垂直于膜表面的。

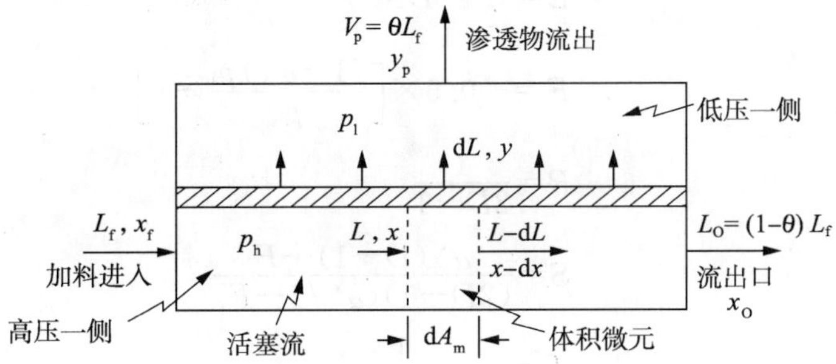

图 13.6-1 错流模型的过程物流图

这个模型假定在渗透物这边没有混合,在高压边也没有混合。因此,在渗透膜上任何点的渗透物流的组成都是由该点加料流组分渗透的相对速率所决定的。错流模型很接近实际螺旋卷式膜分离器中的流动(图 13.3-1),该分离器带有高传质通量的非对称膜,并受到多孔网格的支撑(P2,R1)。

参考图 13.6-1,通过任何点微分膜面积 dA_m 的局部渗透速率为

$$y\mathrm{d}V=\frac{P'_A}{t}[p_h x-p_l y]\mathrm{d}A_m \tag{13.6-1}$$

$$(1-y)\mathrm{d}V=\frac{P'_B}{t}[p_h(1-x)-p_l(1-y)]\mathrm{d}A_m \tag{13.6-2}$$

其中 $dL=dV$,它是渗透通过微分膜面积 dA_m 的总流率。用式(13.6-2)除以式(13.6-1),可得

$$\frac{y}{1-y}=\frac{\alpha^*[x-(p_l/p_h)y]}{(1-x)-(p_l/p_h)(1-y)} \tag{13.6-3}$$

这个方程将沿程任何一点的渗透物组成 y 与排出流组成 x 联系起来了。它与完全混合模型的式(13.4-6)类似。Hwang 和 Kammermeyer(H1)给出了用数值方法求解该模型微分方程的计算机程序。

Weller 和 Steiner(W3,W4)用一些简单的变换获得了三个方程的解析解如下:

$$\frac{(1-\theta^*)(1-x)}{(1-x_f)}=\left(\frac{u_f-E/D}{u-E/D}\right)^R\left(\frac{u_f-\alpha^*+F}{u-\alpha^*+F}\right)^S\left(\frac{u_f-F}{u-F}\right)^T \tag{13.6-4}$$

式中

$$\theta^* = 1 - \frac{L}{L_f}$$

$$i = \frac{x}{1-x}$$

$$u = -Di + (D^2 i^2 + 2Ei + F^2)^{0.5}$$

$$D = 0.5 \times \left[\frac{(1-\alpha^*)p_l}{p_h} + \alpha^*\right]$$

$$E = \frac{\alpha^*}{2} - DF$$

$$F = -0.5 \times \left[\frac{(1-\alpha^*)p_l}{p_h} - 1\right]$$

$$R = \frac{1}{2D-1}$$

$$S = \frac{\alpha^*(D-1)+F}{(2D-1)(\alpha^*/2-F)}$$

$$T = \frac{1}{1-D-(E/F)}$$

u_f项是在 $i=i_f=x_f/(1-x_f)$时的 u 值。θ^* 值是图 13.6-1 中进料一直至 x 值对应的渗透分率。在出口处 $x=x_o$,θ^* 值等于 θ,即总的渗透分率。出口渗透物流的组成是 y_p,由总的物料衡算式(13.4-9)计算。

总的膜面积由 Weller 和 Steiner(W3,W4)从式(13.6-1)～式(13.6-3)用一些附加的变换获得:

$$A_m = \frac{tL_f}{p_h P'_B}\int_{i_o}^{i_f} \frac{(1-\theta^*)(1-x)\mathrm{d}i}{(f_i - i)\left[\frac{1}{1+i} - \frac{p_l}{p_h}\left(\frac{1}{1+f_i}\right)\right]} \tag{13.6-5}$$

式中

$$f_i = (Di - F) + (D^2 i^2 + 2Ei + F^2)^{0.5}$$

积分中的θ^* 值可以由式(13.6-4)获得。积分可以用数值方法计算。i_f项是 i 在加料x_f下的值,i_o项是 i 在出口 x_o下的值。面积的简捷近似计算不用数值积分,由 Weller 和 Steiner(W3)给出,最大误差约为 20%。

13.6.2 错流膜分离器设计的程序

在完全混合模型的设计计算中,有 7 个变量,两个最普通的情况在 13.4.2 节中进行了讨论。类似地,对于错流模型也有一些常见的情况产生。

情况 1. x_f、x_o、α^* 和 p_l/p_h是给定的,y_p、θ、A_m是待求变量。值 θ^* 或 θ 可直接由式(13.6-4)计算,因为这个方程中的所有其他变量都是已知的。然后,由式(13.4-9)计算 y_p。为了计算面积 A_m,将一系列的、小于加料 x_f和大于排出出口 x_o的 x 值代入式(13.6-4)并得出一系列 θ^* 值。这些值随后用于数值积分或图解积分式(13.6-5),以获得面积 A_m。

情况 2. 这种情况下,x_f、θ、α^* 和 p_l/p_h的值是给定的,y_p、x_o和 A_m是待求的。这需要用

试差法，将 x_o 值代入式(13.6-4)中解方程。膜面积的计算与情况 1 相同。

例 13.6-1　错流膜分离器的设计

与例 13.4-2 中完全混合模型分离空气流的相同条件被用于本例。过程的物流按错流方式流动。已知值为 $x_f=0.209$，$\theta=0.20$，$\alpha^*=10$，$p_h=190$ cmHg，$p_l=19$ cmHg，$L_f=1\times10^6$ cm^3(STP)/s，$P'_A=500\times10^{-10}$ cm^3(STP)·cm/(s·cm^2·cmHg)，$t=2.54\times10^{-3}$ cm。试求：

(1) 计算 y_p，x_o 和 A_m。

(2) 与例 13.4-2 比较结果。

解：(1) 由于这与情况 2 相同，值 $x_o=0.1642$ 被用来作试差的初值计算(1)的各项。代入式(13.6-4)：

$$i=i_f=\frac{x_f}{1-x_f}=\frac{0.209}{1-0.209}=0.2642$$

$$i=\frac{0.1642}{1-0.1642}=0.1965$$

$$D=0.5\left[\frac{(1-\alpha^*)p_l}{p_h}+\alpha^*\right]=0.5\times\left[\frac{(1-10)\times19}{190}+10\right]=4.550$$

$$F=-0.5\times\left[\frac{(1-\alpha^*)p_l}{p_h}-1\right]=-0.5\times\left[\frac{(1-10)\times19}{190}-1\right]=0.950$$

$$E=\frac{\alpha^*}{2}-DF=\frac{10}{2}-4.550\times0.950=0.6775$$

$$R-\frac{1}{2D-1}-\frac{1}{2\times4.550-1}=0.12346$$

$$S=\frac{\alpha^*(D-1)+F}{(2D-1)(\alpha^*/2-F)}=\frac{10\times(4.550-1)+0.950}{(2\times4.550-1)\times(10/2-0.950)}=1.1111$$

$$T=\frac{1}{1-D-(E/F)}=\frac{1}{1-4.550-0.6775/0.950}=-0.2346$$

$$u_f=-Di+(D^2i^2+2Ei+F^2)^{0.5}$$
$$=-4.550\times0.2642+(4.550^2\times0.2642^2+2\times0.6775\times0.2642+0.950^2)^{0.5}$$
$$=0.4427$$

$$u=-4.550\times0.1965+(4.550^2\times0.1965^2+2\times0.6775\times0.1965+0.950^2)^{0.5}$$
$$=0.5089$$

$$\frac{(1-\theta^*)(1-x)}{1-x_f}=\frac{(1-\theta^*)(1-0.1642)}{1-0.209}$$
$$=\left(\frac{0.4427-0.6775/4.550}{0.5089-0.6775/4.550}\right)^{0.12346}\times\left(\frac{0.4427-10+0.950}{0.5089-10+0.950}\right)^{1.1111}$$
$$\times\left(\frac{0.4427-0.950}{0.5089-0.950}\right)^{-0.2346}$$

解得 $\theta^*=0.0992$。这个 0.0992 的值与给定的 $\theta=0.200$ 值不相符合。然而，这些值可用于后面求解式(13.6-5)。

对于第 2 次迭代，假定值 $x_o=0.142$，再用式(13.6-4)解 θ^*，结果可得 $\theta^*=0.1482$。对

于最后的迭代，$x_o=0.119\ 0$，$\theta^*=\theta=0.200$。所计算的后面要用的一些其他值为：对应 $x_o=0.187$，$\theta^*=0.048\ 76$；对应 $x_o=0.209$，$\theta^*=0$。这些值列表于表 13.6－1。

表 13.6－1　例 13.6－1 的计算值

θ^*	x	y_p	F_i
0	0.209	0.655 0	0.640 4
0.048 76	0.187 0	0.638 3	0.719 2
0.099 2	0.164 2	0.615 8	0.824 6
0.148 2	0.142 0	0.594 0	0.960 3
0.200 0	0.119 0	0.569 0	1.152 0

用物料衡算式(13.4－9)计算 y_p：

$$y_p=\frac{x_f-x_o(1-\theta)}{\theta}=\frac{0.209-0.119\ 0\times(1-0.200\ 0)}{0.200\ 0}=0.569\ 0$$

为了计算 $\theta^*=0$ 的 y_p，须用式(13.6－3)和式(13.4－17)，得到 $y_p=0.655\ 0$。

为了求取面积，式(13.6－5)可写成

$$A_m=\frac{tL_f}{p_hP'_B}\int_{i_o}^{i_f}\left[\frac{(1-\theta^*)(1-x)}{(f_i-i)\left[\frac{1}{1+i}-\frac{p_l}{p_h}\left(\frac{1}{1+f_i}\right)\right]}\right]di=\frac{tL_f}{p_hP'_B}\int_{i_o}^{i_f}F_i\,di \qquad (13.6-6)$$

其中 F_i 函数的定义如上面。F_i 的值将在不同的 i 值下进行计算，便于进行积分。对于 $\theta^*=0.200$，$x_o=0.119\ 0$，由式(13.6－4)可得

$$i=i_o=\frac{x}{1-x}=\frac{0.119}{1-0.119}=0.135\ 1$$

由式(13.6－5)：

$$\begin{aligned}f_i&=(Di-F)+(D^2i^2+2Ei+F^2)^{0.5}\\&=(4.55\times0.135\ 1-0.950)+(4.55^2\times0.135\ 1^2+2\times0.677\ 5\times0.135\ 1+0.95^2)^{0.5}\\&=0.874\ 4\end{aligned}$$

使用由式(13.6－6)的 F_i 定义，

$$\begin{aligned}F_i&=\frac{(1-\theta^*)(1-x)}{(f_i-i)\left[\frac{1}{1+i}-\frac{p_l}{p_h}\left(\frac{1}{1+f_i}\right)\right]}\\&=\frac{(1-0.200)\times(1-0.119)}{(0.874\ 4-0.135\ 1)\times\left[\frac{1}{1+0.135\ 1}-\frac{19}{190}\times\left(\frac{1}{1+0.874\ 4}\right)\right]}\\&=1.152\ 0\end{aligned}$$

其他对应于 θ^* 的 F_i 值也进行了计算，列于表 13.6－1。用表 13.6－1 中的数据计算式(13.6－6)的积分，由 F_i 对 i 的数值积分可得积分面积为 0.108 2。最后，代入式(13.6－6)：

$$A_m=\frac{tL_f}{p_hP'_B}\int_{i_o}^{i_f}F_i\,di=\frac{2.54\times10^{-3}\times1\times10^6}{190\times50\times10^{-10}/10}\times0.108\ 2=2.893\times10^8\ \text{cm}^2$$

(2) 从例 13.4－2 可得 $y_p=0.5067$，$A_m=3.228\times10^8\ cm^2$。因此，与完全混合模型的 $y_p=0.5067$ 相比，错流模型得到高的 $y_p=0.5690$ 值。同样，错流模型所需的膜面积比完全混合模型的小 10%。

13.7　气体膜分离逆流流动和并流流动模型的方程推导

13.7.1　膜中的浓度梯度

(1) 稠相膜。在用稠相对称聚合物膜的气体分离中，溶质扩散通过固体膜表面高压侧的气膜。然后，溶质溶解于膜中。在界面上达到平衡。溶质然后扩散通过固体膜，最后扩散通过气体膜。气体膜阻力相当小，可以忽略(N1)。图 13.7－1(a)表示了浓度分布。流动的气相主体浓度 y 与稠相膜表面的气体浓度 y 相同，它与渗透相的流动模型有关。

(2) 不对称膜。如图 13.7－1(b)所示，膜包括了非常薄、约为 0.1～1 μm 厚度的稠相膜(M5，P7)，和较厚的、50～200 μm 厚的多孔层。典型的、用于空气分离的中空纤维膜内径为 95 μm，外径为 135 μm，壁厚为 20 μm。

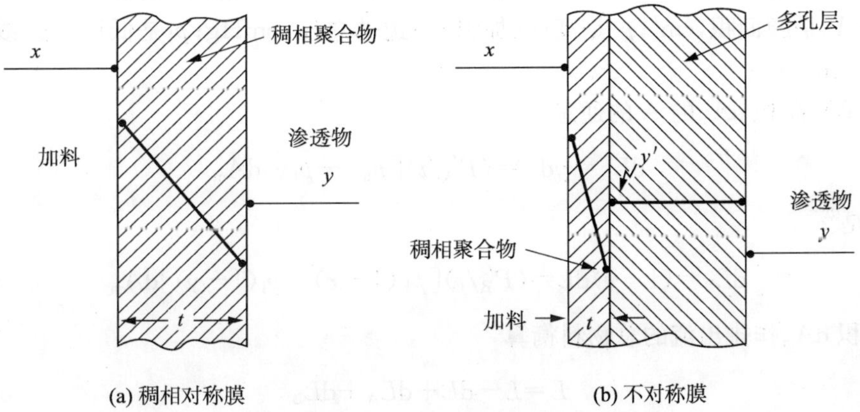

图 13.7－1　膜中的浓度分布

在薄层稠相聚合物膜中的浓度梯度与对称膜中的相似。然而，在渗透气体主体中 A 组分的浓度 y 与薄层稠相聚合物膜表面的 y' 并不相等。渗透气体主体浓度 y 与流动模型和物料衡算有关。同样，y 值会大于或小于 y'。

多孔层是畅通的，可假定流动的阻力很小或没有，在垂直于膜的方向上 y' 为常数。因此，假定在多孔层内气体主体相 y 没有分散或混合。

13.7.2　稠相对称膜逆流流动模型的方程推导

这个逆流流动模型的物流图如图 13.7－2 所示，其中两股流体都是活塞流。有人(B1，N1，P4，W5)给出了如下的推导。

作总物料衡算，

$$L_f=L_o+V_p \tag{13.4-1}$$

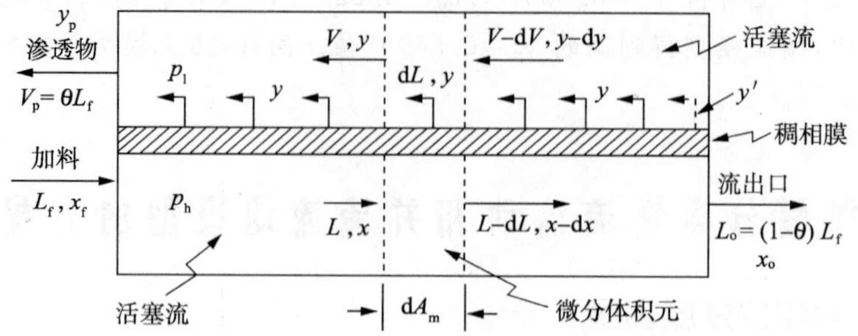

图 13.7-2　稠相对称膜逆流流动模型的物流图

式中 L_f是总加料流率，cm^3(STP)/s；L_o是出口未渗透流（排出）流率，cm^3(STP)/s；V_p是出口渗透物流率，cm^3(STP)/s。二元混合物中的 A 组分和 B 组分的渗透速率与式(13.4-3)和式(13.4-4)：

$$V_A/A_m=Vy/A_m=(P'_A/t)(p_h x-p_l y) \tag{13.7-2}$$

$$V_B/A_m=V(1-y)/A_m=(P'_B/t)[p_h(1-x)-p_l(1-y)] \tag{13.7-3}$$

式中 P'_A是 A 的渗透度，cm^3(STP)·cm/(s·cm^2·cmHg)；V_A是渗透物流中 A 的流率，cm^3(STP)/s；A_m是膜面积，cm^2；p_h是高压（加料）一边的总压，cmHg；p_l是低压一边或渗透物一边的总压，cmHg。

离开单元面积 dA_m的 A 的通量是

$$dL_A=ydL=(P'_A/t)[p_h x-p_l y]dA_m \tag{13.7-4}$$

B 的通量是

$$dL_B=(1-y)dL=(P'_B/t)[p_h(1-x)-p_l(1-y)]dA_m \tag{13.7-5}$$

对面积 dA_m作排出流的总物料衡算

$$L=L-dL+dL_A+dL_B \tag{13.7-6}$$

这样，

$$dL=dL_A+dL_B \tag{13.7-7}$$

对面积 dA_m作 A 的物料衡算

$$Lx=(L-dL)(x-dx)+dL_A \tag{13.7-8}$$

整理得

$$dL_A=Ldx+xdL \tag{13.7-9}$$

将式(13.7-7)代入式(13.7-9)，

$$Ldx=(1-x)dL_A-xdL_B \tag{13.7-10}$$

对面积 dA_m作渗透物的总物料衡算

$$V=V-dV+dL_A+dL_B \tag{13.7-11}$$

这样，

$$dV = dL_A + dL_B \tag{13.7-12}$$

对面积 dA_m 作 A 的物料衡算

$$Vy = (V - dV)(y - dy) + dL_A \tag{13.7-13}$$

整理得

$$dL_A = Vdy + ydV \tag{13.7-14}$$

将式(13.7-12)代入式(13.7-14)，

$$Vdy = (1-y)dL_A - ydL_B \tag{13.7-15}$$

为了消去变量 L 和 V，对面积 dA_m 和出口排出流的总物料衡算：

$$L = L_o + V \tag{13.7-16}$$

$$Lx = L_o x_o + Vy \tag{13.7-17}$$

为了消去 V，将式(13.7-16)中的 V 代入(13.7-17)，解出 L：

$$L = L_o(x_o - y)/(x - y) \tag{13.7-18}$$

为了消去 L，将式(13.7-16)中的 V 代入式(13.7-17)，解出 V：

$$V = L_o(x_o - x)/(x - y) \tag{13.7-19}$$

将式(13.7-18)代入式(13.7-10)

$$\frac{L_o(x_o - y)dx}{(x-y)} = (1-x)dL_A - xdL_B \tag{13.7-20}$$

将式(13.7-4)和式(13.7-5)代入式(13.7-20)，

$$\frac{L_o(x_o - y)dx}{(x-y)} = (1-x)[(P'_A/t)(p_h x - p_l y)]dA_m - x(P'_B/t)[p_h(1-x) - p_l(1-y)]dA_m \tag{13.7-21}$$

整理得

$$\frac{L_o}{(P'_B/t)p_h}\frac{dx}{dA_m} = -\left(\frac{x-y}{y-x_o}\right)\{(1-x)\alpha^*(x-ry) - x[(1-x) - r(1-y)]\} \tag{13.7-22}$$

式中 $r = p_h/p_l$ 和 $\alpha^* = (P'_A/t)/(P'_B/t)$。

按类似的方式，将式(13.7-19)代入式(13.7-15)：

$$\frac{L_o(x_o - x)dy}{x-y} = (1-y)dL_A - ydL_B \tag{13.7-23}$$

再将式(13.7-4)和式(13.7-5)代入式(13.7-23)，并整理得

$$\frac{L_o}{(P'_B/t)p_h}\frac{dy}{dA_m} = -\left(\frac{x-y}{x-x_o}\right)\{(1-y)\alpha^*(x-ry) - y[(1-x) - r(1-y)]\} \tag{13.7-24}$$

用式(13.7－22)除以式(13.7－24),

$$\frac{dy}{dx}=\left(\frac{y-x_o}{x-x_o}\right)\frac{\{(1-y)\alpha^*(x-ry)-y[(1-x)-r(1-y)]\}}{\{(1-x)\alpha^*(x-ry)-x[(1-x)-r(1-y)]\}} \tag{13.7-25}$$

将式(13.7－22)倒转:

$$\frac{dA_m}{dx}=\frac{-L_o}{(P'_B/t)p_h}\frac{[(y-x_o)/(x-y)]}{\{(1-y)\alpha^*(x-ry)-x[(1-x)-r(1-y)]\}} \tag{13.7-26}$$

13.7.3 稠相对称膜逆流流动模型的解

在残余流股出口处组成为 x_o,渗透物 y' 和 x_o 用式(13.4－6)相联系,这里用式(13.7－27)重复,其中 $y_p=y'$:

$$\frac{y'}{1-y'}=\frac{\alpha^*[x_o-(p_l/p_h)y']}{(1-x_o)-(p_l/p_h)(1-y')} \tag{13.7-27}$$

这个二次方程的解已在式(13.4－7)中给出。

为了解式(13.7－25)和式(13.7－26),可用下列程序,其中 x_o是已知的或设定的:

① 用式(13.7－27)计算 $x=x_o$的 y'值。

② 为了积分式(13.7－25),须计算 $x=x_o$的(dy/dx)值。然而,这个值是不确定的,因为分母为零。用罗必达法则(N1,P4,R1),对分子、分母分别进行 x 的微分,y 值就成了 y',得到

$$\left(\frac{dy}{dx}\right)_{x=x_o}=\frac{(y'-x_o)[\alpha^*-(\alpha^*-1)y']}{\{\alpha^*(1-x_o)(x_o-ry')-x_o[(1-x_o)-r(1-y')]-(y'-x_o)[(\alpha^*-1)(2ry'-x_o-r)-1]\}} \tag{13.7-28}$$

③ 从 $x=x_o$开始,数值积分式(13.7－25)得到 y 与 x 的关系和 y_p(P4,R1)。

④ 将 y 与 x 的关系代入式(13.7－26),对该式从 x_f到 x_o积分,获得面积 A_m。

⑤ 代入物料衡算式(13.4－8)和式(13.4－2),计算采出率或加料的渗透分率 θ(N1,R1,W5)。

⑥ 如果 θ 已定、x_o未知,可试差法求解。已假定 x_o和积分式(13.7－25),获得 y_p。那么,从式(13.4－9)算得 x_o。重复这样的计算直至假定的 x_o值与计算的 x_o值一致。

13.7.4 不对称膜逆流流动模型的方程推导

逆流流动模型的物流图如图 13.7－3 所示,其中两股物流都是活塞流。渗透物离开膜的 y'不同于对称膜的情况,与该点的主体浓度 y 不相等。这个如图 13.7－1(b)所示。

微元面积 dA_m的 A 组分通量为

$$dL_A=ydL=(P'_A/t)(p_hx-p_ly')\,dA_m \tag{13.7-29}$$

其中 y'由式(13.7－30)给出,它与式(13.7－27)和式(13.4－6)类似:

$$\frac{y'}{1-y'}=\frac{\alpha^*[x-(p_l/p_h)y']}{(1-x)-(p_l/p_h)(1-y')} \tag{13.7-30}$$

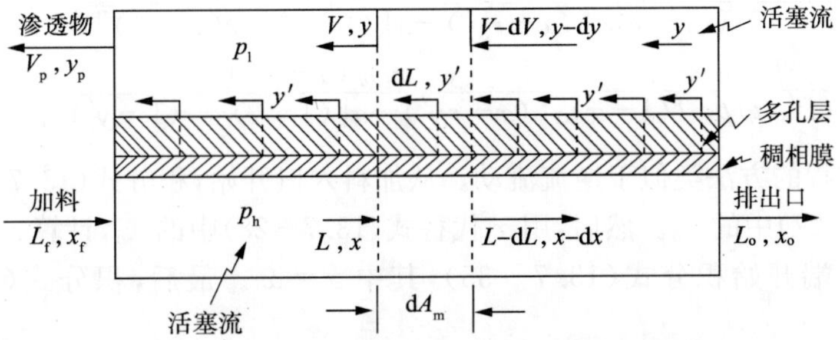

图 13.7-3　不对称膜逆流流动模型的物流图

B 组分通量为

$$dL_B = (1-y)dL = (P'_B/t)[p_h(1-x) - p_l(1-y')]dA_m \tag{13.7-31}$$

式(13.7-29)和式(13.7-31)与对称膜的式(13.7-4)和式(13.7-5)不同，因为用 y' 代替了浓度 y 而不同。

余下的推导就与稠相对称膜的一样(N1,R1)。最后的方程是

$$\frac{L_o}{(P'_B/t)p_h}\frac{dx}{dA_m} = \frac{-(x-y)}{(y-x_o)}\{(1-x)\alpha^*(x-ry') - x[(1-x)-r(1-y')]\} \tag{13.7-32}$$

$$\frac{dx}{dy} = \frac{(y-x_o)}{(x-x_o)}\frac{\{(1-y)\alpha^*(x-ry') - y[(1-x)-r(1-y')]\}}{\{(1-x)\alpha^*(x-ry') - x[(1-x)-r(1-y')]\}} \tag{13.7-33}$$

将式(13.7-32)倒转

$$\frac{dA_m}{dx} = \frac{-L_o}{(P'_B/t)p_h}\frac{[(y-x_o)/(x-y)]}{\{(1-x)\alpha^*(x-ry') - x[(1-x)-r(1-y')]\}} \tag{13.7-34}$$

当 $x=x_o$ 时，对称膜的式(13.7-27)的 y' 和式(13.7-28)的 (dy/dx) 也可用于不对称膜。上述方程的求解方法与对称膜的类似。

13.7.5　不对称膜并流流动模型的方程推导

对于并流流动，并流模型如图 13.7-4 所示。推导采用如同前面的式(13.7-29)～式(13.7-31)。进行推导的方式与逆流情况类似，最终的方程是(N1,P4,R1)：

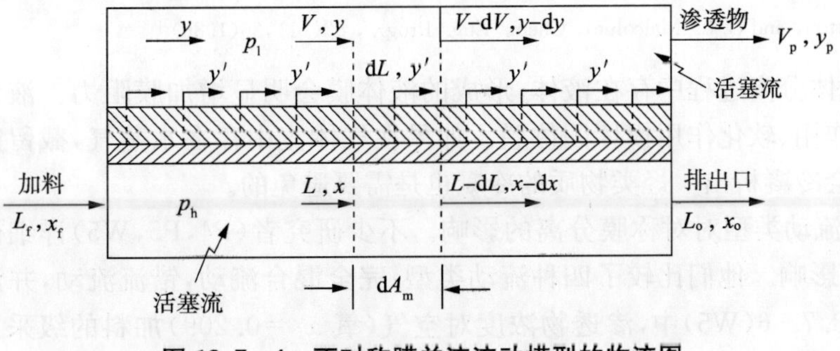

图 13.7-4　不对称膜并流流动模型的物流图

$$\frac{\mathrm{d}y}{\mathrm{d}x}=\frac{(y-x_{\mathrm{f}})}{(x-x_{\mathrm{f}})}\frac{\{(1-y)\alpha^{*}(x-ry')-y[(1-x)-r(1-y')]\}}{\{(1-x)\alpha^{*}(x-ry')-x[(1-x)-r(1-y')]\}} \tag{13.7-35}$$

$$\frac{\mathrm{d}A_{\mathrm{m}}}{\mathrm{d}x}=\frac{L_{\mathrm{f}}}{(P_{\mathrm{B}}'/t)p_{\mathrm{h}}}\frac{[(y-x_{\mathrm{f}})/(x-y)]}{\{(1-x)\alpha^{*}(x-ry')-x[(1-x)-r(1-y')]\}} \tag{13.7-36}$$

求解上述方程的方法类似于逆流流动。从加料入口开始,积分式(13.7-35),其中 y'用 x_{f}代替式(13.7-27)中的 x_{o}。然后,用 x_{f}代替式(13.7-28)中的 x_{o},计算 $x=x_{\mathrm{f}}$的($\mathrm{d}y/\mathrm{d}x$)。该值用于从加料端开始积分式(13.7-35),其中 $x=x_{\mathrm{f}}$。最后,积分式(13.7-36)以获得 A_{m}。

13.7.6　过程变量对气体分离的影响

(1) 压力比和分离因子对回收率的影响。使用完全混合模型的 Weller-Steiner 方程式(13.4-6),可以在固定的加料浓度下确定压力比($p_{\mathrm{h}}/p_{\mathrm{l}}$)、分离因子 α^{*} 对渗透物纯度的影响。图 13.7-5 表示了加料浓度为 30%时的这一函数关系(S7)。对于对称膜和不对称膜,这个方程可为各种模型提供建立产品纯度和适当回收率趋势的关系,包括完全混合、错流和逆流。

图 13.7-5 表明,当 α^{*} 为 20 以上时,α^{*} 对产品纯度没有大的影响。同样,压力比大于 6 时,压力比对产品纯度的影响就减少。

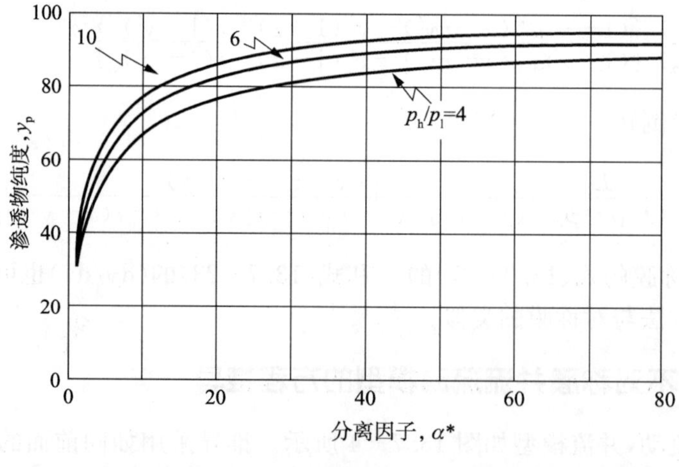

图 13.7-5　分离因子和压力比对渗透物纯度的影响(加料 $x_{\mathrm{f}}=0.30$)

[经 The American Institute of Chemical Engineers 允许复制自"Membranes Separate Gases Selectively," by D. J. Stookey, C. J. Patton, and G. L. Malcolum, Chem. Eng. Progr., 82(11), 36(1986)]

如果在气体分离过程中存在液体,形成的液体膜会明显增加膜阻力。液体也会通过化学作用、溶胀作用、软化作用损坏固体膜。如果在气体流中存在水蒸气,截留产物可能会达到露点,液体会冷凝析出。烃类物质的冷凝也是需要避免的。

(2) 过程流动类型对对称膜分离的影响。不少研究者(P4,P5,W5)详细研究了参变量对二元物系的影响。他们比较了四种流动类型:完全混合流动,错流流动,并流流动和逆流流动。在图 13.7-6(W5)中,渗透物浓度对空气(氧 $x_{\mathrm{f}}=0.209$)加料的级采出率 θ 进行标绘,其中 $\alpha^{*}=10$,$p_{\mathrm{h}}/p_{\mathrm{l}}=5$。该图表明,如期望的,逆流流动模型的分离结果最好。其他流动类型——错流流动，并流流动和完全混合流动——依次下降地给出了较低的分离度。注意当级采出率 $\theta=0$ 时，所有的流动类型都与完全混合流动模型的相当，给出同样的渗透物组成。同样，在 $\theta=1$ 时，所有流动类型给出了同样的 $y_p=0.209$ 值，它就是加料组成。

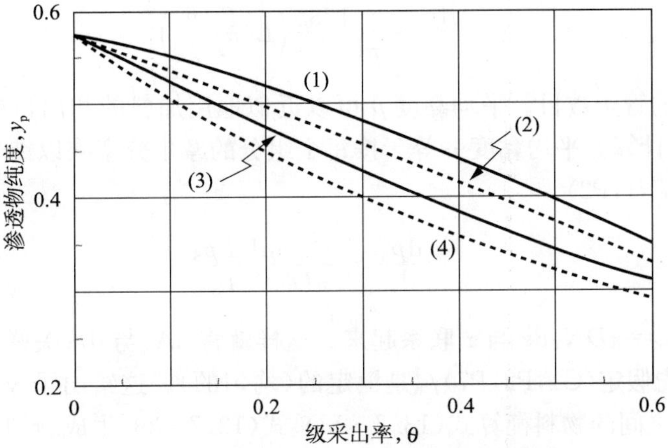

图 13.7-6 过程流动类型对对称膜分离的影响

空气的操作条件如下：

$x_f=0.209$，$\alpha^*=10$，$p_h/p_l=380$ cmHg/76 cmHg=5。$P'_A=500$ cm^3(STP) · cm/(s · cm^2 · cmHg)。

(1) 逆流；(2) 错流；(3) 并流；(4) 完全混合(W5)

[蒙 Marcel Dekker，Inc. 允许引自 W. P. Walawender and S. A. Stern，Sep. Sci.，7，553(1972).]

同样过程和空气加料条件的所需膜面积对级采出率 θ 的关系也是确定的(W5)。所有四种流动类型的面积相互差别在约 10%以内。逆流和错流流动类型给出了最低的所需面积。

(3) 过程流动类型对不对称膜分离的影响。用数学模型对不对称膜分离的计算给出了逆流流动与并流流动效果一致的特性(G1，P2，P6)。多孔支撑阻止了渗透物主体浓度的混合，薄层表面的浓度 y' 如图 13.7-1(b)所示。因此，渗透流主体流动的方向没有影响。用从天然气回收氦气(P2，P6)、从空气中获得氮气(G1)、从氮气中获得氦气(G1)的实验表明实验数据和模型计算吻合很好。

(4) 压力降对不对称膜分离过程的影响。在中空纤维膜分离中(N1)，在长管中流动或非常细的管子中流动时会产生明显的压力降。壳程中的压力降一般非常小，可忽略。管道中的压力降对分离总是不利的。对于管内加料，加料一侧的平均压力低于加料进口处的压力。如果渗透流在管内流动，那么实际渗透流的平均压力将高于渗透流出口处的压力。在这两种情况下，渗透的推动力都会下降，分离能力就会降低。

为了减小这些压力的影响，当级采出率 θ 很小时，得到的渗透流就很小，宁可选量大的加料流率走壳程，因为壳程的压力降较小。对于大的级采出率，加料应该走管程，其中大部分加料渗透到壳程。

使用模型方程，管程内的压力降可以用层流的哈根-泊谡叶方程式(2.10-2)计算：

$$\frac{\Delta p}{(z_2-z_1)}=\frac{32\ \mu v}{D^2} \tag{2.10-2}$$

式中 z_2-z_1 为总长度。将上式写成微分长度 dz(cm)和 dp_h(Pa)，

$$\frac{\mathrm{d}p_h}{\mathrm{d}z}=\frac{-32\ \mu v}{D^2} \tag{13.7-37}$$

将标准态 T_s 和 p_s(STP)下的加料流率 $L(\mathrm{cm}^3/\mathrm{s})$ 换算成实际 T 和 p_h 下的流速 v,

$$\frac{\mathrm{d}p_h}{\mathrm{d}z}=\frac{-128\mu}{\pi D^4 N_T}\left(L\ \frac{T}{T_S}\ \frac{p_S}{p_h}\right) \tag{13.7-38}$$

其中 N_T 是平行的管子数目。平均黏度 μ 可以近似地用加料的和出口残留排出的流体的平均摩尔分率近似计算。平均黏度 μ 等于按每个组分的摩尔分率乘以纯气体的黏度加和。最后的方程是(G1,N1,P2)

$$\frac{\mathrm{d}p_h^2}{\mathrm{d}z}=\frac{-256\mu L T p_S}{\pi D^4 N_T T_S} \tag{13.7-39}$$

面积 A_m 可用 $\mathrm{d}A_m=\pi D N_T \mathrm{d}z$ 与 z 联系起来。这样就将 $\mathrm{d}A_m$ 与 $\mathrm{d}p_h$ 关联起来了。在模型方程的积分过程中,先假定(G1,P2,P7)p_h 是恒定的(均匀的)。这给出了 y、x 与 A_m 的关系。然后,用 L 和 y、x 之间的物料衡算式(13.7-18)、式(13.7-39)生成新的压力分布。然后重复进行计算。

13.8 不对称膜有限差分数值方法的推导

13.8.1 逆流流动

该数值方法的物流图如图 13.8-1 所示。使用的方法由 McCabe 等(M5)导出,取面积为 ΔA_m,两股流体的物料衡算可写为

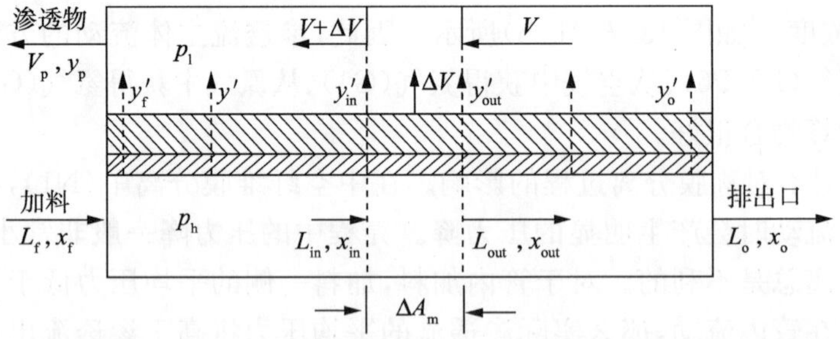

图 13.8-1　用有限差分数值方法解不对称膜逆流流动的物流图

$$\Delta V=L_{in}-L_{out} \tag{13.8-1}$$

y'_{in} 值可以从式(13.7-27)计算,其中用 x_{in} 代替 x,y_{in} 代替 y'。同样,y'_{out} 值可以从 x_{out} 计算。然后,作 A 的物料衡算

$$\Delta V y'_{平均}=L_{in}x_{in}-L_{out}x_{out} \tag{13.8-2}$$

式中 $y'_{平均}=(y'_{in}+y'_{out})/2$。将式(13.8-1)中的 L_{out} 代入式(13.8-2),

$$\Delta V = L_{in}\frac{(x_{in}-x_{out})}{(y'_{平均}-x_{out})} \tag{13.8-3}$$

式(13.7－27)，式(13.8－2)和式(13.8－3)可以从加料 $x_f = x_{in}$ 开始进行数值计算，确定每个 ΔA_m 的渗透物 ΔV 和 $y'_{平均}$，x 至出口 x_o 的增量。通常，从 x 至出口 x_o 的增量约为 10 次左右就够了。

那么，为了获得 x 的函数 V 值和主体浓度 y 值，计算从 x_o 开始。用式(13.8－4)和式(13.8－5)，增量 ΔV 加给 V，计算每个 ΔA_m 的 y，增量计算至加料进口 x_o。

$$V = \sum \Delta V \tag{13.8-4}$$

$$y = \frac{\sum y'_{平均}\,\Delta V}{V} \tag{13.8-5}$$

对于并流或平行流动，仅有的差别是在计算 V 中。从入口 x_f 开始，用式(13.8－4)和式(13.8－5)计算，增量 ΔV 加给 V，计算至出口 x_o。

为了计算逆流或并流流动的面积，整理式(13.7－4)：

$$\frac{\Delta V y'_{平均}}{\Delta A_m} = \frac{\Delta V_A}{\Delta A_m} = (P'_A/t)p_h(x-ry')_{平均} \tag{13.8-6}$$

其中 $r = p_l/p_h$。平均推动力为

$$(x-ry')_{平均} = [(x_{in}-ry'_{in})+(x_{out}-ry'_{out})]/2 \tag{13.8-7}$$

解出 ΔA_m，

$$\Delta A_m = \frac{\Delta V y'_{平均}}{(P'_A/t)p_h(x-ry')_{平均}} \tag{13.8-8}$$

从 x_f 开始，计算每个增量 ΔA_m，从而获得与 x 对应的 $\sum \Delta A_m$。

13.8.2 简捷数值计算

作近似的物料衡算以获得 $y'_{平均}$ 或 y_p，对于总面积从 y'_f 至 y'_o (M5)：

$$y'_p = y'_{平均} = (y'_f + y'_o)/2 \tag{13.8-9}$$

作总的和组分的物料衡算可得

$$L_f = L_o + V_p \tag{13.8-10}$$

$$L_f x_f = L_o x_o + V_p y_p \tag{13.8-11}$$

将式(13.8－10)代入式(13.8－11)，

$$L_f x_f = (L_f - V_p)x_o + V_p y_p \tag{13.8-12}$$

由式(13.8－12)可解出 V_p，再由式(13.8－10)解出 L_o。

为了计算逆流或并流流动的近似面积，整理式(13.8－8)得总面积 A_m：

$$A_m=\frac{V_p y'_{平均}}{(P'_A/t)p_h(x-ry')_{lm}} \qquad (13.8-13)$$

式中$(x-ry')_{lm}$是$(x_f-ry'_f)$和$(x_o-ry'_o)$的对数平均值。由于x和y'对A_m作图都近似为直线,这个近似面积与按有限差分方法计算的面积A_m的偏差在15%以内。

例 13.8-1　用不对称膜的逆流流动模型分离空气

要求设计一个中空纤维不对称膜分离设备,用于逆流流动的空气分离,产生的截留物含97.0%氮气。稠相聚合物层是在管子的内侧,加料走管程。工业膜的实验值得出O_2/N_2的分离因子α^*在3至7之间(H2),典型值为5.0(G1)。渗透值P'_A/t是(H2)5×10^{-6}至250×10^{-6} $cm^3(STP)/(s\cdot cm^2\cdot cmHg)$,典型值为$20\times10^{-6}$(G1)。设计采用典型值。加料或管程压力为1 034 kPa(绝压),壳程或渗透物压力103.4 kPa。空气的加料速率为10.0 $m^3(STP)/h$。

(1) 用有限差分方法计算渗透物组成,加料渗透分率θ,截留的和渗透的流率。假定管程的压力降可以忽略不计。计算渗透物组成y与截留物组成x的函数关系。

(2) 计算所需的膜面积。

(3) 用简捷计算方法计算渗透物组成,渗透分率θ,流率,膜面积。

(4) 重复(1)进行并流的计算。画出逆流的、并流的x,y和y'对面积的曲线。

解:(1) $L_f=10.0\ m^3(STP)/h$,$x_f=0.209$,$x_o=0.03$,$p_h=1\ 034$ kPa,$p_l=103.4$ kPa,$P'_A/t=20\times10^{-6}\ cm^3(STP)/(s\cdot cm^2\cdot cmHg)$,$\alpha^*=5.0$。用表13.3-1:

$$P'_A/t=(20\times10^{-6})\times(7.501\times10^{-6})=1.500\times10^{-10}\ m^3(STP)/(s\cdot m^2\cdot Pa),$$
$$r=p_l/p_h=103.4/1\ 034=0.10$$

从加料进口开始(见图13.8-2),该处$x_f=0.209$,使用ΔA_m面积,从$x_f=x_1=0.209$进行到$x_2=0.190$,用式(13.7-27)计算y',

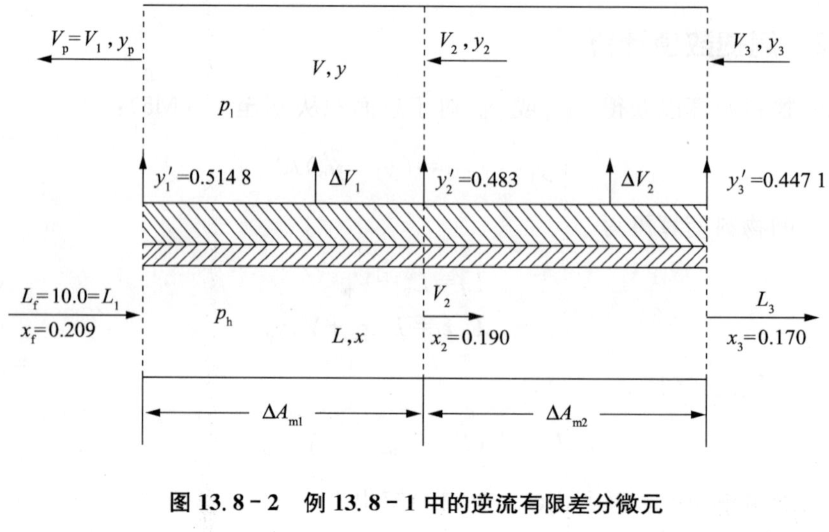

图 13.8-2　例 13.8-1 中的逆流有限差分微元

$$\frac{y_1'}{1-y_1'}=\frac{\alpha^*[x_1-(p_l/p_h)y_1']}{(1-x_1)-(p_l/p_h)(1-y_1')} \tag{13.7-27}$$

这个方程的解已由二次方程式(13.4－7)给出：

$$y'=\frac{-b+\sqrt{b^2-4ac}}{2a} \tag{13.4-7}$$

式中 $a=1-\alpha^*$，$b=-1+\alpha^*+1/r+x/r(\alpha^*-1)$，$c=-\alpha^* x/r$。代入上式并求解 $x_1=0.209$ 处的 y_1'：

$$x_1=0.209,$$

$$a=1-5=-4.0$$

$$b=-1+5.0+\frac{1}{0.1}+\frac{x_1(5-1)}{0.1}=14.0+40x_1=14.0+40\times0.209=22.36$$

$$c=\frac{-\alpha^* x_1}{r}=\frac{-5x_1}{0.10}=-50x_1=-50\times0.209=-10.45$$

$$y_1'=\frac{-22.36+[22.36^2-4\times(-4.0)\times(-10.45)]^{1/2}}{2\times(-4.0)}=0.5148$$

同样，对于 $x_2=0.190$，从式(13.7－27)可得 $y_2'=0.4830$。

然后，$y'_{平均}=(y_1'+y_2')/2=(0.5148+0.4830)/2=0.4989$。代入式(13.8－3)：

$$\Delta V_1=\frac{L_1(x_1-x_2)}{y'_{平均}-x_2}=\frac{10.0\times(0.209-0.190)}{0.4989-0.190}=0.6151\ \mathrm{m^3/h}$$

然后，由式(13.8－1)：

$$L_2=L_1-\Delta V_1=10.0-0.6151=9.3849\ \mathrm{m^3/h}$$

$$y'_{平均}\Delta V_1=0.4989\times0.6151=0.3069$$

对于图 13.8－2 中的第 2 个增量 ΔA_{m2}，用 $x_3=0.170$ 解出 y_3'：

$$a=-4.0,\quad b=14.0+40\times10.170=20.8,\quad c=-50\times0.170=-8.5$$

用式(13.4－7)，$y_3'=0.4471$。然后，$y'_{平均}=(y_2'+y_3')/2=(0.4830+0.4471)/2=0.4651$。

$$\Delta V_2=\frac{L_2(x_2-x_3)}{(y'_{平均}-x_3)}=9.3849\times\frac{0.190-0.170}{0.4651-0.170}=0.6360\ \mathrm{m^3/h}$$

或者

$$L_3=L_2-\Delta V_2=9.3849-0.6360=8.7489\ \mathrm{m^3/h}$$

$$y'_{平均}\Delta V_2=0.4651\times0.6360=0.2958$$

继续进行计算，第 8 次的增量有 $x_8=0.07$，$x_9=0.050$，$y_8'=0.2198$，$y_9'=0.1629$，$y'_{平均}=0.1914$，$\Delta V_8=0.7757$ 和 $L_9=4.7088$。最后的、也是第 9 次的增量有 $x_{10}=x_o=0.030$，$x_9=0.050$，$y_9'=0.1629$，$y_{10}'=0.1014$，$y'_{平均}=0.1322$，$\Delta V_9=0.9215$ 和 $L_{10}=L_o=3.7873\ \mathrm{m^3/h}$。渗透流率 $V_p=L_f-L_o=10.00-3.7873=6.2127\ \mathrm{m^3/h}$。级采出率 $\theta=6.2127/10.00=0.6213$。

为了计算主体组成 y 与逆流流动的 x 的函数关系，必须从 x_o 开始。用式(13.8－4)：

$$V_9 = \sum \Delta V = V_{10} + \Delta V_9 = 0 + 0.921\,5 = 0.921\,5$$

用式(13.8－5)计算 y_9：

$$y_9 = \frac{\sum y'_{平均} \Delta V_9}{V_9} = \frac{0.132\,2 \times 0.921\,5}{0.921\,5} = \frac{0.121\,8}{0.921\,5} = 0.132\,2$$

加上第 9 增量得到第 8 值

$$V_8 = \sum \Delta V = V_9 + \Delta V_8 = 0.921\,5 + 0.775\,7 = 1.697\,2$$

$$y_8 = \frac{\sum y'_{平均} \Delta V}{V} = \frac{0.121\,8 + 0.191\,4 \times 0.775\,7}{1.697\,2} = 0.159\,3$$

继续计算直至加料的进口。y,x 和 y' 值列于表 13.8－1 中。为了计算主体组成 y 与并流流动的 x 的函数关系，必须从 x_f 开始。由式(13.8－4)计算第 1 增量，

$$V_1 = \sum \Delta V = 0 + \Delta V_1 = 0 + 0.615\,1 = 0.615\,1$$

$$y_1 = \frac{\sum y'_{平均} \Delta V}{V} = \frac{0.498\,9 \times 0.615\,1}{0.615\,1} = \frac{0.306\,9}{0.615\,1} = 0.498\,9$$

对于第 2 增量，

$$V_2 = \sum \Delta V = V_1 + \Delta V_2 = 0.615\,1 + 0.636\,0 = 1.251\,1$$

$$y_2 = \frac{0.306\,9 + 0.465\,1 \times 0.636\,0}{1.251\,1} = 0.481\,7$$

继续计算直至出口 x_o。

表 13.8－1　例 13.8－1 的数值计算的组成和面积

x	逆流 y	并流 y	逆流和并流 y'	ΔA,面积 (m^2)	A,面积 (m^2)
0.209	0.318 1	0.514 8	0.514 8	0.000	0.000
0.190	0.298 3	0.498 9	0.483 0	3.674	3.674
0.170	0.276 9	0.481 7	0.447 1	3.968	7.642
0.150	0.254 9	0.463 7	0.408 4	4.117	11.759
0.130	0.232 3	0.444 6	0.366 5	4.323	16.082
0.110	0.209 0	0.424 2	0.321 4	4.607	20.689
0.090	0.184 7	0.402 1	0.272 6	5.006	25.695
0.070	0.159 3	0.377 9	0.219 8	5.592	31.287
0.050	0.132 2	0.350 5	0.162 9	6.508	37.795
0.030	0.101 4	0.318 1	0.101 4	8.144	45.939

(2) 对逆流流动和并流流动两种情况都用式(13.8－8)从 x_f 开始计算。对于第 1 增量，流率乘以(1/3600)，将单位由 m^3/h 转换成 m^3/s。同样，$x_f = 0.209$，$x_2 = 0.190$，$y'_1 = 0.514\,8$，$y'_2 = 0.483\,0$，$y'_{平均} = 0.498\,9$，$\Delta V_1 = 0.615\,1\ m^3/h$，$p_h = 1\,034\ kPa$。计算点 1 和 2

的 $x-ry'$，并由式(13.8-7)计算平均($x-ry'$)：

$$x_1-ry'_1=0.209-0.10\times(0.514\ 8)=0.157\ 52$$
$$x_2-ry'_2=0.190-0.10\times(0.483\ 0)=0.141\ 70$$
$$(x-ry')_{平均}=(0.157\ 52+0.141\ 70)/2=0.149\ 6$$

用式(13.8-8)：

$$\Delta A_{m1}=\frac{0.615\ 1\times(1/3\ 600)\times0.498\ 9}{1.500\times10^{-10}\times1\ 034\times10^3\times0.149\ 6}=3.674\ \mathrm{m}^2$$

对于第2增量，$x_3=0.170$，$y'_3=0.447\ 1$，$y'_{平均}=0.465\ 1$，$\Delta V_2=0.636\ 0$。于是

$$x_2-ry'_2=0.141\ 70$$
$$x_3-ry'_3=0.170-0.10\times0.44\ 71=0.125\ 29$$
$$(x-ry')_{平均}=(0.141\ 70+0.125\ 29)/2=0.133\ 50$$
$$\Delta A_{m2}=\frac{0.636\ 0\times(1/3\ 600)\times0.465\ 1}{1.500\times10^{-10}\times1\ 034\times10^3\times0.133\ 50}=3.968\ \mathrm{m}^2$$

这个计算继续进行，结果列于表13.8-1。最终的总面积为45.94 m^2。

(3) 用简捷计算方法，由式(13.8-9)得出 y_p 值：

$$y_p=y'_{平均}=(y'_f+y'_o)/2=(0.514\ 8+0.101\ 4)/2=0.308\ 1$$

0.308 1这个值和数值计算方法所得的0.318 1比较接近。由式(13.8-12)作组分的物料衡算：

$$L_f x_f=(L_f-V_p)x_o+V_p y_p$$
$$10.0\times0.209=(10.0-V_p)\times0.03+V_p\times0.308\ 1$$

解得 $V_p=6.437$，$L_o=10.00-6.437=3.563$。这给出了级采出率 $\theta=6.437/10.00=0.643\ 7$，可与数值计算的0.621 3相比较。为了计算面积，推动力为

$$x_f-ry'_f=0.209-0.10\times0.514\ 8=0.157\ 52$$
$$x_o-ry'_o=0.030-0.10\times0.101\ 4=0.019\ 86$$
$$(x-ry')_{lm}=\frac{0.157\ 52-0.019\ 86}{\ln(0.157\ 52/0.019\ 86)}=0.066\ 48$$

用式(13.8-13)计算面积为

$$A_m=\frac{6.437\times(1/3\ 600)\times0.308\ 1}{1.500\times10^{-10}\times1\ 034\times10^3\times0.066\ 48}=53.43\ \mathrm{m}^2$$

这个值53.43约比数值计算方法所得的大16%。这些数值方法计算的数据标绘在图13.8-3中。

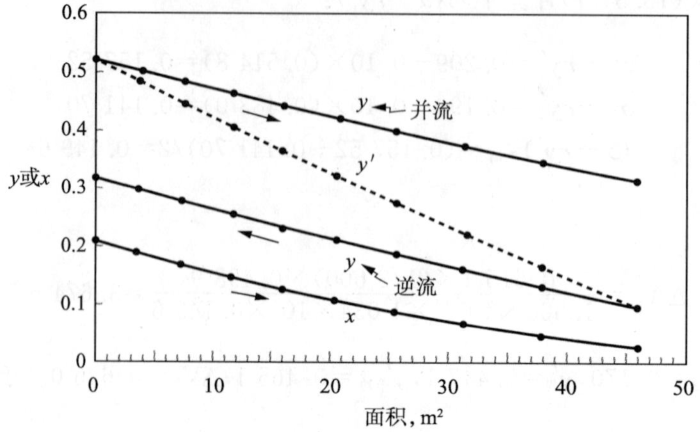

图 13.8-3　例 13.8-1 中数值计算结果的组成对面积作图

13.8.3　有限差分数值计算机程序的使用

数值计算方法可方便地被采用,计算机程序可用以求解不对称膜的计算问题。用 Excel 或其他程序,可将基本公式输入程序单元。

计算机程序计算例 13.8-1 输出的数据列在表 13.8-2 中。计算所需的输入数据概要如下:单元 D3-D10 输入已知的值。单元 D11 输入公式＄D＄8/＄D＄7 以计算$r=p_l/p_h$。

13 行用来保存计算行踪的下标。14 行给出了输入值 x_1, x_2 等等。15～18 行为用式(13.4-7)和式(13.7-27)计算的 a,b,c,y'值。例如,在单元格 B18 中输入的公式为＝(－B16＋SQRT(B16＊B16－4＊B15＊B17)/2＊B15)。在 19 行,$y'_{平均}=(y'_1+y'_2)/2$。在 20 行,从式(13.8-3)计算 ΔV。单元格 C20 中公式为＝B21＊(B14－C14)/(C19－C14),在 D20 中为＝C21＊(C14－D14)/(D19－D14)。在 21 行,从式(13.8-1)计算 L,其中用单元格 C21 中的公式计算 $L_2=L_1-\Delta V_1$,该公式为＝－(C20－B21),C22 的公式为＝－(D20－B21),等等。

23 行是为逆流流动新设置的下标。可用式(13.8-4)计算 24 行中的 V,其中 $V=\sum\Delta V$,从出口 x_o开始,K24 单元格中的公式为＝K20,J24 单元格为＝J20＋K24,等等。在 25 行,计算 $\sum y'_{平均}\Delta V$,K25 单元格中的公式为＝K19＊K20,J25 单元格为＝J19＊J20＋K25,等等。在 26 行用式(13.8-5)计算渗透物主体浓度 y,其中 $y=\sum y'_{平均}\Delta V/V$。在 B26 单元格,公式为＝B25/B24。

28～32 行是优化,用于检验从入口到出口的物料衡算。在单元格 B29,流入质量为＄D＄4;在单元格 B30,流出质量为＝B24＋K21。类似地,单元格 B31 为＝＄D＄4＊＄D＄5,单元格 B32 为＝B24＊B26＋K21＊K14。

对于并流流动,从 x_f开始用式(13.8-4)计算,其中 $V=\sum\Delta V$,在 35 行进行计算。在 36 行用式 $\sum y'_{平均}\Delta V$ 计算,C36 单元格的公式为＝19＊C20,D36 单元格为＝D19＊D20＋C36,等等。这样,在 37 行用式(13.8-5)由 $\sum y'_{平均}\Delta V/V$ 计算主体浓度 y。

表 13.8-2 例 13.8-1用有限差分方法从电子表格输出的数据

列/行	A	B	C	D	E	F	G	H	I	J	K
1	例 13.8-1										
2											
3	输入变量:										
4	L_f(加料流率)			10	m**3(STP)/h						
5	x_f(加料的 O_2 摩尔分率)			0.209							
6	x_o(出口的 O_2 摩尔分率)			0.03							
7	压力(加料), p_h			1 034	kPa						
8	压力(渗透物), p_l			103.4	kPa						
9	P'_A/t			1.50E-10	m**3(STP)/						
10	α^*(O_2/N_2 分离因子)			5	s·m**2·Pa						
11	$r=p_l/p_h$			0.1							
12											
13	I	1	2	3	4	5	6	7	8	9	10
14	$x(I)$	0.209 0	0.190 0	0.17	0.15	0.13	0.11	0.09	0.07	0.05	0.03
15	a	−4.000 0	−4.000 0	−4.000 0	−4.000 0	−4.000 0	−4.000 0	−4.000 0	−4.000 0	−4.000 0	−4.000 0
16	b	22.360 0	21.600 0	20.800 0	20.000 0	19.200 0	18.400 0	17.600 0	16.800 0	16.000 0	15.200 0
17	c	−10.450 0	−9.500 0	−8.500 0	−7.500 0	−6.500 0	−5.500 0	−4.500 0	−3.500 0	−2.500 0	−1.500 0
18	$y'(I)$	0.514 8	0.483 0	0.447 1	0.408 3	0.366 5	0.321 4	0.272 6	0.219 8	0.162 9	0.101 4
19	y(平均)		0.498 9	0.465 1	0.427 7	0.387 4	0.343 9	0.297 0	0.246 2	0.191 4	0.132 1
20	ΔV		0.615 1	0.636 1	0.630 0	0.630 7	0.640 1	0.661 7	0.702 2	0.775 9	0.921 9
21	$L(I)$	10.000 0	9.384 9	8.748 7	8.118 7	7.488 0	6.847 8	6.186 1	5.483 9	4.708 1	3.786 2
22											

续 表

列/行	A	B	C	D	E	F	G	H	I	J	K
23	I		1	2	3	4	5	6	7	8	9
24	V(逆流)	6.213 8	6.213 8	5.598 7	4.962 6	4.332 6	3.701 8	3.061 7	2.400 0	1.697 8	0.921 9
25	$y_{平均} * \Delta V$	1.976 4	1.976 4	1.669 5	1.373 7	1.104 2	0.859 9	0.639 7	0.443 2	0.270 3	0.121 8
26	$y(I)$	0.318 1	0.318 1	0.298 2	0.276 8	0.254 9	0.232 3	0.208 9	0.184 7	0.159 2	0.132 1
27											
28	校核:										
29	质量(入)	10.000 0									
30	质量(出)	10.000 0									
31	$[O_2]_{in}$	2.090 0									
32'	$[O_2]_{out}$	2.090 0									
33											
34	I		1	2	3	4	5	6	7	8	9
35	V(并流)		0.615 1	1.251 3	1.881 3	2.512 0	3.152 2	3.813 9	4.516 1	5.291 9	6.213 8
36	$y_{平均} * \Delta V$		0.306 9	0.602 7	0.872 2	1.116 6	1.336 7	1.533 3	1.706 1	1.854 6	1.976 4
37	$y(I)$		0.498 9	0.481 7	0.463 6	0.444 5	0.424 1	0.402 0	0.377 8	0.350 5	0.318 1
38											
39	计算每个增量的面积										
40											
41	$(x-ry')_{平均}$	0.149 6	0.133 5	0.117 2	0.101 3	0.085 6	0.070 3	0.055 4	0.040 9	0.026 8	0.009 9
42	$(P'_A/t) * p_h$	0.558 4									
43	ΔA	3.673 5	3.969 0	4.117 0	4.322 3	4.606 3	5.006 1	5.590 7	6.507 2	8.144 9	
44	总面积	45.937 0									

为了计算面积，在41行用式(13.8－7)计算每个增量的$(x-ry')_{平均}$。单元格B41中的公式为＝((B14－＄D＄11 * B18)＋(C14－＄D＄11 * C18))/2。在单元格B42中，将V的单位从m^3/h转换成m^3/s，从kPa转换成Pa，计算式＝(＄D＄9 * ＄D＄7 * 1000 * 3600)。在43行，用式(13.8－8)计算ΔA_m，单元格B43的公式为C19 * C20/(＄B＄42 * B41)。在44行，所有43行的面积ΔA_m值累加起来，获得总面积A_m，所用式子为＝SUM(B43:J43)。

13.8.4　压力降对渗透的影响的计算

(1) 管子数和长度的确定。为了计算中空纤维管内压降，必须确定量纲、管数、膜面积A_m。可采用下列计算程序。先按式(13.8－9)～式(13.8－13)的简捷计算程序进行计算，可获得L_f,L_o,V_p,$y'_{平均}$,A_m。管内的平均流率可按$L_{平均}=(L_f+L_o)/2$进行计算。

平行的管数N_T必须从典型的实验结果或工业数据来确定。例如，空气的流率为$3\ m^3/h$，采用3.8×10^4根(N_T)内径为$95\ \mu m$、长度(z_2-z_1)为48.26 cm的纤维。对于例13.8－1中的流率L_f为$10\ m^3/h$，为保持类似的和合理的管内速度，所需要的N_T正比于入口的L_f。这样，已知A_m时，可用式(13.8－14)计算总的管长(z_2-z_1)：

$$A_m=\pi DN_T(z_2-z_1) \tag{13.8-14}$$

(2) 有限差分方法计算压降的影响。对于有限差分数值方法，式(13.8－14)可写成

$$\Delta A_m=\pi DN_T(\Delta z) \tag{13.8-15}$$

同样，式(13.7－38)可按有限增量Δz长度写成

$$\frac{\Delta p_h}{\Delta z}=\frac{-128\,\mu}{\pi D^4 N_T}\left(L\frac{T}{T_S}\frac{p_S}{p_{h平均}}\right) \tag{13.8-16}$$

下列步骤可用于有限差分数值方法计算管内压降的影响，这些步骤需要数次迭代：

① 对于如图13.8－2所示的第1增量，恒定的进口压力p_{h1}(p_h)用作$p_{平均}$从式(13.7－27)、式(13.8－1)、式(13.8－3)、式(13.8－7)、式(13.8－8)计算y'_1和y'_2,ΔV_1,L_2,ΔA_{m1}。

② N_T值可按在第1段中讨论的典型数据来获得。用式(13.8－15)计算增量长度Δz。

③ 用$L_{平均}=(L_1+L_2)/2$和将进口压力p_{h1}当作$p_{h平均}$，从式(13.8－16)计算第1增量长度的压降Δp_h。

④ 对于第2次迭代，由$p_{h平均}=p_{h1}-\Delta p_h/2$获得的新$p_{h平均}$用于重新计算。出口的$p_{h2}=p_{h1}-\Delta p_h$新值用来从式(13.7－27)重新计算$y'_2$新值。$y'_1$值保持原来值。然后，重复步骤1至4，获得新的$\Delta p_h$值。通常，只需迭代3次左右就可获得恒定的$\Delta p_h$、$p_{h平均}$、$\Delta A_{m1}$值。用类似于例13.8－1的计算机程序，这个计算过程可以对每个有限段进行重复。

(3) 用捷算法确定压力降的影响。$L_{平均}$,N_T,A_m和总长度(z_2-z_1)值可按上面第1段中所述的简捷计算方法获得。捷算法的总压力降(p_h-p_{ho})值可按式(13.8－16)计算，其中，进口处的p_h作$p_{h平均}$，总长度为(z_2-z_1)。然后，在第2次至最后一次的迭代中，新的和修正的压力$p_{h平均}-p_h-\Delta p_h/2$和$p_{ho}=p_h-\Delta p_h$用于式(13.7－27)和式(13.8－9)～式(13.8－13)，以重新计算y'_o,$y'_{平均}$,V_p,A_m。这个重新计算的A_m包括了管内压力降的近似的影响。

13.9　反渗透膜过程

13.9.1　概述

(1) 概述。为了有利于分离不同种类的物质，膜必须允许某种分子通过，而不让或大大阻碍其他分子通过。在渗透中，溶剂从稀溶液到浓溶液跨过半透性膜发生自动的传递，该膜允许溶剂通过而阻碍盐的通过。在图 13.9-1(a)中，溶剂水垂直流过半透性膜到达盐溶液中。两个液体的界面高度相同，如图所示。当在盐溶液一侧施加压力时，通过膜的溶剂流率会减少，如图 13.9-1(b)所示，直至达到某个压力，两边达到了平衡，这个压力称为盐溶液的渗透压 π，这时，溶剂通过膜的正反方向流量相等。是溶液的性质决定了渗透压值，而不是膜，假定膜是真正半透性的。为了让水反向流动，即从盐溶液流向纯溶剂，如图 13.9-1(c)所示，盐溶液一边施加的压力须超过渗透压。

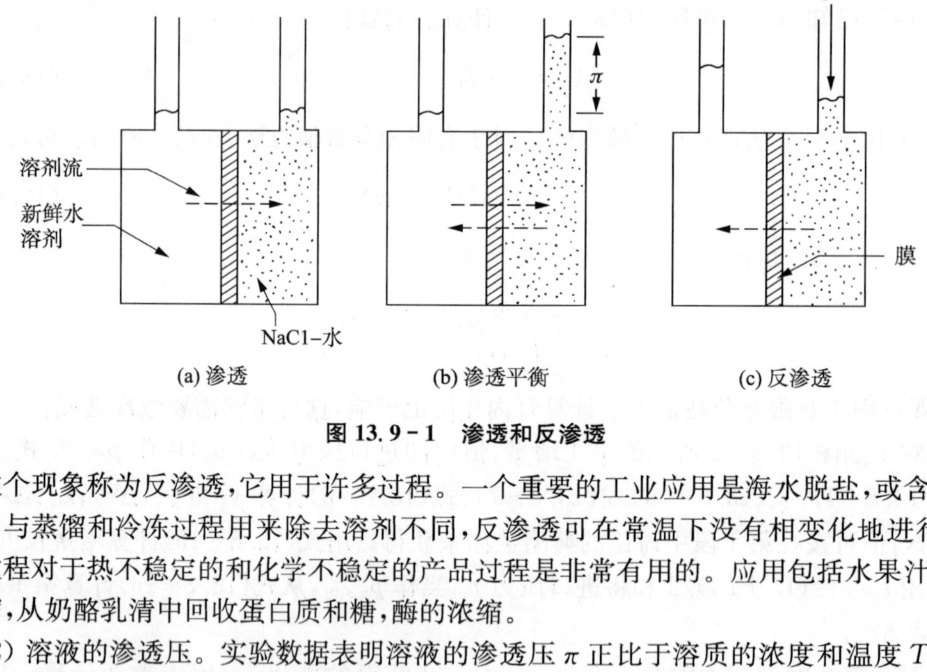

图 13.9-1　渗透和反渗透

这个现象称为反渗透，它用于许多过程。一个重要的工业应用是海水脱盐，或含盐水制纯水。与蒸馏和冷冻过程用来除去溶剂不同，反渗透可在常温下没有相变化地进行操作。这个过程对于热不稳定的和化学不稳定的产品过程是非常有用的。应用包括水果汁和牛奶的浓缩，从奶酪乳清中回收蛋白质和糖，酶的浓缩。

(2) 溶液的渗透压。实验数据表明溶液的渗透压 π 正比于溶质的浓度和温度 T。范德华最早导出了与理想气体压力相似的关系式。例如，对于稀的水溶液，

$$\pi=\frac{n}{V_m}RT \tag{13.9-1}$$

其中 n 是溶质的 kmol 数；V_m 是纯溶剂水和 n kmol 溶质的体积，m^3；R 是气体通用常数，$82.057\times10^{-3}\ m^3\cdot atm/(kmol\cdot K)$；$T$ 是温度，K。如果溶质在溶液中以两个或三个离子的形式存在，n 代表离子的总数。对于较浓的溶液，式(13.9-1)用渗透系数 ϕ 修正，它是实际渗透压 π 与按公式计算的理想渗透压 π 之比。对于非常稀的溶液，ϕ 的数值为 1，ϕ 值通常随着浓度的增加而降低。在表 13.9-1 中给出了 NaCl 溶液、蔗糖溶液和海水溶液的一些 π 实验值(S3，S5)。

表 13.9-1　各种水溶液在 25 ℃下的渗透压(P1,S3,S5)

氯化钠溶液			海水溶液		蔗糖溶液	
mol NaCl/kg H_2O	密度 (kg/m^3)	渗透压 (atm)	%(质)盐	渗透压 (atm)	溶质摩尔分率×10^3	渗透压 (atm)
0	997.0	0	0	0	0	0
0.01	997.4	0.47	1.00	7.10	1.798	2.48
0.10	1 001.1	4.56	3.45①	25.02	5.375	7.48
0.50	1 017.2	22.55	7.50	58.43	10.69	15.31
1.00	1 036.2	45.80	10.00	82.12	17.70	26.33
2.00	1 072.3	96.2				

① 标准海水值。

例 13.9-1　计算盐溶液的渗透压

计算含 0.10 mol NaCl/100 g H_2O 的 25 ℃水溶液的渗透压。

解: 从附录表 A.2-3 可知,水的密度＝997.0 kg/m^3。于是,$n=2\times0.10\times10^{-3}=2.00\times10^{-4}$ kmol(NaCl 给出两个离子)。同样,纯溶剂水的体积 $V_m=1.00$ kg/(997.0 kg/m^3)。代入式(13.9-1):

$$\pi=\frac{n}{V_m}RT=\frac{2.00\times10^{-4}\times82.057\times10^{-3}\times298.15}{1.000/997.0}=4.88\ \text{atm}$$

这个值与表 13.9-1 中的实验值 4.56 atm 值比较接近。

(3) 反渗透膜的种类。较重要的反渗透脱盐和其他反渗透过程用的膜之一是乙酸纤维素膜。不对称膜是由复合膜构成,在复合膜中由一薄层致密的、厚度约为 0.1～10 μm 的、孔特别细小的表面受到较厚(50～125 μm)的、多孔海绵状结构、渗透时阻力很小的膜的支撑。这层薄的致密表面具有阻拦很小的溶质分子通过的能力。在脱盐过程中,膜阻止盐溶质通过而允许溶剂水通过。大多都会被乙酸纤维素膜阻拦的溶质是盐 NaCl、NaBr、$CaCl_2$、Na_2SO_4、蔗糖、季铵盐。乙酸纤维素膜应用的主要限制是它基本上只用于水溶液,并且温度低于约 60 ℃。

另一种重要的、可用于海水、废水、镍电镀洗液和其他溶质分离的膜是合成的芳族聚酰胺膜"Permasep",制成很细的中空纤维(L1,P3)。当这种膜用于工业连续操作时,pH 值为 10 至 11(S4)。许多其他各向异性的膜从合成聚合物合成,其中一些可用于有机溶剂的分离,在温度较高、高 pH 值或低 pH 值下操作(M2,R1)。

13.9.2　反渗透的通量方程

(1) 膜过程的基本模型。在膜分离中,有两种基本的质量传递机理。第 1 种机理发生于致密的膜中,膜中能阻止 10 Å 左右大小或更小的溶质,主要以分子的或费克扩散传递类型进行。溶质和溶剂两者通过在聚合物膜中的分子扩散而发生迁移,它由膜中的浓度梯度和施加在膜两边的压力差推动。第 2 种机理中采用疏松的微孔的膜,发生筛孔式传质机理,截留大于 10 Å 的粒子,其中溶剂基本上以黏性流动通过微孔,足够小的溶质通过微孔被对流的溶剂带走。第 2 种机理的详细过程可见(M2,W1)。

(2) 扩散型模型。对于扩散型膜,支配溶剂和溶质传递的定态方程近似如下(M2,M3)。对于如图 13.9-2 所示的溶剂通过膜的扩散:

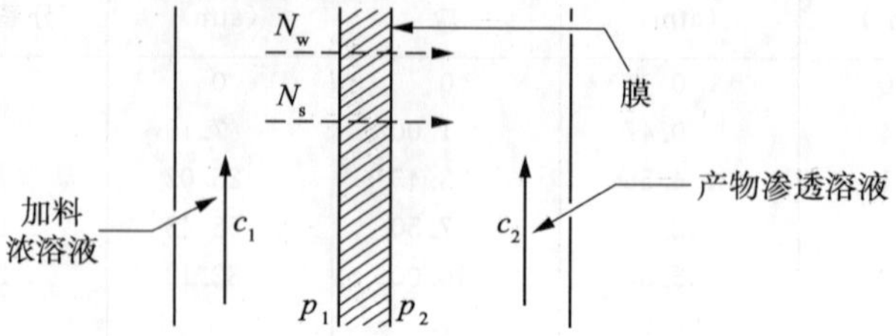

图 13.9-2 反渗透过程的浓度和通量

$$N_w=\frac{P_w}{L_m}(\Delta p-\Delta\pi)=A_w(\Delta p-\Delta\pi) \tag{13.9-2}$$

$$A_w=\frac{P_w}{L_m} \tag{13.9-3}$$

其中 N_w是溶剂(水)的通量,kg/(s·m^2);P_w是溶剂的膜渗透度,kg 溶剂/(s·m·atm);L_m是膜厚度,m;A_w是溶剂渗透常数,kg 溶剂/(s·m^2·atm);$\Delta p=p_1-p_2$(水力静压力差,p_1为加料压力,p_2为产物溶液压力)atm;$\Delta\pi=\pi_1-\pi_2$(加料的渗透压－产物渗透压)atm。记下标 1 为加料或膜的上游,下标 2 为产物或膜的下游。

对于溶质扩散通过膜,溶质的近似表达式为(C1,M1)

$$N_s=\frac{D_sK_s}{L_m}(c_1-c_2)=A_s(c_1-c_2) \tag{13.9-4}$$

$$A_s=\frac{D_sK_s}{L_m} \tag{13.9-5}$$

其中 N_s是溶质(盐)的通量,kg 溶质/(s·m^2);D_s是溶质在膜中的扩散系数,m^2/s;$K_s=c_m/c$(分配系数)是膜中溶质的浓度/溶液中溶质的浓度;A_s是溶质渗透常数,m/s;c_1是加料或上游的(浓)溶液的溶质浓度,kg 溶质/m^3;c_2是产物或下游的(渗透物)溶质浓度,kg 溶质/m^3。分配系数 K_s在整个膜上近似为常数。

在定态条件下对溶质作物料衡算,溶质扩散通过膜的量必定等于离开下游或产物(渗透物)溶液的溶质量:

$$N_s=\frac{N_wc_2}{c_{w2}} \tag{13.9-6}$$

式中 c_{w2}是流股 2(渗透液)中溶剂的浓度,kg 溶剂/m^3。如果流股 2 是稀溶液,c_{w2}近似为溶剂的密度。在反渗透中,溶质截留率 R 定义为膜两边的浓度差除以加料的或浓缩的溶液主体浓度(加料流中保持的溶质浓度):

$$R=\frac{c_1-c_2}{c_1}=1-\frac{c_2}{c_1} \tag{13.9-7}$$

这个可以关联成如下的通量方程,首先将式(13.9-2)和式(13.9-4)代入式(13.9-6),消去式(13.9-6)中的 N_w和 N_s。这样,解出 c_2/c_1并将结果代入式(13.9-7):

$$R=\frac{B(\Delta p-\Delta\pi)}{1+B(\Delta p-\Delta\pi)} \tag{13.9-8}$$

$$B=\frac{P_w}{D_s K_s c_{w2}}=\frac{A_w}{A_s c_{w2}} \tag{13.9-9}$$

式中 B 的单位是 atm^{-1}。注意 B 为膜的各种物理性质 P_w，D_s，K_s的组合，对于每一种膜必须由实验确定。通常，确定的是 D_sK_s的乘积，而不是分别确定 D_s和 K_s的值。同样，文献中报道的许多数据给出了(P_w/L_m)或 A_w的值，kg 溶质/(s · m^2 · atm)；(D_sK_s/L_m)或 A_s的值，m/s；而不是分开的 L_m、P_w值，等等。

例 13.9-2　实验确定膜渗透度

实验在 25 ℃下进行，以确定乙酸纤维素膜的渗透度(A1，W1)。实验装置示意图表示在图 13.9-3 中，膜面积 $A=2.00\times10^{-3}$ m^2。进口加料溶液 NaCl 的浓度为 $c_1=10.0$ kg NaCl/m^3溶液(10.0 g NaCl/L，$\rho_1=1\,004$ kg 溶液/m^3)。假定水的回收率很低，进料中溶液的 c_1浓度在流经膜表面到达出口时，浓度基本不变。产物溶液浓度为 $c_2=0.39$ kg NaCl/m^3溶液($\rho_2=997$ kg 溶液/m^3)，测得流量为 1.92×10^{-8} m^3溶液/s。使用的压力差为 5 514 kPa(54.42 atm)。计算膜的渗透度常数和溶质的截留率 R。

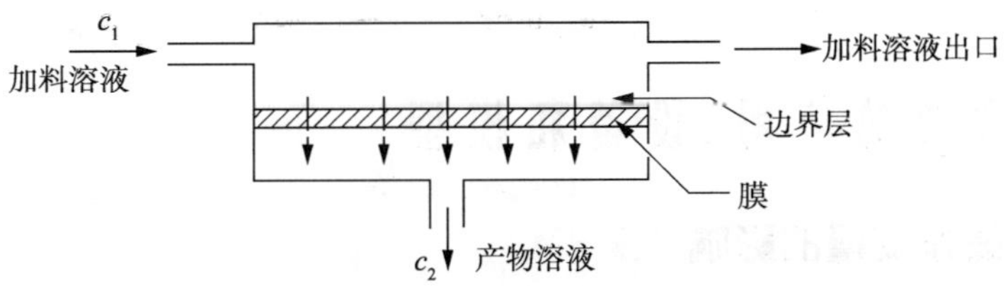

图 13.9-3　反渗透实验装置的流程图

解：由于 c_2很低(稀溶液)，c_{w2}值可假定为水的密度(表 13.9-1)，或 $c_{w2}=997$ kg 溶剂/m^3。为了将产物流率换算成水的通量 N_w，使用面积 $A=2.00\times10^{-3}$ m^2：

$$N_w=(1.92\times10^{-8}\ m^3/s)\times(997\ kg\ 溶剂/m^3)\times(1/2.00\times10^{-3}\ m^2)$$
$$=9.57\times10^{-3}\ kg\ 溶剂/(s\cdot m^2)$$

代入式(13.9-6)：

$$N_s=\frac{N_w c_2}{c_{w2}}=\frac{9.57\times10^{-3}\times0.39}{997}=3.744\times10^{-6}\ kg\ 溶质\ NaCl/(s\cdot m^2)$$

为了从表 13.9-1 确定渗透压，将浓度转换成如下。对于 c_1，10.0 kg NaCl 在 1 004 kg 溶液中($\rho_1=1\,004$ kg 溶液/m^3)。这样，每立方米溶液中有 1 004−10=994 kg 水。因此，NaCl 的相对分子质量为 58.45，在加料溶液中(10.00×1 000)/(994×58.45)=0.172 1 mol NaCl/kg H_2O。从表 13.9-1 线性内插可得，$\pi_1=7.80$ atm。代入式(13.9-1)可得计算的 $\pi_1=8.39$ atm，该值比实验值高。对于产物溶液，997−0.39=996.6 kg 水。因此，(0.39×1 000)/(996.6×58.45)=0.006 70 mol NaCl/kg H_2O。从表 13.9-1 可得，$\pi_2=0.32$ atm。这样，$\Delta\pi=\pi_1-\pi_2=7.80-0.32=7.48$ atm，$\Delta p=54.42$ atm。

代入式(13.9-2)：

$$N_w=9.57\times10^{-3}=\frac{P_w}{L_m}(\Delta p-\Delta\pi)=\frac{P_w}{L_m}(54.42-7.48)$$

解得$(P_w/L_m)=A_w=2.039\times10^{-4}$ kg 溶剂/(s·m² · atm)。代入式(13.9-4)：

$$N_s=3.744\times10^{-6}=\frac{D_sK_s}{L_m}(c_1-c_2)=\frac{D_sK_s}{L_m}(10.00-0.39)$$

解得$(D_sK_s/L_m)=A_s=3.896\times10^{-7}$ m/s。

为了计算溶质截留率 R，将上述数据代入式(13.9-7)：

$$R=\frac{c_1-c_2}{c_1}=\frac{10.00-0.39}{10.00}=0.961$$

同样，代入式(13.9-9)，再计算式(13.9-8)

$$B=\frac{P_w/L_m}{(D_sK_s/L_m)c_{w2}}=\frac{2.039\times10^{-4}}{3.896\times10^{-7}\times997}=0.5249\ \text{atm}^{-1}$$

$$R=\frac{B(\Delta P-\Delta\pi)}{1+B(\Delta P-\Delta\pi)}=\frac{0.5249\times(54.42-7.48)}{1+0.5249\times(54.42-7.48)}=0.961$$

13.10 反渗透的应用、设备和模型

13.10.1 操作变量的影响

在许多工业装置中，反渗透范围的操作压力从约 1 035～10 350 kPa(150～1 500 psi)。比较式(13.9-2)的溶剂通量与式(13.9-4)的溶质通量，表明溶剂通量 N_w 只与净压差有关，而溶质通量 N_s 只与浓度差有关。因此，随着加料压力的增加，溶剂或水通过膜的流率会增加，溶质流率近似保持恒定，在产物溶液中溶质保持较低的浓度。

在使用的压力恒定的情况下，加料的溶质浓度增加，产物的溶质浓度也会增加。这是由于加料的渗透压增加，由于随着更多的溶剂从加料溶液中分离(水的回收率增加)，溶液浓度变得更高，水的通量降低。同样，因为加料的浓度较高，产物溶液中存在的溶质量就增加。

如果反渗透装置具有大的膜面积(如工业装置)，从加料进口到出口的途径很长，加料出口浓度可视为高于进口浓度 c_1。这样，出口处盐的通量就比进口处的大(K2)。许多制造商用加料进口和出口的溶质或盐的平均浓度计算式(13.9-7)中溶质或盐的截留率 R。

例 13.10-1 反渗透装置的特性的计算

反渗透膜在 25 ℃下用于分离 NaCl 水溶液，加料浓度为 2.5 g NaCl/L(2.5 kg NaCl/m³，$\rho=999$ kg/m³)，水的渗透度常数为 $A_w=4.81\times10^{-4}$ kg/(s·m² · atm)，溶质(NaCl)渗透度常数为 $A_s=4.42\times10^{-7}$ m/s(A1)。采用的 $\Delta p=27.20$ atm，计算通过膜的水的和溶质的通量和溶质的截留率 R。计算产物溶液的 c_2。

解：在加料溶液中，$c_1=2.5$ kg NaCl/m³，$\rho_1=999$ kg 溶液/m³。因此，加料中每立方米

溶液含水 999－2.5＝996.5 kg 水，含盐(2.50×1 000)/(996.5×58.45)＝0.042 92 mol NaCl/kg H_2O。从表 13.9－1 可得，$\pi_1=1.97$ atm。由于产物溶液 c_2 是未知的，先假定 $c_2=0.1$ kg NaCl/m^3。同样，由于这是很稀的溶液，$\rho_2=997$ kg 溶液/m^3，$c_{w2}=997$ kg 溶剂/m^3。这样，对于产物溶液，含盐(0.10×1 000)/(996.9×58.45)＝0.001 72 mol NaCl/kg H_2O，$\pi_2=0.08$ atm。同样，$\Delta\pi=\pi_1-\pi_2=1.97-0.08=1.89$ atm。

代入式(13.9－2)：

$$N_w=A_w(\Delta p-\Delta\pi)=4.81\times10^{-4}(27.20-1.89)$$
$$=1.217\times10^{-2}\ \text{kg}\ H_2O/(s\cdot m^2)$$

为计算 R，先将上述数据代入式(13.9－9)：

$$B=\frac{A_w}{A_s c_{w2}}=\frac{4.81\times10^{-4}}{4.42\times10^{-7}\times997}=1.092\ \text{atm}^{-1}$$

然后，代入式(13.9－8)：

$$R=\frac{B(\Delta p-\Delta\pi)}{1+B(\Delta p-\Delta\pi)}=\frac{1.092\times(27.20-1.89)}{1+1.092\times(27.20-1.89)}=0.965$$

将这个 R 值代入式(13.9－7)：

$$R=0.965=\frac{c_1-c_2}{c_1}=\frac{2.50-c_2}{2.50}$$

解得产物溶液 $c_2=0.087\ 5$ kg NaCl/m^3。这个值与假定的值 $c_2=0.10$ 非常接近，在第 2 次试差中 π_2 没有明显的变化。因此，c_2 的最终值为 0.087 5 kg NaCl/m^3(0.087 5 g NaCl/L)。

代入式(13.9－4)：

$$N_s=A_s(c_1-c_2)=4.42\times10^{-7}\times(2.50-0.087\ 5)$$
$$=1.066\times10^{-6}\ \text{kg NaCl}/(s\cdot m^2)$$

13.10.2　反渗透扩散模型中的浓差极化

在脱盐过程中，在溶剂离开溶液进入膜的局部溶质的浓度形成分布。溶质在膜附近相当稳定的边界层内积累(图 13.9－3)。浓差极化 β 定义为膜表面的盐浓度与加料溶液主体盐浓度 c_1 的比值。浓差极化引起水的通量下降，因为渗透压 π_1 随着边界层浓度的增加而上升，总推动力($\Delta p-\Delta\pi$)下降。同样，溶质通量增加，因为边界层内的溶质浓度增加。因此，通常需要增加 Δp，以补偿推动力的下降，这样就使能量消耗费用增加(K2)。

浓差极化 β 的影响可以用修正式(13.9－2)和式(13.9－8)中的 $\Delta\pi$ 值来近似计算，具体如下(P6)：

$$\Delta\pi=\beta\pi_1-\pi_2 \tag{13.10-1}$$

假定渗透压 π_1 直接正比于浓度，这个假定是近似成立的。同样，式(13.9－4)可修正为

$$N_s=A_s(\beta c_1-c_2) \tag{13.10-2}$$

通常的浓差极化比(K3)是 1.2 至 2.0，即边界层中的浓度是加料主体浓度 c_1 的 1.2 至

2.0 倍。这个比值的计算往往是困难的。在海水脱盐中,使用约为 1 000 psia 的 Δp 值,π_1 可以较大。增加这个 π_1 至 1.2～2.0 倍,溶剂的通量减少是可感觉到的。对于浓度为 2～10 g/L 的含盐水,使用 17～55 atm 绝压的 Δp 值,π_1 是低的,浓差极化不重要。

增加湍流可以降低边界层厚度,可用提高加料溶液速度来实现。然而,这个外加的流率使产物的量与加料的量的比值降低。同样,在流动途径中设置网格也会引起湍动。因此,计算至膜表面的质量传递系数的方程和浓差极化值都是对一定的几何形状使用的,例如流过平板、管内流动、管外流动,等等(H2,N1)。这样,水的通量的方程可以按类似于第 13.11 节的方法由这些传质系数来计算。

13.10.3 反渗透的渗透度常数

膜的渗透度常数必须根据所用的膜的类型由实验来确定。对于乙酸纤维素膜,典型的水渗透度常数 A_m 的范围大约为 1×10^{-4} 至 5×10^{-4} kg 溶剂/(s · m² · atm)(A1,M3,W1)。其他类型膜的值有很大不同。通常,具体膜的水渗透度常数与存在的溶质没有关系。对于乙酸纤维素膜的溶质渗透度常数 A_s,一些较典型的值如下,如 NaCl 的值 $A_s=4\times10^{-7}$ m/s,$BaCl_2$ 的值为 1.6×10^{-7} m/s,$MgCl_2$ 的值为 2.2×10^{-7} m/s,$CaCl_2$ 的值为 2.4×10^{-7} m/s,Na_2SO_4 的值为 4.0×10^{-7} m/s,KCl 的值为 6.0×10^{-7} m/s,NH_4Cl 的值为 6.0×10^{-7} m/s(A1)。

13.10.4 反渗透设备的类型

反渗透的设备是与第 13.3.3 节中叙述的气体渗透的膜分离器完全类似的。在板框式装置中,薄的塑料支撑带有浅槽的板,两边覆盖有膜,如压滤机。加压的进料溶液在两层膜之间的细小空间中流动(L1)。溶剂渗透通过膜,并流入浅槽至出口。在管板式装置中,膜以细管子的形式装入带有孔板的外壳,该壳像一个压力容器。这些管子以管束形式排列,像列管式换热器。

在螺旋卷式装置中,使用平面的膜和平面的多孔支撑材料,该材料像三明治一样夹在两层膜之间。然后,膜、支撑、加料边的网格绕一根管子以螺旋方式卷起来。在中空纤维装置中,壁厚约为 25 μm、直径为 100～200 μm 的纤维像列管式换热器一样排列成管束(L1,R1)。

13.10.5 反渗透的完全混合模型

完全混合模型的过程流程图如图 13.10-1 所示。当用于低盐浓度如 1%左右的含盐水时,本模型的使用使问题简化了。本模型也适用于过程产生的溶剂回收率较低,并且浓差极化影响较小的情况。由于渗透液的浓度非常低,渗透液一侧的流体可看作是完全混合的。

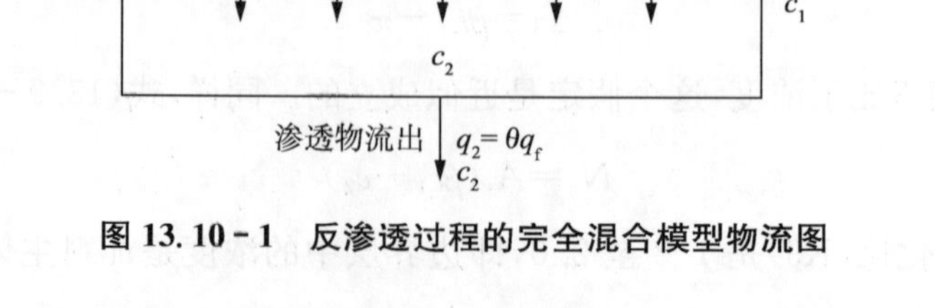

图 13.10-1 反渗透过程的完全混合模型物流图

对于稀溶液的总物料衡算：

$$q_f = q_1 + q_2 \tag{13.10-3}$$

式中 q_f 是加料的体积流量，m^3/s；q_2 是渗透液的流率，m^3/s；q_1 是残留的或出口的流率，m^3/s。作溶质的物料衡算：

$$c_f q_f = c_1 q_1 + c_2 q_2 \tag{13.10-4}$$

定义溶剂采出率或溶剂回收分率为 $\theta = q_2/q_f$，式(13.10-4)变成

$$c_f = (1-\theta)c_1 + \theta c_2 \tag{13.10-5}$$

先前导出的通量和截留率公式对这种情况是有用的，具体如下：

$$N_w = A_2(\Delta p - \Delta\pi) \tag{13.9-2}$$

$$N_s = A_s(c_1 - c_2) \tag{13.9-4}$$

$$R = \frac{c_1 - c_2}{c_1} \tag{13.9-7}$$

$$R = \frac{B(\Delta p - \Delta\pi)}{1 + B(\Delta p - \Delta\pi)} \tag{13.9-8}$$

当溶剂采出率或溶剂回收分率 θ 规定时，需用试差法求解。由于渗透的和截留的浓度 c_1 和 c_2 未知，先假定 c_2。然后，用式(13.10-5)计算 c_1。接着，从式(13.9-2)获得 N_w，从式(13.9-7)和式(13.9-8)获得 c_2。如果 c_2 的计算值与假定值不等，重复计算过程。

当存在浓差极化影响时，可用估计的 β 值对这个影响作近似的修正。用式(13.10-1)获得 $\Delta\pi$ 的值，可用于式(13.9-2)和式(13.9-8)。同样，用式(13.10-2)代替式(13.9-4)。这个完全混合模型的更详细分析由文献(H1，K1)给出，这些文献中采用了浓差极化边界层的传质系数。

反渗透过程的错流模型与第 13.6 节中所述的气体膜分离的情况类似。由于溶剂浓度小，渗透液一边可看作完全混合。因此，虽然模型是为逆流和并流流动建立的，用于错流也是有效的。这在文献(H1)中有详细讨论。

13.11　超滤膜分离过程

13.11.1　概述

超滤是与反渗透非常类似的膜过程。它是由压力作推动力的过程，其中溶剂和可能存在的小溶质分子通过膜，收集为渗透液。大的溶质分子不通过膜，被当作浓缩液回收。被分离的溶质或分子一般具有的相对分子质量大于 500 至 1 000 000 或更大，例如蛋白质、聚合物、淀粉的大分子以及黏土、乳胶粒子、微生物的胶体悬浮液。

与反渗透不同，超滤膜只用多孔膜脱溶质。常称为保留的截留率 R 也由反渗透过程定义的式(13.9-7)给出。超滤也用于分离不同分子量的蛋白质混合物。膜的截留相对分子质量定义为截留率为 90%的球形蛋白质相对分子质量。根据经验规则，相对分子质量必须

有10倍的差别才能得到较好的分离(P7)。

目前,超滤用于许多不同的过程。其中有些用于油水悬浮液的分离、乳胶粒子悬浮液的分离、血液和血浆的分离、蛋白质的分级或分离、奶酪生产中乳清蛋白质的回收、杀菌酒液中除去细菌和其他颗粒、水果汁的澄清。

超滤的膜通常与反渗透的膜类似,一般为不对称的和多孔性的。膜由很薄的紧密的表皮和强度支撑的多孔层组成。膜由芳族聚酰胺、醋酸纤维素、硝酸纤维素、聚碳酸酯、聚酰亚胺、聚砜等等组成(M2,P6,R1)。

13.11.2　超滤设备的类型

超滤设备与用于反渗透、气体渗透过程的设备类似,这些设备已在第13.3.3节和13.10.4节中进行了描述。管式装置比其他三种类型较少污染,更容易清洁;但是这种类型比较贵。

板框式装置中的平板式膜提供了最通用的形式,但是设备费用最昂贵(P6)。膜能够容易地被清洗或拆卸更换。螺旋卷式装置的单位膜面积费用较低。这些装置比管式膜分离器更容易结垢,但是比中空纤维装置难结垢。与其他三种类型相比,中空纤维的结垢阻力最小。然而,中空纤维结构具有单位体积最高的膜面积比。

错流过滤是最常用的流动模型(P7)。螺旋卷式用得最多,随后是中空纤维式的。间歇操作过程也用得很多。带膜的搅拌器也可看作近似的错流操作(R1)。

13.11.3　超滤的通量方程

溶剂扩散通过膜的通量方程是与反渗透的式(13.9-2)相同的:

$$N_w = A_w(\Delta p - \Delta\pi) \tag{13.9-2}$$

在超滤中,膜不允许溶质通过,该溶质通常是大分子。大溶质分子的浓度(mol/L)通常是低的。因此,渗透压非常小,可以忽略。这样,式(13.9-2)变成

$$N_w = A_w(\Delta p) \tag{13.11-1}$$

超滤装置在大约5～100 psi压力降下操作,而反渗透压力降为400～2 000 psi。对于低的压力降,如5～10 psi的压力降的稀溶液1%(质)左右的浓度,式(13.11-1)可用以计算搅拌良好的膜装置的特性。

由于溶质被膜截留,它会在膜表面积累和集结。当压差增加时以及溶质浓度增加时,产生浓差极化,它比反渗透过程的浓差极化要严重得多。这个现象如图13.11-1(a)所示,其中c_1是溶液主体的溶质浓度,kg溶质/m^3;c_s是膜表面的溶质浓度;c_p是渗透液的溶质浓度。

随着压力降的增加,溶剂通过膜的通量N_w也增加。这引起溶质从主体到膜表面的对流传递量增加,即溶剂带入了更多的溶质。浓度c_s增加使溶质从膜表面向溶液主体的分子扩散量增大。在定态的条件下,对流的通量等于扩散的通量:

$$\frac{N_w c}{\rho} = -D_{AB}\frac{dc}{dx} \tag{13.11-2}$$

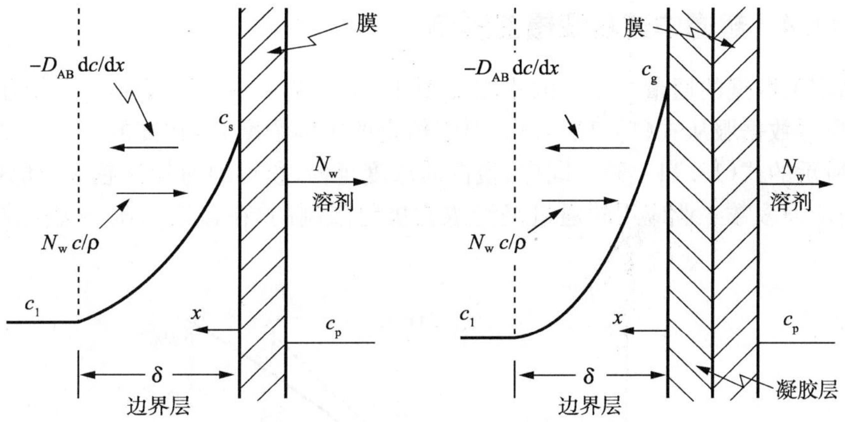

(a) 凝胶形成前的浓度波　　(b) 在膜表面形成凝胶层之后的浓度波

图 13.11－1　超滤中的浓差极化

其中 $N_w c/\rho=[\text{kg 溶剂}/(\text{s}\cdot\text{m}^2)](\text{kg 溶质}/\text{m}^3)/(\text{kg 溶剂}/\text{m}^3)=\text{kg 溶质}/(\text{s}\cdot\text{m}^2)$；$D_{AB}$是溶质在溶剂中的扩散系数，$\text{m}^2/\text{s}$；$x$ 为距离，m。在 $x=0, c=c_s$ 至 $x=\delta, c=c_1$ 积分这个方程，可得

$$\frac{N_w}{\rho}=\left(\frac{D_{Ab}}{\delta}\right)\ln\left(\frac{c_s-c_p}{c_1-c_p}\right)=k_c\ln\left(\frac{c_s-c_p}{c_1-c_p}\right) \tag{13.11-3}$$

其中 k_c是传质系数，m/s。进一步增加压差，c_s增加至一个极限浓度，在这个浓度下积累的溶质形成半固体的凝胶，其中 $c_s=c_g$，如图 13.11－1(b)所示。对于通常几乎所有溶质被截留的情况，$c_p=0$，式(13.11－3)变成

$$\frac{N_w}{\rho}=k_c\ln(c_s/c_1) \tag{13.11-4}$$

再进一步增加压差不会改变 c_g，膜被称为“凝胶极化”。这样，式(13.11－3)变成(P1,P6,R1)

$$\frac{N_w}{\rho}=k_c\ln\left(\frac{c_g}{c_1}\right) \tag{13.11-5}$$

随着压差的增加，凝胶层的厚度也增加，引起溶剂通量的降低，因为凝胶层增加了阻力。最后，对流传递的净溶质通量等于极化后的浓度梯度造成的反向扩散进入溶液主体的溶质通量，由式(13.11－5)给出。

膜附近增加的凝胶层阻力造成溶剂通量阻力的增加，可按下式计算

$$N_w=\frac{\Delta p}{1/A_w+R_g} \tag{13.11-6}$$

其中 $1/A_w$是膜阻力，R_g是凝胶层阻力变量，$(\text{s}\cdot\text{m}^2\cdot\text{atm})/\text{kg}$ 溶剂。在凝胶化区域中的溶剂通量与压差无关，反向扩散的通量可按式(13.11－5)计算。对于大量的大分子溶液的实验数据与用式(13.11－5)计算的结果一致，例如蛋白质等，以及胶质悬浮液，例如乳胶粒子等等(P1,P6)。

13.11.4 超滤中过程变量的影响

典型实验数据的通量对压差的作图如图 13.11-2 所示(H1,P6)。在低压差或低溶质浓度下,典型数据服从式(13.11-1)。对于给定的主体浓度 c_1,在高的压差下通量近似为常数,如图所示的式(13.11-5)。同样,蛋白质浓度越稀,获得的通量就越大,如式(13.11-5)所预示的。大多数工业应用的通量是受浓差极化限制的,在接近与压差无关的通量区域操作(R1)。

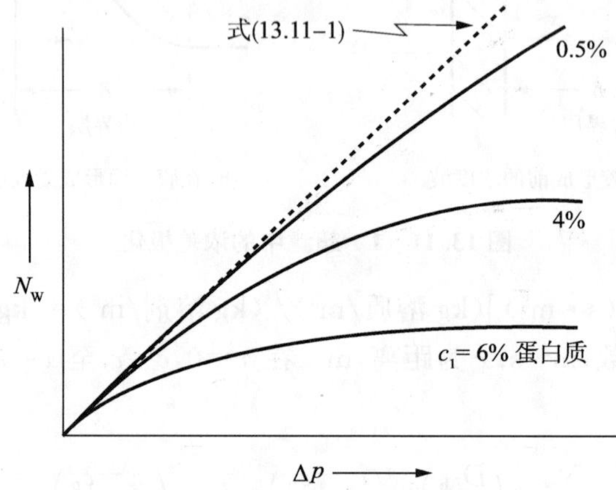

图 13.11-2 压力差对溶剂通量的影响

采用实验数据 N_w/ρ 对 $\ln c_1$ 作图为直线,斜率为 $-k_c$,k_c 为传质系数,如式(13.11-5)所示。这些图也给出了 c_g 值,即凝胶化浓度。数据(P1)表明许多大分子溶液的凝胶化浓度约为 25%(质),在 5%~50%。对于胶体分散液,凝胶化浓度越为 65%(质),在 50%~75%。

中空纤维的浓差极化作用通常很小,因为溶剂通量很小。因此,可按式(13.11-1)描述通量。为了增加超滤溶剂的通量,可采用流体错流通过膜以除去极化边界层部分,从而增加式(13.11-5)中的 k_c。使用较高的速度和其他方法增加湍动和 k_c 值。在大多数情况下,单程操作方式的溶剂通量太小。因而有必要采用加料循环流经膜分离器的操作方式,常使用的循环比为 10/1~100/1。

式(13.11-5)中的传质系数 k_c 的计算方法由其他文献中给出(P1,P6),可用于计算已知几何形状如槽的尺寸等等的情况。计算已知几何形状的通量时,采用这些方法和式(13.11-5)中在凝胶化区域 c_g 的实验值,并与大分子溶液的实验值在约 25%~30% 比较。然而,胶体悬浮液的实验通量大于理论值,层流时为 20~30 倍,湍流时为 8~10 倍。因此,式(13.11-5)并不能用来精确计算溶剂的通量。通常,设计工业装置时必须获得单个小设备的实验数据。

13.12 微滤膜分离过程

13.12.1 概述

在微滤中,压力驱动的通过膜的流动用于从流体中分离出微米级的颗粒。颗粒尺寸范围从 0.02 μm～10 μm(H2)。这个微滤从溶液中分离出颗粒。颗粒通常大于反渗透和超滤中的溶质。因此，渗透压可以忽略不计。在尺寸范围很低的下限，可分出很大的可溶的大分子。细菌和其他微生物(P7)也可被膜分离出来。在这个尺寸范围的其他颗粒是颜料色素、酵母细胞、悬浮物质如发酵清液中的细胞、消毒啤酒液中的颗粒，等等。超滤和微滤之间的分界线并不是非常严格的。

膜的孔尺寸和渗透通量明显大于反渗透和超滤。通常，膜两边采用的压差从 1 psi 变化至 50 psi(H2)。膜的种类很多，可以是陶瓷的、聚合物的等等。

膜分离器采用各种不同的几何形状。这些设备包括螺旋卷式、板框式、中空纤维式、带有打褶膜的弹筒式膜分离器，等等。一次性的弹筒式膜分离器也被使用。

13.12.2 微滤的模型

(1) 终端微滤流动模型。在许多间歇过滤实验中，间歇过程按终端流动的方式进行，用膜代替通常的滤纸。随着时间的增加，颗粒形成滤饼，澄清的渗透液在压差下通过膜，如图 13.12－1(a)所示。渗透通量的方程为(H2)

$$N_w = \frac{\Delta p}{\mu(R_m + R_c)} \tag{13.12-1}$$

其中 N_w是溶剂的通量，kg/(s・m^2)；Δp 是压差，Pa；μ 是溶剂的黏度，Pa・s；R_m是膜阻力，m^2/kg；R_c是滤饼的阻力，m^2/kg；R_c随着时间增加、滤饼的增长而增加。

这个式(13.12－1)与在本书的第 14.2 节中叙述的普通过滤的式(14.2－8)类似。这个方程的解也在该章节中给出。

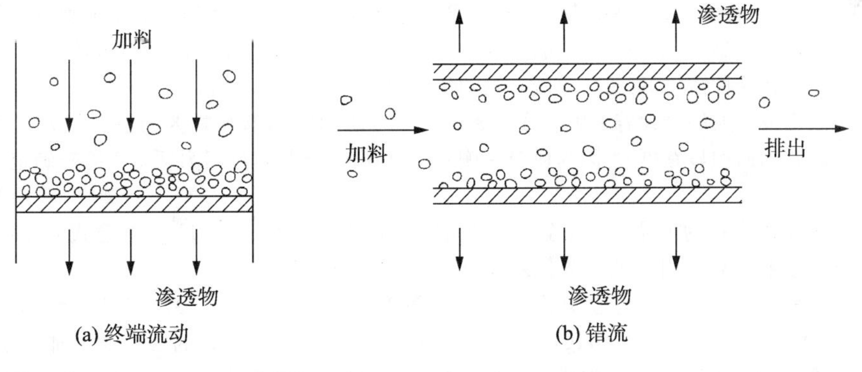

图 13.12－1 微滤过程的物流图

(2) 错流微滤模型。在图 13.12－2(b)所示的错流模型中，操作与反渗透和超滤的形式类似，因为主体溶液的流动是平行于膜表面的，而不是通过膜(H2)。通过膜的渗透流将颗粒带到膜表面，在那里形成薄层。相当高的平行于表面的流动速度清扫除掉积累在表面上的颗粒，流向出口，只留下很薄的滤饼层。这个很薄的滤饼层类似于超滤中形成的凝胶层。这个错流对于控制浓差极化和滤饼的形成是非常有效的，允许保持比较高的通量。

这个颗粒对流的浓差极化模型形成的滤饼层被离开滤饼层的布朗扩散造成的颗粒扩散所平衡。这个模型类似于超滤中的通量计算式(13.11－3)。其他模型可参阅有关文献(H2)。

习　题

13.2-1 通过液体和膜的扩散。设计一膜过程以从稀溶液中回收溶质 A,其中 $c_1=2.0\times10^{-2}$ kmol A/m^3,渗析通过膜的溶液浓度为 $c_2=0.3\times10^{-2}$ kmol A/m^3。膜厚度为 1.59×10^{-5} m,分配系数 $K'=0.75$,膜中的扩散系数 $D_{AB}=3.5\times10^{-11}$ m^2/s,稀溶液中的传质系数 $k_{c1}=3.5\times10^{-5}$ m/s,$k_{c2}=2.1\times10^{-5}$ m/s。

(1) 计算分阻力,总阻力,两液膜阻力所占总阻力的百分率。

(2) 计算定态流动条件下的通量,当传递 0.01 kmol 溶质/h 时,计算总面积(m^2)。

(3) 增加两液相的流经膜表面的速度,会使传质系数增加,它近似与 $v^{0.6}$ 成正比,其中 v 为速度。如果速度加倍,计算两液膜阻力占总阻力的百分比,以及通量增加的百分比。

答:(1) 总阻力$=6.823\times10^5$ s/m,11.17%阻力;

(2) $N_A=2.492\times10^{-8}$ kmol A/(s·m^2),面积=111.5 m^2

13.2-2 血液渗析膜的适用性。实验被用来确定厚度为 0.029 mm 的赛璐玢膜用于制作人工肾装置的适用性。在 37 ℃下进行实验,用 NaCl 作扩散溶质,该膜分离带有搅动的、含两个组分的 NaCl 水溶液,其中 $c_1=1.0\times10^{-4}$ mol/cm^3(100 mol/m^3),$c_2=5.0\times10^{-7}$。膜的每一边的传质系数确定为 $k_{c1}=k_{c2}=5.24\times10^{-5}$ m/s。在拟定态条件下,得到的实验数据给出了通量 $N_A=8.11\times10^{-4}$ mol NaCl/(s·m^2)。试求:

(1) 计算渗透度 p_M(m/s)和 $D_{AB}K'$(m^2/s)。

(2) 计算液膜中扩散所占阻力的百分率。

13.3-1 氧合作用的气体渗透膜。为了确定硅橡胶膜用于心肺机器氧合血液的适用性,测取了 30℃下氧的渗透度的实验值,$P_M=6.50\times10^{-7}$ cm^3 O_2(STP)/(s·cm^2·cmHg/mm)。

(1) 计算 O_2 的最大通量 kmol/(s·m^2),膜一边的氧气的压力为 700 mmHg,血液一边的氧气的当量压力是 50 mmHg。膜的厚度为 0.165 mm。由于气体一边为纯氧,气体的传质阻力为零。在这种情况下,忽略血液一侧的传质阻力。

(2) 假定成年人的最大需求为每分钟 300 cm^3 O_2(STP),计算所需要的膜面积 m^2。(注:实际所需要的面积显然更大,因为血液一侧实际存在传质阻力,该阻力须由实验来确定。)

答:(2) 1.935 m^2

13.4-1 渗透物浓度方程的推导。在完全混合的情况 2 下,推导式(13.4-11)。注意式(13.4-9)的 x_o 必须在方程相乘和解出 y_p 之前先代入式(13.4-6)。

13.4-2 使用完全混合模型设计膜分离器。膜的厚度为 2×10^{-3} cm,渗透度 $P'_A=400\times10^{-10}$ cm^3(STP)·cm/(s·cm^2·cmHg),$\alpha^*=10$,用于分离气体 A 和 B 的混合物。加料流率为 $L_f=2\times10^3$ cm^3(STP)/s,它的组成是 $x_f=0.413$。加料一侧的压力为 80 cmHg,渗透物一侧的压力为 20 cmHg。截留组成为 $x_o=0.30$。用完全混合模型计算渗透物组成,加料流量的渗透分率和膜面积。

答:$y_p=0.678$

13.4-3 用完全混合模型进行设计。一气体加料流股组成为 $x_f=0.50$,流率为 2×10^3 cm^3(STP)/s,在一膜分离器中进行分离。加料一侧的压力为 40 cmHg,渗透物一侧为 10 cmHg。膜的厚度为 1.5×10^{-3} cm,渗透度为 $P'_A=40\times10^{-10}$ cm^3(STP)·cm/(s·cm^2·cmHg),$\alpha^*=10$。加料流量的渗透率为 0.529。

(1) 用完全混合模型计算渗透物组成,截留组成,膜面积。

(2) 计算最小的截留浓度。

(3) 如果加料组成增加至 $x_f=0.60$,新的最小的截留浓度为多少?

答：(1) $A_m=5.153\times10^7\ cm^2$；(3) $x_{oM}=0.2478$

13.4-4　渗透度对最小截留浓度的影响。对于题 13.4-2 的给定条件，$x_f=0.413$，$\alpha^*=10$，$p_l=20\ cmHg$，$p_h=80\ cmHg$，$x_o=0.30$。计算下列条件下的最小截留浓度：

(1) 计算给定条件下的 x_{oM}。

(2) 如果 B 的渗透度增加，使 α^* 降低至 5，计算对 x_{oM} 的影响。

(3) 当 α^* 降低至最小值 1.0 时，计算 x_{oM} 的极限值。对上述三种情况，将 x_{oM} 对 α^* 作图标绘。

13.4-5　最小截留浓度和压力的影响。对于例 13.4-2 的空气分离，作如下计算：

(1) 计算最小截留浓度。

(2) 如果加料一侧的压力降低一半，计算对 x_{oM} 的影响。

答：(2) $x_{oM}=0.0624$

13.5-1　多组分气体混合物的分离。采用与例 13.5-1 相同的加料组成和流率、压力、膜，用完全混合模型作如下计算：

(1) 当渗透分率用 0.5 代替 0.25 时，计算渗透液组成，截留组成，膜面积。

(2) 重复(1)的计算，但 $\theta=0.90$。

(3) 用计算的 $\theta=0.25$，$\theta=0.50$，$\theta=0.90$ 值，将渗透组成 y_{pA} 对 θ、面积 A_m 对 θ 作图。

13.5-2　从天然气中分离氦气。天然气的典型组成(S1)为 0.5%氦(A)，17.0%氮(B)，76.5%甲烷(C)，6.0%多碳的烃类(D)。打算用于分离氦的膜的厚度为 2.54×10^{-3} cm，渗透度为 $P'_A=60\times10^{-10}\ cm^3(STP)\cdot cm/(s\cdot cm^2\cdot cmHg)$，$P'_B=3.0\times10^{-10}$，$P'_C=1.5\times10^{-10}$。假定多碳烃类基本上不渗透($P'_D\approx0$)。进料流率为 $2.0\times10^5\ cm^3(STP)/s$。加料压力 $p_h=500\ cmHg$，渗透压力 $p_l=20\ cmHg$。

(1) 当渗透分率为 0.2 时，用完全混合模型计算渗透物组成，截留物组成，膜面积。

(2) 用(1)的渗透物作加料，加入到第 2 个设备中。压力 $p_h=500\ cmHg$，$p_l=20\ cmHg$。渗透分率为 0.20，计算渗透物组成和膜面积。

13.6-1　使用错流模型设计膜分离器。使用与例 13.6-1 同样的条件分离空气流股。给定的值为 $x_f=0.209$，$\alpha^*=10$，$p_h=190\ cmHg$，$p_l=19\ cmHg$，$L_f=1\times10^6\ cm^3(STP)/s$，$P'_A=500\times10^{-10}\ cm^3(STP)\cdot cm/(s\cdot cm^2\cdot cmHg)$，$t=2.54\times10^{-3}$ cm。用错流模型进行如下计算：

(1) 计算 $\theta=0.40$ 时的 y_p，x_o，A_m。

(2) 计算 $\theta=0$ 时的 y_p 和 x_o。

答：(1) $y_p=0.452$，$x_o=0.0303$，$A_m=6.94\times10^8\ cm^2$(S6)；(2) $y_p=0.655$，$x_o=0.209$

13.7-1　并流和逆流流动模型的方程。推导下列情况的计算方程：

(1) 对于并流流动，写出推导式(13.7-35)和式(13.7-36)的详细步骤。

(2) 对于逆流流动，写出获得式(13.7-4)和式(13.7-5)的详细步骤。同样，写出推导式(13.7-24)的详细步骤。

13.7-2　用逆流流动模型设计膜分离器。采用与例 13.6-1 同样的条件分离空气流股。给定的值为 $x_f=0.209$，$\alpha^*=10$，$p_h=190\ cmHg$，$p_l=19\ cmHg$，$L_f=1\times10^6\ cm^3(STP)/s$，$P'_A=500\times10^{-10}\ cm^3(STP)\cdot cm/(s\cdot cm^2\cdot cmHg)$，$t=2.54\times10^{-3}$ cm。用逆流模型计算 $\theta=0.40$ 时的 y_p，x_o，和 A_m。(注意这个题在计算过程中包含试差法和两个微分方程的数值解。)

13.8-1　压力降对不对称膜计算的影响。采用与例 13.8-1 同样的条件进行如下计算：

(1) 用简捷方法由式(13.8-16)计算整个长度上的总压力降 Δp_h。使用 13.8.3 节中给出的分离空气的典型数据计算 N_T，纤维长度 z_2-z_1，等等。假定 $T=25\ ℃+273\ K$，$p_h=1\ 034\ kPa$，$T_s=273\ K$，$p_s=101.325\ kPa$。

(2) 用上述的 p_h 值，用第 2 次迭代的值和简捷方法重新计算面积 A_m。(肯定要修正 x_o 下的 P_{ho} 和 y'_o。)

(3) 如果(1)中的管数 N_T 减少 50%，计算压力降。

答：(1) $N_T=1.267\times10^5$，$(z_2-z_1)=1.413\ m$，$\Delta p_h=20.74\ kPa$；

(2) A_m=54.10 m^2;(3) Δp_h=82.96 kPa

13.8-2 不对称膜的计算机程序计算。使用例 13.8-1 的条件,写出计算的详细程序,并计算结果。将这些结果与表 13.8-2 中的结果进行比较。

13.8-3 中试不对称膜分离器的实验结果与程序计算结果的比较。一台中试规模的膜分离器用来分离空气,以得到氮,加料走管内,具体条件如下:总管数 $N_T=3.8\times10^4$ 根纤维,内径为 95 μm,外径为 135 μm,纤维长度 19 英寸。实验运行获得了下列数据。加料流率 L_f=1.086 m^3/h,L_o=0.654 m^3/h,V_p=0.450 m^3/h,x_o=0.067 氧的摩尔分率,y_p=0.413,p_h=703.81 kPa,p_l=98.10 kPa,T=25 ℃。先前确定的渗透系数为$(P'O_2/t)=1.50\times10^{-10}$ m^3(STP)/(s · cm^2 · Pa),$(P'N_2/t)=2.47\times10^{-11}$。流动为逆流。试作下列计算:

(1) 用捷算法计算管程中的压力降。

(2) 采用编程方法计算这个操作的特性,并将计算结果与实验值进行比较。注意需用试差法,因为面积是确定的,而 x_o是未知的。先假定 x_o值。然后在 x_f=0.209 和 x_o之间分成 9 等份,进行程序计算。如果计算的面积和实际的面积不一致,假定另一个 x_o值,等等。忽略压力降。

答:(1) Δp_h=4.455 kPa;(2) x_o=0.079,V_p=0.442 m^3/h,y_p=0.398

13.9-1 盐和糖溶液的渗透压。计算下列溶液在 25 ℃下的渗透压,并与实验值比较:

(1) 0.50 mol NaCl/kg H_2O 的溶液。(见表 13.9-1 的实验数据。)

(2) 1.0 mol 蔗糖/kg H_2O 的溶液。(实验值为 0.071 4 atm。)

(3) 1.0 mol $MgCl_2$/kg H_2O 的溶液。(实验值为 0.660 atm。)

答:(1) π=24.39 atm;(2) π=0.071 3 atm;(3) π=0.768 atm

13.9-2 反渗透的渗透度常数的确定。一乙酸纤维素膜具有面积 4.0×10^{-3} m^2,在 25 ℃下进行反渗透膜分离的渗透度常数的测定,加料溶液浓度为 12.0 kg NaCl/m^3(ρ=1 005.5 kg/m^3)。产物溶液的浓度为 0.468 kg NaCl/m^3(ρ=997.3 kg/m^3)。测得的产物流量为 3.84×10^{-8} m^3/s,采用的压力差为 56.0 atm。计算渗透度常数和溶质截留率 R。

答:$A_w=2.013\times10^{-4}$ kg 溶剂/(s · cm^2 · atm),R=0.961

13.9-3 实验反渗透装置的特性。25 ℃的加料溶液,含有 3 500 mg NaCl/L(ρ=999.5 kg/m^3)。渗透度常数 $A_w=3.50\times10^{-4}$ kg 溶剂/(s · cm^2 · atm),$A_s=2.50\times10^{-7}$ m/s。使用 Δp=35.50 atm,试求通量,溶质截留率 R,产物溶液浓度 mg NaCl/L。重复计算,但采用加料溶液为 3 500 mg $BaCl_2$/L。使用同样的 A_w值,但 $A_s=1.00\times10^{-7}$ m/s(A1)。

13.10-1 压力对反渗透装置特性的影响。采用与例 13.10-1 相同的条件和渗透度系数,计算压力 Δp 为 17.20、27.20、37.20 atm 时的通量,溶质截留率 R,产物浓度 c_2。(注意:27.20 atm 的值已经计算了。)将通量、R、c_2对压力作图。

13.10-2 反渗透中浓差极化的影响。重复例 13.10-1 的计算,但是采用浓差极化比为 1.5。(注意:通量方程和溶质截留率 R 应该用这个新的 c_1值进行计算。)

答:$N_w=1.171\times10^{-2}$ kg 溶剂/(s · m^2),c_2=0.136 1 kg NaCl/m^3

13.10-3 反渗透的完全混合模型的特性。采用与例 13.10-1 相同的条件和压力。假定溶剂水的采出率或回收分率为 0.10,代替例 13.10-1 中假定的水的回收率很低的情况。因此,加料的进口浓度与出口浓度不同。渗透水溶液的流率 q_2为 100 加仑/h。计算 c_1 和 c_2 为多少 kg NaCl/m^3,膜面积为多少 m^2?

答:c_1=2.767 kg/m^3,c_2=0.097 3 kg/m^3,面积=8.68 m^2

13.11-1 超滤的通量。一含蛋白质 0.9%(质)的溶液用超滤方法分离,压差为 5 psi。膜的渗透度系数为 $A_w=1.37\times10^{-2}$ kg/(s · m^2 · atm)。假定浓差极化没有影响,计算以 kg/(s · m^2)和 gal/(ft^2 · day)为单位表示的通量,这些单位常用于工业过程。

答:9.88 gal/(ft^2 · day)

13.11-2 采用循环流程进行超滤的时间。打算用超滤的方法分离 800 kg 含蛋白质 0.05%(质)的溶液,以获得 1.10%(质)的溶液。加料循环经过膜表面,膜面积为 9.90 m^2。膜的渗透度系数为A_w=

2.50×10^{-2} kg/(s·m^2·atm)。忽略任何浓差极化的影响，计算最终溶液量和超滤的时间，采用的压差为 0.50 atm。

参考文献

(A1) AGRAWAL, J. P. ,and SOURIRAJAN, S. Ind. Eng. Chem. , **69**(11), 62(1969).

(B1) BLAISDELL, C. T. , and KAMMERMEYER, K. Chem. Eng. Sci. , **28**, 1249(1973).

(B2) BABB, A. L. , MAURER,C. J. , FRY,D. L. , POPOVICH, R. P. , and McKEE, R. E. Chem. Eng. Progr. Symp. ,**64**(84), 59(1968).

(B3) BERRY, R. I. Chem. Eng. , **88**(July13), 63(1981).

(C1) CLARK, W. E. Science, **138**, 148(1962).

(G1) GIGLIA, S. , BIKSON, B. , and PERRIN, J. E. Ind. Eng. Chem. Res. , **30**, 1239(1991).

(H1) HWANG, S. T. , and KAMMERMEYER, K. Membranes in Separations. New York: John Wiley & Sons, Inc. , 1975.

(H2) HO,W. S. , and SIRKAR, K. K. Membrane Handbook. New York: Van Nostrand Reinhold, 1992.

(K1) KIMURA, S. , and SOURIRAJAN, S. A. I. Ch. E. J. ,**13**,497(1967).

(K2) KAUP, E. C. Chem. Eng. , **80**(Apr. 2), 46(1973).

(L1) LACEY, R. E. Chem. Eng. , **79**(Sept. 4), 57(1972).

(M1) McCABE, W. L. , Ind. Eng. Chem. , **21**,112(1929).

(M2) MICHAELS, A. S. Chem. Eng. Progr. ,**64**(12), 31(1968).

(M3) MERTEN, U. (ed.). Desalination by Reverse Osmosis. Cambridge, Mass. : The MIT Press, 1966.

(M4) MATSON, S. L. , LOBEZ, J. , and QUINN, J. A. Chem. Eng. Sci. , **38**,503(1983).

(M5) McCABE, W. L. , SMITH, J. C. , and HARRIOTT, P. Unit Operations of Chemical Engineering, 5th ed. New York: McGraw Hill Book Company, 1993.

(N1) NOBEL, R. D. , and STERN, S. A. Membrane Separations Technology: Principles and Applications. Amsterdam: Elsevier Science, 1995.

(P1) PERRY,R. H. , and GREEN, D. Perry's Chemical Engineers' Handbook, 6th ed. New York: McGraw-Hill Book Company, 1984.

(P2) PAN, C. Y. A. I. Ch. E. J. , **29**, 545(1983).

(P3) Permasep Permeators. E. I. duPont Tech. Bull. , 401, 403, 405(1972).

(P4) PAN, C. Y. , and HABGOOD, H. W. Ind Eng. Chem. Fund. , **13**,323(1974).

(P5) PAN, C. Y. , and HABGOOD, H. W. Can. J. Chem. Eng. , **56**,197,210(1978).

(P6) PORTER, M. C. (ed.). Handbook of Industrial Membrane Technology. Park Ridge, N. J. : Noyes Publications,1990.

(P7) PERRY, R. H. , and GREEN, D. Perry's Chemical Engineers' Handbook, 7th ed. New York: McGraw-Hill Book Company, 1997.

(R1) ROUSSEAU, R. W. (ed.). Handbook of Separation Process Technology. New York: John Wiley & Sons, Inc. , 1987.

(S1) STERN, S. A. , SINCLAIR, T. F. , GAREIS, P. J. , VAHLDIECK, N. P. , and MOHR, P. H. Ind. Eng. Chem. , **57**, 49(1965).

(S2) STANNETT, V. T. , KOROS, W. J. , PAUL, D. R. , LONSDALE, H. K. , and BAKER, R. W. Adv. Polym. Sci. , **32**, 69(1979).

(S3) STOUGHTEN, R. W. , and LIETZKE, M. H. , JR. Chem. Eng. Data, **10**,254(1965).

(S4) SCHROEDER, E. D. Water and Wastewater Treatment. New York: McGraw-Hill Book Company, 1977.

(S5) SOURIRAJAN, S. Reverse Osmosis. New York: Academic Press, Inc., 1970.

(S6) STERN, S. A., and WALAWENDER, W. P. Sep. Sci., **4**, 129(1969).

(S7) STOOKEY, D. J., PATTON, C. J., and MALCOLM, G. L. Chem. Eng. Progr., **82**(11), 36(1986).

(W1) WEBER, W. J., JR. Physicochemical Processes for Water Quality Control. New York: Wiley-Interscience, 1972.

(W2) WARD, W. J., BROWAL, W. R., and SALEMME, R. M. J. Membr. Sci., **1**, 99(1976).

(W3) WELLER, S., and STEINER, W. A. Chem. Eng. Progr., **46**, 585(1950).

(W4) WELLER, S., and STEINER, W. A. J. Appl. Phys., **21**, 279(1950).

(W5) WALAWENDER, W. P., and STERN, S. A. Sep. Sci., **7**, 553(1972).

第 14 章　物理-力学的分离过程

14.1　物理-力学分离过程的概述和分类

14.1.1　概述

在第 10 和第 11 章中，讨论了气液和液液分离过程。这些分离过程有赖于从一相至另一相的分子扩散或汽化。在第 12 章中，讨论了液液分离过程，在该过程中两液相的化学成分各不相同，依靠物理-化学性质进行分子尺度的分离。在第 12 章中，还讨论了液固浸取、离子交换、吸附分离过程。这些分子尺度的分离还是基于分子的物理-化学性质的差别。在第 13 章中，讨论了膜分离过程，这些分离仍然有赖于物理-化学的性质。

上述所有的分离过程都可以看作是基于分子的物理-化学的性质差异，和分子的质量传递的差异。各个分子以这种方式依据它们的分子的差别分离成两相。在本章中，将讨论一组分离过程，它们并不依据各种分子之间的差异来实现，也不需要达到分子规模的分离。这些分离采用物理-力学的力来实现，而不是靠分子的力、化学的力和扩散来实现。这些物理-力学的力作用于颗粒、液体或颗粒和液体的混合物本身，而不需要作用于各个分子。

这些物理-力学的力包括重力、离心力、实际机械力、由流动产生的动力学力。颗粒和/或流体流动因这些力的作用而产生不同的影响来实现分离。

14.1.2　物理-力学分离过程的分类

这些物理-力学分离过程可考虑作如下分类。

(1) 过滤。根据固体的种类、固体与液体的比例、溶液的黏度和其他有关因素，从液体中分离固体颗粒的一般问题可以用许多种方法来解决。在过滤中，施加一个压力差而使液体流过筛网的或滤布的小孔，而筛网或滤布阻止了大的固体颗粒的通过；而这些颗粒在滤布上形成了多孔的滤饼。

(2) 沉降和沉积。在沉降和沉积中，颗粒借助作用于各种尺寸和各种密度的颗粒上的重力而从流体中分出。

(3) 离心沉降和沉积。在离心分离中，颗粒借助作用于各种尺寸和各种密度的颗粒上的离心力而从流体中分出。常用的有两种分离过程。在第一种过程中，发生离心沉降和沉积。

(4) 离心过滤。在第二种离心分离过程中，发生离心过滤，它与普通的过滤完全类似，固体颗粒在筛网上形成床层或饼层，但是，用离心力代替压力差造成流体流动。

(5) 力学的粉碎和分离。在力学的粉碎过程中，固体颗粒被机械地破碎成较小的颗粒，并依据尺度大小而进行分离。

14.2 液-固分离中的过滤

14.2.1 概述

在过滤中,在液体或气体中悬浮的固体颗粒被物理地或力学地用多孔介质除去,多孔介质阻止颗粒形成分离的相或滤饼,而使清液——滤液通过。工业过滤包括了很宽的应用范围。流体可以是气体或液体。悬浮的固体颗粒可以是非常细小的(在微米级范围)或很大的、很硬的或塑性的颗粒,球形的或形状非常不规则的,颗粒聚集的或颗粒分散的。有价值的产物可以是过滤后的滤液或滤饼固体。在一些情况下,需要完全除去固体颗粒,在另一些情况下只需部分除去。

加料或泥浆状溶液可以含很高浓度的固体颗粒或含很少量的固体颗粒。当固体浓度很低时,过滤器可以操作很长的时间周期才需要清洁。由于过滤问题具有很大的差异,所以开发的过滤器有许多种类。

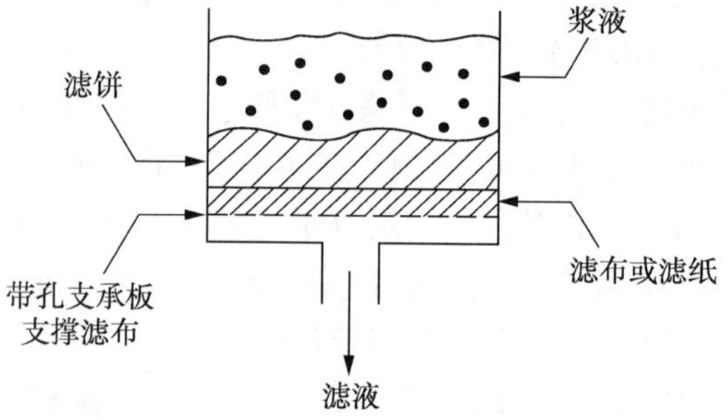

图 14.2-1 简单的实验室过滤装置

工业的过滤设备只是在物料处理量上和操作成本上不同于实验室的过滤设备。典型的实验室过滤装置如图 14.2-1 所示,它与瓷漏斗(布氏漏斗)类似。在出口端真空的驱动下,液体流经滤布或滤纸。浆液由液体和悬浮的固体颗粒组成。颗粒被多孔滤布上的小孔截留而通不过。带有较大孔的支承板用来支撑滤布。随着过滤过程的进行,固体颗粒形成多孔性的滤饼。这个滤饼本身对于悬浮液来说起到了过滤介质的作用。随着滤饼的形成,流动阻力也会增加。

在 14.2 节中,将讨论过滤的常用类型,这些类型中用压力差推动液体通过滤布和形成的滤饼。

在 14.4.5 节中,将讨论离心过滤,该过程采用离心力代替压力差。在过滤的许多应用中,常规的过滤器和离心的过滤器常常竞争,两种类型都被使用。

14.2.2 过滤设备的类型

(1) 过滤器的分类。过滤设备的分类方法有很多种;可惜的是,不可能设计出单一的分类表来把所有种类的过滤器都包括在内。一种分类方法是按照所要求的产物是滤饼还是澄清的滤液即出口液体来进行分类。在这两种情形中,都存在这样的可能:料液中可能含大量的固体,或者只含极少量的悬浮颗粒。

过滤器也可按操作循环分类。过滤器可按间歇操作,在该操作中滤饼在运行后除去;也可连续操作,滤饼在运行中连续除去。在另一类分类方法中,过滤器可依靠重力操作,液体借助位头直接产生流动;也可依靠加压或抽真空来增加流动速率。一个重要的分类方法是按过滤介质的机械排列。滤布可以按一系列平板形式排列在一个过滤器内,以单个滤叶分别浸在悬浮液中;或者做成滚筒形状,在浆液中滚动。在下列的章节中只描述最重要的过滤器类型。对于更详细的描述,可参阅文献(B1,P1)。

(2) 床过滤器。过滤器最简单的形式是如图 14.2-2 所示的床过滤器。这种类型的过滤器主要用于要从大量液体水中除去比较少固体量的情况。通常,底层是由铺设在筛孔板或槽板上的粗沙砾组成的。在粗沙砾上铺细沙,这些细沙作为实际的过滤介质。水被引入上部的折流板上,它将水分散开来。净化后的液体从底部流出。

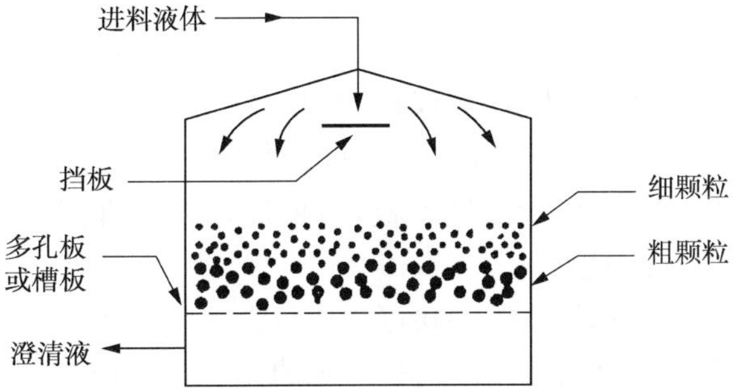

图 14.2-2　固体颗粒的床过滤器

过滤持续至被过滤的颗粒沉淀填满了细沙,流动的速率大大下降。然后,结束流动,从相反方向由下部引入洗涤水,由下往上流动以洗涤床层,将沉淀的固体带走。这个装置只用于沉淀物不会很强地吸附于沙子并且很容易被返洗除去的场合。敞口槽过滤器用于城市供水的过滤。

(3) 板框式过滤机。板框式压滤机是重要的过滤机之一,其简略图如图 14.2-3(a)所示。这种过滤机由板和框交替相间组合而成,板的每个表面都用滤布覆盖。板上刻有凹槽通道,以便让澄清的滤液顺着每一块板排出。加料浆液被泵送进入压滤机、经通道进入每一个敞开的框中,使浆液充满了框内空间。滤液流动通过滤布,在框一侧的滤布上形成固体滤饼。滤液在滤布和板表面之间的凹槽通道内流动到达出口。

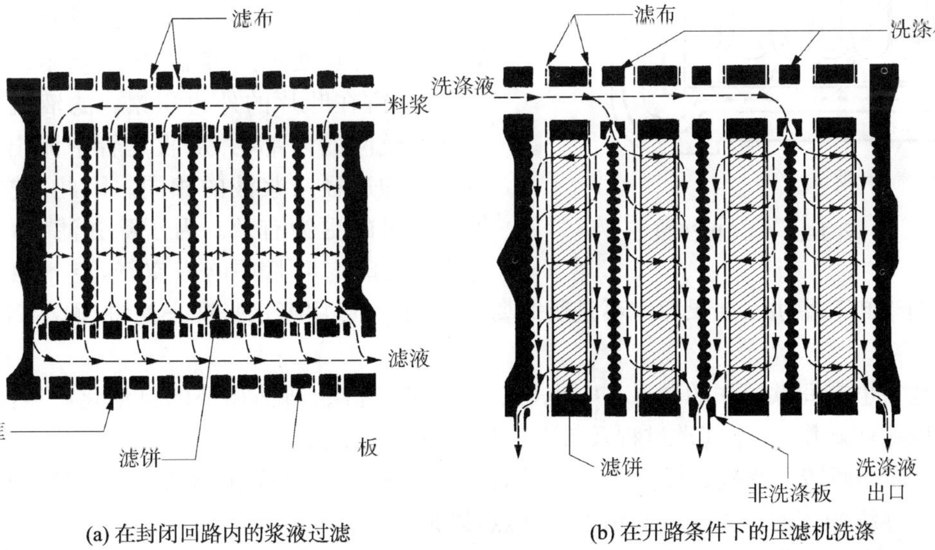

图 14.2-3　板框压滤机示意图

过滤过程进行至框内完全被固体充满。在图 14.2-3(a)中,所有排出液体的出口进入同一收集管。在许多场合,压滤机的每个框都分别开有排液口。这样,可以用视觉观察运行中的滤液是否净化。如果某一个是滤液浑浊的,说明滤布可能破了或有其他原因,可以将它单个关闭。当滤框中完全充满滤饼时，将滤板和滤框分开，除去滤饼。然后，过滤机被重新装配起来，重复新的循环操作。

如果滤饼需要洗涤，则让滤饼留在框内进行洗涤，如图 14.2－3(b)所示。在这个压滤机中，为洗涤水提供了另外的进口通道。洗涤水进入进口，它在洗涤板的开孔中进入滤布后面的通道，压滤机中每两块板中有一块洗涤板。洗涤水随后流经滤布，通过整个滤饼厚度(不是过滤中的半个厚度)，通过滤框中另一边的滤布，从排出通道中流出。值得注意的是，图 14.2－3(b)中有两种板，一种是有开口的、允许洗涤水进入滤布后通道的洗涤板，另一种板没有该通道。

板框压滤机的缺点是通常为间歇操作。除去滤饼和重新装卸的人工费用和停车期间的费用会在总费用中占有可观的比例。一些新型的板框压滤机将一组框双联设置安装在转动轴上。一半框用于过滤，而另一半用于洗涤，节约停车时间和人工费用。这种过滤机还有其他在自动化方面的改进。

各种压滤机用于间歇过程，但不能用于大处理量的过程。它们操作简单，非常通用和操作灵活，必要时可在高压差下操作，比如溶液黏度大或滤饼阻力很大时。

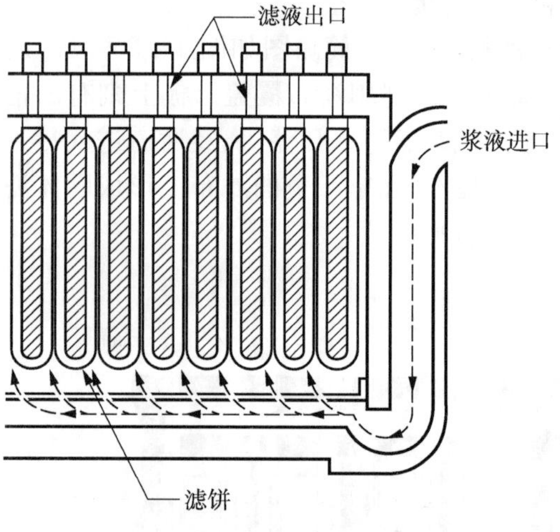

图 14.2－4　叶滤机

(4) 叶滤机。压滤机有许多用途，但是当浆液的处理量很大，或洗涤液量很小而需高效洗涤时，压滤机就不经济了。洗涤水会在滤饼中形成沟流，而需要大量洗涤水。如图 14.2－4 所示的叶滤机可用于大量浆液的处理和更有效的洗涤。每个叶片是空心的框形丝网，上面覆盖了滤布袋。

许多这样的滤叶叶片平行地挂在一个密闭的容器内。浆液进入容器，在压差驱动下通过滤布，滤饼在叶片的外边积累。滤液流入叶片的框形丝网的内部，并从收集管中流出。洗涤液流过的途径与浆液的相同。因此，洗涤比板框压滤机的更为有效。为了除去滤饼，可打开外壳。有时向叶片中吹入空气，空气由里向外吹出有助于卸下滤饼。如果固体不是所需要的产物，可以用喷水来洗去滤饼，而不需要打开叶滤机。

叶滤机也有间歇操作的缺点。它也可进行过滤、洗涤、清洁循环的自动化。然而，它们仍然可以循环操作，用于间歇过程及较大的处理量。

(5) 连续回转过滤机。板框压滤机具有所有间歇操作的缺点，不能用于大处理量的过程。许多连续操作的过滤机可避免上述缺点，讨论如下。

(a) 连续转鼓真空过滤机。如图 14.2－5 所示的这个过滤机，过滤、洗涤、卸滤饼是连续操作的、不断重复的。转鼓用合适的过滤介质覆盖。转鼓旋转，中心的自动阀使过滤、干燥、洗涤、卸滤饼的功能循环轮流动作。滤液通过过滤机的轴流出。

自动阀分别提供了滤液的出口和洗涤液的出口。同样，如果需要可以连接压缩空气，在滤饼卸料前将它吹松，以帮助滤饼便于被刮刀除去。真空过滤最大的压力差只是 1 atm。因此，这种类型不适合于黏性液体或液体需要密闭的场合。如果转鼓用一个外壳密闭起来，施加的压力可超过常压；然而，加压的转鼓过滤机的设备费用大约是真空转鼓过滤机的设备费用的两倍(P2)。

现代的、大处理量的过程使用连续过滤设备。其重要的优点是过滤机操作是连续的、自动的、人工费用是较低的。然而，设备费用较高。

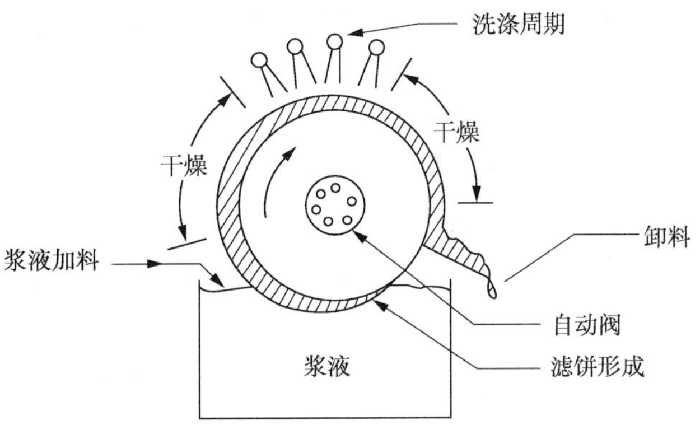

图 14.2-5　连续转鼓过滤机的示意图

(b) 连续转盘过滤机。这种过滤机由安装在水平旋转轴上的同轴的垂直盘组成。该过滤机的操作原理与转鼓真空过滤机的一样。每个转盘是中空的，表面用滤布覆盖，部分浸入浆液。当转盘转至上半部时，滤饼被洗涤、干燥、刮除。洗涤效率比转鼓真空过滤机低。

(c) 连续旋转水平过滤机。这种真空过滤机带有环形的、旋转的过滤表面，它被分成数个扇面。当水平过滤机旋转时，它按顺序接受浆液、被洗涤、被干燥、滤饼被倒掉。洗涤效率比连续转盘过滤机要好。这种过滤机广泛应用于矿石萃取过程、纸浆洗涤和其他大处理量的过程。

14.2.3　过滤介质和助滤剂

(1) 过滤介质。工业过滤用的过滤介质必须满足许多要求。首先，它必须从浆液中除去被过滤的固体，得到澄清的滤液。同样，小孔不能被堵塞而使过滤速率变得太低。过滤介质必须允许滤饼被容易地除去和容易被清洁。显然，它应当有足够的强度而不被撕裂，应该不被使用的溶液化学分解。

一些广泛使用的过滤介质是斜纹织物或帆布粗布，其他种类的布纹粗布、羊毛布、玻璃纤维布、纸、纤维毡垫、金属丝织物、尼龙布、涤纶布，其他合成纤维布。天然材料的粗糙纤维在除去细小颗粒中比光滑的塑料纤维或金属细丝更有效。有时，在刚开始过滤、形成颗粒层之前，出来的滤液有些浑浊，而形成的颗粒层帮助过滤后面的浆液。

(2) 助滤剂。某些助滤剂可用来帮助过滤。这些助滤剂通常是不可压缩的硅藻土，它由原始的二氧化硅组成。被使用的还有木纤维素和其他惰性的多孔固体。

这些助滤剂有多种使用方法。它们可在过滤浆液之前用作预涂布。这可以防止浆液中胶黏类的固体堵住过滤介质，同时也使滤液变清。它们也可在过滤之前加入浆液中。这样增加了滤饼的多孔性，减少过滤期间滤饼的阻力。在旋转过滤机中，助滤剂可用作预涂布；然后，这个薄层随着滤饼被除去。

助滤剂的使用通常限于滤饼不需要的场合，或沉淀物可以用化学方法与助滤剂分开的场合。

14.2.4　过滤的基本理论

(1) 流体通过滤饼的压力降。图 14.2-6 为在从滤液流出开始至 t 时刻的滤饼和过滤介质的局部示意图。在这一时刻的滤饼厚度为 L，m(ft)。过滤机横截面积为 A，m^2(ft^2)，在

L 方向上基于过滤面积 A(m^2)的滤液线速度为 v m/s(ft/s)。

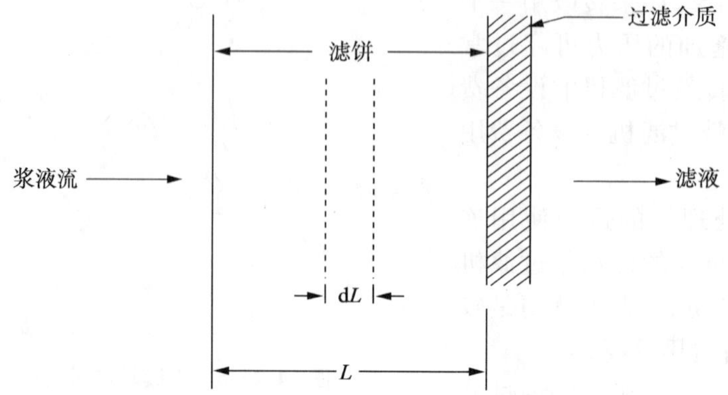

图 14.2-6 通过滤饼的截面

滤液通过滤饼填料床的流动可用类似于泊谡叶(Poiseuille)方程的公式来描述,假定在过滤通道中发生的是层流。式(2.10-2)给出了直管中层流流动的泊谡叶方程,它可写成

$$-\frac{\Delta p}{L}=\frac{32\mu v}{D^2} \quad \text{(SI 制)}$$
$$-\frac{\Delta p}{L}=\frac{32\mu v}{g_c D^2} \quad \text{(英制)} \tag{14.2-1}$$

其中 Δp 是压力降,N/m^2(lb_f/ft^2);v 是管截面速度,m/s(ft/s);D 是管直径,m(ft);L 是长度,m(ft);μ 是黏度,Pa·s 或 kg/(m·s)(lb_m/(ft·s));g_c 的单位是 32.174 $lb_m \cdot ft/(lb_f \cdot s^2)$。

对于颗粒填充床中的层流流动,Carman-Kozeny 关系式被用于过滤,它与式(14.2-1)和 Blake-Kozeny 方程式(3.1-17)类似:

$$-\frac{\Delta p_c}{L}=\frac{k_1 \mu v(1-\varepsilon)^2 S_0^2}{\varepsilon^3} \tag{14.2-2}$$

式中 k_1 是常数,对于一定尺寸和形状的乱堆颗粒层,k_1 等于 4.17;μ 是滤液黏度,Pa·s(lb_m/(ft·s));v 是基于过滤面积的速度,m/s(ft/s);ε 是滤饼的空隙率,L 是滤饼厚度 m(ft),S_0 是颗粒的比表面积,m^2 颗粒面积/m^3 颗粒体积(ft^2/ft^3);Δp_c 是滤饼中的压力降,N/m^2(lb_f/ft^2)。对于英制单位,式(14.2-2)的右边除以 g_c。线速度以空床截面为基准,是

$$v=\frac{dV/dt}{A} \tag{14.2-3}$$

其中 A 是过滤面积,m^2(ft^2);V 是收集至时间,t(s)的总滤液量,m^3(ft^3)。通过物料衡算,滤饼厚度 L 可与滤液量 V 相关联。如果浆液浓度 c_S 为 kg 固体/m^3 滤液(lb_m/ft^3),物料衡算为

$$LA(1-\varepsilon)\rho_p=c_S(V+\varepsilon LA) \tag{14.2-4}$$

式中 ρ_p 是滤饼中固体颗粒的密度,kg/m^3 固体(lb_m/ft^3)。式(14.2-4)的最后一项是滤饼中所含的滤液体积。这一项通常是很小的,可以忽略。

将式(14.2-3)代入式(14.2-2),并用式(14.2-4)消去 L,可得到最终的方程为

$$\frac{\mathrm{d}V}{A\,\mathrm{d}t}=\frac{-\Delta p_{\mathrm{c}}}{\dfrac{k_1(1-\varepsilon)S_0^2}{\rho_{\mathrm{p}}\varepsilon^3}\dfrac{\mu c_{\mathrm{S}}V}{A}}=\frac{-\Delta p_{\mathrm{c}}}{\alpha\dfrac{\mu c_{\mathrm{S}}V}{A}} \tag{14.2-5}$$

式中 α 是滤饼的比阻,m/kg(ft/$\mathrm{lb_m}$)。定义为

$$\alpha=\frac{k_1(1-\varepsilon)S_0^2}{\rho_{\mathrm{p}}\varepsilon^3} \tag{14.2-6}$$

对于过滤介质阻力,可类似于式(14.2-5)写成

$$\frac{\mathrm{d}V}{A\,\mathrm{d}t}=\frac{-\Delta p_{\mathrm{f}}}{\mu R_{\mathrm{m}}} \tag{14.2-7}$$

式中 R_{m} 是过滤介质对于滤液流动的阻力,$\mathrm{m^{-1}}$($\mathrm{ft^{-1}}$);Δp_{f} 是过滤介质中的压力降。当 R_{m} 看作经验常数时,它包括了引入管道和引出管道的阻力和过滤介质的阻力。

由于滤饼和过滤介质的阻力是串联的,式(14.2-5)和式(14.2-7)可以组合起来,变成

$$\frac{\mathrm{d}V}{A\,\mathrm{d}t}=\frac{-\Delta p}{\mu\left(\dfrac{\alpha c_{\mathrm{S}}V}{A}+R_{\mathrm{m}}\right)} \tag{14.2-8}$$

其中 $\Delta p=\Delta p_{\mathrm{c}}+\Delta p_{\mathrm{f}}$。有时,式(14.2-8)被修改成如下:

$$\frac{\mathrm{d}V}{A\ \mathrm{d}t}=\frac{-\Delta p}{\dfrac{\mu\alpha c_{\mathrm{S}}}{A}(V+V_{\mathrm{e}})} \tag{14.2-9}$$

其中 V_{e} 是形成与过滤介质相同阻力 R_{m} 的滤饼所需的滤液量。

滤液体积 V 也可与累计的干滤饼固体量 W(kg)相关联,如下:

$$W=c_{\mathrm{S}}V=\frac{\rho c_x}{1-mc_x}V \tag{14.2-10}$$

式中 c_x 为固体在悬浮液中的质量分率;m 是湿滤饼质量与干滤饼质量之比;ρ 是滤液的密度,$\mathrm{kg/m^3}$($\mathrm{lb_m/ft^3}$)。

(2) 滤饼比阻。从式(14.2-6)可以看到滤饼比阻是空隙率 ε 和 S_0 的函数。它也是压力的函数,因为压力会影响 ε。在各种不同压力差下进行恒压过滤实验,可以确定 α 随 Δp 的变化。

或者,可以进行压力-渗透性的实验。在低压差下和在常压下在一底部带有多孔板的圆柱形容器中重力过滤形成滤饼。顶部有一活塞,滤饼在给定的压力下被压缩。然后,滤液被加入到滤饼中,α 由式(14.2-9)的微分式来确定。在其他压力下,重复上述实验(G1)。

如果 α 与 $-\Delta p$ 无关,滤饼是不可压缩的。通常,α 随着 $-\Delta p$ 的增加而增加,因为大多数滤饼总有一些可压缩性。常用的经验方程是

$$\alpha=\alpha_0(-\Delta \mathrm{p})^S \tag{14.2-11}$$

其中 α_0 和 S 是经验常数。压缩性指数 S 为 0 就是不可压缩滤饼。指数 S 通常在 0.1 至 0.8 之间。有时,使用下列式子:

$$\alpha=\alpha_0'[1+\beta(-\Delta p)^{S'}] \tag{14.2-12}$$

其中 α_0',β,S' 是经验常数。Grace(G1)给出了各种滤饼的实验数据。

由过滤实验所获得的数据重复性并不是很好。浆液中颗粒的聚集状态会发生变化,并对滤饼比阻产生影响。

14.2.5 恒压过滤的过滤方程

(1) 间歇过程的过滤速率基本方程。通常,过滤是在恒定的压差下进行的。式(14.2-8)可翻转并整理得

$$\frac{dt}{dV}=\frac{\mu\alpha c_S}{A^2(-\Delta p)}V+\frac{\mu}{A(-\Delta p)}R_m=K_pV+B \tag{14.2-13}$$

其中 K_p 的单位是 s/m^6(s/ft^6),B 的单位是 s/m^3(s/ft^3):

$$K_p=\frac{\mu\alpha c_S}{A^2(-\Delta p)} \quad \text{(SI 制)}$$

$$K_p=\frac{\mu\alpha c_S}{A^2(-\Delta p)g_c} \quad \text{(英制)} \tag{14.2-14}$$

$$B=\frac{\mu R_m}{A(-\Delta p)} \quad \text{(SI 制)}$$

$$B=\frac{\mu R_m}{A(-\Delta p)g_c} \quad \text{(英制)} \tag{14.2-15}$$

对于恒定压力,常数 α,不可压缩滤饼,只有 V 和 t 是式(14.2-13)中的变量。积分获得过滤的时间 t(s):

$$\int_0^t dt=\int_0^V (K_pV+B)dV \tag{14.2-16}$$

$$t=\frac{K_p}{2}V^2+BV \tag{14.2-17}$$

除以 V

$$\frac{t}{V}=\frac{K_pV}{2}+B \tag{14.2-18}$$

其中 V 是时间 t(s)累计的滤液总体积,m^3(ft^3)。

为了计算式(14.2-17),必须知道 α 和 R_m。这可以用式(14.2-18)来确定。先获得在不同时刻 t 所收集的 V 的数据。然后,将实验数据按 t/V 对 V 进行标绘,如图 14.2-7。通常,图中第一点不落在直线上,可以忽略掉。直线的斜率是 $K_p/2$,截距是 B。然后,用式(14.2-14)和式(14.2-15)来确定 α 和 R_m 的值。

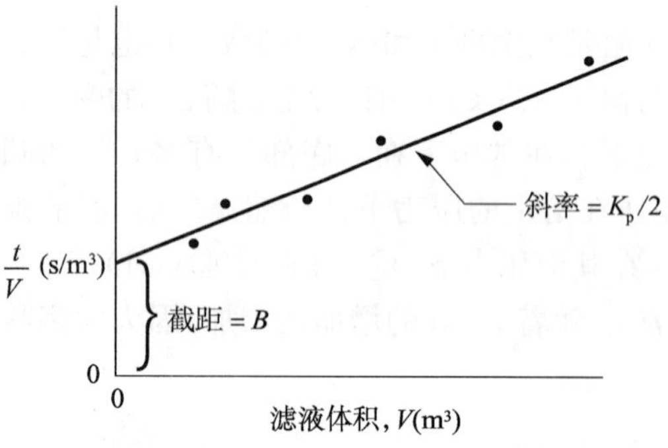

图 14.2-7 恒压过滤操作的常数确定

例 14.2-1　计算恒压过滤的过滤常数

实验室过滤 298.2 K(25 ℃)的水中 $CaCO_3$ 的浆液的 338 kPa(7 060 lb_f/ft^2)恒压下的数据如下(R1,R2,M1)。板框压滤机的过滤面积为 $A=0.0439\ m^2$($0.437\ ft^2$),浆液浓度为 $c_s=23.47\ kg/m^3$($1.465\ lb_m/ft^3$)。从已知的实验数据计算常数 α 和 R_m,其中 t(s)是时间,V(m^3)是累计的滤液体积。

t	V	t	V	t	V
4.4	0.498×10^{-3}	34.7	2.498×10^{-3}	73.6	4.004×10^{-3}
9.5	1.000×10^{-3}	46.1	3.002×10^{-3}	89.4	4.502×10^{-3}
16.3	1.501×10^{-3}	59.0	3.506×10^{-3}	107.3	5.009×10^{-3}
24.6	2.000×10^{-3}				

解:首先,将数据计算成 t/V,并列于表 14.2-1。以 t/V 对 V 的数据标绘如图 14.2-8 所示,可确定截距 $B=6\ 400\ s/m^3$($181\ s/ft^3$),斜率 $K_p/2=3.00\times10^6\ s/m^6$。因此,$K_p=6.00\times10^6\ s/m^6$($4\ 820\ s/ft^6$)。

表 14.2-1　例 14.2-1 的 t/V 值(t=s,V=m^3)

t	$V\times10^3$	$(t/V)\times10^{-3}$
0	0	
4.4	0.498	8.84
9.5	1.000	9.50
16.3	1.501	10.86
24.6	2.000	12.30
34.7	2.498	13.89
46.1	3.002	15.36
59.0	3.506	16.83
73.6	4.004	18.38
89.4	4.502	19.86
107.3	5.009	21.42

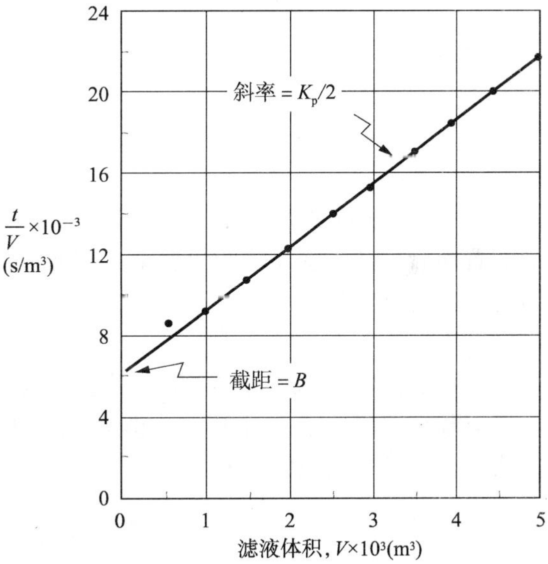

图 14.2-8　例 14.2-1 常数的确定

在 298.2 K 下水的黏度为 $8.937\times10^{-4}\ Pa\cdot s=8.937\times10^{-4}\ kg/(m\cdot s)$。将已知值代入式(14.2-14)并求解:

$$K_p=6.00\times10^6=\frac{\mu\alpha c_S}{A^2(-\Delta p)}=\frac{8.937\times10^{-4}\times\alpha\times23.47}{0.0439^2\times338\times10^3}$$

$$\alpha=1.863\times10^{11}\ m/kg(2.77\times10^{11}\ ft/lb_m)$$

代入式(14.2-15)并求解,

$$B=6\ 400=\frac{\mu R_m}{A(-\Delta p)}=\frac{8.937\times10^{-4}\times R_m}{0.0439\times338\times10^3}$$

$$R_m=10.63\times10^{10}\ m^{-1}(3.24\times10^{10}\ ft^{-1})$$

例 14.2－2　过滤所需的时间

用例 14.2－1 中同样的浆液，在板框压滤机中进行过滤，该滤机有 20 个框，每个框的面积为 0.873 m^2(9.4 ft^2)。采用相同的压力进行恒压过滤操作。假定滤饼的性质和滤布相同，试计算获得 3.37 m^3(119 ft^3)滤液的时间。

解：在例 14.2－1 中，面积 $A=0.043\,9\ m^2$，$K_p=6.00\times10^6\ s/m^6$，常数 $B=6\,400\ s/m^3$。由于 α 和 R_m 的值与前面的相同，K_p 可以被修正。从式(14.2－14)可知，K_p 正比于 $1/A^2$。新的面积是 $A=0.873\times20=17.48\ m^2(188\ ft^2)$。新的 K_p 值为

$$K_p=6.00\times10^6\times(0.043\,9/17.46)^2=37.93\ s/m^6(0.030\,42\ s/ft^6)$$

由式(14.2－15)可知，新的 B 正比于 $1/A$：

$$B=6\,400\times\frac{0.043\,9}{17.46}=16.10\ s/m^3(0.456\ s/ft^3)$$

代入式(14.2－17)：

$$t=\frac{K_p}{2}V^2+BV=\frac{37.93}{2}\times3.37^2+16.10\times3.37=269.7\ s$$

使用英制单位：

$$t=\frac{K_p}{2}V^2+BV=\frac{0.030\,42}{2}\times119^2+0.456\times119=269.7\ s$$

(2) 滤饼洗涤的方程和总循环时间。在过滤操作完成之后进行滤饼的洗涤，洗涤靠滤液的置换和扩散。洗涤液的量要能足以使洗涤达到期望的洗涤效果。为了计算洗涤速率，假定洗涤的条件与过滤终了时的相同。假定当洗涤液替代滤饼中的浆液时，滤饼的结构没有受到影响。

在过滤机中，洗涤液流动的途径与过滤终了时的类似，比如在叶滤机中，由过滤终了速率可以预算洗涤速率。对于恒压过滤，洗涤中采用的压力与过滤中的相同，过滤终了的速率是式(14.2－13)的倒数：

$$\left(\frac{dV}{dt}\right)_f=\frac{1}{K_pV_f+B} \qquad (14.2-19)$$

式中 $(dV/dt)_f$ 为洗涤速率，$m^3/s(ft^3/s)$；V_f 是过滤终了时累计的滤液量，$m^3(ft^3)$。

对于板框压滤机，洗涤液流过两倍于过滤终了的滤饼厚度，而面积只有过滤时的一半，所以计算的洗涤速率是过滤终了速率的四分之一：

$$\left(\frac{dV}{dt}\right)_f=\frac{1}{4}\frac{1}{K_pV_f+B} \qquad (14.2-20)$$

在实际经验中，洗涤的速率会略小于计算的速率，因为滤饼固结、沟流、形成龟裂。小型板框压滤机中的洗涤速率约为计算速率的 70%～92%(M1)。

在洗涤完成后，所需的附加时间用于除去滤饼、清洁过滤机、重装过滤机。总的过滤周期时间是过滤时间、洗涤时间、清洁时间之和。

例 14.2-3　洗涤速率和总过滤周期时间

在例 14.2-2 中的过滤终了时，总滤液量为 3.37 m^3，洗涤时间为 269.7 s。滤饼在板框压滤机中洗涤，洗涤液用量为滤液量的 10%。计算洗涤的时间和总过滤周期时间，清洁滤机的时间取 20 分钟。

解： 对于这个滤机，服从式(14.2-20)。代入 $K_p=37.93\ s/m^6$，$B=16.10\ s/m^3$，$V_f=3.37\ m^3$，洗涤速率如下：

$$\left(\frac{dV}{dt}\right)_f=\frac{1}{4}\times\frac{1}{37.93\times3.37+16.10}=1.737\times10^{-3}\ m^3/s(0.0613\ ft^3/s)$$

在洗涤水为 $0.10\times3.37=0.337\ m^3$ 时，洗涤时间如下：

$$t=\frac{0.337\ m^3}{1.737\times10^{-3}\ m^3/s}=194.0\ s$$

总的过滤周期为

$$\frac{269.7}{60}+\frac{194.0}{60}+20=27.73\ min$$

(3) 连续过滤的方程。在一过滤机中连续操作，例如真空转鼓过滤机，加料、滤液、滤饼卸料都是连续的。在一转鼓过滤机中，过滤压力降保持常数。在该条件下滤饼的形成是连续的过程。在连续过滤中，过滤介质的阻力与滤饼阻力相比通常可以忽略。这样，在式(14.2-13)中，$B=0$。

按 $B=0$ 积分式(14.2-13)：

$$\int_0^t dt = K_p\int_0^V VdV \tag{14.2-21}$$

$$t=K_p\frac{V^2}{2} \tag{14.2-22}$$

式中 t 是形成滤饼所需的时间。在转鼓过滤机中，过滤时间 t 小于总的周期时间 t_c，

$$t=ft_c \tag{14.2-23}$$

式中 f 是滤饼形成时间占总周期的分率。在转鼓中，f 就是浸入浆液的转鼓面积的分率。

接着，将式(14.2-14)和式(14.2-23)代入式(14.2-22)，并整理得

$$流量=\frac{V}{At_c}=\left[\frac{2f(-\Delta p)}{t_c\mu\alpha c_S}\right]^{1/2} \tag{14.2-24}$$

如果滤饼比阻随着压力变化，式(14.2-11)中的常数用来计算 α 值，然后用于式(14.2-24)。实验证明，式(14.2-24)表示了流动速率与黏度和周期时间的平方根成反比(N1)。

当在连续过滤中采用较短的周期时间或过滤介质阻力较大时，过滤阻力 B 项必须包括，式(14.2-13)变成

$$t=ft_c=K_p\frac{V^2}{2}+BV \tag{14.2-25}$$

这样式(14.2-24)就变成

$$流量=\frac{V}{At_c}=\frac{-R_m/t_c+[R_m^2/t_c^2+2c_S\alpha(-\Delta p)f/(\mu t_c)]^{1/2}}{\alpha c_S} \tag{14.2-26}$$

例 14.2-4　连续转鼓过滤机中的过滤

一真空转鼓过滤机有 33% 的转鼓面积浸入浆液，用来过滤例 14.2-1 中的 $CaCO_3$ 浆液，采用的压降为 76.0 kPa。浆液中的固体浓度为 $c_x=0.191$ kg 固体/kg 浆液，滤饼性质为 $m=2.0$ kg 湿饼/kg 干饼。滤液的密度和黏度假定与 298.2 K 的水的性质相同。计算过滤 0.778 kg 浆液/s 所需的过滤面积。过滤的周期时间为 250 s。滤饼比阻可表示为 $\alpha=(4.37\times10^9)(-\Delta p)^{0.3}$，其中 $-\Delta p$ 单位为 Pa，α 单位为 m/kg。

解：从附录 A.2 查得水的性质，$\rho=996.9\ \text{kg/m}^3$，$\mu=0.8937\times10^{-3}$ Pa·s。从式(14.2-10)可得

$$c_S=\frac{\rho c_x}{1-mc_x}=\frac{996.9\times0.191}{1-2.0\times0.191}=308.1\ \text{kg 固体/m}^3\ \text{滤液}$$

求解 α，$\alpha=(4.37\times10^9)\times(67.0\times10^3)^{0.3}=1.225\times10^{11}$ m/kg。计算滤液的流动速率：

$$\begin{aligned}\frac{V}{t_c}&=0.778(c_x)/(c_S)\\&=\left(0.778\,\frac{\text{kg 浆液}}{\text{s}}\right)\times\left(0.191\,\frac{\text{kg 固体}}{\text{kg 浆液}}\right)\Big/\left(\frac{1}{308.1\ \text{kg 固体/m}^3\ \text{滤液}}\right)\\&=4.823\times10^{-4}\ \text{m}^3\ \text{滤液/s}\end{aligned}$$

代入式(14.2-24)，设 $B=0$，解得

$$\frac{V}{At_c}=\frac{4.823\times10^{-4}}{A}=\left(\frac{2\times0.33\times67.0\times10^3}{250\times0.8937\times10^{-3}\times1.225\times10^{11}\times308.1}\right)^{1/2}$$

因此，面积 $A=6.60\ \text{m}^2$。

14.2.6　恒速过滤的过滤方程

在一些场合，过滤操作是在恒速下进行的而不是在恒压下进行的。如果浆液用正位移泵来输送加料，就产生恒速过滤。式(14.2-8)经整理可得下面的恒定速率(dV/dt)(m^3/s)：

$$-\Delta p=\left(\frac{\mu\alpha c_S}{A^2}\frac{dV}{dt}\right)V+\left(\frac{\mu R_m}{A}\frac{dV}{dt}\right)=K_VV+C \tag{14.2-27}$$

其中

$$K_V=\left(\frac{\mu\alpha c_S}{A^2}\frac{dV}{dt}\right)\quad(\text{SI 制})$$

$$K_V=\left(\frac{\mu\alpha c_S}{A^2g_c}\frac{dV}{dt}\right)\quad(\text{英制}) \tag{14.2-28}$$

$$C=\left(\frac{\mu R_m}{A}\frac{dV}{dt}\right)\quad(\text{SI 制})$$

$$C=\left(\frac{\mu R_m}{Ag_c}\frac{dV}{dt}\right)\quad(英制) \tag{14.2-29}$$

K_V 的单位是 $N/m^5(lb_f/ft^5)$，C 的单位是 $N/m^2(lb_f/ft^2)$。

假定滤饼是不可压缩的，K_V 和 C 是浆液、滤饼、滤液流率等等的特性常数。因此，压力 $(-\Delta p)$ 对累计的滤液总体积 V 作图，给出了恒速 (dV/dt) 过滤的直线。该线的斜率为 K_V、截距为 C。压力随着滤饼厚度的增加和滤液体积的增加而增加。

方程也可整理成 $-\Delta p$ 和时间 t 变量的关系。在过滤的任何时刻，总量 V 与速率和时间 t 的关系为：

$$V=t\frac{dV}{dt} \tag{14.2-30}$$

将式(14.2-30)代入式(14.2-27)，

$$-\Delta p=\left[\frac{\mu\alpha c_S}{A^2}\left(\frac{dV}{dt}\right)^2\right]t+\left(\frac{\mu R_m}{A}\frac{dV}{dt}\right) \tag{14.2-31}$$

对于滤饼比阻 α 不为常数、但服从式(14.2-11)的情况，可将式(14.2-11)的 α 代入式(14.2-27)，得到最终方程。

14.3　流体与固体分离中的沉降与沉积

14.3.1　概述

在过滤中，在压力下滤液通过过滤介质，过滤介质阻止了固体颗粒的通过，使固体颗粒从浆液中除去。在沉降和沉积中，颗粒通过由作用在颗粒上的重力而从流体中分离出来。

沉降和沉积的应用包括从污水、废水中分离出固体、晶体从母液中沉降出来、溶剂萃取中液-液混合物在澄清器中的分离、固体食物颗粒从液体食物中沉降分离出来、大豆浸取过程中浆液的沉降。颗粒可以是固体颗粒或液滴。流体可以是液体或气体，它可以是静止的或运动的。

在某些沉降与沉积的过程中，目的是从流体中除去颗粒，使流体不再含有颗粒。在另一些过程中，颗粒被作为产品回收，如在液-液萃取中分散相被回收。在某些场合，颗粒在流体中是悬浮的，颗粒可依据不同的尺度和密度进行分级。

当一个颗粒离开容器壁面和其他颗粒有足够距离时，颗粒沉降不受它们的影响，这个过程称为自由沉降。如果颗粒直径与容器直径之比小于 1∶200、溶液的颗粒浓度小于 0.2%（体积比）时，沉降干扰小于 1%。当颗粒群沉降时，沉降速率变小，称为干扰沉降。稀浆液和悬浮液的重力沉降分离，形成澄清的流体和含固体浓度较高的浆液，称为沉积。

14.3.2　颗粒通过流体运动的理论

(1) 刚性球体的基本方程的推导。当颗粒运动经过流体时，有许多力作用于颗粒上。首先，颗粒与流体之间存在密度差。外部的重力推动颗粒的运动。如果流体的密度和颗粒的相等，颗粒上的浮力将与外力抵消，颗粒将与流体不发生相对运动。

对于在流体中运动的刚性颗粒，有三个力作用于物体：向下的重力、向上的浮力、作用于与运动方向相反方向的阻力或曳力。

考察一个质量为 m kg、与流体的相对速度为 v m/s 的颗粒。固体颗粒的密度为 ρ_p kg/m^3 固体，液体密度为 ρ kg/m^3 液体。作用于颗粒上的浮力 F_b(N)为

$$F_b=\frac{m\rho g}{\rho_p}=V_p\rho g \tag{14.3-1}$$

其中 m/ρ_p 是颗粒的体积 V_p(m^3)，g 是重力加速度(m/s^2)。

颗粒上的重力 F_g(N)为

$$F_g=mg \tag{14.3-2}$$

作用于物体上的曳力 F_D(N)可以从下列情况导出，当流体流动时曳力或摩擦阻力正比于流体的速度头 $v^2/2$，而这里代替为运动的物体。这个应乘以流体的密度和有意义的面积 A，如颗粒的投影面积。这在先前的式(3.1-1)中已作了定义：

$$F_D=C_D\frac{v^2}{2}\rho A \tag{14.3-3}$$

其中曳力系数 C_D 是比例常数，它是无量纲的。

这样，物体上的合力为 $F_g-F_b-F_D$。这个合力应该等于加速度力：

$$m\frac{\mathrm{d}v}{\mathrm{d}t}=F_g-F_b-F_D \tag{14.3-4}$$

将式(14.3-1)至式(14.3-3)代入式(14.3-4)：

$$m\frac{\mathrm{d}v}{\mathrm{d}t}=mg-\frac{m\rho g}{\rho_p}-\frac{C_D v^2\rho A}{2} \tag{14.3-5}$$

如果从颗粒静止状态开始进入颗粒运动，物体的下落经历两个阶段：加速下落的阶段和等速下落的阶段。初始的加速阶段时间通常非常短，在十分之一秒的数量级。因此，等速下降阶段是重要的阶段。该速度称为自由沉降速度或终端速度 v_t。

为了解出式(14.3-5)中的终端速度，令 $\mathrm{d}v/\mathrm{d}t=0$，并整理得

$$v_t=\sqrt{\frac{2g(\rho_p-\rho)m}{A\rho_p C_D\rho}} \tag{14.3-6}$$

对于球形颗粒 $m=\pi D_p^3\rho_p/6$ 和 $A=\pi D_p^2/4$。将这些代入式(14.3-6)，对于球形颗粒可得，

$$v_t=\sqrt{\frac{4(\rho_p-\rho)gD_p}{3C_D\rho}} \tag{14.3-7}$$

式中 v_t 的单位为 m/s(ft/s)，ρ 的单位为 kg/m^3(lb$_m$/ft^3)，g 的单位为 9.806 65 m/s^2(32.174 ft/s^2)，D_p 的单位为 m(ft)。

(2) 刚性球体的曳力系数。刚性球体的曳力系数作为颗粒雷诺数 $D_p v\rho/\mu$ 的函数来表示，这一关系如图 14.3-1 所示。在层流区域，称为斯托克斯定律区域 $N_{Re}<1$，如第 3.1.2 节所讨论的，曳力系数为

$$C_D=\frac{24}{D_p v\rho/\mu}=\frac{24}{N_{Re}} \tag{14.3-8}$$

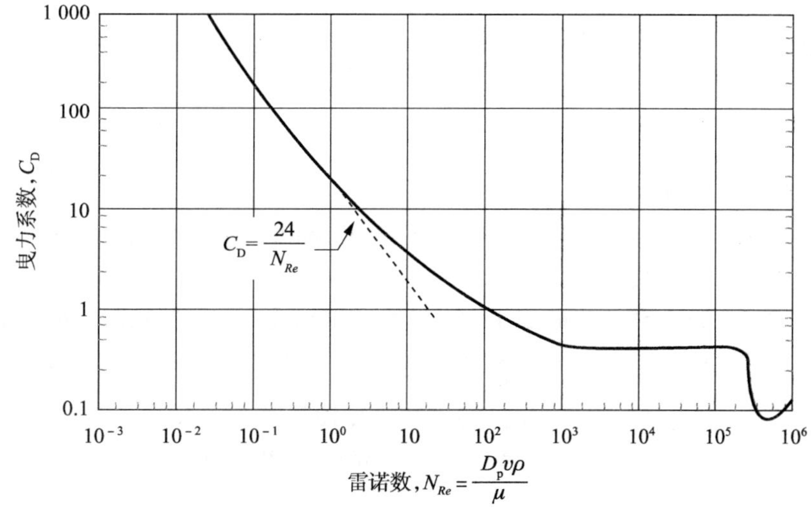

图 14.3-1　刚性球体的曳力系数

其中 μ 是液体的黏度 Pa·s 或 kg/(m·s)(lb_m/(ft·s))。将上式代入式(14.3-7)可得层流条件下：

$$v_t=\frac{gD_p^2(\rho_p-\rho)}{18\mu} \tag{14.3-9}$$

对于其他形状的颗粒，曳力系数与图 14.3-1 中的有所不同，具体数据已在图 3.1-2 中或其他文献中(B2,L2,P1)给出。在雷诺数为 1 000～2.0×10^5 的湍流区域，服从牛顿定律，曳力系数近似为常数 $C_D=0.44$。

当颗粒直径已知时，式(14.3-7)的解可用试差法求得，以获得终端速度，因为 C_D 也与速度 v_t 有关。

如果颗粒非常小，会出现布朗运动。布朗运动是颗粒周围的流体分子与颗粒之间的碰撞推动颗粒作随机的运动。颗粒的随机运动有超过重力影响的趋势，沉降就会非常慢或甚至根本不沉降。当颗粒尺度仅为几个微米时，布朗效应变得明显，在颗粒尺度小于 0.1 μm 时，布朗效应占主导地位。对于非常小的颗粒，可应用离心力帮助减小布朗运动的影响。

例 14.3-1　油滴的沉降速度

直径为 20 μm(0.020 mm)的油滴在温度为 37.8 ℃(311 K)压力为 101.3 kPa 的空气中沉降。油的密度为 900 kg/m³。计算油滴的终端沉降速度。

解：已知量为 $D_p=2.0\times10^{-5}$ m，$\rho_p=900$ kg/m³。从附录 A.3 可查得 37.8 ℃空气数据 $\rho=1.137$ kg/m³，$\mu=1.9\times10^{-5}$ Pa·s。假定油滴为刚性球体。

由于速度是未知的，需要试差求解。因此，C_D 不能够直接确定。雷诺数计算如下：

$$N_{Re}=\frac{D_p v_t\rho}{\mu}=\frac{2.0\times10^{-5}\times v_t\times1.137}{1.90\times10^{-5}}=1.197v_t \tag{14.3-10}$$

对于初值,假定 $v_t=0.305$ m/s。这样,$N_{Re}=1.197\times0.305=0.365$。代入式(14.3-7),求得 C_D,

$$v_t=\sqrt{\frac{4(\rho_p-\rho)gD_p}{3C_D\rho}}=\sqrt{\frac{4\times(900-1.137)\times9.8066\times2.0\times10^{-5}}{3\times C_D\times1.137}} \tag{14.3-11}$$

$$C_D=\frac{0.2067}{v_t^2}$$

采用 $v_t=0.305$ m/s,得到 $C_D=0.2067/(0.305)^2=2.22$。

假定 $v_t=0.0305$ m/s,由式(14.3-10)可得 $N_{Re}=0.0365$,由式(14.3-11)可得 $C_D=222$。对于第三次试差,假定 $v_t=0.00305$ m/s,$N_{Re}=0.00365$,$C_D=22200$。将这三组 N_{Re} 和 C_D 值标绘于与图 14.3-1 相类似的图 14.3-2 中。可以看到,这三点是一条直线。这条直线与曳力系数关系线的交点就是问题的解,该点 $N_{Re}=0.012$,从雷诺数和式(14.3-10)可算得

$$N_{Re}=0.012=1.197v_t$$

$$v_t=0.0100 \text{ m/s}(0.0328 \text{ ft/s})$$

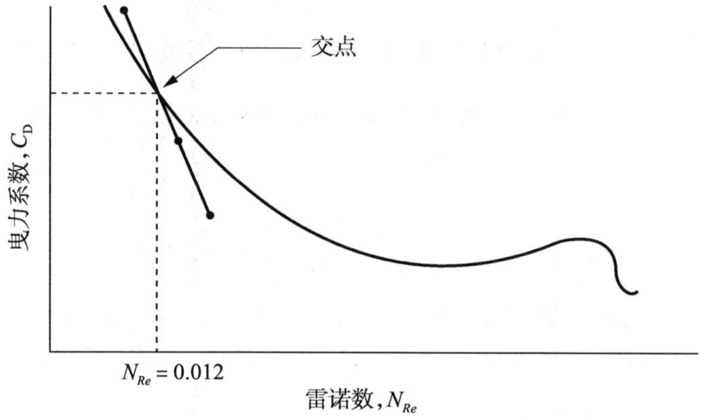

图 14.3-2 例 14.3-1 颗粒沉降速度的解

颗粒在雷诺数小于1的范围,即处于斯托克斯定律区。或者,速度可以按照式(14.3-9)进行计算:

$$v_t=\frac{9.8066\times(2.0\times10^{-5})^2\times(900-1.137)}{18\times1.90\times10^{-5}}=0.0103 \text{ m/s}$$

注意在确定颗粒沉降处于层流区以前,不能使用式(14.3-9)进行计算。

对于刚性的、非球形的颗粒,曳力与颗粒的形状、颗粒运动的方向有关。不同形状颗粒的曳力系数关联式在许多参考文献中已有报道(B2,C1,P1)。

(3) 非刚性球的曳力系数。当颗粒为非刚性时,颗粒内部会产生内循环,颗粒会变形。这两种效应影响曳力系数和终端速度。气泡在水中上升的曳力系数已由 Perry 和 Green (P1)给出,当雷诺数小于 50 时,曳力系数曲线与水中刚性球的一样。

对于气体中的液滴,当雷诺数小于 100 时,曳力关系与固体球形颗粒的一样。大的液滴会随着曳力的增加而变形。在不互溶的液体中的小液滴,它的特性像刚性球,曳力系数曲线

服从刚性球的曲线直至雷诺数等于 10 左右。当雷诺数在 10～500 时，终端速度大于刚性球的速度，因为液滴内部产生了循环流动。

14.3.3　干扰沉降

对于许多沉降场合，存在大量的颗粒，周围的颗粒干扰了单个颗粒的运动。每个颗粒周围流体的速度梯度都被邻近的其他颗粒影响了。液体中沉降的颗粒代替了液体，产生了液体明显的、向上的速度。因此，液体相对于颗粒的速度明显大于相对于设备的速度。

对于这样的干扰沉降，沉降速度小于式(14.3-9)的斯托克斯区的计算值。因为其他颗粒的干扰，而使悬浮液中的实际曳力变大。这个较大的混合物的有效黏度 μ_m 等于液体自身的实际黏度 μ 除以经验关联因子 ψ_p，该因子与悬浮液混合物中液体所占的体积分率 ε 有关(S1)：

$$\mu_m=\frac{\mu}{\psi_p} \tag{14.3-12}$$

其中 ψ_p 为无量纲的，可按下式计算(S1)：

$$\psi_p=\frac{1}{10^{1.82(1-\varepsilon)}} \tag{14.3-13}$$

流体相的有效密度变成浆液的主体密度 ρ_m，可按下式计算：

$$\rho_m=\varepsilon\rho+(1-\varepsilon)\rho_p \tag{14.3-14}$$

其中 ρ_m 是浆液的密度 kg(固体＋液体)/m^3。这样，密度差为

$$\rho_p-\rho_m=\rho_p-[\varepsilon\rho+(1-\varepsilon)\rho_p]=\varepsilon(\rho_p-\rho) \tag{14.3-15}$$

相对于设备，颗粒沉降速度 v_t 是由斯托克斯定律计算值的 ε 倍。

将式(14.3-13)的混合物性质 μ_m 代替式(14.3-9)中的 μ，式(14.3-15)的$(\rho_p-\rho_m)$代替$(\rho_p-\rho)$，再乘以相对速度影响的 ε 倍，对于层流沉降，式(14.3-9)变成：

$$v_t=\frac{gD_p^2(\rho_p-\rho)}{18\mu}(\varepsilon^2\psi_p) \tag{14.3-16}$$

这就是由式(14.3-9)计算的速度乘以校正因子$(\varepsilon^2\psi_p)$。

这样，基于相对于液体的速度的雷诺数为

$$N_{Re}=\frac{D_p v_t \rho_m}{\mu_m\varepsilon}=\frac{D_p^3 g(\rho_p-\rho)\rho_m\varepsilon\psi_p^2}{18\mu^2} \tag{14.3-17}$$

当雷诺数小于 1 时，沉降处于斯托克斯定律范围。对于雷诺数大于 1，可参阅文献(P1)。浓度的影响大于非球形的和有棱角的影响(S1)。

例 14.3-2　玻璃珠的干扰沉降

计算玻璃珠在 293.2 K(20 ℃)的水中的沉降速度，该珠直径 1.554×10^{-4} m(5.10×10^{-4} ft)。浆液含有 60%(质)的固体。玻璃珠的密度为 $\rho_p=2\,467$ kg/m^3(154 lb$_m$/ft^3)。

解：水的密度 $\rho=998$ kg/m^3(62.3 lb$_m$/ft^3)，水的黏度 $\mu=1.005\times10^{-3}$ Pa·s(6.72×10^{-4} lb$_m$/(ft·s))。计算液体的体积分率 ε

$$\varepsilon=\frac{40/988}{40/998+60/2\,467}=0.622$$

按式(14.3-14)计算的浆液主体密度为

$$\rho_m=\varepsilon\rho+(1-\varepsilon)\rho_p=0.622\times998+(1-0.622)\times2\,467$$
$$=1\,553\ \mathrm{kg/m^3}\ (96.9\ \mathrm{lb_m/ft^3})$$

代入式(14.3-13):

$$\psi_p=\frac{1}{10^{1.82(1-\varepsilon)}}=\frac{1}{10^{1.82\times(1-0.622)}}=0.205$$

代入式(14.3-16),采用SI制单位和英制单位:

$$v_t=\frac{9.807\times(1.554\times10^{-4})^2\times(2\,467-998)\times0.622^2\times0.205}{18\times1.005\times10^{-3}}$$
$$=1.525\times10^{-3}\ \mathrm{m/s}$$

$$v_t=\frac{32.174\times(5.1\times10^{-4})^2\times(154-62.3)\times0.622^2\times0.205}{18\times6.72\times10^{-4}}$$
$$=5.03\times10^{-3}\ \mathrm{ft/s}$$

代入式(14.3-17)可算得雷诺数:

$$N_{Re}=\frac{D_p v_t \rho_m}{\mu_m\varepsilon}=\frac{D_p v_t\rho_m}{(\mu/\psi_p)\varepsilon}=\frac{1.554\times10^{-4}\times1.525\times10^{-3}\times1\,553}{(1.005\times10^{-3}/0.205)\times0.622}$$
$$=0.121$$

因此,沉降在层流区域。

14.3.4 自由沉降的壁效应

当颗粒直径 D_p 与进行沉降的容器的直径 D_W 相比变得可观时,对于颗粒就有一定的阻碍作用,称为壁效应。终端沉降速度就会减小。当沉降处于斯托克斯区时,计算的终端速度可乘以如下的校正因子,它适用于 $D_p/D_W<0.05$ 的壁效应(Z1):

$$k_W=\frac{1}{1+2.1(D_p/D_W)} \tag{14.3-18}$$

对于完全湍流区域,校正因子为

$$k'_W=\frac{1-(D_p/D_W)^2}{[1+(D_p/D_W)^4]^{1/2}} \tag{14.3-19}$$

14.3.5 分级中的微分沉降和固体分离

(1) 沉降和浮升方法。根据固体颗粒的流动速度或在流体中的沉降速度将固体颗粒分离成几个部分的设备称为分级器。有几种完成这种分离的方法,即沉降和浮升的方法和微分沉降的方法。在沉降和浮升的方法中,所选用的液体的密度在高密度固体的密度和低密度固体的密度之间。在这个液体中,高密度的颗粒不会浮升而会从介质中沉降出来,而低密度的颗粒会浮升。

这种方法与颗粒的尺寸无关,而与两种物质的相对密度有关。这意味着所用的液体必须具有大于水的密度,因为大多数固体密度大于水。然而,既便宜又无腐蚀性的这样的液体很少。结果,采用拟液体,它由水和非常细的具有高的比重的固体颗粒的悬浮液组成,例如方铅矿(相对密度为 7.5)和磁铁矿(相对密度为 5.17)。

干扰沉降的使用,介质的主体浓度可以通过改变介质中细的固体颗粒的量在较宽的范围内变化。这种技术的一般应用是矿物的浓缩和煤的净化。介质中细的固体颗粒是直径很小的,以至于它的沉降速度可以忽略不计,给出相当稳定的悬浮液。

(2) 微分沉降方法。根据固体颗粒在流体中的沉降速度将固体颗粒分离成几个不同尺寸的部分的分离称为微分沉降或分级。介质的密度小于两种要分离的物质的密度。

在微分沉降中,高密度的和低密度的物质都在介质中沉降。如果高密度的和低密度的物质的颗粒直径都有一定的范围,这种方法的缺点就是高密度的小的颗粒的沉降速度与低密度的大的颗粒的一样。

假如考察两种不同的物质:高密度的物质 A(例如方铅矿,相对密度 $\rho_A=7.5$)和低密度的物质 B(例如石英,相对密度 $\rho_B=2.65$)。由式(14.3-7)可写出组分 A 和 B 的终端沉降速度,

$$v_{tA}=\left[\frac{4(\rho_{pA}-\rho)gD_{pA}}{3C_{DA}\rho}\right]^{1/2} \tag{14.3-20}$$

$$v_{tB}=\left[\frac{4(\rho_{pB}-\rho)gD_{pB}}{3C_{DB}\rho}\right]^{1/2} \tag{14.3-21}$$

对于沉降速度相等的颗粒,$v_{tA}=v_{tB}$,令式(14.3-20)与式(14.3-21)相等,两边取平方并简化,可得

$$\frac{(\rho_{pA}-\rho)D_{pA}}{\rho C_{DA}}=\frac{(\rho_{pB}-\rho)D_{pB}}{\rho C_{DB}} \tag{14.3-22}$$

或

$$\frac{D_{pA}}{D_{pB}}=\frac{\rho_{pB}-\rho C_{DA}}{\rho_{pA}-\rho C_{DB}} \tag{14.3-23}$$

对于基本上是球形的、雷诺数很大、处于湍流牛顿定律区的颗粒,C_D 是常数,且 $C_{DA}=C_{DB}$,可得

$$\frac{D_{pA}}{D_{pB}}=\left(\frac{\rho_{pB}-\rho}{\rho_{pA}-\rho}\right)^{1.0} \tag{14.3-24}$$

对于层流的斯托克斯定律区沉降:

$$C_{DA}=\frac{24\mu}{D_{pA}v_{tA}\rho} \qquad C_{DB}=\frac{24\mu}{D_{pB}v_{tB}\rho} \tag{14.3-25}$$

将式(14.3-25)代入式(14.3-23),并整理得 $v_{tA}=v_{tB}$时的斯托克斯沉降区关系

$$\frac{D_{pA}}{D_{pB}}=\left(\frac{\rho_{pB}-\rho}{\rho_{pA}-\rho}\right)^{0.5} \tag{14.3-26}$$

对于层流和湍流流动之间的过渡区域

$$\frac{D_{pA}}{D_{pB}}=\left(\frac{\rho_{pB}-\rho}{\rho_{pA}-\rho}\right)^{n} \quad 其中\frac{1}{2}<n<1 \tag{14.3-27}$$

对于在湍流区沉降的颗粒,式(14.3-24)适用于相同的沉降速度。对于 $D_{pA}=D_{pB}$ 的、沉降处于湍流牛顿区的颗粒,结合式(14.3-20)和式(14.3-21),

$$\frac{v_{tA}}{v_{tB}}=\left(\frac{\rho_{pA}-\rho}{\rho_{pB}-\rho}\right)^{1/2} \tag{14.3-28}$$

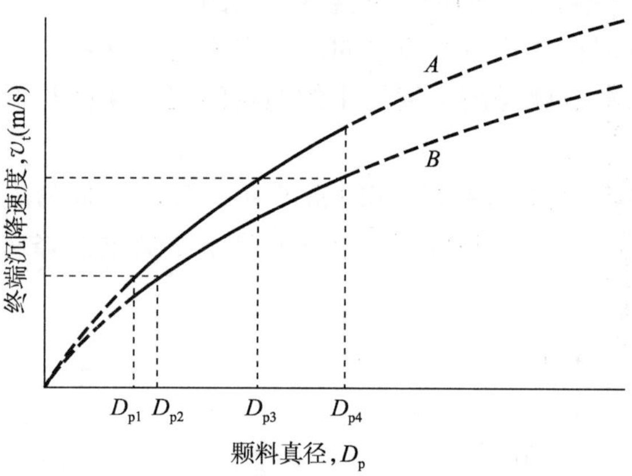

图 14.3-3　两种物质 A 和 B 在牛顿区的沉降和分离

如果 A 和 B 的颗粒都在相同的介质中沉降,这样,式(14.3-24)和式(14.3-28)可用以作图标绘,表示 A 和 B 颗粒的速度与直径的关系,如图 14.3-3 所示。

首先,考察物质 A 和 B 的颗粒混合物,两种物质的尺寸范围是 D_{p1} 至 D_{p4}。在图 14.3-3 中的 D_{p1} 至 D_{p2} 尺度范围,可以获得纯的物质 B 的部分,因为没有任何 A 的颗粒沉降这么慢。在 D_{p3} 至 D_{p4} 尺度范围,可以获得纯的物质 A 的部分,因为没有任何 B 的颗粒沉降这么快。在 D_{p1} 至 D_{p3} 尺度范围,物质 A 的颗粒沉降与在 D_{p2} 至 D_{p4} 尺度范围的 B 的颗粒一样快,形成了 A 和 B 的颗粒混合物部分。

增加式(14.3-24)中的介质密度,分子的减小比分母快,D_{pA} 和 D_{pB} 之间的比值就会增加。在斯托克斯区可得到类似的曲线。

例 14.3-3　硅石和方铅矿混合物的分离

硅石(B)和方铅矿(A)固体颗粒的混合物,尺寸范围 5.21×10^{-6} m 至 2.50×10^{-5} m,用水力分级的方法在 293.2 K 的水中自由沉降的条件下进行分离(B1)。硅石的相对密度是 2.65,方铅矿的相对密度是 7.5。计算沉降中所得到的各部分尺寸范围。如果沉降处于层流区域,曳力系数基本上近似于球形颗粒的。

解:颗粒尺寸范围是 $D_p=5.21\times10^{-6}$ m～2.50×10^{-5} m。密度为 $\rho_{pA}=7.5\times1\,000=7\,500$ kg/m³,$\rho_{pB}=2.65\times1\,000=2\,650$ kg/m³,293.2 K(20 ℃)的水 $\rho=998$ kg/m³。水的黏度 $\mu=1.005\times10^{-3}$ Pa·s$=1.005\times10^{-3}$ kg/(m·s)。

假定在斯托克斯区沉降,式(14.3-9)变成如下:

$$v_{tA}=\frac{gD_{pA}^2(\rho_{pA}-\rho)}{18\mu} \tag{14.3-29}$$

最大雷诺数对应于最大颗粒和最大密度，其中 $D_{pA}=2.50\times10^{-5}$ m，$\rho_{pA}=7\,500$ kg/m³。代入式(14.3－29)：

$$v_{tA}=\frac{9.807\times(2.50\times10^{-5})^2\times(7\,500-998)}{18\times1.005\times10^{-3}}=2.203\times10^{-3}\ \mathrm{m/s}$$

代入雷诺数计算式，

$$N_{Re}=\frac{D_{pA}v_{tA}\rho}{\mu}$$
$$=\frac{(2.50\times10^{-5})\times(2.203\times10^{-3})\times998}{1.005\times10^{-3}}=0.054\,7 \qquad (14.3-30)$$

因此，沉降处于斯托克斯区。

参考图 14.3－3，采用同样的名称，最大的尺寸 $D_{p4}=2.50\times10^{-5}$ m。最小的尺寸 $D_{p1}=5.21\times10^{-6}$ m。纯 A 的部分由 $D_{pA4}=2.50\times10^{-5}$ m 至 D_{pA3} 组成。直径为 D_{pA3} 和 D_{pB4} 的颗粒，具有相等的沉降速度，可由式(14.3－26)来关联。将 $D_{pB4}=2.50\times10^{-5}$ m 代入式(14.3－26)，可解得

$$\frac{D_{pA3}}{2.50\times10^{-5}}=\left(\frac{2\,650-998}{7\,500-998}\right)^{1/2}$$
$$D_{pA3}=1.260\times10^{-5}\ \mathrm{m}$$

纯 B 的部分由 D_{pB2} 至 $D_{pB1}=5.21\times10^{-5}$ m 的颗粒范围组成。直径 D_{pB2} 在相等的沉降速度下由式(14.3－26)与 $D_{pA1}=5.21\times10^{-6}$ m 相关联：

$$\frac{5.21\times10^{-6}}{D_{pB2}}=\left(\frac{2\,650-998}{7\,500-998}\right)^{1/2}$$
$$D_{pB2}=1.033\times10^{-5}\ \mathrm{m}$$

这三部分覆盖了整个范围。

① 第一部分纯 A(方铅矿)的尺寸范围如下：

$$D_{pA3}=1.260\times10^{-5}\ \mathrm{m} \quad 至 \quad D_{pA4}=2.50\times10^{-5}\ \mathrm{m}$$

② 混合物部分的尺寸范围如下：

$$D_{pB2}=1.033\times10^{-5}\ \mathrm{m} \quad 至 \quad D_{pB4}=2.50\times10^{-5}\ \mathrm{m}$$
$$D_{pA1}=5.21\times10^{-5}\ \mathrm{m} \quad 至 \quad D_{pA3}=1.260\times10^{-5}\ \mathrm{m}$$

③ 第三部分纯 B(硅石)的尺寸范围如下：

$$D_{pB1}=5.21\times10^{-5}\ \mathrm{m} \quad 至 \quad D_{pB2}=1.033\times10^{-5}\ \mathrm{m}$$

14.3.6　沉积和增稠

(1) 沉积机理。当稀浆液重力沉降分离成清洁的流体和固体浓度很高的浆液时，这个过程称为沉积，或有时称为增稠。为了表明确定沉降速度和沉降机理的方法，在一带刻度的圆柱形量筒内放置浓度均匀的浆液进行非定态的沉降实验。开始时，如图 14.3－4(a)所示，

所有的颗粒在悬浮区 B 内自由沉降。B 区域内的颗粒在开始时以同样的速度沉降，图 14.3－4(b)中出现清液区 A。高度 z 以恒定的速率下降。同时，开始出现 D 区，也就是在底部含有沉降了的颗粒的部分。C 区是过渡层，其中的固体含量从 B 区的含量变化到 D 区的含量。进一步沉降后，B 区和 C 区消失了，如图 14.3－4(c)所示。之后，先出现压缩；这个时刻称为临界点。在压缩期间，液体从 D 区被排除出来，D 区的厚度降低。

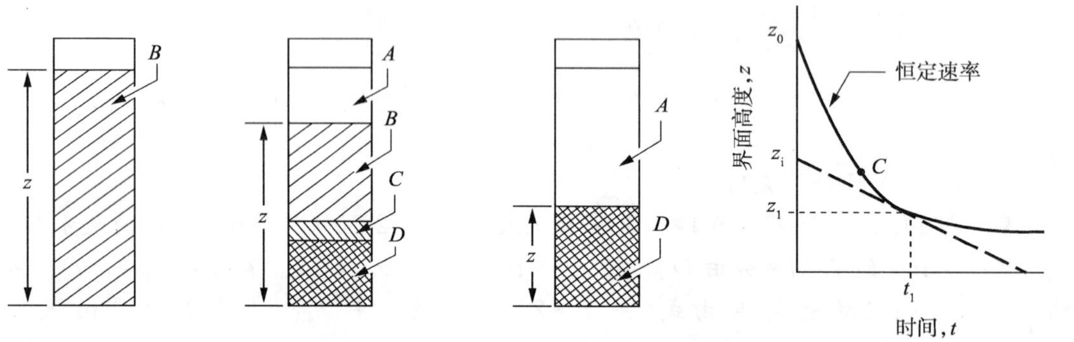

(a) 原始的均匀悬浮液　(b) 在一定的时间之后的沉降区域　(c) 在 B 区和 C 区消失后 D 区的压缩　(d) 清液界面高度 z 对沉降时间作图

图 14.3－4　非定态沉积结果

(2) 沉降速度的确定。在图 14.3－4(d)中，清液界面的高度 z 对时间进行标绘。如图所示，沉降速度在刚开始时为常数，它就是该线的斜率。临界点就是所示的 C 点。由于浆液的沉降速率变化很大，每一种浆液的实验速率都是必要的。Kynch(K1)和 Talmage 和 Fitch (T1)描述了从非定态沉降实验数据获得的计算浓缩区高度的方法。

在图 14.3－4(d)中在给定的时刻 t_1 处画切线可以确定沉降速度 v，该线的斜率 $-dz/dt = v_1$。在这一点的高度为 z_1，z_i 是该切线的截距。这样，

$$v_1 = \frac{z_i - z_1}{t_1 - 0} \tag{14.3-31}$$

如果 z_i 是这个浆液的高度，那么，浓度 c_1 是悬浮液的平均浓度。这个可用下式计算

$$c_1 z_i = c_0 z_0 \quad 或 \quad c_1 = \left(\frac{z_0}{z_i}\right) c_0 \tag{14.3-32}$$

其中 c_0 是在 z_0 高度和 $t=0$ 时的原始浆液的浓度 kg/m^3。这个在其他时间是也重复计算，这样就可获得沉降速度对浓度的标绘。增稠器设计的详细内容和其他方法可参阅文献(C1, F1, F2, T1, P1)。文献中的这些方法和其他方法是高度经验性的，在使用它们时应当谨慎。

14.3.7　沉降和沉积的设备

(1) 简单重力沉降器。在图 14.3－5(a)中表示了通过沉降从连续相中除去分散相液体的简单重力沉降器。水平方向上向右的运动速度很小，这样有足够的时间让小液滴从底部上升到界面或从顶部下降到界面，并且液滴合并。

在图 14.3－5(b)中所示的为重力沉降室。含尘空气从大的、像箱子样的空室的一端进

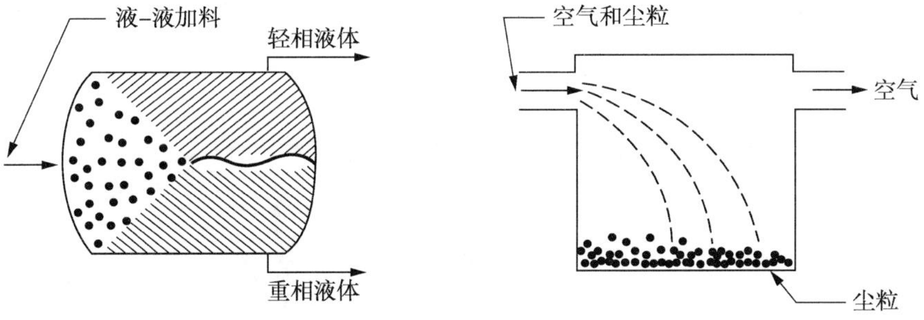

(a) 液-液分散相的沉降器　(b) 降尘室

图 14.3-5　重力沉降器

入。颗粒以终端沉降速度向下朝底部沉降。空气必须在降尘室内停留足够长的时间(停留时间),以便颗粒到达室的底部。如果已知通过降尘室的空气的流量、降尘室的尺寸,就可以计算出空气的停留时间。降尘室的垂直高度应当足够小,以便使这个高度除以沉降速度所得的时间小于空气的停留时间。

(2) 分级设备。分级器的最简单类型如图 14.3-6 所示,其中一个大的容器被分成几个段。含有各种尺寸固体颗粒的液体浆液加料进入容器。较大的、较快沉降的颗粒沉降在靠近进口的底部,较慢沉降的颗粒沉降在靠近出口的底部。加料进口的线速度随着流通截面积的扩大而降低。容器中的垂直挡板让几个部分的固体收集起来。沉降速度方程的推导不在这里赘述。

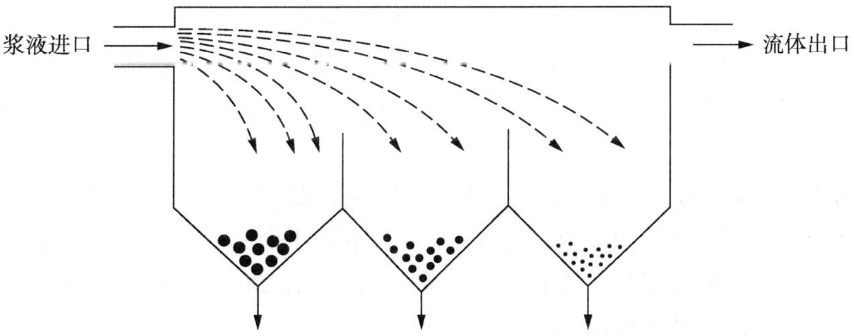

图 14.3-6　简单重力沉降分级器

(3) 锥形选粒分级器。重力沉降室的另一种类型是锥形选粒器,如图 14.3-7 所示,它由一组在流动方向上直径渐大的锥形容器串联而成。浆液进入第一个容器时,最大的、最快沉降的颗粒被分离出来。溢流进入下一个容器,在那里其他颗粒被分离出来。这个过程在接着的容器中继续进行。在每一个容器中上部流动进口水的速度是被控制的,以便在每个容器中分离出期望的尺寸范围。

(4) 沉积增稠器。采用重力将稀浆液分离成清液和含固体浓度较高的浆液的过程被称为沉积。工业上,沉积操作常常在设备中连续进行,这种设备称为增稠器。连续的增稠器带有缓慢旋转的齿粑,以除去沉积物或浓缩的浆液,如图 14.3-8 所示。

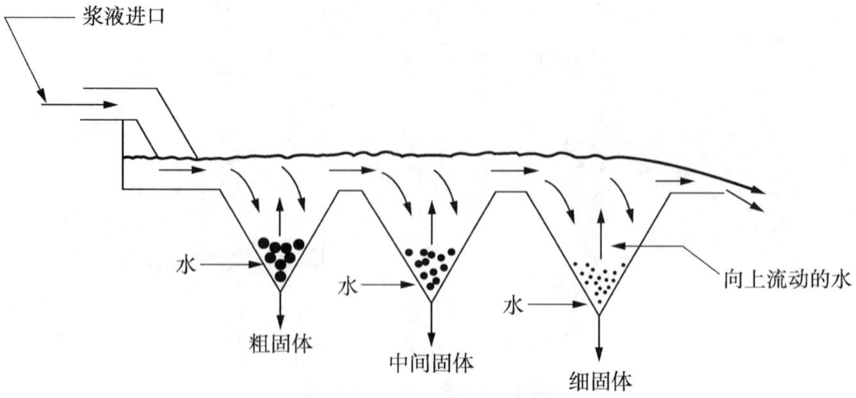

图 14.3-7　锥形选粒重力沉降室

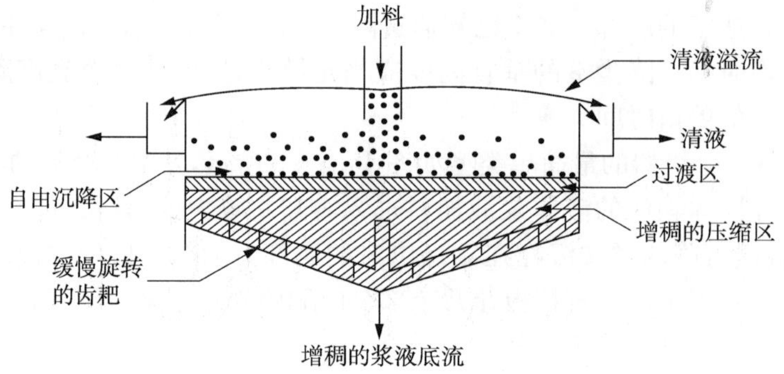

图 14.3-8　连续增稠器

图 14.3-8 中浆液加入到容器中心的液面下几英尺处。在容器顶部边缘的周围是清液溢流的出口。齿耙用来将底部的沉积物刮入中心的排出口排出。这个缓慢的搅拌帮助除去沉积物中的水。

在增稠器中,加入的浆液径向散开流过增稠器的横截面,液体向上流动并溢流流出。固体在上部区域自由沉降。在这稀悬浮液沉降区下面是过渡区,在该区域固体的浓度很快增加,在下面是压缩区。如果在稀悬浮液沉降区液体向上流动的速度小于固体颗粒在这个区域的终端沉降速度,就可以得到澄清的清液溢流。

在浓缩区的沉降速率是非常慢的,浓缩区包括了固体的压缩和液体被排挤并向上通过固体层。这是干扰沉降的一个极端情况。式(14.3-16)可用于计算沉降速度,但是其结果会出现明显差错,因为颗粒发生聚集。作为结果,必须在增稠器的设计中采用实验沉降或沉积的数据,如先前在第 14.3.6 中所讨论的。

14.4　离心分离过程

14.4.1　概述

(1) 离心沉降或沉积

在第 14.3 节中讨论了沉降和沉积的过程方法,该方法用作用在颗粒上的重力将颗粒从流体中分离出来。颗粒可以是固体、气体、液体，流体可以是液体或气体。在本节中，将讨论用作用在颗粒上的离心力将颗粒从流体中沉降或分离出来的方法。

离心力使颗粒上的力增加了许多倍。因此，在重力场中不容易沉降或根本不沉降的颗粒往往可以在离心力场中从流体中分离出来。大的沉降力表明，比重力沉降器中小得多的颗粒可得到足够的沉降速率。这些大的离心力并不改变小颗粒之间的沉降速度之比，但是，这些力克服了布朗运动和自然对流的干扰影响。

有时重力分离会太慢，因为颗粒的密度与流体的密度太接近，或因为各种力的联合作用使它保持了乳化液状态。牛奶工业的一个例子是从全脂牛奶中分离出奶油，获得脱脂牛奶。重力分离需要几个小时，而离心分离只需要在脱脂器中的几分钟。离心沉降或分离用于许多食品工业，例如啤酒厂、植物油生产过程、鱼蛋白质浓缩过程、水果汁的加工过程除去细胞物质，等等。离心分离也用于晶体的干燥，还用于把乳化液分离成各组分或固-液态。离心沉积的原理在第 14.4.2 节和 14.4.3 节中讨论。

(2) 离心过滤。离心过程也用于离心过滤，该过程中离心力代替压力差而使浆液在滤网上形成的滤饼中流动。浆液在过滤介质上沉积而形成的颗粒固体的滤饼保持在一个旋转的篮筐内，然后被洗涤、自动“干燥”。离心过滤与通常的过滤在大多数固液分离问题中是相互竞争的。离心过滤的原理在第 14.4.5 节中讨论。

14.4.2　离心分离中力的展开

(1) 概述。离心分离器使用了这样的普通原理，当一个物体绕着一个轴或圆心旋转，并且从物体到圆心的径向距离一定时，该物体受到一个作用力。绕轴旋转着的物体不断改变运动的方向，被加速，尽管旋转的线速度是恒定的。这个向心力作用在朝旋转中心的方向。

如果旋转的物体是一个圆柱形容器，内部的液体和固体施加一个大小相等方向相反的力，称为离心力，方向指向容器的壁面。这个力是引起颗粒沉降和沉积通过液体层或滤液通过旋转室内持有的滤饼层的力。

图 14.4-1(a)表示了旋转的圆柱形容器，固体颗粒和液体的浆液加料在中心加入。加料进入后立即被甩向容器的壁面，如图 14.4-1(b)所示。液体和固体受到垂直方向的重力和水平方向的离心力的作用。通常，离心力远大于重力，从而可以忽略重力。假定液体层处于平衡的状态，表面几乎是垂直的。颗粒径向向外沉降，并对容器壁面产生压力。

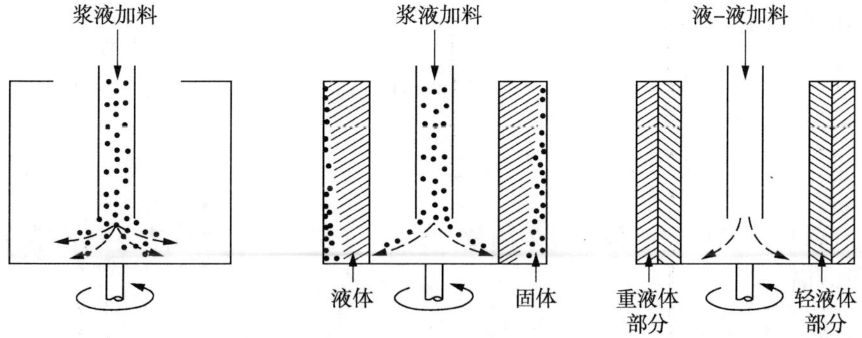

(a) 初始加料的进入　(b) 固体从液体中沉降　(c) 两液体混合物的分离

图 14.4-1　离心分离示意图

在图 14.4－1(c)中,具有不同的密度的两种液体被离心分离。密度较大的液体将占领外缘的空间,因为作用在其上的离心力较大。

(2) 离心力方程。在圆周运动中,离心力产生的加速度是

$$a_e = r\omega^2 \tag{14.4-1}$$

式中 a_e 是离心力产生的加速度,m/s^2(ft/s^2);r 是从旋转中心起的径向距离,m(ft);ω 是角速度,rad/s。

作用在颗粒上的离心力 F_c(N 或 lb_f)为

$$F_c = ma_e = mr\omega^2 \quad (\text{SI 制})$$
$$F_c = \frac{mr\omega^2}{g_c} \quad (\text{英制}) \tag{14.4-2}$$

其中 $g_c = 32.174\ lb_m \cdot ft/(lb_f \cdot s^2)$。

由于 $\omega = v/r$,v 为颗粒的切向速度,m/s(ft/s):

$$F_c = mr\left(\frac{v}{r}\right)^2 = \frac{mv^2}{r} \tag{14.4-3}$$

通常,旋转速度为 N 转/分,这样

$$\omega = \frac{2\pi N}{60} \tag{14.4-4}$$

$$N = \frac{60v}{2\pi r} \tag{14.4-5}$$

将式(14.4－4)代入式(14.4－2):

$$F_c\ 牛顿 = mr\left(\frac{2\pi N}{60}\right)^2 = 0.010\ 97mrN^2 \quad (\text{SI 制})$$
$$F_c\ lb_f = \frac{mr}{g_c}\left(\frac{2\pi N}{60}\right)^2 = 0.000\ 341mrN^2 \quad (\text{英制}) \tag{14.4-6}$$

根据式(14.3－2),颗粒上的重力为

$$F_g = mg \tag{14.3-2}$$

式中 g 是重力加速度,为 9.806 65 m/s^2。借助于重力,结合式(14.3－2)、式(14.4－2)和式(14.4－3),可得离心力如下:

$$\frac{F_c}{F_g} = \frac{r\omega^2}{g} = \frac{v^2}{rg} = \frac{r}{g}\left(\frac{2\pi N}{60}\right)^2 = 0.001\ 118rN^2 \quad (\text{SI 制})$$
$$\frac{F_c}{F_g} = 0.000\ 341rN^2 \quad (\text{英制}) \tag{14.4-7}$$

因此,离心力展开为与 $r\omega^2/g$(离心分离因数)或 v^2/rg 倍的重力一样大。这常常表示离心力与重力的多少倍相当。

例 14.4－1　离心力

半径为 0.101 6 m(0.333 ft)的容器以 1 000 转/分的速度旋转,产生离心力场。

(1) 根据重力计算展开离心力。

(2) 将这个力与半径为 0.203 2 m 的容器以同样转速旋转的力作比较。

解:(1) $r=0.1016$ m, $N=1000$。代入式(14.4-7):

$$\frac{F_c}{F_g}=0.001\,118rN^2=0.001\,118\times0.101\,6\times1\,000^2 \quad \text{(SI 制)}$$

$$=113.6 \text{ 倍重力或 } g$$

$$\frac{F_c}{F_g}=0.000\,341\times0.333\times1\,000^2=113.6 \quad \text{(英制)}$$

(2) $r=0.2032$ m。代入式(14.4-7):

$$\frac{F_c}{F_g}=0.001\,118\times0.203\,2\times1\,000^2=227.2 \text{ 倍重力或 } g$$

14.4.3 离心机中沉降的速率方程

(1) 沉降的一般方程。如果一离心机用来沉积(用沉降除去颗粒),如果颗粒的停留时间足够长,颗粒能够到达壁面,液体中指定尺寸的颗粒就可除去。对于以终端沉降速度作径向运动的颗粒,要计算的是可以除去的最小颗粒的直径。

在图 14.4-2 中,表示了管状离心机的示意图。加料进入底部,假定所有液体以均匀的速度带着固体颗粒向上移动。假定颗粒以它的终端沉降速度 v_t 作径向运动。颗粒的轨迹或路径如图 14.4-2 所示。如果停留时间足够,可使颗粒到达容器的壁面,并停留在壁面上,给定尺寸的颗粒就被从液体中除去。容器的长度为 b(m)。

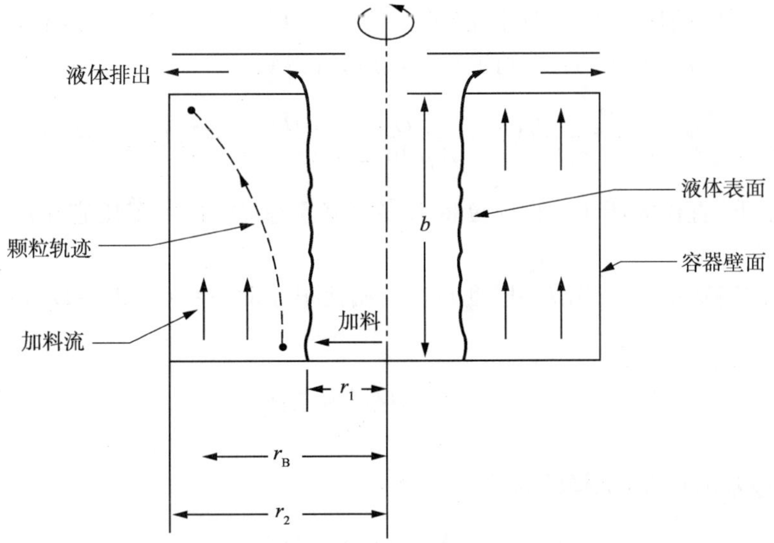

图 14.4-2　在沉积管状离心机中的颗粒沉降

颗粒在流体中停留时间终了,颗粒离旋转中心的径向距离为 r_B。如果 $r_B<r_2$,那么,颗粒随液体离开容器。如果 $r_B=r_2$,它在容器壁面上积累,从液体中有效地除去了。

对于斯托克斯区范围的沉降,在半径 r 处的终端沉降速度可将式(14.4-1)的加速度代替式(14.3－9)的 g 而得到：

$$v_t=\frac{\omega^2 r D_p^2(\rho_p-\rho)}{18\mu} \tag{14.4－8}$$

式中 v_t 是径向的沉降速度，m/s(ft/s)；D_p 是颗粒直径，m；ρ_p 是颗粒密度，kg/m^3；ρ 是液体密度，kg/m^3；μ 是液体黏度 Pa·s。如果发生干扰沉降，式(14.4－8)右边乘以式(14.3－16)给出的因子($\varepsilon^2\psi_p$)。

由于 $v_t=\mathrm{d}r/\mathrm{d}t$，这样式(14.4－8)变成

$$\mathrm{d}t=\frac{18\mu}{\omega^2(\rho_p-\rho)D_p^2}\frac{\mathrm{d}r}{r} \tag{14.4－9}$$

在 $r=r_1$，$t=0$ 至 $r=r_2$，$t=t_T$ 之间进行积分：

$$t_T=\frac{18\mu}{\omega^2(\rho_p-\rho)D_p^2}\ln\frac{r_2}{r_1} \tag{14.4－10}$$

停留时间 t_T 等于容器内液体体积 V(m^3)除以加料的体积流量 q(m^3/s)。体积 $V=\pi b(r_2^2-r_1^2)$。代入式(14.4－10)并解出 q：

$$q=\frac{\omega^2(\rho_p-\rho)D_p^2}{18\mu\ln(r_2/r_1)}(V)=\frac{\omega^2(\rho_p-\rho)D_p^2}{18\mu\ln(r_2/r_1)}[\pi b(r_2^2-r_1^2)] \tag{14.4－11}$$

直径小于由式(14.4－11)所计算的直径的颗粒将不能达到容器的壁面而被出口液体带走。比它大的颗粒将到达容器的壁面而被从液体中除去。

分割点或临界直径 D_{pc} 定义为沉降达到 r_2 和 r_1 之间的一半距离的颗粒直径。这个颗粒在它停留于离心机期间移动了液体层的一半距离或$(r_2-r_1)/2$。这样，积分就在 $r=(r_2+r_1)/2$，$t=0$ 至 $r=r_2$，$t=t_T$ 之间进行。然后，可得到

$$q_c=\frac{\omega^2(\rho_p-\rho)D_{pc}^2}{18\mu\ln[2r_2/(r_1+r_2)]}(V)=\frac{\omega^2(\rho_p-\rho)D_{pc}^2}{18\mu\ln[2r_2/(r_1+r_2)]}[\pi b(r_2^2-r_1^2)] \tag{14.4－12}$$

在这个流率 q_c 下，直径大于 D_{pc} 的颗粒将大多沉降至壁面，而大多比它小的颗粒将被液体带出。

(2) 沉降的特殊情况。当液层厚度与半径相比很小时，$r\approx r_2$，$D_p=D_{pc}$，式(14.4－8)可写成如下：

$$v_t=\frac{\omega^2 r_2 D_{pc}^2(\rho_p-\rho)}{18\mu} \tag{14.4－13}$$

对于临界直径 D_{pc} 的情况，沉降的时间 t_T 如下：

$$t_T=\frac{V}{q_c}=\frac{(r_2-r_1)/2}{v_t} \tag{14.4－14}$$

将式(14.4－13)代入式(14.4－14)，并整理得：

$$q_c=\frac{\omega^2 r_2 D_{pc}^2(\rho_p-\rho)V}{18\mu[(r_2-r_1)/2]} \tag{14.4－15}$$

体积 V 可表示为

$$V \approx 2\pi r_2(r_2 - r_1)b \tag{14.4-16}$$

结合式(14.4-15)和式(14.4-16)，

$$q_c = \frac{2\pi b r_2^2 \omega^2 D_{pc}^2(\rho_p - \rho)}{9\mu} \tag{14.4-17}$$

上述分析有些简化。液体流动的速度分布实际上要复杂得多。这些方程也可用于液-液系统，其中液滴移动服从这些方程，在另一液体相中合并。

例 14.4-2　离心机的沉降

一黏性溶液含有密度 $\rho_p = 1\,461\ \text{kg/m}^3$ 的颗粒，在离心机中分级。溶液密度 $\rho = 801\ \text{kg/m}^3$，黏度 $\mu = 100\ \text{cP}$。离心机容器的 $r_2 = 0.022\,25\ \text{m}$，$r_1 = 0.007\,16\ \text{m}$，高度 $b = 0.197\,0\ \text{m}$。当转速 $N = 23\,000$ 转/分，流量 $q = 0.002\,832\ \text{m}^3/\text{h}$ 时，计算临界颗粒直径，即流出液体中的最大颗粒直径。

解：用式(14.4-4)

$$\omega = \frac{2\pi N}{60} = \frac{2\pi \times 23\,000}{60} = 2\,410\ \text{rad/s}$$

容器体积 V 为

$$\begin{aligned} V &= \pi b(r_2^2 - r_1^2) \\ &= \pi \times 0.197\,0 \times [(0.022\,25)^2 - (0.007\,16)^2] = 2.747 \times 10^{-4}\ \text{m}^3 \end{aligned}$$

黏度 $\mu = 100 \times 10^{-3} = 0.100\ \text{Pa} \cdot \text{s} = 0.100\ \text{kg/(m} \cdot \text{s)}$。流率 q_c 为

$$q_c = \frac{0.002\,832}{3\,600} = 7.87 \times 10^{-7}\ \text{m}^3/\text{s}$$

代入式(14.4-12)并解得 D_{pc}，

$$\begin{aligned} q_c &= 7.87 \times 10^{-7} \\ &= \frac{(2\,410)^2 \times (1\,461 - 801) \times D_{pc}^2 \times (2.747 \times 10^{-4})}{18 \times 0.100 \times \ln[2 \times 0.022\,25/(0.007\,16 + 0.022\,25)]} \end{aligned}$$

$$D_{pc} = 0.746 \times 10^{-6}\ \text{m} \quad 或 \quad 0.746\ \mu\text{m}$$

代入式(14.4-13)求得 v_t，然后计算雷诺数，沉降处于斯托克斯区。

(3) Σ 值和离心机的放大。管式离心机的一个有用的物理特性可由式(14.4-12)乘以和除以 $2g$ 来导出，然后将式(14.4-9)的 D_{pc} 代入式(14.4-12)得到

$$q_c = 2\,\frac{(\rho_p - \rho) g D_{pc}^2}{18\mu}\,\frac{\omega^2 V}{2g\ \ln[2r_2/(r_1 + r_2)]} = 2v_t \cdot \Sigma \tag{14.4-18}$$

其中 v_t 是颗粒在重力场的终端沉降速度：

$$\Sigma=\frac{\omega^2 V}{2g\ \ln[2r_2/(r_1+r_2)]}=\frac{\omega^2[\pi b(r_2^2-r_1^2)]}{2g\ \ln[2r_2/(r_1+r_2)]} \tag{14.4-19}$$

其中 Σ 是离心机的物理特性,而不是被分离的流固系统的特性。用式(14.4-17)计算沉降液层很薄的特殊情况,

$$\Sigma=\frac{\omega^2\pi b 2r_2^2}{g} \tag{14.4-20}$$

Σ 值实际上相当于重力沉降器的面积(m^2),它对于同样的加料流率具有与离心机一样的沉降特性。为了从实验规模的 q_1 和 Σ_1 放大到 q_2(按 $v_{t1}=v_{t2}$),

$$\frac{q_1}{\Sigma_1}=\frac{q_2}{\Sigma_2} \tag{14.4-21}$$

对于类型相似和几何相似的离心机,如果离心力之比在 2 以内,放大过程是可靠的。如果包含了不同的结构,应当采用效率因子 E,这样 $q_1/\Sigma_1 E_1=q_2/\Sigma_2 E_2$。这些效率必须实验确定,不同类型的离心机的值见文献(F1,P1)。

(4) 离心机中液体的分离。不互溶的、但是分散很细像乳化液的液-液分离是食品工业和其他工业中常见的单元操作。牛奶工业就是一个例子,其中牛奶乳化液分离成脱脂牛奶和奶油。在这些液液分离中,离心机出口溢流堰的位置非常重要,不仅控制了离心机中的持液量体积 V,而且决定了实际是否进行了分离。

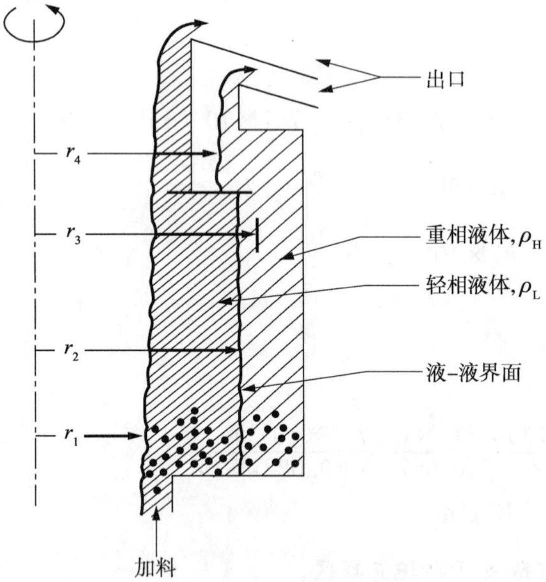

图 14.4-3 分离两液相的管式离心机

图 14.4-3 中所示为管式离心机,该离心机分离两液体相,重液相的密度为 ρ_H(kg/m^3),轻液相的密度 ρ_L。距离表示如下:r_1 是轻相液层表面的半径,r_2 是液-液界面的半径,r_4 是重相液层流出表面的半径。

为了确定界面的位置,可对两液体层作压力平衡计算。流体在距离 r 处所受的力可按式(14.4-2)计算:

$$F_c=mr\omega^2 \tag{14.4-2}$$

跨越厚度为 dr 的液层的微分力为

$$dF_c=dmr\omega^2 \tag{14.4-22}$$

但是,

$$dm=[(2\pi rb)dr]\rho \tag{14.4-23}$$

式中 b 是容器的高度,m;$(2\pi rb)dr$ 是液体的体积。将式(14.4-23)代入式(14.4-22),并且两边都除以面积 $A=2\pi rb$:

$$dp=\frac{dF_c}{A}=\omega^2\rho r dr \tag{14.4-24}$$

式中 p 是压力 N/m^2(bl_m/ft^2)。

在 r_1 和 r_2 之间对式(14.4-24)进行积分：

$$p_2-p_1=\frac{\rho\omega^2}{2}(r_2^2-r_1^2) \tag{14.4-25}$$

对图 14.4-3 应用式(14.4-25)，并使厚度为 r_2-r_1 的轻相的压力与厚度为 r_2-r_4 的重相的压力在 r_2 界面处相等：

$$\frac{\rho_H\omega^2}{2}(r_2^2-r_4^2)=\frac{\rho_L\omega^2}{2}(r_2^2-r_1^2) \tag{14.4-26}$$

解得 r_2^2，得到界面的位置：

$$r_2^2=\frac{\rho_H r_4^2-\rho_L r_1^2}{\rho_H-\rho_L} \tag{14.4-27}$$

r_2 处的界面必须处在半径小于 r_3 的位置，如图 14.4-3 所示。

例 14.4-3　确定离心机界面的位置

在植物油的提炼过程中，在离心机中将水相从油相中分离出来。油的密度为 919.5 kg/m³，水相的密度为 980.3 kg/m³。轻相液体溢流口的半径 r_1 设定为 10.160 mm，重相液体出口半径为 10.414 mm。计算离心机中液液界面的位置。

解：密度为 ρ_L =919.5 kg/m³，ρ_H=980.3 kg/m³。代入式(14.4-27)并解得 r_2，

$$r_2^2=\frac{980.3\times10.414^2-919.5\times10.160^2}{980.3-919.5}$$

$$r_2=13.75\ \text{mm}$$

14.4.4　沉积的离心设备

(1) 管状离心机。管状离心机的结构如图 14.4-3 所示。容器较高，直径较小，在 100～150 mm。这种离心机称为高速离心机，它产生的力约为重力的 13 000 倍。一些细长的离心机的直径为 75 mm，可以达到很高的转速，如 60 000 转/分左右，称为超高速离心机。这些离心机常常用于分离液-液乳化液。

(2) 碟式离心机。图 14.4-4 中所示的碟式离心机常用于液-液分离。加料实际进入底部的分隔空间，然后向上垂直通过进料孔，加入到碟间的每一个空间，孔在垂直方向上将该空间分成内部段和外部段，内部段主要为轻相液体，外部段主要为

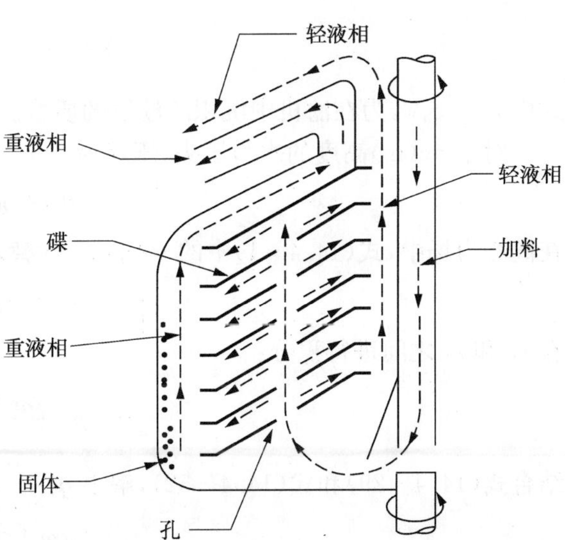

图 14.4-4　碟式离心机示意图

重相液体。这个分界线类似于管式离心机中的相界面。

重相液体在每一碟片的下方流动至容器的边缘。轻相液体在碟片的上方流动至中间的出口。任何小量的重相液体都被甩向外壁。该设备需要周期性的清洗,以除去固体沉积物。碟式离心机用于淀粉-面筋的分离、橡胶乳液的浓缩、奶油的分离。详细情况可参阅文献(P1,L1)。

14.4.5 离心过滤

(1) 离心过滤的理论。离心过滤中过滤速率的理论计算不是很有成就。离心机中的过滤比通常的压力差过滤复杂得多,因为流动的面积和推动力随着离轴心的距离的增加而增加,滤饼的比阻明显变化。一般被用来做放大实验的过滤离心机的类型应与工业过程的离心机类型相似,浆液也一样。

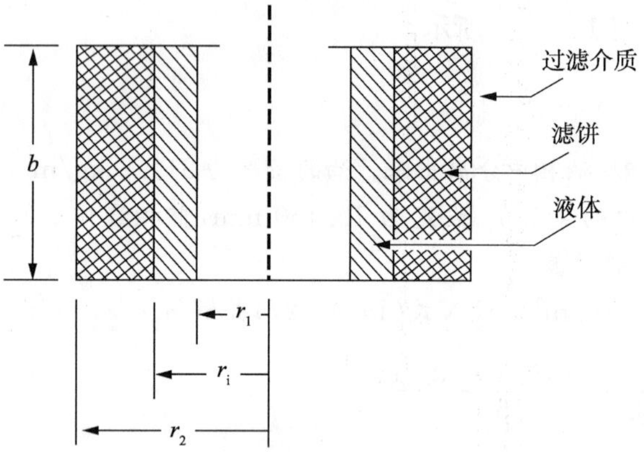

图 14.4-5 离心过滤的物理分析

已在第 14.2.5 节中作了讨论的恒压过滤理论可被改进和应用于离心力引起的流动,来代替压力差流动。方程的推导可针对滤饼已经形成的场合,如图 14.4-5 所示。篮筐的内半径为 r_2,r_i 是滤饼表面的内半径,r_1 是液体表面的内半径。假定滤饼是近似不可压缩的,这样可以使用 α 的平均值。同时,流动为层流流动。如果假定滤饼很薄而离心机直径很大,这样流通的面积 A 近似为常数。液体的速度为

$$v=\frac{q}{A}=\frac{\mathrm{d}V}{A\,\mathrm{d}t} \tag{14.4-28}$$

式中 q 是滤液流率,$\mathrm{m^3/s}$;v 是速度,m/s。将(14.4-28)代入式(14.2-8):

$$-\Delta p=q\mu\left(\frac{m_c\alpha}{A^2}+\frac{R_m}{A}\right) \tag{14.4-29}$$

式中 $m_c=c_S V$,为在滤机中沉积的滤饼的质量。

对于 dz(m)高度的水力压头,压降为

$$\mathrm{d}p=\rho g\,\mathrm{d}z \tag{14.4-30}$$

在离心力场中,式(14.4-1)中的 g 用 $r\omega^2$ 代替,dz 用 dr 代替。于是

$$\mathrm{d}p=\rho r\omega^2\,\mathrm{d}r \tag{14.4-31}$$

在 r_1 和 r_2 之间进行积分:

$$-\Delta p=\frac{\rho\omega^2(r_2^2-r_1^2)}{2} \tag{14.4-32}$$

结合式(14.4-29)和式(14.4-32),解出 q:

$$q=\frac{\rho\omega^2(r_2^2-r_1^2)}{2\mu\left(\dfrac{m_c\alpha}{A^2}+\dfrac{R_m}{A}\right)} \tag{14.4-33}$$

对于流通面积随半径的变化必须考虑的场合，可导得如下结果(G1)：

$$q=\frac{\rho\omega^2(r_2^2-r_1^2)}{2\mu\left(\dfrac{m_c\alpha}{\overline{A}_L\overline{A}_a}+\dfrac{R_m}{A_2}\right)} \tag{14.4-34}$$

式中 $A_2=2\pi r_2 b$(过滤介质面积)；$\overline{A}_L=2\pi b(r_2-r_i)/\ln(r_2/r_i)$(对数平均滤饼面积)；$\overline{A}_a=(r_i+r_2)\pi b$(算术平均滤饼面积)。这个方程适用于在给定的时间已知滤饼质量。它不是适合整个过滤周期的积分方程。

(2) 离心过滤的设备。在离心过滤机中，浆液是连续加入旋转的篮筐中的，篮筐具有多孔的壁面，壁面用滤布覆盖。滤饼在过滤介质表面上形成一定的厚度。然后，在过滤周期终了，加料停止了，洗液被加入或被喷洒到滤饼上。然后停止加洗液，滤饼尽可能地被旋转干燥。随后，关闭电机或降低转速，用刮刀将固体物料卸下时允许篮筐低速旋转，这样，固体从篮筐底部的开口中掉落。最后，滤布被冲洗干净，完成操作周期。通常，间歇操作的周期是自动完成的。自动间歇离心机的篮筐尺寸约为 1.2 m 直径，转速在 4 000 r/min 以下。

连续离心过滤机的有效处理能力可达到 25 000 kg 固体/h。间歇地，沉积在过滤介质上的滤饼被推料器推向卸料的一端，从而被除去，然后重新开始，让滤饼再次形成。当滤饼被推出时，它经过洗涤区域。滤液和洗涤液分别用收集器收集，以保持分离。各种不同种类的离心过滤机详细资料可参阅文献(P1)。

14.4.6　气-固旋风分离器

(1) 概述和设备。对于从气体中分离小颗粒或雾滴，最广泛使用的设备类型是旋风分离器，如图 14.4-6 所示。旋风分离器由垂直的圆柱体和圆锥形的底部组成。气体-固体颗粒混合物在接近顶部处切向进入。气体-固体颗粒混合物进入作旋转运动，形成的旋涡产生离心力，离心力将颗粒很快甩向壁面。

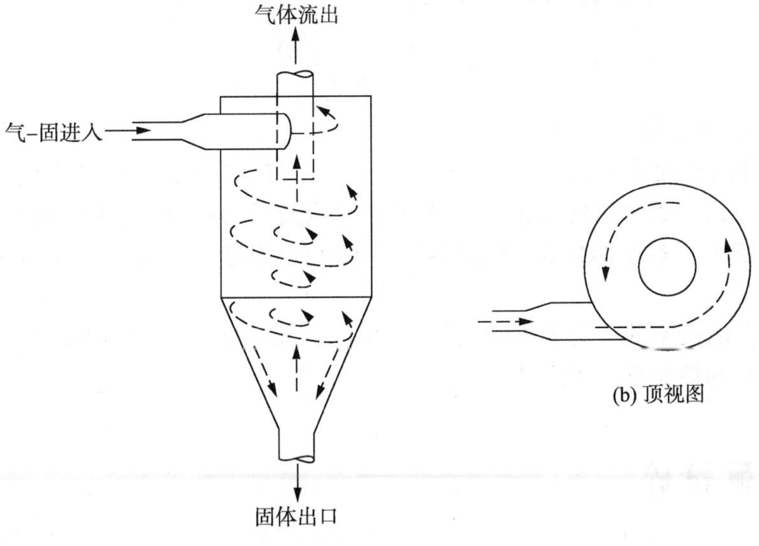

图 14.4-6　气-固旋风分离器

在进入设备后,空气在旋风器中旋转着或以旋涡形式在靠近壁面处向下流动。当空气到达锥形底部时,它在锥体的和圆柱体的中心以较小的半径旋转着向上流动。因此,存在着两个旋涡。向下的和向上的旋转具有同样的方向。

颗粒被甩向壁面,然后落下,在锥体的底部离开。旋风分离器是一种沉降设备,该设备内在高速切向速度下作用在颗粒上的向外的力是重力的许多倍。因此,与重力降尘室相比,旋风分离器能达到更高的分离效率。

在大的、低操作速度的旋风器中的离心力在约 5 倍于重力的范围,在小的、高阻力压降的装置中可达到重力的 2 500 倍。这些装置常常用于许多场合,例如食品的喷雾干燥,干燥了的颗粒被旋风分离器除去;再如含尘气体的净化,从气体中除去雾滴。旋风分离器提供了一种最便宜的气-固分离方法。它们一般可用于从气体中除去直径 5 μm 以上的颗粒。对于尺寸大于 200 μm 的颗粒,常常使用重力沉降室。有时也用在其内部喷入水的湿法洗气旋风器,喷水有助于除去固体颗粒。

(2) 旋风分离器的理论。假定旋风分离器进口处的颗粒很快就达到终端沉降速度。颗粒尺寸通常很小,沉降都处于斯托克斯区。对于离心力场下的运动,终端径向速度 v_{tR} 可由式(14.4-8)计算,用 v_{tR} 取代 v_t:

$$v_{tR}=\frac{\omega^2 r D_p^2(\rho_p-\rho)}{18\mu} \tag{14.4-35}$$

由于 $\omega=v_{tan}/r$,其中 v_{tan} 是半径 r 处的颗粒的切向速度,式(14.4-35)变成

$$v_{tR}=\frac{D_p^2 g(\rho_p-\rho)}{18\mu}\frac{v_{tan}^2}{gr}=v_t\frac{v_{tan}^2}{gr} \tag{14.4-36}$$

其中 v_t 是重力场的终端沉降速度,即式(14.3-9)中的 v_t。

终端速度 v_t 越大,径向速度 v_{tR} 也越大,颗粒也就应该越容易"沉降"至壁面。然而,计算径向速度是困难的,因为它是重力场终端速度、切向速度、旋风器中径向位置和轴向位置的函数。因此,常常使用下面的经验方程(S2):

$$v_{tR}=\frac{b_1 D_p^2(\rho_p-\rho)}{18\mu r^n} \tag{14.4-37}$$

其中 b_1 和 n 是经验常数。

(3) 旋风分离器的收集效率。由式(14.4-37)可知,较小的颗粒具有较小的沉降速度,没有足够的时间到达壁面和被收集。因此,它们会随着气体离开旋风分离器的出口。较大的颗粒收集得较快。对于给定的颗粒直径,分离的效率定义为该尺寸颗粒被收集的质量分率。

旋风分离器的典型的收集效率图表明,效率随颗粒尺寸的增加很快增加。分割直径 D_{pc} 是进入的该直径的颗粒有一半到达出口。

14.5 机械粉碎

14.5.1 概述

许多固体材料对于使用要求而言颗粒尺寸太大,必须减小。通常,固体尺寸减小,以便

进行各种成分的分离。一般,采用术语"粉碎和碾磨"表示大的固体颗粒细分成较小的颗粒。

在食品工业过程中,大量的食物产品都遇到粉碎的问题。滚筒轧制机被用来碾磨小麦和黑麦成粉,碾磨玉米。大豆被滚压、压碎、磨碎,以生产豆油和豆粉。锤磨机通常用于生产土豆粉、木薯淀粉和其他粉。糖可磨碎成细糖产品。

碾磨操作在矿产过程和水泥生产过程中是应用非常广泛的。例如,铜矿、镍和钴矿、铁矿在化学过程之前先要碾碎。石灰石、大理石、石膏、白云石被碾碎后用作纸张的、涂料的、橡胶的填充剂。水泥工业的原料,例如石灰、矾土、硅石被碾碎的规模很大。

固体可以用很多方法减小尺度。压碎或碾碎是一般用于硬的固体粉碎成粗颗粒的方法。冲击可获得粗的、中等的或细的尺寸。研磨或摩擦可获得细的产品。切割用于获得一定尺寸的产品。

14.5.2 颗粒粒度的测量

原料粉碎过程及其产品用"颗粒粒度分布"来表达。一个普通的标绘颗粒粒度的方法是将颗粒直径(筛孔孔隙)(mm 或 μm)对小于该尺寸的累计量百分率作图。(各种筛的筛孔尺寸见附录 A.5。)这样的图给出了图 12.12-2 中的算术几率数据。

然而,通常作图将小于指定粒度的累计量百分率对颗粒粒度进行标绘,如图 14.5-1(a)所示。在图 14.5-1(b)中,同样的数据按粒度分布曲线进行标绘。在图 14.5-1(a)中取 5 μm的粒度间距的曲线斜率,将它换算成每 μm 粒度间距的重量百分率,就得到纵坐标。完整的颗粒粒度分析对于大多数情况的粒度比较和计算是需要的。

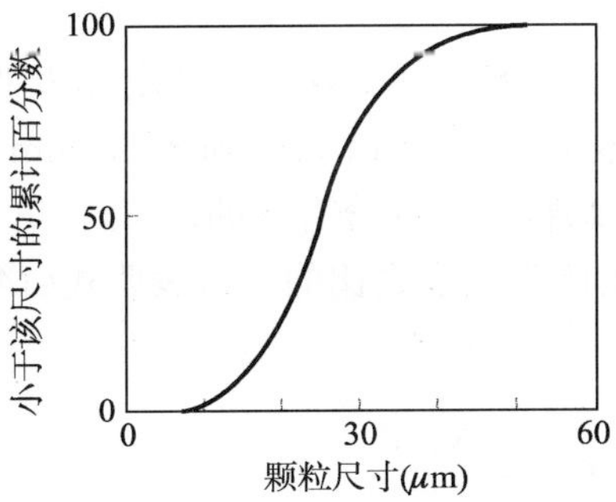

(a) 累计百分率对颗粒粒度

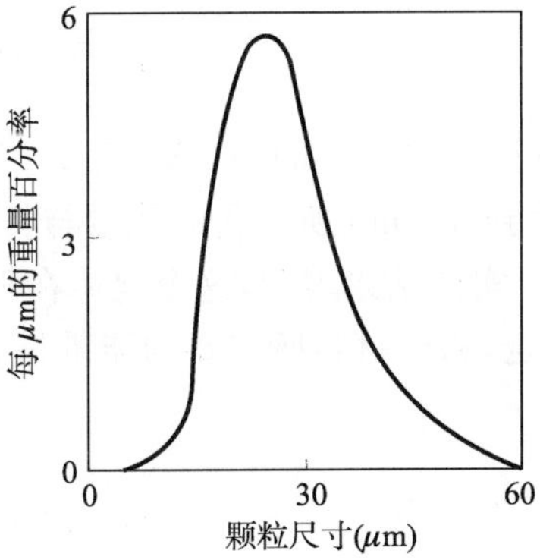

(b) 每 μm 的重量百分率对颗粒粒度

图 14.5-1　颗粒粒度分布曲线

(经允许引自 R. H. Perry and C. H. Chilton, Chemical Engineers' Handbook, 5th ed. New York: McGraw-Hill Book Company, 1973)

14.5.3 粉碎所需要的能量和功率

(1) 概述。在固体粉碎中,固体加料由机械作用被粉碎成小颗粒。材料被破裂。加料颗粒先在粉碎机作用下被弄歪和弯曲。这个使颗粒弯曲的功先暂时作为弯曲能贮藏在固体中。当外加的力加入到受应力的颗粒上时,弯曲能超过了一定的值,材料就破裂成较小的碎片。

当材料破裂时，产生新的表面积。每单位的新表面积需要一定量的能量。加入能量的一部分用于产生新表面，但是大部分能量变成了热量。破裂需要的能量是与材料的种类、粒度、硬度和其他因素有关的复杂的函数。

所用的机械力的大小、时间、力的种类，如压缩、剪切、冲击，以及其他因素影响了粉碎过程的程度和效率。粉碎过程中重要的因子是所用的能和功率的量，颗粒的粒度，生成的新表面积。

(2) 粉碎中所需的功率。提出的计算固体粉碎中功率消耗的各种理论或定律在实践中应用得并不好。对最重要的一些将在这里作简要的讨论。这些理论问题的一部分是建立破裂和产生新表面积所需要的能的理论量。近似计算给出实际效率约为 0.1%～2%。

理论推导依赖于颗粒粒度 X 产生 dX 的变化所需要的能量 E 是 X 的幂函数的假定：

$$\frac{dE}{dX}=-\frac{C}{X^n} \tag{14.5-1}$$

其中 X 是颗粒的粒度或直径 mm，n 和 C 是与材料的类型和粒度、机器的类型有关的常数。

Rittinger 提出一个定律，表述为粉碎的功正比于产生的新表面积。这个定律导出了式(14.5-1)中的 $n=2$，因为面积正比于长度的平方。积分式(14.5-1)：

$$E=\frac{C}{n-1}\left(\frac{1}{X_2^{n-1}}-\frac{1}{X_1^{n-1}}\right) \tag{14.5-2}$$

其中 X_1 是加料的平均直径，X_2 是产物的平均直径。由于 Rittinger 方程的 $n=2$，可得

$$E=K_R\left(\frac{1}{X_2}-\frac{1}{X_1}\right) \tag{14.5-3}$$

式中 E 是粉碎单位质量加料从 X_1 至 X_2 需要的功，K_R 为常数。这个定律表明，将材料从 100 mm 粉碎到 50 mm 所需要的能量与将同样材料从 50 mm 粉碎到 33.3 mm 所需要的能量是一样的。实验结果表明，这个定律在碾磨小颗粒中是部分有效的。

Kick 假定，粉碎材料所需要的能量是直接正比于粒度之比的。这表明式(14.5-1)中的 $n=1$，可得

$$E=C\ln\frac{X_1}{X_2}=K_K\lg\frac{X_1}{X_2} \tag{14.5-4}$$

式中 K_K 是常数。这个定律表明，将材料从 100 mm 粉碎至 50 mm 所需要的能量与将同样材料从 50 mm 粉碎到 25 mm 所需要的能量是一样的。

Bond(B3)新近关联许多实验数据所得到的数据表明，用于大粒度加料的所需功正比于产物的表面积与体积的比值的平方根。这相当于式(14.5-1)中的 $n=1.5$，可得

$$E=K_B\frac{1}{\sqrt{X_2}} \tag{14.5-5}$$

式中 K_B 是常数。为了使用式(14.5-5)，Bond 提出功的单位为 kW·h/t 时单位质量材料从很大尺寸粉碎至 80%通过 100 μm 筛子时的单位功值为 E_i。这样，功 E 是 80%通过 X_F(μm)筛子的单位质量加料粉碎至 80%通过 X_P(μm)筛子的总的所需要的功。

以英制单位表示的 Bond 的最终方程为：

$$\frac{P}{T}=1.46E_{\mathrm{i}}\left(\frac{1}{\sqrt{D_{\mathrm{P}}}}-\frac{1}{\sqrt{D_{\mathrm{F}}}}\right) \tag{14.5-6}$$

式中 P 的单位为 hp；T 为加料速率，t/min；D_{F} 是加料的粒度，ft；D_{P} 是产物的粒度，ft。各种类型材料的典型 E_{i} 值已由 Perry、Green(P1) 和 Bond(B3) 给出。一些典型的值为：铝土矿 ($E_{\mathrm{i}}=9.45$)，煤(11.37)，钾盐(8.23)，页岩(16.4)，花岗岩(14.39)。这些值在干磨时要乘以 1.34。

例 14.5－1　用 Bond 理论计算粉碎铁矿所需的功率

现需要粉碎 10 t/h 的赤铁矿。加料的粒度为 80%通过 3 英寸(76.2 mm)筛孔，产物的粒度要求 80%通过 1/8 英寸(3.175 mm)筛子。计算所需的总功率。赤铁矿的单位功 E_{i} 可取 12.68(P1)。

解：加料粒度为 $D_{\mathrm{F}}=3/12=0.250$ ft(76.2 mm)，产物粒度为 $D_{\mathrm{P}}=1/8/12=0.010\,4$ ft (3.175 mm)。加料速率为 $T=10/60=0.167$ t/min。

代入式(14.5－6)，解出 P：

$$\frac{P}{0.167}=1.46\times 12.68\times\left(\frac{1}{\sqrt{0.010\,4}}-\frac{1}{\sqrt{0.250}}\right)$$

$$P=24.1\ \mathrm{hp}(17.96\ \mathrm{kW})$$

14.5.4　粉碎设备

(1) 概述和分级。粉碎设备可以根据施加力的途径进行分类如下：两个表面之间，如压碎和剪切；在一个固体表面上，如冲击；被周围的介质所作用，如胶体磨。更多的颗粒分级将设备分成压碎机、碾磨机、细碾磨机、剪切机。

(2) 颚式破碎机。大量固体的粗粉碎设备由被称为破碎机的慢速机器组成。一些类型是常常使用的。第一种是颚式破碎机，材料被加入到两个大颌之间或两个平板之间。如图 14.5－2(a)所示的是道奇压碎机，一个颌是固定的，另一个颌以底部的枢轴为支点作往复运动和移动。这个颌作向前和向后摇摆，枢轴在 V 字的底部。材料被加工渐渐向下进入较窄的空间，当它移动时被压碎。

图 14.5－2(b)所示布来克压碎机被更普遍地使用，其中枢轴是在可活动颌的顶部。布来克压碎机的粉碎比平均为 8∶1。颚式破碎机主要用于硬材料的初始粉碎，随后往往再用其他类型的破碎机作进一步破碎。

(3) 回转压碎机。如图 14.5－3(a)所示的回转压碎机广泛应用于大的硬矿石和矿物的压碎过程。它基本上与臼杵型粉碎机相似。可运动的压碎头形状像截去顶端的倒锥体，它处在截去顶端的锥形套管的里面。压碎头偏心旋转，被挤压的物料在外部固定的锥体与内部的旋转锥体之间进入。

(4) 辊式压碎机。如图 14.5－3(b)所示为典型的光滑辊式压碎机。两个压辊相互朝中间以相同的速度或不同的速度旋转。压辊的磨损是个严重的问题。粉碎比在约 4∶1 至

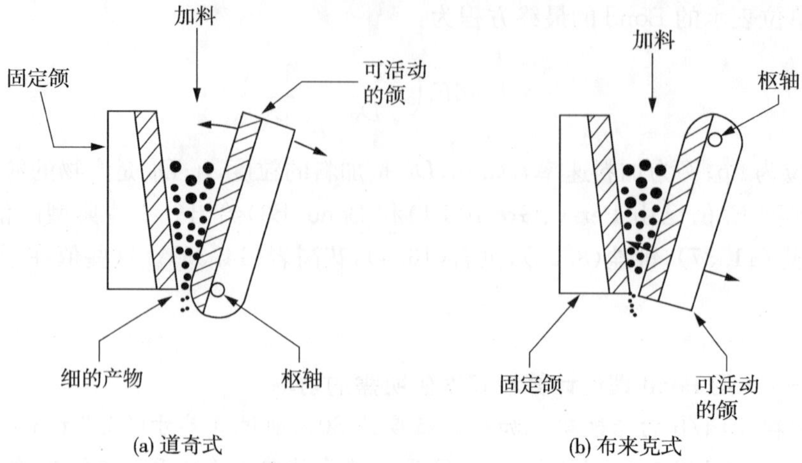

图 14.5-2　颚式破碎机的类型

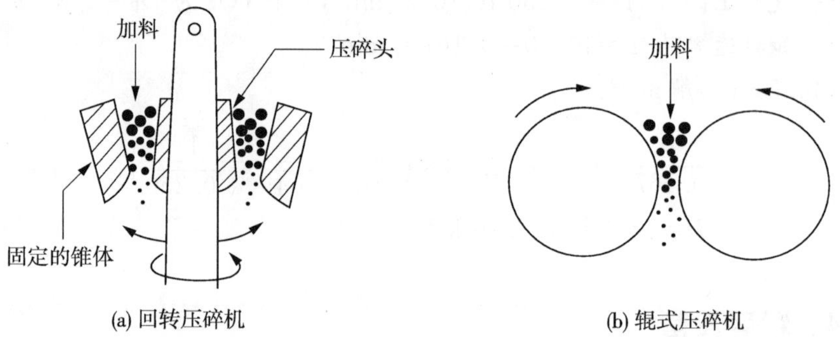

图 14.5-3　粉碎设备的类型

2.5∶1之间变化。单个压辊也常常使用,旋转的压辊对着一个固定的表面,带波纹的压辊和带齿的压辊也可使用。许多物料并不坚硬的食品产物,例如面粉、大豆、淀粉,用压辊来粉碎。

(5) 锤磨压碎机。锤磨设备用于将中等粒度的物料粉碎成小颗粒或粉末。通常,颚式破碎机和回转压碎机的产物可作锤磨压碎机的进料。在锤磨压碎机中,一转子在圆柱形的外壳内高速旋转。一组锤子连接在转子外部的枢轴上。加料从外壳的顶部进入,随着颗粒掉落通过圆柱体时它们被粉碎。物料在锤子的冲击下被破碎,在锤子和外壳之间粉碎成粉末。粉末随后通过出口端的格栅或筛网。

(6) 旋转研磨机。对于中等的和细的物料粉碎,常常使用旋转研磨机。在这种研磨机中,圆柱形的或圆锥形的外壳在一水平轴上旋转,里面装有研磨介质如钢球、硬球或瓷球,或用钢棍。通过球或棍的翻滚,碾压它们之间的物料,从而实现有效的磨碎。在旋转研磨机中,研磨元件在外壳的边上被带起,并下落在下面的物料上。这种研磨机可以湿法或干法操作。

非常细的颗粒的研磨设备是高度专业化的。在一些情况下,使用两个平板碟,其中一个或两个是旋转的,并研磨着在两个碟之间的物料(P1)。

习　　题

14.2-1　恒压过滤和过滤常数。$CaCO_3$ 的水悬浮液在 298.2 K(25 ℃)、46.2 kPa(6.70 psi)的恒定压力($-\Delta p$)下的过滤数据如下(R1,R2,M1)。板框压滤机的面积是 0.043 9 m^2(0.473 ft^2),浆液浓度为 23.47 kg 固体/m^3 滤液。试计算常数 α 和 R_m。给出的数据中:t 为时间,s;V 为累计的滤液体积,m^3。

$V\times10^3$	t	$V\times10^3$	t	$V\times10^3$	t
0.5	17.3	1.5	72.0	2.5	152.0
1.0	41.3	2.0	108.3	3.0	201.7

答:$\alpha=1.106\times10^{11}$ m/kg(1.65×10^{11} ft/lb_m),$R_m=6.4\times10^{10}$ m^{-1}(1.95×10^{10} ft^{-1})

14.2-2　恒压过滤的过滤常数。在 194.4 kPa 下恒压过滤的数据具体如下,采用的浆液和压滤机与题 14.2-1的相同,其中 t 的单位为 s,V 的单位 为 m^3。

$V\times10^3$	t	$V\times10^3$	t	$V\times10^3$	t
0.5	6.3	2.5	51.7	4.5	134.0
1.0	14.3	3.0	69.0	5.0	160.0
1.5	24.2	3.5	88.8		
2.0	37.0	4.0	110.0		

试计算常数 α 和 R_m。

答:$\alpha=1.61\times10^{11}$ m/kg

14.2-3　滤饼的压缩性。采用例 14.2-1 和题 14.2-1 和 14.2-2 的滤饼比阻 α 的数据,确定式(14.2-11)中的压缩性常数 s。将 $\ln\alpha$ 对 $\ln(-\Delta p)$ 作图,确定斜率 s。

14.2-4　预估过滤时间和洗涤时间。题 14.2-1 中使用的浆液在具有 30 个框、每个框的面积为 0.873 m^2 的板框压滤机中进行过滤。采用同样的压力 46.2 kPa 进行恒压过滤。假定同样的滤饼性质和滤布,计算获得 2.26 m^3 滤液所需的时间。在终了时,进行洗涤,洗涤水体积为 0.283 m^3,试计算洗涤时间和总过滤周期时间,压滤机的清洁需要 30 分钟。

14.2-5　恒压过滤常数。McMillen 和 Webber(M2)采用一面积为 0.092 9 m^2 的压滤机,在 34.5 kPa、300 K温度条件下对 13.9%(质) $CaCO_3$ 的水悬浮液进行恒压过滤。湿滤饼与干滤饼的质量比为 1.59。干饼密度为 1 017 kg/m^3。所得到的数据如下,其中 W 的单位为 kg 滤液,t 的单位为 s 时间:

W	t	W	t	W	t
0.91	24	3.63	244	6.35	690
1.81	71	4.54	372	7.26	888
2.72	146	5.44	524	8.16	1 188

试计算 α 和 R_m 的值。

14.2-6　叶滤机中的恒压过滤和洗涤。具有面积为 0.041 4 m^2(R1)的实验压滤机在恒压 267 kPa 下用于

过滤 $BaCO_3$ 的水悬浮液。得到的过滤方程为

$$\frac{t}{V}=10.25\times10^{6}V+3.4\times10^{3}$$

其中 t 的单位为 s，V 的单位为 m^3。

(1) 如果在一个具有面积为 6.97 m^2 的叶滤机中采用同样的浆液和条件进行过滤，获得 1.0 m^3 滤液量需要多少时间？

(2) 过滤后，滤饼用 0.100 m^3 的水洗涤。计算洗涤时间。

答：(1) $t=381.8$ s

14.2-7 不可压缩滤饼的恒速过滤。38.7 psia(266.8 kPa)下恒压过滤的过滤方程为

$$\frac{t}{V}=6.10\times10^{5}V+0.01$$

其中 t 的单位为 s，V 的单位为 L。滤饼比阻与压力无关。如果过滤在 10 L/s 的恒定速率下进行，问到达 50 psia 所需的时间为多少？

14.2-8 过滤介质阻力对连续转鼓过滤的影响。重做连续真空回转过滤机的例 14.2-4，但这里不忽略常数 R_m，它是过滤介质流动阻力。与例 14.2-4 比较结果。

答：$A=7.78$ m^2

14.2-9 连续转鼓过滤机的处理量。一具有面积为 2.20 m^2 的转鼓过滤机用来过滤例 14.2-4 中的 $CaCO_3$ 的悬浮液。28% 的转鼓面积浸入悬浮液，过滤周期时间为 300 s。采用的压力差为 62.0 kPa。试计算下列情况下的浆液加料速率(kg 浆液/s)：

(1) 忽略过滤介质阻力；

(2) 不忽略 B 值。

14.3-1 咖啡萃取颗粒的沉降速度。咖啡萃取的固体球状颗粒(F1)来自干燥器，具有 400 μm 的直径，沉降通过温度为 422 K 的空气。颗粒密度为 $\rho_p=1\,030$ kg/m^3。计算终端沉降速度和在 5 秒内降落的距离。空气压力 101.32 kPa。

答：$v_t=1.49$ m/s，降落 7.45 m

14.3-2 尘粒的终端沉降速度。计算直径为 60 μm 的尘粒在 294.3 K 和 101.32 kPa 下的空气中的终端沉降速度。尘粒可看作是球形的，密度为 1 280 kg/m^3。

答：$v_t=0.137\,2$ m/s

14.3-3 液滴的沉降速度。直径为 200 μm 的油滴沉降通过 294.3 K 和 101.32 kPa 下的静止空气。油的密度为 900 kg/m^3。沉降室高度为 0.457 m。试计算终端沉降速度。沉降需要多长时间？(注意：如果雷诺数大于 100，刚球颗粒的方程和形状-曳力关联式就不再适用。)

14.3-4 石英颗粒在水中的沉降速度。直径为 1 000 μm 的固体石英颗粒在 294.3 K 的水中沉降。球形颗粒的密度 2 650 kg/m^3。试计算这种颗粒的终端沉降速度。

14.3-5 固体颗粒的干扰沉降。固体球形颗粒直径为 0.090 mm，固体密度为 2 002 kg/m^3。该颗粒在 26.7 ℃的水悬浮液中沉降。固体在水中的体积分率为 0.45。试计算沉降速度和雷诺数。

14.3-6 石英颗粒的干扰沉降。直径为 0.127 mm、相对密度为 2.65 的固体石英颗粒在 293.2 K 的水中沉降。在石英和水的混合物浆液中颗粒的体积分率为 0.25。试计算干扰沉降速率和雷诺数。

14.3-7 密度对沉降速度和直径的影响。试计算 0.080 mm 直径、密度为 2 469 kg/m^3 的玻璃珠在 300 K 和 101.32 kPa 的空气中的终端沉降速度。再计算终端沉降速度与之相同、相对密度为 4.00 的闪锌矿球形颗粒直径。

14.3-8 颗粒的微分沉降。重复例 14.3-3 条件，颗粒直径范围为 $1.27\times10^{-2}\sim5.08\times10^{-2}$ mm。试用自由沉降条件计算分离得到的各部分直径范围。再计算产生的最大雷诺数的值。

14.3-9　沉降分离。方铅矿和硅石颗粒的混合物的直径范围为 0.075～0.65 mm，用上升的 293.2 K 水流进行分离。使用的相对密度见例 14.3-3。

(1) 为了获得纯的方铅矿颗粒产物，所需要的水流速度为多少，纯产物的直径范围是多少？

(2) 如果采用其他液体，如相对密度为 0.85、黏度为 6.50×10^{-4} Pa·s 的苯，所需要的流速为多少，纯产物的直径范围是多少？

14.3-10　沉降和升浮分离方法。相对密度为 2.65 的石英和相对密度为 5.1 的赤铁矿形成了一颗粒混合物。要求用沉降和升浮方法采用相对密度为 6.7 的硅铁细颗粒的水悬浮液分离它们。作为分离的介质，硅铁细颗粒在水中的体积分率浓度应为多少？

14.3-11　非定态沉降和沉积的速度。浆液的非定态沉降实验给出了下列结果，其中清液和悬浮液之间的高度 z(m)与时间 t(h)的关系如下：

t(h)	z(m)	t(h)	z(m)	t(h)	z(m)
0	0.360	1.75	0.150	12.0	0.102
0.50	0.285	3.00	0.125	20.0	0.090
1.00	0.211	5.00	0.113		

原始的浆液浓度为 250 kg/m^3 浆液。试确定沉降速度和浓度，并将速度对浓度作图。

14.4-1　离心机中力的比较。两台离心机以同样的周边线速度 53.34 m/s 旋转。第一台的容器半径 r_1＝76.2 mm，第二台的半径 r_2＝305 mm。计算每台离心机的转速(r/min)和离心分离因数。

答：N_1＝6 684 r/min，N_2＝1 670 r/min，第一台 3 806，第二台 1 951

14.4-2　离心机中的力。离心机容器以恒定的转速 2 000 r/min 旋转。问下列情况的容器半径需为多少？

(1) 离心分离因数为 455；

(2) 离心分离因数为(1)的 4 倍。

答：(1) r＝0.101 7 m

14.4-3　离心机直径和转速变化的影响。重做例 14.4-2 但作如下变化：

(1) 转速降低至 10 000 r/min，容器的外部半径加倍 r_2＝0.044 5 m，保持 r_1＝0.007 16 m；

(2) 保持例 14.4-2 的所有变量，但是处理量加倍。

答：(2) D_p＝1.747×10^{-6} m

14.4-4　离心除去食品颗粒。稀浆液含有小的固体食品颗粒，颗粒直径 5×10^{-2} mm，用离心分离将其除去。颗粒密度为 1 050 kg/m^3，溶液密度为 1 000 kg/m^3。液体的黏度为 1.2×10^{-5} Pa·s。离心机采用转速 3 000 r/min。容器的尺寸为 b＝100.1 mm，r_1＝5.00 mm，r_2＝30.0 mm。计算刚好除去这些颗粒的期望的流率(m^3/s)。

14.4-5　油的密度对界面位置的影响。重做例 14.4-3，但是其中的植物油密度降低至 914.7 kg/m^3。

14.4-6　奶油分离器的界面。一奶油离心分离机的出口卸料半径 r_1＝50.8 mm，出口半径 r_4＝76.2 mm。脱脂牛奶的密度为 1 032 kg/m^3，奶油的密度为 865 kg/m^3(E1)。计算中间区域界面的半径。

答：r_2＝150 mm

14.4-7　离心机的放大和 Σ 值。对于例 14.4-2 中给出的条件，试作如下计算：

(1) 计算 Σ 值。

(2) 采用一台新的离心机，具体尺寸如下：r_2＝0.044 5 m，r_1＝0.014 32 m，b＝0.394 m，转速 N＝26 000 r/min。采用同样的溶液，计算新的 Σ 值和流率的放大。

答：(1) Σ＝196.3 m^2

14.4-8　离心过滤过程。一类似于图 14.4-5 的间歇离心过滤有一高度 b＝0.457 m，r_2＝0.381 m 的容器，在 25 ℃下操作，转速为 33.33 转/秒。滤液基本上是水。在循环周期时间一定时，浆液和形成的滤饼具有下列性质：c_S=60.0 kg 固体/m^3 滤液，ε=0.82，ρ_p=2 002 kg 固体/m^3，滤饼厚度=0.152 m，$\alpha=6.38\times10^{10}$ m/kg，$R_m=8.53\times10^{10}$ m^{-1}，r_1=0.203 2 m。计算滤液流动的流率。

答：$q=6.11\times10^{-4}$ m^3/s

14.5-1 改变压碎机的功率需求。在某矿石的压碎中，加料为80%的颗粒粒度小于50.8 mm，产物粒度为80%的颗粒粒度小于6.35 mm。所需的功率为89.5 kW。同样的加料，产物为80%的颗粒粒度小于3.18 mm，所需的功率为多少？可采用Bond方程。(提示：单位功值 E_i 为未知，但可以用原有的实验数据借助 T 来确定 E_i。在新粒度的公式中，也出现同样的未知数。将一个方程除以另一个方程就可消去这个未知量。)

答：146.7 kW

14.5-2 磷酸盐岩的压碎。期望压碎100 t/h的磷酸盐岩，从加料的粒度为80%颗粒小于4英寸粉碎至产物80%颗粒小于1/8英寸。单位功值 E_i 为10.21(P1)。

(1) 计算所需的功率；

(2) 产物进一步粉碎至80%颗粒小于1 000 μm，计算所需的功率。

参考文献

(B1) BADGER, W. L., and BANCHERO, J. T. Introduction to Chemical Engineering. New York: McGraw-Hill Book Company, 1955.

(B2) BECKER, H. A. Can. J. Chem. Eng., **37**, 85(1951).

(B3) BOND, F. C. Trans. A. I. M. E., **193**, 484(1952).

(C1) COULSON, J. M., and RICHARDSON, J. F. Chemical Engineering, Vol. 2, 3rd ed. New York: Pergamon Press, Inc., 1978.

(E1) EARLE, R. L. Unit Operations in Food Processing. Oxford: Pergamon Press, Inc., 1978.

(F1) FOUST, A. S., et al. Principles of Unit Operations, 2nd ed. New York: John Wiley & Sons, Inc., 1980.

(F2) FITCH, B. Ind. Eng. Chem., **58**(10), 18(1966).

(G1) GRACE, H. P. Chem. Eng. Progr., **46**, 467(1950); **49**, 303, 367, 427(1953); A. I. Ch. E. J., **2**, 307(1956).

(H1) HUGHES, R. R., and GILLILAND, E. R. Chem. Eng. Progr., **48**, 497(1952).

(K1) KYNCH, G. J. Trans. Faraday Soc., **48**, 166(1952).

(L1) LARIAN, M. G. Fundamentals of Chemical Engineering Operations. Englewood Cliffs, N. J.: Prentice-Hall, Inc., 1958.

(L2) LAPPLE, C. E., and SHEPHERD, C. B. Ind. Eng. Chem., **32**, 605(1940).

(M1) McCABE, W. L., SMITH, J. C. Unit Operations of Chemical Engineering, 3rd ed. New York: McGraw-Hill Book Company, 1976.

(M2) McMILLEN, E. L., and WEBBER, H. A. Trans. A. I. Ch. E., **34**, 213(1938).

(N1) NICKOLAUS, N., and DAHLSTROM, D. A. Chem. Eng. Progr., **52**(3), 87M(1956).

(P1) PERRY, R. H., and GREEN, D. Perry's Chemical Engineers' Handbook, 6th ed. New York: McGraw-Hill Book Company, 1984.

(P2) PERRY, R. H., and CHILTON, C. H. Perry's Chemical Engineers' Handbook, 5th ed. New York: McGraw-Hill Book Company, 1973.

(R1)　RUTH, B. F., and KEMPE, L. L. Trans. A. I. Ch. E., **34**,213(1938).

(R2)　RUTH, B. F. Ind. Eng. Chem., **25**,157(1933).

(S1)　STEINOUR, H. H. Ind. Eng. Chem., **36**, 618, 840(1944).

(S2)　SHEPHERD, C. B., and LAPPLE, C. E. Ind. Eng. Chem., **31**,972(1939); **32**,1246(1940).

(T1)　TALMAGE, W. P., and FITCH, E. B. Ind. Eng. Chem., **47**(1), 38(1955).

(Z1)　ZENZ, F. A., and OTHMER, D. F. Fluidization and Fluid-Particle Systems. New York: Reinhold Publishing Co., Inc., 1960.

附录 1　基本常数和换算因子

A.1-1　气体通用常数 R

数值	单位
1.987 2	g·cal/(mol·K)
1.987 2	btu/(lb mol·°R)
82.057	cm^3·atm/(mol·K)
8 314.34	J/(kmol·K)
82.057×10^{-3}	m^3·atm/(kmol·K)
8 314.34	kg·m^2/(s^2·kmol·K)
10.731	ft^3·lb_f/($in.^2$·lb mol·°R)
0.730 2	ft^3·atm/(lb mol·°R)
1 545.3	ft·lb_f/(lb mol·°R)
8 314.34	m^3·Pa/(kmol·K)

A.1-2　体积和密度

1 mol 理想气体在 0 ℃、760 mmHg 占有体积 22.414 0 升=22 414 cm^3

1 lb mol 理想气体在 0 ℃、760 mmHg 占有体积 359.05 ft^3

1 kmol 理想气体在 0 ℃、760 mmHg 占有体积 22.414 m^3

干空气的密度在 0 ℃、760 mmHg 为 1.292 9 g/L=0.080 711 lb_m/ft^3

空气的摩尔质量=28.97 lb_m/lb mol=28.97 g/mol

1 g/cm^3=62.43 lb_m/ft^3=1 000 kg/m^3

1 g/cm^3=8.345 lb_m/U.S. gal（美制加仑）

1 lb_m/ft^3=16.018 5 kg/m^3

A.1-3　长度

1 in.=2.540 cm

100 cm=1 m（米）

1 微米=10^{-6} m=10^{-4} cm=10^{-3} mm=1 μm(微米)

1 Å(埃)= 10^{-10} m=10^{-4} μm

1 英里(mile)=5 280 ft

1 m=3.280 8 ft=39.37 in.

A.1-4　质量

1 lb_m=453.59 g=0.453 59 kg

1 lb_m= 16 盎司(oz)=7 000 谷(grain)

1 kg=1 000 g=2.204 6 lb_m

1 短吨=2 000 lb_m

1 长吨=2 240 lb_m

1 吨=1 000 kg

A.1-5　标准重力加速度

g=9.806 65 m/s^2

g=980.665 cm/s^2

g=32.174 ft/s^2

g_c(重力换算系数)$=32.174\,0\ lb_m\cdot ft/(lb_f\cdot s^2)$

$=980.665\ g_m\cdot cm/(g_f\cdot s^2)$

A.1－6　体积

1 L(升)$=1\,000\ cm^3$	1 $m^3=1\,000$ L(升)
1 $in.^3=16.387\ cm^3$	1 U. S. gal(美制加仑)$=4$ qt(夸脱)
1 $ft^3=28.317$ L(升)	1 U. S. gal(美制加仑)$=3.785\,4$ L(升)
1 $ft^3=0.028\,317\ m^3$	1 U. S. gal(美制加仑)$=3\,785.4\ cm^3$
1 $ft^3=7.481$ U. S. gal(美制加仑)	1 英制加仑$=1.200\,94$ U. S. gal(美制加仑)
1 $m^3=264.17$ U. S. gal(美制加仑)	1 $m^3=35.313\ ft^3$

A.1－7　力

1 $g\cdot cm/s^2$(达因 dyn)$=10^{-5}\ kg\cdot m/s^2=10^{-5}$ N(牛顿)

1 $g\cdot cm/s^2=7.233\,0\times10^{-5}\ lb_m\cdot ft/s^2$(磅达)

1 $kg\cdot m/s^2=1$ N(牛顿)

1 $lb_f=4.448\,2$ N

1 $g\cdot cm/s^2=2.248\,1\times10^{-6}\ lb_f$

A.1－8　压力

1 bar$=1\times10^5$ Pa(帕斯卡)$=1\times10^5\ N/m^2$

1 psia$=1\ lb_f/in.^2$

1 psia$=2.036\,0$ in. Hg 在 0 ℃

1 psia$=2.311$ ft H_2O 在 70 ℉

1 psia$=51.715$ mmHg 在 0 ℃(密度 $\rho_{Hg}=13.595\,5\ g/cm^3$)

1 atm$=14.696$ psia$=1.013\,25\times10^5\ N/m^2=1.013\,25$ bar

1 atm$=760$ mmHg 在 0 ℃$=1.013\,25\times10^5$ Pa$=1.013\,25\times10^2$ kPa

1 atm$=29.921$ in. Hg 在 0 ℃

1 atm$=33.90$ ft H_2O 在 4 ℃

1 psia$=6.894\,76\times10^4\ g/(cm\cdot s^2)$

1 psia$=6.894\,76\times10^4\ dyn/cm^2$

1 $dyn/cm^2=2.088\,6\times10^{-3}\ lb_f/ft^2$

1 psia$=6.894\,76\times10^3\ N/m^2=6.894\,76\times10^3$ Pa

1 $lb_f/ft^2=4.788\times10^2\ dyn/cm^2=47.880\ N/m^2$

1 mmHg 在 0 ℃$=1.333\,224\times10^2\ N/m^2=0.133\,322\,4$ kPa

A.1－9　功率

1 hp(马力)$=0.745\,70$ kW	1 W(瓦特)$=14.340$ cal/min
1 hp$=550\ ft\cdot lb_f/s$	1 btu/h$=0.293\,07$ W(瓦特)
1 hp$=0.706\,8$ btu/s	1 J/s(焦耳/秒)$=1$ W

A.1－10　热量,能量,功

1 J$=1\ N\cdot m=1\ kg\cdot m^2/s^2$

1 $kg\cdot m^2/s^2=1$ J(焦耳)$=10^7\ g\cdot cm^2/s^2$(尔格 erg)

1 btu$=1\,055.06$ J$=1.055\,06$ kJ

1 btu$=252.16$ cal(热化学的)

1 kcal(热化学的)$=1\,000$ cal$=4.184\,0$ kJ

1 cal(热化学的)$=4.184\,0$ J

1 cal(升温)$=4.186\,8$ J

1 btu$=251.996$ cal(升温)

1 btu=778.17 ft·lb_f

1 hp·h=0.745 7 kW·h

1 hp·h=2 544.5 btu

1 ft·lb_f=1.355 82 J

1 ft·lb_f/lb_m=2.989 0 J/kg

A.1-11 导热系数

1 btu/(h·ft·℉)=4.136 5×10^{-3} cal/(s·cm·℃)

1 btu/(h·ft·℉)=1.730 73 W/(m·K)

A.1-12 传热系数

1 btu/(h·ft^2·℉)=1.357 1×10^{-4} cal/(s·cm^2·℃)

1 btu/(h·ft^2·℉)=5.678 3×10^{-4} W/(cm^2·℃)

1 btu/(h·ft^2·℉)=5.678 3 W/(m^2·K)

1 kcal/(h·m^2·℉)=0.204 8 btu/(h·ft^2·℉)

A.1-13 黏度

1 cP=10^{-2} g/(cm·s(泊))

1 cP=2.419 1 lb_m/(ft·h)

1 cP=6.719 7×10^{-4} lb_m/(ft·s)

1 cP=10^{-3} Pa·s=10^{-3} kg/(m·s)=10^{-3} N·s/m^2

1 cP=2.088 6×10^{-5} lb_f·s/ft^2

1 Pa·s=1 N·s/m^2=1 kg/(m·s)=1 000 cP=0.671 97 lb_m/(ft·s)

A.1-14 扩散系数

1 cm^2/s=3.875 ft^2/h

1 cm^2/s=10^{-4} m^2/s

1 m^2/h=10.764 ft^2/h

1 m^2/s=3.875×10^4 ft^2/h

1 厘沲(centistoke)= 10^{-2} cm^2/s

A.1-15 质量通量和摩尔通量

1 g/(s·cm^2)=7.373 4×10^3 lb_m/(h·ft^2)

1 mol/(s·cm^2)=7.373 4×10^3 lb mol/(h·ft^2)

1 mol/(s·cm^2)=10 kmol/(s·m^2)=1×10^4 mol/(s·m^2)

1 lb mol/(h·ft^2)=1.356 2×10^{-3} kmol/(s·m^2)

A.1-16 热量通量和热量流率

1 btu/(h·ft^2)=3.154 6 W/m^2

1 btu/h=0.293 07 W

1 cal/h=1.162 2×10^{-3} W

A.1-17 比热容和焓

1 btu/(lb_m·℉)=4.186 8 kJ/(kg·K)

1 btu/(lb_m·℉)=1.000 cal/(g·℃)

1 btu/lb_m=2 326.0 J/kg

1 ft·lb_f/lb_m=2.989 0 J/kg

1 cal(升温)/(g·℃)=4.186 8 kJ/(kg·K)

1 kcal/mol=4.184 0×10^3 kJ/kmol

A.1-18 传质系数

1 k_C cm/s=10^{-2} m/s

1 k_C ft/h=8.466 8×10^{-5} m/s

1 k_x mol/(s·cm^2·摩尔分率)=10 kmol/(s·m^2·摩尔分率)

1 k_x mol/(s·cm^2·摩尔分率)=1×10^4 mol/(s·m^2·摩尔分率)

1 k_x lb mol/(h·ft^2·摩尔分率)=1.356 2×10^{-3} kmol/(s·m^2·摩尔分率)

1 $k_x a$ lb mol/(h·ft^3·摩尔分率)=4.449×10^{-3} kmol/(s·m^3·摩尔分率)

1 k_G kmol/(s·m^2·atm)=0.986 92×10^{-5} kmol/(s·m^2·Pa)

1 $k_G a$ kmol/(s·m^3·atm)=0.986 92×10^{-5} kmol/(s·m^3·Pa)

A.1-19　温度

0 ℃=32 ℉(水的冰点)

1.0 K=1.0 ℃=1.8 ℉=1.8 °R(兰金 Rankine)

℉=32+1.8(℃)

℃=(1/1.8)(℉−32)

°R=℉+459.67

K=℃+273.15

100 ℃=212 ℉=373.15 K=671.67 °R

0 ℃=32 ℉=273.15 K=491.67 °R

−273.15 ℃=−459.67 ℉=0 K=0 °R(绝对零)

附录 2　水的物理性质

A.2－1　水在 273.15 K(0 ℃)的潜热

熔化潜热＝1 436.3 cal/mol

＝79.724 cal/g

＝2 585.3 btu/lb mol

＝6 013.4 kJ/kmol

来源：O. A. Hougen, K. M. Watson, and R. A. Ragatz, Chemical Process Principles, Part I, 2nd ed. New York: John Wiley & Sons, Inc., 1954.

在 298.15 K(25 ℃)的汽化潜热

压力(mmHg)	汽化潜热
23.75	44 020 kJ/kmol, 10.514 kcal/mol, 18 925 btu/lb mol
760	44 045 kJ/kmol, 10.520 kcal/mol, 18 936 btu/lb mol

来源：美国国家标准局，通告 500。

A.2－2　水的蒸气压

温度		蒸气压		温度		蒸气压	
K	℃	kPa	mmHg	K	℃	kPa	mmHg
273.15	0	0.611	4.58	323.15	50	12.333	92.51
283.15	10	1.228	9.21	333.15	60	19.92	149.4
293.15	20	2.338	17.54	343.15	70	31.16	233.7
298.15	25	3.168	23.76	353.15	80	47.34	355.1
303.15	30	4.242	31.82	363.15	90	70.10	525.8
313.15	40	7.375	55.32	373.15	100	101.325	760.0

来源：Physicalish-technishe, Reichsansalt, Holborn, Scheel, and Henning, Warmetabellen. Brunswick, Germany: Friedrich Viewig and Son, 1909.

A.2－3　液体水的密度

温度		密度		温度		密度	
K	℃	g/cm^3	kg/m^3	K	℃	g/cm^3	kg/m^3
273.15	0	0.999 87	999.87	323.15	50	0.988 07	988.07
277.15	4	1.000 00	1 000.00	333.15	60	0.983 24	983.24
283.15	10	0.999 73	999.73	343.15	70	0.977 81	977.81
293.15	20	0.998 23	998.23	353.15	80	0.971 83	971.83
298.15	25	0.997 08	997.08	363.15	90	0.965 34	965.34
303.15	30	0.995 68	995.68	373.15	100	0.958 38	958.38
313.15	40	0.992 25	992.25				

来源：R. H. Perry and C. H. Chilton, Chemical Engineerings' Handbook, 5th ed. New York: McGraw-Hill Book Company, 1973. 经允许。

A.2－4　液体水的黏度

温度		黏度 [(Pa•s) 10^3, (kg/(m•s)) 10^3,或 cP]	温度		黏度 [(Pa•s) 10^3, (kg/(m•s)) 10^3,或 cP]
K	℃		K	℃	
273.15	0	1.792 1	323.15	50	0.549 4
275.15	2	1.672 8	325.15	52	0.531 5
277.15	4	1.567 4	327.15	54	0.514 6

续　表

温度		黏度 [(Pa·s) 10³, (kg/(m·s)) 10³, 或 cP]	温度		黏度 [(Pa·s) 10³, (kg/(m·s)) 10³, 或 cP]
K	℃		K	℃	
279.15	6	1.472 8	329.15	56	0.498 5
281.15	8	1.386 0	331.15	58	0.483 2
283.15	10	1.307 7	333.15	60	0.468 8
285.15	12	1.236 3	335.15	62	0.455 0
287.15	14	1.170 9	337.15	64	0.441 8
289.15	16	1.111 1	339.15	66	0.429 3
291.15	18	1.055 9	341.15	68	0.417 4
293.15	20	1.005 0	343.15	70	0.406 1
293.35	20.2	1.000 0	345.15	72	0.395 2
295.15	22	0.957 9	347.15	74	0.384 9
297.15	24	0.914 2	349.15	76	0.375 0
298.15	25	0.893 7	351.15	78	0.365 5
299.15	26	0.873 7	353.15	80	0.356 5
301.15	28	0.836 0	355.15	82	0.347 8
303.15	30	0.800 7	357.15	84	0.339 5
305.15	32	0.767 9	359.15	86	0.331 5
307.15	34	0.737 1	361.15	88	0.323 9
309.15	36	0.708 5	363.15	90	0.316 5
311.15	38	0.681 4	365.15	92	0.309 5
313.15	40	0.656 0	367.15	94	0.302 7
315.15	42	0.632 1	369.15	96	0.296 2
317.15	44	0.609 7	371.15	98	0.289 9
319.15	46	0.588 3	373.15	100	0.283 8
321.15	48	0.568 3			

来源：Bingham, Fluidity and Plasticity. New York: McGraw-Hill Book Company, 1922. 经允许。

A.2-5　101.325 kPa(1 atm)下液体水的比热容

温度		比热容, c_p		温度		比热容, c_p	
℃	K	cal/(g·℃)	kJ/(kg·K)	℃	K	cal/(g·℃)	kJ/(kg·K)
0	273.15	1.008 0	4.220	50	323.15	0.999 2	4.183
10	283.15	1.001 9	4.195	60	333.15	1.000 1	4.187
20	293.15	0.999 5	4.185	70	343.15	1.001 3	4.192
25	298.15	0.998 9	4.182	80	353.15	1.002 9	4.199
30	303.15	0.998 7	4.181	90	363.15	1.005 0	4.208
40	313.15	0.998 7	4.181	100	373.15	1.007 6	4.219

来源：N. S. Osborne, H. F. Stimson, and D. C. Ginnings, Bur. Standards J. Res., 23, 197(1939).

A.2-6　液体水的导热系数

温度			导热系数	
℃	℉	K	btu/(h·ft·℉)	W/(m·K)
0	32	273.15	0.329	0.569
37.8	100	311.0	0.363	0.628
93.3	200	366.5	0.393	0.680
148.9	300	422.1	0.395	0.684
215.6	420	588.8	0.376	0.651
326.7	620	599.9	0.275	0.476

来源：D. L. Timrot and N. B. Vargaftik, J. Tech. Phys. (U. S. S. R.), 10, 1063(1940); 6th International Conference on the Properties of Steam, Paris, 1964.

A.2-7 饱和的冰-水汽的蒸气压和升华热

温度			蒸气压			升华热	
K	°F	℃	kPa	psia	mmHg	btu/lb_m	kJ/kg
273.2	32	0	6.107×10^{-1}	8.858×10^{-2}	4.581	1 218.6	2 834.5
266.5	20	−6.7	3.478×10^{-1}	5.045×10^{-2}	2.609	1 219.3	2 836.1
261.0	10	−12.2	2.128×10^{-1}	3.087×10^{-2}	1.596	1 219.7	2 837.0
255.4	0	−17.8	1.275×10^{-1}	1.849×10^{-2}	0.956 2	1 220.1	2 838.0
249.9	−10	−23.3	7.411×10^{-2}	1.082×10^{-2}	0.559 6	1 220.3	2 838.4
244.3	−20	−28.9	3.820×10^{-2}	6.181×10^{-3}	0.319 7	1 220.5	2 838.9
238.8	−30	−34.4	2.372×10^{-2}	3.440×10^{-3}	0.177 9	1 220.5	2 838.9
233.2	−40	−40.0	1.283×10^{-2}	1.861×10^{-3}	0.096 24	1 220.5	2 838.9

来源:ASHRAE,Handbook of Fundamentals. New York: ASHRAE,1972.

A.2-8 冰的比热容

温度		c_p		温度		c_p	
°F	K	btu/(lb_m·°F)	kJ/(kg·K)	°F	K	btu/(lb_m·°F)	kJ/(kg·K)
32	273.15	0.500	2.093	−10	249.85	0.461	1.930
20	266.45	0.490	2.052	−20	244.25	0.452	1.892
10	260.95	0.481	2.014	−30	238.75	0.442	1.850
0	255.35	0.472	1.976	−40	233.15	0.433	1.813

来源:Adapted from ASHRAE,Handbook of Fundamentals. New York: ASHRAE,1972.

A.2-9 饱和蒸汽和水的性质(蒸汽表),SI 制单位

温度 (℃)	蒸气压 (kPa)	比容(m^3/kg)		焓(kJ/kg)		熵(kJ/(kg·K))	
		液体	饱和蒸汽	液体	饱和蒸汽	液体	饱和蒸汽
0.01	0.611 3	0.001 000 2	206.136	0.00	2 501.4	0.000 0	9.156 2
3	0.757 7	0.001 000 1	168.132	12.57	2 506.9	0.045 7	9.077 3
6	0.934 9	0.001 000 1	137.734	25.20	2 512.4	0.091 2	9.000 3
9	1.147 7	0.001 000 3	113.386	37.80	2 517.9	0.136 2	8.925 3
12	1.402 2	0.001 000 5	93.784	50.41	2 523.4	0.180 6	8.852 4
15	1.705 1	0.001 000 9	77.926	62.99	2 528.9	0.224 5	8.781 4
18	2.064 0	0.001 001 4	65.038	75.58	2 534.4	0.267 9	8.712 3
21	2.487	0.001 002 0	54.514	88.14	2 539.9	0.310 9	8.645 0
24	2.985	0.001 002 7	45.883	100.70	2 545.4	0.353 4	8.579 4
25	3.169	0.001 002 9	43.360	104.89	2 547.2	0.367 4	8.558 0
27	3.567	0.001 003 5	38.774	113.25	2 550.8	0.395 4	8.515 6
30	4.246	0.001 004 3	32.894	125.79	2 556.3	0.436 9	8.453 3
33	5.034	0.001 005 3	28.011	138.33	2 561.7	0.478 1	8.392 7
36	5.947	0.001 006 3	23.940	150.86	2 567.1	0.518 8	8.333 6
40	7.384	0.001 007 8	19.523	167.57	2 574.3	0.572 5	8.257 0
45	9.593	0.001 009 9	15.258	188.45	2 583.2	0.638 7	8.164 8
50	12.349	0.001 012 1	12.032	209.33	2 592.1	0.703 8	8.076 3
55	15.758	0.001 014 6	9.568	230.23	2 600.9	0.767 9	7.991 3
60	19.940	0.001 017 2	7.671	251.13	2 609.6	0.831 2	7.909 6
65	25.03	0.001 019 9	6.197	272.06	2 618.3	0.893 5	7.831 0
70	31.19	0.001 022 8	5.042	292.98	2 626.8	0.954 9	7.755 3

续　表

温度	蒸气压	比容(m^3/kg)		焓(kJ/kg)		熵(kJ/(kg·K))	
(℃)	(kPa)	液体	饱和蒸汽	液体	饱和蒸汽	液体	饱和蒸汽
75	38.58	0.001 025 9	4.131	313.93	2 635.3	1.015 5	7.682 4
80	47.39	0.001 029 1	3.407	334.91	2 643.7	1.075 3	7.612 2
85	57.83	0.001 032 5	2.828	355.90	2 651.9	1.134 3	7.544 5
90	70.14	0.001 036 0	2.361	376.92	2 660.1	1.192 5	7.479 1
95	84.55	0.001 039 7	1.981 9	397.96	2 668.1	1.250 0	7.415 9
100	101.35	0.001 043 5	1.672 9	419.04	2 676.1	1.306 9	7.354 9
105	120.82	0.001 047 5	1.419 4	440.15	2 683.8	1.363 0	7.295 8
110	143.27	0.001 051 6	1.210 2	461.30	2 691.5	1.418 5	7.238 7
115	169.06	0.001 055 9	1.036 6	482.48	2 699.0	1.473 4	7.183 3
120	198.53	0.001 060 3	0.891 9	503.71	2 706.3	1.527 6	7.129 6
125	232.1	0.001 064 9	0.770 6	524.99	2 713.5	1.581 3	7.077 5
130	270.1	0.001 069 7	0.668 5	546.31	2 720.5	1.634 4	7.026 9
135	313.0	0.001 074 6	0.582 2	567.69	2 727.3	1.687 0	6.977 7
140	316.3	0.001 079 7	0.508 9	589.13	2 733.9	1.739 1	6.929 9
145	415.4	0.001 085 0	0.446 3	610.63	2 740.3	1.790 7	6.883 3
150	475.8	0.001 090 5	0.392 8	632.20	2 746.5	1.841 8	6.837 9
155	543.1	0.001 096 1	0.346 8	653.84	2 752.4	1.892 5	6.793 5
160	617.8	0.001 102 0	0.307 1	675.55	2 758.1	1.942 7	6.750 2
165	700.5	0.001 108 0	0.272 7	697.34	2 763.5	1.992 5	6.707 8
170	791.7	0.001 114 3	0.242 8	719.21	2 768.7	2.041 9	6.666 3
175	892.0	0.001 120 7	0.216 8	741.17	2 773.6	2.090 9	6.625 6
180	1 002.1	0.001 127 4	0.194 05	763.22	2 778.2	2.139 6	6.585 7
190	1 254.4	0.001 141 4	0.156 54	807.62	2 786.4	2.235 9	6.507 9
200	1 553.8	0.001 156 5	0.127 36	852.45	2 793.2	2.330 9	6.432 3
225	2 548	0.001 199 2	0.078 49	966.78	2 803.3	2.563 9	6.250 3
250	3 973	0.001 251 2	0.050 13	1 085.36	2 801.5	2.792 7	6.073 0
275	5 942	0.001 316 8	0.032 79	1 210.07	2 785.0	3.020 8	5.893 8
300	8 581	0.001 043 6	0.021 67	1 344.0	2 749.0	3.253 4	5.704 5

来源： Abridged from J. H. Keenan, F. G. Keyes, P. G. Hill, and J. G. Moore, Steam Table—Metric Units. New York: John Wiley & Sons, Inc., 1969. Reprinted by permission of John Wiley & Sons, Inc.

A.2-9　饱和蒸汽和水的性质(蒸汽表),英制单位

温度	蒸气压	比容(ft^3/lb_m)		焓(btu/lb_m)		熵($btu/(lb_m·°F)$)	
(℉)	(psia)	液体	饱和蒸汽	液体	饱和蒸汽	液体	饱和蒸汽
32.02	0.088 66	0.016 022	3 302	0.00	1 075.4	0.000	2.186 9
35	0.099 92	0.016 021	2 948	3.00	1 076.7	0.006 07	2.176 4
40	0.121 66	0.016 020	2 445	8.02	1 078.9	0.016 17	2.159 2
45	0.147 48	0.016 021	2 037	13.04	1 081.1	0.026 18	2.142 3
50	0.178 03	0.016 024	1 704.2	18.06	1 083.3	0.036 07	2.125 9
55	0.214 0	0.016 029	1 431.4	23.07	1 085.5	0.045 86	2.109 9
60	0.256 3	0.016 035	1 206.9	28.08	1 087.7	0.055 55	2.094 3
65	0.305 7	0.016 042	1 021.5	33.09	1 089.9	0.065 14	2.079 1
70	0.362 2	0.016 051	867.7	38.09	1 092.0	0.074 63	2.064 2

续 表

温度	蒸气压	比容(ft^3/lb_m)		焓(btu/lb_m)		熵($btu/(lb_m \cdot °F)$)	
(°F)	(psia)	液体	饱和蒸汽	液体	饱和蒸汽	液体	饱和蒸汽
75	0.430 0	0.016 061	739.7	43.09	1 094.2	0.084 02	2.049 7
80	0.507 3	0.016 073	632.8	48.09	1 096.4	0.093 32	2.035 6
85	0.596 4	0.016 085	543.1	53.08	1 098.6	0.102 52	2.021 8
90	0.698 8	0.016 099	467.7	58.07	1 100.7	0.111 65	2.008 3
95	0.816 2	0.016 114	404.0	63.06	1 102.9	0.120 68	1.995 1
100	0.950 3	0.016 130	350.0	68.05	1 105.0	0.129 63	1.982 2
110	1.276 3	0.016 166	265.1	78.02	1 109.3	0.147 30	1.957 4
120	1.694 5	0.016 205	203.0	88.00	1 113.5	0.164 65	1.933 6
130	2.225	0.016 247	157.17	97.98	1 117.8	0.181 72	1.910 9
140	2.892	0.016 293	122.88	107.96	1 121.9	0.198 51	1.889 2
150	3.722	0.016 343	96.99	117.96	1 126.1	0.215 03	1.868 4
160	4.745	0.016 395	77.23	127.96	1 130.1	0.231 30	1.848 4
170	5.996	0.016 450	62.02	137.97	1 134.2	0.247 32	1.829 3
180	7.515	0.016 509	50.20	147.99	1 138.2	0.263 11	1.810 9
190	9.343	0.016 570	40.95	158.03	1 142.1	0.278 66	1.793 2
200	11.529	0.016 634	33.63	168.07	1 145.9	0.294 00	1.776 2
210	14.125	0.016 702	27.82	178.14	1 149.7	0.309 13	1.759 9
212	14.698	0.016 716	26.80	180.16	1 150.5	0.312 13	1.756 7
220	17.188	0.016 772	23.15	188.22	1 153.5	0.324 06	1.744 1
230	20.78	0.016 845	19.386	198.32	1 157.1	0.338 80	1.728 9
240	24.97	0.016 922	16.327	208.44	1 160.7	0.353 35	1.714 3
250	29.82	0.017 001	13.826	218.59	1 164.2	0.367 72	1.700 1
260	35.42	0.017 084	11.768	228.76	1 167.6	0.381 93	1.686 4
270	41.85	0.017 170	10.066	238.95	1 170.9	0.395 97	1.673 1
280	49.18	0.017 259	8.650	249.18	1 174.1	0.409 86	1.660 2
290	57.33	0.017 352	7.467	259.44	1 177.2	0.423 60	1.647 7
300	66.98	0.017 448	6.472	269.73	1 180.2	0.437 20	1.635 6
310	77.64	0.017 548	5.632	280.06	1 183.0	0.450 67	1.623 8
320	89.60	0.017 652	4.919	290.43	1 185.8	0.464 00	1.612 3
330	103.00	0.017 760	4.312	300.84	1 188.4	0.477 22	1.601 0
340	117.93	0.017 872	3.792	311.30	1 190.8	0.490 31	1.590 1
350	134.53	0.017 988	3.346	321.80	1 193.1	0.503 29	1.579 3
360	152.92	0.018 108	2.961	332.35	1 195.2	0.516 17	1.568 8
370	173.23	0.018 233	2.628	342.96	1 197.2	0.528 94	1.558 5
380	195.60	0.018 363	2.339	353.62	1 199.0	0.541 63	1.548 3
390	220.2	0.018 498	2.087	364.34	1 200.6	0.554 22	1.538 3
400	247.1	0.018 638	1.866 1	375.12	1 202.0	0.566 72	1.528 4
410	276.5	0.018 784	1.672 6	385.97	1 203.1	0.579 16	1.518 7
450	422.1	0.019 433	1.101 1	430.2	1 205.6	0.628 2	1.480 6

来源:Abridged from J. H. Keenan, F. G. Keyes, P. G. Hill, and J. G. Moore, Steam Table—English Units. New York: John Wiley & Sons, Inc., 1969. Reprinted by permission of John Wiley & Sons.

A. 2 - 10　过热蒸气性质(蒸汽表),SI 制单位(v,比容,m^3/kg;H,焓,kJ/kg;s,熵,kJ/(kg·K))

绝对压力 kPa		温度(℃)							
(饱和温度℃)		100	150	200	250	300	360	420	500
	v	17. 196	19. 512	21. 825	24. 136	26. 445	29. 216	31. 986	35. 679
10	H	2 687. 5	2 783. 0	2 879. 5	2 977. 3	3 076. 5	3 197. 6	3 320. 9	3 489. 1
(45. 81)	s	8. 447 9	8. 688 2	8. 903 8	9. 100 2	9. 281 3	9. 482 1	9. 668 2	9. 897 8
	v	3. 418	3. 889	4. 356	4. 820	5. 284	5. 839	6. 394	7. 134
50	H	2 682. 5	2 780. 1	2 877. 7	2 976. 0	3 075. 5	3 196. 8	3 320. 4	3 488. 7
(81. 33)	s	7. 694 7	7. 940 1	8. 158 0	8. 355 6	8. 537 3	8. 738 5	8. 924 9	9. 154 6
	v	2. 270	2. 587	2. 900	3. 211	3. 520	3. 891	4. 262	4. 755
75	H	2 679. 4	2 778. 2	2 876. 5	2 975. 2	3 074. 9	3 196. 4	3 320. 0	3 488. 4
(91. 78)	s	7. 500 9	7. 749 6	7. 969 0	8. 167 3	8. 349 3	8. 550 8	8. 737 4	8. 967 2
	v	1. 695 8	1. 936 4	2. 172	2. 406	2. 639	2. 917	3. 195	3. 565
100	H	2 672. 2	2 776. 4	2 875. 3	2 974. 3	3 074. 3	3 195. 9	3 319. 6	3 488. 1
(99. 63)	s	7. 361 4	7. 613 4	7. 834 3	8. 033 3	8. 215 8	8. 417 5	8. 604 2	8. 834 2
	v		1. 285 3	1. 444 3	1. 601 2	1. 757 0	1. 943 2	2. 129	2. 376
150	H		2 772. 6	2 872. 9	2 972. 7	3 073. 1	3 195. 0	3 318. 9	3 487. 6
(111. 37)	s		7. 419 3	7. 643 3	7. 843 8	8. 072 0	8. 229 3	8. 416 3	8. 646 6
	v		0. 470 8	0. 534 2	0. 595 1	0. 654 8	0. 725 7	0. 796 0	0. 889 3
400	H		2 752. 8	2 860. 5	2 964. 2	3 066. 8	3 190. 3	3 315. 3	3 484. 9
(143. 63)	s		6. 929 9	7. 170 6	7. 378 9	7. 566 2	7. 771 2	7. 959 8	8. 191 3
	v			0. 299 9	0. 336 3	0. 371 4	0. 412 6	0. 453 3	0. 507 0
700	H			2 844. 8	2 953. 6	3 059. 1	3 184. 7	3 310. 9	3 481. 7
(164. 97)	s			6. 886 5	7. 105 3	7. 297 9	7. 506 3	7. 696 8	7. 929 9
	v			0. 206 0	0. 232 7	0. 257 9	0. 287 3	0. 316 2	0. 354 1
1 000	H			2 827. 9	2 942. 6	3 051. 2	3 178. 9	3 306. 5	3 478. 5
(179. 91)	s			6. 694 0	6. 924 7	7. 122 9	7. 334 9	7. 527 5	7. 762 2
	v			0. 132 48	0. 151 95	0. 169 66	0. 189 88	0. 209 5	0. 235 2
1 500	H			2 796. 8	2 923. 3	3 037. 6	3. 169 2	3 299. 1	3 473. 1
(198. 32)	s			6. 454 6	6. 709 0	6. 917 9	7. 136 3	7. 332 3	7. 569 8
	v				0. 111 44	0. 125 47	0. 141 13	0. 156 16	0. 175 68
2 000	H				2 902. 5	3 023. 5	3 159. 3	3 291. 6	3 467. 6
(212. 42)	s				6. 545 3	6. 766 4	6. 991 7	7. 191 5	7. 431 7
	v				0. 087 00	0. 098 90	0. 111 86	0. 124 14	0. 139 98
2 500	H				2 880. 1	3 008. 8	3 149. 1	3 284. 0	3 462. 1
(223. 99)	s				6. 408 5	6. 643 8	6. 876 7	7. 080 3	7. 323 4
	v				0. 070 58	0. 081 14	0. 092 33	0. 102 79	0. 116 19
3 000	H				2 855. 8	2 993. 5	3 138. 7	3 276. 3	3 456. 5
(233. 90)	s				6. 287 2	6. 539 0	6. 780 1	6. 987 8	7. 233 8

来源:Abridged from J. H. Keenan, F. G. Keyes, P. G. Hill, and J. G. Moore, Steam Table—Metric Units. New York: John Wiley & Sons, Inc. ,1969. Reprinted by permission of John Wiley & Sons, Inc.

A. 2-10 过热蒸气性质(蒸汽表),英制单位(v,比容,ft^3/lb_m;H,焓,btu/lb_m;s,熵,$btu/(lb_m\cdot ^\circ F)$)

绝对压力 psia		温度(℉)								
(饱和温度℉)		200	300	400	500	600	700	800	900	1 000
	v	392.5	452.3	511.9	571.5	631.1	690.7	750.3	809.9	869.5
1.0	H	1 150.1	1 195.7	1 241.8	1 288.5	1 336.1	1 384.5	1 433.7	1 483.8	1 534.8
(101.70)	s	2.050 8	2.115 0	2.172 0	2.223 5	2.270 6	2.314 2	2.355 0	2.393 2	2.429 4
	v	78.15	90.24	102.24	114.20	126.15	138.08	150.01	161.94	173.86
5.0	H	1 148.6	1 194.8	1 241.2	1 288.2	1 335.8	1 384.3	1 433.5	1 483.7	1 534.7
(162.21)	s	1.871 5	1.936 7	1.994 1	2.045 8	2.093 0	2.136 7	2.177 5	2.215 8	2.252 0
	v	38.85	44.99	51.03	57.04	63.03	69.01	74.98	80.95	86.91
10.0	H	1 146.6	1 193.7	1 240.5	1 287.7	1 335.5	1 384.0	1 433.3	1 483.5	1 534.6
(193.19)	s	1.792 7	1.859 2	1.917 1	1.969 0	2.016 4	2.060 1	2.100 9	2.139 3	2.175 5
	v		30.52	34.67	38.77	42.86	46.93	51.00	55.07	59.13
14.696	H		1 192.6	1 239.9	1 287.3	1 335.2	1 383.8	1 433.1	1 483.4	1 534.5
(211.99)	s		1.815 7	1.874 1	1.926 3	1.973 7	2.017 5	2.058 4	2.096 7	2.133 0
	v		22.36	25.43	28.46	31.47	34.77	37.46	40.45	43.44
20.0	H		1 191.5	1 239.2	1 286.8	1 334.8	1 383.5	1 432.9	1 483.2	1 534.3
(227.96)	s		1.780 5	1.839 5	1.891 9	1.939 5	1.983 4	2.024 3	2.062 7	2.098 9
	v		7.260	8.353	9.399	10.425	11.440	12.448	13.452	14.454
60.0	H		1 181.9	1 233.5	1 283.0	1 332.1	1 381.4	1 431.2	1 481.8	1 533.2
(292.73)	s		1.649 6	1.713 4	1.767 8	1.816 5	1.860 9	1.902 2	1.940 8	1.977 3
	v			4.934	5.587	6.216	6.834	7.445	8.053	8.657
100.0	H			1 227.5	1 279.1	1 329.3	1 379.2	1 429.6	1 480.5	1 532.1
(327.86)	s			1.651 7	1.708 5	1.758 2	1.803 3	1.844 9	1.883 8	1.920 4
	v			3.221	3.679	4.111	4.531	4.944	5.353	5.759
150.0	H			1 219.5	1 274.1	1 325.7	1 376.6	1 427.5	1 478.8	1 530.7
(358.48)	s			1.599 7	1.659 8	1.711 0	1.756 8	1.798 9	1.838 1	1.875 0
	v			2.361	2.724	3.058	3.379	3.693	4.003	4.310
200.0	H			1 210.8	1 268.8	1 322.1	1 373.8	1 425.3	1 477.1	1 529.3
(381.86)	s			1.560 0	1.623 9	1.676 7	1.723 4	1.766 0	1.805 5	1.842 5
	v				2.150	2.426	2.688	2.943	3.193	3.440
250.0	H				1 263.3	1 318.3	1 371.1	1 423.2	1 475.3	1 527.9
(401.04)	s				1.594 8	1.649 4	1.697 0	1.740 1	1.779 9	1.817 2
	v				1.766	2.004	2.227	2.442	2.653	2.860
300.0	H				1 257.5	1 314.5	1 368.3	1 421.0	1 473.6	1 526.5
(417.43)	s				1.570 1	1.626 6	1.675 1	1.718 7	1.758 9	1.796 4
	v				1.284 3	1.476 0	1.650 3	1.816 3	1.977 6	2.136
400	H				1 245.2	1 306.6	1 362.5	1 416.6	1 470.1	1 523.6
(444.70)	s				1.528 2	1.589 2	1.639 7	1.688 4	1.725 2	1.763 2

来源:Abridged from J. H. Keenan, F. G. Keyes, P. G. Hill, and J. G. Moore, Steam Table—English Units. New York: John Wiley & Sons, Inc., 1969. Reprinted by permission of John Wiley & Sons, Inc.

A. 2 - 11　液体水的热传递性质,SI 制单位

T (℃)	T (K)	ρ (kg/m³)	c_p (kJ/(kg·K))	$\mu \times 10^3$ (Pa·s,或 kg/(m·s))	k (W/(m·K))	N_{Pr}	$\beta \times 10^4$ (1/K)	$(g\beta\rho^2/\mu^2) \times 10^{-8}$ (1/(K·m³))
0	273.2	999.6	4.229	1.786	0.569 4	13.3	−0.630	
15.6	288.8	998.0	4.187	1.131	0.588 4	8.07	1.44	10.93
26.7	299.9	996.4	4.183	0.860	0.610 9	5.89	2.34	30.70
37.8	311.0	994.7	4.183	0.682	0.628 3	4.51	3.24	68.0
65.6	338.8	981.9	4.187	0.432	0.662 9	2.72	5.04	256.2
93.3	366.5	962.7	4.229	0.306 6	0.680 2	1.91	6.66	642
121.1	394.3	943.5	4.271	0.238 1	0.683 6	1.49	8.46	1 300
148.9	422.1	917.9	4.312	0.193 5	0.683 6	1.22	10.08	2 231
204.4	477.6	858.6	4.522	0.138 4	0.661 1	0.950	14.04	5 308
260.0	533.2	784.9	4.982	0.104 2	0.604 0	0.859	19.8	11 030
315.6	588.8	679.2	6.322	0.086 2	0.507 1	1.07	31.5	19 260

A. 2 - 11　液体水的热传递性质,英制单位

T (°F)	ρ $\left(\frac{lb_m}{ft^3}\right)$	c_p $\left(\frac{btu}{lb_m \cdot °F}\right)$	$\mu \times 10^3$ $\left(\frac{lb_m}{ft \cdot s}\right)$	k $\left(\frac{btu}{h \cdot ft \cdot °F}\right)$	N_{Pr}	$\beta \times 10^4$ (1/°R)	$(g\beta\rho^2/\mu^2) \times 10^{-6}$ (1/(°R·ft³))
32	62.4	1.01	1.20	0.329	13.3	−0.350	
60	62.3	1.00	0.760	0.340	8.07	0.800	17.2
80	62.2	0.999	0.578	0.353	5.89	1.30	48.3
100	62.1	0.999	0.458	0.363	4.51	1.80	107
150	61.3	1.00	0.290	0.383	2.72	2.80	403
200	60.1	1.01	0.206	0.393	1.91	3.70	1 010
250	58.9	1.02	0.160	0.395	1.49	4.70	2 045
300	57.3	1.03	0.130	0.395	1.22	5.60	3 510
400	53.6	1.08	0.093 0	0.382	0.950	7.80	8 350
500	49.0	1.19	0.070 0	0.349	0.859	11.0	17 350
600	42.4	1.51	0.057 9	0.293	1.07	17.5	30 300

A. 2 - 12　水蒸气在 101.32 kPa(1 atm 绝压)下的热传递性质,SI 制单位

T (℃)	T (K)	ρ (kg/m³)	c_p (kJ/(kg·K))	$\mu \times 10^5$ (Pa·s,或 kg/(m·s))	k (W/(m·K))	N_{Pr}	$\beta \times 10^3$ (1/K)	$(g\beta\rho^2/\mu^2)$ (1/(K·m³))
100.0	373.2	0.596	1.888	1.295	0.025 10	0.96	2.68	0.557×10^8
148.9	422.1	0.525	1.909	1.488	0.029 60	0.95	2.38	0.292×10^8
204.4	477.6	0.461	1.934	1.682	0.034 62	0.94	2.09	0.154×10^8
260.0	533.2	0.413	1.968	1.883	0.039 46	0.94	1.87	$0.088\,3 \times 10^8$
315.6	588.8	0.373	1.997	2.113	0.044 48	0.94	1.70	52.1×10^5
371.1	644.3	0.341	2.030	2.314	0.049 85	0.93	1.55	33.1×10^5
426.7	699.9	0.314	2.068	2.529	0.055 56	0.92	1.43	21.6×10^5

A. 2-12　水蒸气在 101. 32 kPa(1 atm 绝压)下的热传递性质,英制单位

T (°F)	ρ $\left(\frac{lb_m}{ft^3}\right)$	c_p $\left(\frac{btu}{lb_m \cdot °F}\right)$	$\mu \times 10^5$ $\left(\frac{lb_m}{ft \cdot s}\right)$	k $\left(\frac{btu}{h \cdot ft \cdot °F}\right)$	N_{Pr}	$\beta \times 10^3$ (1/°R)	$(g\beta\rho^2/\mu^2)$ (1/(°R·ft³))
212	0. 037 2	0. 451	0. 870	0. 014 5	0. 96	1. 49	0.877×10^6
300	0. 032 8	0. 456	1. 000	0. 017 1	0. 95	1. 32	0.459×10^6
400	0. 028 8	0. 462	1. 130	0. 020 0	0. 94	1. 16	0.243×10^6
500	0. 025 8	0. 470	1. 265	0. 022 8	0. 94	1. 04	0.139×10^6
600	0. 023 3	0. 477	1. 420	0. 025 7	0. 94	0. 943	82×10^3
700	0. 021 3	0. 485	1. 555	0. 028 8	0. 93	0. 862	52.1×10^3
800	0. 019 6	0. 494	1. 700	0. 032 1	0. 92	0. 794	34.0×10^3

来源:D. L. Timrot and N. B. Vargaftik, J. Tech. Phys. (U. S. S. R.), 10, 1063(1940); R. H. Perry and C. H. Chilton, Chemical Engineerings' Handbook, 5th ed. New York: McGraw-Hill Book Company, 1973; J. H. Keenan, F. G. Keyes, P. G. Hill, and J. G. Moore, Steam Table. New York: John Wiley & Sons, Inc., 1969; National Research Council, International Critical Tables. New York: McGraw-Hill Book Company, 1929; L. S. Marks, Mechanical Engineers' Handbook, 5th ed. New York: McGraw-Hill Book Company, 1951.

附录 3　无机的和有机的化合物的物理性质

A.3-1　298.15 K(25 ℃)和 101.325 kPa(1 atm 绝压)下的标准生成热，(*c*)＝晶体，(*g*)＝气体，(*l*)＝液体

化合物	ΔH_f°		化合物	ΔH_f°	
	(kJ/kmol)10^{-3}	kcal/mol		(kJ/kmol)10^{-3}	kcal/mol
$NH_3(g)$	−46.19	−11.04	$CaCO_3(c)$	−1 206.87	−288.45
$NO(g)$	+90.374	+21.600	$CaO(c)$	−635.5	−151.9
$H_2O(l)$	−285.840	−68.317 4	$CO(g)$	−110.523	−26.415 7
$H_2O(g)$	−241.826	−57.797 9	$CO_2(g)$	−393.513	−94.051 8
$HCN(g)$	+130.1	+31.1	$CH_4(g)$	−74.848	−17.889
$HCl(g)$	−92.312	−22.063	$C_2H_6(g)$	−84.667	−20.236
$H_2SO_4(l)$	−811.32	−193.91	$C_3H_8(g)$	−103.847	−24.820
$H_3PO_4(c)$	−1 281.1	−306.2	$CH_3OH(l)$	−238.66	−57.04
$NaCl(c)$	−411.003	−98.232	$CH_3CH_3OH(l)$	−277.61	−66.35
$NH_4Cl(c)$	−315.39	−75.38			

来源：R. H. Perry and C. H. Chilton, Chemical Engineerings' Handbook, 5th ed. New York: McGraw-Hill Book Company, 1973；和 O. A. Hougen, K. M. Watson, and R. A. Ragatz, Chemical Process Principles, Part I, 2nd ed. New York: John Wiley & Sons, Inc., 1954.

A.3-2　298.15 K(25 ℃)和 101.325 kPa(1 atm 绝压)下的标准燃烧热，(*g*)＝气体，(*l*)＝液体，(*s*)＝固体

化合物	燃烧反应	ΔH_c°	
		kcal/mol	(kJ/kmol)10^{-3}
$C(s)$	$C(s)+\frac{1}{2}O_2(g) \longrightarrow CO(g)$	−26.415 7	−110.523
$CO(g)$	$CO(g)+\frac{1}{2}O_2(g) \longrightarrow CO_2(g)$	−67.636 1	−282.989
$C(s)$	$C(s)+O_2(g) \longrightarrow CO_2(g)$	−94.051 8	−393.513
$H_2(g)$	$H_2(g)+\frac{1}{2}O_2(g) \longrightarrow H_2O(l)$	−68.317 4	−285.840
$H_2(g)$	$H_2(g)+\frac{1}{2}O_2(g) \longrightarrow H_2O(g)$	−57.797 9	−241.826
$CH_4(g)$	$CH_4(g)+2O_2(g) \longrightarrow CO_2(g)+2H_2O(l)$	−212.798	−890.346
$C_2H_6(g)$	$C_2H_6(g)+\frac{7}{2}O_2(g) \longrightarrow 2CO_2(g)+3H_2O(l)$	−372.820	−1 559.879
$C_3H_8(g)$	$C_3H_8(g)+5O_2(g) \longrightarrow 3CO_2(g)+4H_2O(l)$	−530.605	−2 220.051
d-葡萄糖（右旋糖）$C_6H_{12}O_6(s)$	$C_6H_{12}O_6(s)+6O_2(g) \longrightarrow 6CO_2(g)+6H_2O(l)$	−673	−2 816
乳糖（无水的）$C_{12}H_{22}O_{11}(s)$	$C_{12}H_{22}O_{11}(s)+12O_2(g) \longrightarrow 12CO_2(g)+11H_2O(l)$	−1 350.1	−5 648.8
蔗糖 $C_{12}H_{22}O_{11}(s)$	$C_{12}H_{22}O_{11}(s)+12O_2(g) \longrightarrow 12CO_2(g)+11H_2O(l)$	−1 348.9	−5 643.8

来源：R. H. Perry and C. H. Chilton, Chemical Engineerings' Handbook, 5th ed. New York: McGraw-Hill Book Company, 1973；和 O. A. Hougen, K. M. Watson, and R. A. Ragatz, Chemical Process Principles, Part I, 2nd ed. New York: John Wiley & Sons, Inc., 1954.

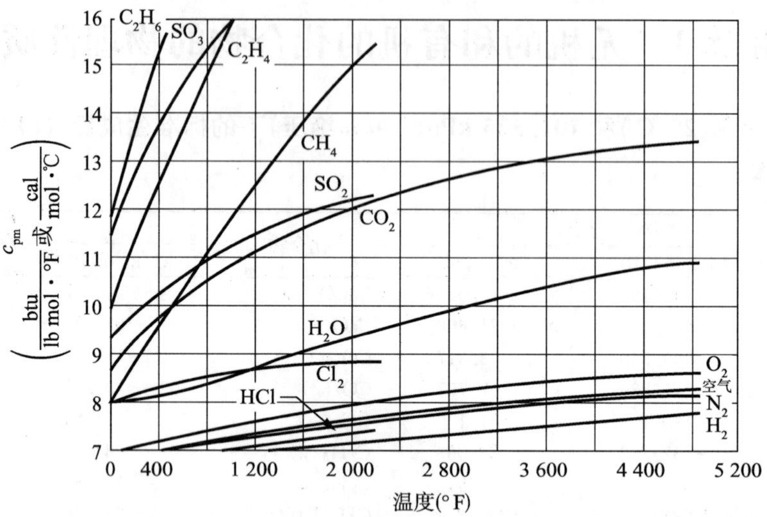

图 A.3-1　从 77 ℉(25 ℃)至 t ℉在 101.325 kPa(1 atm 绝压)常压下的平均摩尔比热容

(经允许引自 O. A. Hougen, K. M. Watson, and R. A. Ragatz, Chemical Process Principles, Part I, 2nd ed. New York: John Wiley & Sons, Inc., 1954.)

A.3-3　101.325 kPa(1 atm 绝压)空气的物理性质,SI 制单位

T (℃)	T (K)	ρ (kg/m³)	c_p (kJ/(kg·K))	$\mu\times10^5$ (Pa·s,或 kg/(m·s))	k (W/(m·K))	N_{Pr}	$\beta\times10^3$ (1/K)	$(g\beta\rho^2/\mu^2)$ ((1/(K·m³))
−17.8	255.4	1.379	1.004 8	1.62	0.022 50	0.720	3.92	2.79×10^8
0	273.2	1.293	1.004 8	1.72	0.024 23	0.715	3.65	2.04×10^8
10.0	283.2	1.246	1.004 8	1.78	0.024 92	0.713	3.53	1.72×10^8
37.8	311.0	1.137	1.004 8	1.90	0.027 00	0.705	3.22	1.12×10^8
65.6	338.8	1.043	1.009 0	2.03	0.029 25	0.702	2.95	0.775×10^8
93.3	366.5	0.964	1.009 0	2.15	0.031 15	0.694	2.74	0.534×10^8
121.1	394.3	0.895	1.013 2	2.27	0.033 23	0.692	2.54	0.386×10^8
148.9	422.1	0.838	1.017 4	2.37	0.035 31	0.689	2.38	0.289×10^8
176.7	449.9	0.785	1.021 6	2.50	0.037 21	0.687	2.21	0.214×10^8
204.4	477.6	0.740	1.025 8	2.60	0.038 94	0.686	2.09	0.168×10^8
232.2	505.4	0.700	1.030 0	2.71	0.040 84	0.684	1.98	0.130×10^8
260.0	533.2	0.662	1.034 1	2.80	0.042 58	0.680	1.87	0.104×10^8

A.3-3　101.325 kPa(1 atm 绝压)空气的物理性质,英制单位

T (℉)	ρ $\left(\frac{lb_m}{ft^3}\right)$	c_p $\left(\frac{btu}{lb_m\cdot °F}\right)$	μ (厘泊)	k $\left(\frac{btu}{h\cdot ft\cdot °F}\right)$	N_{Pr}	$\beta\times10^3$ (1/°R)	$(g\beta\rho^2/\mu^2)$ (1/(°R·ft³))
0	0.086 1	0.240	0.016 2	0.013 0	0.720	2.18	4.39×10^6
32	0.080 7	0.240	0.017 2	0.014 0	0.715	2.03	3.21×10^6
50	0.077 8	0.240	0.017 8	0.014 4	0.713	1.96	2.70×10^6
100	0.071 0	0.240	0.019 0	0.015 6	0.705	1.79	1.76×10^6
150	0.065 1	0.241	0.020 3	0.016 9	0.702	1.64	1.22×10^6
200	0.060 2	0.241	0.021 5	0.018 0	0.694	1.52	0.840×10^6
250	0.055 9	0.242	0.022 7	0.019 2	0.692	1.41	0.607×10^6

续　表

T (°F)	ρ $\left(\frac{lb_m}{ft^3}\right)$	c_p $\left(\frac{btu}{lb_m \cdot °F}\right)$	μ (厘泊)	k $\left(\frac{btu}{h \cdot ft \cdot °F}\right)$	N_{Pr}	$\beta \times 10^3$ (1/°R)	$(g\beta\rho^2/\mu^2)$ (1/(°R·ft³))
300	0.052 3	0.243	0.023 7	0.020 4	0.689	1.32	0.454×10^6
350	0.049 0	0.244	0.025 0	0.021 5	0.687	1.23	0.336×10^6
400	0.046 2	0.245	0.026 0	0.022 5	0.686	1.16	0.264×10^6
450	0.043 7	0.246	0.027 1	0.023 6	0.674	1.10	0.204×10^6
500	0.041 3	0.247	0.028 0	0.024 6	0.680	1.04	0.163×10^6

来源:美国国家标准局,通告 461C,1947；564,1955；NBS-NACA,Tables of Thermal Properties of Gases,1949；F. G. Keyes,Trans. A. S. M. E.,73,590,597(1951)；74,1303(1952)；D. D. Wagman,Selected Values of Chemical Thermodynamic Properties. Washington,D. C.：National Bureau of Standard,1953.

A.3-4　101.325 kPa(1 atm 绝压)下气体的黏度[黏度(Pa·s)10^3,(kg/(m·s))10^3 或 cP]

温度			H_2	O_2	N_2	CO	CO_2
K	°F	℃					
255.4	0	−17.8	0.008 00	0.018 1	0.015 8	0.015 6	0.012 8
273.2	32	0	0.008 40	0.019 2	0.016 6	0.016 5	0.013 7
283.2	50	10.0	0.008 62	0.019 7	0.017 1	0.016 9	0.014 1
311.0	100	37.8	0.009 15	0.021 3	0.018 3	0.018 3	0.015 4
338.8	150	65.6	0.009 60	0.022 8	0.019 6	0.019 5	0.016 7
366.5	200	93.3	0.010 1	0.024 1	0.020 8	0.020 8	0.017 9
394.3	250	121.1	0.010 6	0.025 6	0.022 0	0.022 0	0.019 1
422.1	300	148.9	0.011 1	0.026 7	0.023 0	0.023 1	0.020 3
449.9	350	176.7	0.011 5	0.028 2	0.024 0	0.024 2	0.021 5
477.6	400	204.4	0.011 9	0.029 3	0.025 0	0.025 1	0.022 5
505.4	450	232.2	0.012 4	0.030 7	0.026 0	0.026 4	0.023 6
533.2	500	260.0	0.012 8	0.031 5	0.027 3	0.027 6	0.024 7

来源:美国国家标准局,通告 461C,1947；564,1955；NBS-NACA,Tables of Thermal Properties of Gases,1949；F. G. Keyes,Trans. A. S. M. E.,73,590,597(1951)；74,1303(1952)；D. D. Wagman,Selected Values of Chemical Thermodynamic Properties. Washington,D. C.：National Bureau of Standard,1953.

A.3-5　101.325 kPa(1 atm 绝压)下气体的导热系数

温度			H_2		O_2		N_2		CO		CO_2	
K	℃	°F	W/(m·K)	$\frac{btu}{h \cdot ft \cdot °F}$	W/(m·K)	$\frac{btu}{h \cdot ft \cdot °F}$	W/(m·K)	$\frac{btu}{h \cdot ft \cdot °F}$	W/(m·K)	$\frac{btu}{h \cdot ft \cdot °F}$	W/(m·K)	$\frac{btu}{h \cdot ft \cdot °F}$
255.4	−17.8	0	0.159 2	0.092 0	0.022 8	0.013 2	0.022 8	0.013 2	0.022 2	0.012 8	0.013 2	0.007 6
273.2	0	32	0.166 7	0.096 3	0.024 6	0.014 2	0.023 9	0.013 8	0.023 3	0.013 5	0.014 5	0.008 4
283.2	10.0	50	0.172 0	0.099 4	0.025 3	0.014 6	0.024 8	0.014 3	0.023 9	0.013 8	0.015 2	0.008 8
311.0	37.8	100	0.185 2	0.107	0.027 7	0.016 0	0.026 7	0.015 4	0.026 0	0.015 0	0.017 3	0.010 0
338.8	65.6	150	0.199 0	0.115	0.029 9	0.017 3	0.028 7	0.016 6	0.027 9	0.016 1	0.019 0	0.011 0
366.5	93.3	200	0.211 1	0.122	0.032 0	0.018 5	0.030 3	0.017 5	0.029 6	0.017 1	0.021 6	0.012 5
394.3	121.1	250	0.223 3	0.129	0.034 3	0.019 8	0.032 9	0.019 0	0.031 8	0.018 4	0.023 9	0.013 8
422.1	148.9	300	0.235 3	0.136	0.036 3	0.021 0	0.034 8	0.020 1	0.033 8	0.019 5	0.026 0	0.015 0
449.9	176.7	350	0.245 8	0.142	0.038 2	0.022 1	0.036 5	0.021 1	0.035 5	0.020 5	0.028 6	0.016 5

续 表

温度			H_2		O_2		N_2		CO		CO_2	
K	℃	℉	W/(m·K)	$\frac{btu}{h \cdot ft \cdot ℉}$	W/(m·K)	$\frac{btu}{h \cdot ft \cdot ℉}$	W/(m·K)	$\frac{btu}{h \cdot ft \cdot ℉}$	W/(m·K)	$\frac{btu}{h \cdot ft \cdot ℉}$	W/(m·K)	$\frac{btu}{h \cdot ft \cdot ℉}$
477.6	204.4	400	0.257 9	0.149	0.039 8	0.023 0	0.038 2	0.022 1	0.036 9	0.021 3	0.030 8	0.017 8
505.4	232.2	450	0.268 3	0.155	0.042 2	0.024 4	0.040 0	0.023 1	0.038 4	0.022 2	0.033 4	0.019 3
533.2	260.0	500	0.278 6	0.161	0.043 8	0.025 3	0.041 9	0.024 2	0.040 7	0.023 5	0.035 5	0.020 5

来源:美国国家标准局,通告 461C,1947; 564,1955; NBS-NACA,Tables of Thermal Properties of Gases,1949; F. G. Keyes,Trans. A. S. M. E. ,73,590,597(1951); 74,1303(1952); D. D. Wagman,Selected Values of Chemical Thermodynamic Properties. Washington,D. C. : National Bureau of Standard,1953.

A.3-6 101.325 kPa(1 atm 绝压)常压下气体的比热容

温度			H_2		O_2		N_2		CO		CO_2	
K	℃	℉	$\frac{kJ}{kg \cdot K}$	$\frac{btu}{lb_m \cdot ℉}$	$\frac{kJ}{kg \cdot K}$	$\frac{btu}{lb_m \cdot ℉}$	$\frac{kJ}{kg \cdot K}$	$\frac{btu}{lb_m \cdot ℉}$	$\frac{kJ}{kg \cdot K}$	$\frac{btu}{lb_m \cdot ℉}$	$\frac{kJ}{kg \cdot K}$	$\frac{btu}{lb_m \cdot ℉}$
255.4	−17.8	0	14.07	3.36	0.909	0.217	1.034	0.247	1.034	0.247	0.800	0.191
273.2	0	32	14.19	3.39	0.913	0.218	1.038	0.248	1.038	0.248	0.816	0.195
283.2	10.0	50	14.19	3.39	0.917	0.219	1.038	0.248	1.038	0.248	0.825	0.197
311.0	37.8	100	14.32	3.42	0.921	0.220	1.038	0.248	1.043	0.249	0.854	0.204
338.8	65.6	150	14.36	3.43	0.925	0.221	1.038	0.248	1.043	0.249	0.883	0.211
366.5	93.3	200	14.40	3.44	0.929	0.222	1.043	0.249	1.047	0.250	0.904	0.216
394.3	121.1	250	14.44	3.45	0.938	0.224	1.043	0.249	1.047	0.250	0.929	0.222
422.1	148.9	300	14.49	3.46	0.946	0.226	1.047	0.250	1.051	0.251	0.950	0.227
449.9	176.7	350	14.49	3.46	0.955	0.228	1.047	0.250	1.055	0.252	0.976	0.233
477.6	204.4	400	14.49	3.46	0.963	0.230	1.051	0.251	1.059	0.253	0.996	0.238
505.4	232.2	450	14.52	3.47	0.971	0.232	1.055	0.252	1.063	0.254	1.017	0.243
533.2	260.0	500	14.52	3.47	0.976	0.233	1.059	0.253	1.068	0.255	1.030	0.246

来源:美国国家标准局,通告 461C,1947; 564,1955; NBS-NACA,Tables of Thermal Properties of Gases,1949; F. G. Keyes,Trans. A. S. M. E. ,73,590,597(1951); 74,1303(1952); D. D. Wagman,Selected Values of Chemical Thermodynamic Properties. Washington,D. C. : National Bureau of Standard,1953.

A.3-7 101.325 kPa(1 atm 绝压)下气体的普兰特数

温度			H_2	O_2	N_2	CO	CO_2
℃	℉	K					
−17.8	0	255.4	0.720	0.720	0.720	0.740	0.775
0	32	273.2	0.715	0.711	0.720	0.738	0.770
10.0	50	283.2	0.710	0.710	0.717	0.735	0.769
37.8	100	311.0	0.700	0.707	0.710	0.731	0.764
65.6	150	338.8	0.700	0.706	0.700	0.727	0.755
93.3	200	366.5	0.694	0.703	0.700	0.724	0.752
121.1	250	394.3	0.688	0.703	0.696	0.720	0.746
148.9	300	422.1	0.683	0.703	0.690	0.720	0.738
176.6	350	449.9	0.677	0.704	0.689	0.720	0.734
204.4	400	477.6	0.670	0.706	0.688	0.720	0.725
232.2	450	505.4	0.668	0.702	0.688	0.720	0.716
260.0	500	533.2	0.666	0.700	0.688	0.720	0.702

来源:美国国家标准局,通告 461C,1947; 564,1955; NBS-NACA,Tables of Thermal Properties of Gases,1949; F. G. Keyes,Trans. A. S. M. E. ,73,590,597(1951); 74,1303(1952); D. D. Wagman,Selected Values of Chemical Thermodynamic Properties. Washington,D. C. : National Bureau of Standard,1953.

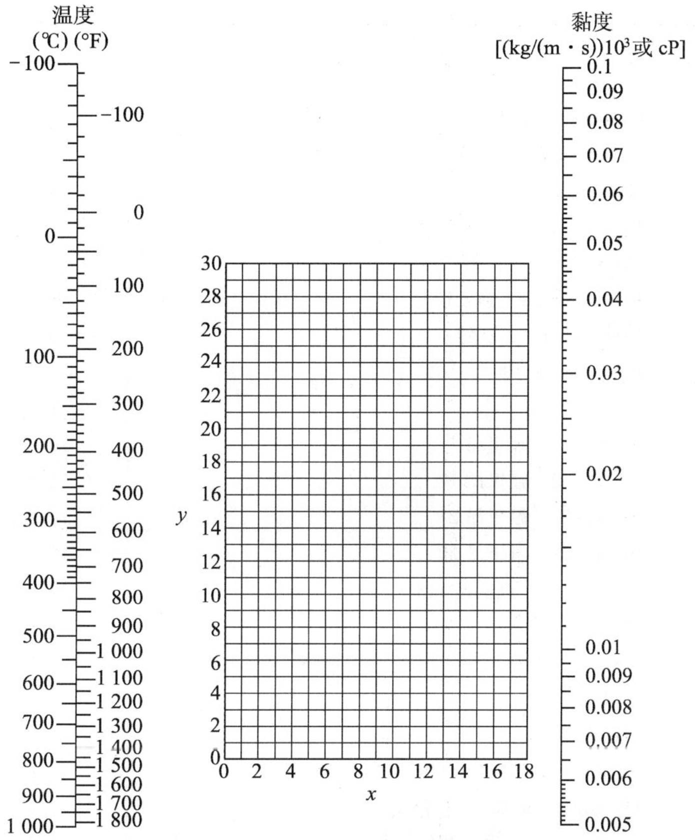

图 A. 3 - 2　101. 325 kPa(1 atm 绝压)下气体的黏度

(经允许引自 R. H. Perry and C. H. Chilton, Chemical Engineerings' Handbook, 5th ed. New York: McGraw-Hill Book Company, 1973)

使用图 A. 3 - 2 的坐标见附录表 A. 3 - 8。

A. 3 - 8　气体的黏度(使用图 A. 3 - 2 的坐标)

No.	气　体	x	y
1	Acetic acid　乙酸	7. 7	14. 3
2	Aceton　丙酮	8. 9	13. 0
3	Acetylene　乙炔	9. 8	14. 9
4	Air　空气	11. 0	20. 0
5	Ammonia　氨	8. 4	16. 0
6	Argon　氩	10. 5	22. 4
7	Benzene　苯	8. 5	13. 2
8	Bromine　溴	8. 9	19. 2
9	Butene　丁烯	9. 2	13. 7
10	Butylene　丁烯	8. 9	13. 0
11	Carben dioxide　二氧化碳	9. 5	18. 7
12	Carben disulfide　二硫化碳	8. 0	16. 0
13	Carben monoxide　一氧化碳	11. 0	20. 0
14	Chlorine　氯	9. 0	18. 4

续 表

No.	气 体	x	y
15	Chloroform 氯仿	8.9	15.7
16	Cyanogen 氰$(CN)_2$	9.2	15.2
17	Cyclohexane 环己烷	9.2	12.0
18	Ethane 乙烷	9.1	14.5
19	Ethyl acetate 乙酸乙酯	8.5	13.2
20	Ethyl alcohol 乙醇	9.2	14.2
21	Ethyl chloride 氯乙烷	8.5	15.6
22	Ethyl ether 二乙醚	8.9	13.0
23	Ethylene 乙烯	9.5	15.1
24	Fluorine 氟	7.3	23.8
25	Freon-11 氟里昂 11	10.6	15.1
26	Freon-12 氟里昂 12	11.1	16.0
27	Freon-21 氟里昂 21	10.8	15.3
28	Freon-22 氟里昂 22	10.1	17.0
29	Freon-113 氟里昂 113	11.3	14.0
30	Helium 氦	10.9	20.5
31	Hexane 己烷	8.6	11.8
32	Hydrogen 氢	11.2	12.4
33	$3H_2+1N_2$	11.2	17.2
34	Hydrogen bromide 溴化氢	8.8	20.9
35	Hydrogen chloride 氯化氢	8.8	18.7
36	Hydrogen cyanide 氰化氢	9.8	14.9
37	Hydrogen iodide 碘化氢	9.0	21.3
38	Hydrogen sulfide 硫化氢	8.6	18.0
39	Iodine 碘	9.0	18.4
40	Mercury 汞	5.3	22.9
41	Methane 甲烷	9.9	15.5
42	Methyl alchol 甲醇	8.5	15.6
43	Nitric oxide 氧化氮	10.9	20.5
44	Nitrogen 氮	10.6	20.0
45	Nitrosyl chloride 亚硝酰氯	8.0	17.6
46	Nitrous oxide 一氧化二氮	8.8	19.0
47	Oxygen 氧	11.0	21.3
48	Pentane 戊烷	7.0	12.8
49	Propane 丙烷	9.7	12.9
50	Propyl alchohol 丙醇	8.4	13.4
51	Propylene 丙烯	9.0	13.8
52	Sulfur dioxide 二氧化硫	9.6	17.0
53	Toluene 甲苯	8.6	12.4
54	2,3,3-Trimethylbutane 2,3,3三甲基丁烷	9.5	10.5
55	Water 水	8.0	16.0
56	Xenon 氙	9.3	23.0

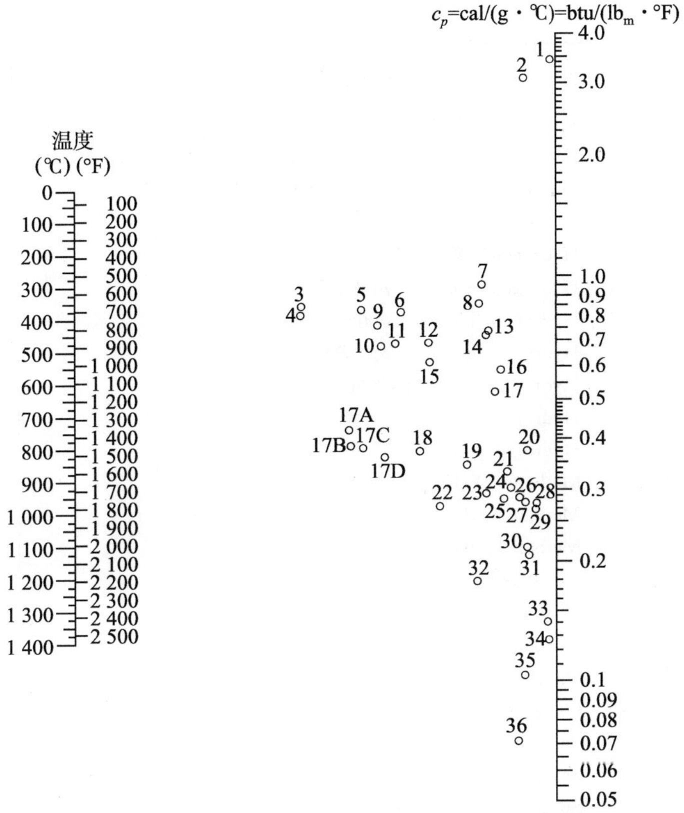

图 A. 3 - 3　101. 325 kPa(1 atm 绝压)常压下气体的比热容

(经允许引自 R. H. Perry and C. H. Chilton, Chemical Engineerings' Handbook, 5th ed. New York: McGraw-Hill Book Company, 1973.)

使用图 A. 3 - 3 的坐标见表 A. 3 - 9。

A. 3 - 9　常压下气体的比热容(使用图 A. 3 - 3 的坐标)

No.	气　体	范围(℃)
10	Acetylene　乙炔	0～200
15	Acetylene　乙炔	200～400
16	Acetylene　乙炔	400～1 400
27	Air　空气	0～1 400
12	Ammonia　氨	0～600
14	Ammonia　氨	600～1 400
18	Carben dioxide　二氧化碳	0～400
24	Carben dioxide　二氧化碳	400～1 400
26	Carben monoxide　一氧化碳	0～1 400
32	Chlorine　氯	0～200
34	Chlorine　氯	200～1 400
3	Ethane　乙烷	0～200
9	Ethane　乙烷	200～600
8	Ethane　乙烷	600～1 400
4	Ethylene　乙烯	0～200
11	Ethylene　乙烯	200～600
13	Ethylene　乙烯	600～1 400

续 表

No.	气 体	范围(℃)
17B	Freon-11 氟里昂 11(CCl_3F)	0～150
17C	Freon-21 氟里昂 21($CHCl_2F$)	0～150
17A	Freon-22 氟里昂 22($CHClF_2$)	0～150
17D	Freon-113 氟里昂 113($CCl_2F—CClF_2$)	0～150
1	Hydrogen 氢	0～600
2	Hydrogen 氢	600～1 400
35	Hydrogen bromide 溴化氢	0～1 400
30	Hydrogen chloride 氯化氢	0～1 400
20	Hydrogen fluoride 氟化氢	0～1 400
36	Hydrogen iodide 碘化氢	0～1 400
19	Hydrogen sulfide 硫化氢	0～700
21	Hydrogen sulfide 硫化氢	700～1 400
5	Methane 甲烷	0～300
6	Methane 甲烷	300～700
7	Methane 甲烷	700～1 400
25	Nitric oxide 氧化氮	0～700
28	Nitric oxide 氧化氮	700～1 400
26	Nitrogen 氮	0～1 400
23	Oxygen 氧	0～500
29	Oxygen 氧	500～1 400
33	Sulfur 硫	300～1 400
22	Sulfur dioxide 二氧化硫	0～400
31	Sulfur dioxide 二氧化硫	400～1 400
17	Water 水	0～1 400

A. 3-10 101. 325 kPa(1 atm 绝压)常压下气体和蒸气的导热系数;*k* 的单位为 W/(m·K)

气体或蒸气	K	*k*	气体或蒸气	K	*k*
丙酮(1)	273	0. 009 9	乙烷(5,6)	239	0. 014 9
	319	0. 013 0		273	0. 018 3
	373	0. 017 1		373	0. 030 3
	457	0. 025 4	乙醇(1)	293	0. 015 4
氨(2)	273	0. 021 8		373	0. 021 5
	373	0. 033 2	乙醚(1)	273	0. 013 3
	473	0. 048 4		319	0. 017 1
丁烷(3)	273	0. 013 5		373	0. 022 7
	373	0. 023 4	乙烯(6)	273	0. 017 5
一氧化碳(2)	173	0. 015 2		323	0. 022 7
	273	0. 023 2		373	0. 027 9
	373	0. 030 5	正己烷(3)	273	0. 012 5
氯(4)	273	0. 007 44		293	0. 013 8
			二氧化硫(7)	273	0. 008 7
				373	0. 011 9

来源:(1) Moser, dissertation, Berlin, 1913; (2) F. G. Keyes, Tech. Rept. 37, Project Squid, Apr. 1, 1952; (3) W. B. Mann and B. G. Dickens, Proc. Roy. Soc. (London). A134, 77(1931); (4) International Critical Tables. New York: McGraw-Hill Book Company, 1929; (5) T. H. Chilton and R. P. Genereaux, personal communication, 1946; (6) A. Eucken, Physik, Z., 12, 1101(1911); 14, 324(1913); (7) B. G. Dickens, Proc. Roy. Soc. (London). A143, 517(1934).

A. 3 - 11　液体的比热容(c_p=kJ/(kg·K))

液体	K	c_p	液体	K	c_p
乙酸	273	1.959	盐酸(20% mol)	273	2.43
	311	2.240		293	2.474
丙酮	273	2.119	汞	293	0.013 90
	293	2.210	甲醇	293	2.512
苯胺	273	2.001		313	2.583
	323	2.181	硝基苯	283	1.499
苯	293	1.700		303	1.419
	333	1.859		363	1.436
丁烷	273	2.300	氯化钠(9.1% mol)	293	3.39
异丁醇	303	2.525		330	3.43
乙醇	273	2.240	硫酸(100%)	293	1.403
	298	2.433	甲苯	273	1.616
甲酸	273	1.825		323	1.763
	289	2.131	邻二甲苯	303	1.721
甘油	288	2.324			
	305	2.412			

来源:N. A. Lange, Handbook of Chemistry, 10th ed. Mew York: McGraw-Hill Book Company, 1967; National Reseach Council, International Critical Tables, Vol. Ⅴ. New York: McGraw-Hill Book Company, 1929; R. H. Perry and C. H. Chilton, Chemical Engineerings' Handbook, 5th ed. New York: McGraw-Hill Book Company, 1973.

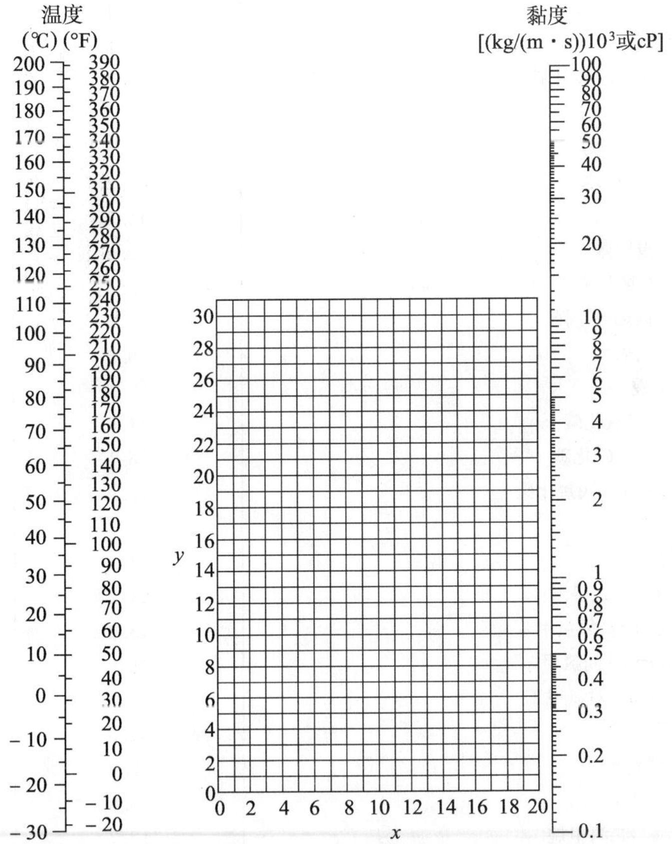

图 A. 3 - 4　液体的黏度

(经允许引自 R. H. Perry and C. H. Chilton, Chemical Engineerings' Handbook, 5th ed. New York: McGraw-Hill Book Company, 1973)

使用图 A. 3 - 4 的坐标见附录表 A. 3 - 12。

A. 3 - 12　液体的黏度(使用图 A. 3 - 4 的坐标)

液　体	x	y
Acetaldehyde　乙醛	15. 2	4. 8
Acetic acid, 100%　乙酸	12. 1	14. 2
Acetic acid, 70%　乙酸	9. 5	17. 0
Acetic anhydride　乙酸酐	12. 7	12. 8
Aceton, 100%　丙酮	14. 5	7. 2
Aceton, 35%　丙酮	7. 9	15. 0
Acetonitrile　乙腈	14. 4	7. 4
Acrylic acid　丙烯酸	12. 3	13. 9
Allyl alcohol　烯丙醇	10. 2	14. 3
Allyl bromide　烯丙基溴	14. 4	9. 6
Allyl iodide　烯丙基碘	14. 0	11. 7
Ammonia, 100%　氨	12. 6	2. 0
Ammonia, 26%　氨	10. 1	13. 9
Amyl acetate　乙酸戊酯	11. 8	12. 5
Amyl alcohol　戊醇	7. 5	18. 4
Aniline　苯胺	8. 1	18. 7
Anisole　苯甲醚	12. 3	13. 5
Arsenic trichloride　三氯化砷	13. 9	14. 5
Benzene　苯	12. 5	10. 9
Brine, $CaCl_2$, 25%　盐水	6. 6	15. 9
Brine, NaCl, 25%　盐水	10. 2	16. 6
Bromine　溴	14. 2	13. 2
Bromotoluene　溴甲苯	20. 0	15. 9
Butyl acetate　乙酸丁酯	12. 3	11. 0
Butyl acrylate　丙烯酸丁酯	11. 5	12. 6
Butyl alcohol　丁醇	8. 6	17. 2
Butyric acid　丁酸	12. 1	15. 3
Carben dioxide　二氧化碳	11. 6	0. 3
Carben disulfide　二硫化碳	16. 1	7. 5
Carben tetrachloride　四氯化碳	12. 7	13. 1
Chlorobenzene　氯苯	12. 3	12. 4
Chloroform　氯仿	14. 4	10. 2
Chlorosulfonic acid　氯磺酸	11. 2	18. 1
Chlorotoluene, ortho　邻氯甲苯	13. 0	13. 3
Chlorotoluene, meta　间氯甲苯	13. 3	12. 5
Chlorotoluene, para　对氯甲苯	13. 3	12. 5
Cresol, meta　间甲酚	2. 5	20. 8
Cyclohexanol　环己醇	2. 9	24. 3
Cyclohexane　环己烷	9. 8	12. 9
Dibromomethane　二溴甲烷	12. 7	15. 8
Dichloroethane　二氯乙烷	13. 2	12. 2
Dichloromethane　二氯甲烷	14. 6	8. 9
Diethyl ketone　二乙基甲酮	13. 5	9. 2
Diethyl oxalate　乙二酸二乙酯	11. 0	16. 4

续 表

液 体	x	y
Diethylene glycol 二甘醇	5.0	24.7
Diphenyl 联苯酚	12.0	18.3
Dipropyl ether 二丙醚	13.2	8.6
Dipropyl oxalate 乙二酸二丙酯	10.3	17.7
Ethyl acetate 乙酸乙酯	13.7	9.1
Ethyl acrylate 丙烯酸乙酯	12.7	10.4
Ethyl alcohol,100% 乙醇	10.5	13.8
Ethyl alcohol,95% 乙醇	9.8	14.3
Ethyl alcohol,40% 乙醇	6.5	16.6
Ethyl benzene 乙苯	13.2	11.5
Ethyl bromide 溴乙烷	14.5	8.1
2-Ethyl butyl acrylate 2-乙基丁基丙烯酸	11.2	14.0
Ethyl chloride 氯乙烷	14.8	6.0
Ethyl ether 二乙醚	14.5	5.3
Ethyl formate 甲酸乙酯	14.2	8.4
2-Ethyl hexyl acrylate 2-乙基己基丙烯酸	9.0	15.0
Ethyl iodide 碘乙烷	14.7	10.3
Ethyl propionate 乙基丙炔酯	13.2	9.9
Ethyl propyl ether 乙丙醚	14.0	7.0
Ethyl sulfide 乙硫醚	13.8	8.9
Ethylene bromide 溴化乙烯	11.9	15.7
Ethylene chloride 氯化乙烯	12.7	12.2
Ethylene glycol 乙二醇	6.0	23.6
Ethylidene chloride 1,1-二氯乙烷	14.1	8.7
Fluorobenzene 氟苯	13.7	10.4
Formic acid 甲酸	10.7	15.8
Freon-11 氟里昂11	14.4	9.0
Freon-12 氟里昂12	16.8	15.6
Freon-21 氟里昂21	15.7	7.5
Freon-22 氟里昂22	17.2	4.7
Freon-113 氟里昂113	12.5	11.4
Glycerol,100% 甘油	2.0	30.0
Glycerol,50% 甘油	6.9	19.6
Heptane 庚烷	14.1	8.4
Hexane 己烷	14.7	7.0
Hydrochloric acid,31.5% 盐酸	13.0	16.6
Iodobenzene 碘苯	12.8	15.9
Isobutyl alcohol 异丁醇	7.1	18.0
Isobutyric acid 异丁酸	12.2	14.4
Isopropyl alcohol 异丙醇	8.2	16.0
Isopropyl bromide 2-溴丙烷	14.1	9.2
Isopropyl chloride 2-氯丙烷	13.9	7.1
Isopropyl iodide 2-碘丙烷	13.7	11.2
Kerosene 煤油	10.2	16.9

续　表

液　体	x	y
Linseed oil,raw　生亚麻子油	7.5	27.2
Mercury　汞	18.4	16.4
Methanol,100%　甲醇	12.4	10.5
Methanol,90%　甲醇	12.3	11.8
Methanol,40%　甲醇	7.8	15.5
Methyl acetate　乙酸甲酯	14.2	8.2
Methyl acrylate　丙烯酸甲酯	13.0	9.5
Methyl i - butyrate　异丁酸甲酯	12.3	9.7
Methyl n - butyrate　正丁酸甲酯	13.2	10.3
Methyl chloride　氯甲烷	15.0	3.8
Methyl ethyl ketone　丁酮	13.9	8.6
Methyl formate　甲酸甲酯	14.2	7.5
Methyl iodide　碘甲烷	14.3	9.3
Methyl propionate　丙酸甲酯	13.5	9.0
Methyl propyl ketone　2 -戊酮	14.3	9.5
Methyl sulfide　二甲硫	15.3	6.4
Naphthalene　萘	7.9	18.1
Nitric acid,95%　硝酸	12.8	13.8
Nitric acid,60%　硝酸	10.8	17.0
Nitrobenzene　硝基苯	10.6	16.2
Nitrogen dioxide　二氧化氮	12.9	8.6
Nitrotoluene　硝基甲苯	11.0	17.0
Octane　辛烷	13.7	10.0
Octyl alchohol　辛醇	6.6	21.1
Pentachloroethane　五氯乙烷	10.9	17.3
Pentane　戊烷	14.9	5.2
Phenol　酚	6.9	20.8
Phosphorus tribromide　三溴化磷	13.8	16.7
Phosphorus trichloride　三氯化磷	16.2	10.9
Propionic acid　丙酸	12.8	13.8
Propyl acetate　乙酸丙酯	13.1	10.3
Propyl alchohol　丙醇	9.1	16.5
Propyl bromide　溴丙烷	14.5	9.6
Propyl chloride　氯丙烷	14.4	7.5
Propyl formate　甲酸丙酯	13.1	9.7
Propyl iodide　碘丙烷	14.1	11.6
Sodium　钠	16.4	13.9
Sodium hydroxide,50%　氢氧化钠	3.2	25.8
Stannic Chloride　四氯化锡	13.5	12.8
Succinonitrile　丁二腈	10.1	20.8
Sulfur dioxide　二氧化硫	15.2	7.1
Sulfuric acid,110%　硫酸	7.2	27.4
Sulfuric acid,100%　硫酸	8.0	25.1
Sulfuric acid,98%　硫酸	7.0	24.8
Sulfuric acid,60%　硫酸	10.2	21.3
Sulfuryl chloride　硫酰氯	15.2	12.4

续　表

液　体	x	y
Tetrachloroethane　四氯乙烷	11.9	15.7
Thiophene　噻吩	13.2	11.0
Titanium tetrachloride　四氯化钛	14.4	12.3
Toluene　甲苯	13.7	10.4
Trichloroethylene　三氯乙烯	14.8	10.5
Triethylene glycol　三甘醇	4.7	24.8
Turpentine　松节油	11.5	14.9
Vinyl acetate　乙烯基乙酸酯	14.0	8.8
Vinyl toluene　甲基苯乙烯	13.4	12.0
Water　水	10.2	13.0
Xylene, ortho　邻二甲苯	13.5	12.1
Xylene, metra　间二甲苯	13.9	10.6
Xylene, para　对二甲苯	13.9	10.9

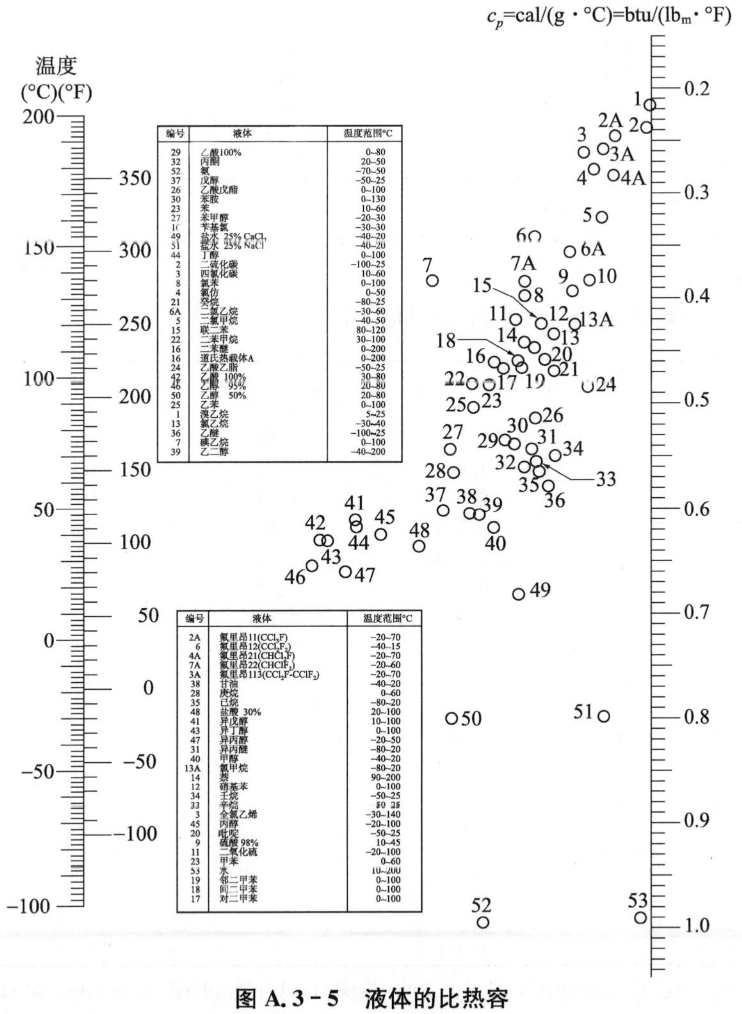

图 A.3－5　液体的比热容

（经允许引自 R. H. Perry and C. H. Chilton, Chemical Engineerings' Handbook, 5th ed. New York: McGraw-Hill Book Company, 1973）

A.3-13 液体的导热系数(*k* 的单位为 W/(m·K))①

液体	K	*k*	液体	K	*k*
乙酸			乙二醇	273	0.265
100%	293	0.171	甘油,100%	293	0.284
50%	293	0.346	己烷	303	0.138
氨	243～258	0.502		333	0.135
正戊醇	303	0.163	煤油	293	0.149
	373	0.154		348	0.140
甲苯	303	0.159	乙醇		
	333	0.151	100%	293	0.215
四氯化碳	273	0.185	60%	293	0.329
	341	0.163	20%	293	0.492
正癸烷	303	0.147	100%	323	0.197
	333	0.144	辛烷	303	0.144
乙酸乙酯	293	0.175		333	0.140
乙醇			NaCl 盐水		
100%	293	0.182	25%	303	0.571
60%	293	0.305	12.5%	303	0.589
20%	293	0.486	硫酸		
100%	323	0.151	90%	303	0.364
			60%	303	0.433
			凡士林	332	0.183

① 可假定在所给的温度范围内随温度线性变化。

来源:R. H. Perry and C. H. Chilton, Chemical Engineerings' Handbook, 5th ed. New York: McGraw-Hill Book Company, 1973。经允许。

A.3-14 固体的比热容(c_p 的单位为 kJ/(kg·K))

固体	K	c_p	固体	K	c_p
铝	373	0.84	苯甲酸	293	1.243
	1 773	1.147	莰烯	308	1.591
石棉		1.05	辛酸	271	2.629
沥青		0.92	糊精	273	1.218
耐火砖	373	0.829	甲酸	273	1.800
	1 773	1.248	甘油	273	1.382
水泥		0.779	乳糖	293	1.202
黏土		0.938	草酸	323	1.612
混凝土		0.63	酒石酸	309	1.202
软木板	303	0.167	尿素	293	1.340
玻璃		0.84			
氧化镁	373	0.980			
	1 773	0.787			
橡树木		2.39			
黄松树木	298	2.81			
瓷	293～373	0.775			
硫化橡胶		2.01			
钢		0.50			
羊毛		1.361			

来源:R. H. Perry and C. H. Chilton, Chemical Engineerings' Handbook, 5th ed. New York: McGraw-Hill Book Company, 1973; National Research Council, International Critical Tables, Vol. Ⅴ. New York: McGraw-Hill Book Company, 1929; L. S. Marks, Mechanical Engineers' Handbook, 5th ed. New York: McGraw-Hill Book Company, 1951; F. Kreith, Principles of Heat Transfer, 2nd ed. Scranton, Pa.: International Textbook Co., 1965.

A.3－15　建筑和保温材料的导热系数

材料	ρ $\left(\frac{kg}{m^3}\right)$	t① (℃)	k(W/(m·K))		
石棉	577		0.151 (0 ℃)	0.168 (37.8 ℃)	0.190 (93.3 ℃)
石棉板	889	51	0.166		
建筑砖		20	0.69		
耐火砖			1.00 (200 ℃)	1.47 (600 ℃)	1.64 (1 000 ℃)
黏土 4%水	1 666	4.5	0.57		
混凝土 1∶4 干的			0.762		
软木板	160.2	30	0.043 3		
棉花	80.1		0.055 (0 ℃)	0.061 (37.8 ℃)	0.068 (93.3 ℃)
羊毛毡	330	30	0.052		
隔热纤维板	237	21	0.048		
窗玻璃			0.52～1.06		
玻璃纤维	64.1	30	0.031 0 (−6.7 ℃)	0.041 4 (37.8 ℃)	0.054 9 (93.3 ℃)
冰	921	0	2.25		
氧化镁 85%	271		0.068 (37.8 ℃)	0.071 (93.3 ℃)	0.080 (204.4 ℃)
	208		0.059 (37.8 ℃)	0.062 (93.3 ℃)	0.066 (148.9 ℃)
横纹橡树木	825	15	0.208		
横纹松树木	545	15	0.151		
纸			0.130		
聚苯乙烯板	16		0.040		
聚氨基甲酸	24～40		0.023～0.026		
乙酯泡沫板	192		0.031 7 (−6.7 ℃)	0.039 1 (37.8 ℃)	0.048 6 (93.3 ℃)
石棉纤维	128		0.029 6 (−6.7 ℃)	0.039 5 (37.8 ℃)	0.051 8 (93.3 ℃)
硬橡胶	1 198	0	0.151		
砂土					
4% H_2O	1 826	4.5	1.51		
10% H_2O	1 922	4.5	2.16		
砂岩	2 243	40	1.83		
雪	559	0	0.47		
羊毛	110.5	30	0.036		

① 当没有说明时为室温。

来源：L. S. Marks, Mechanical Engineers' Handbook, 5th ed. New York: McGraw-Hill Book Company, 1951; W. H. McAdams, Heat Transmission, 3rd ed. New York: McGraw-Hill Book Company, 1954; F. H. Norton, Refractories. New York: McGraw-Hill Book Company, 1949; National Research Council, International Critical Tables, Vol. Ⅴ. New York: McGraw-Hill Book Company, 1929; M. S. Kersten, Univ. Minn. Eng. Ex. Sta., Bull. 28, June 1949; R. H. Heilman, Ind Eng. Chem., 28, 782(1936).

A. 3－16　金属的导热系数,密度,比热容

材料	t (℃)	ρ $\left(\frac{kg}{m^3}\right)$	c_p $\left(\frac{kJ}{kg\cdot K}\right)$	k(W/(m·K))		
铝	20	2 707	0.896	202(0 ℃)	206(100 ℃)	215(200 ℃)
				230(300 ℃)		
黄铜(70～30)	20	8 522	0.385	97(0 ℃)	104(100 ℃)	109(200 ℃)
铸铁	20	7 593	0.465	55(0 ℃)	52(100 ℃)	48(200 ℃)
铜	20	8 954	0.383	388(0 ℃)	377(100 ℃)	372(200 ℃)
铅	20	11 370	0.130	35(0 ℃)	33(100 ℃)	31(200 ℃)
钢 1%碳	20	7 801	0.473	45.3(18 ℃)	45(100 ℃)	45(200 ℃)
				43(300 ℃)		
308 不锈钢	20	7 849	0.461	15.2(100 ℃)	21.6(500 ℃)	
304 不锈钢	0	7 817	0.461	13.8(0 ℃)	16.3(100 ℃)	18.9(300 ℃)
锡	20	7304	0.227	62(0 ℃)	59(100 ℃)	57(200 ℃)

来源:L. S. Marks, Mechanical Engineers' Handbook, 5th ed. New York: McGraw-Hill Book Company, 1951; E. R. G. Eckert and R. M. Drake, Heat and Mass Transfer, 2nd ed. New York: McGraw-Hill Book Company, 1959; R. H. Perry and C. H. Chilton, Chemical Engineerings' Handbook, 5th ed. New York: McGraw-Hill Book Company, 1973; National Research Council, International Critical Tables, Vol. Ⅴ. New York: McGraw-Hill Book Company, 1929.

A. 3－17　表面的垂直总发射率

表面	K	ε	表面	K	ε
铝			未氧化的铅	400	0.057
高度氧化的	366	0.20	抛光的镍	373	0.072
高度抛光的	500	0.039	氧化的镍	922	0.59
	850	0.057	橡树木板	294	0.90
氧化铝	550	0.63	油漆		
石棉板	296	0.96	铝	373	0.52
高度抛光	520	0.028	油(16 种,各种颜色)	373	0.92～0.96
的黄铜	630	0.031	纸	292	0.924
抛光的铬	373	0.075	屋顶油纸	294	0.91
铜			橡胶(硬,光泽的)	296	0.94
氧化的	298	0.78	钢		
抛光的	390	0.023	在 867 K 下氧化的	472	0.79
光滑的玻璃	295	0.94	抛光的不锈钢	373	0.074
铁			304 不锈钢	489	0.44
氧化的	373	0.74	水	273	0.95
镀锡的	373	0.07		373	0.963
氧化铁	772	0.85			

来源:R. H. Perry and C. H Chilton, Chemical Engineerings' Handbook, 5th ed. New York: McGraw-Hill Book Company, 1973; W. H. McAdams, Heat Transmission, 3rd ed. New York: McGraw-Hill Book Company, 1954; E. Schmidt, Gesundh. -Ing. Beiheft, 20, Reihe 1, 1(1927).

A.3-18　气体在水中的亨利定律常数($H\times10^{-4}$)①

T (K)	T (℃)	CO_2	CO	C_2H_6	C_2H_4	He	H_2	H_2S	CH_4	N_2	O_2
273.2	0	0.072 8	3.52	1.26	0.552	12.9	5.79	0.026 8	2.24	5.29	2.55
283.2	10	0.104	4.42	1.89	0.768	12.6	6.36	0.036 7	2.97	6.68	3.27
293.2	20	0.142	5.36	2.63	1.02	12.5	6.83	0.048 3	3.76	8.04	4.01
303.2	30	0.186	6.20	3.42	1.27	12.4	7.29	0.060 9	4.49	9.24	4.75
313.2	40	0.233	6.96	4.23		12.1	7.51	0.074 5	5.20	10.4	5.35

① $p_A=Hx_A$，p_A 为气体中 A 的分压，atm；x_A 为液体中 A 的摩尔分率；H 为亨利定律常数，atm/摩尔分率。

来源：National Research Council, International Critical Tables, Vol. Ⅲ. New York: McGraw-Hill Book Company, 1929.

A.3-19　SO_2-水物系的平衡数据

液体中 SO_2 的摩尔分率 x_A	气相中 SO_2 的分压 p_A(mmHg)		气相中 SO_2 的摩尔分率 y_A；p=1 atm	
	20 ℃(293 K)	30 ℃(303 K)	20 ℃	30 ℃
0	0	0	0	0
0.000 056 2	0.5	0.6	0.000 658	0.000 790
0.000 140 3	1.2	1.7	0.001 58	0.002 23
0.000 280	3.2	4.7	0.004 21	0.006 19
0.000 422	5.8	8.1	0.007 63	0.010 65
0.000 564	8.5	11.8	0.011 20	0.015 5
0.000 842	14.1	19.7	0.018 55	0.025 9
0.001 403	26.0	36	0.034 2	0.047 3
0.001 965	39.0	52	0.051 3	0.068 5
0.002 79	59	79	0.077 5	0.104 0
0.004 20	92	125	0.121	0.164 5
0.006 98	161	216	0.212	0.284
0.013 85	336	452	0.443	0.594
0.020 6	517	688	0.682	0.905
0.027 3	698		0.917	

来源：T. K. Shewood, Ind. Eng. Chem., 17, 745(1925).

A.3-20　甲醇-水物系的平衡数据

液体中甲醇的摩尔分率 x_A	气相中甲醇的分压 p_A(mmHg)	
	39.9 ℃(313.1 K)	54.4 ℃(332.6 K)
0	0	0
0.05	25.0	50
0.10	46.0	102
0.15	66.5	151

来源：National Research Council, International Critical Tables, Vol. Ⅲ. New York: McGraw-Hill Book Company, 1929.

A.3-21　20 ℃(293 K)丙酮-水物系的平衡数据

液体中丙酮的摩尔分率 x_A	气相中丙酮的分压，p_A(mmHg)
0	0
0.033 3	30.0
0.072 0	62.8
0.117	85.4
0.171	103

来源：T. K. Shewood, Absorption and Extraction. New York: McGraw-Hill Book Company, 1937. 经允许。

A.3－22　氨-水物系的平衡数据

液体中 NH_3 的摩尔分率，x_A	气相中 NH_3 的分压，p_A(mmHg)		气相中 NH_3 的摩尔分率，y_A；$p=1$ atm	
	20 ℃(293 K)	30 ℃(303 K)	20 ℃	30 ℃
0	0	0	0	0
0.012 6		11.5		0.015 1
0.016 7		15.3		0.020 1
0.020 8	12	19.3	0.015 8	0.025 4
0.025 8	15	24.4	0.019 7	0.032 1
0.030 9	18.2	29.6	0.023 9	0.039 0
0.040 5	24.9	40.1	0.032 8	0.052 7
0.050 3	31.7	51.0	0.041 6	0.067 1
0.073 7	50.0	79.7	0.065 7	0.105
0.096 0	69.6	110	0.091 5	0.145
0.137	114	179	0.150	0.235
0.175	166	260	0.218	0.342
0.210	227	352	0.298	0.463
0.241	298	454	0.392	0.597
0.297	470	719	0.618	0.945

来源：J. H. Perry, Chemical Engineerings' Handbook, 4th ed. New York: McGraw-Hill Book Company, 1963；经允许。

A.3－23　101.325 kPa(1 atm)下乙醇-水物系的平衡数据①

温度		汽液平衡，乙醇质量分率		温度		汽液平衡，乙醇质量分率		温度		液相质量分率	焓(btu/lb_m 混合物)		焓(kJ/kg 混合物)	
℃	℉	x_A	y_A	℃	℉	x_A	y_A	℃	℉		液体	蒸气	液体	蒸气
100.0	212	0	0	81.0	177.8	0.600	0.794	100.0	212	0	180.1	1 150	418.9	2 675
98.1	208.5	0.020	0.192	80.1	176.2	0.700	0.822	91.8	197.2	0.1	159.8	1 082	371.7	2 517
95.2	203.4	0.050	0.377	79.1	174.3	0.800	0.858	84.7	184.5	0.3	135.0	943	314.0	2 193
91.8	197.2	0.100	0.527	78.3	173.0	0.900	0.912	82.0	179.6	0.5	122.9	804	285.9	1 870
87.3	189.2	0.200	0.656	78.2	172.8	0.940	0.942	80.1	176.2	0.7	111.1	664	258.4	1 544
84.7	184.5	0.300	0.713	78.1	172.7	0.960	0.959	78.3	173.0	0.9	96.6	526	224.7	1 223
83.2	181.7	0.400	0.746	78.2	172.8	0.980	0.978	78.3	173.0	1.0	89.0	457.5	207.0	1 064
82.0	179.6	0.500	0.771	78.3	173.0	1.00	1.00							

① 焓的参考状态为 273 K 或 0 ℃纯液体。

来源：L. W. Cornell and R. E. Montonna, Ind. Eng. Chem., 25, 1331(1933)；和 W. A. Noyes and R. R. Warfel, J. Am. Chem. Soc., 23, 463(1901)，引自 G. G. Brow, Unit Operations. New York: John Wiley & Sons, Inc., 1950. 经允许。

A.3－24　20 ℃(293 K)醋酸-水-异丙醚物系的液-液平衡数据

水层(%质量)			异丙醚层(%质量)		
醋酸	水	异丙醚	醋酸	水	异丙醚
0	98.8	1.2	0	0.6	99.4
0.69	98.1	1.2	0.18	0.5	99.3
1.41	97.1	1.5	0.37	0.7	98.9
2.89	95.5	1.6	0.79	0.8	98.4

续　表

水层(%质量)			异丙醚层(%质量)		
醋酸	水	异丙醚	醋酸	水	异丙醚
6.42	91.7	1.9	1.93	1.0	97.1
13.30	84.4	2.3	4.82	1.9	93.3
25.50	71.1	3.4	11.40	3.9	84.7
36.70	58.9	4.4	21.60	6.9	71.5
44.30	45.1	10.6	31.10	10.8	58.1
46.40	37.1	16.5	36.20	15.1	48.7

来源：Trans. A.I.Ch. E.,36,602,628(1940)。经允许。

A.3-25　25℃～26 ℃(298 K～299 K)丙酮-水-甲基异丁基酮(MIK)物系的液-液平衡数据

组成数据(%质量)			丙酮分布数据(%质量)	
MIK	丙酮	水	水相	MIK 相
98.0	0	2.00	2.5	4.5
93.2	4.6	2.33	5.5	10.0
77.3	18.95	3.86	7.5	13.5
71.0	24.4	4.66	10.0	17.5
65.5	28.9	5.53	12.5	21.3
54.7	37.6	7.82	15.5	25.5
46.2	43.2	10.7	17.5	28.2
12.4	42.7	45.0	20.0	31.2
5.01	30.9	64.2	22.5	34.0
3.23	20.9	75.8	25.0	36.5
2.12	3.73	94.2	26.0	37.5
2.20	0	97.8		

来源：Reprinted with permission from D. F. Othmer, R. E. White, and E. Trueger, Ind. Eng. Chem., 33, 1240 (1941). Coyright by the American Chemical Society.

附录 4　食品和生物材料的物理性质

A. 4－1　食品的比热容(273 K～373 K 或 0 ℃～100 ℃的平均 c_p)

材　料	H_2O (%质量)	c_p (kJ/(kg·K))	材　料	H_2O (%质量)	c_p (kJ/(kg·K))
苹果	75～85	3.73～4.02	通心粉	12.5～13.5	1.84～1.88
苹果酱		4.02①	牛奶		
芦笋			全脂	87.5	3.85
新鲜的	93	3.94②	脱脂	91	3.98～4.02
冷冻的	93	2.01③	橄榄油		2.01⑦
咸猪肉,猪肉	51	3.43	橙汁		
香蕉果泥		3.66④	新鲜的	87.2	3.77②
精牛肉	72	3.43	冷冻的	87.2	1.93③
白面包	44～45	2.72～2.85	豌豆,空气干燥的	14	1.84
黄油	15	2.30⑤	绿豌豆		
罗马甜瓜	92.7	3.94②	新鲜的	74.3	3.31②
胡萝卜	88.2	3.81～3.94	冷冻的	74.3	1.76③
硬干奶酪	55	2.68②	豌豆汤		4.10
甜玉米			羽毛	75～78	3.52
新鲜的		3.32②	猪肉		
冷冻的		1.77③	新鲜的	60	2.85②
奶油,45%～60%脂肪	57～73	3.06～3.27	冷冻的	60	1.34③
黄瓜	97	4.10	土豆	75	3.52
鸡蛋			家禽		
新鲜的		3.18②	新鲜的	74	3.31②
冷冻的		1.68③	冷冻的	74	1.55③
蛋黄	4.00	2.81	沙丁鱼	57.4	3.01
鳕鱼			法兰克香肠		
新鲜的	70	3.18	新鲜的	60	3.60②
冷冻的	70	1.72③	冷冻的	60	2.35③
面粉	12～13.5	1.80～1.88	菜豆		
冰	100	1.958⑥	新鲜的	88.9	3.81②
冰激凌			冷冻的	88.9	1.97③
新鲜的	58～66	3.27②	番茄	95	3.98②
冷冻的	58～66	1.88③	小牛肉	63	3.22
羔羊	70	3.18①	水	100	4.185⑦

① 32.8 ℃　② 冰点以上　③ 冰点以下　④ 24.4 ℃　⑤ 4.4 ℃　⑥ －20 ℃　⑦ 20 ℃

来源:W. O. Ordinanz, Food Ind., 18, 101(1946); G. A. Reidy, Department of Food Science. Michigan State University, 1968; S. E. Charm, The Fundamentals of Food Engineering, 2nd ed. Westport, Conn.; Avi Publishing Co., Inc., 1971; R. L. Earle, Unit Operations in Food Processing, Oxford: Pergamon Press, Inc., 1966; ASHRAE, Handbook of Fundamentals. New York: ASHRAE, 1972, 1967; H. C. Mannheim, M. P. Steinberg, and A. I. Nelson, Food Technol., 9, 556(1955).

A.4－2　食品的导热系数、密度、黏度

材料	H_2O(%质量)	温度 (K)	k (W/(m·K))	ρ (kg/m³)	μ [(Pa·s)10³ 或 cP]
苹果汁	87.4	293.2	0.559		
苹果酱		295.7	0.692		
苹果	85.6	275.2～309.2	0.393		
精牛肉	78.8	308.2	0.458		
肥牛肉			0.19		
黄油	15	277.6	0.197	998	
罗马甜瓜			0.571		
鸡蛋					
蛋白		309.2	0.577		
蛋黄		306.2	0.338		
鱼					
新鲜的		273.2	0.431		
冷冻的		263.2	1.22		
小麦面粉	8.8		0.450		
蜂蜜	12.6	275.4	0.50		
冰	100	273.2	2.25		
	100	253.2	2.42		
羔羊	71	278.8	0.415		
牛奶					
全脂		293.2		1 030	2.12
脱脂		274.7	0.538		
		298.2		1 041	1.4
油					
鱼肝油		298.2		924	
玉米油		288.2		921	
橄榄油		293.2	0.168	919	84
花生油		277.1	0.168		
大豆油		303.2		919	40
橙汁	61.2	303.5	0.431		
梨		281.9	0.595		
精猪肉					
新鲜的	74	275.4	0.460		
冷冻的		258.2	1.109		
土豆					
生的			0.554		
冷冻的		260.4	1.09	977	
鲑鱼					
新鲜的	67	277.1	0.50		
冷冻的	67	248.2	1.30		
蔗糖溶液	80	294.3		1 073	1.92
火鸡					
新鲜的	74	276.0	0.502		
冷冻的		248.2	1.675		
小牛肉					
新鲜的	75	335.4	0.485		
冷冻的	75	263.6	1.30		
水	100	293.2	0.602		
	100	273.2	0.569		

来源：R. C. Weast, Handbook of Chemistry and Physics, 48th ed. Cleveland: Chemical Rubber Co., Inc., 1967; C. P. Lentz, Food Technol., 15, 243(1961); G. A. Reidy, Department of Science. Michigan State University, 1968; S. E. Charm, The Fundamentals of Food Engineering, 2nd ed. Westport, Conn.; Avi Publishing Co., Inc., 1971; R. Earle, Unit Operations in Food Processing, Oxford: Pergamon Press, Inc., 1966; R. H. Perry and C. H. Chilton, Chemical Engineerings' Handbook, 5th ed. New York: McGraw-Hill Book Company, 1973; V. E. Sweat, J. Food Sci., 39, 1080 (1974).

附录 5　管子、管道和筛子的性质

A.5－1　标准钢管的尺寸

公称管径	外径		规格	壁厚		内径		内截面积	
（英寸）	in.	mm	编号	in.	mm	in.	mm	ft^2	$m^2\times10^4$
$\frac{1}{8}$	0.405	10.29	40	0.068	1.73	0.269	6.83	0.000 40	0.366 4
			80	0.095	2.41	0.215	5.46	0.000 25	0.234 1
$\frac{1}{4}$	0.540	13.72	40	0.088	2.24	0.364	9.25	0.000 72	0.672 0
			80	0.119	3.02	0.302	7.67	0.000 50	0.462 0
$\frac{3}{8}$	0.675	17.15	40	0.091	2.31	0.493	12.52	0.001 33	1.231
			80	0.126	3.20	0.423	10.74	0.000 98	0.905 9
$\frac{1}{2}$	0.840	21.34	40	0.109	2.77	0.622	15.80	0.002 11	1.961
			80	0.147	3.73	0.546	13.87	0.001 63	1.511
$\frac{3}{4}$	1.050	26.67	40	0.113	2.87	0.824	20.93	0.003 71	3.441
			80	0.154	3.91	0.742	18.85	0.003 00	2.791
1	1.315	33.40	40	0.133	3.38	1.049	26.64	0.006 00	5.574
			80	0.179	4.45	0.957	24.31	0.004 99	4.641
$1\frac{1}{4}$	1.660	42.16	40	0.140	3.56	1.380	35.05	0.010 40	9.648
			80	0.191	4.85	1.278	32.46	0.008 91	8.275
$1\frac{1}{2}$	1.900	48.26	40	0.145	3.68	1.610	40.89	0.014 14	13.13
			80	0.200	5.08	1.500	38.10	0.012 25	11.40
2	2.375	60.33	40	0.154	3.91	2.067	52.50	0.023 30	21.65
			80	0.218	5.54	1.939	49.25	0.020 50	19.05
$2\frac{1}{2}$	2.875	73.03	40	0.203	5.16	2.469	62.71	0.033 22	30.89
			80	0.276	7.01	2.323	59.00	0.029 42	27.30
3	3.500	88.90	40	0.216	5.49	3.068	77.92	0.051 30	47.69
			80	0.300	7.62	2.900	73.66	0.045 87	42.61
$3\frac{1}{2}$	4.000	101.6	40	0.226	5.74	3.548	90.12	0.068 70	63.79
			80	0.318	8.08	3.364	85.45	0.061 70	57.35
4	4.500	114.3	40	0.237	6.02	4.026	102.3	0.088 40	82.19
			80	0.337	8.56	3.826	97.18	0.079 86	74.17
5	5.563	141.3	40	0.258	6.55	5.047	128.2	0.139 0	129.1
			80	0.375	9.53	4.813	122.3	0.126 3	117.5
6	6.625	168.3	40	0.280	7.11	6.065	154.1	0.200 6	186.5
			80	0.432	10.97	5.761	146.3	0.181 0	168.1
8	8.625	219.1	40	0.322	8.18	7.981	202.7	0.347 4	322.7
			80	0.500	12.70	7.625	193.7	0.317 1	294.7

A.5-2　换热器管的尺寸

外径		BWG(伯明汉线规)编号	壁厚		内径		内截面积	
in.	mm		in.	mm	in.	mm	ft^2	m^2×10^4
$\frac{5}{8}$	15.88	12	0.109	2.77	0.407	10.33	0.000 903	0.838 1
		14	0.083	2.11	0.459	11.66	0.001 15	1.068
		16	0.065	1.65	0.495	12.57	0.001 34	1.241
		18	0.049	1.25	0.527	13.39	0.001 51	1.408
$\frac{3}{4}$	19.05	12	0.109	2.77	0.532	13.51	0.001 54	1.434
		14	0.083	2.11	0.584	14.83	0.001 86	1.727
		16	0.065	1.65	0.620	15.75	0.002 10	1.948
		18	0.049	1.25	0.652	16.56	0.002 32	2.154
$\frac{7}{8}$	22.23	12	0.109	2.77	0.657	16.69	0.002 35	2.188
		14	0.083	2.11	0.709	18.01	0.002 74	2.548
		16	0.065	1.65	0.745	18.92	0.003 03	2.811
		18	0.049	1.25	0.777	19.74	0.003 29	3.060
1	25.40	10	0.134	3.40	0.732	18.59	0.002 92	2.714
		12	0.109	2.77	0.782	19.86	0.003 34	3.098
		14	0.083	2.11	0.834	21.18	0.003 79	3.523
		16	0.065	1.65	0.870	22.10	0.004 13	3.836
$1\frac{1}{4}$	31.75	10	0.134	3.40	0.982	24.94	0.005 26	4.885
		12	0.109	2.77	1.032	26.21	0.005 81	5.395
		14	0.083	2.11	1.084	27.53	0.006 41	5.953
		16	0.065	1.65	1.120	28.45	0.006 84	6.357
$1\frac{1}{2}$	38.10	10	0.134	3.40	1.232	31.29	0.008 28	7.690
		12	0.109	2.77	1.282	32.56	0.008 96	8.326
		14	0.083	2.11	1.334	33.88	0.009 71	9.015
2	50.80	10	0.134	3.40	1.732	43.99	0.016 4	15.20
		12	0.109	2.77	1.782	45.26	0.017 3	16.09

A.5-3　泰勒标准筛规格

目数	筛孔尺寸		标准线径	
	英寸	mm	mm	英寸
1.050 英寸	1.050	26.67	3.76	0.148
0.833 英寸	0.833	22.43	3.43	0.135
0.742 英寸	0.742	18.85	3.43	0.135
0.624 英寸	0.624	15.85	3.05	0.120
0.525 英寸	0.525	13.33	2.67	0.105
0.441 英寸	0.441	11.20	2.67	0.105
0.371 英寸	0.371	9.423	2.34	0.092
$2\frac{1}{2}$目	0.312	7.925	2.24	0.088
3 目	0.263	6.680	1.78	0.070
$3\frac{1}{2}$目	0.221	5.613	1.65	0.065
4 目	0.185	4.699	1.65	0.065
5 目	0.156	3.962	1.12	0.044
6 目	0.131	3.327	0.914	0.036
7 目	0.110	2.794	0.833	0.032 8
8 目	0.093	2.362	0.813	0.032
9 目	0.078	1.981	0.838	0.033
10 目	0.065	1.651	0.889	0.035
12 目	0.055	1.397	0.711	0.028
14 目	0.046	1.168	0.635	0.025
16 目	0.039 0	0.991	0.597	0.023 5
20 目	0.032 8	0.833	0.437	0.017 2
24 目	0.027 6	0.701	0.358	0.014 1
28 目	0.023 2	0.589	0.318	0.012 5
32 目	0.019 5	0.495	0.300	0.011 8
35 目	0.016 4	0.417	0.310	0.012 2
42 目	0.013 8	0.351	0.254	0.010 0
48 目	0.011 6	0.295	0.234	0.009 2
60 目	0.009 7	0.246	0.178	0.007 0
65 目	0.008 2	0.208	0.183	0.007 2
80 目	0.006 9	0.175	0.142	0.005 6
100 目	0.005 8	0.147	0.107	0.004 2
115 目	0.004 9	0.124	0.097	0.003 8
150 目	0.004 1	0.104	0.066	0.002 6
170 目	0.003 5	0.088	0.061	0.002 4
200 目	0.002 9	0.074	0.053	0.002 1
250 目	0.002 5	0.063	0.044	0.001 7
270 目	0.002 1	0.053	0.037	0.001 5
325 目	0.001 7	0.044	0.030	0.001 2
400 目	0.001 5	0.037	0.025	0.001 0

符号说明

先给出国际制单位(后附英制或厘米克秒制单位)

a 形状系数,无量纲

a 颗粒半径,m(ft)

a 面积,m^2(ft^2);比表面积,即单位体积床层或填料的面积,m^2/m^3(ft^2/ft^3)

a_e 离心加速度,m/s^2(ft/s^2)

a_v 颗粒的比表面积,m^{-1}(ft^{-1})

A 横截面积,m^2(ft^2,cm^2);面积,m^2(ft^2)

A 吸收因子=L/mV,无量纲;过滤面积,m^2(ft^2)

A_m 膜面积,m^2(ft^2,cm^2)

A_w 溶剂渗透常数,$kg/(s \cdot m^2 \cdot atm)$

A_s 溶质渗透常数,m/s(ft/h)

b 长度,m(ft,cm)

B 结构填料的边长,cm(in.)

B 干燥固体的流量,kg/h(lb_m/h);过滤常数,s/m^3(s/ft^3)

B 膜的物理特性,atm^{-1}

B^o 成核速度,晶核数目/(h·L)

c 浓度,kg/m^3,$kmol/m^3$(lb_m/ft^3,mol/cm^3)

c 液体中吸收溶质的浓度,kg/m^3(lb_m/ft^3)

c_A A物质的浓度,$kmol/m^3$(lb_m/ft^3,mol/cm^3)

c_b 透过点浓度,kg/m^3(lb_m/ft^3)

c_g 凝胶中的溶质浓度,kg 溶质/m^3(lb_m/ft^3,g/cm^3)

c_S 膜表面的溶质浓度,kg 溶质/m^3(lb_m/ft^3,g/cm^3)

c_S 固体中A物质的浓度,kmol A/m^3(lb_m/ft^3,mol/cm^3)

c_S 悬浮液中的固体浓度,kg/m^3(lb_m/ft^3)

c_S 湿气体比热,kJ/(kg 干气·K)(btu/(lb_m 干气·℉))

c_x 悬浮液中的固体浓度,质量分数

c_p 定压比热容,J/(kg·K),kJ/(kg·K),kJ/(kmol·K)(btu/(lb_m·℉),cal/(g·℃))

c_{w2} 渗透液中溶剂浓度,kg 溶剂/m^3

c'_A 与平均浓度 $\bar{c}A$ 的偏差浓度,$kmol/m^3$

c_p P的浓度,kg P/m^3

c_v 定容比热容,J/(kg·K)

C 过滤常数,N/m^2(lb_f/ft^2);组分数

C 流体比热容,W/K(btu/(h·℉))

C 搅拌器底部距离容器底部的高度,m(ft)

C 液体溶液中的总浓度,当量/L

C_p 皮托管系数,无量纲

C_D 曳力系数,无量纲

C_v,C_o,C_n 文丘里流量系数,孔板流量系数,喷嘴流量系数,无量纲

d_p 填料直径,mm(in.)

d_o 孔直径,m(ft)

D 分子扩散系数,m^2/s(ft^2/h,cm^2/s);直径,m(ft)

D 剩十分之一时间,min;蒸馏馏出物流量,kg/h,kmol/h(lb_m/h)

D_{AB} 分子扩散系数,m^2/s(ft^2/h,cm^2/s)

D^o_{AB} 稀溶液中的分子扩散系数,cm^2/s(ft^2/h)

D_p 颗粒直径,m(ft)

D_{KA} 努森扩散系数,m^2/s(ft^2/h,cm^2/s)

D_{NA} 过渡区扩散系数,m^2/s(ft^2/h,cm^2/s)

$D_{A\,eff}$ 有效扩散系数,m^2/s(ft^2/h,cm^2/s)

$D_{p,m}$ 混合物的平均有效直径,m(ft)

D_a 搅拌器直径,m(ft)

D_t 容器直径,m(ft)

D_{pc} 临界直径,m(ft)

D_{AP} 在蛋白质溶液中A的扩散系数,m^2/s

D_+ 阳离子扩散系数,cm^2/s

D_- 阴离子扩散系数,cm^2/s

E 结构填料的单元高度,cm(in.)

E 活化能,J/kmol(cal/mol)

E 粉碎能量,kW·h/ton;板效率,无量纲

E 总能量,J/kg(ft·lb)

E 未完成转化分率,无量纲

E 辐射能,W/m^2($btu/(h \cdot ft^2)$)

E 轴向扩散系数,m^2/s(ft^2/h)

$E_{B\lambda}$ 单频辐射能,W/m^3($btu/(h \cdot ft^3)$)

E_o 板效率分数或百分数

f 进料汽化分数;循环分数,无量纲

f 范宁摩擦因子,无量纲

f_P 相对传质系数,无量纲

f_t 混合因子,无量纲

F 自由度

F 摩擦损失,J/kg($ft \cdot lb_f/lb_m$)

F 流量,kg/h,kg mol/h(lb_m/h)

F 力,N(lb_f,dyn)

F_T 温差修正系数,无量纲

F_0 121.1 ℃(250 ℉)下的处理时间,min

F_p 填料因子,m^{-1}(ft^{-1})

$\mathscr{F}_{12}$ 灰体角系数,无量纲

F_{12} 角系数,无量纲

g 标准重力加速度(见附录 A.1)

g_c 重力换算系数(见附录 A.1)

G 质量流速$=v\rho$,$kg/(s \cdot m^2)$,$kg/(h \cdot m^2)$($lb_m/(h \cdot ft^2)$)

G 增长常数,mm/h

G' 质量速度$=v'\rho$,$kg/(s \cdot m^2)$,$kg/(h \cdot m^2)$($lb_m/(h \cdot ft^2)$)

G 一物体上的辐射,W/m^2($btu/h \cdot ft^2$)

h 在辛普生积分法中 x 的恒定间距

h 压头,J/kg($ft \cdot lb_f/lb_m$);流体柱高度,m(ft)

h 传热系数,$W/(m^2 \cdot K)$($btu/(h \cdot ft^2 \cdot ℉)$)

h 液体焓值,J/kg,kJ/kg,kJ/kmol(btu/lb_m)

h 结构填料中的三角高度,cm(in.)

h_{fg} 汽化潜热,J/kg,kJ/kg(btu/lb_m)

h_c 接触热阻系数,$W/(m^2 \cdot K)$($btu/(h \cdot ft^2 \cdot ℉)$)

H 距离,m(ft)

H 亨利常数,atm/mol 分数

H 压头,J/kg($ft \cdot lb_f/lb_m$);流体柱高度,m(ft)

H 焓,J/kg,kJ/kg,kJ/kmol(btu/lb_m);焓,kJ/kg 干气(btu/lb_m)

H 湿度,kg 水蒸气/kg 干气(lb 水蒸气/lb 干气)

H 水蒸气的焓值,J/kg,kJ/kg,kJ/kg mol(btu/lb_m)

H 平衡系数,$kmol/(m^3 \cdot atm)$

H 床层高度,m(ft),轴的有效长度,m(ft)

H 填料层高度,m(ft)

H' 焓值,kJ/kg 干料(btu/lb_m);焓值,kJ/kg 干气(btu/lb_m 干气)

H_B 用到透过点的床层长度,m(ft)

H_G,H_L,H_y,H_{oy},

H_{OG},H_{OL},H_x,H_{ox} 传递单元高度,m(ft)

H_P,H_R 分别为湿度百分数与相对湿度百分数

H_T 总床层高度,m(ft)

H_{UNB} 未使用段床层长度,m(ft)

HETS 平衡级高度,m(ft)

HETP 填料等板高度,m(ft)

$\boldsymbol{i}$ 沿 x 轴的单位向量

I 湍流强度,无量纲;电流,安培

I_B 黑体的辐射强度,W/m^2($btu/(h \cdot ft^2)$)

I_λ 辐射强度,W/m^2($btu/(h \cdot ft^2)$)

$\boldsymbol{j}$ 沿 y 轴的单位向量

J 挡板宽度,m(ft)

j_A 相对于质量平均速度的 A 质量通量,$kg/(s \cdot m^2)$

j_A^* 相对于摩尔平均速度的 A 质量通量,$kg/(s \cdot m^2)$

J_A 相对于质量平均速度的 A 摩尔通量,$kmol/(s \cdot m^2)$

$\boldsymbol{J}_A^*$ 相对于质量平均速度的 A 摩尔通量向量,$kmol/(s \cdot m^2)$($lb\ mol/(h \cdot ft^2)$,$mol/(s \cdot cm^2)$)

J_D, J_H 传质与传热 J 因子,无量纲

$\boldsymbol{k}$ 沿 z 轴的单位向量

k,k' 反应速率常数,h^{-1},min^{-1}或 s^{-1}

k 热导率,$W/(m \cdot K)$($btu/(h \cdot ft \cdot ℉)$)

k 反应速率常数,h^{-1},min^{-1}或 s^{-1}

k_1' 一级非均相反应速率常数,m/s(cm/s)

k_c',k_c,k_G,k_x 传质系数,$kmol/(s \cdot m^2)$($lb\ mol/(h \cdot ft^2)$,$mol/(s \cdot cm^2)$);$kmol/(s \cdot m^2 \cdot Pa)$,$kmol/(s \cdot m^2 \cdot atm)$($lb\ mol/(h \cdot ft^2 \cdot atm)$).(见表 7.2-1)

k_c 传质系数,m/s(ft/h,cm/s)

k_c^o 由方程式(7.2-23)定义的传质系数,m/s(ft/h,cm/s)

k_Ga,k_xa,k_ya 体积传质系数,$kmol/(s \cdot m^3)$

(lb mol/(h·ft^3),mol/(s·cm^3));kmol/(s·m^3·Pa)

k_s 表面反应系数,kmol/(s·m^2)

k_w,k'_w 壁面常数,无量纲

K'_y,K'_x 总传质系数,kmol/(s·m^2)(lb mol/(h·ft^2),mol/(s·cm^2))

K 稠度系数,N·s^n/m^2(lb_f·s^n/ft^2)

K 结晶的总传质系数,kmol/(s·m^2)

K_v 容许汽化速率方程中的常数,ft/s

K 相对摩尔选择性系数,无量纲

K_{AB} A离子与B离子的交换平衡常数

K_1 方程式(3.1-39)中的常数,m/s(ft/s)

K',K_s 平衡分配系数,无量纲

K' 稠度系数,N·$s^{n'}$/m^2(lb_f·$s^{n'}$/ft^2)

K 平衡分配系数,无量纲

K_p 过滤常数,s/m^6(s/ft^6)

K_V 过滤常数,N/m^5(lb_f/ft^5)

K_c,K_{ex},K_f 收缩,扩张与管阀件阻力系数,无量纲

L 长度,m(ft);数量,kg,kmol(lb_m);或 kg/(h·m^2)

L 液体流量,kg/h,kmol/h(lb_m/h)

L 晶体尺寸,mm

L 残余或排出流量,cm^3(标准态)/s,m^3/s(ft^3/h)

L 普兰特混合长度,m(ft)

L 平均射线行程,m(ft)

L_a 平均晶体尺寸,mm

L_d 主要晶体尺寸,mm

L_f 加料流量,cm^3(标准态)/s,m^3/s(ft^3/h)

L_S 干料的重量,kg 干料(lb_m干料)

L' 流量,kg 惰性气体/h,kmol 惰性气体/h(lb_m惰性气体/h)

m,m',m'' 平衡线斜率,无量纲

m 流量,kg/s,kg/h(lb_m/s)

m 无量纲比值$=k/hx_1$;位置 m

m 表7.1-1中的参数,无量纲;位置参数

m 比值,kg 湿滤饼/kg 干滤饼(lb 湿滤饼/lb 干滤饼)

M 分子量,kg/kmol(lb_m/lb mol)

M 总质量,kg(lb_m);参数$=(\Delta x)^2/\alpha\Delta t$,无量纲

M 系数$=(\Delta x)^2/D_{AB}\Delta t$,无量纲

M 流量,kg/h,kmol/h(lb_m/s)

M 吸附剂量,kg(lb_m)

M_L 液体平均分子量

n 理论板数

n 晶体数目/(L·mm)

n 指数,无量纲;流动行为指数,无量纲

n' 幂律流体线斜率,无量纲

n 位置参数;无量纲比值$=x/x_1$

n 总数量,kmol(lb mol,mol)

n^o 点晶核密度,晶核数/(L·mm)

n_A A相对于静止坐标的通量,kg/(s·m^2)

n_+ 阳离子价数

n_- 阴离子价数

N 转速,转/秒,转/分;辐射挡热板数

N 参数$=h\Delta x/D_{AB}$,无量纲;活生物体数量,无量纲

N 相对于静止坐标的总通量,kmol/(s·m^2)(lb mol/(h·ft^2),mol/(s·cm^2))

N 系数$=k_c\Delta x/D_{AB}$,无量纲;塔板数

N 晶体数目/L

N 固体B的浓度,kg 固体 B/kg 溶液(lb 固体 B/lb 溶液)

N 等温细分数,无量纲

N_T 平行管数

N_S 溶质通量,kg/(s·m^2)(lb_m/(h·ft^2))

N_w 溶剂通量,kg 溶剂/(s·m^2)(lb_m/(h·ft^2))

$\overline{N}_{n,m}$ 由方程(6.6-3)定义的残差,kmol/m^3(lb mol/ft^3)

N_A A相对于静止坐标的摩尔通量的向量,kmol/(s·m^2)(lb mol/(h·ft^2),mol/(s·cm^2))

$\overline{N}_A$ A相对于静止坐标的传质量,kmol/s(lb mol/h,mol/s)

(NPSH) 汽蚀余量(净正压头),m(ft)

N_G,N_L,N_{OG},N_{OL} 传质单元数,无量纲

N_{Gr} 方程式(4.7-4)中定义的格拉斯霍夫数,无量纲

N_{Bi} 毕渥数$=hx_1/k$,无量纲

N_{Gz} 方程式(4.12-3)中定义的格里茨数,无量纲

$N_{Gz,\delta}$ 方程式(4.7-5)中定义的格拉斯霍夫数,无量纲

N_{Ma} 方程式(2.11-15)中定义的马赫数,无

量纲

N_{Pe}　佩克莱特数$=N_{Re}N_{Pr}$,无量纲

$N_{Nu,\delta}$　努塞尔数$=h\delta/k$,无量纲

N_{Fr}　弗鲁特数$=v^2/gL$,无量纲

N_{Kn}　努森数$=\lambda/2\bar{r}$,无量纲

N_{Nu}　努塞尔数$=hL/k$,无量纲

$N_{Nu,x}$　努塞尔数$=h_x x/k$,无量纲

N_{Pr}　普兰特数$=c_p\mu/k$,无量纲

N_{Re}　雷诺数$=Dv\rho/k$,无量纲

N'_{Re}　雷诺数$=D_a^2N\rho/k$,无量纲

$N_{Re,gen}$　方程式(3.5－11)定义的雷诺数,无量纲

$N_{Re,L}$　雷诺数$=Lv_x\rho/k$,无量纲

$N_{Re,x}$　雷诺数$=xv_x\rho/k$,无量纲

$N'_{Re,n}$　方程式(3.5－39)定义的雷诺数,无量纲

$N_{Re,p}$　方程式(3.1－15)定义的雷诺数,无量纲

$N_{Re,mf}$　方程式(3.1－15)定义的在起始流化时的雷诺数,无量纲

N_{Eu}　欧拉数$=p/\rho v^2$,无量纲

N_{Sc}　施密特数$=\mu/\rho D_{AB}$,无量纲

N_{Sh}　修伍德数$=k'_cD/D_{AB}$,无量纲

N_P　方程式(3.4－2)定义的幂数,无量纲

N_Q　流量数,无量纲

N_{St}　斯坦顿数$=k'_c/v$,无量纲

NTU　传质单元数,无量纲

O　流量,kg/h,kmol/h(lb_m/h)

p　压力,N/m^2,Pa(lb_f/ft^2,atm,psia,mmHg)

p_{vp}　液体蒸气压,N/m^2(lb_f/ft^2)

p_A　A的分压,N/m^2,Pa(lb_f/ft^2,atm,psia,mmHg)

p_s　标准态下的压力,Pa

p_{BM}　方程式(6.2－21)中B的对数平均惰性气体分压,N/m^2,Pa(lb_f/ft^2,atm,psia,mmHg)

p_h　在高压侧(加料)下的总压力,cm Hg,Pa(mm)

p_l　在低压侧(渗透液)下的总压力,cm Hg,Pa(mm)

p_M　固体中的渗透,m/s(ft/s)

P　方程式(5.5－12)中的参数,无量纲

P　总压力,N/m^2,Pa(lb_f/ft^2,atm,psia,mm Hg)

P　功,W(ft·lb_f/(s·hp))

P　流量,kg/h,kg/min;平衡时的相数

$\mathbf{P}$　动量向量,kg·m/s(lb_m·ft/s)

P_A　纯物质A的蒸气压,N/m^2,Pa(lb_f/ft^2,atm,psia,mm Hg)

P'_A　A的渗透率,cm^3(标准态)·cm/(s·cm^2·cmHg)

P'_A/t　A的渗透,cm^3(标准态)/(s·cm^2·cmHg),m^3(标准态)/(s·m^2·Pa)

P_w　溶剂膜渗透率,kg溶剂/(s·m·atm)(lb_m/(h·ft·atm))

P_M　渗透率,m^3(标准态)/(s·m^2C. S.·atm/m)

q　传热速率,W(btu/h);系统热净增量,W(btu/h);或J(btu)

q　流量,m^3/s(ft^3/s)

q　热流通量向量,W/m^2(btu/(h·ft^2))

$\dot{q}$　热生成速率,W/m^3(btu/(h·ft^3))

q　方程式(11.4－12)定义的加料条件

q'　达西定律中的流量,cm^3/s

q　kg吸附质/kg吸附剂(lb_m/lb_m)

q_c　冷凝器热负荷,kJ/h,kW(btu/h)

$\bar{q}_{n,m}$　方程式(4.5－11)中定义的残留,K(℉)

q_R　再沸器热负荷,kJ/h,kW(btu/h)

q_{AR}　单位床体积下主体A的浓度,当量/L体积

Q　单位床体积下主体A与B的总浓度,当量/L体积

Q　结晶器的出口流量,L/h

Q　循环流量,m^3/s(ft^3/h)

Q　吸收量,kmol/m^2;热损失,W(btu/h);吸收热,J/kg(btu/lb_m,ft·lb_f/lb_m)

r　半径,m(ft)

r　压力比,p_l/p_h

r_A　生成速率,kg A/(s·m^3)(lb_m A/(h·ft^3))

r_H　水力半径,m(ft)

$(r_2)_{cr}$　半径的临界值,m(ft)

R　干燥速率,kg/(h·m^2)(lb_m/(h·ft^2))

R　溶质除去率,无量纲

R　放大比,无量纲

R　半径,m(ft);热阻,K/W(h·℉/btu)

R　方程式(5.5－12)中的参数,无量纲;电

阻,ohms

R 气体常数(见附录 A. 1);回流比$=L_n/D$,无量纲

R_A 生成速率,kmol A/(s·m^3)(lb mol A/(h·ft$'$))

R_b 轴半径,m(ft)

R_c 外圆半径,m(ft)

R_c 接触热阻,K/W(h·℉/btu)

R_g 凝胶层阻力,s·m^2·atm/kg

R_m 过滤介质的阻力,m^{-1}(ft^{-1})

R_m 膜阻力,m^2/kg

R_c 滤饼阻力,m^2/kg

R_i i的生成速率,kg/s(lb$_m$/h)

R_x 组分x的力,N(lb$_f$,dyn)

s 可压缩性常数,无量纲

s 平均表面更新因子,s^{-1}

S 传导形状因子,m(ft)

S 气体的溶解度,m^{3}溶质(标准态)/(m^{3}固体·atm)[cc 溶质(标准态)/(cc 固体·atm)]

S 中心距,m(ft);蒸汽流量,kg/h,kmol/h(lb$_m$/h)

S 进料溶液的体积,m^3(ft^3)

S 塔的横截面积,m^2(ft^2);解吸因数,$1/A$

S 结构填料的边长,cm(in.)

S_0 比表面积,m^2/m^{3}体积(ft^2/ft^{3}体积)

S_p 颗粒的表面积,m^2(ft^2)

t 翅片厚度,m(ft)

t 时间,s,min,或 h

t 温度,K,℃(℉)

t 膜厚度,cm,m(ft)

t_b 透过点时间,h

t_t 总容量的当量时间,h

t_T 混合时间,s

t_u 到透过点的可用容量当量时间,h

T 板间距,m(ft)

T 扭矩,kg·m^2/s^2

T 温度,K,℃(℉,°R);进料流量,ton/min

T_S 标准态下的温度,K

T' 对平均温度$\bar{T}$的温度偏差,K(℉)

$\bar{u}$ 平均速度,m/s(ft/s)

U 总传热系数,W/(m^2·K)(btu/(h·ft^2·℉))

U 内能,J/kg(btu/lb$_m$)

v 速度,m/s(ft/s)

$\boldsymbol{v}$ 速度向量,m/s(ft/s)

v_A A相对于静止坐标的速度,m/s(ft/s)

v_{Ad} A相对于摩尔平均速度的扩散速度,m/s(ft/s,cm/s)

v_p 颗粒体积,mm^3/颗粒

v'_{mb} 起始鼓泡速度,m/s(ft/s)

v_M 相对于静止坐标的物流摩尔平均速度,m/s(ft/s,cm/s)

v_H 湿空气比容,m^3/kg 干气(ft^3/lb$_m$干气)

v_t 自由沉降速度,m/s

v^+ 方程式(3. 10－34)定义的无量纲速度

v^* 方程式(3. 10－42)定义的速度,无量纲

v'_x x方向速度与平均速度$\bar{v}_x$的偏差,m/s(ft/s)

v' 基于空管横截面的表观速度,m/s(ft/s,cm/s)

v'_{mf} 起始流化速度,m/s(ft/s)

v'_t 自由沉降速度,m/s(ft/s)

V_A 溶质摩尔体积,m^3/kmol

V 流量,kg/h,kg mol/h,m^3/s(lb$_m$/h,ft^3/s)

V 体积,m^3(ft^3,cm^3);比容,m^3/kg(ft^3/lb$_m$)

V 结晶器体积,L

V 速度,m/s(ft/s),总量,kg,kmol(lb$_m$)

V 渗透流量,cm^3(标准态)/s,m^3/s(ft^3/h)

V_p 渗透出口流量,cm^3(标准态)/s,m^3/s(ft^3/h)

V' 惰性气体流量,kg/h,kg/s,kg mol/h(lb$_m$/h)

V_C,V_D 连续相与分散相的空速,ft/h

w_A A组分的质量分率

$\dot{W}$ 对环境所做的功,W(ft·lb$_f$/s)

W 自由水分,kg(lb$_m$)

$\dot{W}_s$ 对环境所做的机械轴功,W(ft·lb$_f$/s)

W 流量,kg/h,kmol/h(lb$_m$/h)

W 对环境所做的功,J/kg(ft·lb$_f$/s)

W 湿料重量,kg(lb$_m$)

W 高或宽,m(ft);功,W(hp);干滤饼质量,kg(lb$_m$)

W 桨叶宽度,m(ft)

W_S 对环境所做的机械轴功,J/kg(ft·lb$_f$/s)

W_p 对泵所做的轴功,J/kg(ft·lb$_f$/lb$_m$)

$(1-W_f)$ 累积质量分数

x x 方向的距离，m(ft)

x 质量分数或摩尔分数;初始自由含水量

x_A A 的质量分数，A 的摩尔分数，无量纲

x'_B 惰性组分摩尔比分数，mol B/mol 惰性组分

x_f 进料中 A 的摩尔分数，无量纲

x_o 出料中 A 的摩尔分数，无量纲

x_{oM} 最小出料浓度的摩尔分率，无量纲

x_{BM} 惰性气体或方程式(6.3-4)中 B 组分的对数平均摩尔分率

$(1-x_A)_{*M}$ 方程式(10.4-27)定义的对数平均惰性组分摩尔分数

$(1-x_A)_{iM}$ 方程式(10.4-7)定义的对数平均惰性组分摩尔分数

X 颗粒尺寸，m(ft);参数$=\alpha t/x_1^2$，无量纲

X 参数$=Dt/x^2$，无量纲;还代表自由含水量，kg 水/kg 干料(kg 水/lb 干料)

y y 方向的距离，m(ft);摩尔分数

y' 界面渗透摩尔分数，无量纲

y_A A 的质量分数或摩尔分数;kg A/kg 溶液(lb A/lb 溶液)

y_{BM} 惰性气体或方程式(7.2-11)中 B 组分的对数平均摩尔分率

y^+ 方程式(3.10-35)定义的无量纲数

y_p 渗透中的 A 的摩尔分数，无量纲

$(y-y_i)_M$ 方程式(10.6-27)定义的对数平均推动力

$(y-y_A)_{iM}$ 方程式(10.4-6)定义的惰性气体对数平均摩尔分数

$(y-y^*)_M$ 方程式(10.6-28)定义的对数平均推动力

Y 方程式(4.10-2)定义的温度比，无量纲

Y 表 5.3-1 或方程式(4.9-3)中的未完全变化分率

Y 方程式(3.2-9)与方程式(3.2-11)中定义的扩大修正系数

z z 方向的距离，m(ft);塔高，m(ft)

z 与 D_T 变化比为 10∶1 的温度范围，℃(℉)

Z 高度，m(ft);方程式(4.9-2)中的温度比

希腊字母

α 校正系数，湍流时为 1.0，层流时为 1/2

α 吸收率，无量纲;通量比率$=1+N_B/N_A$

α 热扩散系数$=k/\rho c_p$，$m^2/s(ft^2/h, cm^2/s)$

α, α_{AB} A 对于 B 的相对挥发度，无量纲

α 滤饼比阻，$m/kg(ft/lb_m)$

α 角度，rad

α 动能校正系数，无量纲

α^* 理想分离因子$=P'_A/P'_B$，无量纲

α_G 气体吸收率，无量纲

α_T 涡流热扩散系数，$m^2/s(ft^2/h)$

β 浓差极化，膜表面盐浓度与进料物流主体盐浓度的比，无量纲

β 动量校正系数，无量纲

β 体积膨胀系数，1/K(1/°R)

β 直径比 D_2/D_1，无量纲

γ 黏度，$N\cdot s^n/m^2(lb_m/(ft\cdot s^{2-n}))$

γ 比热容之比$=c_p/c_v$，无量纲

Γ 流量，$kg/(s\cdot m)(lb_m/(h\cdot ft))$

Γ 特性的浓度，特性的量$/m^3$

δ 分子扩散系数，m^2/s

δ 边界层厚度，m(ft);距离，m(ft)

δ 方程式(4.12-2)中的常数，无量纲

δ_f 膜理论中的膜厚度，m(ft)

Δ 差值;操作点流量差值，$kg/h(lb_m/h)$

ΔL 晶体成长，mm

ΔT_a 算术温度差，K，℃(℉)

ΔT_{lm} 对数平均温度推动力，K，℃(℉)

ΔH 焓变，J/kg，kJ/kg，kJ/kmol(btu/lb_m，btu/lb mol)

∇ 消毒的设计标准，无量纲

Δp 压力降，N/m^2，$Pa(lb_f/ft^2)$

ε 粗糙度，m(ft);空隙率，无量纲

ε 黑度，无量纲;体积分率，无量纲

ε_M 涡流质量扩散系数，$m^2/s(ft^2/h, cm^2/s)$

ε 换热器效率，无量纲

ε 填料的空隙率，无量纲

ε_G 气体黑度，无量纲

ε_t 涡流动量扩散系数，$m^2/s(ft^2/s)$

ε_{mf} 起始流化时的空隙率，无量纲

η_f 翅片效率，无量纲

η_t 湍流涡流黏度，Pa·s，kg/(m·s)($lb_m/(ft\cdot s)$)

η 效率，无量纲

θ 角度，rad

θ 方程式(11.7-19)中的参数

θ 渗透进料的分流或汇合比,无量纲

θ^* 达到 $x=1-L/L_f$ 的渗透分率,无量纲

λ 波长,m(ft)

λ 汽化潜热,J/kg,kJ/kg(btu/lb_m);分子平均自由程,m(ft)

λ_+ 水中阳离子的极限离子电导率,(A/cm^2)(V/cm)(克当量/cm^2)

λ_- 水中阴离子的极限离子电导率,(A/cm^2)(V/cm)(克当量/cm^2)

λ_{Ab} A组分在常沸点下的汽化潜热,J/kg,kJ/kg mol(btu/lb_m)

μ 黏度,Pa·s,kg/(m·s),N·s/m^2(lb_m/(ft·s),lb_m/(ft·h),cP)

μ_a 表观黏度,Pa·s,kg/(m·s)(lb_m/(ft·s))

υ 动量扩散系数(运动黏度)μ/ρ,m^2/s(ft^2/s,cm^2/s)

υ 运动黏度,厘斯

π_1 无量纲数群,无量纲

π 渗透压,Pa,N/m^2(lb_f/ft^2,atm)

ρ 晶体密度,g/mm^3

ρ 密度,kg/m^3(lb_m/ft^3);反射率,无量纲

σ 液体界面张力,dyn/cm

σ 常数,5.676×10^{-8} W/m^2·K^4(0.171 4×10^{-8} btu/(h·ft^2·°R^4));碰撞直径,Å

Σ 离心分离的变量归并值,m^2(ft^2)

τ_{zx} z 方向上的 x-向动量通量,(kg·m/s)/(s·m^2)或N/m^2(lb_f/ft^2,dyn/cm^2)

τ 剪应力,N/m^2(lb_f/ft^2,dyn/cm^2)

τ 停留时间,h

τ 曲率因子,无量纲

ϕ 速度势,m^2/s(ft^2/h)

ϕ 角度,rad;联合参数,无量纲

ϕ 渗透系数,无量纲

ϕ_S 颗粒的形状系数,无量纲

Ψ_z 特性的通量,特性的量/(s·m^2)

ψ 修正系数,无量纲

ψ 流函数,m^2/s(ft^2/h)

ψ_p 方程式(14.3-13)定义的参数,无量纲

ω 角速度,rad/s

ω 立体角,sr

$\Omega_{D,AB}$ 碰撞积分,无量纲

索　　引

D

E

F

G

I

J

K

M

N

O

R

S

T

U

V

W

作者简介

Christie John Geankoplis 是美国明尼苏达大学化学工程和材料科学的教授。他在明尼苏达大学获得学士学位，在宾夕法尼亚大学获得化学工程硕士和博士学位。他从事了四十多年的教学工作和科研工作。

他的科研方向主要是在质量传递、生物化学工程和分离工程等方面，他在这些领域著述颇丰。Geankoplis 教授还出版了名为《质量传递现象》的教科书。他是四个版次《传递过程和分离过程原理》的作者。

近几年来，Geankoplis 教授受聘为过程工业的化学工程师。他担任 GMC(General Mills Chemicals)公司顾问许多年。他担任过许多各种各样的工业过程的顾问，涉及如矿物萃取、生物化学过程、核反应器、精馏、萃取、吸收、黏附、发酵、传质、乳化等技术领域。

他是美国化学学会会员和美国化学工程师协会会员。他是俄亥俄州和宾夕法尼亚州的注册专业工程师。他兴趣广泛，包括旅行、阅读古代史和中世纪史、打网球等。